计 算 机 科 学 丛 书

JavaScript版

计算机程序的构造和解释

[美] 哈罗德·阿贝尔森（Harold Abelson）
[美] 杰拉尔德·杰伊·萨斯曼（Gerald Jay Sussman）
[德] 马丁·亨茨（Martin Henz） 著 裘宗燕 译
[瑞典] 托拜厄斯·瑞格斯塔德（Tobias Wrigstad）
[美] 朱莉·萨斯曼（Julie Sussman）

Structure and Interpretation of Computer Programs
JavaScript Edition

机械工业出版社
CHINA MACHINE PRESS

本书主要介绍计算的核心思想，采用的方法是为计算建立一系列概念模型。主要内容包括：构造函数抽象，构造数据抽象，模块化、对象和状态，元语言抽象，寄存器机器里的计算等。采用 JavaScript 作为实例分析，但并不拘泥于对语言的解释，而是通过这种语言来阐述程序设计思想。第 1 章介绍了计算过程以及函数在程序设计中扮演的角色。第 2 章在第 1 章的基础上提供了将数据对象组合起来形成复合数据，进而构造抽象的方法。第 3 章介绍了一些帮助我们模块化构造大型系统的策略。第 4 章通过元语言抽象探究如何在一些语言的基础上开发新语言的技术。第 5 章从寄存器机器的角度出发，通过设计寄存器机器，开发一些机制，实现重要的程序设计结构，同时给出一种描述寄存器机器设计的语言。本书揭示计算机程序设计思想的实质是改变了人们的思考方式：从命令式的观点去研究知识的结构。因此，本书所阐述的设计思想不仅适用于计算机程序设计，而且适用于所有工程设计。

Harold Abelson, Gerald Jay Sussman, Martin Henz, Tobias Wrigstad, with Julie Sussman: Structure and Interpretation of Computer Programs: JavaScript Edition (ISBN 978-0-262-54323-1).

Original English language edition copyright © 2022 Massachusetts Institute of Technology.

Simplified Chinese Translation Copyright © 2024 by China Machine Press.

Simplified Chinese translation rights arranged with MIT Press through Bardon-Chinese Media Agency.

图书在版编目（CIP）数据

计算机程序的构造和解释：JavaScript 版 /（美）哈罗德·阿贝尔森（Harold Abelson）等著；裘宗燕译 . —北京：机械工业出版社，2023.6

（计算机科学丛书）

书名原文：Structure and Interpretation of Computer Programs: JavaScript Edition

ISBN 978-7-111-73463-5

I. ①计…　Ⅱ. ①哈…②裘…　Ⅲ. ① JAVA 语言 – 程序设计　Ⅳ. ① TP312.8

中国国家版本馆 CIP 数据核字（2023）第 124596 号

机械工业出版社（北京市百万庄大街22号　邮政编码100037）

策划编辑：朱　劼　　　　　　责任编辑：朱　劼
责任校对：樊钟英　李　杉　　责任印制：李　昂

河北鹏盛贤印刷有限公司印刷

2024 年 2 月第 1 版第 1 次印刷

185mm×260mm · 32印张 · 814千字

标准书号：ISBN 978-7-111-73463-5

定价：129.00元

电话服务　　　　　　　　　　网络服务

客服电话：010-88361066　　　机　工　官　网：www.cmpbook.com
　　　　　010-88379833　　　机　工　官　博：weibo.com/cmp1952
　　　　　010-68326294　　　金　书　网：www.golden-book.com
封底无防伪标均为盗版　　　　机工教育服务网：www.cmpedu.com

"我认为特别重要的，就是在计算机科学领域享受计算的乐趣。这一学科起步时充溢着乐趣。当然，付钱的客户常常觉得受骗，一段时间后，我们开始严肃看待他们的抱怨。我们开始觉得，自己真像是要为成功地、无误和完美地使用这些机器负起责任。我并不认为我们可以做到这些。我认为我们的责任就是去拓展这个领域，设定新方向，并享受自己领地的乐趣。乐趣无处不来，它们出自发现和证明一个定理，写出一段程序，或者破解一段编码等。无论乐趣从何而来或者因何出现，我希望计算机科学领域绝不要丢掉其趣味意识。最重要的是，我希望我们不要变成传道士。你知道的有关计算的东西，其他人也都能学到。绝不要认为成功计算的钥匙只掌握在你的手里。你能掌握的——也是我认为并希望的——不过是智慧：那种能使你看到的这种机器比你第一次站在它面前时更强大，能够做得更多的能力。"

——Alan J. Perlis（1922 年 4 月 1 日—1990 年 2 月 7 日）

《计算机程序的构造和解释》（*Structure and Interpretation of Computer Programs*，简记为 SICP）是 MIT 的基础课教材，出版后引起计算机教育界的广泛关注，对推动全世界大学计算机科学技术教育的发展和成熟产生了很大影响。机械工业出版社把 SICP（第 2 版）引进中国，由我翻译后于 2004 年出版，至今已近 20 年了 [1]。令人感兴趣的是，SICP 至今仍然受到国内关心计算机科学技术的人们，特别是计算机专业的优秀学生和青年计算机工作者的关注。我偶尔还会收到讨论这本书的邮件，出版社也在不断重印。

与许多计算机科学领域的入门教材不同，SICP 的最主要关注点并不在基础语言中各种编程结构的形式和意义，也没有深入讨论巧妙或深刻的算法。与众不同地，一方面，SICP 注目于帮助读者理解基于计算的观点看世界、看问题的重要性，掌握相关的基本概念和观点，建立基于计算思考问题的习惯，也就是今天人们常说的计算思维。另一方面，SICP 也深入讨论了通过计算的方式处理和解决问题时必须掌握的主要技术与方法，最重要的就是分解问题和组织计算，以及建立和使用抽象的各种技术与方法。

SICP 的章节目录清晰地反映了作者的基本想法：第 1、2 两章分别讨论函数（或过程）抽象和数据抽象的作用，它们的建立和使用；第 3 章讨论抽象数据对象本身的状态和变化，相关的模块化的问题及其在计算实践中的重要性；第 4 章讨论元语言抽象，也就是设计和实现面向应用的新语言的问题；第 5 章可以看作前面讨论的应用，而应用的对象问题就是 JavaScript 语言在寄存器机器上的实现。这里的寄存器机器是现代计算机的抽象模型，这里的讨论也说明了抽象的高级语言如何落地。

读者现在拿在手里的这本书是 SICP 的一个改编本。与 SICP 的不同之处，就在于这个改编本用更多计算机工作者熟悉的 JavaScript 语言作为讨论的工具，而没有用原 SICP 里使用的 Scheme 语言。因此，这里程序实例的形式更接近各种常规的编程语言，可能更容易被更多读者接受。本书的内容是原 SICP 的翻版，作者编写本书的基本目标是尽可能完整准确地反映原书的宗旨和精神，同时又使这些能被更多的人理解和重视。

由于本书的根源和作者的意图，本书的基本内容和结构都来自 SICP，许多一般性的讨论直接来自原书，但也有许多地方针对 JavaScript 做了一些调整和修改。本书比较好地反映了 SICP 的思想，是一本非常好的学习计算机科学技术的读物，值得每一个关心计算机领域，并有心在这个领域中深入学习和努力工作的人士阅读学习。

正如作者所言，这本书并不想作为 JavaScript 的入门教科书。书中对 JavaScript 语言的介绍远非完整，读者不应该希冀通过阅读本书学习 JavaScript 编程。但另一方面，由于本书的宗旨和内容，对它的学习一定会有助于读者学习 JavaScript（一般而言，学习任何常见的编程语言，如 Java、Python 或 C）。如果读者学过 JavaScript（或其他编程语言），阅读这本书能帮助你更好地理解程序设计和一般的软件开发，从而有可能在这些领域中做得更出色、

1　作者在前言中说存在一个未经授权的早期译本。但本译者没有看到过，近日在国家图书馆、北大图书馆和孔夫子旧书网检索，也都没有发现。此事存疑。

更高效、更得心应手。如果本书是你学习计算机科学技术的第一本书（或者学的第一门课），这段学习经历能为你今后的学习建立一个坚实的基础，帮助你更顺利地度过这段专业学习。无论如何，认真地阅读这本书，都是一件非常值得做的事情。

对于本书的学习，必须和相应的实际编程、用计算机解决问题的实践相结合。只读不做，当然不可能真正领悟计算机科学技术的真谛。另一方面，只是抄录、运行和试验书中给出代码，也不能得到其中的真传。作为这本书的真正有心的读者，你必须亲自一次次地经历使用计算机（通过编程）解决问题的实践过程。本书的作者已经为读者提供了学习所需的许多材料和资源，希望读者好好利用。

最后，非常感谢机械工业出版社引进这本很有意思，也很值得阅读的著作。在专业领域中的一大批人都扑向人工智能、机器学习等热门话题的今天，基础的计算机科学技术知识和能力仍然不会过时。在这里付出的努力终将会被证明是值得的。

裘宗燕

2023 年 5 月，于北京

序 言

Structure and Interpretation of Computer Programs: JavaScript Edition

在学生时代，遇到妙趣横生的 Alan Perlis 时我总是非常兴奋，并和他有几次交谈。他和我对两种截然不同的程序设计语言——Lisp 和 APL——都非常喜爱和珍重。跟上他的步伐很不容易，何况他还在开辟卓越的新路。我想重新检视他在给这本书原序中的一个论断（我建议你在读完本序言后再重读他的序，它就印在后面）：用 100 个函数在一种数据结构上操作，优于用 10 个函数在 10 种数据结构上操作。这句话真对吗？

为了认真回答这个问题，我们首先要问，这一种数据结构是"普适的"吗？它能方便地取代那 10 种更特殊的数据结构的角色吗？

对于这些，我们还可以问，我们真的需要这 100 个函数吗？是否存在一个单一的"普适"函数，它能取代所有其他函数的角色？

对最后这个问题，有一个令人惊异的回答：是！只需要不多的技巧就能构造出一个函数，该函数接受（1）一种数据结构，它可以看作其他函数的描述，以及（2）一系列的参数，使该函数的行为恰如前面的那些函数作用于这些给定的参数。同时，只需要不多的技巧就能设计出一种数据结构，使其足以描述我们需要的所有计算。一种这样的数据结构（用于表示表达式和语句的带标签表，加上记录名字与值的关联的环境）和一个这样的普适函数（apply）将在本书的第 4 章介绍。也就是说，我们可能只需要一个函数和一种数据结构。

这些在理论上都是对的，但在实践中，我们发现区分不同事物确实很有帮助。作为人，在需要构造计算的描述时，应该把我们代码的结构组织好，使我们更好地理解它们。我相信 Perlis 在这里不是想讨论计算能力的问题，而是要讨论人的能力及其限度。

人的头脑似乎在为事物命名方面做得很好。我们有强大的关联记忆，给我们一个名字，我们可以很快想起与之关联的某些事物。这可能就是我们会发现使用 lambda 演算很方便，而使用组合演算就不太容易的原因。对大多数人而言，给他们解释 Lisp 表达式 (lambda (x) (lambda (y) (+ x y))) 或 JavaScript 表达式 x => y => x + y 都比较容易，而解释下面的组合表达式就难得多了：

$$((S ((S (K S)) ((S ((S (K S)) ((S (K K)) (K +)))) ((S (K K)) I)))) (K I))$$

即使将其写成结构与之对应的 5 行 Lisp 代码，事情也不会变得更容易。

所以，虽然从原则上说，我们可以只用一个普适函数，但却更应该把代码模块化，并为其中的各种片段命名。然后在这个普适函数里用名字来说这些函数的描述，而不是简单地把这些函数的描述直接塞进代码里。

我在 1998 年的演讲"生长出一种语言"里曾经说过，一个好程序员"并不只是写程序，好程序员要构造有用的词汇表"。随着设计和定义出程序中越来越多的部分，我们要给这些部分命名，这样做的结果就是生长出了一个日益丰富的、能用于描述其他部分的语言。

然而我们也发现，与区分不同的数据结构相比，为它们命名更不容易。

嵌套的表可以看作一种普适数据结构（值得说一下，很多时髦的、使用广泛的数据结构，例如 HTML、XML 和 JSON，也都是各种括号括起的嵌套表示形式，只不过比 Lisp 的简单括号形式更精致一点）。还有许多函数在范围广泛的许多不同情景下都很有用，例如确定一个表的长度，把一个函数应用于一个表的每个元素并返回结果的表等。因此，当我思考某项特殊的计算时，就经常对自己说，"这个以两个东西为元素的表，我期望它表示一个人的姓和名；那个以两个东西为元素的表，我期望它表示一个复数的实部和虚部；另一个以两个东西为元素的表，我期望它表示一个分数的分子和分母"，如此等等。换句话说，我对它们做了区分——因此，明确地表示这些数据结构之间的区分，也可能非常有用。一种作用就是可以防止一些错误，例如无意中错误地把复数当作分数使用。（再次强调，这一注释也是有关人的能力及其限度。）

在写本书的第 1 版时，那是在大约 40 年前，许多数据组织方式已经成为相对的标准，特别是"面向对象"技术。还有很多程序设计语言（包括 JavaScript）支持一些特殊数据结构，例如对象和字符串、堆和映射，还有许多内置的或者库支持的数据机制。但是，在这样做的同时，许多语言放弃了对更一般、更普适的描述机制的支持。以 Java 为例，开始时它不支持函数作为一等元素，新近才把这种功能结合进来，这极大地提高了表达能力。

类似地，APL 原来也不支持函数作为一等元素，而且它原本只支持一种数据结构——各种维数的数组。以数组作为普适数据结构非常不方便，因为数组不能以其他数组作为元素。APL 的新近版本也支持了匿名的函数值和嵌套的数组，这些扩充奇迹般地增强了 APL 的表达能力。（APL 的原初设计确实包含了两个非常好的特点：它有一集容易理解的函数，它们都应用于唯一的一种数据结构，这些函数还被特别选择了一套名字。我这里不是说那些奇怪的符号或希腊字母，而是 APL 程序员在使用函数时所用的词汇，例如 shape、reshape、compress、expand 和 laminate 等。这些都是名字而不是符号，它们说明了函数的功能。Ken Iversion 在为操作数组的函数取短小易记而且生动的名字方面确有些高招。）

至于 JavaScript，与 Java 类似，最初设计时心里想的就是对象和方法，但一开始就纳入了一等函数，用它的对象定义普适数据结构也没有任何困难。由于这些情况，JavaScript 与 Lisp 的距离不像你想象的那么远。因此，正如这一版《计算机程序的构造和解释》展示的，它可以作为表达相关核心思想的另一个框架。SICP 并不是讨论某种程序设计语言的，它展示的是有关程序组织的一些强大且具有普适性的思想，因此应该适用于任何程序设计语言。

Lisp 和 JavaScript 有哪些共性？把一项计算（代码加一些相关数据结构）抽象为一个可用于在将来执行的函数的能力；针对一些参数调用函数的能力；划定一些不同情况（条件执行）的能力；一种方便的普适数据结构；对数据的完全自动化的存储管理（这种功能初看起来无足轻重，好像什么都没说，直到你认识到许多广泛使用的程序设计语言都缺少了这种功能）；很大一集操控普适数据结构的非常有用的函数；以及使用普适数据结构去表示各种更特殊的数据结构的一套标准策略。

因此，真理很可能位于 Perlis 雄辩地设置的两个极端之间。甜蜜点可能更像是某种情况，例如针对一种普适数据结构（例如表）完成各种操作的 40 个足够普适的有用函数，再加上 10 组每组各 6 个函数，分别用于操控该普适数据结构的 10 种特殊视角。

当你阅读这本书时，请不要只关心各种程序设计语言的结构及其使用，还应该关注赋予各个函数、变量和数据结构的名字。这些名字并不都简短并生动，如 Iverson 为其 APL 语言选的名字。但它们也经过精心地、系统化地选择，可以加深你对整个程序结构的理解。

基本操作、组合方法、功能抽象、命名，以及为了做出各种区分而使用的普适数据结构的各种常用定制方法，这些都是一个好的程序设计语言的基本构造要素。从这些出发，再加上想象和基于经验的良好的工程评判能力，就能做好其他事情。

Guy L. Steele Jr.
马萨诸塞州列克星敦，2021

1984 年版《计算机程序的构造和解释》的原序

Structure and Interpretation of Computer Programs: JavaScript Edition

教育家、将军、减肥专家、心理学家和父母做规划（program），而军队、学生和另一些社会阶层则被规划（are programmed）。解决大规模问题需要做好一系列规划，其中大部分东西只能在工作过程中做好。在这些规划里，充斥着与手头问题的特殊性相关的情况。而要想把做规划这件事本身作为一种智力活动来欣赏，就必须转到计算机程序设计（programming），你需要读或写计算机程序——而且要大量地做。这些程序具体是关于什么、服务于哪一类应用等的情况常常不太重要，重要的是它们的性能如何，在用于构造更大的程序时能否与其他程序平滑衔接。程序员必须同时追求具体部分的完美和汇合的适宜性。在这本书里使用"程序设计"一词时，我们关注的是程序的创建、执行和研究，这些程序用一种 Lisp 方言书写，为了在数字计算机上执行。采用 Lisp 不会对我们可以做程序设计的范围强加任何约束或限制，只不过是确定了程序描述的记法形式。

本书将要讨论的问题都要求我们聚焦于三类现象：人的大脑，计算机程序的集合，以及计算机本身。每个计算机程序都是现实的或者精神中的某个过程的一个模型，通过人的头脑孵化出来。这些过程出自人们的经验或者思维，数不胜数，细节繁杂而琐碎，任何时候都只被部分地理解。通过程序模拟相应过程，几乎不可能做到永远令人满意的程度。正因为这些，即使我们写出的程序是一堆经过仔细雕琢的离散符号，是交织互联的一组函数，它们也需要不断演化：当我们对模型的认识更深入、更扩大、更广泛时，就需要去修改程序，直至这一模型最终到达一种亚稳定状态。而在这时，程序中就又会出现另一个需要我们去为之奋斗的模型。计算机程序设计领域之令人兴奋的源泉，就在于它所引起的连绵不绝的发现，在我们的头脑中，在由程序表达的计算机制中，以及在由此所推动的认知爆炸中。如果艺术解释了我们的梦想，那么计算机就是以程序的名义执行着它们。

就本身的所有能力而言，计算机就是一位一丝不苟的工匠：它的程序必须正确，我们希望说的所有东西，都必须表述得准确到每一点细节。就像在其他所有符号活动中一样，我们需要通过论证使自己相信程序的真。我们可以为 Lisp 本身赋予一个语义（可以说是另一个模型）。假如说，一个程序的功能可以在（例如）谓词演算里精确描述，那么就可以用逻辑方法做出一个可接受的正确性论证。不幸的是，随着程序变得更大、更复杂（实际上它们几乎总是如此），这种描述本身的适宜性、一致性和正确性也都会变得更令人怀疑。因此，很少能看到有关大型程序正确性的完全形式化的论证。因为大程序是从小东西成长起来的，所以，开发出标准化的程序结构的"武器库"，并确认其中每种物件的正确性——我们称这些为惯用法，再学会如何去利用一些已经证明很有价值的组织技术，把这些结构组合成更大的结构，这些都是至关重要的。本书将详细地讨论这些技术。理解它们，对参与这种被称为程序设计的富于创造性的事业是最本质的。特别值得说明的是，发现并掌握强有力的组织技术，能大大提升我们构造大型重要程序的能力。反过来，写大规模的程序非常耗时费力，这种情况也推动我们去发明新方法，减轻由于大程序的功能和细节而引起的沉重负担。

与程序不同，计算机必须遵守物理定律。如果要快速执行——几纳秒完成一次状态变换——就必须在很短的距离（至多 1 ½ ft[1]）内传导电子，还需要消除由于在小空间里集聚了

1　1ft=30.48cm。——编辑注

大量元件而产生的热量。人们已经开发了一些精致的工程艺术，能够在功能多样性与元件密度之间取得平衡。在任何情况下，硬件都在比我们编程时需要关心的层次更基础的层次上操作。把我们的 Lisp 程序变换到"机器"程序的过程本身，也是通过程序设计做出的抽象模型。研究和构造这类程序，能使人更深刻地理解与构造抽象模型的程序设计有关的程序组织问题。当然，计算机本身也可以这样模拟。请想一想：最小的物理开关元件在量子力学里建模，量子力学由一组微分方程描述，这些方程的细节行为可以通过数值近似来把握，这种数值用计算机程序描述，而计算机程序的组成……！

区分上述三类需要关注的事物，不仅是为了策略上的便利。即使有人说这些区分不过是在人的头脑里，这种逻辑区分也会带来这些关注点之间符号的加速流动，其在人们经验中的丰富性、活力和潜力，只能由生活自身的演进去超越。我们至多能说，这些关注点之间的关系是元稳定的。计算机从来都不够大也不够快。硬件技术的每次突破都带来了更大规模的程序设计事业，一些新的组织原理，以及抽象模型的丰收。每个读者都应该反复自问"往哪里去？往哪里去？"——但不要问得过于频繁，以免你忽略了程序设计的乐趣，把自己禁闭到一种自寻烦恼的哲学中。

在我们写出的程序里，有些就是计算一个精确的数学函数（但是绝不够精确），例如排序，或者找出一系列数中的最大元，或者确定素数性，或者找出平方根。我们把这种程序称为算法，人们对它们的最佳行为已经有了许多认识，特别是关于两个重要参数：执行的时间和对数据存储的需求。程序员应该追求好的算法和惯用法。即使某些程序难以精确描述，程序员也有责任去估计它们的性能，并且要继续设法改进之。

Lisp 是幸存者，已经被使用了四分之一世纪。在现存的程序设计语言里，只有 Fortran 比它的寿命更长些。这两种语言都支持一些重要领域中的程序设计需求，Fortran 用于科学与工程计算，Lisp 用于人工智能。这两个领域现在仍然很重要，它们的程序员都如此倾心于这两种语言，因此，Lisp 和 Fortran 都还可能继续生存至少四分之一世纪。

Lisp 一直在改变。本教科书使用的 Scheme 方言就是从原本的 Lisp 演化出来的，并在若干重要方面与之相异，包括变量约束的静态作用域，以及允许函数生成函数作为值。在语义结构上，Scheme 更接近 Algol 60 而不是早期的 Lisp。Algol 60 不可能再变成活语言了，但它还活在 Scheme 和 Pascal 的基因里。很难找到这样两种语言，它们如此清晰地代表着围绕这两种语言聚集起来的两种差异巨大的文化。Pascal 是为了建造金字塔——宏大壮观、激动人心，是由各就其位的巨石筑起的静态结构。而 Lisp 则是为了构造有机体——同样壮观且激动人心，是由各就其位但却永不静止的无数简单有机体片段构成的动态结构。这两种语言采用了同样的组织原则，除了特别重要的一点不同：托付给 Lisp 程序员个人的对所提供功能的自由支配权，远远超过在 Pascal 领域可以看到的东西。Lisp 程序极大地提升了函数库的地位，使其可用性超越了催生它们的具体应用。Lisp 的内置数据结构——表——对这种可用性提升起着最重要的作用。表的简单结构和自然可用性反射回函数，使它们具有了奇异的普适性。而在 Pascal 里，数据结构的过度声明带来函数的特异性，阻碍并惩罚临时性的合作。用 100 个函数在一种数据结构上操作，优于用 10 个函数在 10 种数据结构上操作。作为这些的必然后果，金字塔矗立在那里千年不变，而有机体则必须演化，否则就会消亡。

XVIII

为了看清这种差异，请将本书中展示的材料和练习与任何采用 Pascal 的第一门课程的教科书中的材料做个比较。请不要费力地去想象，说这不过是一本 MIT 采用的教科书，其特异性仅仅是因为它出自那个地方。准确地说，任何一本严肃的关于 Lisp 程序设计的书都应该如此，无论其学生是谁，在什么地方使用。

请注意，这是一本关于程序设计的教科书，它不像大部分有关 Lisp 的书，因为那些书多半是为帮助人们在人工智能领域工作做好准备。当然，无论如何，随着研究中系统规模的不断增长，软件工程和人工智能关心的重要程序设计问题正趋于融合。这也解释了为什么在人工智能领域之外的人们对 Lisp 的兴趣在不断增加。

根据人工智能的目标可以预见，有关的研究将产生许多重要的程序设计问题。在其他程序设计文化中，问题的洪水孵化出一种又一种新语言。确实，在任何极大规模的程序设计工作中，为了控制和隔离作业模块之间的信息流动，一条有用的组织原则就是发明新语言。当我们逐渐逼近系统的边界，在那里人们需要最频繁的交互，相关的语言也倾向于越来越不基础。作为结果，系统里包含大量重复的复杂语言处理功能。Lisp 有如此简单的语法和语义，程序的语法分析可以看作很简单的工作。这样，语法分析技术对 Lisp 程序几乎没价值，语言处理器的构造从来都不是大型 Lisp 系统的成长和变化速度的障碍。最后，正是这种语法和语义的极端简单性，导致了 Lisp 程序员的所有负担和自由。任何规模的 Lisp 程序，除了只有几行的小程序，都饱含着根据情况精心设计的各种函数。发明并调整，调配恰当之后再去发明！让我们举起杯，祝福那些把他们的思想镶嵌在重重括号之间的 Lisp 程序员。

Alan J. Perlis
康涅狄格州，纽黑文

　　《计算机程序的构造和解释》（SICP）给读者介绍计算的核心思想，采用的方法是为计算建立一系列的概念模型。第 1 章到第 3 章涵盖了所有时新的高级程序设计语言所共有的程序设计概念。在原 SICP 的两个版本里，程序设计示例用程序设计语言 Scheme 描述，该语言具有极简的风格和基于表达式的语法形式，这些使原书可以聚焦于基础概念，而不是所选语言本身的设计。第 4 章和第 5 章使用 Scheme 构造 Scheme 的处理器，用以加深读者对概念模型的理解，并探索了语言的一些扩充和替代结构。

　　自 1984 年出版，以及 1996 年第 2 版出版后，SICP 被全世界许多大学和学院选作教科书。新加坡国立大学（NUS）1997 年开始开设基于 SICP 的引论课程 CS1101S。20 世纪 90 年代中期，Python、JavaScript 和 Ruby 等语言发展起来，它们都共享了 Scheme 的核心设计元素，但采用了更复杂的基于语句的语法结构，使用了人们更熟悉的代数表达形式（中缀形式）。这些语言的兴起，导致一些教师调整基于 SICP 的课程，典型方法是把其中的示例程序都翻译为他们所选的语言，再加上一些特别的与语言相关的材料，并略去原书的第 4 章和第 5 章。

把 SICP 改编到 JavaScript

　　在 NUS，把 SICP 的第 2 版改编到 JavaScript（SCIP JS）的工作开始于 2008 年，2012 年 CS1101S 课程转到了 JavaScript。ECMAScript 2015 语言标准引进了 lambda 表达式、尾递归和分程序作用域的变量和常量，这些使有关的改编更接近原书。我们对 SICP 的实质性修改不多，只出现在 JavaScript 与 Scheme 的差异使我们感到不得不修改的地方。这本书只涉及 JavaScript 的很少一部分，所以绝不建议读者用它学习这个语言。举例说，JavaScript 对象的概念在本书里就完全没有提及——而对象被认为是该语言最基本的成分。

　　通过加入一些模拟 Scheme 原语的库，包括支持表结构的库，并相应修改正文中的文字，翻译第 1～3 章的程序是直截了当的。然而，转到 JavaScript，也迫使我们对第 4 章和第 5 章的解释器和编译器做了一些实质性的修改，以便处理返回语句。Scheme 的基于表达式的语法里没有返回语句，而这种语句是基于语句的语言中不可或缺的特征。

　　通过使用 JavaScript，第 1 章到第 3 章给读者介绍了今天大多数主流语言的语法风格。然而，在第 4 章，语法风格产生了重大变化，因为把程序直接表示为数据结构已经无法看作是理所当然了。但这也为我们提供了一个机会，在 4.1 节为读者介绍语法分析，这是程序设计语言处理器的一个重要组成部分。在 4.4 节，JavaScript 严格的语法结构使展示逻辑程序设计系统的工作大大复杂化，显示出用 JavaScript 作为程序语言设计工具的局限性。

XXI

使用 SICP JS 资源

　　MIT 出版社有关 SICP JS 的网页上有针对本书使用者的支持链接，那里提供了书中所有程序和扩展教学资源，包括一大批附加练习，以及安排典型的大学一学期课程的 SICP JS 选学子集的建议。本书中的 JavaScript 程序可以在符合 ECMAScript 2020 规范（ECMA 2020）

的任何 JavaScript 解释器推荐的严格模式下运行。MIT 出版社的网页包含一个名为 sicp 的 JavaScript 包，它提供了本书中当作"原语"的所有 JavaScript 函数。

致读者

我们真诚地希望，如果你在阅读本书时第一次遇到程序设计，你将能运用自己对计算机程序的构造和解释的新理解去学习更多的程序设计语言，包括 Scheme 和完整的 JavaScript。如果你在拿起 SICP JS 之前已经学过 JavaScript，你可能得到有关该语言背后的基本概念的一些新见解，并看到只需要多么少的东西就可以得到多么多。如果你遇到 SICP JS 时已经学过有关原 SICP 的知识，你可能看到熟悉的思想如何用一种新形式表达，还可以欣赏在线的对照版本（在本书的网页上可用），它使你可以并排地对照着看 SICP 和 SICP JS。

Martin Henz 和 Tobias Wrigstad

软件可能确实与其他任何东西都不同，它的本意就是被抛弃。这一观点的重点就是总把它看作肥皂泡吗？

—— Alan J. Perlis

自 1980 年以来，本书的材料就一直在 MIT 作为计算机科学学科入门课程的基础。在本书第 1 版出版前，我们已经用这些材料教了 4 年课，而到这个第 2 版出版，时间又过去了12 年。我们非常高兴地看到这一工作被广泛接受，并被结合到其他一些教材中。我们已经看到自己的学生掌握了本书中的思想和程序，并把它们作为核心构筑到新的计算机系统或语言里。这些在字面上实现了一个古犹太教法典里的双关语：我们的学生已经变成了我们的创造者。我们非常幸运能有如此有能力的学生和如此有建树的创造者。

在准备这一新版本的过程中，我们结合进了成百的澄清性建议，这些建议来自我们自己的教学实践，也来自 MIT 和其他地方同行的评论。我们重新设计了书中的大部分主要程序设计系统，包括通用型算术系统、解释器、寄存器机器模拟器和编译器，也重写了所有程序实例，以保证这些代码可以在任何符合 IEEE 的 Scheme 标准（IEEE 1990）的 Scheme 实现上运行。

这个版本强调了几个新问题，其中最重要的是各种不同技术路径在处理计算模型中的时间问题上的中心作用。有关模型包括有状态的对象、并发程序设计、函数式程序设计、惰性求值，以及非确定性程序设计。这里还为并发和非确定性新增了几节，我们也设法把这方面的讨论集成到整本书里，贯穿始终。

本书第 1 版基本上是按我们在 MIT 一学期课程的教学大纲撰写的。由于有了第 2 版中增加的这些新材料，在一个学期里覆盖所有内容已经不可能了，所以，教师需要从中做些选择。在我们自己的教学中，有时会跳过有关逻辑程序设计的一节（4.4 节）；让学生使用寄存器机器模拟器，但并不去讨论它的实现（5.2 节）；对编译器则只给出一个粗略的概述（5.5节）。即使如此，这还是一个内容很多的课程。一些教师可能希望只覆盖前面的三章或者四章，而把其他内容留给后续课程。

MIT 出版社的万维网网站为本书使用者提供支持，其中包含了取自本书的程序、示例程序作业、支持材料，以及 Lisp 的 Scheme 方言的可下载实现。

Harold Abelson 和 Gerald Jay Sussman

1984 年 SICP 第 1 版的前言

Structure and Interpretation of Computer Programs: JavaScript Edition

一台计算机就像一把小提琴。你可以想象一个新手试了一台留声机，然后是小提琴。后来他说，这声音真难听。我们已经从大众和我们的大部分计算机科学家那里反复听到这种说法。他们说，计算机程序对一些具体用途确实是好东西，但它们太缺乏弹性。一把小提琴或一台打字机也同样缺乏弹性，那是在你学会如何使用它们之前。

——Marvin Minsky，"为什么说程序设计是表述和理解浮浅的
草率而就的思想的好媒介"

《计算机程序的构造和解释》是麻省理工学院（MIT）计算机科学的入门教材。在 MIT 主修电子工程或计算机科学的所有学生都必须学这门课，作为"公共核心课程计划"的四分之一。这个计划还包含两个关于电路和线性系统的科目，还有一个关于数字系统设计的科目。我们从 1978 年开始涉足这些科目的开发，自 1980 年秋季以后，我们就一直按现在的形式教授这门课，每年 600 到 700 个学生。大部分学生此前没有或很少接受过计算方面的正式训练，虽然许多人玩过一点计算机，也有少数人有很多程序设计或硬件设计的经验。

我们设计的这一计算机科学导引课程的主要考虑有两个方面。首先，我们希望建立起一种思想：一个计算机语言不仅是指挥计算机去执行操作的一种方式，更重要的，它是表述有关方法学的思想的一种新颖的形式化媒介。因此，程序必须写得适合人的阅读，偶尔用于供计算机执行。其次，我们相信，在这一层次的课程里，最基本的材料不应该是特定程序设计语言的语法，不是高效地计算某些函数的巧妙算法，也不是算法的数学分析或计算的本质基础，而是那些能用于控制大型软件系统的智力复杂性的技术。

我们的目标是使学过了这一科目的学生能对程序设计的风格要素和美学有一种很好的感觉。他们应该掌握了控制大型系统中的复杂性的主要技术。他们应该能阅读 50 页长的程序，只要它具有某种值得模仿的风格。他们应该知道在任何时刻哪些东西不需要读，哪些不需要理解。他们应该很有把握地去修改一个程序，同时又保持原作者的精神和风格。

这些技能并不是计算机程序设计所独有的。我们所教授和提炼出来的这些技术，对所有工程设计都是共通的。我们应该在适当的情况下隐藏一些细节，通过创建抽象去控制复杂性。我们通过建立方便的接口，以便能以"混合与匹配"的方式组合起标准的、已经被很好理解的片段，以控制系统的复杂性。我们为描述各种设计而创建一些新语言，每种语言强调设计中的某些特定方面，并降低其他方面的重要性，以便控制复杂性。

作为我们的这些方法基础的是一种信念："计算机科学"并不是一种科学，其重要性也与计算机本身没有太大关系。计算机革命是有关我们的思考方法，以及我们表达自己的思考的一个革命。这一变化的本质，就是出现了这样一种或许最好是称为过程性认识论的现象——也就是说，从一种命令式的观点去研究知识的结构，与经典数学领域里采用的更具说明性的观点相对应。数学为精确处理"是什么"提供了框架，而计算则为精确处理"怎样做"的观念提供了框架。

在教授这些材料时，我们采用程序设计语言 Lisp 的一种方言。我们并不形式化地教授

该语言，因为不需要那样做。我们只是使用它，而学生可以在几天之内就学会它。这也是类 Lisp 语言的一个重要优点：它们只有不多的几种构造复合表达式的方式，而且几乎没有语法结构。所有形式化的性质都可以在一个小时里讲完，就像说明下象棋的规则。在很短时间之后，我们就可以忘掉语言的语法细节（因为这里根本就没有），而进入真正的问题——弄清楚我们想计算什么，可以怎样把问题分解为一组可管理的部分，以及如何对这些部分开展工作。Lisp 的另一优势就在于，与我们知道的任何其他语言相比，它支持（但并非强制性的）更多能用于以模块化的方式分解程序的大规模策略。我们可以做过程性抽象和数据抽象，可以利用高阶函数掌控公共的使用模式，可以用赋值和数据变动操作模拟局部状态，可以利用流和延时求值连接起程序里的各个部分，可以很容易地实现嵌入的语言。所有这些都融合在一个交互式环境里，该环境还带有对增量式的程序设计、构造、测试和排除错误的绝佳支持。我们要感谢一代又一代的 Lisp 大师，从 John McCarthy 开始，是他们铸造起了这样一个具有空前威力又如此优雅的完美工具。

作为我们所用的 Lisp 方言，Scheme 试图集成起 Lisp 和 Algol 的力量和优雅。我们从 Lisp 那里取来元语言的力量，它来自简单的语法形式，程序与数据对象的统一表示，以及带有废料收集的堆分配的数据结构。我们从 Algol 那里取来词法作用域和块结构，这是当年参加 Algol 委员会的那些程序设计语言先驱者的礼物。我们想特别感谢 John Reynolds 和 Peter Landin，为了他们关于丘奇的 lambda 演算与程序设计语言的结构之间关系的真知灼见。我们也认识到应该感谢那些数学家，在计算机面世以前，他们就已经在这一领域中探索了许多年。这些先驱者包括丘奇（Alonzo Church）、罗塞尔（Barkley Rosser）、克里尼（Stephen Kleene）和库里（Haskell Curry）。

Harold Abelson 和 Gerald Jay Sussman

致 谢

Structure and Interpretation of Computer Programs: JavaScript Edition

《计算机程序的构造和解释》的 JavaScript 改编本（SICP JS）是我们在新加坡国立大学（NUS）为课程 CS1101S 开发的。我们已经共同教授这个课程 6 年了，并由 Low Kok Lim 对教学情况做统计，其可靠的教育评估也是本课程和教育项目成功的关键。CS1101S 教学团队还包括很多 NUS 同事和超过 300 位本科学生助理，他们在过去 9 年里的持续地反馈，推动并帮助我们解决了无数与 JavaScript 相关的问题，消除了许多不必要的复杂性，同时维持了 SICP 和 JavaScript 两者的基本特点。

SICP JS 不仅是一个有关教科书的项目，也是一个软件项目。我们于 2008 年从原书的作者那里得到了 LATEX 源文件。Liu Hang 开发了 SICP JS 早期的工具链，Feng Piaopiao 做了些改进。Chan Ger Hean 为打印版开发了第一个工具，Jolyn Tan 基于该工具开发了第一个用于电子书版本的工具，He Xinyue 和 Wang Qian 为本书的对照版重整了这些工具。Samuel Fang 设计并开发了 SICP JS 的在线版本。

CS1101S 和 SICP JS 的在线版深度依赖一个名为 Source Academy 的软件系统，该系统支持 JavaScript 的一个称为 Source 的子语言。在准备 SICP JS 的过程中，数十名学生对 Source Academy 做出了贡献，该系统已经永久地把他们列为"贡献者"。2020 年以来，NUS 课程 CS4215（程序设计语言的实现）的学生贡献了几个程序设计语言的实现，它们被用在 SICP JS 里。本书当前版本 3.4 节的源代码是 Zhengqun Koo 和 Jonathan Chan 开发的；4.2 节用的惰性实现是 Jellouli Ahmed、Ian Kendall Duncan、Cruz Jomari Evangelista 和 Alden Tan 开发的；4.3 节使用的非确定性实现是 Arsalan Cheema 和 Anubhav 开发的；Daryl Tan 帮助把这些实现集成到 Academy 系统里。

我们衷心感谢 STINT（瑞典研究与高等教育国际合作基金会），其学术假计划使 Martin 和 Tobias 建立了联系，还支持 Tobias 作为 CS1101S 的合作教师加入 SICP JS 项目。

我们还想感谢 Allen Wrifs-Brock 领导的 ECMAScript 2015 委员会的勇敢工作。SICP JS 深度依赖常量、let 表达式和 lambda 表达式，所有这些都是 ECMAScript 2015 加入 JavaScript 的特征。这些新特征使我们能尽量接近并维持 SICP 原有的展示形式和精神。Guy Lewis Steele Jr. 领导了 ECMAScript 的第一次标准化，还对第 4 章的一些练习提供了细致且有价值的反馈。

Martin Henz 和 Tobias Wrigstad

我们希望感谢许多在这本书和这一教学计划的开发中帮助过我们的人们。

我们的工作明显是课程"6.231"的后继。"6.231"是 20 世纪 60 年代由 Jack Wozencraft 和 Arthur Evans Jr. 在 MIT 教授的一门有关程序设计语言学和 lambda 演算的美妙课程。

我们从 Robert Fano 那里受益良多，是他组织了 MIT 电子工程和计算机科学的基础教学计划，并特别强调工程设计的原理。他领导我们开始这一事业，并为此写出了第一批问题注记。本书就是从那里演化出来的。

我们试图教授的大部分程序设计风格和美学都是与 Guy Lewis Steele Jr. 一起开发的，他在 Scheme 语言的初始开发阶段与 Gerald Jay Sussman 合作。此外，David Turner、Peter Henderson、Dan Friedman、David Wise 和 Will Clinger 也教给我们许多函数式程序设计社区的技术，它们出现在本书里的许多地方。

Joel Moses 教我们大型系统的构造。他从 Macsyma 符号计算系统的经验中得到的真知灼见是：应避免复杂的控制，集中精力到数据的组织，以反映被模拟世界的真实结构。

许多有关程序设计及其在我们的智力活动中的位置的认识来自 Marvin Minsky 和 Seymour Papert。从他们那里我们理解了，计算提供了一种探索思想的表达方式的手段，没有它，这些思想会因为太复杂而无法精确处理。他们更强调说，学生写作和修改程序的能力可以成为一种强有力的工具，可以将探索变成一种自然的活动。

我们也完全同意 Alan J. Perlis 的看法，程序设计包含着许多乐趣，我们应该认真地支持程序设计的趣味性。这种乐趣部分地来源于观看大师们的工作。我们非常幸运曾在 Bill Gosper 和 Richard Greenblatt 手下学习程序设计。

很难列出对这一教学计划的开发做出过贡献的所有人。我们衷心感谢在过去 15 年里与我们一起工作过，并在此科目上付出时间和心血的所有教师、答疑老师和辅导员们，特别是 Bill Siebert、Albert Meyer、Joe Stoy、Randy Davis、Louis Braida、Eric Grimson、Rod Brooks、Lynn Stein 和 Peter Szolovits。我们想特别对 Franklyn Turbak（现在在 Wellesley）出色的教学贡献表达谢意，他在本科生指导方面的工作为我们的努力设定了一个标准。我们还要感谢 Jerry Saltzer 和 Jim Miller 帮助我们克服并发性中的难点，还有 Peter Szolovits 和 David McAllester 对第 4 章里有关非确定性求值的阐述的贡献。

许多人为在他们自己的大学里讲授本书付出了极大努力。其中与我们密切合作的有以色列理工学院的 Jacob Katzenelson、加州大学尔湾分校的 Hardy Mayer、牛津大学的 Joe Stoy、普渡大学的 Elisha Sacks，以及挪威科技大学的 Jan Komorowski。我们特别为那些在其他大学移植这一科目，并由此获得重要教学奖的同行们感到骄傲，包括耶鲁大学的 Kenneth Yip、加州大学伯克利分校的 Brian Harvey 和康奈尔大学的 Dan Huttenlocher。

Al Moyé 安排我们到惠普公司为工程师教授这一材料，并为课程制作了录像带。我们感谢那些有才干的教师——特别是 Jim Miller、Bill Siebert 和 Mike Eisenberg，他们设计了结合这些录像带的继续教育课程，并在全世界的许多大学和企业讲授。

其他国家的许多教育工作者也在翻译本书的第 1 版方面做了许多工作。Michel Briand、

Pierre Chamard 和 André Pic 翻译出法文版，Susanne Daniels-Herold 翻译出德文版，Fumio Motoyoshi 翻译出日文版。我们不知道谁做的中文版，但也把本书选作为一个"未经授权"的翻译工作看作一种荣誉。

要列举出所有为我们用于教学的 Scheme 系统做出过贡献的人是非常困难的。除了 Guy Steele 之外，主要的专家还包括 Chris Hanson、Joe Bowbeer、Jim Miller、Guillermo Rozas 和 Stephen Adams。在这一工作上付出许多时间的还有 Richard Stallman、Alan Bawden、Kent Pitman、Jon Taft、Neil Mayle、John Lamping、Gwyn Osnos、Tracy Larrabee、George Carrette、Soma Chaudhuri、Bill Chiarchiaro、Steven Kirsch、Leigh Klotz、Wayne Noss、Todd Cass、Patrick O'Donnell、Kevin Theobald、Daniel Weise、Kenneth Sinclair、Anthony Courtemanche、Henry M. Wu、Andrew Berlin 和 Ruth Shyu。

除了 MIT 的实现之外，我们还想感谢在 IEEE Scheme 标准方面工作的许多人，包括 William Clinger 和 Jonathan Rees，他们编写了 R^{4}RS；还有 Chris Haynes、David Bartley、Chris Hanson 和 Jim Miller，他们撰写了 IEEE 标准。

多年来 Dan Friedman 一直是 Scheme 社团的领袖。这一社团的工作范围已经从语言设计问题扩展到重要教育创新的相关问题，例如基于 Schemer's Inc. 的 EdScheme 的高中教学计划，以及由 Mike Eisenberg 还有由 Brian Harvey 和 Matthew Wright 撰写的绝妙著作。

我们还要感谢那些为本书的成书做出贡献的人们，特别是 MIT 出版社的 Terry Ehling、Larry Cohen 和 Paul Bethge。Ella Mazel 为本书找到了最美妙的封面图。对于第 2 版，我们要特别感谢 Bernard 和 Ella Mazel 对本书设计的帮助，以及 David Jones 作为 TEX 专家的非凡能力。我们还要感谢以下读者对这个新书稿提出了很深刻的意见，包括 Jacob Katzenelson、Hardy Mayer、Jim Miller，特别是 Brian Harvey，他对于本书所做的就像 Julie 对他的著作 *Simply Scheme* 所做的那样。

最后我们还想对有关的资助组织表示感谢，它们多年来一直支持这一工作的进行。包括来自惠普公司的支持——Ira Goldstein 和 Joel Birnbaum 的帮助使之成为可能。还有来自 DARPA 的支持——得到了 Bob Kahn 的帮助。

Harold Abelson 和 Gerald Jay Sussman

目 录

构造函数抽象

心智的活动，除了在各种简单概念上显示其威力外，主要表现在如下三个方面：（1）把若干简单概念组合为一个复合概念，并由此产生各种复杂的概念。（2）把两个概念放在一起观察，无论其如何简单或复杂，在这样做时并不把它们合而为一，只为得到有关它们的相互关系的概念。（3）把关注的概念与那些在实际中和它同在的所有其他概念隔离，这称为抽象，所有普适概念都是这样得到的。

——John Locke（约翰·洛克），《人类理解论》（1690）

我们准备学习的是有关计算过程的知识。计算过程是与计算机密切相关的一类抽象物，在其演化进程中，会去操作一些称为数据的抽象事物。人们创建出一些称为程序的规则模式，用以制导计算过程的进行。从作用上看，就像是我们在通过自己写作的魔力去控制计算机里的精灵。

计算过程确实很像一种能控制精灵的巫术，它看不见也摸不着，根本就不是物质构成的。然而它却又非常真实，可以完成某些智力性工作。它可以回答提问，可以通过在银行里支付金钱或者在工厂里操纵机器人等方式影响这个世界。我们用于指挥这种过程的程序就像巫师的咒语，它们是用一些诡秘而深奥的程序设计语言，通过符号表达式的形式细心编排而成，描述了我们希望相应计算过程完成的工作。

在正常工作的计算机里，一个计算过程将精密而准确地执行程序。这样，初学程序设计的人就像巫师的徒弟，必须学习如何理解和预知他们发出的咒语的可观察效果。程序里即使有一点小错误（常被称为程序错误，bug），也可能带来复杂而且无法预料的后果。

幸运的是，学习程序的危险远远小于学习巫术，因为我们要去控制的精灵以一种很安全的方式被约束着。在真实世界里做程序设计需要极度细心，需要经验和智慧。例如，在计算机辅助设计系统里的一点小毛病，就有可能导致一架飞机或者一座水坝的灾难性损毁，或者一个工业机器人的自我毁灭。

软件工程的大师们有能力组织好自己的程序，他们能合理地确信自己开发出的程序所产生的计算过程能完成预期的工作。他们可以预见自己的系统的行为，知道如何去构造这些程序，使得即使出现意外情况也不会导致灾难性后果。而且，当问题出现时，他们也能排除程序中的错误。设计良好的计算系统就像设计良好的汽车或者核反应堆，具有某种模块化的设计，其中各个部分都可以独立地构造、替换、排除错误。

用 JavaScript 编程

为了描述计算过程，我们需要一种合适的语言。我们为此将要使用的程序设计语言是 JavaScript。正如我们日常用自然语言（如英语、瑞典语或汉语等）表述自己的想法，用数学形式的记法描述定量的现象一样，我们将用 JavaScript 表述过程性的思想。JavaScript 是 1995 年开发的一种程序设计语言，其设计目标是用于写嵌在网页里的脚本，控制万维网

（World Wide Web，WWW）浏览器的行为。Brendan Eich 设计了这个语言，最初的名字是 Macha，后来被更名为 LiveScript，最后改为 JavaScript。语言名"JavaScript"现在是甲骨文公司（Oracle Corporation）的商标。

虽然 JavaScript 的初始设计目标是作为写万维网脚本的语言，但实际上它也是一种通用的程序设计语言。JavaScript 解释器就像一台机器，它能实际完成用 JavaScript 语言描述的计算过程。第一个 JavaScript 解释器是 Eich 在 Netscape 通信公司为 Netscape Navigator 开发的。JavaScript 的核心特征来自程序设计语言 Scheme 和 Self，其中 Scheme 是 Lisp 语言的一种方言，也就是这本书的原版中使用的程序设计语言。JavaScript 继承了 Scheme 最基本的设计原则，例如具有词法作用域的一等函数和动态类型检查等。

虽然 JavaScript 的最终名称源自 Java，而且这两种语言都采用了 C 语言的块结构，但 JavaScript 与 Java 语言的相似只是在表面上。Java 和 C 通常都用编译到低级语言的方式实现，而 JavaScript 程序自开始就是由万维网浏览器解释执行。在 Netscape Navigator 之后，其他万维网浏览器也提供了该语言的解释器，包括微软的 Internet Explorer，它支持的 JavaScript 版本称为 JScript。由于 JavaScript 被广泛用于控制万维网浏览器，这样就产生了标准化的需求，相关工作最终体现为 ECMAScript 标准。Guy Lewis Steele Jr. 领导了第 1 版 ECMAScript 标准的工作，在 1997 年 6 月完成（ECMA 1997）。其第 6 版标准的工作由 Allen Wirfs-Brock 领导，称为 ECMAScript 2015，2015 年 6 月被 ECMA 全体会议接受（ECMA 2015）。

在实际中，许多 JavaScript 程序被嵌在万维网网页里，这种情况促使浏览器的开发者实现 JavaScript 的解释器。随着这种程序变得越来越复杂，执行它们的解释器也变得更加高效，其中通常使用了非常复杂的实现技术，例如即时（Just-In-Time，JIT）编译等。到本书撰写时（2021 年），大部分 JavaScript 程序还是嵌在网页里，由浏览器解释执行。但 JavaScript 也越来越多地被当作通用程序设计语言使用，例如通过 Node.js 系统。

ECMAScript 2015 拥有一集重要特征，这些特征使它成为绝佳的媒介，能用于研学重要的程序设计结构和数据结构，理解它们与支持它们的语言特征之间的联系。ECMAScript 2015 的具有词法作用域的一等函数和通过 lambda 表达式对它们的语法支持，使我们能直接而且简洁地访问函数抽象；动态类型规则使这个改编本能尽可能接近基于 Scheme 的原书。除了上面这些因素和一些其他考虑，用 JavaScript 编程本身也是非常有趣的。

1.1　程序设计的基本元素

一种威力强大的程序设计语言，不仅能作为一种指挥计算机执行任务的方法，还能成为一个框架，使我们能在其中组织自己有关计算过程的思想。这样，当我们说明一种语言时，就应该特别关注该语言所提供的能把简单的概念组合起来形成更复杂概念的方法。每种强有力的语言都为此提供了三种机制：

- **基本表达式**，用于表示该语言所关注的最简单的个体。
- **组合的方法**，利用它们可以从较简单的元素出发构造出复合的元素。
- **抽象的方法**，利用它们可以为复合元素命名，进而把复合元素当作单元去操作。

在程序设计中，我们需要处理的元素有两类：函数和数据（后面我们会发现，实际上它们并非严格分离的）。通俗地说，数据是我们希望去操作的"东西"，而函数就是有关操作这些数据的规则的描述。这样，任何强有力的程序设计语言都必须能表述基本数据和基本函数，还需要提供对函数和数据进行组合和抽象的方法。

本章只处理简单的数值数据，这使我们可以把注意力集中到函数构造的规则方面[1]。在随后几章里我们将会看到，用于构造函数的规则同样也能用于操作数据。

1.1.1　表达式

开始学习程序设计时，最简单方法就是观察一些与 JavaScript 语言解释器交互的典型实例。你键入一个语句，解释器的响应就是把它求值这个语句的结果显示出来。

你可以键入的一种基本语句就是表达式语句，形式上是一个表达式后面跟一个分号。一类最基本的表达式是数（更准确地说，你键入的表达式是一串数字，按照以 10 为基数的方式表示相应的数值）。如果你输入下面的程序：

```
486;
```

解释器的响应是打印出[2]

486

表示数的表达式可以用运算符（例如 + 或者 *）组合起来，形成复合表达式，表示把相应的基本函数作用于这些数。例如：

```
137 + 349;
486

1000 - 334;
666

5 * 99;
495

10 / 4;
2.5

2.7 + 10;
12.7
```

上面这样的表达式称为组合式，它们以另一些表达式作为其组成部分。这种组合式的形式是把一个运算符符号放在中间，两个运算对象表达式分置左右，这种表达式称为运算符组合式。得到运算符组合式的值的方法，就是把运算符代表的那个函数应用于给定的实际参数（下面常简称为实参），而所谓实际参数就是相应运算对象的值。

把运算符放在两个运算对象之间的约定形式称为中缀记法，这也是常用的数学表示法，

1　把数值看作"简单数据"实际上也是一种赤裸裸的虚张声势。事实上，对数值的处理是任何程序设计语言里最难处理也最迷惑人的一个方面，其中涉及的典型问题包括：某些计算机系统区分整数（例如 2）和实数（例如 2.71）。那么实数 2.00 和整数 2 不同吗？用于整数的算术运算是否与用于实数的运算相同呢？6 除以 2 的结果是 3 还是 3.0？我们可以表示的最大数是什么？能表示的精度最多包含多少个十进制位？整数的表示范围与实数一样吗？显然，上面这些问题以及许多其他问题都会带来一系列与舍入和截断误差有关的问题——这就是数值分析的整个科学领域。因为本书主要关心的是大规模程序的设计，而不是数值技术，因此将忽略对这些问题的讨论。本章中有关数值的实例将不考虑常规的舍入行为，而在实际中对非整数使用具有有限的十进制位数精度的算术运算时，一定会看到这种行为。

2　本书中，为区分用户用键盘送出的输入和解释器打印的正文，我们将用斜体字符表示后者。

这些多半是你早已在小学和日常生活中熟悉了的东西。与在数学中一样，运算符组合式可以嵌套，其中的运算对象本身也可以是运算符组合式：

```
(3 * 5) + (10 - 6);
19
```

如常，我们可以用括号在运算符组合式里做分组，以避免歧义。如果忽略括号，JavaScript也遵循常规的规则：乘法和除法运算符的组合力比加减法运算符更强，因此，

```
3 * 5 + 10 / 2;
```

表示

```
(3 * 5) + (10 / 2);
```

对这种情况，我们说 * 和 / 具有比 + 和 - 更高的优先级。加或减的序列从左到右地处理，乘和除的序列也一样。这样，

```
1 - 5 / 2 * 4 + 3;
```

就表示

```
(1 - ((5 / 2) * 4)) + 3;
```

对这些情况，我们说运算符 +、-、* 和 / 都是左结合的。

原则上说，对于可以求值的表达式嵌套的深度及其整体的复杂程度，JavaScript 解释器并没有任何限制。反倒是我们自己可能被一些并不很复杂的表达式搞糊涂，例如：

```
3 * 2 * (3 - 5 + 4) + 27 / 6 * 10;
```

对这样复杂的表达式，解释器马上就能求值得到 57。我们帮助自己的方法可能是重写上面的表达式，例如写成下面的形式：

```
3 * 2 * (3 - 5 + 4)
+
27 / 6 * 10;
```

这样就在视觉上区分出了表达式的主要成分。

即使对非常复杂的表达式，解释器也总是按同样的基本循环运作：从终端读入用户键入的一个语句，对该语句求值，然后打印得到的结果。这种运作模式常被说成解释器在运行一个读入 - 求值 - 打印循环。可以看到，完全不需要明确要求解释器打印语句的值[3]。

1.1.2 命名和环境

程序设计语言中有一个至关重要的方面，就是需要提供通过名字引用计算对象的方法。第一种方法是声明常量。我们说某个名字标识一个常量，就是说它的值就是那个对象。

在 JavaScript 里，我们用常量声明来命名常量：

---

[3] JavaScript 遵循一种约定，规定每个语句都有一个值（参看练习 4.8）。这一约定和有关 JavaScript 程序员不关心效率的说法，使我们想改述 Alan Perlis 关于 List 程序员的俏皮话（他自己是改述自 Oscar Wilde）："JavaScript 程序员知道所有东西的值（value，价值），但却不知其代价（cost）。"

```
const size = 2;
```

这就导致解释器把值 2 关联于名字 size[4]。一旦名字 size 关联于值 2，我们就可以通过这个名字去引用值 2 了：

```
size;
2

5 * size;
10
```

下面是另外几个使用 **const** 的例子：

```
const pi = 3.14159;

const radius = 10;

pi * radius * radius;
314.159

const circumference = 2 * pi * radius;

circumference;
62.8318
```

常量声明是在 JavaScript 语言里做抽象的最简单的方法，它使我们可以用简单的名字引用组合运算的结果，例如上面计算出的 **circumference**。一般而言，计算对象可以有非常复杂的结构，如果每次需要用它们时都必须记住并重复写出它们的细节，那是非常不方便的。实际上，构造一个复杂的程序，也就是为了设法一步一步地创建出越来越复杂的计算对象。解释器使这种一步一步进行的程序构造过程变得非常方便，因为我们可以通过一系列交互操作，逐步建立所需的名字 – 对象关联。这种特征鼓励人们采用递增的方式开发和调试程序。而且导致了另一个事实：JavaScript 程序通常总是由一批相对简单的函数组成的。

应该看到，我们可以把值关联于名字，而后又能重新取出它们，这意味着解释器必须有某种记忆能力，保持有关的名字 – 值对偶的轨迹。这种记忆称为环境（更精确地说，是程序环境，因为我们以后会看到，在一个计算中可能涉及若干不同的环境）[5]。

1.1.3　运算符组合式的求值

本章的一个目标就是把与过程性思维有关的问题区分出来。作为这方面的第一个情况，现在我们考虑运算符组合式的求值。解释器按下面的过程处理。

求值一个运算符组合式时，按下面的方式工作：

1. 求值该组合式的各个子表达式。

2. 把运算符指代的那个函数应用于有关的实参，也就是各个运算对象的值。

即使是这样一条简单规则，也显示出一些在计算过程中具有普遍意义的重要问题。首先，上面的第一步说明，为了实现对一个组合式的求值过程，我们必须首先对该组合式的每个运算对象执行这种求值过程。因此，从性质上说，这种求值过程是递归的，也就是说，在

4　本书中将不给出解释器对声明求值的响应，因为这可能依赖于前面的语句。细节参看练习 4.8。

5　第 3 章将说明，对于理解解释器的工作，环境的概念是至关重要的。第 4 章将介绍为实现解释器而使用的环境。

自己工作的步骤中，又包含了对这个规则本身的使用。

请特别注意，采用递归的思想可以多么简洁地描述深度嵌套的组合式的情况。如果不用递归，我们就需要把这种情况看成很复杂的计算过程。例如，求值：

(2 + 4 * 6) * (3 + 12);

需要把求值规则应用于 4 个不同的组合式。我们可以把这个组合式表示为树的形式，得到这个求值过程的图示，如图 1.1 所示。在这里，每个组合式用一个带分支的结点表示，由它发出的分支对应于组合式的运算符和运算对象。终端结点（那些不再发出分支的结点）表示运算符或者数。用树的观点看求值过程，我们可以设想那些运算对象的值向上穿行，从终端结点开始，在越来越高的层次组合起来。一般而言，我们会看到，递归是处理层次性结构（类似树这样的对象）的特别强有力的技术。事实上，"值向上穿行"形式的求值规则是一类更具普遍意义的计算过程的一个例子，这种计算过程称为树形积累。

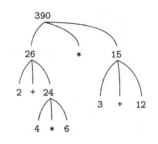

图 1.1　树表示，其中显示了各个子表达式的值

进一步观察告诉我们，反复应用第一个步骤，总会把我们带到求值中的一点，在这里遇到的不是组合式而是基本表达式，例如数或名字。我们按如下规定处理这些基础情况：

- 数的值就是它们所表示的数值。
- 名字的值就是在环境中关联于该名字的那个对象。

请注意这里的关键点：环境扮演的角色就是确定表达式中各个名字的意义。在如 JavaScript 这样的交互式语言里，如果没有环境提供信息，说（例如）表达式 x + 1 的值也毫无意义，因为需要环境为符号 x 提供意义。正如我们将在第 3 章里看到的，一般的环境概念为求值的进行提供上下文，对我们理解程序的执行起着非常重要的作用。

请注意，上面给出的求值规则里没有处理声明。举个例子，对 **const** x = 3; 求值，并不是把 = 运算符应用于它的两个实参，其中一个是名字 x 的值，另一个是 3。声明的作用就是为 x 关联一个值（也就是说，**const** x = 3; 不是组合式）。

我们把 **const** 中的字母写成黑体，就是为表明它是 JavaScript 语言里的一个关键字。每个关键字都有特殊的意义，它们不能当名字使用。关键字或关键字组合要求 JavaScript 解释器以某种特殊方式处理相应的语句。不同语句形式各有自己的求值规则。各种类别的语句和表达式（每类各有相关的求值规则）组成了程序设计语言的语法。

1.1.4　复合函数

我们已经介绍了 JavaScript 里的一些元素，它们必然也会出现在任何一种强大的程序设计语言里，包括：

- 数和算术运算是基本的数据和函数。
- 组合式的嵌套提供了一种把多个操作组织起来的方法。
- 常量声明是一种受限的抽象手段，其功能就是为名字关联值。

现在我们来学习函数声明，这是一种威力更强大的抽象技术，通过它可以给复合操作确定一个名字，而后就可以把它作为一个单元来引用。

我们从如何表述"平方"的概念开始。我们可能说"求某个东西的平方，就是用它自身去乘它自身"。在我们的语言里，这件事应该表述为：

```
function square(x) {
    return x * x;
}
```

可以按如下方式理解这一描述：

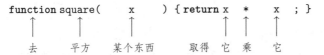

这样我们就有了一个复合函数，它还被命名为 square。这个函数表示把一个东西乘以其自身的操作。被乘的东西给定了一个局部名 x，它扮演着与自然语言里的代词同样的角色。求值这一声明的结果就是创建出一个复合函数，并把它关联于名字 square[6]。

最简单的函数声明的形式是：

function *name*(*parameters*) { **return** *expression*; }

其中的 *name* 是一个名字，函数的定义将在环境中关联于这个名字[7]。*parameters*（形式参数）是一些名字，它们被用在函数体里，表示要求引用在应用这个函数时提供的各个实参。这些 *parameters* 写在一对括号里，用逗号分隔，就像所声明的函数被实际调用时的写法。在最简单的形式里，这里的 *body* 就是一个返回语句，由关键字 **return** 和一个返回表达式构成[8]。在函数应用时，声明中的形式参数被与之对应的实参取代，返回表达式的执行生成函数应用的值。与常量声明和表达式语句一样，返回语句最后也需要有分号。

声明了 square 之后，我们就可以在函数应用表达式里使用它。我们可以给这种表达式加上分号，将其转变为一个语句：

```
square(21);
441
```

除了运算符组合式，函数应用是我们遇到的第二种组合表达式，它们同样可用于构造更大的表达式。函数应用的一般形式是：

function-expression(*argument-expressions*)

应用中的 *function-expression*（函数表达式）描述希望应用的函数，要求将其应用于逗号分隔的那些 *argument-expression*（实参表达式）。在求值一个函数应用式时，解释器将按下面的过程工作，类似于 1.1.3 节描述的运算符组合式的求值过程：

需要求值一个函数应用式时，按下面的方式工作：

---

6 可以看到，这里出现的实际上是两个不同操作的组合：我们建立了一个函数，我们给这个函数确定了名字 square。完全可能分离这两个概念，能够那样做也是非常重要的。也就是说，我们可以创建一个函数但不予命名，也可以给以前创建好的函数命名。我们将在 1.3.2 节看到如何做这些事情。

7 在本书中说明表达式的语法形式时，我们将用斜体字符（例如 *name*）表示表达式中的一些"空位置"。在实际写这种表达式时，需要填充这些空位。

8 更一般的情况，函数体可以是一串语句。对这种情况，解释器将按顺序逐一求值每一个语句，直至遇到一个返回语句确定了函数应用的值。

1. 求值应用式中的各个子表达式，即其中的函数表达式和各个实参表达式。

2. 把得到的函数（也就是函数表达式的值）应用于那些实参表达式的值。

```
square(2 + 5);
49
```

这里的实参表达式本身又是组合式，即为运算符组合式 2 + 5。

```
square(square(3));
81
```

很自然，实参表达式同样也可以是函数应用表达式。

我们还可以用 square 作为基本构件去声明其他函数。举例说，$x^2 + y^2$ 可以描述为：

```
square(x) + square(y)
```

现在我们很容易声明一个函数 sum_of_squares[9]，给它两个数作为实参，它就能给出这两个数的平方和：

```
function sum_of_squares(x, y) {
    return square(x) + square(y);
}

sum_of_squares(3, 4);
25
```

现在我们又可以用 sum_of_squares 作为构件，进一步去构造其他函数了：

```
function f(a) {
    return sum_of_squares(a + 1, a * 2);
}

f(5);
136
```

除了复合函数之外，每个 JavaScript 环境都提供了一些基本函数，它们被构筑在解释器里，或者可以从函数库装入。除了为各个运算符提供相应的基本函数，本书使用的 JavaScript 环境还包括了另外一些基本函数，例如函数 math_log，它计算实参的自然对数值 [10]。基本函数的使用方式与复合函数一样，math_log(1) 将得到数值 0。实际上，如果只看上面给出的 sum_of_squares 的声明，我们根本没办法分辨其中的 square 究竟是直接构筑在解释器里，或是从程序库装入，还是通过声明定义的复合函数。

1.1.5　函数应用的代换模型

在求值函数应用时，解释器完全按 1.1.4 节描述的过程工作。也就是说，解释器首先求

9　包含多个部分的名字（如 sum_of_squares）的写法对程序的可读性有影响，程序设计界对此有不同看法。常见的 JavaScript 拼写习惯称为驼峰形大小写规则（简称驼峰规则），按照该规则，上面这个名字应该写成 sumOfSquares。本书使用的规则称为蛇形规则，选择这种形式是为了更接近本书 Scheme 版的书写形式，在形式上就是用下划线作为连接符，代替原 Scheme 版中的连字符。

10　我们的 JavaScript 环境包含了 ECMAScript 的所有数学对象，包括函数和常量，名字都是 math_…。MIT 出版社有关本书的网页包括一个 JavaScript 程序包 sicp，其中包含了这些数学对象，还包含了本书认为基本的所有其他 JavaScript 函数。

值应用表达式的各个元素，而后把得到的函数（也就是该应用式中的函数表达式的值）应用于那些实际参数（它们就是应用式中的那些实参表达式的值）。

我们可以假定，基本函数的应用已经在解释器或库里做好了。对于复合函数，这种应用的计算过程是：

> 把一个复合函数应用于一些实际参数，就是在把该函数的返回表达式中的每个形参用相应的实参取代后，求值得到的结果表达式[11]。

为了展示这个计算过程，让我们求值下面的应用式：

```
f(5)
```

其中的 f 就是 1.1.4 节声明的那个函数。我们首先提取出 f 的返回表达式：

```
sum_of_squares(a + 1, a * 2)
```

而后用实参 5 代换其中的形式参数：

```
sum_of_squares(5 + 1, 5 * 2)
```

这样，问题归约为对另一个应用式的求值，它有两个实参，函数表达式是 sum_of_squares。求值这一应用式牵涉下面三个子问题：我们必须求值其中的函数表达式，得到应该去应用的函数；还要求值那些实参表达式，得到函数应用的实际参数。这里的 5 + 1 产生 6，5 * 2 产生 10，因此我们需要把 sum_of_squares 函数应用于 6 和 10。用这两个值代换 sum_of_squares 的返回表达式里的形式参数 x 和 y，该表达式就归约为：

```
square(6) + square(10)
```

我们使用 square 的声明，又可以把它归约为：

```
(6 * 6) + (10 * 10)
```

通过乘法又能把它进一步归约为：

```
36 + 100
```

最后就得到了：

```
136
```

上面描述的计算过程称为函数应用的代换模型。在考虑本章到目前为止所关注的函数时，我们可以把它看作确定函数应用的"意义"的模型。但是，这里还需要强调两点：

- 这里的代换只是为帮助我们思考函数调用的情况，而不是对解释器实际工作方式的具体说明。典型的解释器都不采用直接操作函数正文、以值代换形式参数的方式完成对函数调用的求值。实际的求值器通常采用为形式参数建立局部环境的方式产生"代换"的效果。我们将在第 3 章和第 4 章考察解释器的实现细节，更完整地讨论这个问题。

- 随着本书的进展，我们将展示一系列有关解释器如何工作的模型，一个比一个更精

11　如果函数体是一串语句，则在做了参数代换后对这些语句求值。函数应用的值就是求值中遇到的第一个返回语句里的返回表达式的值。

细，并最终在第 5 章给出一个解释器和一个编译器的完整实现。代换模型只是这些模型中的第一个——作为形式化地思考求值过程的起点。一般而言，在模拟科学研究或者工程中的现象时，我们总是从简化的不完整的模型开始。随着更细致地检查所考虑的问题，这些简单模型也会变得越来越不合适，从而必须用进一步精化的模型取代。这里的代换模型也不例外。特别地，我们将要在第 3 章讨论把函数用于"变动数据"的问题，那时就会看到代换模型完全不行了，必须用更复杂的函数应用模型取代[12]。

应用序和正则序

按 1.1.4 节给出的有关求值过程的描述，解释器首先求值函数和各个实参表达式，而后把得到的函数应用于得到的实际参数。然而，这并不是执行求值的唯一可能方式。另一种求值模型是先不求出实参表达式的值，直到实际需要它们的值的时候再求值。采用这种求值方式，我们就应该首先用实参表达式代换形式参数，直至得到一个只包含运算符和基本函数的表达式，然后再执行求值。如果我们采用这种方式，对下面这个表达式求值：

    f(5)

将会形成下面的逐步展开序列：

    sum_of_squares(5 + 1, 5 * 2)

    square(5 + 1)   + square(5 * 2)

[12]

    (5 + 1) * (5 + 1) + (5 * 2) * (5 * 2)

然后是下面的归约：

    6   *   6   +   10   *   10

        36   +   100

                136

这样做也给出了与前面求值模型同样的结果，但计算过程却是不同的。特别地，对 5 + 1 和 5 * 2 的求值各做了两次，它们都出自对下面表达式的归约：

    x * x

其中的 x 分别被代换为 5 + 1 和 5 * 2。

这种"完全展开而后归约"的求值模型称为正则序求值，与之相对的是解释器实际使用的方式，"先求出实参而后应用"，这称为应用序求值。可以证明，对于可以用代换来模拟，并能产生合法值的那些函数应用（包括本书前两章的所有函数），正则序和应用序求值将产生同样的值（参看练习 1.5 中"非法"值的例子，正则序和应用序会给出不同的结果）。

JavaScript 采用应用序求值，部分原因在于这样做能避免对表达式的重复求值（如上面的 5 + 1 和 5 * 2 的情况所示），从而可以提高一点效率。更重要的是，在超出了可以用代换方式模拟的函数的范围后，正则序的处理将变复杂许多。而在另一些方面，正则序也可以

---

12 虽然代换的想法看起来似乎很简单，但令人吃惊的是，给出代换过程的严格数学定义却异常复杂。问题在于，作为函数形式参数的名字，可能会与代换过程中被函数应用的那些表达式里的（同样的）名字相互混淆。在逻辑和程序设计的语义学文献里，关于代换的充满错误的定义有很长的历史。请参考 Stoy 1977 中有关代换的详细讨论。

成为特别有价值的工具，我们将在第 3 章和第 4 章研究它的某些内在性质[13]。

1.1.6　条件表达式和谓词

至此，我们能描述的函数类的表达能力还非常有限，因为还没办法先做检测，然后根据检测结果执行不同操作。例如，我们还无法声明一个函数，使它能算出一个数的绝对值。完成此事需要先检查这个数是否非负，然后按下面的规则对不同情况采用不同的动作：

$$|x| = \begin{cases} x & \text{如果} x \geqslant 0 \\ -x & \text{否则} \end{cases}$$

这种结构称为分情况分析，在 JavaScript 里可以用条件表达式写出来：

13

```
function abs(x) {
    return x >= 0 ? x : - x;
}
```

这个条件表达式可以用自然语言读为"如果 *x* 大于等于 0 就返回 *x*，否则返回 *-x*。"条件表达式的一般形式是：

　　　　predicate ? *consequent-expression* : *alternative-expression*

条件表达式以 *predicate* 开头（下面有时称为"谓词部分""谓词表达式"，或直接说"谓词"），这是一个值为真或假的表达式。真和假是 JavaScript 里的两个布尔值，对基本布尔表达式 **true** 和 **false** 求值将直接得到布尔值真和假。在谓词之后是一个问号，然后是 *consequent-expression*（下面称为"后继部分"或"后继表达式"）、一个冒号和 *alternative-expression*（下面称为"替代部分"或"替代表达式"）。

求值条件表达式时，解释器首先求值表达式中的 *predicate*，如果它的值是真，那么就去求值 *consequent-expression*，并以其值作为这个条件表达式的值。如果 *predicate* 的值是假，就去求值 *alternative-expression*，并以其值作为条件表达式的值[14]。

术语谓词（*predicate*）指返回真或假的运算符或函数，以及求值结果为真或假的表达式。绝对值函数 abs 里使用了基本谓词 >=，这是一个运算符，它以两个数作为参数，检查第一个数是否大于或等于第二个数，并据此分别返回真或假。

如果我们愿意把 0 作为另一种情况处理，也可以要求这个函数按另一种方式计算数值的绝对值：

$$|x| = \begin{cases} x & \text{如果} \ x > 0 \\ 0 & \text{如果} \ x = 0 \\ -x & \text{否则} \end{cases}$$

在 JavaScript 里，我们经常用到在一个条件表达式的 *alternative-expression* 部分嵌套另一个条件表达式的语句形式，用于描述包含多种不同情况的分情况分析：

13　第 3 章将引进流处理的概念，这是一种采用正则序的一种受限形式去处理明显的"无限"数据结构的方法。4.2 节将修改 JavaScript 解释器，构造出一种采用正则序求值的 JavaScript 变体。

14　完全版本的 JavaScript 条件表达式允许求值 *predicate* 表达式得到任意结果，而不仅是布尔值（细节见 4.1.3 节的脚注 14）。本书中的条件表达式只使用了具有布尔值的谓词表达式。

```
function abs(x) {
    return x > 0
            ? x
            : x === 0
            ? 0
            : - x;
}
```

在嵌套的表达式 x === 0 ? 0 : - x 周围不需要加括号，这是因为条件表达式是右结合的。为了提高可读性，这里加入了一些空格和换行，把分情况分析里的各个 ? 和 : 都与第一个谓词对齐。解释器会忽略这些空格和换行。分情况分析的一般形式是：

$$p_1$$
$$? \ e_1$$
$$: \ p_2$$
$$? \ e_2$$
$$\vdots$$
$$: \ p_n$$
$$? \ e_n$$
$$: \ \textit{final-alternative-expression}$$

我们把谓词 p_i 和随后的 e_i 一起称为一个子句，这样，分情况分析结构就可以看作子句的序列，最后跟着一个表示其他情况的表达式。按条件表达式的求值规则，求值这种结构时，解释器首先求值谓词 p_1，如果其值是假就求值 p_2，如果其值还是假就求值 p_3。这一过程持续到求值某个谓词得到真，这时解释器就求值该子句的 e，并将其值作为整个分情况分析的值。如果所有的 p 求出值都不是真，这个分情况分析的值就是最后那个其他情况表达式的值。

　　除了可以应用于数值的基本谓词如 >=、>、<、<=、=== 和 !== 之外[15]，还有几个逻辑复合运算符，利用它们可以构造出各种复合谓词。最常用的三个复合运算符是：

- *expression*₁ **&&** *expression*₂
  这个运算描述逻辑合取，其意义大致相当于自然语言的"并且"。这一语法形式实际上是 *expression*₁ ? *expression*₂ : false 的语法包装（加了语法糖衣[16]）。

- *expression*₁ **||** *expression*₂
  这个运算描述逻辑析取，其意义大致相当于自然语言的"或者"。这一语法形式实际上是 *expression*₁ ? true : *expression*₂ 的语法包装。

- !*expression*
  这个运算描述逻辑否定，其意义大致相当于自然语言的"非"。如果 *expression* 求出的值是假，整个表达式的值就是真；如果 *expression* 的值为真，整个表达式的值就是假。

注意，&& 和 || 都只是语法形式而不是运算符，它们右边的子表达式不一定求值。另一方面，! 是一个运算符，遵循 1.1.3 节说明的求值规则。这是一个一元运算符，也就是说它只有一个运算对象，而至今我们讨论的算术运算符和基本函数都是二元的，都要求两个参数。运算符 ! 应该放在其运算对象前面，因此称为前缀运算符。另一个前缀运算符是算术的求负运算符，前面 abs 函数里的表达式 - x 就是使用它的例子。

　　作为使用这些谓词的例子，数 x 的值位于区间 $5 < x < 10$ 中的条件可以表述为：

15　目前我们把这些运算符限制到数值，2.3.1 节和 3.3.1 节将介绍相等和不等运算符 === 和 !== 的推广情况。

16　这种只是为了方便，也为使事物的表面结构更具统一性而引入的语法形式，被人们称为语法糖衣或者更简单的语法糖。这一说法出自 Peter Landin。

```
x > 5 && x < 10
```

语法形式 && 的优先级低于比较运算符 > 和 <。另一方面，条件表达式语法形式 …?…:… 的优先级低于我们遇到过的所有运算符。前面的 abs 函数里已经用到这个性质。

作为另一个例子，我们可以声明一个谓词，它检测某个数是否大于或等于另一个：

```
function greater_or_equal(x, y) {
    return x > y || x === y;
}
```

或者也可以写成：

```
function greater_or_equal(x, y) {
    return ! (x < y);
}
```

把函数 greater_or_equal 应用于两个数，其行为就像运算符 >=。一元运算符的优先级高于二元运算符，因此，后一例子里的括号是必需的。

练习 1.1　下面是一系列语句。对这里的每个语句，解释器将输出什么结果？假定这一语句序列按我们展示的顺序求值。

```
10;

5 + 3 + 4;

9 - 1;

6 / 2;

2 * 4 + (4 - 6);

const a = 3;

const b = a + 1;

a + b + a * b;

a === b;

b > a && b < a * b ? b : a;

a === 4
? 6
: b === 4
? 6 + 7 + a
: 25;
2 + (b > a ? b : a);

(a > b
 ? a
 : a < b
 ? b
 : -1)
*
(a + 1);
```

在最后两个例子里，围绕条件表达式的括号都是必需的，因为条件表达式语法形式的优先级低于运算符 + 和 *。

练习 1.2　请把下面这个表达式翻译为 JavaScript 表达式：

16

$$\frac{5+4+\left(2-\left(3-\left(6+\dfrac{4}{5}\right)\right)\right)}{3(6-2)(2-7)}$$

练习 1.3 请声明一个函数，它以三个数为参数，返回其中较大的两个数的平方和。

练习 1.4 应该注意，我们的求值模型允许函数应用中的函数表达式又是复合表达式，请根据这一认识说明函数 `a_plus_abs_b` 的行为：

```
function plus(a, b) { return a + b; }
function minus(a, b) { return a - b; }
function a_plus_abs_b(a, b) {
    return (b >= 0 ? plus : minus)(a, b);
}
```

练习 1.5 Ben Bitdiddle 发明了一种检测方法，能用于确定解释器究竟采用哪种求值序，是用应用序求值，还是用正则序求值。他声明了下面两个函数：

```
function p() { return p(); }

function test(x, y) {
    return x === 0 ? 0 : y;
}
```

而后他求值下面的语句：

```
test(0, p());
```

如果解释器采用应用序求值，Ben 会看到什么样的情况？如果解释器采用正则序求值，他又会看到什么情况？请解释你的回答。（在这里我们假设：无论解释器实际使用的是正则序还是应用序，条件表达式的求值规则总是一样的，其中的谓词部分先行求值，再根据其结果确定随后求值的子表达式部分。）

1.1.7　实例：用牛顿法求平方根

上面介绍的函数很像常规的数学函数，它们描述的都是根据一个或几个参数确定一个值。然而，在数学的函数和计算机的函数之间有一个重要的差异，那就是，计算机的函数还必须是有效可行的。

作为实例，现在考虑计算平方根的问题。我们可以把平方根函数定义为：

$$\sqrt{x}\ 得到那样的\ y，能使得\ y \geqslant 0\ 而且\ y^2 = x$$

这句话描述了一个完全合法的数学函数，我们可以根据它去判断某个数是否为另一个数的平方根，或根据它推导出一些有关平方根的一般性事实。然而，在另一方面，这个定义并没有描述计算机函数，因为它确实没有告诉我们，在拿到一个数之后，如何实际地找出这个数的平方根。即使采用类似 JavaScript 的形式重写一遍这个定义也无济于事：

```
function sqrt(x) {
    return the y with y >= 0 && square(y) === x;
}
```

这只不过是重述了原来的问题。

数学函数与计算机的函数之间的明显对比，不过是描述事物的特征，与描述如何去做出这一事物之间的普遍性差异的一个具体反映。换一种说法，人们有时也把它说成是说明性的知识与行动性的知识之间的差异。在数学里，我们通常关心的是说明性的描述（是什么），而在计算机科学里，人们则通常关心行动性的描述（怎么做）[17]。

怎样才能计算出平方根呢？最常用的就是牛顿的逐步逼近方法。这一方法告诉我们，如果对 x 的平方根值有了一个猜测 y，那么就可以通过执行一个简单操作，得到一个更好的猜测（它更接近实际平方根的值）：只需要求出 y 和 x/y 的平均值[18]。例如，我们可以用这种方式计算 2 的平方根，假定初始值是 1：

猜测	商	平均值
1	$\dfrac{2}{1}=2$	$\dfrac{(2+1)}{2}=1.5$
1.5	$\dfrac{2}{1.5}=1.3333$	$\dfrac{(1.3333+1.5)}{2}=1.4167$
1.4167	$\dfrac{2}{1.4167}=1.4118$	$\dfrac{(1.4167+1.4118)}{2}=1.4142$
1.4142	…	…

继续这一计算过程，我们就能得到 2 的平方根的越来越好的近似值。

现在，让我们用函数的语言来描述这一计算过程。开始时，我们有被开方的数值（要做的就是计算它的平方根）和一个猜测值。如果猜测值对我们的用途而言已经足够好，工作就完成了。如若不然，就需要重复上述计算过程去改进这个猜测值。我们可以把这一基本策略写成下面的函数：

```
function sqrt_iter(guess, x) {
    return is_good_enough(guess, x)
           ? guess
           : sqrt_iter(improve(guess, x), x);
}
```

改进猜测值的方法，就是求出它与被开方数除以这个旧猜测的平均值：

```
function improve(guess, x) {
    return average(guess, x / guess);
}
```

其中

```
function average(x, y) {
    return (x + y) / 2;
}
```

17 说明性描述和行动性描述有内在的联系，就像数学和计算机科学有内在联系一样。举个例子，说一个程序产生的结果是"正确的"，就是给出了一个有关该程序的性质的说明性语句。存在着大量的研究工作，其目标就是创造一些技术，设法证明一个程序的正确。在这一领域存在许多技术性困难，究其根源，都出自需要在行动性语句（程序是用它们构造起来的）和说明性语句（它们可以用于推导出某些结果）之间转来转去。在与此相关的领域里，程序设计语言设计者一直在探索所谓的甚高级语言，在这种语言里编程就是写说明性语句。在这里人们的想法就是把解释器做得足够强大，程序员描述了需要"做什么"的知识之后，这种解释器就能自动产生"怎样做"的知识。一般而言这是不可能做到的，但这一领域已经取得了巨大进步。第 4 章我们再来考虑这一想法。

18 这个平方根算法实际上是牛顿法的一个特例，牛顿法是一种求方程根的通用技术。平方根算法本身由亚历山大的 Heron 在公元一世纪提出。我们将在 1.3.4 节看到如何用 JavaScript 函数描述一般的牛顿法。

我们还必须说明什么是"足够好"。下面的做法只是为了说明问题，它实际上并不是一个很好的检测方法（参看练习 1.7）。这里的想法是，不断改进答案直至它足够接近平方根，使其平方与被开方数之差小于某个事先确定的误差值（这里用的是 0.001）[19]：

```
function is_good_enough(guess, x) {
    return abs(square(guess) - x) < 0.001;
}
```

最后，还需要一种方法启动整个工作。例如，对任何数，我们都可以猜其平方根为 1：

```
function sqrt(x) {
    return sqrt_iter(1, x);
}
```

如果把这些声明都送给解释器，我们就可以像使用其他函数一样使用 sqrt 了：

```
sqrt(9);
3.00009155413138

sqrt(100 + 37);
11.704699917758145

sqrt(sqrt(2) + sqrt(3));
1.7739279023207892

square(sqrt(1000));
1000.000369924366
```

这个 sqrt 程序也说明，至今已经介绍的这个简单的函数式语言，已经足以写出可以用其他语言（例如 C 或 Pascal）写出的任何纯粹数值计算的程序了。这件事看起来可能很让人吃惊，因为在我们的语言里甚至没有包括任何迭代结构（循环，它们可用于指挥计算机去一遍遍地做某些事情）。而在另一方面，sqrt_iter 展示了如何不用特殊的迭代结构来实现迭代，其中只需要使用常规的函数调用能力[20]。

练习 1.6   Alyssa P. Hacker 不喜欢条件表达式的语法，因为其中涉及符号 ? 和 :。她问："为什么我不能直接声明一个常规的条件函数，其应用的工作方式就像条件表达式呢？"[21] Alyssa 的朋友 Eva Lu Ator 断言确实可以这样做，并声明了一个名为 conditional 的函数：

```
function conditional(predicate, then_clause, else_clause) {
    return predicate ? then_clause : else_clause;
}
```

Eva 给 Alyssa 演示了她的程序：

```
conditional(2 === 3, 0, 5);
5

conditional(1 === 1, 0, 5);
0
```

她很高兴地用自己的 conditional 函数重写了求平方根的程序：

19　我们通常用 is_ 开头的名字为谓词命名，用以帮助人注意到它们是谓词。

20　关心通过函数调用实现迭代时的效率问题的读者，可以去看 1.2.1 节中有关"尾递归"的说明。

21　作为来自《计算机程序的构造和解释》Scheme 版的 List 迷，Alyssa 倾心于简单且统一的语法形式。

```
function sqrt_iter(guess, x) {
    return conditional(is_good_enough(guess, x),
                       guess,
                       sqrt_iter(improve(guess, x),
                                 x));
}
```

当 Alyssa 试着用这个函数去计算平方根时会发生什么情况？请给出解释。

练习 1.7　在计算很小的数的平方根时，用 `is_good_enough` 检测不是很有效。还有，在实际计算机里，算术运算总以一定的有限精度进行。这会使我们的检测不适合用于对很大的数的计算。请解释上述论断，并用例子说明对很小的和很大的数，这种检测都可能失效。实现 `is_good_enough` 的另一策略是监视猜测值在一次迭代中的变化情况，当变化的值相对于猜测值之比很小时就结束。请设计一个采用这种终止测试方式的平方根函数。对很大的和很小的数，这一策略都能工作得更好吗？

练习 1.8　求立方根的牛顿法基于如下事实，如果 y 是 x 的立方根的一个近似值，那么下式能给出一个更好的近似值：

$$\frac{x / y^2 + 2y}{3}$$

请利用这个公式，实现一个类似平方根函数的求立方根的函数。（在 1.3.4 节，我们将看到如何实现一般的牛顿法，它是这里的求平方根和立方根函数的抽象。）

1.1.8　函数作为黑箱抽象

`sqrt` 是我们用一组手工定义的函数实现计算过程的第一个例子。请注意，`sqrt_iter` 的声明是*递归*的，也就是说，该函数的定义基于它自身。基于一个函数自身来定义它的想法可能令人感到不安，这种"循环"定义有意义的理由不清楚：它是否完全地刻画了一个能由计算机实现的计算过程呢？我们将在 1.2 节更深入地讨论这一问题。现在我们先看看 `sqrt` 实例表现的另外一些重要情况。 ［21］

可以看到，平方根的计算问题可以自然地分解为若干子问题：怎么才能说一个猜测足够好，怎样去改进一个猜测等。这些工作中的每一个都通过一个独立函数完成。整个 `sqrt` 程序可以看作一簇函数（如图 1.2 所示），它们直接反映了从原问题到子问题的分解。

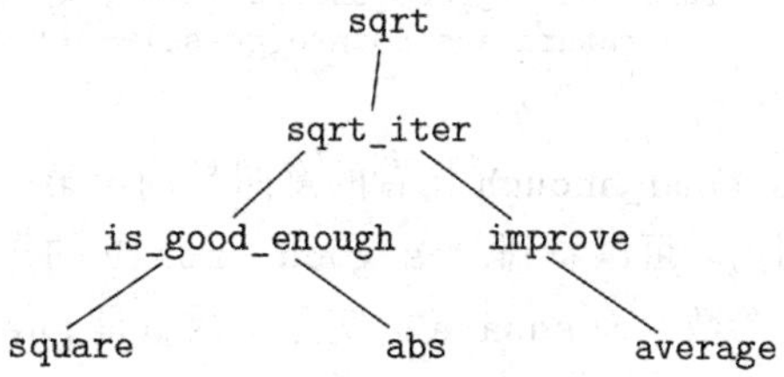

图 1.2　`sqrt` 程序的函数分解

这一分解策略的重要性，不仅在于把一个问题分解成几个部分。当然，我们总可以拿来一个大程序，把它切分成几个部分——最前面 10 行，随后 10 行，再后面 10 行等。其实，这里的关键是，分解得到的每个函数完成了一件可以清晰说明的工作，这使它们可以被用作定义其他函数的模块。例如，当我们基于 `square` 定义函数 `is_good_enough` 时，就是把 `square` 看作"黑箱"。我们暂时不关心这个函数如何得到结果，而是只注意它能计算平方值的事实。如何计算平方的细节被隐去不提，推迟到以后再考虑。确实如此，如果只看 `is_good_enough` 函数，与其说 `square` 是函数，不如说它是一个函数的抽象，即所谓*函数抽象*。在这一抽象层次上，任何计算平方的函数都同样可以使用。

这样，如果只考虑返回值，下面这两个求数值平方的函数并无差别。两者都以一个数值作为参数，产生这个数的平方作为函数值[22]。

```
function square(x) {
    return x * x;
}

function square(x) {
    return math_exp(double(math_log(x)));
}
function double(x) {
    return x + x;
}
```

[22]

由此可见，一个函数应该能隐藏一些细节。这使该函数的使用者有可能不必自己写这些函数，而是从其他程序员那里作为黑箱接受它。在使用一个函数时，用户应该不需要知道它是如何实现的。

局部名

函数的用户不必关心的实现细节之一，就是实现者为函数所选用的形式参数的名字，也就是说，下面两个函数应该是不可区分的：

```
function square(x) {
    return x * x;
}

function square(y) {
    return y * y;
}
```

这一原则（函数的意义不依赖于其作者为形式参数选用的名字）从表面看是自明的，但其影响却很深远。最直接的影响是，函数的形式参数名必须局部于有关的函数体。例如，我们在前面平方根函数的 is_good_enough 声明里用到名字 square：

```
function is_good_enough(guess, x) {
    return abs(square(guess) - x) < 0.001;
}
```

is_good_enough 作者的意图是确定第一个参数的平方是否位于第二个参数的给定误差的范围内。可以看到，is_good_enough 的作者用名字 guess 表示其第一个参数，用 x 表示第二个参数，而 square 的实际参数就是 guess。如果 square 的作者也用 x（例中确实如此）表示参数，可以想到，is_good_enough 里的 x 必须与 square 里的 x 不同。运行函数 square 绝不应该影响 is_good_enough 里用的那个 x 的值，因为在 square 完成计算后，is_good_enough 可能还需要 x 的值。

如果参数不是局部于它们所在的函数体，那么 square 里的参数 x 就会与 is_good_enough 里的参数 x 相互干扰。如果这样，is_good_enough 的行为方式就依赖我们所用的 square 的具体版本，square 也就不是我们希望的黑箱了。

函数的形式参数在函数声明里扮演着非常特殊的角色，形式参数的具体名字其实并不重

---

22 这两个函数实现中哪个更高效，这个问题也不是很明确，依赖于所用硬件。存在这样的机器，对它们而言，其中"最明显的"那个实现的效率更低一些。例如，考虑一种机器，它有很大的对数和反对数表，以某种非常高效的方式存放和使用。

要，这样的名字称为是约束的。因此我们说，函数声明约束了它的所有形式参数。如果在一个函数声明里把某个约束名统一换名，该函数声明的意义不变[23]。如果一个名字不是约束的，我们就说它是自由的。一个名字的声明被约束的那一集语句称为这个名字的作用域。在一个函数声明里，被声明为函数形式参数的约束名都以该函数的体为作用域。

在上面 is_good_enough 的声明里，guess 和 x 是约束的名字，而 abs 和 square 是自由的。要保证 is_good_enough 的意义与我们对名字 guess 和 x 的选择无关，只需要求这些名字都与 abs 和 square 不同（如果我们把 guess 重命名为 abs，就会因为捕获了名字 abs 而引进一个错误，因为这样做把一个原来自由的名字变成约束的了）。is_good_enough 的意义当然与其中自由名字的选择有关，这个意义显然依赖于（这个声明之外的）一些事实：名字 abs 引用一个函数，该函数能求出数值的绝对值。如果我们把 is_good_enough 声明里的 abs 换成 math_cos（基本余弦函数），它计算的就是另一个不同的函数了。

内部声明和块结构

到现在为止，我们只分离出了一种可用的名字：函数的形式参数是其函数体里的局部名字。这个平方根程序还表现了另一种情况，我们也会希望能控制其中名字的使用。目前这个程序由几个相互独立的函数组成：

```
function sqrt(x) {
    return sqrt_iter(1, x);
}
function sqrt_iter(guess, x) {
    return is_good_enough(guess, x)
           ? guess
           : sqrt_iter(improve(guess, x), x);
}
function is_good_enough(guess, x) {
    return abs(square(guess) - x) < 0.001;
}
function improve(guess, x) {
    return average(guess, x / guess);
}
```

问题是，在这个程序里，只有一个函数对 sqrt 的用户是重要的，那就是这里的 sqrt。其他函数（sqrt_iter、is_good_enough 和 improve）只会干扰用户的思维，因为在需要与平方根程序一起使用的其他程序里，它们再不能声明另一个名为 is_good_enough 的函数作为程序的一部分了，因为在 sqrt 里用了这个名字。当许多分别工作的程序员一起构造大型系统时，这一问题就会变得非常严重。举例说，在构造一个大型数值函数库时，许多数值函数都需要计算一系列近似值，因此它们都可能需要名字为 is_good_enough 和 improve 的函数作为辅助函数。由于这些情况，我们自然会希望把子函数也局部化，把它们隐藏到 sqrt 里面，使 sqrt 可以与其他同样采用逐步逼近方法的函数共存，即使它们中每一个都有自己的 is_good_enough 函数。为使这件事成为可能，我们允许在一个函数声明里包含一些局部于这个函数的内部声明。例如，在解决平方根问题时，我们可以写：

```
function sqrt(x) {
    function is_good_enough(guess, x) {
```

23　统一换名的概念实际上也很微妙，很难形式化地定义。一些著名逻辑学家也在这里犯过错误。

```
        return abs(square(guess) - x) < 0.001;
    }
    function improve(guess, x) {
        return average(guess, x / guess);
    }
    function sqrt_iter(guess, x) {
        return is_good_enough(guess, x)
                ? guess
                : sqrt_iter(improve(guess, x), x);
    }
    return sqrt_iter(1, x);
}
```

任意一对匹配的花括号表示一个块，块内部的声明局部于这个块。这种嵌套的声明结构称为块结构，这是最简单的名字包装问题的正确处理方法。实际上，这里还潜藏着一个很好的情况：除了可以内部化辅助函数的声明，我们还可能简化它们。因为 x 在 sqrt 的声明中是受约束的，函数 is_good_enough、improve 和 sqrt_iter 也都声明在 sqrt 内部，也就是在 x 的定义域里。这样，明确地把 x 在这些函数之间传来传去就没有必要了。我们可以让 x 作为这些内部声明里的自由变量，如下所示。这样，在外围的 sqrt 被调用时，x 由其实际参数得到自己的值。这种做法称为词法作用域 [24]。

```
function sqrt(x) {
    function is_good_enough(guess) {
        return abs(square(guess) - x) < 0.001;
    }
    function improve(guess) {
        return average(guess, x / guess);
    }
    function sqrt_iter(guess) {
        return is_good_enough(guess)
                ? guess
                : sqrt_iter(improve(guess));
    }
    return sqrt_iter(1);
}
```

|25|

我们将广泛使用块结构，借助它把大程序分解为一些容易掌握的片段 [25]。块结构的思想源自程序设计语言 Algol 60，这种结构也出现在各种最新的程序设计语言里，是帮助我们组织大程序的结构的一种重要工具。

1.2　函数与它们产生的计算

至此我们已经考虑了程序设计中的一些要素。我们用过各种基本算术操作，知道如何组合使用这些运算，还考虑了通过把组合运算声明为复合函数，实现对复合运算的抽象。但是，即使知道了这些，我们还不能说自己已经理解了如何去编写程序。我们现在的状况很像初学象棋的人，他们已经知道了移动棋子的规则，但还不知道典型的开局、战术和策略。与之类似，我们现在还不知道本领域中有用的常见模式，缺少有关棋步价值的知识（哪些函数

24　词法作用域要求函数里的自由变量实际引用外围函数声明中出现的约束，也就是说，应该到本函数声明的环境中去寻找它们。我们将在第 3 章里看到这种规定如何工作，在那里我们将研究环境的概念和解释器的一些细节行为。

25　内部嵌套的声明必须出现在函数体内部的最前面。如果我们运行一个程序，其中声明与使用交替出现，管理程序对执行的情况不负任何责任。另见 1.3.2 节的脚注 54 和 56。

值得声明)，缺少对所走棋步（执行一个函数）的后果做出预期的经验。

能看清所考虑的动作的后果，这种能力对于成为程序设计专家是至关重要的，就像类似能力在所有综合性的创造性活动中的作用一样。举个例子，要成为专业摄影师，就必须学会如何去观察景象，知道在各种可能的曝光和显影选择下，景象中的各个区域在影像中的明暗情况。只有在具有了这些能力后，我们才能去做反向推理，对得到所需效果应该做的取景、亮度、曝光和显影等做出规划。同样，在程序设计领域，我们需要对计算过程中各种动作的进行情况做出规划，用一个程序去控制这种过程的进展。要想成为专家，我们必须学习如何看清各种不同类型的函数产生的计算过程。只有掌握了这种技能，我们才能学会如何可靠地构造出程序，使之能表现出我们期望的行为。

一个函数就是一个计算过程的局部演化的模式，它描述了这个过程中的每个步骤如何在前面步骤的基础上进行。在用函数描述了一个计算过程的局部演化过程之后，我们当然希望能做出一些有关该计算过程的整体或全局行为的论断。一般而言这是非常困难的，但我们至少还是可以试着去描述这种过程演化的一些典型模式。

在这一节，我们要考察由一些简单函数产生的计算过程的"形状"，还要研究这些计算过程消耗各种重要计算资源（时间和空间）的速率。这里考察的函数都很简单，它们的用途就像摄影术中的测试模式，都是极度简化的，并不是很实际的例子。

1.2.1　线性递归和迭代

我们从阶乘函数开始，这种函数的定义是：
$$n! = n \cdot (n-1) \cdot (n-2)\cdots 3 \cdot 2 \cdot 1$$
存在许多计算阶乘的方法，一种最简单的方法就是利用下面的认识，对任意正整数 n，$n!$ 就等于 n 乘以 $(n-1)!$：
$$n! = n \cdot [(n-1) \cdot (n-2)\cdots 3 \cdot 2 \cdot 1] = n \cdot (n-1)\,!$$
这样，我们就能通过计算 $(n-1)!$，再将其结果乘以 n 的方式计算 $n!$。如果再注意到 1! 就是 1，这些认识就可以直接翻译成一个计算机函数了：

```
function factorial(n) {
    return n === 1
           ? 1
           : n * factorial(n - 1);
}
```

我们可以利用 1.1.5 节介绍的代换模型，观察这个函数在计算 6! 时的行为，如图 1.3 所示。

现在我们从另一个不同的角度考虑阶乘计算。计算阶乘 $n!$ 的规则可以改述为：首先乘起 1 和 2，然后把结果乘以 3，然后再乘以 4，这样下去直至达到 n。更形式化地说，我们维持一个变动的乘积 product 和一个从 1 到 n 的计数器 counter，这个计算过程可以用 counter 和 product 的如下变化规则描述。在计算中的每一步，它们同时按下面的规则改变：

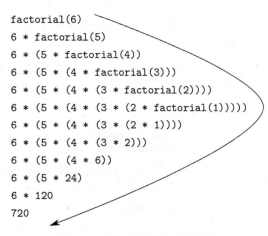

```
factorial(6)
6 * factorial(5)
6 * (5 * factorial(4))
6 * (5 * (4 * factorial(3)))
6 * (5 * (4 * (3 * factorial(2))))
6 * (5 * (4 * (3 * (2 * factorial(1)))))
6 * (5 * (4 * (3 * (2 * 1))))
6 * (5 * (4 * (3 * 2)))
6 * (5 * (4 * 6))
6 * (5 * 24)
6 * 120
720
```

图 1.3　计算 6! 的线性递归过程

```
product   ←   counter · product
counter   ←   counter + 1
```

[27]   可以看到，$n!$ 也就是计数器 counter 超过 n 时乘积 product 的值。

同样，我们又可以根据这个描述构造出一个计算阶乘的函数 [26]：

```
function factorial(n) {
    return fact_iter(1, 1, n);
}
function fact_iter(product, counter, max_count) {
    return counter > max_count
            ? product
            : fact_iter(counter * product,
                        counter + 1,
                        max_count);
}
```

与前面一样，我们也可以用代换模型查看 6! 的计算过程，如图 1.4 所示。

比较上面的两个计算过程。从一个角度看它们没什么不同：两者计算的是同一个定义域上的同一个数学函数，算出 $n!$ 都需要使用与 n 成正比的步骤数。实际上，这两个计算过程甚至采用了同样的乘法运算序列，得到同样的部分乘积序列。但在另一方面，如果我们考虑这两个计算过程的"形状"，就

[28]   可以看到它们的进展情况大相径庭。

```
factorial(6)
fact_iter(1, 1, 6)
fact_iter(1, 2, 6)
fact_iter(2, 3, 6)
fact_iter(6, 4, 6)
fact_iter(24, 5, 6)
fact_iter(120, 6, 6)
fact_iter(720, 7, 6)
720
```

图 1.4　计算 6! 的线性迭代过程

考虑第一个计算过程，代换模型揭示出一种先逐步展开而后收缩的形状，如图 1.3 中的箭头所示。在展开阶段，该计算过程构造起一个推迟进行的运算形成的链条（在这里是一个乘法的链条），收缩阶段则表现为这些运算的实际执行。这种由推迟执行的操作链条刻画的计算过程，称为递归计算过程。为了执行这种计算过程，解释器需要维护好以后将要执行的那些操作的轨迹。在阶乘 $n!$ 的计算中，推迟执行的乘法链条的长度就是记录其轨迹需要保存的信息量。这个长度随着 n 的值而线性增长（正比于 n），与计算中的步骤数目一样。这种计算过程称为线性的递归计算过程。

与之相对，第二个计算过程里没有任何增长或收缩。对任意的 n，在计算过程中的每一步，在我们需要保存的轨迹里，所有的东西就是名字 product、counter 和 max_count 的当前值。我们称这种过程为迭代计算过程。一般而言，迭代计算过程就是那种其中的状态可以用固定数目的状态变量描述的计算过程；而与此同时，又存在一套固定的规则，它们描述了该计算过程从一个状态到下一状态转换时这些变量的更新方法；还有一个（可能有的）结

26　在实际程序里，我们可能会采用上一节介绍的块结构，把 fact_iter 的声明隐藏起来：

```
function factorial(n) {
    function iter(product, counter) {
        return counter > n
                ? product
                : iter(counter * product,
                       counter + 1);
    }
    return iter(1, 1);
}
```

上面没有这样做，是因为不希望增加需要同时考虑的事项。

束检测，它说明了计算过程应该终止的条件。另外，在 $n!$ 的计算中，所需计算步骤随着 n 线性增长，因此，这种过程称为线性的迭代计算过程。

我们还可以从另一个角度对比这两个计算过程。在迭代的情况里，在计算过程中的任何一点，上述的几个程序变量都提供了有关计算状态的一个完整描述。如果我们令这一计算在某两个步骤之间停下来，再想重新唤醒这一计算，只需要为解释器提供这三个变量的值。而对于递归计算过程，还存在一些额外的"隐含"信息，它们并没有保存在程序变量里，而是由解释器维持。这些信息表明了在所推迟的操作形成的链条里漫游的过程中"计算过程正处于何处"。这个链条越长，需要保存的信息也就越多[27]。

在比较迭代与递归时，我们必须当心，不要搞混了递归计算过程的概念和递归函数的概念。当我们说一个函数是递归的时，讨论的是一个语法形式上的事实，说明在这个函数的声明中（直接或间接地）引用了该函数本身。而在说某一计算过程具有某种模式时（例如，线性递归），我们说的是这一计算过程的进展方式，而不是相应函数书写上的语法形式。我们说某个递归函数（例如 `fact_iter`）将产生迭代计算过程时，可能会有人感到不舒服。然而，这一计算过程确实是迭代的，因为其状态由它的三个状态变量完全刻画，在执行这一计算过程时，解释器只需要维持这三个名字的轨迹就足够了。

区分计算过程和函数可能使人感到困惑，一个原因来自各种常见语言（包括 C、Java 和 Python）的情况。这些语言的大多数实现在解释任何递归函数时，消耗的存储量总是与函数调用的次数成正比，即使从原理上看该函数描述的计算过程是迭代的。作为这一事实的后果，要想在这些语言里描述迭代计算过程，就必须借助某些特殊的"循环结构"，如 do、repeat、until、for 和 while 等。我们将在第 5 章考察的 JavaScript 实现则没有这一缺陷，它总能在常量空间中执行迭代计算过程，即使这一计算是用一个递归函数描述的。具有这种特性的实现称为尾递归[28]。有了尾递归的实现，我们就可以采用常规的函数调用机制描述迭代，这也使得各种复杂的专用迭代结构变成不过是一些语法糖了[29]。

练习 1.9　下面两个函数都是基于函数 inc（它得到参数加 1）和 dec（它得到参数减 1）声明的，它们各定义了一种得到两个正整数之和的方法。

```
function plus(a, b) {
    return a === 0 ? b : inc(plus(dec(a), b));
}

function plus(a, b) {
    return a === 0 ? b : plus(dec(a), inc(b));
}
```

27　在第 5 章里我们要讨论函数在寄存器机器上的实现问题。在那里可以看到，所有迭代计算过程都可以"以硬件的方式"实现为一部机器，其中只有固定数目的寄存器，无需任何辅助存储器。与之不同，要实现递归计算过程，就需要另一种机器，其中需要有一个称为栈的辅助数据结构。

28　长期以来，尾递归一直被看作一种编译优化技巧。尾递归的坚实语义基础由 Carl Hewitt（1977）提出，他用计算的"消息传递"模型（将在第 3 章讨论）解释尾递归。受该工作的启发，Gerald Jay Sussman 和 Guy Lewis Steele Jr.（见 Steele 1975）为 Scheme 构造了尾递归的解释器。Steele 后来证明了尾递归也就是函数调用的自然编译方式的后果（Steele 1977）。Scheme 的 IEEE 标准要求 Scheme 解释器必须是尾递归的。ECMA 标准要求 JavaScript 的实现最终要符合 ECMAScript 2015（ECMA 2015）。但请注意，在本书撰写的时候（2021 年），JavaScript 的大部分实现在尾递归方面还不符合这个标准。

29　练习 4.7 将把 JavaScript 的 while 循环处理为能给出迭代计算过程的函数的语法糖。在完整的 JavaScript 里（就像在其他流行语言里）有太多的语法形式，它们都可以在 Lisp 里以更统一的形式描述。这一问题以及这些结构，大都涉及分号的不清晰的放置规则等问题，这种情况引出了 Alan Perlis 的俏皮话，"语法糖带来了分号的癌症"。

请用代换模型描绘这两个函数在求值 plus(4，5) 时产生的计算过程。这些计算过程是递归的或者迭代的吗？

　　练习 1.10　下面的函数计算一个称为 Ackermann 函数的数学函数：

```
function A(x, y) {
    return y === 0
        ? 0
        : x === 0
        ? 2 * y
        : y === 1
        ? 2
        : A(x - 1, A(x, y - 1));
}
```

下面各语句的值是什么：

```
A(1, 10);

A(2, 4);

A(3, 3);
```

请考虑下面的函数，其中的 A 就是上面声明的函数：

```
function f(n) {
    return A(0, n);
}
function g(n) {
    return A(1, n);
}
function h(n) {
    return A(2, n);
}
function k(n) {
    return 5 * n * n;
}
```

31 请给出函数 f、g 和 h 对给定整数值 n 计算的函数的简洁数学定义。例如，$k(n)$ 计算 $5n^2$。

1.2.2　树形递归

　　另一种常见计算模式称为树形递归。作为例子，现在考虑斐波那契（Fibonacci）数序列的计算，这一序列中的每个数都是前面两个数之和：

$$0, 1, 1, 2, 3, 5, 8, 13, 21, \cdots$$

一般而言，斐波那契数由下面的规则定义：

$$\mathrm{Fib}(n) = \begin{cases} 0 & \text{如果 } n = 0 \\ 1 & \text{如果 } n = 1 \\ \mathrm{Fib}(n-1) + \mathrm{Fib}(n-2) & \text{否则} \end{cases}$$

我们立刻就能把这个定义翻译为一个计算斐波那契数的递归函数：

```
function fib(n) {
    return n === 0
        ? 0
        : n === 1
```

```
          ? 1
          : fib(n - 1) + fib(n - 2);
}
```

现在考虑这一计算的模式。为了计算 `fib(5)`，我们需要计算 `fib(4)` 和 `fib(3)`。而为了计算 `fib(4)`，又需要计算 `fib(3)` 和 `fib(2)`。一般而言，这一演化过程看起来像一棵树，如图 1.5 所示。请注意，这里的分支在每一层分裂为两个分支（除了最下面的），反映出对 `fib` 函数的每个调用里两次递归调用自身的事实。

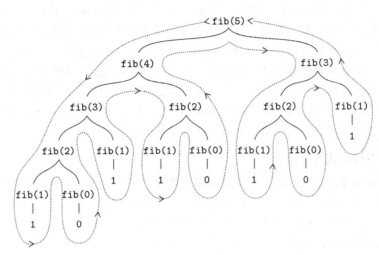

图 1.5　计算 `fib(5)` 产生的树形递归计算过程

[32]

上面这个函数作为典型的树形递归很有教育意义，但对计算斐波那契数而言，它却是一种很糟糕的方法，因为做了太多的冗余计算。从图 1.5 中可以看到，对 `fib(3)` 的全部计算重复做了两次，差不多占到所有工作的一半。事实上，不难证明，在整个计算过程中，计算 `fib(1)` 和 `fib(0)` 的次数（一般来说，也就是上面这种树里的树叶数）正好是 Fib(n + 1)。要感受一下这种情况有多糟，我们可以证明 Fib(n) 值的增长相对于 n 是指数的。更准确地说（见练习 1.13），Fib(n) 等于最接近 $\phi^n / \sqrt{5}$ 的那个整数，其中：

$$\phi = (1 + \sqrt{5} / 2) \approx 1.6180$$

这也就是黄金分割的值，它满足方程：

$$\phi^2 = \phi + 1$$

这样，这个计算过程中所用的步骤数将随着输入的增长而指数增长。在另一方面，其空间需求只是随着输入的增长而线性增长，因为，在计算中的每一点，我们都只需要保存树中在此结点之上的结点的轨迹。一般而言，树形递归计算过程里所需要的步骤数正比于树中的结点数，其空间需求正比于树的最大深度。

我们也可以规划出一种计算斐波那契数的迭代计算过程，其基本想法就是用一对整数 a 和 b，把它们分别初始化为 Fib(1) = 1 和 Fib(0) = 0，然后反复地同时应用下面的变换规则：

$$a \leftarrow a + b$$
$$b \leftarrow a$$

不难证明，在 n 次应用这些变换后，a 和 b 将分别等于 Fib(n + 1) 和 Fib(n)。因此，我们可以定义下面这两个函数，以迭代方式计算斐波那契数：

```
function fib(n) {
    return fib_iter(1, 0, n);
}
function fib_iter(a, b, count) {
    return count === 0
            ? b
            : fib_iter(a + b, a, count - 1);
}
```

这种计算 Fib(n) 的方法是线性迭代。这两种方法在所需步数上差异巨大——后一个相对 n 为线性的，前一个增长得如 Fib(n) 一样快——即使不大的输入也可能造成巨大差异。

然而，我们也不应该做出结论说树形递归计算过程根本没用。如果需要考虑操作具有层次结构的数据（而不是操作数值），我们可能发现树形递归计算过程是一种很自然的、威力强大的工具 [30]。即使对于数的计算，树形递归计算过程也可能帮助我们理解和设计程序。以计算斐波那契数的程序为例，虽然第一个 fib 函数远比第二个低效，但它却更直截了当，几乎就是把斐波那契序列的定义直接翻译为 JavaScript。而要规划出对应的迭代算法，就需要注意到该计算过程可以重塑为一个采用三个状态变量的迭代。

实例：换零钱方式的统计

要找到迭代的斐波那契算法，只需要不多的智慧。下面这个问题的情况与此不同：我们有一些 50 美分、25 美分、10 美分、5 美分和 1 美分的硬币，要把 1 美元换成零钱，一共有多少种不同的方式？更一般的问题是，给了任意数量的美元现金，我们能写出一个程序，计算出所有换零钱方式的数目吗？

如果采用递归函数，这个问题有一种很简单的解法。假定我们把考虑的可用硬币类按某种顺序排好，于是就有下面的关系。

把总数为 a 的现金换成 n 种硬币的不同方式的数目等于

> 现金 a 换成除去第一种硬币之外的所有其他硬币的不同方式数目

加上现金 a − d 换成所有种类的硬币的不同方式数目，其中 d 是第一种硬币的币值

要弄清为什么这一说法正确，请注意这里把换零钱的方式分成两组，第一组的换法都没用第一种硬币，而第二组都用了第一种硬币。显然，换零钱的全部换法的数目，就等于完全不用第一种硬币的换法数，加上用了第一种硬币的换零钱的换法数。而后一个数目也就等于去掉一个第一种硬币值后，将剩下的现金换零钱的换法数。

这样，我们就把某个给定现金数的换零钱方式的问题，递归地归约为对更少现金数或者更少硬币种类的同一个问题。请仔细考虑上面的归约规则，设法使自己确信，如果采用下面的方法处理各种退化情况，我们就能利用上述规则写出一个算法 [31]：

- 如果 a 就是 0，应该算作有 1 种换零钱的方式。
- 如果 a 小于 0，应该算作有 0 种换零钱的方式。
- 如果 n 是 0，应该算作有 0 种换零钱的方式。

我们很容易把这些规则翻译成一个递归函数：

```
function count_change(amount) {
    return cc(amount, 5);
}
function cc(amount, kinds_of_coins) {
```

---

30 我们在 1.1.3 节已经遇到过这种例子。在求值表达式时，解释器本身做的就是树形递归计算过程。

31 例如，仔细研究如何用上述归约规则把 10 美分换成 5 美分和 1 美分硬币的细节。

```
        return amount === 0
               ? 1
               : amount < 0 || kinds_of_coins === 0
               ? 0
               : cc(amount, kinds_of_coins - 1)
                 +
                 cc(amount - first_denomination(kinds_of_coins),
                    kinds_of_coins);
    }
    function first_denomination(kinds_of_coins) {
        return kinds_of_coins === 1 ? 1
               : kinds_of_coins === 2 ? 5
               : kinds_of_coins === 3 ? 10
               : kinds_of_coins === 4 ? 25
               : kinds_of_coins === 5 ? 50
               : 0;
    }
```

(函数 `first_denomination` 以可用硬币的种类数作为输入，返回第一种硬币的币值。这里认为硬币已经从最小到最大排好了，其实采用任何顺序都可以。) 我们现在就能回答开始的问题了，下面是 1 美元换硬币的不同方法的数目：

```
count_change(100);
292
```

函数 `count_change` 产生树形递归的计算过程，其中的冗余计算与前面 `fib` 的第一种实现类似。但另一方面，想设计一个能算出同样结果的更好的算法，就不那么明显了。我们把这个问题留给读者作为一个挑战。可以看到，树形递归的计算过程可能极其低效，但常常很容易描述和理解，这导致有人提出能否利用这两个世界里最好的东西设计一种"聪明编译器"，使之能把树形递归的函数翻译为能完成同样计算的更高效的函数 [32]。

35

练习 1.11 函数 f 由如下规则定义：如果 $n<3$，那么 $f(n) = n$；如果 $n \geq 3$，那么 $f(n) = f(n-1) + 2f(n-2) + 3f(n-3)$。请写一个 JavaScript 函数，它通过一个递归计算过程计算 f。再写一个函数，通过迭代计算过程计算 f。

练习 1.12 下面的数值模式称为帕斯卡三角形：

$$
\begin{array}{ccccccccc}
 & & & & 1 & & & & \\
 & & & 1 & & 1 & & & \\
 & & 1 & & 2 & & 1 & & \\
 & 1 & & 3 & & 3 & & 1 & \\
1 & & 4 & & 6 & & 4 & & 1
\end{array}
$$

···

三角形两个斜边上的数都是 1，内部的每个数是位于它上面的两个数之和 [33]。请写一个函数，它通过一个递归计算过程计算帕斯卡三角形。

32　对付冗余计算的一种方法是重新安排计算过程，使之能自动构造一个计算过的值的表格。每次要求对某参数调用函数时，先查看这个值是否已经在表里，如果有就不再重复计算。这一策略称为表格技术或记忆技术，不难实现。采用表格技术，有时可以把原来需要指数步的计算过程（例如 `count_change`）转变为空间和时间需求上相对于输入的都是线性增长的计算过程。参看练习 3.27。

33　帕斯卡三角形的元素又称二项式系数，因为其中第 n 行就是 $(x + y)^n$ 的展开式的系数。采用该模式计算这些系数的工作发表在布赖斯·帕斯卡 1653 年有关概率论的开创性论文"论算术三角形"（*Traité du triangle arithmétique*）中。根据 Edwards（2019）的说法，同样的模式也出现在 11 世纪波斯数学家 Al-Karaji 的著作中，还出现在 12 世纪印度数学家 Bhaskara 和 13 世纪中国数学家杨辉的著作中。[这个三角形也称为"贾宪三角形"（贾宪，宋朝人，远早于帕斯卡）或"杨辉三角形"，是中国古代数学的重要成就。——译者注]

练习 1.13 证明 Fib(n) 是最接近 $\phi^n / \sqrt{5}$ 的整数, 其中 $\phi = (1+\sqrt{5})/2$。提示: 利用归纳法和斐波那契数的定义 (见 1.2.2 节), 证明 Fib(n) = $(\phi^n - \psi^n)/\sqrt{5}$, 其中 $\psi = (1-\sqrt{5})/2$。

1.2.3 增长的阶

前面的例子说明, 不同的计算过程, 在消耗计算资源的速率上可能存在巨大差异。描述这种差异的一种方便方法是使用增长的阶记法, 它能帮助我们理解在输入变大时, 某一计算过程所需要的资源的粗略度量情况。

令 n 是一个参数, 作为问题规模的一种度量, 令 $R(n)$ 是一个计算过程在处理规模为 n 的问题时所需要的资源量。在前面的例子里, 我们取 n 为给定函数需要计算的那个数值, 当然也存在其他可能性。例如, 如果我们的目标是计算数的平方根的近似值, 那么就可以取 n 为所需精度的数字个数。对矩阵乘法, 我们可以取 n 为矩阵的行数。一般而言, 总存在某个与问题的特性有关的数值, 使我们可以相对于它去分析给定的计算过程。类似的, $R(n)$ 也可以是所用内部存储寄存器的个数, 也可能是需要执行的机器操作数目的度量值, 或者其他类似的东西。对于每个单位时间只能执行固定数目的操作的计算机, 所需的时间将正比于需要执行的基本机器指令条数。

我们称 $R(n)$ 具有 $\Theta(f(n))$ 的增长阶, 记为 $R(n) = \Theta(f(n))$ (读作 "$f(n)$ 的 theta"), 如果存在与 n 无关的整数 k_1 和 k_2, 使得:

$$k_1 f(n) \leqslant R(n) \leqslant k_2 f(n)$$

对任意足够大的 n 值成立 (换句话说, 对足够大的 n, $R(n)$ 总位于 $k_1 f(n)$ 和 $k_2 f(n)$ 之间)。

举例说, 在 1.2.1 节讨论的计算阶乘的线性递归计算过程里, 操作步数的增长正比于输入 n。也就是说, 这一计算过程所需步骤的增长为 $\Theta(n)$, 其空间需求的增长也是 $\Theta(n)$。对迭代的阶乘, 其步数还是 $\Theta(n)$ 而空间是 $\Theta(1)$, 即为常量 [34]。树形递归的斐波那契计算需要 $\Theta(\phi^n)$ 步和 $\Theta(n)$ 空间, 这里的 ϕ 就是 1.2.2 节里说的黄金分割率。

增长的阶为我们提供了对计算过程的行为的一种粗略描述。例如, 某个计算过程需要 n^2 步, 另一计算过程需要 $1000n^2$ 步, 还有一个计算过程需要 $3n^2 + 10n + 17$ 步, 它们的增长的阶都是 $\Theta(n^2)$。但另一方面, 增长的阶也为我们在问题的规模改变时, 预计一个计算过程的行为变化提供了有用的线索。对一个 $\Theta(n)$ (线性) 的计算过程, 规模增大一倍将使它所用的资源增加大约一倍。而对一个指数的计算过程, 问题规模每增加 1 都将导致所用资源按某个常数倍增长。在 1.2 节的剩下部分, 我们将考察两个算法, 其增长的阶都是对数的, 因此, 当问题规模增大一倍时, 所需资源量只增加一个常数。

练习 1.14 请画出一棵树, 展示 1.2.2 节的函数 count_change 把 11 美分换成硬币时产生的计算过程。相对于被换现金量的增加, 这一计算过程的空间和步数增长的阶各是什么?

练习 1.15 当角度 (用弧度描述) x 足够小的时候, 其正弦值可以用 $\sin x \approx x$ 计算, 而三角恒等式

---

34 这些说法都经过了很大的简化。例如, 如果用 "机器操作" 数来统计计算过程的步数, 我们就是做了一个假定, 假定需要执行的各种机器操作, 例如执行一次乘法, 与需要乘的那两个数的大小无关。如果需要乘的数非常大, 这一假定实际上是不成立的。对空间的估计也需要做类似的说明。与计算过程的设计和描述的情况类似, 对计算过程的分析也可以在不同的抽象层次上进行。

$$\sin x = 3\sin\frac{x}{3} - 4\sin^3\frac{x}{3}$$

可以减小 sin 的参数的大小（为完成这一练习，如果一个角不大于 0.1 弧度，我们就认为它"足够小"）。这些想法都体现在下面的函数里：

```
function cube(x) {
    return x * x * x;
}
function p(x) {
    return 3 * x - 4 * cube(x);
}
function sine(angle) {
    return ! (abs(angle) > 0.1)
            ? angle
            : p(sine(angle / 3));
}
```

a. 在求值 sine(12.15) 时 p 将被调用多少次？

b. 在求值 sine(a) 时，由函数 sine 产生的计算过程使用的空间和步数（作为 a 的函数）增长的阶是什么？

1.2.4 求幂

现在考虑对给定的数计算乘幂的问题，我们希望函数的参数是一个基数 b 和一个正整数的指数 n，函数计算 b^n。做这件事的一种方法是根据下面的递归定义：

$$b^n = b \cdot b^{n-1}$$
$$b^0 = 1$$

它可以直接翻译为如下的 JavaScript 函数：

```
function expt(b, n) {
    return n === 0
            ? 1
            : b * expt(b, n - 1);
}
```

这个函数产生一个线性递归计算过程，需要 $\Theta(n)$ 步和 $\Theta(n)$ 空间。像阶乘一样，我们很容易将其形式化为一个等价的线性迭代：

```
function expt(b, n) {
    return expt_iter(b, n, 1);
}
function expt_iter(b, counter, product) {
    return counter === 0
            ? product
            : expt_iter(b, counter - 1, b * product);
}
```

这一版本需要 $\Theta(n)$ 步和 $\Theta(1)$ 空间。

我们可以通过反复求平方，以更少的步骤完成乘幂的计算。例如，不是采用下面这样的方式计算 b^8：

$$b \cdot (b \cdot (b \cdot (b \cdot (b \cdot (b \cdot (b \cdot b))))))$$

而是通过三次乘法算出它来：

$$b^2 = b \cdot b$$
$$b^4 = b^2 \cdot b^2$$
$$b^8 = b^4 \cdot b^4$$

这种方法对指数为 2 的乘幂都适用。如果再利用下面规则，我们就可以借助连续求平方的方法，完成一般的乘幂计算了：

$$b^n = (b^{n/2})^2 \quad \text{如果} n \text{是偶数}$$
$$b^n = b \cdot b^{n-1} \quad \text{如果} n \text{是奇数}$$

我们可以用如下的函数表述上面的方法：

```
function fast_expt(b, n) {
    return n === 0
           ? 1
           : is_even(n)
           ? square(fast_expt(b, n / 2))
           : b * fast_expt(b, n - 1);
}
```

其中检测一个整数是否偶数的谓词可以基于计算整数除法余数的运算符 % 定义：

```
function is_even(n) {
    return n % 2 === 0;
}
```

由 fast_expt 产生的计算过程，在空间和步数上相对于 n 都是对数的。要看到这个情况，请注意，在用 fast_expt 计算 b^{2n} 时，只需要比计算 b^n 多做一次乘法。每做一次新乘法，能使计算的指数值（大约）增大一倍。这样，计算指数 n 所需要的乘法次数的增长大约就是以 2 为底的 n 的对数值，也就是说，这一计算过程增长的阶为 $\Theta(\log n)$ [35]。

随着 n 的变大，$\Theta(\log n)$ 增长与 $\Theta(n)$ 增长之间的差异也会变得非常明显。例如，对于 $n = 1000$，fast_expt 只需要做 14 次乘法 [36]。我们也可能采用连续求平方的想法，设计一个具有对数步数的计算乘幂的迭代算法（见练习 1.16）。但是，就像迭代算法的常见情况一样，写出这一算法就不像递归算法那样直截了当了 [37]。

练习 1.16 请设计一个函数，它使用一系列的求平方，产生一个迭代的求幂计算过程，但是就像 fast_expt 那样只需要对数的步数。（提示：请利用关系 $(b^{n/2})^2 = (b^2)^{n/2}$，除了指数 n 和基数 b 之外，还应该维持一个附加的状态变量 a，并定义好状态变换，使得从一个状态转到另一状态时乘积 $a \cdot b^n$ 不变。在计算过程开始时令 a 取值 1，并用计算过程结束时 a 的值作为回答。一般而言，定义一个不变量，要求它在状态之间保持不变，这一技术是思考迭代算法设计问题时的一种非常强有力的方法。）

练习 1.17 本节中几个求幂算法的基础都是通过反复做乘法去求乘幂。与此类似，也可以通过反复做加法的方式求出乘积。下面的乘积函数与 expt 函数类似（在这里假定我们

---

35 更准确地说，这里所需乘法的次数等于 n 的以 2 为底的对数值，再加上 n 的二进制表示中 1 的个数减 1。这个值总是小于 n 的以 2 为底的对数值的两倍。对于对数的计算过程，在阶数记法定义中的任意常量 k_1 和 k_2，意味着结果与对数的底无关。因此这种过程通常直接描述为 $\Theta(\log n)$。

36 你可能奇怪什么人会关心求数的 1000 次乘幂，参看 1.2.6 节。

37 这一迭代算法也是一个老古董，它出现在公元前 200 年之前 Áchárya Pingala 所写的 *Chandah-sutra* 里。有关求幂的这一算法和其他算法的完整讨论和分析，请参看 Knuth 1997b 的 4.6.3 节。

的语言里只有加法而没有乘法）：

```
function times(a, b) {
    return b === 0
           ? 0
           : a + times(a, b - 1);
}
```

这一算法所需的步骤数相对于 b 是线性的。现在假定除了加法外还有一个函数 double，它求出一个整数的两倍；还有函数 halve，它把一个（偶）数除以 2。请用这些运算设计一个类似 fast_expt 的求乘积函数，使之只用对数的计算步数。

练习 1.18　利用练习 1.16 和练习 1.17 的结果设计一个函数，它能产生一个基于加、加倍和折半运算的迭代计算过程，只用对数的步数就能求出两个整数的乘积 [38]。

练习 1.19　存在只需要对数步就能求出斐波那契数的巧妙算法。请回忆 1.2.2 节 fib_iter 产生的计算过程中状态变量 a 和 b 的变换规则 $a \leftarrow a + b$ 和 $b \leftarrow a$，我们把这种变换称为 T 变换。可以看到，从 1 和 0 开始把 T 反复应用 n 次，将产生一对数 $Fib(n + 1)$ 和 $Fib(n)$。40 换句话说，斐波那契数可以通过将 T^n（变换 T 的 n 次方）应用于对偶（1,0）而得到。现在把 T 看作变换族 T_{pq} 中 $p = 0$ 且 $q = 1$ 的特殊情况，其中 T_{pq} 是对偶（a, b）按 $a \leftarrow bq + aq + ap$ 和 $b \leftarrow bp + aq$ 规则的变换。请证明，如果应用变换 T_{pq} 两次，其效果等同于应用同样形式的变换 $T_{p'q'}$ 一次，其中的 p' 和 q' 可以由 p 和 q 算出来。这就指明了一种计算这种变换的平方的路径，使我们可以通过连续求平方的方法计算 T^n，就像 fast_expt 函数里所做的那样。把所有这些放到一起，就得到了下面的函数，其运行只需要对数的步数 [39]：

```
function fib(n) {
    return fib_iter(1, 0, 0, 1, n);
}
function fib_iter(a, b, p, q, count) {
    return count === 0
           ? b
           : is_even(count)
           ? fib_iter(a,
                      b,
                      ⟨??⟩,               // compute p'
                      ⟨??⟩,               // compute q'
                      count / 2)
           : fib_iter(b * q + a * q + a * p,
                      b * p + a * q,
                      p,
                      q,
                      count - 1);
}
```

1.2.5　最大公约数

两个整数 a 和 b 的最大公约数（GCD），就是能除尽这两个数的最大整数。例如，16 和 28 的 GCD 是 4。在第 2 章，当我们研究有理数算术的实现时，就需要计算 GCD，以便把有理数约化到最简形式（要把有理数约化到最简形式，我们必须将其分母和分子同时除掉它们

---

[38] 这一算法有时被称为乘法的"俄罗斯农民的方法"，它的历史也很悠久。使用它的实例可以在莱因德纸草书（Rhind Papyrus）中找到，这是现存的历史最悠久的两份数学文献之一，由一位名为 A'h-mose 的埃及抄写人写于大约公元前 1700 年（并且是另一份年代更久远的文献的复制品）。

[39] 这个练习是 Joy Stoy 给我们的建议，基于 Kaldewaij 1990 里的一个例子。

的 GCD。例如，16/28 将约简为 4/7）。要得到两个整数的 GCD，一种方法是对它们做因数分解，然后找出公共因子。然而，存在一个更高效的著名算法。

该算法的思想基于下面的观察：如果 r 是 a 除以 b 的余数，那么 a 和 b 的公约数正好也是 b 和 r 的公约数。因此我们可以使用等式：

$$\text{GCD}(a, b) = \text{GCD}(b, r)$$

这样就把一个 GCD 计算问题连续归约到越来越小的整数对的 GCD 计算问题。例如：

$$\begin{aligned}
\text{GCD}(206, 40) &= \text{GCD}(40, 6) \\
&= \text{GCD}(6, 4) \\
&= \text{GCD}(4, 2) \\
&= \text{GCD}(2, 0) \\
&= 2
\end{aligned}$$

这里从 GCD(206, 40) 归约到 GCD(2, 0)，最终得到了 2。可以证明，从任意两个正整数出发，反复执行这种归约，最终将产生一个整数对，其中第二个数是 0，此时的 GCD 就是第一个数。这个计算 GCD 的方法称为欧几里得算法[40]。

不难把欧几里得算法描述成一个函数：

```
function gcd(a, b) {
    return b === 0 ? a : gcd(b, a % b);
}
```

这个函数将产生一个迭代计算过程，其步数按照所涉及的数的对数增长。

欧几里得算法所需步数是对数增长的，这一事实与斐波那契数有一种有趣的关系：

Lamé 定理：如果欧几里得算法计算出一对整数的 GCD 需要用 k 步，那么这对数中较小的那个数必然大于或等于第 k 个斐波那契数[41]。

我们可以利用这一定理，给出欧几里得算法的增长阶估计。令 n 作为函数输入的两个数中较小的那个，如果计算过程需要 k 步，那么我们就一定有 $n \geqslant \text{Fib}(k) \approx \phi^k / \sqrt{5}$。这样，步数 k 的增长就是 n 的对数（对数的底是 ϕ）。这样，算法增长的阶就是 $\Theta(\log n)$。

练习 1.20   一个函数产生的计算过程当然依赖解释器使用的规则。作为例子，请考虑

---

40   这一算法称为欧几里得算法，是因为它出现在欧几里得的《几何原本》（*Elements*，第 7 卷，大约为公元前 300 年）中。根据 Knuth（1997a）的看法，这一算法应该被认为是最古老的非平凡算法。古埃及的乘法方法（练习 1.18）确实年代更久远，但按 Knuth 的看法，欧几里得算法是已知的最早描述为通用算法的东西，而不是仅仅给出一集示例。

41   这一定理是 1845 年由 Gabriel Lamé 证明的。Gabriel Lamé 是法国数学家和工程师，人们知道他主要是由于他在数学物理领域的贡献。为了证明这一定理，我们考虑数对序列 (a_k, b_k)，其中 $a_k \geqslant b_k$，假设欧几里得算法在第 k 步结束。这一证明基于下述论断：如果 $(a_{k+1}, b_{k+1}) \to (a_k, b_k) \to (a_{k-1}, b_{k-1})$ 是归约序列中连续的三个数对，那就必然有 $b_{k+1} \geqslant b_k + b_{k-1}$。为验证这一论断，应注意这里的每个归约步都是应用变换 $a_{k-1} = b_k$，$b_{k-1} = a_k$ 除以 b_k 的余数。第二个等式意味着 $a_k = qb_k + b_{k-1}$，其中的 q 是某个正整数。因为 q 至少是 1，所以我们有 $a_k = qb_k + b_{k-1} \geqslant b_k + b_{k-1}$。但在前一个归约步中有 $b_{k+1} = a_k$，因此 $b_{k+1} = a_k \geqslant b_k + b_{k-1}$。这样就证明了上述论断。现在可以通过对 k 归纳证明定理了，设 k 是算法结束所需的步数。对 $k = 1$ 结论成立，因为在这里也就是要求 b 不小于 Fib(1) = 1。现在假定结论对所有小于等于 k 的整数成立，我们设法建立对 $k + 1$ 的结果。令 $(a_{k+1}, b_{k+1}) \to (a_k, b_k) \to (a_{k-1}, b_{k-1})$ 是归约过程中连续的几个数对，我们有 $b_{k-1} \geqslant \text{Fib}(k-1)$ 以及 $b_k \geqslant \text{Fib}(k)$。这样，应用上面已证明的论断，再根据 Fibonacci 数的定义，就可以给出 $b_{k+1} \geqslant b_k + b_{k-1} \geqslant \text{Fib}(k) + \text{Fib}(k-1) = \text{Fib}(k+1)$。这就完成了 Lamé 定理的证明。

上面给出的迭代式 gcd 函数，假定解释器采用 1.1.5 节介绍的正则序解释这个函数（对条件表达式的正则序求值规则在练习 1.5 中说明）。请采用（正则序的）代换方法展示求值表达式 gcd(206, 40) 时产生的计算过程，并标出实际执行的 remainder 运算。采用正则序求值 gcd(206, 40)，需要执行多少次 remainder 运算？如果采用应用序求值呢？

1.2.6　实例：素数检测

本节讨论检查整数 n 是否素数的两种方法，第一个具有 $\Theta(\sqrt{n})$ 的增长阶，另一个"概率"算法具有 $\Theta(\log n)$ 的增长阶。本节最后的练习中有几个基于这些算法的编程作业。

寻找因子

从古代开始，数学家就一直被有关素数的问题所吸引，许多人研究过确定整数是否素数的方法。检测一个数是否素数，一种方法就是找出它的因子。下面的程序能找出给定整数 n 的（大于 1 的）最小整数因子。这里采用一种直截了当的方法，从 2 开始一个个地检查整数，看它们能否整除 n。

```
function smallest_divisor(n) {
    return find_divisor(n, 2);
}
function find_divisor(n, test_divisor) {
    return square(test_divisor) > n
           ? n
           : divides(test_divisor, n)
           ? test_divisor
           : find_divisor(n, test_divisor + 1);
}
function divides(a, b) {
    return b % a === 0;
}
```

我们可以用如下方式检查一个数是否素数：n 是素数当且仅当它是自己的最小因子。

```
function is_prime(n) {
    return n === smallest_divisor(n);
}
```

find_divisor 的结束判断基于如下事实：如果 n 不是素数，它必然有一个小于等于 $\sqrt{n}$ 的因子[42]。这也意味着上面的算法中只需要在 1 和 $\sqrt{n}$ 之间检查因子。由此可知，这样确定是否素数需要的步数具有 $\Theta(\sqrt{n})$ 的增长阶。

43

费马检查

$\Theta(\log n)$ 的素数检查基于数论里著名的费马小定理的结果[43]。

---

[42]　如果 d 是 n 的因子，那么 n/d 当然也是。而 d 和 n/d 绝不会都大于 $\sqrt{n}$。

[43]　皮埃尔·费马（1601—1665）被公认为现代数论的奠基人，他得到了许多有关数论的重要理论结果，但通常他只是通告这些结果，而没有提供自己的证明。费马小定理是他在 1640 年写的一封信里提出的，公开发表的第一个证明由欧拉在 1736 年给出（同样的证明也出现在莱布尼茨更早一些的未发表的手稿中）。费马最著名的结果——称为费马的最后定理——是他 1637 年草草写在所读的书籍《算术》里的（该书为 3 世纪希腊数学家丢番图所著），还带有一句注释，"我已经发现了一个极其美妙的证明，但书的页边太小，无法将它写在这里"。找出费马的最后定理的证明变成了数论中最著名的挑战。完整的解最终由普林斯顿大学的安德鲁·怀尔斯在 1995 年给出。

费马小定理：如果 n 是素数，a 是小于 n 的任意正整数，那么 a 的 n 次方与 a 模 n 同余。

（我们说两个数模 n 同余，如果它们除以 n 的余数相同。数 a 除以 n 的余数也称为 a 取模 n 的余数，或者简称为 a 取模 n。）

如果 n 不是素数，那么，一般而言，大部分的 $a < n$ 都不满足上面的关系。由此就得到了下面的素数检查算法：对给定的整数 n，随机取一个 $a < n$ 并算出 a^n 取模 n 的余数。如果得到的结果不等于 a，那么 n 肯定不是素数。如果结果是 a，n 就有很大的机会是素数。现在再随机取一个 a 并做同样检查。如果结果满足上面的关系，那么我们对 n 是素数就有了更大的信心。通过检查越来越多的 a 值，我们就可以不断增加对有关结果的信心。这一算法称为费马检查。

为了实现费马检查，我们需要一个函数来计算一个数的幂对另一个数取模的结果：

```
function expmod(base, exp, m) {
    return exp === 0
           ? 1
           : is_even(exp)
           ? square(expmod(base, exp / 2, m)) % m
           : (base * expmod(base, exp - 1, m)) % m;
}
```

这个函数很像 1.2.4 节的函数 `fast_expt`，其中采用了连续求平方的方法，因此，相对于计算中的指数，其执行步数具有对数的增长阶 [44]。

执行费马检查时需要随机选取位于 1 和 $n - 1$ 之间（包含这两者）的数 a，然后检查 a 的 n 次幂取模 n 的余数是否等于 a。随机数 a 的选取用基本函数 `math_random` 完成，该函数返回一个小于 1 的非负实数。这样，要得到一个 1 和 $n - 1$ 之间的随机整数，我们把 `math_random` 的返回值乘以 $n - 1$，再用基本函数 `math_floor` 四舍五入，最后再加一：

[44]

```
function fermat_test(n) {
    function try_it(a) {
        return expmod(a, n, n) === a;
    }
    return try_it(1 + math_floor(math_random() * (n - 1)));
}
```

下面这个函数检查给定的数，它按第二个参数给定的次数运行上述检查。如果每次检查都成功，这一函数的值就是真，否则就是假：

```
function fast_is_prime(n, times) {
    return times === 0
           ? true
           : fermat_test(n)
           ? fast_is_prime(n, times - 1)
           : false;
}
```

44　对指数值 e 大于 1 的情况，这里用的归约方法基于如下事实：对任意的 x、y 和 m，我们通过分别计算 x 取模 m 和 y 取模 m，而后将它们乘起来之后取模 m，总可以得到 x 乘 y 取模 m 的余数。例如，在 e 是偶数时，我们计算 $b^{e/2}$ 取模 m 的余数，再求出它的平方，而后再求出它取模 m 的余数。这种技术非常有用，因为这意味着计算中不需要处理比 m 大很多的数（请与练习 1.25 比较）。

概率方法

从特性上看，费马检查与我们前面熟悉的算法都不一样。前面那些算法都保证计算结果一定正确，而这里得到的结果则只是可能正确。说得更准确些，如果数 n 不能通过费马检查，我们可以确信它不是素数。而 n 通过了检查的事实只是一个很强的证据，仍然不能保证 n 为素数。我们只能说，对任何正整数 n，如果执行这一检查的次数足够多，而且看到 n 通过了所有检查，就能把这一素数检查出错的概率减小到所需要的任意程度。

不幸的是，这一断言并不完全正确。因为确实存在一些能骗过费马检查的整数。存在一些数 n，它们不是素数但却具有如下性质：对任意的整数 $a < n$，都有 a^n 与 a 模 n 同余。由于这种数极其罕见，因此费马检查在实践中还是很可靠的[45]。存在一些不会受骗的费马检查变形，它们也像费马方法一样，在检查整数 n 是否素数时，随机选择整数 $a < n$ 并去检查某些依赖于 n 和 a 的关系（练习 1.28 是这类检查的一个例子）。另一方面，与费马检查不同，可以证明，对任意数 n，相应条件对整数 $a < n$ 中的大部分都不成立，除非 n 是素数。这样，如果对某个随机选出的 a，n 能通过检查，n 是素数的机会就大于一半。如果 n 对两个随机选择的 a 能通过检查，n 是素数的机会就大于四分之三。通过用更多随机选择的 a 值运行这种检查，我们可以使出错的概率减小到所需要的任意程度。

存在这样的检查，能证明其出错的机会可以达到任意小，这一情况也引起了人们对这类算法的极大兴趣，目前已形成了称为概率算法的领域。这一领域已经有了大量研究工作，概率算法也被成功地应用于许多重要领域[46]。

练习 1.21 请用 `smallest_divisor` 函数找出下面各数的最小因子：199，1 999，19 999。

练习 1.22 假设有一个无参数的基本函数 `get_time`，它返回一个整数，表示从 1970 年 1 月 1 日的 00:00:00[47]起到现在已经过去的微秒数。如果对整数 n 调用下面的 `timed_prime_test` 函数，它将打印出 n，然后检查 n 是否素数。如果 n 是素数，函数将打印出三个星号[48]，随后是执行这一检查所用的时间量。

```
function timed_prime_test(n) {
    display(n);
    return start_prime_test(n, get_time());
}
function start_prime_test(n, start_time) {
    return is_prime(n)
```

---

45 能骗过费马检查的数称为 Carmichael 数，除了很罕见外，我们对它们知之甚少。在 100 000 000 之内有 255 个 Carmichael 数，其中最小的几个是 561、1105、1729、2465、2821 和 6601。通过随机选择很大的数检查是否素数时，撞上能骗过费马检查的值的机会比宇宙射线导致计算机在执行"正确"算法时出错的机会更小。基于第一个而不是第二个理由去判定一个算法不合适，恰好表现了数学与工程的不同。

46 概率素数检查的最惊人应用之一是在密码学领域中。虽然在本书撰写时（2021 年），任意 300 位数的因数分解在计算上还是不可行的，但利用费马检查可以在几秒内判断这么大的数的素性。这一事实也成为 Rivest、Shamir 和 Adleman（1977）提出的一种构造"不可摧毁的密码"的技术基础。这一工作得到的 RSA 算法已成为提高电子通信安全性的一种广泛应用的技术。因为这项研究及其他相关研究的发展，素数研究这一曾经被认为是"纯粹"数学的缩影，仅因为其自身原因而被研究的课题，现在已经变成在密码学、电子资金流通和信息检索领域里有重要实际应用的问题了。

47 这一天称为 UNIX 纪元，这是 UNIT ™操作系统里时间处理函数规范的重要组成部分。

48 基本函数 `display` 返回其参数，同时将其打印出来。这里的 " *** " 是我们输入 `display` 函数作为参数的字符串。字符串也就是字符的序列，2.3.1 节有更深入的介绍。

```
              ? report_prime(get_time() - start_time)
              : true;
    }
    function report_prime(elapsed_time) {
        display(" *** ");
        display(elapsed_time);
    }
```

请利用这个函数写一个 search_for_primes 函数，它检查给定范围内连续的各个奇数的素性。请用你的函数找出大于 1 000、大于 10 000、大于 100 000 和大于 1 000 000 的最小的三个素数。请注意检查每个素数所需的时间。因为这一检查算法具有 $\Theta(\sqrt{n})$ 的增长阶，你可以期望在 10 000 附近的素数检查耗时大约为在 1 000 附近的素数检查的 $\sqrt{10}$ 倍。你得到的数据确实如此吗？由 100 000 和 1 000 000 得到的数据，对这一 $\sqrt{n}$ 预测的支持情况如何？概念上说，在你的机器上运行的时间正比于计算所需的步数，你的结果符合这一说法吗？

练习 1.23 本节开始时给出的 smallest_divisor 函数做了许多无用检查：在检查了一个数能否被 2 整除后，完全没必要再检查它是否能被任何偶数整除。这说明 test_divisor 用的值不该是 2, 3, 4, 5, 6, …，而应该是 2, 3, 5, 7, 9, …。请实现这种修改。其中声明一个函数 next，用 2 调用时它返回 3，否则返回其输入值加 2。修改 smallest_divisor 函数，让它用 next(test_divisor) 而不是 test_divisor + 1。请用结合了这一 smallest_divisor 版本的 timed_prime_test 运行练习 1.22 里那个找 12 个素数的测试。这样修改使检查的次数减半，你可能期望其运行速度快一倍。实际情况符合这一预期吗？如果不符，你观察到的两个算法速度的比值是什么？你如何解释比值不是 2 的事实？

练习 1.24 请修改练习 1.22 的 timed_prime_test 函数，让它使用 fast_is_prime（费马方法），并检查你在该练习中找出的 12 个素数。因为费马检查具有 $\Theta(\log n)$ 的增长速度，对于检查接近 1 000 000 的素数与检查接近 1000 的素数，你预期两个时间之间的比较应该怎样？你的数据符合这一预期吗？你能解释所发现的任何不符吗？

练习 1.25 Alyssa P. Hacker 提出，expmod 做了过多的额外工作。她说，毕竟我们已经知道怎样计算乘幂，因此只需要简单地写：

```
function expmod(base, exp, m) {
    return fast_expt(base, exp) % m;
}
```

她说的对吗？这个函数能很好地服务于我们的快速素数检查程序吗？请解释这些问题。

练习 1.26 Louis Reasoner 在做练习 1.24 时遇到很大困难，他的 fast_is_prime 检查看起来运行得比他写的 is_prime 还慢。Louis 请他的朋友 Eva Lu Ator 过来帮忙。在检查 Louis 的代码时，两人发现他重写了 expmod 函数，其中采用显式的乘法而没有调用 square：

```
function expmod(base, exp, m) {
    return exp === 0
           ? 1
           : is_even(exp)
           ? (  expmod(base, exp / 2, m)
             * expmod(base, exp / 2, m)) % m
           : (base * expmod(base, exp - 1, m)) % m;
}
```

"我看不出来这会造成什么不同，" Louis 说。"我能看出，" Eva 说，"用这种方式写这个函数，你就把一个 $\Theta(\log n)$ 的计算过程变成 $\Theta(n)$ 的了。"请解释这个问题。

练习 1.27　请证明脚注 47 中列出的那些 Carmichael 数确实能骗倒费马检查。也就是说，写一个函数，它以整数 n 为参数，对每个 $a < n$ 检查 a^n 是否与 a 模 n 同余。然后用你的函数去检查前面给出的那些 Carmichael 数。

练习 1.28　费马检查的一种不会被骗的变形称为 Miller-Rabin 检查（Miller 1976, Rabin 1980），它源于费马小定理的一个变形。该变形断言，如果 n 是素数，a 是任何小于 n 的正整数，则 a 的 $(n-1)$ 次幂与 1 模 n 同余。用 Miller-Rabin 检查考察数 n 的素数性时，我们随机选取数 $a < n$ 并用函数 expmod 求 a 的 $(n-1)$ 次幂对 n 的模。然而，在执行 expmod 中的平方步骤时，我们要查看是否发现了一个 "1 取模 n 的非平凡平方根"，也就是说，是否存在不等于 1 或 $n-1$ 的数，其平方取模 n 等于 1。可以证明，如果 1 的这种非平凡平方根存在，那么 n 就不是素数。还可以证明，如果 n 是非素数的奇数，那么，至少存在一半的 $a < n$，按这种方式计算 a^{n-1}，会遇到 1 取模 n 的非平凡平方根。这也是 Miller-Rabin 检查不会受骗的原因。请修改 expmod 函数，让它在发现 1 的非平凡平方根时报告失败。利用它实现一个类似于 fermat_test 的函数完成 Miller-Rabin 检查。通过检查一些已知的素数和非素数的方式考验你的函数。提示：让 expmod 送出失败信号的一种方便方法是让它返回 0。

1.3　用高阶函数做抽象

我们已经看到，从作用上看，函数也是一类抽象，它们描述了一些对数值的复合操作，但并不依赖具体的数。例如，在声明

```
function cube(x) {
    return x * x * x;
}
```

时，我们讨论的并不是某个具体数的立方，而是得到任意数的立方的方法。当然，我们也完全可以不声明函数，而总是写出下面这样的表达式：

```
3 * 3 * 3
x * x * x
y * y * y
```

并不明确地提出 cube。但是，这样做将把我们自己置于严重的劣势中，迫使我们始终在语言恰好提供的那一组基本操作（例如这里的乘法）上工作，而不能基于更高级的操作开展工作。我们的程序也能计算立方，但我们的语言却没有表述立方概念的能力。我们对功能强大的程序设计语言有一个必然要求，就是应该能给各种公共模式赋予名字，建立抽象，而后直接在抽象上工作。函数为我们提供了这种能力，这也是为什么除了最简单的程序设计语言外，其他语言都一定包含声明函数的机制的原因。

然而，即使在数值处理领域，如果我们被限制在函数只能以数为参数，也会严重限制我们建立抽象的能力。我们经常能看到同样的程序设计模式被用于描述不同函数的情况。为了把这样的模式描述为概念，我们就需要构造另一类函数，它们以函数作为参数，或者以函数作为返回值。这种操作函数的函数称为高阶函数。本节将展示高阶函数如何能够成为一种功能强大的抽象机制，从而极大地增强语言的表达能力。

1.3.1　函数作为参数

考虑下面的三个函数，第一个计算从 a 到 b 的各个整数之和：

```
function sum_integers(a, b) {
    return a > b
           ? 0
           : a + sum_integers(a + 1, b);
}
```

第二个计算给定范围内的各整数的立方和:

```
function sum_cubes(a, b) {
    return a > b
           ? 0
           : cube(a) + sum_cubes(a + 1, b);
}
```

第三个计算下面序列里顺序的各项之和:

$$\frac{1}{1\cdot3}+\frac{1}{5\cdot7}+\frac{1}{9\cdot11}+\cdots$$

它将(非常缓慢地)收敛到 $\pi/8$[49]:

```
function pi_sum(a, b) {
    return a > b
           ? 0
           : 1 / (a * (a + 2)) + pi_sum(a + 4, b);
}
```

这三个函数很明显共享了一种公共的基础模式,它们中的很大一部分是相同的,只在所用的函数名上互异:用于从 a 算出所需的求和项的函数,以及用于提供下一个 a 值的函数。我们可以通过填充同一个模板里的各个空位,生成上面的几个函数:

```
function name(a, b) {
    return a > b
           ? 0
           : term(a) + name(next(a), b);
}
```

这种公共模式的存在是很强的证据,说明在这里存在着一种有用的抽象,等待着被提取出来。确实,数学家早就认识到序列求和的抽象模式,并发明了"Σ记法",例如:

$$\sum_{n=a}^{b} f(n) = f(a)+\cdots+f(b)$$

描述了求和的概念。Σ记法的威力在于它使数学家能去直接处理求和的概念本身——而不仅是具体的求和——例如,去形式化某些并不依赖于特定求和序列的普适结果。

类似地,作为程序设计者,我们也希望所用的语言足够强大,能用于写出函数去表述求和的概念本身,而不是只能写计算某个具体求和的函数。我们确实可以在我们的语言里做这种事情,为此只要拿来上面的模式,把其中的"空位"翻译为形式参数:

```
function sum(term, a, next, b) {
    return a > b
           ? 0
           : term(a) + sum(term, next(a), next, b);
}
```

---

49 这一序列常写成另一种等价形式: $\frac{\pi}{4}=1-\frac{1}{3}+\frac{1}{5}-\frac{1}{7}+\cdots$。这一写法归功于莱布尼茨。我们将在 3.5.3 节看到如何用它作为某些数值技巧的基础。

请注意，`sum` 仍然以作为下界和上界的 `a` 和 `b` 为参数，但又增加了两个函数参数 `term` 和 `next`。使用 `sum` 的方法正如使用其他函数。例如，我们可以基于它声明 `sum_cubes`（还需要一个函数 `inc`，它得到参数值加一）：

```
function inc(n) {
    return n + 1;
}
function sum_cubes(a, b) {
    return sum(cube, a, inc, b);
}
```

利用这个函数，我们也可以算出从 1 到 10 的立方和：

```
sum_cubes(1, 10);
3025
```

利用一个恒等函数来计算项的值，我们就可以基于 `sum` 声明函数 `sum_integers`：

```
function identity(x) {
    return x;
}

function sum_integers(a, b) {
    return sum(identity, a, inc, b);
}
```

然后就可以求从 1 到 10 的整数之和了：

```
sum_integers(1, 10);
55
```

我们也可以采用同样的方式声明 `pi_sum`[50]：

```
function pi_sum(a, b) {
    function pi_term(x) {
        return 1 / (x * (x + 2));
    }
    function pi_next(x) {
        return x + 4;
    }
    return sum(pi_term, a, pi_next, b);
}
```

利用这个函数就能计算 π 的近似值了：

```
8 * pi_sum(1, 1000);
3.139592655589783
```

　　一旦有了 `sum`，我们就能用它作为基本构件，进一步形式化其他概念。例如，求函数 f 在范围 a 和 b 之间的定积分的近似值，可以用下面这个公式完成：

$$\int_a^b f = \left[f\left(a + \frac{\mathrm{d}x}{2}\right) + f\left(a + \mathrm{d}x + \frac{\mathrm{d}x}{2}\right) + f\left(a + 2\,\mathrm{d}x + \frac{\mathrm{d}x}{2}\right) + \cdots \right] \mathrm{d}x$$

其中，$\mathrm{d}x$ 是一个很小的值。我们可以把这个公式直接描述为一个函数：

50　注意，我们已经用（1.1.8 节介绍的）块结构把 `pi_next` 和 `pi_term` 的声明嵌入 `pi_sum` 内部，因为这些函数不大可能用在其他地方。我们将在 1.3.2 节说明如何避免这种声明。

```
function integral(f, a, b, dx) {
    function add_dx(x) {
        return x + dx;
    }
    return sum(f, a + dx / 2, add_dx, b) * dx;
}

integral(cube, 0, 1, 0.01);
0.24998750000000042

integral(cube, 0, 1, 0.001);
0.249999875000001
```

(cube 在 0 和 1 间积分的精确值是 1/4。)

练习 1.29 辛普森规则是另一种数值积分方法，比上面的规则更精确。使用辛普森规则，函数 f 在范围 a 和 b 之间的定积分的近似值是：

$$\frac{h}{3}[y_0 + 4y_1 + 2y_2 + 4y_3 + 2y_4 + \cdots + 2y_{n-2} + 4y_{n-1} + y_n]$$

其中的 $h = (b - a)/n$，n 是某个偶数，而 $y_k = f(a + kh)$。（采用较大的 n 能提高近似精度。）请声明一个具有参数 f、a、b 和 n，采用辛普森规则计算并返回积分值的函数。用你的函数求 cube 在 0 和 1 之间的积分（取 $n = 100$ 和 $n = 1\ 000$），并用得到的值与上面用 integral 函数得到的结果比较。

练习 1.30 上面声明的 sum 函数将产生一个线性递归。我们可以重写该函数，使之能迭代地执行。请说明应该怎样填充下面声明中空缺的表达式，完成这一工作。

```
function sum(term, a, next, b) {
    function iter(a, result) {
        return ⟨??⟩
                ? ⟨??⟩
                : iter(⟨??⟩, ⟨??⟩);
    }
    return iter(⟨??⟩, ⟨??⟩);
}
```

练习 1.31

a. 函数 sum 是可以用高阶函数表示的大量类似抽象中最简单的一个 [51]。请写一个类似的称为 product 的函数，它返回某个函数在给定范围中各个点上的值的乘积。请说明如何利用 product 声明 factorial。再请根据下面公式计算 π 的近似值 [52]：

$$\frac{\pi}{4} = \frac{2 \cdot 4 \cdot 4 \cdot 6 \cdot 6 \cdot 8 \cdots}{3 \cdot 3 \cdot 5 \cdot 5 \cdot 7 \cdot 7 \cdots}$$

b. 如果你的 product 函数生成的是一个递归计算过程，那么请写一个生成迭代计算过程的函数。如果它生成迭代计算过程，请写一个生成递归计算过程的函数。

---

51 练习 1.31～练习 1.33 的意图是想说明，用适当的抽象去融合一些貌似完全不同的操作能获得的强大表达能力。然而，虽然累积和过滤器都是绝妙的想法，但我们并不急于把它们用在这里，因为还没有适当的数据结构能用作组合这些抽象的方法。我们将在 2.2.3 节回到这些思想，在那里我们要说明如何用序列的概念作为组合过滤器和累积的接口，构造出更强大的抽象。我们还会看到这些方法本身如何能真正成为设计程序的强大而又优美的途径。

52 这一公式是由 17 世纪的英国数学家 John Wallis 发现的。

练习 1.32

a. 请说明，sum 和 product（练习 1.31）都是另一个称为 accumulate 的更一般概念的
特殊情况，accumulate 使用某些普适的累积函数组合起一系列项：

```
accumulate(combiner, null_value, term, a, next, b);
```

accumulate 取与 sum 和 product 一样的项和范围描述参数，再加一个（两个参
数的）combiner 函数，它说明如何组合当前项与前面各项的积累结果，还有一个
null_value 参数，它说明在所有的项都用完时的基本值。请声明 accumulate，并
说明我们能怎样通过简单调用 accumulate 的方式写出 sum 和 product 的声明。

b. 如果你的 accumulate 函数生成的是递归计算过程，那么请写一个生成迭代计算过程
的函数。如果它生成迭代计算过程，请写一个生成递归计算过程的函数。

练习 1.33　你可以引进一个针对被组合项的过滤器（filter）概念，写出一个更一般的
accumulate（练习 1.32）版本，对于从给定范围得到的项，该函数只组合起那些满足特定
条件的项。这样就得到了一个 filtered_accumulate 抽象，其参数与上面的累积函数一
样，再增加一个表示所用过滤器的谓词参数。请把 filtered_accumulate 声明为一个函
数，并用下面实例展示如何使用 filtered_accumulate：

a. 区间 a 到 b 中的所有素数之和（假定你已经有谓词 is_prime）。

b. 求小于 n 的所有与 n 互素的正整数（即所有满足 GCD(i, n) = 1 的整数 $i < n$）之乘积。

1.3.2　用 lambda 表达式构造函数

在 1.3.1 节使用 sum 时，我们必须声明一些如 pi_term 和 pi_next 的简单函数，用作
高阶函数的参数。这种做法看起来不太舒服。如果可以不显式声明 pi_term 和 pi_next，
而是有一种方法，使我们能直接描述"那个返回其输入值加 4 的函数"和"那个返回其输入
与它加 2 的乘积的倒数的函数"，那就更方便了。引入 lambda 表达式作为创建函数的语法形
式，就能做好这件事。利用 lambda 表达式，我们能如下描述这两个函数：

```
x => x + 4
```

和

```
x => 1 / (x * (x + 2))
```

这样就可以无须声明任何辅助函数，直接写 pi_sum 函数了：

53

```
function pi_sum(a, b) {
    return sum(x => 1 / (x * (x + 2)),
               a,
               x => x + 4,
               b);
}
```

借助 lambda 表达式，我们也可以写 integral 函数而不需要声明辅助函数 add_dx：

```
function integral(f, a, b, dx) {
    return sum(f,
               a + dx / 2,
               x => x + dx,
               b)
```

```
            *
            dx;
    }
```

　　一般而言，lambda 表达式采用与函数声明类似的形式创建函数，但不需要为被创建的函数提供名字，也不需要用关键字 return 和花括号（如果只有一个参数，围绕着参数列表的圆括号也可以略去，就像在上面看到的那样）[53]：

　　(parameters) => *expression*

这样得到的函数与通过函数声明语句创建的函数一样，仅有的不同之处，就是这种函数没有在环境中被关联于任何名字。考虑

```
function plus4(x) {
    return x + 4;
}
```

它等价于 [54]

```
const plus4 = x => x + 4;
```

我们可以按如下方式读一个 lambda 表达式：

　　该函数以 x 为参数　　　　　其结果是　参数的值　加　4

　　就像任何以函数为值的表达式一样，lambda 表达式也能用作组合式的运算符，例如：

```
((x, y, z) => x + y + square(z))(1, 2, 3);
12
```

或者更一般地，将其用在任何通常使用函数名的上下文中 [55]。请注意，=> 的优先级比函数应用更低，因此这里围绕着 lambda 表达式的括号是必需的。

用 const 创建局部名字

　　lambda 表达式的另一应用是用于创建局部的名字。在函数里，除了可以使用已经约束为函数参数的名字外，我们也经常需要其他局部名。例如，假设我们希望计算：

$$f(x, y) = x(1 + xy)^2 + y(1 - y) + (1 + xy)(1 - y)$$

我们可以将其表述为：

53　在 2.2.4 节，我们将扩充 lambda 表达式的语法，使这种表达式的体可以像函数声明的体一样，允许是一个块结构，而不必只是一个表达式。

54　在 JavaScript 里，这两个版本之间有一些微妙的差异。函数声明语句将自动"提升到"（移到）其外围块的开始，或者程序的开始（如果它不是出现在任何块的内部）。在函数声明中声明的名字，允许用赋值语句另行赋值（3.1.1 节），但常量声明中声明的名字不能再赋值。在本书中我们将避免这些特征，把函数声明处理成等价于对应的常量声明。

55　对初学 JavaScript 的人而言，如果采用某个比 lambda 表达式更明确的名字，例如函数定义，他们可能会觉得更清楚，也更少产生畏惧感。但是习惯已经形成，不仅在 Lisp 和 Scheme 里，而且在 JavaScript、Java 和其他语言里。这无疑是部分地是受到本书 Scheme 版的影响。这一记法形式来自 λ 演算。这是由数理逻辑学家丘奇（Alonzo Church 1941）引进的一套数学理论。丘奇开发了 λ 演算，目的是为研究函数和函数应用提供严格的基础。λ 演算已成为对程序设计语言语义进行数学研究的基本工具。

$$a = 1 + xy$$
$$b = 1 - y$$
$$f(x, y) = xa^2 + yb + ab$$

在写计算 f 的函数时，我们希望包含的局部名字可能不止 x 和 y，还有表示中间值的名字如 a 和 b。做这件事的一种方法是用一个辅助函数来约束局部的名字：

```
function f(x, y) {
    function f_helper(a, b) {
        return x * square(a) + y * b + a * b;
    }
    return f_helper(1 + x * y, 1 - y);
}
```

换种方式，我们也可以用一个 lambda 表达式描述建立约束的局部名字的匿名函数。这样，整个函数体就变成了一个对该函数的简单调用：

```
function f_2(x, y) {
    return ( (a, b) => x * square(a) + y * b + a * b
           )(1 + x * y, 1 - y);
}
```

更方便的声明局部名字的方法，是在函数体里使用常量声明。利用 const 语句，前面的函数可以写成：

```
function f_3(x, y) {
    const a = 1 + x * y;
    const b = 1 - y;
    return x * square(a) + y * b + a * b;
}
```

在一个块里用 const 声明的名字，总以包围该声明的最小块作为作用域[56, 57]。

条件语句

我们已经看到，声明一些局部于函数声明的名字很有用。当函数变得更大时，我们应该把名字的作用域维持得尽可能小。考虑练习 1.26 里的示例 expmod：

```
function expmod(base, exp, m) {
    return exp === 0
           ? 1
           : is_even(exp)
```

56　注意，在一个块里声明的名字，在该声明被完全求值前不能用，无论外围块里是否声明了同一个名字。例如，下面程序企图用最高层声明的 a 为 f 里声明的 b 的计算提供值，这样做是行不通的：

```
const a = 1;
function f(x) {
    const b = a + x;
    const a = 5;
    return a + b;
}
f(10);
```

这个程序会报错，因为 a + x 里的 a 是在 a 的声明被求值之前使用的。我们将在 4.1.6 节回到这个程序，那时我们已经学习了更多有关求值的知识。

57　我们可以扩展代换模型，对常量声明，我们在当前块的体（常量声明之后的部分）里用 = 之后的表达式的值代换 = 之前的名字，就像是对函数应用求值时，用实参值代换函数体里的形式参数那样。

55

```
                        ? (  expmod(base, exp / 2, m)
                          * expmod(base, exp / 2, m)) % m
                        : (base * expmod(base, exp - 1, m)) % m;
}
```

这个函数包含了两个如下的函数调用，由此造成的效率损失毫无必要：

56

```
expmod(base, exp / 2, m);
```

虽然对这个例子，我们可以用一个 square 函数简单地修复问题，但一般情况不会都这么容易。不用 square，我们也可能想到为这个表达式引进一个局部名字，例如写：

```
function expmod(base, exp, m) {
    const half_exp = expmod(base, exp / 2, m);
    return exp === 0
           ? 1
           : is_even(exp)
           ? (half_exp * half_exp) % m
           : (base * expmod(base, exp - 1, m)) % m;
}
```

但这样做不但使程序低效，实际上还会使它不终止了！问题是常量声明出现在条件表达式之外，这就意味着它总要执行，包括对 exp === 0 的基础情况。为避免这种问题，这里应该用条件语句，把返回语句放在其分支里。利用条件语句，我们可以声明 expmod 函数如下：

```
function expmod(base, exp, m) {
    if (exp === 0) {
        return 1;
    } else {
        if (is_even(exp)) {
            const half_exp = expmod(base, exp / 2, m);
            return (half_exp * half_exp) % m;
        } else {
            return (base * expmod(base, exp - 1, m)) % m;
        }
    }
}
```

条件语句的一般形式是：

> if (*predicate*) { *consequent-statements* } else { *alternative-statements* }

与条件表达式类似，解释器也是先求值 *predicate*。如果这个求值得到真，解释器就去求值 *consequence-statements*（后继语句）；而如果求值得到假，解释器就去求值 *alternative-statements*（替代语句）。这里对返回语句求值导致退出外围的函数体，序列中位于返回语句之后的语句以及条件语句之后的语句都直接忽略。注意，出现在条件语句的两个块之一里有

57 一个常量声明，它也局部于相应的块。一对花括号围起的部分构成了一个块。

练习 1.34 假设我们声明了

```
function f(g) {
    return g(2);
}
```

而后我们写

```
f(square);
4

f(z => z * (z + 1));
6
```

如果我们（坚持）要求解释器求值 f(f)，会发生什么情况呢？请给出解释。

1.3.3　函数作为通用的方法

在 1.1.4 节，我们介绍了复合函数的机制，它能作为用于抽象数值运算的模式的机制，使描述的计算不依赖具体的数值。有了高阶函数，例如 1.3.1 节介绍的 integral 函数，我们初步看到了另一种威力更强大的抽象函数，它们可以用于描述通用的计算方法，并不依赖于其中涉及的具体函数。本节将讨论两个更复杂的例子——找函数的零点和不动点的通用方法——用以展示我们能如何使用函数去直接描述这一类方法。

通过区间折半方法找方程的根

区间折半方法是求方程 $f(x) = 0$ 的根的一种简单但又威力强大的方法，这里的 f 是一个连续函数。折半方法的基本思想如下：如果对给定的点 a 和 b 有 $f(a) < 0 < f(b)$，那么 f 在 a 和 b 之间必然有一个零点。为了确定这个零点，我们令 x 是 a 和 b 的平均值并计算出 $f(x)$。如果 $f(x) > 0$，那么在 a 和 x 之间必然有 f 的一个零点；如果 $f(x) < 0$，那么在 x 和 b 之间必然有 f 的一个零点。继续按这种方法做下去，我们就能确定一串越来越小的区间，而且保证在每个区间里必然有 f 的一个零点。到某个时刻，此时的区间已经足够小，就可以结束这个计算过程了。因为区间在计算过程中的每一步缩小一半，所以计算所需最大步数的增长将是 $\Theta(\log(L/T))$，其中的 L 是初始区间的长度，T 是可容忍的误差（也就是说，认为已经"足够小"的区间的大小）。下面是一个实现了这一策略的函数：

58

```
function search(f, neg_point, pos_point) {
    const midpoint = average(neg_point, pos_point);
    if (close_enough(neg_point, pos_point)) {
        return midpoint;
    } else {
        const test_value = f(midpoint);
        return positive(test_value)
               ? search(f, neg_point, midpoint)
               : negative(test_value)
               ? search(f, midpoint, pos_point)
               : midpoint;
    }
}
```

我们假定计算开始时给定了函数 f 以及使其取值为负和正的两个点。我们首先算出这两个给定点的中点，而后检查给定区间是否已经足够小。如果是，就返回这个中点的值作为回答；否则就算出 f 在这个中点的值。如果检查发现算出的值为正，那么就以从原来的负端点到中点为新区间并继续；如果值为负，就以从中点到原来为正的端点为新区间并继续。还有，也存在检测值恰好为 0 的可能，这时中点就是我们寻找的根。为了检查两个端点是否已经"足够小"，我们可以采用类似 1.1.7 节中计算平方根时所用的那种函数 [58]：

---

[58] 这里用 0.001 作为示意性的"小"数，表示这一计算可接受的容许误差。在实际计算中，适用的容许误差依赖于求解的实际问题，以及计算机和算法的限制。这一问题常常需要很细致地考虑，需要数值专家或者某些其他类别的"魔法师"的帮助。

```
function close_enough(x, y) {
    return abs(x - y) < 0.001;
}
```

直接使用 search 函数有些麻烦，因为我们可能会偶然给了它一对点，相应的 f 值并不具有这个函数所需要的正负号，这时就会得到错误的结果。我们可以换一种方式，通过下面的函数去使用 search。该函数首先检查给定端点中是否具有负的函数值，而另一个点是正值，然后根据具体情况去调用 search 函数。如果函数发现两个给定点的函数值同号，折半方法无法工作，就发出一个表示出错的信号 [59]。

```
function half_interval_method(f, a, b) {
    const a_value = f(a);
    const b_value = f(b);
    return negative(a_value) && positive(b_value)
            ? search(f, a, b)
            : negative(b_value) && positive(a_value)
            ? search(f, b, a)
            : error("values are not of opposite sign");
}
```

下面的实例用折半方法求出 $\sin x = 0$ 在 2 和 4 之间的根，得到的是 π 的近似值：

```
half_interval_method(math_sin, 2, 4);
```
3.14111328125

这里是另一个例子，用折半方法求出 $x^3 - 2x - 3 = 0$ 在 1 和 2 之间的根：

```
half_interval_method(x => x * x * x - 2 * x - 3, 1, 2);
```
1.89306640625

寻找函数的不动点

数 x 称为函数 f 的不动点，如果 x 满足方程 $f(x) = x$。对于一些函数，通过从某个初始猜测出发，反复应用 f，

$$f(x), f(f(x)), f(f(f(x))), \cdots$$

直到值的变化不太大时，我们就定位到函数 f 的一个不动点。利用这一想法，我们可以设计一个函数 fixed_point，它以一个函数和一个初始猜测为参数，产生该函数的一个不动点的近似值。我们反复应用这个函数，直到发现连续两个值之差小于某个事先给定的容许值：

```
const tolerance = 0.00001;
function fixed_point(f, first_guess) {
    function close_enough(x, y) {
        return abs(x - y) < tolerance;
    }
    function try_with(guess) {
        const next = f(guess);
        return close_enough(guess, next)
                ? next
                : try_with(next);
    }
    return try_with(first_guess);
}
```

59　这里的 error 就是为了完成这一工作。函数 error 以一个字符串为参数，执行时把它打印出来作为出错信息，同时还打印出这个 error 调用所在的程序行号。

例如，我们可以用这个方法逼近余弦函数的不动点，其中用 1 作为初始近似值[60]：

```
fixed_point(math_cos, 1);
0.7390822985224023
```

类似地，我们也可以用下面方法寻找方程 $y = \sin y + \cos y$ 的解：

```
fixed_point(y => math_sin(y) + math_cos(y), 1);
1.2587315962971173
```

这种不动点计算过程，可能使人想起 1.1.7 节里求平方根的计算过程。两者都基于反复改进一个猜测值，直到结果满足某个评价准则为止。事实上，我们完全可以把平方根计算形式化为一个寻找不动点的计算过程。计算某个数 x 的平方根，就是要找到一个 y 使得 $y^2 = x$。我们把这个等式改成另一等价形式 $y = x/y$，可以看到，这里要做的就是寻找函数 $y \mapsto x/y$ 的不动点[61]。因此，我们可以试着用下面的方法计算平方根：

```
function sqrt(x) {
    return fixed_point(y => x / y, 1);
}
```

不幸的是，这一不动点搜寻的过程不收敛。考虑某个初始猜测 y_1，下一个猜测将会是 $y_2 = x/y_1$，而再下一个猜测就是 $y_3 = x/y_2 = x/(x/y_1) = y_1$。结果就是无穷循环，其中没完没了地反复出现两个猜测 y_1 和 y_2，在答案的两边往复振荡。

控制这类振荡的一种想法是设法避免猜测的变化过于剧烈。因为实际答案一定在两个猜测 y 和 x/y 之间，我们可以做一个猜测，使之不像 x/y 那样远离 y，为此可以考虑用 y 和 x/y 的平均值。这样，y 之后的猜测值就取（1/2）$(y + x/y)$ 而不是 x/y。做出这种猜测序列的计算过程，也就是搜寻 $y \mapsto (1/2)(y + x/y)$ 的不动点：

```
function sqrt(x) {
    return fixed_point(y => average(y, x / y), 1);
}
```

（请注意，$y = (1/2)(y + x/y)$ 是方程 $y = x/y$ 经过简单变换的结果，推导出它的方法是在方程的两边都加 y，然后再将两边都除以 2。）

经过上述修改，这个平方根函数就能正常工作了。事实上，如果拆解这个定义，我们就会看到它在求平方根时产生的近似值序列，正好就是 1.1.7 节里的那个求平方根函数产生的序列。这种在逼近一个解的过程中，取用一些序列值的平均值的技术称为均值阻尼，这种技术常常被用在不动点搜寻中，作为帮助收敛的手段。

练习 1.35 请证明黄金分割率 ϕ（1.2.2 节）是变换 $x \mapsto 1 + 1/x$ 不动点。请利用这一事实，通过函数 fixed_point 计算 ϕ 的值。

练习 1.36 请修改 fixed_point，使它能用练习 1.22 介绍的基本函数 newline 和 display 打印出计算中产生的近似值序列。然后，通过找 $x \mapsto \log(1000)/\log(x)$ 不动点的方法确定 $x^x = 1000$ 的一个根（请利用 JavaScript 的基本函数 math_log，它计算参数的自然对

[61]

---

60 要用计算器得到余弦函数的一个不动点，请先把你的计算器设置到弧度模式，而后反复按 cos 键，直到计算器的值不再变化。

61 $\mapsto$（读作"映射到"）是数学家写 lambda 表达式的方法，$y \mapsto x/y$ 的意思就是 y => x / y，也就是那个在 y 处的值为 x/y 的函数。

数值）。请比较一下采用均值阻尼和不用均值阻尼时的计算步数。（注意，你不能用猜测 1 去启动 fixed_point，因为这将导致除以 log(1) = 0。）

练习 1.37 无穷连分式是具有如下形式的表达式：

$$f = \cfrac{N_1}{D_1 + \cfrac{N_2}{D_2 + \cfrac{N_3}{D_3 + \cdots}}}$$

作为例子，我们可以证明当所有的 N_i 和 D_i 都等于 1 时，这个无穷连分式的值是 $1/\phi$，其中的 ϕ 就是黄金分割率（见 1.2.2 节的说明）。逼近给定无穷连分式的一种方法是在给定数目的项之后截断，这样的截断式称为 k 项的有限连分式，其形式是：

$$\cfrac{N_1}{D_1 + \cfrac{N_2}{\ddots + \cfrac{N_K}{D_K}}}$$

a. 假定 n 和 d 都是只有一个参数（项的下标 i）的函数，它们分别返回连分式的项 N_i 和 D_i。请声明一个函数 cont_frac，使得对 cont_frac(n, d, k) 的求值计算 k 项有限连分式的值。通过如下调用检查你的函数对顺序的 k 值是否逼近 $1/\phi$：

```
cont_frac(i => 1, i => 1, k);
```

你需要取多大的 k 才能保证得到的近似值具有十进制的 4 位精度？

b. 如果你的 cont_frac 函数产生递归计算过程，那么请另写一个产生迭代计算的函数。如果它产生迭代计算，请另写一个函数，使之产生一个递归计算过程。

练习 1.38 1737 年瑞士数学家莱昂哈·德欧拉发表了论文 *De Fractionibus Continuis*，文中给出了 e − 2 的一个连分式展开，其中 e 是自然对数的底。在这一连分式中，N_i 全都是 1，而 D_i 顺序的是 1, 2, 1, 1, 4, 1, 1, 6, 1, 1, 8, …。请写一个程序，其中使用你在练习 1.37 中做的 cont_frac 函数，该程序基于欧拉的展开计算 e 的近似值。

练习 1.39 1770 年，德国数学家 J. H. Lambert 发表了正切函数的连分式表示：

$$\tan x = \cfrac{x}{1 - \cfrac{x^2}{3 - \cfrac{x^2}{5 - \cfrac{x^2}{\ddots}}}}$$

其中 x 用弧度表示。请声明一个函数 tan_cf(x, k)，它基于 Lambert 公式计算正切函数的近似值。k 描述计算的项数，就像练习 1.37 一样。

1.3.4　函数作为返回值

上面的例子说明，允许把函数作为参数传递，能显著增强我们的程序设计语言的表达能力。如果能创建其返回值本身也是函数的函数，我们还能得到进一步的表达能力提升。

我们用例子说明这一思想，还是用 1.3.3 节最后介绍的不动点的例子。在那里，我们构造了一个平方根程序的新版本，其中把这项计算看作一种不动点搜寻。开始时，我们注意到

$\sqrt{x}$ 就是函数 $y \mapsto x/y$ 的不动点，后来利用均值阻尼使这一逼近能够收敛。均值阻尼本身也是一种很有用的通用技术。对于给定的函数 f，均值阻尼考虑的是另一个函数，它在 x 处的值等于 x 和 $f(x)$ 的平均值。

我们可以把均值阻尼的想法表述为下面的函数：

```
function average_damp(f) {
    return x => average(x, f(x));
}
```

函数 `average_damp` 的参数是函数 f，它返回另一个函数作为值（用 lambda 表达式生成），当我们把这个返回值函数应用于数 x 时，得到的就是 x 和 f(x) 的平均值。例如，把函数 `average_damp` 应用于 `square` 函数，就能生成另一个函数，该函数在数值 x 处的值是 x 和 x^2 的平均值。把这样得到的函数应用于 10，返回的是 10 与 100 的平均值 55[62]：

```
average_damp(square)(10);
55
```

利用 `average_damp`，我们可以重做前面的平方根函数如下：

```
function sqrt(x) {
    return fixed_point(average_damp(y => x / y), 1);
}
```

63

请注意看上面的函数，看这里怎样明确地结合了三种思想（不动点搜寻、均值阻尼以及函数 $y \mapsto x/y$）。比较一下这个平方根计算函数与 1.1.7 节给出的原始本也很有教益。请记住，这两个函数描述了同一个计算过程，还请注意，当我们利用上面的抽象描述该计算过程时，其中的思想如何变得更清晰了。一般而言，把一个计算过程形式化地表述为一个函数，可能存在多种不同方法。有经验的程序员知道如何选择函数的形式，使其特别清晰并容易理解，也使该计算过程中的有用元素能表现为一些相互独立的个体，从而使它们还可能重用于其他应用。作为重用的一个简单实例，请注意 x 的立方根是函数 $y \mapsto x/y^2$ 的不动点，因此我们立刻就可以把前面的平方根函数修改成一个计算立方根的函数[63]：

```
function cube_root(x) {
    return fixed_point(average_damp(y => x / square(y)), 1);
}
```

牛顿法

在 1.1.7 节介绍平方根函数时，我们曾经说过，该函数是更一般的牛顿法的一个特殊情况。如果 $x \mapsto g(x)$ 是一个可微函数，那么方程 $g(x) = 0$ 的一个解就是函数 $x \mapsto f(x)$ 的一个不动点，其中：

$$f(x) = x - \frac{g(x)}{Dg(x)}$$

这里的 $Dg(x)$ 是 g 的导数在 x 处的值。牛顿法就是使用我们前面看到的不动点方法，通过搜

62　请注意，这就是一个函数应用，其中的函数表达式本身又是一个函数应用。练习 1.4 已经介绍了这种形式的函数应用式的功能，但那里只给了一个玩具例子。现在我们就看到了，在应用一个作为高阶函数的返回值而得到的函数时，我们确实需要这种形式的函数应用式。

63　进一步的推广参看练习 1.45。

寻函数 f 的不动点的方法，去逼近上面方程的解[64]。对于许多函数以及充分好的初始猜测 x，牛顿法能很快收敛到 $g(x) = 0$ 的一个解[65]。

为了把牛顿法实现为函数，我们必须首先描述求导的思想。请注意，"导数"与均值阻尼类似，也是从一个函数到另一个函数的变换。例如，函数 $x \mapsto x^3$ 的导数是函数 $x \mapsto 3x^2$。一般而言，如果 g 是一个函数而 dx 是一个很小的数，那么 g 的导数在任意值 x 的值由下面的函数（作为小数 dx 的极限）给出：

$$Dg(x) = \frac{g(x + dx) - g(x)}{dx}$$

这样，我们就可以用下面这个函数描述求导数的思想（例如，取 dx 为 0.000 01 ）：

```
function deriv(g) {
    return x => (g(x + dx) - g(x)) / dx;
}
```

再加上声明：

```
const dx = 0.00001;
```

与 `average_damp` 类似，`deriv` 也是一个以函数为参数，返回一个函数作为值的函数。例如，为了求函数 $x \mapsto x^3$ 的导数在 5 的近似值（精确值为 75），我们求值：

```
function cube(x) { return x * x * x; }

deriv(cube)(5);
```
75.00014999664018

有了 `deriv` 的帮助，我们就能把牛顿法表述为一个求不动点的计算过程了：

```
function newton_transform(g) {
    return x => x - g(x) / deriv(g)(x);
}
function newtons_method(g, guess) {
    return fixed_point(newton_transform(g), guess);
}
```

`newton_transform` 函数描述的就是本节开始给出的公式，基于它声明 `newtons_method` 已经很容易了。这个函数以一个函数为参数，它计算的就是我们希望找到零点的函数，这里还需要给一个初始猜测。例如，为确定 x 的平方根，可以用初始猜测 1，通过牛顿法去找函数 $y \mapsto y^2 - x$ 的零点[66]。这样就给出了求平方根函数的另一种形式：

```
function sqrt(x) {
    return newtons_method(y => square(y) - x, 1);
}
```

抽象和一等函数

我们在上面已经看到了两种不同的方法，它们都能把平方根计算表述为某种更一般的方

---

64   基础微积分书籍中通常把牛顿法描述为逼近序列 $x_{n+1} = x_n - g(x_n)/Dg(x_n)$。有了能描述计算过程的语言，采用不动点的思想，这一方法的描述也得到了简化。

65   牛顿法并不总能收敛到一个答案。但是我们可以证明，在能收敛的情况下，每次迭代都会使解的近似值的有效数字位数加倍。牛顿法的收敛速度比折半法快得多。

66   对于寻找平方根而言，牛顿法可以从任意点出发迅速收敛到正确的答案。

法的实例。其一是作为一个搜寻不动点的函数，另一个使用牛顿法。因为牛顿法本身也表述了一个不动点的计算过程，所以，实际上我们看到的是作为不动点来计算平方根的两种不同形式。每种方法都是从一个函数出发，找出这一函数在某种变换下的不动点。我们也可以把这一具有普适意义的思想本身表述为一个函数：

```
function fixed_point_of_transform(g, transform, guess) {
    return fixed_point(transform(g), guess);
}
```

这是一个非常普适的函数，其参数包括一个函数参数 g（它计算的某个函数），还有一个对 g 做变换的函数和一个初始猜测，它返回的是通过变换得到的那个函数的不动点。

利用这一抽象，我们可以重新描述本节的第一个平方根计算（搜寻 $y \mapsto x/y$ 在均值阻尼下的不动点），把它作为上述普适方法的实例：

```
function sqrt(x) {
    return fixed_point_of_transform(
            y => x / y,
            average_damp,
            1);
}
```

类似地，我们也可以把本节的第二个平方根计算（它也是牛顿法的一个实例，设法找到牛顿变换 $y \mapsto y^2 - x$ 的不动点）重述为：

```
function sqrt(x) {
    return fixed_point_of_transform(
            y => square(y) - x,
            newton_transform,
            1);
}
```

从 1.3 节开始，我们看到复合函数是一种至关重要的抽象机制，它使我们能把通用的计算方法明确描述为我们的程序设计语言的元素。现在我们又看到，高阶函数使我们能怎样去操控这些通用的方法，建立进一步的抽象。

作为编程者，我们应该对识别程序中的各种基本抽象的可能性保持高度敏感，设法去构造它们，进而设法去推广它们，创建威力更强大的抽象。当然，这并不是说总应该用尽可能最抽象的方式去写程序。程序设计专家知道如何根据面临的工作选择合适的抽象层次。但是，能基于这些抽象思考是最重要的，只有这样，我们才可能在新的上下文中应用它们。高阶函数的重要性，就在于使我们能用程序设计语言的元素明确地描述这些抽象，并使它们能像其他计算元素一样作为被操作的对象。

一般而言，对于各种计算元素的可能使用方式，程序设计语言都会设置一些限制。限制最少的元素称为具有一等的地位。一等元素的某些"权利或特权"包括[67]：

- 它们可以命名；
- 它们可以作为实参提供给函数；
- 它们可以由函数作为结果返回；
- 它们可以被包含在数据结构中[68]。

---

[67]　程序设计语言元素的一等地位的概念应归功于英国计算机科学家 Christopher Strachey（1916—1975）。

[68]　在第 2 章介绍了数据结构之后，我们就能看到这方面的例子。

JavaScript 与其他一些高级程序设计语言一样，给了函数完全的一等地位。这些也给有效实现提出了挑战，但由此获得的描述能力却是极其惊人的[69]。

练习 1.40   请声明一个函数 cubic，它可以和 newtons_method 函数一起用在下面的形式的表达式里：

```
newtons_method(cubic(a, b, c), 1)
```

以逼近三次方程 $x^3 + ax^2 + bx + c$ 的零点。

练习 1.41   请声明一个函数 double，它以一个只有一个参数的函数为参数，返回另一个函数，后一函数将连续地应用原来的那个参数函数两次。例如，如果 inc 是一个给参数加 1 的函数，double(inc) 将给参数加 2。下面这个语句返回什么值：

```
double(double(double))(inc)(5);
```

练习 1.42   令 f 和 g 是两个单参数的函数，f 在 g 之后的复合定义为函数 $x \mapsto f(g(x))$。请声明一个函数 compose 实现函数复合。例如，如果 inc 是将参数加 1 的函数，那么就有：

```
compose(square, inc)(6);
49
```

练习 1.43   如果 f 是一个数值函数，n 是一个正整数，我们可以构造 f 的 n 次重复应用，也就是说，这个函数在 x 的值应该是 $f(f(\cdots(f(x))\cdots))$。举例说，如果 f 是函数 $x \mapsto x+1$，n 次重复应用 f 就是函数 $x \mapsto x+n$。如果 f 是求数的平方的函数，n 次重复应用 f 就求出其参数的 2^n 次幂。请写一个函数，其输入是一个计算 f 的函数和一个正整数 n，返回的是计算 f 的 n 次重复应用的那个函数。你的函数应该能以如下方式使用：

```
repeated(square, 2)(5);
625
```

提示：你可能发现，利用练习 1.42 的 compose 可能带来一些方便。

练习 1.44   平滑一个函数的思想是信号处理中的一个重要概念。如果 f 是函数，dx 是某个很小的数值，那么 f 的平滑版本也是函数，它在点 x 的值就是 $f(x-dx)$、$f(x)$ 和 $f(x+dx)$ 的平均值。请写一个函数 smooth，其参数是一个计算 f 的函数，返回 f 经过平滑后的那个函数。有时我们可能发现，重复地平滑一个函数，得到经过 n 次平滑的函数（也就是说，对平滑后的函数再做平滑，等等）也很有价值。请说明怎样利用 smooth 和练习 1.43 的 repeated，构造出能对给定的函数做 n 次平滑的函数。

练习 1.45   我们在 1.3.3 节看到，用朴素方法通过找 $y \mapsto x/y$ 的不动点来计算平方根的方法不收敛，但可以通过均值阻尼的技术弥补。同样的技术也可以用于计算立方根，将其看作均值阻尼后的 $y \mapsto x/y^2$ 的不动点。不幸的是，这个方法对四次方根行不通，一次均值阻尼不足以使对 $y \mapsto x/y^3$ 的不动点搜寻收敛。然而，如果我们求两次均值阻尼（即用 $y \mapsto x/y^3$ 均值阻尼的均值阻尼），这一不动点搜寻就收敛了。请做些试验，考虑把计算 n 次方根作为基于 $y \mapsto x/y^{n-1}$ 的反复做均值阻尼的不动点搜寻过程，请设法确定各种情况下需要做多少次均值阻尼，并基于这一认识实现一个函数，它能利用 fixed_point、average_

---

69   实现一等函数的主要代价是：为了能把函数作为值返回，即使函数不执行，我们也必须为函数里的自由名字保留存储。在 4.1 节对 JavaScript 实现的研究中，这些名字都存储在函数的环境里。

damp 和练习 1.43 的 repeated 函数计算 n 次方根。假定你需要的所有算术运算都是基本函数。

练习 1.46　本章描述的一些数值算法都是迭代式改进的实例。迭代式改进是一种非常通用的计算策略，它说：为了计算某些东西，我们可以从对答案的某个初始猜测开始，检查这一猜测是否足够好，如果不行就改进这一猜测，将改进后的猜测作为新猜测继续这一计算过程。请写一个函数 iterative_improve，它以两个函数为参数：其中一个表示评判猜测是否足够好的方法，另一个表示改进猜测的方法。iterative_improve 的返回值应该是函数，它以某个猜测为参数，通过不断改进，直至得到的猜测足够好为止。利用 iterative_improve 重写 1.1.7 节的 sqrt 函数和 1.3.3 节的 fixed_point 函数。

68

构造数据抽象

> 现在我们到了数学抽象中具决定性的一步：让我们忘记这些符号代表的事物……[数学家] 不需要止步于此，有许多操作可以用于这些符号，完全不关心它们代表什么。
>
> —— Hermann Weyl（赫尔曼·外尔），《思维的数学方式》

我们在第 1 章关注的是计算过程以及函数在程序的设计中扮演的角色。我们看到了怎样使用基本数据（数）和基本操作（算术运算）；怎样通过复合、条件和使用参数组合起一些函数，构造复合函数；怎样用函数声明完成计算过程的抽象。我们也看到，函数可以看作一种计算过程的局部演化的模式，可以对函数蕴涵的计算过程的一些常见模式做分类、推理和简单的算法分析。我们还看到了高阶函数能如何提升我们语言的威力，使我们能操控通用的计算方法，并对它们做各种推理。这些都是程序设计中最基本的东西。

在这一章里，我们准备考察一些更复杂的数据。在第 1 章里，所有函数操作的都是简单的数值数据，而对于我们希望用计算处理的许多问题，只有这样的简单数据是不够的。存在很多有代表性的程序，其设计就是为了模拟复杂的现象，为此经常需要构造一些计算对象，这些对象通常都是由一些部分组成，用于模拟真实世界里的那些具有多重特征的现象。这样，与我们在第 1 章里所做的事情（把一些函数组合起来形成复合函数，通过这种方法构造抽象）对应，本章将转到每个程序设计语言都包含的另一关键方面，讨论它们提供的把数据对象组合起来形成复合数据，进而构造抽象的方法。

我们为什么希望程序设计语言提供复合数据呢？个中缘由恰如需要复合函数，也是为了提升我们设计程序时可能处于的概念层次，提高我们的设计的模块性，增强我们语言的表达能力。声明函数的能力，使我们有可能站在比语言提供的基本操作更高的概念层次上处理计算过程。与之类似，构造复合数据的能力，也将使我们有可能站在比语言提供的基本数据对象更高的概念层次上，处理与数据有关的问题。

现在考虑设计一个系统，我们希望它能做有理数算术。我们可以设想一个运算 add_rat，它以两个有理数为参数，产生它们的和。基于基本数据，一个有理数可以看作两个整数，一个分子和一个分母。这样，我们可以设计一个程序，其中的每个有理数用两个整数表示，一个作为分子，另一个作为分母。相应的 add_rat 用两个函数实现，一个产生和数的分子，另一个产生和数的分母。然而，这样做下去一定会非常难受，因为我们必须始终清晰地记住哪个分子对应哪个分母。在需要对许多有理数执行大量运算的系统里，这种记录细节的工作将严重搅乱我们的程序，而这些细节又与我们心中真正想做的事情没什么关系。如果能把一个分子和一个分母"粘在一起"，形成一个对偶——一个复合数据对象——我们的程序就能以统一的方式，把一个有理数作为一个概念单位来操作。

使用复合数据还能使我们进一步提高程序的模块性。如果我们能把有理数当作对象，直接去操作它们，就有可能把处理有理数的那些程序部分，与有理数如何表示的细节（可能是表示为一对整数）相互隔离。分离程序中处理数据对象表示的部分与处理数据对象使用的部分是一种通用技术，也是一种威力强大的设计方法学，称为数据抽象。下面我们将会看到，数据抽象技术能如何使程序更容易设计、维护和修改。

复合对象的使用能带来程序设计语言的表达能力的真正提升。考虑构造"线性组合" $ax + by$ 的思想。我们可能想到写一个函数，让它接受 a、b、x 和 y 作为参数并返回 $ax + by$ 的值。如果参数是数值，这样做没有任何困难，我们立刻就能给出下面的函数声明：

```
function linear_combination(a, b, x, y) {
    return a * x + b * y;
}
```

但是，假如我们关心的不仅仅是数，假如在写这个函数时，我们希望的是表述基于加法和乘法构成线性组合的计算过程，其中的加法和乘法可能定义在有理数、复数、多项式或其他什么东西上，我们可以将其表述为下面形式的函数：

```
function linear_combination(a, b, x, y) {
    return add(mul(a, x), mul(b, y));
}
```

其中的 add 和 mul 不是基本函数 + 和 *，而是某种更复杂的东西，对我们通过参数 a、b、x 和 y 送去的任何类别的数据，它们都能执行适当的操作。这里的关键是，对于 a、b、x 和 y，linear_combination 需要知道的所有东西就是函数 add 和 mul 总能执行合适的操作。从函数 linear_combination 的角度看，a、b、x 和 y 究竟是什么其实并不重要，至于它们如何基于更基本的数据表示，那就更无关紧要了。这个例子也说明了为什么程序设计语言提供直接操作复合对象的能力如此重要。因为，如果没有这种能力，我们就没办法让类似 linear_combination 的函数将其参数传给 add 和 mul，而不必知道这些参数的细节结构[1]。

在本章开始，我们说要实现一个有理数算术系统，如同上面所说的那样。这一工作也将作为本章后面部分讨论复合数据和数据抽象的基础。与复合函数的情况类似，在这里需要考虑的主要问题，同样是把抽象作为一种克服复杂性的技术。我们将会看到，数据抽象如何使我们能在程序的不同部分之间构筑起适当的数据屏蔽。

我们还会看到，为了构造复合数据，关键就在于程序设计语言应该提供某些种类的"黏合剂"，它们能把一些数据对象组合起来，形成更复杂的数据对象。可能存在许多不同种类的黏合剂。进而，我们还会发现可以如何不用任何特殊的"数据"操作，而只用函数，就能构造所需的复合数据。这种情况进一步模糊了"函数"和"数据"的区分。实际上，在第1章的最后，这一区分已经开始变得不那么清晰了。我们还要探索一些表示序列和树的常用技术。处理复合数据的一个关键思想是闭包的概念——也就是说，用于组合数据对象的黏合剂不但能用于组合基本数据对象，同样能用于组合复合数据对象。另一关键思想是，复合数据对象能作为约定的接口，使我们可以采用混合与匹配的方式组合起多个程序模块。我们将给出一个利用了闭包概念的简单图形语言，阐释这方面的一些思想。

70

1　直接操作函数的能力，也使程序设计语言的表达能力得到类似的提高。例如，1.3.1 节里给出了一个函数 sum，它以函数 term 作为一个参数，算出 term 在某个特定区间上的值之和。为了定义这个 sum，必不可少的条件就是能直接提到像 term 这样的函数，而不必考虑它可能如何通过更基本的操作表达。很明显，如果没有"函数"的概念，认为我们可能定义像 sum 这样的操作是很有疑问的。进一步说，就执行求和操作而言，term 究竟是怎样由更基本的操作构造出来的，确实也没有关心的必要。

再后，我们还要通过对符号表达式的介绍，进一步扩大语言的表达能力。符号表达式数据的基本部分可以是任意的符号，而不仅仅是数。我们将探索表示对象集合的几种不同方法，由这项工作中可以看到，就像一个特定的数学函数可以通过许多不同的计算过程来计算一样，一种特定的数据结构，也可以通过许多不同方式表示为简单对象的组合。而且，表示的选择，有可能对操作这些数据的计算过程的时间与空间需求造成重大影响。我们将在符号微分、集合表示和信息编码的语境中研究这些思想。

作为下一个问题，我们要考虑在一个程序的不同部分，数据可能采用不同的表示。这种情况引出了实现通用型操作的需要，它们必须能处理多种不同类型的数据。与只有简单数据抽象的情况相比，要想在包含通用型操作的情况下维持模块性，就需要更强大的抽象屏蔽。特别地，我们要介绍数据导向的程序设计。这种技术使我们能独立设计每一种数据表示，而后通过添加的方式把它们组合到系统里（也就是说，不做任何修改）。作为本章的结束，我们将应用前面学过的东西实现一个多项式符号算术的程序包，展示上述系统设计方法的威力。在这里，多项式的系数可以是整数、有理数、复数，甚至还可以是其他多项式。

2.1 初识数据抽象

在 1.1.8 节，我们已经注意到，在用函数作为元素构造更复杂的函数时，这些函数不仅可以看作一组具体操作，也可以看作函数抽象。也就是说，相关函数的实现细节可以不论，某个特定的函数完全可以用另一个整体行为相同的函数取代。换句话说，我们可以做出这样的抽象，它分离了函数应该如何使用与其如何通过更基本的函数实现的细节。针对复合数据的类似概念称为*数据抽象*。数据抽象是一种方法学，它使我们能分离复合数据对象如何使用与其如何由更基本的数据对象构造起来的细节。

数据抽象的基本思想，就是在构造使用复合数据对象的程序时，设法使它们就像是在"抽象数据"上操作。也就是说，我们的程序使用数据的方式应该是：除了完成当前工作所必要的情况外，不对所用数据做任何额外的假设。与此同时，一种"具体"数据表示的定义也应该与程序中使用该数据的方法无关。在我们的系统里，这样两个部分之间的接口是一组函数，称为*选择函数*和*构造函数*，它们在具体数据表示的基础上实现抽象的数据。为了展示这套技术，我们现在考虑怎样为操作有理数设计一集函数。

2.1.1 实例：有理数的算术运算

假定我们希望做有理数上的算术，希望能对它们做加、减、乘、除运算，以及比较两个有理数是否相等，等等。

作为开始，我们假定已经有了一种方法，可以从一个分子和一个分母构造出一个有理数。再进一步假定，如果有了一个有理数，我们有办法提取出（选取）它的分子和分母。现在再假定这些构造和选择的功能都可以作为函数使用：

- make_rat(n, d) 返回一个有理数，其分子是整数 n，分母是整数 d。
- numer(x) 返回有理数 x 的分子。
- denom(x) 返回有理数 x 的分母。

在这里我们使用了一种可称为按愿望思维的强大的综合策略。现在我们还没说如何表达有理数，也没有说如何实现函数 numer、denom 和 make_rat。即使这样，如果我们真的有了这三个函数，那么就可以根据下面的关系去做有理数的加减乘除和相等判断了：

$$\frac{n_1}{d_1} + \frac{n_2}{d_2} = \frac{n_1 d_2 + n_2 d_1}{d_1 d_2}$$

$$\frac{n_1}{d_1} - \frac{n_2}{d_2} = \frac{n_1 d_2 - n_2 d_1}{d_1 d_2}$$

$$\frac{n_1}{d_1} \cdot \frac{n_2}{d_2} = \frac{n_1 n_2}{d_1 d_2}$$

$$\frac{n_1 / d_1}{n_2 / d_2} = \frac{n_1 d_2}{d_1 n_2}$$

$$\frac{n_1}{d_1} = \frac{n_2}{d_2} \text{当且仅当} n_1 d_2 = n_2 d_1$$

我们可以把上述规则表达为如下的几个函数：

```
function add_rat(x, y) {
    return make_rat(numer(x) * denom(y) + numer(y) * denom(x),
                    denom(x) * denom(y));
}
function sub_rat(x, y) {
    return make_rat(numer(x) * denom(y) - numer(y) * denom(x),
                    denom(x) * denom(y));
}
function mul_rat(x, y) {
    return make_rat(numer(x) * numer(y),
                    denom(x) * denom(y));
}
function div_rat(x, y) {
    return make_rat(numer(x) * denom(y),
                    denom(x) * numer(y));
}
function equal_rat(x, y) {
    return numer(x) * denom(y) === numer(y) * denom(x);
}
```

这样我们就有了各种有理数运算，它们都定义在选择函数 numer、denom 和构造函数 make_rat 的基础上。当然，这些基础还没有定义。我们现在需要的就是有某种方式，利用它可以把一个分子和一个分母粘结到一起，形成一个有理数。

序对

为了在具体层面上实现这种数据抽象，我们的 JavaScript 环境提供了一种称为序对的复合结构，该结构通过基本函数 pair 构造。函数 pair 取两个参数，返回一个包含这两个参数作为成分的复合数据对象。给了一个序对，我们可以用基本函数 head 和 tail 分别提取其中的两个部分。因此，我们可以如下面这样使用 pair、head 和 tail：

```
const x = pair(1, 2);

head(x);
1

tail(x);
2
```

请注意，一个序对也是一个数据对象，可以像基本数据对象一样命名或操作。进一步说，我们还可以用 pair 构造出其元素本身也是序对的序对，并继续这样做下去。

```
const x = pair(1, 2);

const y = pair(3, 4);

const z = pair(x, y);

head(head(z));
1

head(tail(z));
3
```

在 2.2 节我们将看到，这种组合序对的能力，意味着序对可以作为通用的基本构件，用于构造任意种类的复杂数据结构。由函数 pair、head 和 tail 实现的这种基本复合数据——序对——就是我们需要的唯一粘合剂。基于序对构造起来的数据对象称为表结构数据。

有理数的表示

序对为完成有理数系统提供了一种自然的方法，我们可以把一个有理数简单表示为两个整数（分子和分母）的序对，因此很容易实现 make_rat、numer 和 denom 如下 [2]：

```
function make_rat(n, d) { return pair(n, d); }
function numer(x) { return head(x); }
function denom(x) { return tail(x); }
```

还有，为了能显示计算的结果，我们可以把有理数打印成先是分子，在一个斜线符之后再打印相应的分母。基本函数 stringify 能把任意的值（这里是数值）转换为字符串。JavaScript 的 + 运算符也被重载了，它不但能应用于两个数，也能应用于两个字符串。对后一种情况，它将给出这两个字符串拼接而成的字符串 [3]。

```
function print_rat(x) {
    return display(stringify(numer(x)) + " / " + stringify(denom(x)));
}
```

现在就可以试验我们的有理数函数了 [4]：

```
const one_half = make_rat(1, 2);

print_rat(one_half);
```

2　定义选择符和构造符的另一种方法是：

```
const make_rat = pair;
const numer = head;
const denom = tail;
```

　　这里的第一个定义把名字 make_rat 关联于表达式 pair 的值，也就是那个构造序对的函数。这样就使 make_rat 成为由 pair 命名的基本构造函数的另一个名字。

　　　按这种方式定义的选择函数和构造函数效率更高，因为这样做不是让 make_rat 去调用 pair，而是使 make_rat 本身就是 pair。因此，如果调用 make_rat，这里只做一次函数调用而不是两次。但另一方面，这种做法也会破坏系统的排错辅助功能，该功能可以追踪函数调用或者在函数调用处放置断点。你可能希望监视对 make_rat 的调用，而决不会希望去监视程序里的每个 pair 调用。

　　　我们的选择是在本书中不使用这里介绍的定义风格。

3　在 JavaScript 里，运算符 + 还可以应用于一个字符串和一个数，同样得到两个运算对象的组合。但在本书里，我们的选择是只把 + 应用于两个数，或者应用于两个字符串。

4　练习 1.22 里已经介绍过基本函数 display，该函数返回其参数值。在下面 print_rat 的使用中，我们只展示 print_rat 打印的内容，并不给出解释器显示的 print_rat 的返回值。

```
"1 / 2"

const one_third = make_rat(1, 3);

print_rat(add_rat(one_half, one_third));
"5 / 6"

print_rat(mul_rat(one_half, one_third));
"1 / 6"

print_rat(add_rat(one_third, one_third));
"6 / 9"
```

从最后一个例子的显示可以看到，上面的有理数实现并没有把有理数约化到最简形式。我们很容易通过修改 `make_rat` 的方式实现这种功能。如果我们有了一个如 1.2.5 节中那样的 gcd 函数，它可以求出两个整数的最大公约数，现在就可以利用它，在构造序对之前把分子和分母约化到最简形式，然后再构造相应的序对：

```
function make_rat(n, d) {
    const g = gcd(n, d);
    return pair(n / g, d / g);
}
```

现在我们就有：

```
print_rat(add_rat(one_third, one_third));
"2 / 3"
```

结果正如所期。为了完成这一改动，我们只需修改构造函数 `make_rat`，完全不必修改任何实现实际运算的函数（如 `add_rat` 和 `mul_rat`）。

练习 2.1 请声明 `make_rat` 的一个更好的版本，使之可以正确处理正数和负数。`make_rat` 应该把有理数规范化，当有理数为正时使它的分子和分母都是正数；如果有理数为负，那么就应该只让分子为负。

2.1.2 抽象屏障

在继续讨论复合数据和数据抽象的更多实例之前，让我们先考虑一下上述有理数实例表现出的几个问题。我们的有理数运算，都是基于有理数的构造函数 `make_rat` 和选择函数 `numer`、`denom` 定义的。一般而言，数据抽象的基本思想就是为每类数据对象确定一集基本操作，对这类数据对象的所有其他操作都基于这些基本操作表述，而且，此后凡是需要处理这类数据对象时，也只使用这些操作。

图 2.1 是对我们的有理数系统的结构的一种形象化描述。其中的水平线表示抽象屏障，它们隔离了系统中的不同层次。在系统的每一层，这种屏障都分离了使用数据抽象的程序部分（上面）与实现数据抽象的程序部

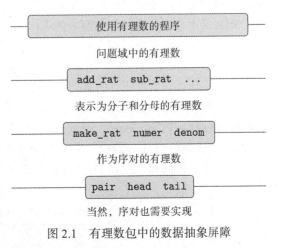

图 2.1　有理数包中的数据抽象屏障

分（下面）。使用有理数的程序只通过有理数包提供给"公众使用"的那些函数（add_rat、sub_rat、mul_rat、div_rat 和 equal_rat）完成对有理数的各种操作；这些函数转而又完全基于构造函数和选择函数 make_rat、numer 和 denom 实现；进而，这三个函数又在序对的基础上实现。这里只要求通过 pair、head 和 tail 可以操作序对，序对如何实现的细节与有理数包的其余部分完全无关。从作用上看，每一层的函数定义了相应抽象屏障的接口，建立起不同层次之间的联系。

76

这种简单思想有许多优点。第一个优点是它使程序更容易维护和修改。任何比较复杂的数据结构都可以基于程序设计语言提供的基本数据结构，采用多种不同的方式表示。当然，表示方式的选择可能影响在其上操作的程序，这样，如果后来表示方式改变了，所有受影响的程序都需要随之改变。对大型程序而言，这种修改工作将非常耗时，代价高昂，除非我们在设计时就已经把依赖表示的成分限制到很少的一些程序模块上。

举例说，把有理数约化到最简形式的工作完全可以不在构造时做，而是在每次访问有理数的成分时再做。这样考虑将产生另一套不同的构造函数和选择函数：

```
function make_rat(n, d) {
    return pair(n, d);
}
function numer(x) {
    const g = gcd(head(x), tail(x));
    return head(x) / g;
}
function denom(x) {
    const g = gcd(head(x), tail(x));
    return tail(x) / g;
}
```

这一实现与前面实现的不同之处就是何时计算 gcd。如果在有理数的典型使用中，我们需要多次访问同一个有理数的分子和分母，那么最好是在构造有理数时计算 gcd。如果情况不是这样，那么把 gcd 的计算推迟到访问时也许更好。但是，在任何情况下，当我们从一种表示转到另一种表示时，函数 add_rat、sub_rat 等都完全不需要修改。

把对具体表示方式的依赖限制到少数几个接口函数，不但对修改和维护程序有益，同样也有益于程序的设计。因为，采用这种做法，使我们能保留考虑不同实现方式的灵活性。继续前面的简单例子。假定我们现在正在设计一个有理数程序包，但是还无法决定究竟是在创建时执行 gcd，还是应该把它推迟到选择的时候。数据抽象方法使我们能推迟做决策的时间，而且又不会阻碍系统其他部分的工作进展。

练习 2.2 请考虑平面上线段的表示问题。一个线段可以用两个点来表示，一个是线段的始点，另一个是终点。请声明构造函数 make_segment 和选择函数 start_segment、end_segment，它们基于点的概念定义线段的表示。进而，点可以表示为两个数的序对，这两个成分分别表示点的 x 坐标和 y 坐标。请据此进一步给出定义这种表示的构造函数 make_point 和选择函数 x_point、y_point。最后，请基于所定义的构造函数和选择函数，声明一个函数 midpoint_segment，它以一个线段为参数，返回线段的中点（也就是坐标值是两个端点的平均值的那个点）。为试验这些函数，你还需要有一种打印点的方法，例如：

77

```
function print_point(p) {
    return display("(" + stringify(x_point(p)) + ", "
                       + stringify(y_point(p)) +           ")");
}
```

练习 2.3   请实现一种平面矩形的表示（提示：你可能希望借用练习 2.2 的结果）。基于你的构造函数和选择函数创建几个函数，计算给定矩形的周长和面积等。现在请再为矩形的实现定义另一种表示。你能否设计好你的系统，提供适当的抽象屏障，使同一个周长或者面积函数对两种不同的表示都能工作？

2.1.3   数据是什么意思？

在 2.1.1 节实现有理数时，我们基于三个未明确说明的函数 make_rat、numer 和 denom 实现了有理数操作 add_rat、sub_rat 等。在那里，我们预想这些操作是基于一些数据对象（分子、分母、有理数）定义的，这些对象的行为完全由这三个函数刻画。

那么，数据究竟是什么意思呢？说它就是"由给定的构造函数和选择函数实现的东西"好像还不够。显然，并不是任意三个函数都适合作为有理数实现的基础。我们需要保证，如果从一对整数 n 和 d 构造出一个有理数 x，那么，提取 x 的 numer 和 denom 并将它们相除，得到的结果应该与 n 除以 d 相同。换句话说，make_rat、numer 和 denom 必须满足，对任意整数 n 和任意非零整数 d，如果 x 是 make_rat(n, d)，那么：

$$\frac{\text{numer}(x)}{\text{denom}(x)} = \frac{n}{d}$$

事实上，这也就是为了成为有理数表示的合适基础，make_rat、numer 和 denom 必须满足的全部条件。一般而言，我们可以认为数据是由一组选择函数和构造函数，以及使这些函数能成为一套合法表示必须满足的一组特定条件定义的[5]。

这种观点不仅适用于定义"高层"数据对象，例如有理数，同样也适用于低层对象。请考虑序对的概念，前面我们用它定义有理数，但从来都没有说过序对究竟是什么，只说所用的语言为操作序对提供了三个函数 pair、head 和 tail。有关这三个操作，我们需要知道的全部东西就是：如果用 pair 把两个对象粘在一起，那么就可以借助 head 和 tail 提取出这两个对象。也就是说，这些操作满足条件是：对任何对象 x 和 y，如果 z 是 pair(x, y)，那么 head(z) 就是 x，而 tail(z) 就是 y。我们确实说过这三个函数是我们的语言提供的基本函数。然而，任何能满足上述条件的三个函数都可以用作实现序对的基础。下面这个令人吃惊的事实能最好地说明这一点：我们完全可以不用任何数据结构，只用函数就实现序对。下面是有关的几个函数声明[6]：

```
function pair(x, y) {
```

----

5   令人吃惊的是，把这一思想严格地形式化却非常困难。目前存在两种完成这一形式化的途径。第一种由 C. A. R. Hoare（1972）提出，称为抽象模型方法，它形式化了如上面有理数实例勾勒的"函数加条件"的规范描述。请注意，对于有理数的表示，这里提出的条件是用有关整数的一些事实（相等和除法）陈述的。一般而言，抽象模型总是基于一些已有定义的数据对象类型，定义一类新数据对象。这样，有关这些新对象的断言就可以归约到有关已有定义的数据对象的断言。另一途径由 MIT 的 Zilles 和 Goguen，IBM 的 Thatcher、Wagner 和 Wright（见 Thatcher, Wagner, and Wright 1978），以及 Toronto 的 Guttag（见 Guttag 1977）提出，称为代数规范。该方法把"函数"看作一个抽象代数系统的元素，它们的行为由一些对应于我们上面说的"条件"的公理刻画，并使用抽象代数的技术去检查关于数据对象的断言。Liskov 和 Zilles 的论文（Liskov and Zilles 1975）里综述了这两种方法。

6   函数 error 在 1.3.3 节介绍过，它可以有可选的第二个参数。这个参数应该是一个字符串，它将显示在第一个参数之前。例如，如果 m 是 42，它将显示：
     Error in line 7: argument not 0 or 1 – pair: 42

```
function dispatch(m) {
    return m === 0
            ? x
            : m === 1
            ? y
            : error(m, "argument not 0 or 1 -- pair");
}
return dispatch;
}
function head(z) { return z(0); }
function tail(z) { return z(1); }
```

函数的这种使用方式, 恰好对应了我们有关数据应该是什么的直观认识。不管怎么说, 如果被要求说明某种东西确实是序对的一种合法表示方式, 我们只需要验证其中的几个函数满足前面提出的所有条件。

应该特别注意一个微妙之处: 这里的 pair(x, y) 返回的值是一个函数——也就是那个内部定义的函数 dispatch。该函数有一个参数, 并能根据实际参数是 0 还是 1 分别返回 x 或 y。与此对应, head(z) 定义为把 z 应用于 0, 这样, 如果 z 是由 pair(x, y) 返回的函数, 把 z 应用于 0 就会产生 x, 这样就证明了 head(pair(x, y)) 产生 x, 恰如我们所需。类似的, tail(pair(x, y)) 将 pair(x, y) 生成的函数应用于 1 而得到 y。因此, 序对的这一函数式实现确实是一个合法实现。如果只通过 pair、head 和 tail 访问序对, 我们完全无法区分这一实现与使用 "真正的" 数据结构的实现。

上面展示了序对的一种函数式表示, 但这并不意味着我们用的语言就是这样做的 (一种高效的序对实现可能基于 JavaScript 基本的向量数据结构), 而只是说确实可以这样做。这一函数式表示虽然有些隐晦, 但它确实是序对的一种完全合格的表示, 因为它满足了序对需要满足的所有条件。这一实例也说明, 把函数作为对象去操作的能力, 自动为我们提供了一种表示复合数据的能力。这些现在看起来好像只是好玩, 但实际上, 数据的函数式表示也在我们的程序设计宝库里扮演着核心的角色。这种风格的程序设计通常称为消息传递。在第 3 章里讨论模型和模拟时, 我们将用它作为一种基本工具。

练习 2.4 下面是序对的另一种函数式表示。请针对这种表示方式, 验证对任意的 x 和 y, head(pair(x, y)) 都将产生 x。

```
function pair(x, y) {
    return m => m(x, y);
}
function head(z) {
    return z((p, q) => p);
}
```

对应的 tail 应该如何定义? (提示: 在验证这一表示确实能行时, 可以利用 1.1.5 节介绍的代换模型。)

练习 2.5 请证明, 我们可以只用整数和算术运算, 用乘积 $2^a \cdot 3^b$ 对应的整数表示非负整数 a 和 b 的序对。请给出对应的函数 pair、head 和 tail 的声明。

练习 2.6 如果觉得序对可以只用函数表示还不够令人震惊, 那么请考虑, 在一个可以对函数做各种操作的语言里, 我们完全可以没有数 (至少在只考虑非负整数的情况下), 以下面的方式实现 0 和加一操作:

```
const zero = f => x => x;

function add_1(n) {
    return f => x => f(n(f)(x));
}
```

这一表示形式被称为 Church 计数，这个名字来源于其发明人——逻辑学家 Alonzo Church。λ 演算也是 Church 的发明。

请直接声明 one 和 two（不用 zero 和 add_1）。（提示：请利用代换去求值 add_1(zero)。）请给出加法函数 + 的一个直接声明（不通过反复应用 add_1）。 80

2.1.4 扩展练习：区间算术

Alyssa P. Hacker 正在设计一个帮助人们求解工程问题的系统。她希望这个系统提供的一个特征是能操作不精确的量（例如用物理设备测量的参数），这种量具有已知的精度，所以，对这种近似量做计算，得到的结果也应该是已知精度的数值。

电子工程师可能用 Alyssa 的系统计算一些电子的量。有时他们必须使用下面的公式，从两个电阻值 R_1 和 R_2 计算它们并联的等价电阻值 R_p：

$$R_p = \frac{1}{1/R_1 + 1/R_2}$$

在这种情况里，已知的电阻值通常是电阻生产厂商给出的带误差保证的值。例如，你可能买到一支标明"6.8 欧姆误差 10%"的电阻，这时我们只能确定，该电阻的阻值在 6.8 − 0.68 = 6.12 和 6.8 + 0.68 = 7.48 欧姆之间。这样，如果把一支 6.8 欧姆误差 10% 的电阻与另一支 4.7 欧姆误差 5% 的电阻并联，这一组合的电阻值可以在大约 2.58 欧姆（如果两支电阻都具有最小值）和 2.97 欧姆（如果两支电阻都具有最大值）之间。

Alyssa 的想法是实现一套"区间算术"，也就是可以用于组合"区间"（一些对象，用不精确值的可能范围表示）的一组算术运算。两个区间的加、减、乘、除的结果仍是一个区间，表示计算结果的可能范围。

Alyssa 假设了一种称为"区间"的抽象对象，这种对象有两个端点，一个下界和一个上界。她还假定，给了一个区间的两个端点，就可以用数据构造函数 make_interval 构造出相应的区间。Alyssa 先写了一个做区间加法的函数，她推断说，和的最小值应该是两个区间的下界之和，其最大值应该是两个区间的上界之和：

```
function add_interval(x, y) {
    return make_interval(lower_bound(x) + lower_bound(y),
                         upper_bound(x) + upper_bound(y));
}
```

Alyssa 还找出了两个这种区间的乘积的最小和最大值，用它们就能做出两个区间的乘积区间（math_min 和 math_max 是求任意多个参数中的最小值和最大值的基本函数）。

```
function mul_interval(x, y) {
    const p1 = lower_bound(x) * lower_bound(y);
    const p2 = lower_bound(x) * upper_bound(y);
    const p3 = upper_bound(x) * lower_bound(y);
    const p4 = upper_bound(x) * upper_bound(y);
    return make_interval(math_min(p1, p2, p3, p4),
                         math_max(p1, p2, p3, p4));
}
```

81

为了做两个区间的除法，Alyssa 用第一个区间乘以第二个区间的倒数。请注意，倒数区间的两个界限分别是原来区间的上界的倒数和下界的倒数：

```
function div_interval(x, y) {
    return mul_interval(x, make_interval(1 / upper_bound(y),
                                         1 / lower_bound(y)));
}
```

练习 2.7   Alyssa 的程序还是不够完整，因为她还没有明确说明区间抽象的实现。这里是区间构造函数的声明：

```
function make_interval(x, y) { return pair(x, y); }
```

请给出选择函数 upper_bound 和 lower_bound 的声明，完成这个实现。

练习 2.8   请通过类似于 Alyssa 的推理，说明应该怎样计算两个区间的差。请声明相应的减法函数 sub_interval。

练习 2.9   区间的宽度是其上界和下界之差的一半。区间宽度是有关区间描述的值的非精确性的一种度量。对某些算术运算，两个区间的组合结果的宽度是参数区间宽度的函数，而对其他运算，组合区间的宽度不是参数区间宽度的函数。请证明，两个区间的和（与差）的宽度是被加（或减）区间的宽度的函数。举例说明，对乘法和除法，情况并非如此。

练习 2.10   Ben Bitdiddle 是一个专业程序员，他看了 Alyssa 工作后评论说，除以一个横跨 0 的区间的意义不清楚。请修改 Alyssa 的代码，检查这种情况并在发现时报错。

练习 2.11   在看了这些东西之后，Ben 又说出了下面这段有些神秘的话："通过监测区间的端点，有可能把 mul_interval 分解为 9 种情况，其中只有一种情况需要做两次乘法"。请根据 Ben 的建议重写这个函数。

排除了自己程序里的错误后，Alyssa 给一个潜在用户演示自己的程序。但那个用户却说她的程序解决的问题根本不对。他希望能有一个程序，可用于处理那种用一个中间值和一个附加误差的形式表示的数，也就是说，希望程序能处理 3.5 ± 0.15 而不是 [3.35, 3.65]。Alyssa 回到自己的办公桌解决了这个问题。她另外提供了一套构造函数和选择函数：

```
function make_center_width(c, w) {
    return make_interval(c - w, c + w);
}
function center(i) {
    return (lower_bound(i) + upper_bound(i)) / 2;
}
function width(i) {
    return (upper_bound(i) - lower_bound(i)) / 2;
}
```

不幸的是，Alyssa 的大多数用户是工程师，现实中的工程师经常遇到只有很小的非精确性的测量值，而且常以区间宽度对区间中点的比值作为度量值。工程师常采用基于部件参数的百分数误差描述部件，就像前面说的电阻值的描述方式。

练习 2.12   请声明一个构造函数 make_center_percent，它以一个中心点和一个百分比为参数，产生所需的区间。你还需要声明一个选择函数 percent，通过它可以得到给定区间的百分数误差，选择函数 center 与前面一样。

练习 2.13   请证明，在误差为很小的百分值的情况下，存在一个简单公式，利用它可以从两个被乘区间的误差算出乘积的百分数误差。你可以假定所有的数为正，以简化问题。

经过相当多的工作后，Alyssa P. Hacker 发布了她的最后系统。几年之后，在她已经忘记了这个系统之后，接到一个愤怒的用户 Lem E. Tweakit 发疯似的电话。看来 Lem 注意到并联电阻的公式可以写成两个代数上等价的公式：

$$\frac{R_1 R_2}{R_1 + R_2}$$

和

$$\frac{1}{1/R_1 + 1/R_2}$$

他写了两个程序，以不同的方式计算并联电阻值：

```
function par1(r1, r2) {
    return div_interval(mul_interval(r1, r2),
                        add_interval(r1, r2));
}
function par2(r1, r2) {
    const one = make_interval(1, 1);
    return div_interval(one,
                        add_interval(div_interval(one, r1),
                                     div_interval(one, r2)));
}
```

Lem 抱怨说，Alyssa 的程序对两种不同计算方法给出不同的值。这确实是很严重的问题。

练习 2.14 请确认 Lem 说的对。请用各种不同的算术表达式检查这个系统的行为。请构造两个区间 A 和 B，并用它们计算表达式 A/A 和 A/B。如果所用区间的宽度相对于中心值是很小的百分数，你可能会得到更多认识。请检查对中心－百分比形式（见练习 2.12）进行计算的结果。

练习 2.15 另一用户 Eva Lu Ator 也注意到了根据等价的不同代数表达式算出的区间的差异。她说，如果把公式写成一种形式，其中表示具有非精确值的名字不重复出现，那么 Alyssa 的系统产生出的区间的界限会更紧一些。她还说，正因为此，在计算并联电阻时，par2 是比 par1 "更好的"程序。她说得对吗？

练习 2.16 请给出一个一般性的解释：为什么等价的代数表达式可能导致不同计算结果？你能设计出一个区间算术包，使之没有这种缺陷吗？或者这件事情根本不可能做到？（警告：这个问题非常难。）

2.2 层次性数据和闭包性质

正如我们看到的，序对是一种基本"粘合剂"，我们可以用它构造复合数据对象。图 2.2 展示了以图的形式表示序对的标准方式，其中的序对通过 pair(1, 2) 产生。在这种称为盒子和指针表示法的表示中，每个复合对象用一个指向盒子的指针表示。表示一个序对的盒子包括两个部分，其左边部分包含该序对的 head，右边部分里包含相应的 tail。

我们已经看到，pair 不仅可以用于组合数值，也可以用于组合序对（你在做练习 2.2 和练习 2.3 时已经——或者说应该——熟悉这一事实）。作为这种情况的推论，序对是一种通用的砌块，我们可以利用它构造所有种类的数据结构。图 2.3 显示的是组合数值 1、2、3、4 的两种不同方法。

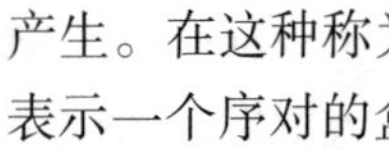

图 2.2 pair(1, 2) 的盒子和指针表示

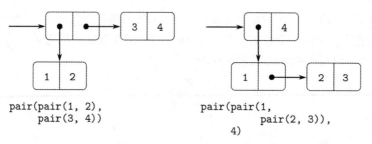

$$\begin{array}{ll} \text{pair(pair(1, 2),} & \text{pair(pair(1,} \\ \quad\text{pair(3, 4))} & \quad\text{pair(2, 3)),} \\ & \quad\text{4)} \end{array}$$

图 2.3　用序对组合数值 1、2、3、4 的两种不同方式

可以建立元素本身也是序对的序对，这是表结构能作为表示工具的根本。我们把这种能力称为 pair 的闭包性质。一般而言，如果某种组合数据对象的操作满足闭包性质，通过用它组合数据对象得到的结果，就还能用这个操作再组合[7]。闭包性质是任何组合功能的威力的关键，因为这使我们能建立层次性的结构——这种结构由一些部分构成，而其中部分又可能由一些部分构成，而且可以如此继续下去。

在第 1 章的开始，我们处理函数问题时就用到了闭包性质，因为除了最简单的程序外，所有程序都依赖一个事实：一个组合式的成员本身还可以是组合式。在这一节里，我们要着手研究复合数据具有闭包性质的一些后果。我们要描述一些方便使用的技术，如用序对表示序列和树。我们还要给出一种能生动地展示闭包性质的图形语言。

2.2.1　序列的表示

用序对可以构造出许多非常有用的结构，其中一类就是序列，它们是一批数据对象的有序汇集。显然，用序对表示序列的方式很多，最直接的方式如图 2.4 所示：序列 1、2、3、4 用一个序对的链条表示，其中每个序对的 head 对应链中一个项，tail 则是链中的下一个序对。最后一个序对的 tail 标记序列结束，在盒子指针图中用一条对角线表示，在 JavaScript 的程序里用基本值 null。整个序列可以通过嵌套的 pair 操作构造出来：

```
pair(1,
    pair(2,
        pair(3,
            pair(4, null))));
```

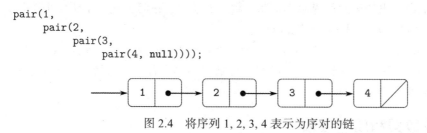

图 2.4　将序列 1, 2, 3, 4 表示为序对的链

通过嵌套的 pair 应用构造出的这种序对的序列称为表。为了更方便地构造这种表，我们的 JavaScript 环境提供了一个基本操作 list[8]。上面序列也可以通过 list(1, 2, 3, 4) 生成。一般说：

$$\text{list}(a_1, \ a_2, \ \cdots, \ a_n)$$

7　术语"闭包"来自抽象代数。在那里，一集元素称为在一个运算下封闭，如果把该运算应用于该集合的元素，产生的元素仍属于这个集合。程序设计语言社区（很不幸）还用术语"闭包"描述另一与此毫不相干的概念：闭包也是一种表示带有自由变量的函数使用的实现技术。本书中不使用闭包的第二种意义。

8　在本书里，我们用术语表专指那些有表尾结束标记的序对链。与此对应，我们用术语表结构指所有的基于序对构造起来的数据结构，不仅是表。

等价于

pair(a_1, pair(a_2, pair($\cdots$, pair(a_n, null)$\cdots$)))

我们的解释器用一种文本形式打印盒子 – 指针图，我们称其为盒子记法。pair(1，2) 的结果将打印为 [1, 2]。图 2.4 里的数据对象打印为 [1, [2, [3, [4, null]]]]：

```
const one_through_four = list(1, 2, 3, 4);

one_through_four;
[1, [2, [3, [4, null]]]]
```

我们可以认为 head 选取表中的第一项，tail 选取表中除去第一项之后剩下的所有项形成的子表。嵌套地应用 head 和 tail，就能取出表里的第二、第三以及后面的各项。构造函数 pair 用于构造与原表类似的表，但前面增加了一项：

```
head(one_through_four);
1

tail(one_through_four);
[2, [3, [4, null]]]

head(tail(one_through_four));
2

pair(10, one_through_four);
[10, [1, [2, [3, [4, null]]]]]

pair(5, one_through_four);
[5, [1, [2, [3, [4, null]]]]]
```

值 null 用于表示序对链结束，也可以看作是不包含任何元素的序列，即所谓的空表[9]。

盒子记法有时比较难看明白。在本书中，如果我们想说明一个数据结构具有表的特征，将会使用另一种表记法。只要可行，在表示数据结构时，我们将用函数 list 的应用来表示其求值能得到的结果。例如，对于用盒子记法描述的结构：

```
[1, [[2, 3], [[4, [5, null]], [6, null]]]]
```

采用表记法，我们将其写成[10]：

```
list(1, [2, 3], list(4, 5), 6)
```

表操作

用序对将元素的序列表示为表后，随之而来的一种常用程序设计技术，就是通过对表反复向下求 tail 的方式完成对表的操作。例如，函数 list_ref 以一个表和一个数 n 为实参，返回表里的第 n 个项（人们习惯令表元素编号从 0 开始）。计算 list_ref 的方法如下：

- 对 $n = 0$，list_ref 应该返回表的 head。
- 否则，list_ref 返回表的 tail 部分的第 $(n-1)$ 项。

---

9 值 null 在 JavaScript 里有一些不同的用途，但在本书中我们只用它表示空表。

10 我们的 JavaScript 环境提供了一个基本函数 display_list，其功能与 display 类似，但它采用表记法形式打印表，而不用盒子记法。

```
function list_ref(items, n) {
    return n === 0
           ? head(items)
           : list_ref(tail(items), n - 1);
}

const squares = list(1, 4, 9, 16, 25);

list_ref(squares, 3);
16
```

我们经常需要通过反复向下求 tail 的方式扫过整个表，为了支持这类操作，我们的
JavaScript 环境里有一个基本操作 is_null，它检查自己的参数是否为空表。函数 length
返回表中项数，其声明很好地说明了这种典型应用模式：

```
function length(items) {
    return is_null(items)
           ? 0
           : 1 + length(tail(items));
}

const odds = list(1, 3, 5, 7);

length(odds);
4
```

函数 length 实现了一种简单的递归方案，其中的归约步骤是：

- 任意表的 length 就是该表的 tail 的 length 加一。

顺序地反复这样应用，直至到达基础情况：

- 空表的 length 是 0。

我们也可以用迭代的风格计算 length：

```
function length(items) {
    function length_iter(a, count) {
        return is_null(a)
               ? count
               : length_iter(tail(a), count + 1);
    }
    return length_iter(items, 0);
}
```

另一种常用的程序设计技术，是在对一个表向下求 tail 的过程中，通过不断用 pair
在前面加入元素的方式构造一个作为结果的表。函数 append 就是这样做的，这个函数以两
个表为参数，组合起它们的元素，做成一个新表：

```
append(squares, odds);
list(1, 4, 9, 16, 25, 1, 3, 5, 7)

append(odds, squares);
list(1, 3, 5, 7, 1, 4, 9, 16, 25)
```

append 也通过一种递归方案实现。要 append 两个表 list1 和 list2，按如下方式做：

- 如果 list1 是空表，结果就是 list2。
- 否则，首先做出 list1 的 tail 和 list2 的 append，然后再把 list1 的 head 通过
  pair 加到结果的前面：

```
function append(list1, list2) {
    return is_null(list1)
           ? list2
           : pair(head(list1), append(tail(list1), list2));
}
```

练习 2.17　请声明一个函数 last_pair，对给定的（非空）表，它返回只包含表中最后一个元素的表：

```
last_pair(list(23, 72, 149, 34));
list(34)
```

练习 2.18　请声明一个函数 reverse，它以一个表为参数，返回的表包含的元素与参数表一样，但它们排列的顺序与参数表相反：

```
reverse(list(1, 4, 9, 16, 25));
list(25, 16, 9, 4, 1)
```

练习 2.19　现在重新考虑 1.2.2 节的兑换零钱方式的计数程序。如果很容易改变程序里用的兑换币种，那当然就更好了。譬如说，我们就也能计算一英镑的不同兑换方式数。在写前面的程序时，有关币种的知识散布在不同地方：一部分出现在函数 first_denomination 里，另一部分出现在函数 count_change 里（它知道有 5 种美元硬币）。如果我们能用一个表来提供可用于兑换的硬币，那就更好了。

我们希望重写函数 cc，令其第二个参数是一个可用硬币的币值表，而不是一个表示可用硬币种类的整数。然后我们就可以针对每种货币定义一个表：

```
const us_coins = list(50, 25, 10, 5, 1);
const uk_coins = list(100, 50, 20, 10, 5, 2, 1);
```

这样，我们就可以用如下的方式调用 cc：

```
cc(100, us_coins);
292
```

为了做到这些，我们需要对程序 cc 做一些修改。它仍然具有同样的形式，但将以不同的方式访问自己的第二个参数，如下面所示：

```
function cc(amount, coin_values) {
    return amount === 0
           ? 1
           : amount < 0 || no_more(coin_values)
           ? 0
           : cc(amount, except_first_denomination(coin_values)) +
             cc(amount - first_denomination(coin_values), coin_values);
}
```

请基于表结构的基本操作声明函数 first_denomination、except_first_denomination 和 no_more。表 coin_values 的排列顺序会影响 cc 给出的回答吗？为什么会或不会？

练习 2.20　由于存在高阶函数，允许函数有多个参数的功能已不再是严格必需的，只允许一个参数就足够了。如果我们有一个函数（例如 plus）自然情况下它应该有两个参数。我们可以写出该函数的一个变体，一次只送给它一个参数。该变体对第一个参数的应用返回一个函数，该函数随后可以应用于第二个参数。对多个参数就这样做下去。这种技术称为

curry 化，该名字出自美国数学与逻辑学家 Haskell Brooks Curry，在一些程序设计语言里被广泛使用，如 Haskell 和 OCalm。下面是在 JavaScript 里 plus 的 curry 化版本：

```
function plus_curried(x) {
    return y => x + y;
}
```

请写一个函数 brooks，它的第一个参数是需要 curry 化的函数，第二个参数是一个实参的表，经过 curry 化的函数应该按给定顺序，一个个地应用于这些实际参数。例如，brooks 的如下应用应该等价于 plus_curried(3)(4)：

```
brooks(plus_curried, list(3, 4));
7
```

做好了函数 brooks，我们也可以 carry 化函数 brooks 自身！请写一个函数 carried_brooks，它可以按下面的方式应用：

```
brooks_curried(list(plus_curried, 3, 4));
7
```

有了这个 carried_brooks，下面两个语句的求值结果是什么？

```
brooks_curried(list(brooks_curried,
                    list(plus_curried, 3, 4)));

brooks_curried(list(brooks_curried,
                    list(brooks_curried,
                        list(plus_curried, 3, 4))));
```

对表的映射

有一个操作特别有用，那就是把某个变换应用于一个表里的所有元素，得到由所有结果构成的表。举例说，下面的函数按给定的因子，对一个表里的所有元素做缩放：

```
function scale_list(items, factor) {
    return is_null(items)
            ? null
            : pair(head(items) * factor,
                    scale_list(tail(items), factor));
}

scale_list(list(1, 2, 3, 4, 5), 10);
[10, [20, [30, [40, [50, null]]]]]
```

我们可以把这一极具普适性的想法抽象出来，提取其中的公共模式，将其表述为一个高阶函数，就像 1.3 节里那样。这个高阶函数称为 map，它以一个函数和一个表为参数，返回把这个函数应用于表中各个元素得到的结果构成的表。

```
function map(fun, items) {
    return is_null(items)
            ? null
            : pair(fun(head(items)),
                    map(fun, tail(items)));
}

map(abs, list(-10, 2.5, -11.6, 17));
```

```
[10, [2.5, [11.6, [17, null]]]]

map(x => x * x, list(1, 2, 3, 4));
[1, [4, [9, [16, null]]]]
```

现在我们可以基于 map 给出 scale_list 的一个新声明：

```
function scale_list(items, factor) {
    return map(x => x * factor, items);
}
```

　　函数 map 是一种非常重要的结构，因为它不仅代表了一种公共模式，而且建立了一种处理表的高层抽象。在 scale_list 原来的声明里，程序的递归结构把人的注意力吸引到对表中元素的逐个处理过程。基于 map 声明的 scale_list 则抑制了这种细节层面的事务，强调从元素表到结果表的一个缩放变换。这两种定义形式之间的差异，并不在于计算机会执行不同的计算过程（其实不会），而在于我们对这个过程的不同思考方式。从作用上看，map 帮助我们建立起一层抽象屏障，把实现表变换的函数，与如何提取和组合表中元素的细节隔离开。与图 2.1 展示的屏障类似，这种抽象也提供了新的灵活性，它使我们有可能在保持从序列到序列的变换操作框架的同时，改变序列实现的低层细节。2.2.3 节将把序列的这种使用方式扩展为一种组织程序的框架。

　　练习 2.21　函数 square_list 以一个数值表为参数，返回每个数的平方构成的表：

```
square_list(list(1, 2, 3, 4));
[1, [4, [9, [16, null]]]]
```

下面是 square_list 的两个不同声明，请填充其中空缺的表达式以完成它们：

91

```
function square_list(items) {
    return is_null(items)
            ? null
            : pair(⟨??⟩, ⟨??⟩);
}

function square_list(items) {
    return map(⟨??⟩, ⟨??⟩);
}
```

　　练习 2.22　Louis Reasoner 试图重写练习 2.21 中的第一个 square_list 函数，希望使它能生成一个迭代计算过程：

```
function square_list(items) {
    function iter(things, answer) {
        return is_null(things)
                ? answer
                : iter(tail(things),
                        pair(square(head(things)),
                             answer));
    }
    return iter(items, null);
}
```

不幸的是，在这样声明的 square_list 生成的结果表里，元素的顺序正好与我们需要的顺序相反。为什么？

　　Louis 又试着修正其程序，交换了 pair 的参数：

```
function square_list(items) {
    function iter(things, answer) {
        return is_null(things)
               ? answer
               : iter(tail(things),
                        pair(answer,
                             square(head(things))));
    }
    return iter(items, null);
}
```

但还是不行。请解释为什么。

练习 2.23　函数 for_each 与 map 类似，它也以一个函数和一个元素表为参数，但是它并不返回结果的表，只是把这个函数从左到右逐个应用于表中元素，并且把函数应用返回的值都丢掉。for_each 通常用于那些执行某些动作的函数，如打印等。请看下面的例子：

```
for_each(x => display(x), list(57, 321, 88));
57
321
88
```

调用函数 for_each 的返回值（上面没有显示）可以是任何东西，例如逻辑值真。请给出一个 for_each 的实现。

92

2.2.2　层次结构

用表作为序列的表示方式，可以自然推广到元素本身也是序列的序列。例如，我们可以认为对象 [[1, [2, null]], [3, [4, null]] 是通过以下方式构造的：

```
pair(list(1, 2), list(3, 4));
```

这是一个包含三个项的表，其中的第一项本身又是表 [1, [2, null]]。图 2.5 用序对形式展示了这个结构。

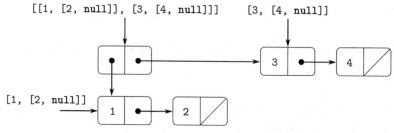

图 2.5　由 pair(list(1, 2), list(3, 4)) 构造的结构

为了理解这种元素本身也是序列的序列，我们可以把它们看作树。序列里的元素就是树的分支，自身也是序列的元素就形成树中的子树。图 2.6 显示了把图 2.5 中结构看作树的情况。

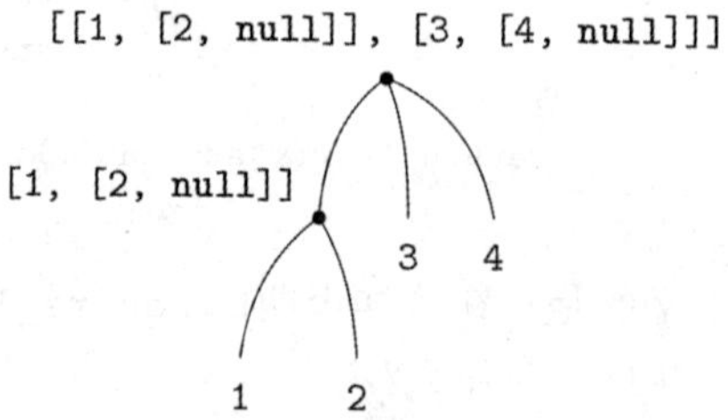

递归是处理树结构的一种非常自然的工具，因为我们常常可以把对树的操作归结为对其分支的操作，再归结为对分支的分支的操作，并如此下去，直至到

图 2.6　把图 2.5 中的表结构看作树

达了树的叶子。作为例子,请比较一下 2.2.1 节的 length 函数和下面的 count_leaves 函数,该函数统计一棵树中树叶的总数:

```
const x = pair(list(1, 2), list(3, 4));

length(x);
3

count_leaves(x);
4

list(x, x);
list(list(list(1, 2), 3, 4), list(list(1, 2), 3, 4))

length(list(x, x));
2

count_leaves(list(x, x));
8
```

要实现函数 count_leaves,我们先回忆一下计算 length 的递归方案:

- 表 x 的 length 是 x 的 tail 的 length 加一。
- 空表的 length 是 0。

count_leaves 的递归方案与此类似,对空表的值也一样:

- 空表的 count_leaves 是 0。

但是在递归步骤中,当我们去掉一个表的 head 时,就必须注意这个 head 本身也可能是树,其树叶也需要考虑。这样,正确的归约步骤应该是:

- 对树 x 的 count_leaves 的结果,应该是 x 的 head 的 count_leaves 与 x 的 tail 的 count_leaves 之和。

最后,考虑 head 是实际树叶的情况,这是我们需要考虑的另一种基本情况:

- 树叶的 count_leaves 是 1。

为了支持人们描述对树结构的递归处理,我们的 JavaScript 环境提供了一个基本谓词 is_pair,它检查其参数是否为序对。下面是完整函数的声明[11]:

```
function count_leaves(x) {
    return is_null(x)
           ? 0
           : ! is_pair(x)
           ? 1
           : count_leaves(head(x)) + count_leaves(tail(x));
}
```

练习 2.24 假定我们需要求值表达式 list(1, list(2, list(3, 4))),请给出解释器打印的结果,画出对应的盒子指针结构,并把它解释为一棵树(参看图 2.6)。

练习 2.25 请给出能从下面各个表里取出 7 的 head 和 tail 组合:

```
list(1, 3, list(5, 7), 9)
```

```
list(list(7))
```

---

11 在这个定义里两个谓词的顺序非常重要,因为空表满足 is_null,但它同时也不是序对。

```
list(1, list(2, list(3, list(4, list(5, list(6, 7))))))
```

练习 2.26   假设 x 和 y 定义为如下的两个表：

```
const x = list(1, 2, 3);
const y = list(4, 5, 6);
```

解释器对下面各个表达式将打印出什么结果？

```
append(x, y)

pair(x, y)

list(x, y)
```

练习 2.27   请修改你在练习 2.18 做的 `reverse` 函数，做一个 `deep_reverse` 函数。它以一个表为参数，返回另一个表作为值。结果表中的元素反转，所有的子树也反转。例如：

```
const x = list(list(1, 2), list(3, 4));

x;
```
list(list(1, 2), list(3, 4))
```
reverse(x);
```
list(list(3, 4), list(1, 2))
```
deep_reverse(x);
```
list(list(4, 3), list(2, 1))

练习 2.28   请写一个函数 `fringe`，它以一个树（表示为一个表）为参数，返回一个表，该表里的元素就是这棵树的所有树叶，按从左到右的顺序排列。例如：

```
const x = list(list(1, 2), list(3, 4));

fringe(x);
```
list(1, 2, 3, 4)
```
fringe(list(x, x));
```
list(1, 2, 3, 4, 1, 2, 3, 4)

95

练习 2.29   一个二叉活动体由两个分支组成，一个是左分支，另一个是右分支。每个分支是一根长度确定的杆，杆上或者吊一个重量，或者吊着另一个二叉活动体。我们可以用复合数据对象表示这种二叉活动体，或者基于两个分支构造它们（例如用 `list`）：

```
function make_mobile(left, right) {
    return list(left, right);
}
```

一个分支可以基于一个 `length`（它应该是一个数）加上一个 `structure` 构造出来，这个 `structure` 或者是一个数（表示一个简单重量），或者是另一个活动体：

```
function make_branch(length, structure) {
    return list(length, structure);
}
```

a. 请写出相应的选择函数 `left_branch` 和 `right_branch`，它们分别返回参数活动体的两个分支。还有 `branch_length` 和 `branch_structure`，它们返回参数分支的两个成分。

b. 基于你的选择函数声明一个函数 total_weight，它返回参数活动体的总重量。

c. 一个活动体称为是平衡的，如果其左分支的力矩等于其右分支的力矩（也就是说，如果其左杆的长度乘以吊在杆上的重量，等于这个活动体右边的这种乘积），而且其每个分支上吊着的子活动体也都平衡。请设计一个函数，它检查一个二叉活动体是否平衡。

d. 假定我们改变活动体的表示，采用下面的构造方式：

```
function make_mobile(left, right) {
    return pair(left, right);
}
function make_branch(length, structure) {
    return pair(length, structure);
}
```

你需要对自己的程序做多少修改，才能把它改为使用这种新表示？

对树的映射

map 是处理序列的一种功能强大的抽象，类似地，结合 map 与递归，就是处理树的一种功能强大的抽象。例如，我们可以定义与 2.2.1 节的 scale_list 类似的函数 scale_tree，其参数是一个数值因子和一棵叶子都是数值的树。它返回一棵形状相同的树，但树中的每个数值都乘以这个因子。对 scale_tree 的递归方案也与 count_leaves 的类似：

96

```
function scale_tree(tree, factor) {
    return is_null(tree)
            ? null
            : ! is_pair(tree)
            ? tree * factor
            : pair(scale_tree(head(tree), factor),
                   scale_tree(tail(tree), factor));
}
scale_tree(list(1, list(2, list(3, 4), 5), list(6, 7)),
           10);
list(10, list(20, list(30, 40), 50), list(60, 70))
```

实现 scale_tree 的另一种方法是把树看成子树的序列，对它使用 map。我们对这种序列做映射，顺序地对各棵子树逐个缩放，并返回结果的表。对于基础情况，也就是当被处理的树是树叶时，就直接用因子去乘它：

```
function scale_tree(tree, factor) {
    return map(sub_tree => is_pair(sub_tree)
                           ? scale_tree(sub_tree, factor)
                           : sub_tree * factor,
               tree);
}
```

对树的许多操作可以采用类似的方式，通过序列操作和递归的组合实现。

练习 2.30 请声明一个函数 square_tree，它与练习 2.21 中的函数 square_list 类似，也就是说，它应该具有下面的行为：

```
square_tree(list(1,
                 list(2, list(3, 4), 5),
                 list(6, 7)));
list(1, list(4, list(9, 16), 25), list(36, 49)))
```

请以两种方式声明 square_tree，直接做（也就是说不用高阶函数），以及用 map 和递归。

练习 2.31　请把你对练习 2.30 的解答进一步抽象为一个函数 tree_map，使它能支持我们采用下面的形式声明 square_tree：

97

```
function square_tree(tree) { return tree_map(square, tree); }
```

练习 2.32　我们可以用元素互不相同的表来表示集合，因此一个集合的所有子集可以表示为一个表的表。比如说，假定集合为 list(1, 2, 3)，其所有子集的集合就是

```
list(null, list(3), list(2), list(2, 3),
    list(1), list(1, 3), list(1, 2),
    list(1, 2, 3))
```

请完成下面的函数声明，该函数生成一个集合的所有子集的集合。请解释它为什么能完成这项工作。

```
function subsets(s) {
    if (is_null(s)) {
        return list(null);
    } else {
        const rest = subsets(tail(s));
        return append(rest, map(⟨??⟩, rest));
    }
}
```

2.2.3　序列作为约定的接口

在处理复合数据时，我们一直强调数据抽象如何使人能设计出不受数据表示的细节纠缠的程序；如何使程序能保持良好的弹性，能应用于不同的具体表示。在这一节，我们要介绍处理数据结构的另一威力强大的设计原理——使用约定的接口。

在 1.3 节，我们看到了如何通过把程序的抽象实现为高阶函数，清晰地刻画数值数据处理中的一些公共模式。能把类似的操作做好，使它们能很好地在复合数据上工作，深度依赖于我们操控数据结构的方式。举个例子，考虑下面这个函数，它与 2.2.2 节中 count_leaves 函数类似，以一棵树为参数，计算树中值为奇数的叶子的平方和：

```
function sum_odd_squares(tree) {
    return is_null(tree)
        ? 0
        : ! is_pair(tree)
        ? is_odd(tree) ? square(tree) : 0
        : sum_odd_squares(head(tree)) +
          sum_odd_squares(tail(tree));
}
```

从表面上看，上面这个函数与下面的函数很不一样。下面的函数要求构造斐波那契数列 Fib(k) 中所有偶数的表，其中的 k 小于等于某个给定整数 n：

98

```
function even_fibs(n) {
    function next(k) {
        if (k > n) {
            return null;
        } else {
            const f = fib(k);
            return is_even(f)
```

```
                      ? pair(f, next(k + 1))
                      : next(k + 1);
        }
    }
    return next(0);
}
```

　　虽然这两个函数在结构上差异巨大,但是对两个计算的抽象描述却能揭示出它们之间极强的相似性。第一个程序:

- 枚举一棵树的树叶;
- 过滤它们,选出其中的奇数;
- 对选出的每一个数求平方;
- 用 + 累积得到的结果,从 0 开始。

而第二个:

- 枚举从 0 到 n 的整数;
- 对每个整数计算相应的斐波那契数;
- 过滤它们,选出其中的偶数;
- 用 pair 累积得到的结果,从空表开始。

　　信号处理工程师可能发现,把这种处理过程描述为流过一些级联的处理步骤的信号,每一步实现程序方案中一个部分也是很自然的,如图 2.7 所示。对 sum_odd_squares,我们从一个枚举器开始,它生成由给定树的所有树叶组成的"信号"。这个信号流过一个过滤器,删去所有非奇数的数。得到的信号再通过一个映射,这是一个"转换装置",它把 square 函数应用于每个元素。这一映射的输出被送入一个累积器,该装置用 + 把得到的所有元素组合起来,以初始值 0 作为开始。函数 even_fibs 的工作过程与此类似。

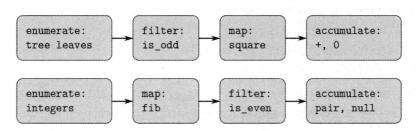

图 2.7　函数 sum_odd_squares(上)和 even_fibs(下)的信号流程揭示出这两个程序之间的共性

　　不幸的是,上面两个函数声明并没有表现出这种信号流结构。譬如说,如果仔细考察函数 sum_odd_squares,可以发现其中的枚举工作部分通过检查 is_null 和 is_pair 实现,部分通过函数的树形递归结构实现。类似地,在这些检查中还可以看到一部分累积工作,另一部分由递归中使用的加法完成。一般说,在这两个函数里,没有一个部分正好对应于信号流描述中的某个元素。我们的两个函数用不同的方式分解各自的计算,把枚举工作散布到程序中各处,并把它与映射、过滤器和累积器混在一起。如果我们能重新组织这两个程序,使信号流结构明显表现在写出的函数里,应该能大大提高结果代码的清晰性。

序列操作

　　要使程序的组织更清晰地反映上面的信号流结构,关键是集中关注处理过程中从一个步骤流向下一步骤的"信号"。如果我们用表来表示这些信号,就可以用表操作实现每个步骤的处理。举例说，我们可以用 2.2.1 节的 map 函数实现信号流图中的映射步骤：

```
map(square, list(1, 2, 3, 4, 5));
list(1, 4, 9, 16, 25)
```

过滤一个序列，也就是选出其中满足某给定谓词的元素，可以通过下面的方式完成：

```
function filter(predicate, sequence) {
    return is_null(sequence)
            ? null
            : predicate(head(sequence))
            ? pair(head(sequence),
                    filter(predicate, tail(sequence)))
            : filter(predicate, tail(sequence));
}
```

例如，

```
filter(is_odd, list(1, 2, 3, 4, 5));
list(1, 3, 5)
```

累积工作可以如下实现：

```
function accumulate(op, initial, sequence) {
    return is_null(sequence)
            ? initial
            : op(head(sequence),
                    accumulate(op, initial, tail(sequence)));
}
accumulate(plus, 0, list(1, 2, 3, 4, 5));
15

accumulate(times, 1, list(1, 2, 3, 4, 5));
120

accumulate(pair, null, list(1, 2, 3, 4, 5));
list(1, 2, 3, 4, 5)
```

现在再实现上面的信号流图，剩下的工作也就是枚举出需要处理的数据序列。对于 even_fibs，我们需要生成给定区间里所有整数的序列。该序列可以如下生成：

```
function enumerate_interval(low, high) {
    return low > high
            ? null
            : pair(low,
                    enumerate_interval(low + 1, high));
}

enumerate_interval(2, 7);
list(2, 3, 4, 5, 6, 7)
```

要枚举一棵树的所有树叶，则可以用[12]：

```
function enumerate_tree(tree) {
    return is_null(tree)
```

---

12 这个函数实际上就是练习 2.28 的函数 fringe，在这里给它另取一个名字，只是为了强调它是一般的序列操控函数族的一个组成部分。

```
                    ? null
                    : ! is_pair(tree)
                    ? list(tree)
                    : append(enumerate_tree(head(tree)),
                             enumerate_tree(tail(tree)));
}

enumerate_tree(list(1, list(2, list(3, 4)), 5));
list(1, 2, 3, 4, 5)
```

现在我们已经可以像前面的信号流图那样重新构造 sum_odd_squares 和 even_fibs 了。对于 sum_odd_squares，我们需要枚举一棵树的树叶序列，过滤它，只留下序列中的奇数，求出每个元素的平方，最后把得到的结果加起来：

```
function sum_odd_squares(tree) {
    return accumulate(plus,
                      0,
                      map(square,
                          filter(is_odd,
                                 enumerate_tree(tree))));
}
```

[101]

对于 even_fibs，我们需要枚举出从 0 到 n 的所有整数，对每个整数生成相应的斐波那契数，通过过滤只留下其中的偶数，最后把结果积累在一个表里：

```
function even_fibs(n) {
    return accumulate(pair,
                      null,
                      filter(is_even,
                             map(fib,
                                 enumerate_interval(0, n))));
}
```

把程序表示为一个操作序列，其价值在于能帮助我们做好程序的模块化，也就是说，得到由一些相对独立的片段构造起来的设计。我们还能通过提供标准的部件库，让其中部件都支持以灵活方式互连的约定接口，进一步推动模块化的设计。

在工程设计领域，模块化构造是一种控制复杂性的威力强大的策略。举例说，在真实的信号处理应用中，设计者通常总是从标准化的过滤器和变换器族中选一些东西，通过级联的方式构造出需要的系统。类似地，序列操作也形成了一个标准程序元素的库，可以通过混合和匹配的方式使用。例如，如果另一个程序要求构造前 $n + 1$ 个斐波那契数的平方的表，我们就可以利用取自函数 sum_odd_squares 和 even_fibs 的片段：

```
function list_fib_squares(n) {
    return accumulate(pair,
                      null,
                      map(square,
                          map(fib,
                              enumerate_interval(0, n))));
}

list_fib_squares(10);
list(0, 1, 1, 4, 9, 25, 64, 169, 441, 1156, 3025)
```

我们也可以重新安排这些片段，用它们产生一个序列中所有奇整数的平方之乘积：

```
function product_of_squares_of_odd_elements(sequence) {
    return accumulate(times,
                      1,
                      map(square,
                          filter(is_odd, sequence)));
}

product_of_squares_of_odd_elements(list(1, 2, 3, 4, 5));
225
```

我们还可以用序列操作的方式，形式化常规的数据处理应用。假设有一个人事记录序列，我们希望找出其中薪水最高的程序员的工资额。假定我们有选择函数 salary 返回记录中的工资数额，另有谓词 is_programmer 检查记录是否程序员，那么就可以写：

```
function salary_of_highest_paid_programmer(records) {
    return accumulate(math_max,
                      0,
                      map(salary,
                          filter(is_programmer, records)));
}
```

这些例子给我们的启示是：许多工作都可以用序列操作的方式表述[13]。

以表实现的序列作为约定接口，使我们可以组合各种处理模块。进一步说，以序列作为统一的表示结构，也使我们能把程序对数据结构的依赖限制到不多的几个序列操作上。通过修改这些操作，就能在保持程序的整体设计不变的前提下，在序列的不同表示之间转换。3.5节还将继续探索这方面的能力，那里将把序列处理的范型推广到无穷序列。

练习 2.33 下面是一些把基本表操作看作累积的声明，请填充空缺的表达式，完成它们：

```
function map(f, sequence) {
    return accumulate((x, y) => ⟨??⟩,
                      null, sequence);
}
function append(seq1, seq2) {
    return accumulate(pair, ⟨??⟩, ⟨??⟩);
}
function length(sequence) {
    return accumulate(⟨??⟩, 0, sequence);
}
```

练习 2.34 对一个给定的 x 的多项式，求出其在某个 x 处的值也可以形式化为一种累积。假设需要求下面多项式的值：

$$a_n x^n + a_{n-1} x^{n-1} + \cdots + a_1 x + a_0$$

采用著名的 Horner 规则的计算过程具有如下的结构：

$$(\cdots (a_n x + a_{n-1}) x + \cdots + a_1) x + a_0$$

换句话说，我们从 a_n 开始，将其乘以 x，再加上 a_{n-1}，再乘以 x，如此下去，直到处理完

---

13 Rechard Waters（1979）开发了一个能自动分析传统 Fortran 程序，用映射、过滤器和累积器的观点去观察它们的程序。他发现，在 Fortran Scientific Subroutine Package（Fortran 科学计算子程序包）里，90% 的代码可以很好地纳入这种风范。Lisp 作为程序设计语言取得成功的一个原因，就在于用表作为表示有序汇集的标准媒介，使之可以用高阶操作处理。许多新程序设计语言（包括 Python）从这里学到了很多。

a_0^{14}。请填充下面的程序模板，做出一个使用 Horner 规则求多项式的值的函数。假定多项式的系数安排在一个序列里，从 a_0 直至 a_n。

```
function horner_eval(x, coefficient_sequence) {
    return accumulate((this_coeff, higher_terms) => ⟨??⟩,
                      0,
                      coefficient_sequence);
}
```

例如，为了计算 $1 + 3x + 5x^3 + x^5$ 在 $x = 2$ 的值，你需要求值：

```
horner_eval(2, list(1, 3, 0, 5, 0, 1));
```

练习 2.35 请把 2.2.2 节的 `count_leaves` 重新声明为一个累积：

```
function count_leaves(t) {
    return accumulate(⟨??⟩, ⟨??⟩, map(⟨??⟩, ⟨??⟩));
}
```

练习 2.36 函数 `accumulate_n` 与 `accumulate` 类似，但是其第三个参数是一个序列的序列，我们还假定其中每个小序列的元素个数相同。这个函数应该用指定的累积过程组合起每个序列里的第一个元素，而后再组合每个序列的第二个元素，并如此做下去。它返回以得到的所有结果为元素的序列。例如，如果 s 是包含 4 个序列的序列

```
list(list(1, 2, 3), list(4, 5, 6), list(7, 8, 9), list(10, 11, 12))
```

那么 `accumulate_n(plus, 0, s)` 的值就应该是序列 `list(22, 26, 30)`。请填充下面 `accumulate_n` 声明中缺失的表达式：

```
function accumulate_n(op, init, seqs) {
    return is_null(head(seqs))
        ? null
        : pair(accumulate(op, init, ⟨??⟩),
            accumulate_n(op, init, ⟨??⟩));
}
```

104

练习 2.37 假设我们把向量 $\boldsymbol{v} = (v_i)$ 表示为数的序列，把矩阵 $\boldsymbol{m} = (m_{ij})$ 表示为向量（矩阵行）的序列。例如，矩阵：

$$\begin{bmatrix} 1 & 2 & 3 & 4 \\ 4 & 5 & 6 & 6 \\ 6 & 7 & 8 & 9 \end{bmatrix}$$

可以用下面的序列表示：

```
list(list(1, 2, 3, 4),
    list(4, 5, 6, 6),
    list(6, 7, 8, 9))
```

---

14 根据 Knuth（1981），本规则由 W. G. Horner 在 19 世纪早期提出，但在 100 多年前就已经被牛顿实际使用了。按 Horner 规则求值多项式，所需加法和乘法次数少于直接方法，即先计算 $a_n x^n$，再加上 $a_{n-1} x^{n-1}$，并如此做下去的方法。事实上，可以证明，任何多项式求值算法至少要做 Horner 规则那么多次加法和乘法，因此，Horner 规则是求值多项式的最优算法。A. M. Ostrowski 在 1954 年的一篇文章中证明（只是对加法的次数）了这一论断，这也是现代最优算法研究的开创性工作。V. Y. Pan 在 1966 年对乘法证明了类似论断。Borodin 和 Munro 的著作（1975）里概述了这些工作以及最优算法的一些其他结果。

有了这种表示，我们就可以利用序列操作，简洁地描述各种基本的矩阵与向量运算了。例如如下的这些运算（任何有关矩阵代数的书里都有说明）：

$\text{dot\_product}(v, w)$ 　　　　返回和 $\Sigma_i v_i w_i$；

$\text{matrix\_times\_vector}(m, v)$ 　　返回向量 t，其中 $t_i = \Sigma_j m_{ij} v_j$；

$\text{matrix\_times\_matrix}(m, n)$ 　　返回矩阵 p，其中 $p_{ij} = \Sigma_k m_{ik} n_{kj}$；

$\text{transpose}(m)$ 　　　　　　返回矩阵 n，其中 $n_{ij} = m_{ji}$.

其中的点积（dot product）函数可以如下声明[15]：

```
function dot_product(v, w) {
    return accumulate(plus, 0, accumulate_n(times, 1, list(v, w)));
}
```

请填充下面函数声明里空缺的表达式，使所定义的函数能完成另外那些矩阵运算的计算（函数 accumulate_n 在练习 2.36 中定义）。

```
function matrix_times_vector(m, v) {
    return map(⟨??⟩, m);
}
function transpose(mat) {
    return accumulate_n(⟨??⟩, ⟨??⟩, mat);
}
function matrix_times_matrix(n, m) {
    const cols = transpose(n);
    return map(⟨??⟩, m);
}
```

练习 2.38　函数 accumulate 也被称为 fold_right，因为它把序列里的第一个元素组合到右边所有元素的组合结果上。与之对应的也有一个 fold_left，它与 fold_right 类似，但却是按相反的方向组合元素：

```
function fold_left(op, initial, sequence) {
    function iter(result, rest) {
        return is_null(rest)
               ? result
               : iter(op(result, head(rest)),
                      tail(rest));
    }
    return iter(initial, sequence);
}
```

下面各个表达式的值是什么？

```
fold_right(divide, 1, list(1, 2, 3));

fold_left(divide, 1, list(1, 2, 3));

fold_right(list, null, list(1, 2, 3));

fold_left(list, null, list(1, 2, 3));
```

为保证 fold_right 和 fold_left 对任何序列都产生同样结果，函数 op 应该满足什么性质？

15　这个定义里使用了练习 2.36 里说明的 accumulate_n。

练习 2.39　请基于练习 2.38 的 `fold_right` 和 `fold_left` 完成下面两个有关函数 `reverse`（练习 2.18）的声明：

```
function reverse(sequence) {
    return fold_right((x, y) => ⟨??⟩, null, sequence);
}

function reverse(sequence) {
    return fold_left((x, y) => ⟨??⟩, null, sequence);
}
```

嵌套的映射

我们可以扩充序列范型，把通常用嵌套循环描述的许多计算也包括进来[16]。考虑下面的问题：给定一个自然数 n，要求找出所有不同的有序对 i 和 j，其中 $1 \leqslant j < i \leqslant n$，使得 $i + j$ 是素数。例如，假定 n 是 6，满足条件的序对就是：

i	2	3	4	4	5	6	6
j	1	2	1	3	2	1	5
$i+j$	3	5	5	7	7	7	11

组织这一计算有一种很自然的方法：生成所有小于等于 n 的正整数的有序序对，过滤选出和为素数的序对，最后对通过了过滤的每个序对 (i, j) 生成一个三元组 $(i, j, i + j)$。

　　生成这种序对的序列的一种方法如下：对每个整数 $i \leqslant n$，枚举出所有的整数 $j < i$，并对每一对 i 和 j 生成一个序对 (i, j)。按序列操作的说法，这是对序列 `enumerate_interval(1, n)` 做一次映射。对序列里的每个 i，我们都对序列 `enumerate_interval(1, i - 1)` 做映射。对后一序列中的每个 j，我们生成序对 `list(i, j)`，这样就对每个 i 得到了一个序对的序列。把针对所有 i 的序列组合起来（用 **append** 累积），就得到了所需的序对序列[17]。

```
accumulate(append,
           null,
           map(i => map(j => list(i, j),
                        enumerate_interval(1, i - 1)),
               enumerate_interval(1, n)));
```

在这类程序里，经常需要在做映射之后再把结果用 **append** 累积，我们可以把这整个工作独立出来，定义为一个独立的函数：

```
function flatmap(f, seq) {
    return accumulate(append, null, map(f, seq));
}
```

现在考虑过滤这个序对的序列，找出序对中两个数之和是素数的序对。应该对序列里的每个元素调用过滤谓词。由于谓词的参数是序对，而操作中必须提取出序对里两个整数，这样，作用到序列中每个元素上的谓词就应该是：

16　有关嵌套映射的这种方法是 David Turner 展示给我们的，他提出的语言 KRC 和 Miranda 为处理这些结构提供了非常优雅的描述形式。本节的例子（也请看练习 2.42）取自 Turner 1981。3.5.3 节还要把这一方法推广到处理无穷序列的情况。

17　我们把这里的序对表示为两个元素的表，而没有直接采用语言里的序对，也就是说，这里所谓的"序对" (i, j) 是用 `list(i, j)` 表示的，而不是用 `pair(i, j)`。

106

```
function is_prime_sum(pair) {
    return is_prime(head(pair) + head(tail(pair)));
}
```

最后还要生成结果的序列，为此只需要把下面的函数映射到过滤后留下的序对上。对每个序对里的两个元素，该函数生成包含了它们的和的三元组：

```
function make_pair_sum(pair) {
    return list(head(pair), head(tail(pair)),
                head(pair) + head(tail(pair)));
}
```

把所有这三个步骤组合到一起，就得到了完整的函数：

```
function prime_sum_pairs(n) {
    return map(make_pair_sum,
               filter(is_prime_sum,
                      flatmap(i => map(j => list(i, j),
                                       enumerate_interval(1, i - 1)),
                              enumerate_interval(1, n))));
}
```

|107|

　　嵌套的映射不仅能用于枚举所需的区间，也能用于生成其他序列。假设现在我们希望生成一个集合 S 的所有排列，也就是说，生成这一集合中元素的所有可能的排序序列。例如，$\{1, 2, 3\}$ 的排列是 $\{1, 2, 3\}$、$\{1, 3, 2\}$、$\{2, 1, 3\}$、$\{2,3,1\}$、$\{3,1,2\}$ 和 $\{3, 2, 1\}$。下面是生成 S 的所有排列的序列的一种方案：对 S 里的每个 x，递归地生成 $S-x$ 的所有排列的序列[18]，而后把 x 加到每个序列的前面。这样就能对 S 里的每个 x，生成了 S 的所有以 x 开头的排列。把对每个 x 生成的序列组合到一起，就得到了 S 的所有排列[19]。

```
function permutations(s) {
    return is_null(s)                  // empty set?
           ? list(null)                // sequence containing empty set
           : flatmap(x => map(p => pair(x, p),
                              permutations(remove(x, s))),
                     s);
}
```

请注意这里的策略：我们把生成 S 的所有排列的问题，归结为生成元素少于 S 的集合的排列的问题。终极情况是遇到空表，它表示无元素的集合，此时生成的就是 list(null)，这是一个只包含一个元素的序列，该元素是一个无元素的集合。在 permutations 函数里使用的 remove 函数返回除去指定项之外的所有元素，它可以简单地用一个过滤器描述：

```
function remove(item, sequence) {
    return filter(x => ! (x === item),
                  sequence);
}
```

　　练习 2.40　请写一个函数 unique_pairs，给它一个整数参数 n，它产生所有序对 (i, j) 的序列，其中 $1 \leqslant j < i \leqslant n$。请用 unique_pairs 简化上面 prime_sum_pairs 的定义。

　　练习 2.41　请写一个函数，它能生成所有小于等于给定整数 n 的正的相异整数 i、j 和 k

18　集合 $S-x$ 里包含了集合 S 中除 x 之外的所有元素。

19　在 JavaScript 程序里，连续两个斜线 // 用于引进一个注释。解释器将忽略从 // 开始直至行尾的所有字符。本书里使用的注释不多，我们主要是希望通过使用有意义的名字，使程序具有自解释性。

的有序三元组，其中每个三元组的三个元之和都等于给定的整数 s。

练习 2.42　"八皇后谜题"问怎样把八个皇后摆在国际象棋盘上，使得没有一个皇后能攻击另一个（也就是说，任意两个皇后都不在同一行、同一列，或者同一斜线上）。该谜题的一个解如图 2.8 所示。解决这个谜题的一种方法是按一个方向考虑棋盘，每次在一列中放入 [108] 一个皇后。如果现在已经放好了 $k - 1$ 个皇后，第 k 个皇后就必须放在不会攻击任何已在棋盘

上的皇后的位置。我们可以递归地描述这一处理过程：假定我们已经生成了在棋盘前 $k - 1$ 列放 $k - 1$ 个皇后的所有可能方法，现在对其中的每种方法，生成把下一皇后放在第 k 列中每一行的扩充集合。然后过滤它们，只留下使第 k 列的皇后与其他皇后相安无事的扩充。这样就生成了 k 个皇后放在前 k 列的所有安全序列。继续这一过程就能得到该谜题的所有解，而不是一个解。

我们把这个解法实现为一个函数 queens，令它返回在 $n \times n$ 的棋盘上放好 n 个皇后的所有解的序列。函数 queens 有一个内部函数 queen_cols，它返回在棋盘的前 k 列中放好皇后的所有位置的序列。

图 2.8　八皇后谜题的一个解

```
function queens(board_size) {
    function queen_cols(k) {
        return k === 0
               ? list(empty_board)
               : filter(positions => is_safe(k, positions),
                        flatmap(rest_of_queens =>
                                    map(new_row =>
                                            adjoin_position(new_row, k,
                                                            rest_of_queens),
                                        enumerate_interval(1, board_size)),
                                queen_cols(k - 1)));
    }
    return queen_cols(board_size);
}
```

在这个函数里，参数 rest_of_queens 是在前 $k - 1$ 列放置 $k - 1$ 个皇后的一种方式，new_row 是在第 k 列放置皇后时考虑的行编号。要完成这个程序，我们需要设计一种棋盘位置集合的表示方法；还要实现函数 adjoin_position，其功能是把一个新的行列位置加入一个位置集合；还有 empty_board 表示空的位置集合。你还需要写一个函数 is_safe，它确定在一个位置集合中，位于第 k 列的皇后相对于其他列的皇后是安全的。（请注意，我们只需检查新皇后是否安全——其他皇后都已经保证相安无事了。）

练习 2.43　Louis Reasoner 做练习 2.42 时遇到了麻烦，他的 queens 函数看起来能行，但却运行得极慢（Louis 居然无法忍耐到它解出 6×6 棋盘的问题）。Louis 请 Eva Lu Ator 帮忙时，她指出他在 flatmap 里交换了嵌套映射的顺序，把它写成了：

```
flatmap(new_row =>
            map(rest_of_queens =>
                    adjoin_position(new_row, k, rest_of_queens),
                queen_cols(k - 1)),
        enumerate_interval(1, board_size));
```

请解释，为什么这样交换顺序会使程序运行得非常慢。请估算，用 Louis 的程序去解决八皇后问题大约需要多少时间，假定练习 2.42 中的程序需用时间 T 求解这一谜题。

2.2.4　实例：一个图形语言

本节要讨论一种用于生成图形的简单语言，它展示了数据抽象和闭包的威力，并以一种非常本质的方式使用了高阶函数。这个语言的设计就是为了方便地做出类似图 2.9 中所示例的模式的图形，它们都是由某些元素变形或改变大小的重复出现构成[20]。在这个语言里，被组合的数据元素都将用函数表示，而不是用表结构表示。就像 pair 满足闭包性质，使我们能构造任意复杂的表结构一样，这个语言里的操作也满足闭包性质，使我们很容易构造任意复杂的模式。

图 2.9　利用这个图形语言生成的一些设计

图形语言

我们在 1.1 节开始研究程序设计时，就特别强调，在描述一种语言时，把注意力集中到语言的基本原语、组合方法和抽象方法的重要性。现在的工作也按同一套路展开。

我们准备研究的这个图形语言的优美之处，部分在于这个语言里只有一类元素，称为画家（painter）。一个画家能画出一张图，这种图可以变形或者改变大小，以便正好放到指定的平行四边形框架里。举例说，有一个称为 wave 的基本画家，它能画出图 2.10 所示的折线图，而图的实际形状依赖于具体的框架；图 2.10 里的四个图都是由同一画家 wave 生成的，但这些图是相对于四个不同的框架。画家也可以更精妙。基本画家 rogers 能画出 MIT 的创始人 William Barton Rogers 的画像，如图 2.11 所示[21]。图 2.11 里的四个图是相对于与

20　这一图形语言的设计源自 Peter Henderson 创建的，用于构造类似于 M.C. 艾舍尔（M.C. Escher）的版画《方形的极限》中那类视觉形象（见 Henderson 1982）的一种语言。Escher 的版画基于某种重复的变尺度模式构成，很像本节中用 square_limit 函数排出的图画。

21　William Barton Rogers（1804—1882）是 MIT 的创始人和第一任校长。他曾作为地质学家和才华横溢的教师在威廉和玛丽学院以及弗吉尼亚大学任教。1859 年他搬到波士顿，以便有更多时间从事研究工作，还可以着手他创建"综合性技术学院"的计划。此时他也是马萨诸塞第一任的煤气表州检查员。

在 1861 年 MIT 创建时，Rogers 被选为第一任校长。Rogers 推崇一种"有用的学习"的思想，这与当时流行的有关大学教育的观点截然不同。当时人们在大学里过于强调经典，正如 Rogers 所写的，那些东西"阻碍了更广泛、更深入和更实际的自然科学和社会科学的教育和训练"。Rogers 认为正确的教育方式应该与狭隘的中等职业学校式的教育截然不同，用他的话说：

　　在全世界强制性地区分实践工作者和科学工作者是完全无益的，当代所有的经验已经证明
　这种区分也是完全没有价值的。（接下页）

图 2.10 中 wave 形象同样的四个框架画出的。

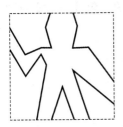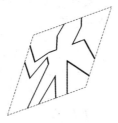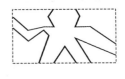

图 2.10　由画家 wave 相对于 4 个不同框架生成的图像。相应的框架用点线表示，它们并不是图像的组成部分

图 2.11　William Barton Rogers（MIT 的创始人和第一任校长）的图像，依据与图 2.10 中同样的 4 个框架画出（原始图片经过 MIT 博物馆的允许重印）

为了组合各种图像，我们用一些可以从给定的画家构造新画家的操作。例如，操作 beside 从两个画家出发，产生一个新的复合画家，它把第一个画家的图像画在框架的左边一半，把第二个画家的图像画在框架的右边一半。与此类似，below 从两个画家出发产生一个复合画家，把第一个画家的图像画在第二个画家的图像之下。有些操作把一个画家转换为另一新画家。例如，flip_vert 从一个画家出发，生成一个把原画家所画的图上下颠倒画出的画家，而 flip_horiz 生成的画家把原画家的图左右反转后画出。

图 2.12 说明了从 wave 出发，经过两步做出名为 wave4 的画家的方法：

```
const wave2 = beside(wave, flip_vert(wave));
const wave4 = below(wave2, wave2);
```

在通过这种方法构造复杂的图像时，我们利用了一个事实，在这个语言的组合操作下画家是

112

（接上页）Rogers 作为 MIT 的校长一直到 1870 年，是年他因健康原因退休。到了 1878 年，MIT 的第二任校长 John Runkle 由于 1873 年的金融大恐慌带来的财政危机的压力，以及哈佛企图攫取 MIT 的斗争压力而退休，Rogers 重新回到校长办公室，一直工作到 1881 年。

　　Rogers 在 1882 年 MIT 的毕业典礼的演习上做致辞时倒下去世。Runkle 在同年举行的纪念会致辞中引用了 Rogers 最后的话：

　　　　"我今天站在这里，环顾这个学院时，……我看到了科学的开始。我记得在 150 年前，Stephen Hales 出版了一本小册子，讨论照明用气的课题，在书中他写到，他的研究表明了 128 谷（英美重量单位，每谷合 64.8 毫克——译者注）烟煤……"

　　　　"烟煤"这就是他留给这个世界的最后一个词。当时他慢慢地前倾，就像要在他面前的桌子上查看什么注记，而后他又慢慢恢复到直立状态、举起他的双手，慢慢地，从他那尘世劳作和胜利的喜悦感觉转变为"死亡的明天"，在那里生命的奇迹结束了，而脱离了肉体的灵魂则向往着那无穷未来全新的永远深不可测的奥秘，并从中找到无尽的满足。

用 Francis A. Walker（MIT 的第三任校长）的话说：

　　　　他的整个一生使他成为最正直和最勇敢的人，而他的死也像一个骑士所最希望的那样，穿着他的战袍，站在他的岗位上，履行着他对社会的职责。

封闭的：两个画家的 beside 或 below 得到的还是画家，因此可以被用作元素去构造更复杂的画家。就像用 pair 可以构造各种表结构一样，数据在组合方法下的闭包性质非常重要，因为这使我们能用不多的几个操作构造出各种复杂的结构。

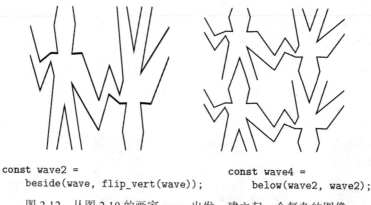

```
const wave2 =                    const wave4 =
    beside(wave, flip_vert(wave));       below(wave2, wave2);
```

图 2.12   从图 2.10 的画家 wave 出发，建立起一个复杂的图像

在我们能组合画家之后，就会希望能抽象出组合画家的典型模式，把对画家的操作实现为 JavaScript 函数。这也意味着我们在图形语言里不需要任何特殊的抽象机制。因为组合的方法就是常规的 JavaScript 函数，这样，我们就自动地能对画家做原来可以对函数做的所有事情。例如，我们可以把 wave4 中的模式抽象出来：

```
function flipped_pairs(painter) {
    const painter2 = beside(painter, flip_vert(painter));
    return below(painter2, painter2);
}
```

并把 wave4 重新声明为这种模式的实例：

```
const wave4 = flipped_pairs(wave);
```

我们也可以定义递归操作。下面就是一个这样的操作，它在图形的右边做分割和分支，就像图 2.13 和图 2.14 里显示的那样：

```
function right_split(painter, n) {
    if (n === 0) {
        return painter;
    } else {
        const smaller = right_split(painter, n - 1);
        return beside(painter, below(smaller, smaller));
    }
}
```

通过同时在图中向上和向右分支，我们可以得到出一种平衡的模式（见练习 2.44，以及图 2.13 和图 2.14 ）：

```
function corner_split(painter, n) {
    if (n === 0) {
        return painter;
    } else {
        const up = up_split(painter, n - 1);
        const right = right_split(painter, n - 1);
        const top_left = beside(up, up);
```

```
            const bottom_right = below(right, right);
            const corner = corner_split(painter, n - 1);
            return beside(below(painter, top_left),
                          below(bottom_right, corner));
        }
    }
```

通过把 corner_split 的 4 个拷贝适当地组合起来，我们就可以得到一种称为 square_
limit 的模式，把这个函数应用于 wave 和 rogers 的效果见图 2.9：

```
function square_limit(painter, n) {
    const quarter = corner_split(painter, n);
    const half = beside(flip_horiz(quarter), quarter);
    return below(flip_vert(half), half);
}
```

| identity | right_split $n{-}1$ |
| | right_split $n{-}1$ |

right_split(n)

up_split $n{-}1$	up_split $n{-}1$	corner_split $n{-}1$
identity		right_split $n{-}1$
		right_split $n{-}1$

corner_split(n)

图 2.13　right_split 和 corner_split 的递归方案

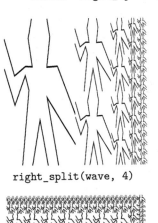

corner_split(wave, 4)

right_split(rogers, 4)

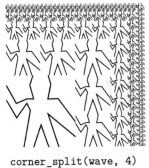

corner_split(wave, 4)

corner_split(rogers, 4)

图 2.14　把递归操作 right_split 和 corner_split 应用于画家 wave 和 rogers。图 2.9 显示
的就是组合起 4 个 corner_split 图形生成的对称的 square_limit 图形

练习 2.44 请声明 corner_split 里使用的函数 up_split，它与 right_split 类似，但是其中交换了 below 和 beside 的角色。

高阶操作

除了可以抽象出组合画家的模式外，我们也可以在高阶上工作，抽象出画家的各种组合操作的模式。也就是说，我们可以把画家操作看成需要操控的元素，去描述组合这些元素的方法——写一些函数，它们以画家操作为实际参数，创建新的画家操作。

举例说，flipped_pairs 和 square_limit 都是把一个画家的四个拷贝安排在一个正方形的模式中，它们之间的不同只在这些拷贝的旋转角度。抽象这种画家组合模式的一种方法是定义如下函数，它基于四个单参数的画家操作，生成一个新的画家操作，在这个操作里用四个参数操作变换给定的画家，然后把得到的结果放入一个正方形里[22]。tl、tr、bl 和 br 分别是应用于左上角、右上角、左下角和右下角的四个拷贝的变换：

```
function square_of_four(tl, tr, bl, br) {
    return painter => {
        const top = beside(tl(painter), tr(painter));
        const bottom = beside(bl(painter), br(painter));
        return below(bottom, top);
    };
}
```

操作 flipped_pairs 可以基于 square_of_four 重新定义如下[23]：

```
function flipped_pairs(painter) {
    const combine4 = square_of_four(identity, flip_vert,
                                    identity, flip_vert);
    return combine4(painter);
}
```

而 square_limit 可以描述为[24]：

```
function square_limit(painter, n) {
    const combine4 = square_of_four(flip_horiz, identity,
                                    rotate180, flip_vert);
    return combine4(corner_split(painter, n));
}
```

练习 2.45 函数 right_split 和 up_split 可以表述为某种广义划分操作的实例。请声明一个函数 split，使它具有如下的性质，求值：

```
const right_split = split(beside, below);
const up_split = split(below, beside);
```

能生成函数 right_split 和 up_split，其行为与前面声明的函数一样。

---

22 在 square_of_four 里，我们用到 lambda 表达式的一种扩充的语法形式。1.3.2 节介绍过，lambda 表达式的体可以是一个块，而不是一个表达式。这种 lambds 表达式的形式是 (*parameters*) => { *statements* } 或者 *parameter* => { *statements* }。

23 我们也可以等价地将其写为：

```
const flipped_pairs = square_of_four(identity, flip_vert,
                                     identity, flip_vert);
```

24 rotate180 把画家旋转 180 度。如果不用 rotate180，我们也可以利用练习 1.42 的 compose 函数，写 compose(flip_vert, flip_horiz)。

框架

在说明如何实现画家及其组合方法之前，我们需要先考虑框架的问题。一个框架可以用三个向量描述：一个基准向量和两个角向量。基准向量描述框架基准点相对于平面上某个绝对基准点的偏移量，角向量描述框架的角点相对于框架基准点的偏移量。如果两个角向量正交，这个框架就是矩形，否则它就是一般的平行四边形。

图 2.15 显示了一个框架和它的三个相关向量。根据数据抽象原理，我们现在无须严格地说明框架的具体表示方法，只需要说明存在一个构造函数 `make_frame`，它能从三个向量出发构造出一个框架。对应的选择函数是 `origin_frame`、`edge1_frame` 和 `edge2_frame`（见练习 2.47）。

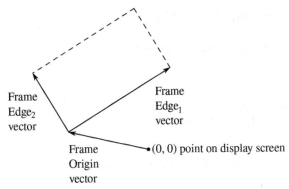

图 2.15　框架由三个向量描述，包括一个基准向量和两个角向量

我们将用单位正方形（$0 \leqslant x, y \leqslant 1$）里的坐标描述图像的位置。对于每个框架，我们要为它关联一个框架坐标映射，利用这个映射实现相关图像的位移和伸缩，使之适配于这个框架。这个映射的功能就是把单位正方形变换到相应的框架，也就是把向量 $v = (x, y)$ 映射到下面的向量和：

$$\text{Origin(Frame)} + x \cdot \text{Edge}_1(\text{Frame}) + y \cdot \text{Edge}_2(\text{Frame})$$

例如，点（0, 0）将映射到给定框架的原点，(1, 1) 映射到与原点对角的那个点，而（0.5, 0.5）映射到给定框架的中心点。我们可以通过下面函数建立框架的坐标映射[25]：

```
function frame_coord_map(frame) {
    return v => add_vect(origin_frame(frame),
                         add_vect(scale_vect(xcor_vect(v),
                                            edge1_frame(frame)),
                                  scale_vect(ycor_vect(v),
                                            edge2_frame(frame))));
}
```

注意，把 `frame_coord_map` 应用于一个框架将返回一个函数，送给这个函数一个向量，它返回另一个向量。如果参数向量位于单位正方形里，结果向量就位于相应框架里。例如：

```
frame_coord_map(a_frame)(make_vect(0, 0));
```

25　函数 `frame_coord_map` 用到练习 2.46 讨论的向量操作。现在假定它们已经在某种向量表示上实现了。由于数据抽象，只要这些向量操作的行为是正确的，向量可以采用任何合适的具体表示方式。

返回的向量与下面向量相同：

```
origin_frame(a_frame);
```

练习 2.46　从原点出发到某个点的二维向量 *v*，可以用由 *x* 坐标和 *y* 坐标构成的序对表示。请为这种向量实现一个数据抽象：给出其构造函数 make_vect 以及对应的选择函数 xcor_vect 和 ycor_vect。基于你的构造函数和选择函数，实现函数 add_vect、sub_vect 和 scale_vect，使它们能完成向量加法、向量减法和向量的缩放。

$$(x_1, y_1) + (x_2, y_2) = (x_1 + x_2, y_1 + y_2)$$
$$(x_1, y_1) - (x_2, y_2) = (x_1 - x_2, y_1 - y_2)$$
$$s \cdot (s, y) = (sx, sy)$$

练习 2.47　下面是框架的两个可能的构造函数：

```
function make_frame(origin, edge1, edge2) {
    return list(origin, edge1, edge2);
}

function make_frame(origin, edge1, edge2) {
    return pair(origin, pair(edge1, edge2));
}
```

请为每个构造函数提供合适的选择函数，构造出框架的相应实现。

画家

画家用函数表示。给画家一个框架作为实际参数，它就能通过适当的位移和伸缩，画出一幅与这个框架匹配的图像。也就是说，如果 p 是画家而 f 是框架，以 f 为实际参数调用 p，就能在 f 里生成 p 表示的那个图像。

基本画家的实现细节依赖特定图形系统的各种特性和被画图像的种类。例如，假定有一个函数 draw_line，它能在屏幕上两个给定点之间画一条直线，我们就可以利用它定义一个根据线段表参数画折线图的画家，例如图 2.10 的 wave 画家[26]：

```
function segments_to_painter(segment_list) {
    return frame =>
                for_each(segment =>
                            draw_line(
                                frame_coord_map(frame)
                                    (start_segment(segment)),
                                frame_coord_map(frame)
                                    (end_segment(segment))),
                         segment_list);
}
```

线段用相对于单位正方形的坐标给出。对于表中的每个线段，这个画家用框架坐标映射对线段的端点做变换，然后在变换得到的两个端点之间画一条直线。

用函数表示画家，在这个图形语言里建立了一条强有力的抽象屏障，使我们可以基于各种图形能力，创建和混用各种类型的基本画家。任何函数，只要它以一个框架为参数，能画

26　画家 segments_to_painter 用到练习 2.48 描述的线段表示，还用到练习 2.23 描述的 for_each 函数。

出一些可以伸缩后适配这个框架的图形，就可以用作画家[27]。

练习 2.48 平面上的一条直线段可以用一对向量表示——一个从原点到线段起点的向量，一个从原点到线段终点的向量。请用你在练习 2.46 做的向量表示定义一种线段表示，其中用到构造函数 `make_segment` 以及选择函数 `start_segment` 和 `end_segment`。

练习 2.49 利用 `segments_to_painter` 定义下面的基本画家：

a. 画出给定框架边界的画家。

b. 通过连接框架两对角点，画出一个大叉子的画家。

c. 通过连接框架各边的中点画出一个菱形的画家。

d. 画家 wave。

画家的变换和组合

对画家的操作（例如 `flip_vert` 或 `beside`）就是创建新画家。这个新画家将针对根据参数框架做出的新框架去调用原来的参数画家。举个例子，`flip_vert` 在反转一个画家时完全不知道它如何工作，只要知道如何倒置一个框架就足够了。这个操作产生的画家就是使用原来的画家，但要求它在倒置的框架里工作。

对画家的操作都基于函数 `transform_painter`，该函数以一个画家和有关如何变换框架和生成新画家的信息作为参数。用一个框架调用变换后的画家时，我们将变换这个框架，然后用变换后的框架去调用原来那个画家。`transform_painter` 的参数是描述新框架各个角的几个点（用向量表示）。在做针对框架的映射时，第一个点描述新框架的原点，另外两个点描述新框架的两个边向量的终点。这样，位于单位正方形里的参数，描述的就是一个包含在原框架里的框架。

[120]

```
function transform_painter(painter, origin, corner1, corner2) {
    return frame => {
            const m = frame_coord_map(frame);
            const new_origin = m(origin);
            return painter(make_frame(
                            new_origin,
                            sub_vect(m(corner1), new_origin),
                            sub_vect(m(corner2), new_origin)));
        };
}
```

从下面的函数声明里可以看到如何纵向翻转一个画家：

```
function flip_vert(painter) {
    return transform_painter(painter,
                            make_vect(0, 1),   // new origin
                            make_vect(1, 1),   // new end of edge1
                            make_vect(0, 0));  // new end of edge2
}
```

利用 `transform_painter` 很容易定义各种新变换。例如，我们可以声明一个画家，它把自

---

27 举例说，图 2.11 里的 rogers 画家是用一个灰度图创建的。对于给定框架中的每个点，rogers 画家根据框架坐标映射在原图像中确定应该映射过来的点，并相应地涂灰这个点。通过允许不同种类的画家，我们发扬了 2.1.3 节讨论的抽象数据的思想。在那里我们说，任何东西都可以作为有理数的一种表示，只要它满足适当的条件。现在我们利用的事实是：画家可以以任何方式实现，只要它能在指定框架里画出一些东西。2.1.3 节还说明了如何用函数实现序对。画家是用函数表示数据的又一个例证。

已的图像收缩到给定框架的右上角的四分之一区域里：

```
function shrink_to_upper_right(painter) {
    return transform_painter(painter,
                             make_vect(0.5, 0.5),
                             make_vect(1, 0.5),
                             make_vect(0.5, 1));
}
```

另一个变换把图像逆时针旋转 90° [28]：

```
function rotate90(painter) {
    return transform_painter(painter,
                             make_vect(1, 0),
                             make_vect(1, 1),
                             make_vect(0, 0));
}
```

或者把图像向中心收缩 [29]：

```
function squash_inwards(painter) {
    return transform_painter(painter,
                             make_vect(0, 0),
                             make_vect(0.65, 0.35),
                             make_vect(0.35, 0.65));
}
```

|121|

　　框架变换也是定义两个或更多画家的组合的关键。例如，beside 函数以两个画家为参数，分别把它们变换为在参数框架的左半边和右半边画图，这样就产生出一个新的复合画家。当我们给了这个画家一个框架后，它首先调用变换后的第一个画家在框架的左半边画图，然后调用变换后的第二个画家在框架的右半边画图：

```
function beside(painter1, painter2) {
    const split_point = make_vect(0.5, 0);
    const paint_left  = transform_painter(painter1,
                                          make_vect(0, 0),
                                          split_point,
                                          make_vect(0, 1));
    const paint_right = transform_painter(painter2,
                                          split_point,
                                          make_vect(1, 0),
                                          make_vect(0.5, 1));
    return frame => {
            paint_left(frame);
            paint_right(frame);
        };
}
```

　　从这个例子里可以看到，画家数据抽象，特别是把画家表示为函数，使 beside 的实现非常简单。这个 beside 函数完全不需要了解其成分画家的任何细节，只需要知道这些画家能在指定的框架里画一些东西就足够了。

　　练习 2.50　请声明变换 flip_horiz，它能横向地反转画家。再声明两个变换，它们分别把画家按逆时针方向旋转 180° 和 270°。

28　变换 rotate90 只在对正方形框架工作才是真正的旋转，因为它还会拉伸或压缩图像去适应框架。

29　图 2.10 和图 2.11 里的菱形图形就是通过把 squash_inwards 作用于 wave 和 rogers 而得到的。

练习 2.51　请声明对画家的 below 操作。函数 below 以两个画家为参数。below 生成的画家针对给定的框架，要求其第一个参数画家在框架的下半部画图，第二个参数画家在框架的上半部画图。请按两种方式声明 below：第一个用类似上面 beside 函数的方式直接声明，另一个则通过调用 beside 和适当的旋转（来自练习 2.50）完成工作。

强健设计的语言层次

上面的图形语言里运用了我们在前面介绍的函数抽象和数据抽象的一些关键思想。这里的基本数据抽象（画家）的实现采用了函数式表示，这种做法使得该语言能以统一的方式处理各种本质上不同的画图功能。这种组合方法也满足闭包性质，使我们很容易构造各种复杂的设计。最后，所有能用于做函数抽象的工具，都可以用作组合画家的抽象工具。

122

我们还对语言和程序的设计方面的另一关键思想（即分层设计的方法）取得了一点初步认识。该思想说，复杂系统的构造应该通过一系列层次，为描述这些层次需要使用一系列的语言。每个层的构造都是组合起一些作为该层的基本元素的部件，这样构造出的部件又作为下一层的基本元素。在分层设计的每一层，所用语言都要提供一些基本元素、一些组合手段，以及对本层中的细节做抽象的手段。

在复杂系统的工程中，这种分层的设计方法被广泛使用。例如，在计算机工程里，电阻和晶体管被组合起来（用模拟电路的语言）构成一些部件（如与门、或门等），作为数字电路设计语言[30]中的基本元素。这些部件又被组合起来，构造处理器、总线和存储系统等，它们再组合起来构成计算机，这时使用的是适合描述计算机体系结构的语言。计算机又被组合起来构成分布式系统，采用适合描述网络互联的语言。还可以这样做下去。

作为分层设计的一个小例子，我们的图形语言用了一些基本元素（基本画家），它们描述点和直线，或提供 rogers 之类的图像。前面关于这一图形语言的说明，集中关注基本元素的组合，使用如 beside 和 below 一类的几何组合手段。我们也在更高的层面上工作，以 beside 和 below 作为基本元素，在一个包含 square_of_four 一类操作的语言里处理它们，这些操作关注的是把几何组合手段组合起来的各种常见模式。

分层设计能帮助我们把程序做得更强健，也就是说，在规范发生微小改变时，我们更有可能只需对程序做相应的微小修改。例如，假定我们希望改变图 2.9 所示的基于 wave 的图像，我们可以在最低的层次上工作，修改 wave 元素的细节表现；也可以在中间层次工作，改变 corner_split 里重复使用 wave 的方式；还可以在最高层次工作，修改 square_limit 对图形各个角上的 4 个副本的安排。一般说，分层结构中的每个层次都为描述系统的特征提供了一套不同的词汇，以及不同种类的修改系统的能力。

练习 2.52　请在上面说的各层次上工作，修改图 2.9 所示的基于 wave 的正方极限（square limit）图形。特别是：

a. 给练习 2.49 的基本 wave 画家加入某些线段（例如，加一个笑脸）。

b. 修改 corner_split 的构造模式（例如，只用 up_split 和 right_split 的图像的各一个副本，而不是两个）。

c. 修改 square_limit，换一种使用 square_of_four 的方式，以另一种不同模式组合各个角区（例如，你可以让最大的 Rogers 先生从正方形的每个角向外看）。

123

30　3.3.4 节将描述了一个这种语言。

2.3   符号数据

迄今为止，我们用过的所有复合数据都是从数值出发构造起来的。在这一节我们要扩充语言的表述能力，引进把字符的串（字符串，也简称为串）作为数据的功能。

2.3.1   字符串

前面我们已经把字符串用在函数 display 和 error 里（例如在练习 1.22），用于显示各种消息。我们也可以从字符串出发构造复合数据，例如可以有下面这样的表：

```
list("a", "b", "c", "d")
list(23, 45, 17)
list(list("Jakob", 27), list("Lova", 9), list("Luisa", 24))
```

为了区分字符串与程序里的名字，我们用双引号括起串里的字符序列。例如，JavaScript 表达式 z 表示名字 z 的值；而 JavaScript 表达式 "z" 表示由一个字符构成的字符串，该字符是英语字母表中最后一个字母的小写形式。

通过双引号标记，我们就能区分字符串和名字了：

```
const a = 1;
const b = 2;

list(a, b);
[1, [2, null]]

list("a", "b");
["a", ["b", null]]

list("a", b);
["a", [2, null]]
```

我们在 1.1.6 节介绍了针对数的基本谓词 === 和 !==。从现在开始，我们也允许字符串作为 === 和 !== 的运算对象：当且仅当两个参数串相同时谓词 === 返回真，当且仅当两个串不同时谓词 !== 返回真[31]。利用 ===，我们可以实现一个名为 member 的有用函数。该函数有两个参数，一个串和一个以串作为项的表，或者一个数和一个以数为项的表，如果表中不包含第一个参数（也就是说，表中任何项与它都不同，用 === 检查），member 就返回 null，否则返回表参数的从该串或数第一次出现位置开始的那个子表。

```
function member(item, x) {
    return is_null(x)
           ? null
           : item === head(x)
           ? x
           : member(item, tail(x));
}
```

例如，表达式

```
member("apple", list("pear", "banana", "prune"))
```

---

[31]   当两个字符串由同样一组字符组成，而且字符排列顺序也一样时，我们认为两个串相同。这一定义绕开了我们还没准备好去触及的一个深刻问题：程序设计语言里"相同"的意义。我们将在第 3 章（3.1.3 节）回到这个问题。

的值是 **null**，而表达式

```
member("apple", list("x", "y", "apple", "pear"))
```

的值是 list("apple", "pear")。

练习 2.53 对下面各表达式求值的结果是什么？请分别用盒子记法和表记法说明。

```
list("a", "b", "c")

list(list("george"))

tail(list(list("x1", "x2"), list("y1", "y2")))

tail(head(list(list("x1", "x2"), list("y1", "y2"))))

member("red", list("blue", "shoes", "yellow", "socks"))

member("red", list("red", "shoes", "blue", "socks"))
```

练习 2.54 两个表 equal，如果它们包含同样元素，而且这些元素按同样顺序排列。例如：

```
equal(list("this", "is", "a", "list"), list("this", "is", "a", "list"))
```

是真，而

```
equal(list("this", "is", "a", "list"), list("this", list("is", "a"), "list"))
```

是假。说得更准确些，我们可以从数和串的基本等词 === 出发，以递归的方式定义 equal：a 和 b 是 equal 的，如果它们都是数或者都是串，而且它们满足 ===；或者它们都是序对，而且 head(a) 与 head(b) 是 equal 的，tail(a) 和 tail(b) 也是 equal 的。请利用这一思想，把 equal 实现为一个函数。

练习 2.55 JavaScript 解释器在读到双引号 " 后会连续读入字符，直至遇到另一个双引号，把这两者之间的所有字符都当作字符串的内容，不包括这两个双引号本身。如果我们希望一个串里包含双引号，该怎么办呢？为了解决这个问题，JavaScript 也允许用单引号作为串标记符，例如 'say your name aloud'。这样，在单引号括起的串里就可以写双引号，反之亦然。所以，'say "your name" aloud' 和 "say 'your name' aloud" 都是合法的字符串，但两者中位置 4 和 14 的字符不同（从 0 开始算位置）。根据所用的字体不同，两个单引号和一个双引号有时不容易区分。你可以看清楚下面的表达式并给出它的值吗？

```
'"' === ""
```

2.3.2 实例：符号求导

为了展示符号操作的情况，也进一步阐释数据抽象的思想，我们现在考虑设计一个函数，它能执行代数表达式的符号求导。我们希望这个函数以一个代数表达式和一个变量作为参数，返回该表达式对该变量的导数。例如，如果送给这个函数的参数是 $ax^2 + bx + c$ 和 x，它就应该返回 $2ax + b$。对于程序设计语言 Lisp[32]，符号求导有特殊的历史意义，它是推动人们为符号操作开发计算机语言的最重要实例之一。进一步说，符号求导也是人们为符号数学

32　本书 Scheme 版用的 Scheme 语言就是 Lisp 的一个方言。

工作开发功能强大的系统的研究领域的开端。今天有越来越多的应用数学家和物理学家们正在使用符号数学系统。

在开发做符号计算的程序时，我们遵循与 2.1.1 节开发有理数系统一样的数据抽象策略。也就是说，我们要先定义一个求导算法，令它在一些抽象对象上操作，如"和""乘积"和"变量"，不考虑这些对象的实际表示，到后面再去关心具体表示的问题。

对抽象数据的求导程序

为使讨论比较简单，现在我们考虑一个非常简单的符号求导程序，它处理的表达式都是通过对两个参数的加法和乘法运算构造起来的。对这种表达式求导可以通过下面几条归约规则完成：

$$\frac{\mathrm{d}c}{\mathrm{d}x} = 0 \quad \square\square c\square\square\square\square\square\square x\square\square\square\square\square$$

$$\frac{\mathrm{d}x}{\mathrm{d}x} = 1$$

$$\frac{\mathrm{d}(u+v)}{\mathrm{d}x} = \frac{\mathrm{d}u}{\mathrm{d}x} + \frac{\mathrm{d}v}{\mathrm{d}x}$$

$$\frac{\mathrm{d}(uv)}{\mathrm{d}x} = u\left(\frac{\mathrm{d}v}{\mathrm{d}x}\right) + v\left(\frac{\mathrm{d}u}{\mathrm{d}x}\right)$$

可以看到，这里的最后两条规则具有递归的性质，也就是说，要得到一个和式的导数，我们需要先找出其中各个项的导数，然后把它们相加。这里的每个项又可能是需要进一步分解的表达式。这种分解将得到越来越小的片段，最终得到常量或变量，它们的导数只可能是 0 或者 1。

为了能在一个函数中体现上述规则，我们稍微放开自己基于意愿的思路，就像在前面设计有理数实现时的做法。如果现在已经有了表示代数表达式的方法，我们一定能确定遇到的表达式是否为和式、乘式、常量，或者变量，也能提取出表达式的各个部分。举例说，对于和式，我们应该希望能取得其被加项（第 1 个项）和加项（第 2 个项）。我们还需要能从几个部分出发构造整个的表达式。让我们假定现在已经有了一些函数，它们实现了下述的构造函数、选择函数和谓词：

is_variable(e)	e 是变量吗？
is_same_variable(v1, v2)	v1 和 v2 是同一个变量吗？
is_sum(e)	e 是和式吗？
addend(e)	e 的被加项
augend(e)	e 的加项
make_sum(a1, a2)	构造 a1 与 a2 的和式
is_product(e)	e 是乘式吗？
multiplier(e)	e 的被乘项
multiplicand(e)	e 的乘项
make_product(m1, m2)	构造 m1 与 m2 的乘式

利用这些函数，以及判断表达式是否为数的基本函数 is_number，我们就可以把各种求导规

则表达为下面的函数了：

```
function deriv(exp, variable) {
    return is_number(exp)
           ? 0
           : is_variable(exp)
           ? is_same_variable(exp, variable) ? 1 : 0
           : is_sum(exp)
           ? make_sum(deriv(addend(exp), variable),
                      deriv(augend(exp), variable))
           : is_product(exp)
           ? make_sum(make_product(multiplier(exp),
                                   deriv(multiplicand(exp),
                                         variable)),
                      make_product(deriv(multiplier(exp),
                                         variable),
                                   multiplicand(exp)))
           : error(exp, "unknown expression type -- deriv");
}
```

函数 deriv 实现了一个完整的求导算法。由于它是基于抽象数据表述的，因此，无论怎样选择代数表达式的具体表示，只要我们设计了一组完美的选择函数和构造函数，这个求导函数就能工作了。当然，这些函数也是下一步必须处理的问题。

代数表达式的表示

我们可以设想出许多用表结构表示代数表达式的方法。例如，我们可以用符号的表直接反映代数的记法形式，把表达式 $ax + b$ 表示为表 list("a", "*", "x", "+", "b")。然而，如果我们用的 JavaScript 值的表示方法能直接反映被表示的数学表达式的结构，显然是一种更合适的选择。按这种想法，$ax + b$ 应该表示为 list("+", list("*", "a", "x"), "b")。与 1.1.1 节介绍的中缀记法不同，这种把运算符放在其运算对象前面的记法称为前缀记法。采用前缀记法，我们为求导问题而采用的数据表示具有如下的定义：

- 变量就是字符串，可以用基本谓词 is_string 判断：

```
function is_variable(x) { return is_string(x); }
```

- 两个变量相同就是表示它们的字符串相同：

```
function is_same_variable(v1, v2) {
    return is_variable(v1) && is_variable(v2) && v1 === v2;
}
```

- 和式与乘式都构造为表：

```
function make_sum(a1, a2) { return list("+", a1, a2); }
function make_product(m1, m2) { return list("*", m1, m2); }
```

- 和式就是第一个元素为字符串 "+" 的表：

```
function is_sum(x) {
    return is_pair(x) && head(x) === "+";
}
```

- 被加项是表示和式的表里的第二个元素：

```
function addend(s) { return head(tail(s)); }
```

- 加项是表示和式的表里的第三个元素：

```
function augend(s) { return head(tail(tail(s))); }
```

- 乘式就是第一个元素为字符串 "*" 的表：

```
function is_product(x) {
    return is_pair(x) && head(x) === "*";
}
```

- 被乘项是表示乘式的表里的第二个元素：

```
function multiplier(s) { return head(tail(s)); }
```

- 乘项是表示乘式的表里的第三个元素：

```
function multiplicand(s) { return head(tail(tail(s))); }
```

这样，我们只需要把这些函数与 deriv 装配在一起，就得到了一个能工作的符号求导程序
了。现在让我们来看几个实例，观察这一程序的行为：

```
deriv(list("+", "x", 3), "x");
list("+", 1, 0)

deriv(list("*", "x", "y"), "x");
list("+", list("*", "x", 0), list("*", 1, "y"))

deriv(list("*", list("*", "x", "y"), list("+", "x", 3)), "x");
list("+", list("*", list("*", "x", "y"), list("+", 1, 0)),
        list("*", list("+", list("*", "x", 0), list("*", 1, "y")),
                  list("+", "x", 3)))
```

这个程序产生的结果都是正确的，但是它们没做化简。确实会产生：

$$\frac{\mathrm{d}(xy)}{\mathrm{d}x} = x \cdot 0 + 1 \cdot y$$

我们可能希望这个程序知道 $x \cdot 0 = 0$，$1 \cdot y = y$ 以及 $0 + y = y$。如果这样，第二个例子的结
果就应该是简单的 y。正如上面的第三个例子所显示的，当表达式变得更复杂时，这一情况
可能变成很严重的问题。

现在面临的困难，非常像我们在做有理数实现时遇到的：希望把结果化简到最简形式。
为了完成有理数的化简，我们只需要修改实现中的构造函数和选择函数。这里也可以采用同
样的策略。我们可以完全不用修改 deriv，而是只修改 make_sum，使得当两个求和对象都
是数时，make_sum 求出并返回它们的和。还有，如果有一个求和对象是 0，make_sum 就直
接返回另一个对象。

```
function make_sum(a1, a2) {
    return number_equal(a1, 0)
            ? a2
            : number_equal(a2, 0)
            ? a1
            : is_number(a1) && is_number(a2)
            ? a1 + a2
            : list("+", a1, a2);
}
```

在这个实现里用到了函数 number_equal，它检查某个表达式是否等于一个给定的数。

```
function number_equal(exp, num) {
    return is_number(exp) && exp === num;
}
```

类似地，我们也需要修改 make_product，以便引入下面的规则：0 与任何东西的乘积都是 0，1 与任何东西的乘积总是那个东西：

```
function make_product(m1, m2) {
    return number_equal(m1, 0) || number_equal(m2, 0)
           ? 0
           : number_equal(m1, 1)
           ? m2
           : number_equal(m2, 1)
           ? m1
           : is_number(m1) && is_number(m2)
           ? m1 * m2
           : list("*", m1, m2);
}
```

下面是这一新函数版本处理前面三个例子的结果：

```
deriv(list("+", "x", 3), "x");
1

deriv(list("*", "x", "y"), "x");
"y"

deriv(list("*", list("*", "x", "y"), list("+", "x", 3)), "x");
list("+", list("*", "x", "y"), list("*", "y", list("+", "x", 3)))
```

情况已经大大改观。然而，第三个例子还是说明，要想做出一个程序，使它能把表达式做成我们都能同意的"最简"形式，还有很长的路要走。代数化简是一个非常复杂的问题，除了其他因素外，一个表达式对一种用途是最简的，也可能对另一用途不是最简的。

练习 2.56　请说明如何扩充上面的基本求导规则，以便处理更多种类的表达式。例如，实现下面的求导规则：

$$\frac{d(u^n)}{dx} = nu^{n-1}\left(\frac{du}{dx}\right)$$

请给程序 deriv 增加一个新子句，并以适当的方式定义函数 is_exp、base、exponent 和 make_exp，实现这个求导规则（你可以考虑用符号 "**" 表示乘幂）。请把如下规则也构造到程序里：任何东西的 0 次幂都是 1，而它们的 1 次幂都是其自身。

练习 2.57　请扩充我们的求导程序，使之能处理任意多个项（两项或更多项）的求和与乘积。这样，上面的最后一个例子就可以表示为：

```
deriv(list("*", "x", "y", list("+", "x", 3)), "x");
```

请试着通过只修改求和与乘积的表示，完全不修改函数 deriv 的方式完成这一扩充。例如，让一个和式的 addend 是它的第一项，而其 augend 是和式中的其余项。

练习 2.58　假设我们希望修改求导程序，使它能用于常规的数学公式，其中的 "+" 和 "*" 采用中缀记法而不是前缀。由于求导程序的定义基于抽象的数据，我们可以修改它，使之能用于不同的表达式表示，只需要换一套工作在求导函数需要处理的代数表达式的新表示形式上的谓词、选择函数和构造函数。

    a. 请说明怎样做出这些函数，实现在中缀表示形式上的代数表达式求导。例如下面的例子：

```
list("x", "+", list(3, "*", list("x", "+", list("y", "+", 2))))
```

为了简化工作，你可以假定 "+" 和 "*" 总具有两个运算对象，而且表达式里已经加了所有括号。

    b. 如果我们希望处理某种接近标准的中缀表示法，其中可以略去不必要的括号，并假定乘法具有比加法更高的优先级，例如

```
list("x", "+", "3", "*", list("x", "+", "y", "+", 2))
```

问题就会变困难许多。你能为这种表示方式设计好适当的谓词、选择函数和构造函数，使我们的求导程序仍能工作吗？

2.3.3　实例：集合的表示

    在前面的实例中，我们已经为两类复合数据对象（有理数和代数表达式）设计了表示方法。对这两个实例，我们都考虑了在构造时或选择成员时简化（约简）表示的问题，但对它们的表示方法则都没做更多的考虑，因为用表的形式表示它们都是直截了当的。现在我们转到集合的表示问题，在这里表示方法的选择就不那么显然了。实际上，这里存在多种不同的选择，而且它们相互之间在若干方面存在着明显的差异。

    非形式地说，一个集合也就是一些不同对象的汇集。要给出更精确的定义，我们可以采用数据抽象的方法，也就是说，用一组可以应用于"集合"的操作给出定义。这些操作是 `union_set`、`intersection_set`、`is_element_of_set` 和 `adjoin_set`。函数 `is_element_of_set` 是谓词，用于确定给定的元素是否某一给定集合的成员。`adjoin_set` 以一个对象和一个集合为参数，返回一个集合，其中包含了原集合的所有元素，以及刚刚加入的这个新元素。`union_set` 计算两个集合的并集，这也是一个集合，其中包含了所有属于两个参数集合之一的元素。`intersection_set` 计算两个集合的交集，该集合包含同时出现在两个参数集合里的那些元素。从数据抽象的观点看，我们在设计集合的表示方面有充分的自由，只要在这种表示上实现的上述操作能以某种方式符合上面给出的解释[33]。

    集合作为不排序的表

    表示集合的一种方法就是用其元素的表，其中任何元素的出现都不超过一次。这样，空集就用空表表示。对于这种表示，`is_element_of_set` 类似 2.3.1 节的函数 `member`，但它应

[131]

33　如果希望更形式化一些，我们可以把"以某种方式符合上面给出的解释"说明为，有关的操作必须满足下面的这一组规则：

- 对任何集合 S 和对象 x，`is_element_of_set(x, adjoin_set(x, S))` 为真（非形式地说，"把一个对象加入某集合后产生的集合里包含这个对象"）。
- 对任何集合 S 和 T 以及对象 x，`is_element_of_set(x, union_set(S, T))` 等于 `is_element_of_set(x, S) || is_element_of_set(x, T)`（非形式地说，"`union_set(S, T)` 的元素就是在 S 里或者在 T 里的元素"）。
- 对任何对象 x，`is_element_of_set(x, null)` 为假（非形式地说，"任何对象都不是空集的元素"）。

该用 equal 检查而不是用 ===，以保证集合的元素不仅可以是数或字符串：

```
function is_element_of_set(x, set) {
    return is_null(set)
           ? false
           : equal(x, head(set))
           ? true
           : is_element_of_set(x, tail(set));
}
```

利用它就能写出 adjoin_set。如果要求加入的对象已经在集合里，那么就直接返回那个集合。否则就用 pair 把这个对象加入这个表示集合的表里：

```
function adjoin_set(x, set) {
    return is_element_of_set(x, set)
           ? set
           : pair(x, set);
}
```

实现 intersection_set 可以采用递归策略：如果我们已经知道如何做出 set2 与 set1 的 tail 的交集，那么就只需要确定是否应该把 set1 的 head 包含到结果中，而这要看 head(set1) 是否也在 set2 里。下面的函数实现了这种想法：

```
function intersection_set(set1, set2) {
    return is_null(set1) || is_null(set2)
           ? null
           : is_element_of_set(head(set1), set2)
           ? pair(head(set1), intersection_set(tail(set1), set2))
           : intersection_set(tail(set1), set2);
}
```

132

　　在为数据设计表示形式时，必须关注的一个问题是操作的效率。现在考虑上面定义的集合操作所需的工作步数。因为它们都用到 is_element_of_set，所以，这个操作的速度对集合的整体实现效率有重要影响。在上面的实现里，为了检查某个对象是否为一个集合的成员，is_element_of_set 可能必须扫描整个集合（最坏情况是该元素恰好不在集合里）。因此，如果集合有 n 个元素，is_element_of_set 就可能需要 n 步才能完成。这样，该操作所需步数将以 $\Theta(n)$ 的速度增长。adjoin_set 用了这个操作，因此它所需的步数也以 $\Theta(n)$ 的速度增长。至于 intersection_set，它需要对 set1 的每个元素做一次 is_element_of_set 检查，因此所需步数将按两个参数集合的大小之乘积增长，或者说，在两个集合大小都为 n 时就是 $\Theta(n^2)$。union_set 的情况也是如此。

　　练习 2.59　请为用不排序的表表示的集合实现 union_set 操作。

　　练习 2.60　我们前面说明了如何把集合表示为没有重复元素的表。现在假定允许重复，例如，集合 {1, 2, 3} 可能被表示为表 list(2, 3, 2, 1, 3, 2, 2)。请为在这种表示上的操作设计函数 is_element_of_set、adjoin_set、union_set 和 intersection_set。与前面不允许重复的表示里的相应操作相比，现在这些操作的效率如何？在什么样的应用中你更倾向于使用这种表示，而不用前面那种无重复的表示？

集合作为排序的表

　　加速集合操作的一种方法是改变其表示方法，让表中的集合元素按上升序排列。为此我们需要有某种方式来比较两个元素，以确定哪个元素更大。例如，我们可以按字典序比较字符串；或者统一采用某种方式为每个对象关联一个唯一的数，在比较元素时就比较它们关联的数。为简化这里的讨论，下面我们只考虑集合元素是数值的情况，这样，我们就可以用 > 和 < 比较元素了。我们考虑把数的集合表示为元素按上升顺序排列的表。在前面讨论的第一种表示方法下，集合 {1, 3, 6, 10} 的元素在表里可以任意排列，而按现在的新表示方法，该集合的表示就只能是 list(1, 3, 6, 10)。

从操作 is_element_of_set 就能看到采用有序表示的一个优势：为了检查一个项的存在与否，现在通常不必扫描完整个表。如果检查中遇到的某个元素大于当时要找的东西，那么就可以断定这个东西不在表里：

```
function is_element_of_set(x, set) {
    return is_null(set)
           ? false
           : x === head(set)
           ? true
           : x < head(set)
           ? false
           : // x > head(set)
             is_element_of_set(x, tail(set));
}
```

这样能节省多少步数呢？在最坏情况下，我们要找的项是集合中的最大元素，此时所需步数与采用不排序的表示时一样。但另一方面，如果需要查找许多不同大小的项，我们总可以期望有些时候这一检索可以在接近表开始的某点停止，也有些时候需要检查表中一大部分。平均而言，我们可以期望需要检查表的一半元素，这样，平均所需的步数就是大约 $n/2$。这仍然是 $\Theta(n)$ 的增长速度，但与前一实现方法相比，现在我们可能节约了一些步数。

操作 intersection_set 的加速情况更令人印象深刻。在不排序的表示方法里，这一操作需要 $\Theta(n^2)$ 的步数，因为对 set1 的每个元素，我们都需要做一次对 set2 的扫描。采用排序表示，我们有一种更聪明的方法。开始时我们比较两个集合的起始元素，例如 x1 和 x2。如果 x1 等于 x2，那么就找到了交集的一个元素，而交集的其他元素就是这两个集合的 tail 部分的交集。如果这时 x1 小于 x2，由于 x2 是集合 set2 的最小元素，我们立即可以断定 x1 根本不会出现在集合 set2 里，因此它一定不在交集里。这样，两集合的交集就等于集合 set2 与 set1 的 tail 的交集。与此类似，如果 x2 小于 x1，那么两集合的交集就等于集合 set1 与 set2 的 tail 的交集。下面是这样工作的函数：

```
function intersection_set(set1, set2) {
    if (is_null(set1) || is_null(set2)) {
        return null;
    } else {
        const x1 = head(set1);
        const x2 = head(set2);
        return x1 === x2
               ? pair(x1, intersection_set(tail(set1), tail(set2)))
               : x1 < x2
               ? intersection_set(tail(set1), set2)
               : // x2 < x1
                 intersection_set(set1, tail(set2));
    }
}
```

要估算这一计算过程所需的步数，我们可以注意到，这里每一步都能把求交集问题归结到计算更小的集合的交集——去掉了 set1 和 set2 之一或两者的第一个元素。这样，所需步数至多等于 set1 与 set2 的大小之和，而不像在不排序表示中的它们之乘积。这就是 $\Theta(n)$ 的增长速度，而不是 $\Theta(n^2)$——即使是对中等大小的集合，这一加速也非常明显。

134

练习 2.61　请给出排序表示时 adjoin_set 的实现。通过类似 is_element_of_set 的方法，说明如何利用排序的优势得到一个函数，其所需平均步数可能是未排序表示时的一半。

练习 2.62　请给出在集合的排序表示上 union_set 的一个 $\Theta(n)$ 实现。

集合作为二叉树

如果把集合里的元素安排成一棵树的形式，还可以得到比排序表表示更好的结果。树中每个结点保存集合的一个元素，称为该结点的"数据项"。它还链接到另外两个结点（可能为空），其中"左边"的链接所指向部分的元素均小于本结点的元素，而"右边"链接到的元素都大于本结点里的元素。图 2.16 显示了表示集合 {1, 3, 5, 7, 9, 11} 的几棵树，同一个集合可以按多种不同方式表示为树。我们对合法表示的要求就是，位于左子树里的所有元素都小于本结点里的数据项，而位于右子树里的所有元素都大于它。

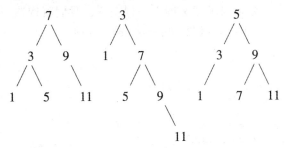

图 2.16　集合 {1, 3, 5, 7, 9, 11} 的几种二叉树表示

树表示的优点如下：假定我们希望检查某个数 x 是否包含在一个集合里，开始时我们用 x 与树顶结点的数据项比较。如果 x 小于它，我们就知道现在只需要去搜索左子树；如果 x 较大，那么就只需要搜索右子树。现在，如果这棵树是"平衡的"，也就是说，每棵子树大约是整个树的一半大，那么，经过一步我们就把搜索规模为 n 的树的问题归约为搜索规模为 $n/2$ 的树的问题。由于树的规模在每一步能减小一半，搜索规模为 n 的树，我们可以期望所需要的步数以 $\Theta(\log n)$ 速度增长[34]。对于很大的集合，与前面的表示方法相比，现在的操作速度可以加快很多。

135

我们可以用表来表示树，结点用表表示，每个结点是一个包含三个元素的表：本结点中的数据项，其左子树和右子树。如果左子树或右子树是空表，就表示那里的子树为空。我们可以用下面几个函数描述这种表示[35]：

```
function entry(tree) { return head(tree); }
function left_branch(tree) { return head(tail(tree)); }
```

34　每一步使问题规模减小一半，这就是对数型增长最明显的特征，就像我们在 1.2.4 节里的快速求幂算法和 1.3.3 节里的半区间搜索算法中看到的那样。

35　我们用树来表示集合，而树本身又用表表示——从作用上看，这就是在一种数据抽象上面构造另一种数据抽象。我们可以把函数 entry、left_branch、right_branch 和 make_tree 看作一套隔离方法，它们把"二叉树"抽象隔离于如何用表结构表示它的特定方式之外。

```
function right_branch(tree) { return head(tail(tail(tree))); }
function make_tree(entry, left, right) {
    return list(entry, left, right);
}
```

现在，我们就可以采用前面说明的策略实现 is_element_of_set 了：

```
function is_element_of_set(x, set) {
    return is_null(set)
            ? false
            : x === entry(set)
            ? true
            : x < entry(set)
            ? is_element_of_set(x, left_branch(set))
            : // x > entry(set)
              is_element_of_set(x, right_branch(set));
}
```

向集合里加入一项的实现方式与此类似，同样也需要 $\Theta(\log n)$ 步。为了加入元素 x，我们用 x 与结点数据项比较，以确定 x 应该加入右子树还是左子树。在把 x 加入适当分支后，我们把这个新构造的分支和原来的数据项与另一分支放到一起。如果 x 等于这个数据项，我们就直接返回这个结点。如果要求把 x 加入一棵空树，我们就构造一棵树，以 x 作为数据项，让它的左右分支为空。下面是函数 adjoin_set 的声明：

```
function adjoin_set(x, set) {
    return is_null(set)
            ? make_tree(x, null, null)
            : x === entry(set)
            ? set
            : x < entry(set)
            ? make_tree(entry(set),
                        adjoin_set(x, left_branch(set)),
                        right_branch(set))
            : // x > entry(set)
              make_tree(entry(set),
                        left_branch(set),
                        adjoin_set(x, right_branch(set)));
}
```

[136]

前面我们曾经断言，树的搜索可以通过对数步数完成，但这实际上依赖树"平衡"的假设，也就是说，每棵树的左子树和右子树里的结点数大致相同，因此每棵子树包含的结点数大约是整个树的一半。但是，我们怎么才能确保构造的树是平衡的呢？即使从一棵平衡的树开始工作，采用 adjoin_set 加入元素也可能产生不平衡的结果，因为新加元素的位置依赖于它与当时已经在树里的那些数据项比较的情况。我们可以期望，如果把元素"随机地"加入树中，平均而言会使树趋于平衡。但是这一点并没有保证。例如，如果我们从一个空集出发，顺序地把数值 1 至 7 加入树中，就会得到如图 2.17 所示的高度不平衡的树。在这个树里所有左子树都为空，因此，与简单的排序表相比，它没有一点优势。解决这个问题的一种方式是定义一个操作，它能把任意的树变换为一棵具有同样元素的平衡树。

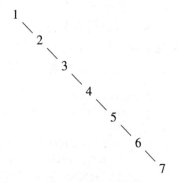

图 2.17　通过对空集顺序加入 1 至 7 产生的非平衡树

在每执行过几次 adjoin_set 操作之后，我们就通过执行这个操作来维持树的平衡。也存在能解决这个问题的另一些方法，大部分方法都牵涉设计一种新的数据结构，使得在其中的搜索和插入都能在 $\Theta(\log n)$ 步数完成 [36]。

练习 2.63 下面两个函数都能把树变换为表：

```
function tree_to_list_1(tree) {
    return is_null(tree)
           ? null
           : append(tree_to_list_1(left_branch(tree)),
                    pair(entry(tree),
                         tree_to_list_1(right_branch(tree))));
}

function tree_to_list_2(tree) {
    function copy_to_list(tree, result_list) {
        return is_null(tree)
               ? result_list
               : copy_to_list(left_branch(tree),
                              pair(entry(tree),
                                   copy_to_list(right_branch(tree),
                                                result_list)));
    }
    return copy_to_list(tree, null);
}
```

a. 这两个函数对所有的树都生成同样的结果吗？如果不是，它们生成的结果有什么不同？它们对图 2.16 中的那些树生成怎样的表？

b. 把 n 个结点的平衡树变换为表时，这两个函数所需的步数具有同样量级的增长速度吗？如果不一样，哪个增长得慢些？

练习 2.64 下面的函数 list_to_tree 把一个有序表变换为一棵平衡二叉树。其中辅助函数 partial_tree 以整数 n 和一个至少包含 n 个元素的表为参数，构造出一棵包含该表前 n 个元素的平衡树。由 partial_tree 返回的结果是一个序对（用 pair 构造），其 head 是构造出的树，其 tail 是没有包含在树里那些元素的表。

```
function list_to_tree(elements) {
    return head(partial_tree(elements, length(elements)));
}
function partial_tree(elts, n) {
    if (n === 0) {
        return pair(null, elts);
    } else {
        const left_size = math_floor((n - 1) / 2);
        const left_result = partial_tree(elts, left_size);
        const left_tree = head(left_result);
        const non_left_elts = tail(left_result);
        const right_size = n - (left_size + 1);
        const this_entry = head(non_left_elts);
        const right_result = partial_tree(tail(non_left_elts), right_size);
        const right_tree = head(right_result);
        const remaining_elts = tail(right_result);
        return pair(make_tree(this_entry, left_tree, right_tree),
                    remaining_elts);
    }
}
```

36　这类结构的例子如 B 树和红黑树。有大量研究数据结构的文献讨论这个问题，参见 Cormen, Leiserson, and Rivest 1990。

a. 请简要并尽可能清楚地解释为什么 `partial_tree` 能完成所需的工作。请画出把 `list_to_tree` 应用于表 `list(1, 3, 5, 7, 9, 11)` 生成的树。

b. `list_to_tree` 转换 n 个元素的表，所需的步数以什么量级增长？

练习 2.65   利用练习 2.63 和练习 2.64 的结果，给出对采用（平衡）二叉树方式实现的集合的 `union_set` 和 `intersection_set` 操作的 $\Theta(n)$ 实现 [37]。

集合与信息检索

我们已经考察了用表表示集合的多种选择，并看到了数据对象表示的选择可能如何深刻地影响到使用数据的程序的性能。关注集合的另一个原因是，在涉及信息检索的各种应用中，这里讨论的技术将会一次次地出现。

考虑一个包含大量独立记录的数据库，例如一个企业的人事文件，或者一个会计系统里的交易记录。典型的数据管理系统都要消耗大量时间访问和修改相关记录中的数据，为此需要访问记录的高效方法。完成这项工作的一种方法，就是把每个记录中的一部分当作标识 key（键值）。键值可以是任何能唯一标识记录的东西。对于人事文件，它可能是雇员的 ID 号。对于会计系统，它可能是交易的编号。无论键值是什么，我们把记录定义为一种数据结构后，就需要定义一个 key 选择函数，用于从记录里提取相关的键值。

现在我们就可以把数据库表示为记录的集合。为了根据给定键值确定相关记录的位置，我们需要一个函数 `lookup`，它以一个键值和一个数据库为参数，返回具有这个键值的记录，或在找不到需要的记录时报告失败。函数 `lookup` 的实现方式与 `is_element_of_set` 几乎一模一样，如果记录的集合被表示为不排序的表，我们就可以用：

```
function lookup(given_key, set_of_records) {
    return is_null(set_of_records)
            ? false
            : equal(given_key, key(head(set_of_records)))
            ? head(set_of_records)
            : lookup(given_key, tail(set_of_records));
}
```

不言而喻，对于很大的集合，存在比不排序的表更好的表示方法。信息检索系统常常需要"随机访问"保存的记录，经常采用某种基于树的方法实现，例如用前面讨论的二叉树。在设计这种系统时，数据抽象的方法学可以有很大的帮助。设计师可以创建某种初始实现，例如简单而直接地采用不排序的表。对最终系统而言，这种设计显然很不合适，但采用这种方式提供一个"一挥而就"的数据库，对于测试系统的其他部分则可能很有帮助。我们可以在后来逐步把数据的表示修改得更加精细。如果对数据库的访问都基于抽象的选择函数和构造函数，在表示方法改变时，我们就不需要对系统的其余部分做重大修改。

练习 2.66   假设用二叉树结构实现记录的集合，其中的记录按作为键值的数值排序。请实现相应的 `lookup` 函数。

2.3.4   实例：Huffman 编码树

本节要给出一个例子，其中实际地使用了表结构和数据抽象来操作集合和树。这里讨论的应用是想确定一种用 0 和 1（二进制位）的序列表示数据的方法。举例说，在计算机中经

---

37   练习 2.63 到练习 2.65 应归功于 Paul Hilfinger。

常使用的表示文本的 ASCII 标准编码里，每个字符用一个包含 7 个二进制位的序列表示，7 个二进制位能区分 2^7 种不同情况，或者说 128 个可能不同的字符。一般而言，如果我们需要区分 n 个不同字符，就需要为每个字符使用 $\log_2 n$ 个二进制位。假设我们的所有消息都用 A, B, C, D, E, F, G 和 H 这 8 个字符组成，我们就可以选一种编码，其中每个字符用 3 个二进制位，例如：

A	000	C	010	E	100	G	110
B	001	D	011	F	101	H	111

采用这种编码时，消息：

BACADAEAFABBAAAGAH

将编码为下面的包含 54 个二进制位的串：

001000010000011000100000101000001001000000000110000111

如 ASCII 码和上面 A 到 H 的编码，采用的编码方式都称为定长编码，因为它们用同样数目的二进制位表示消息里的每个字符。另一种编码是变长的，其中不同字符可以用不同数目的二进制位表示，这种编码有时也可能有优势。举例说，对于字母表中的字母，摩尔斯电报码就没有采用同样数目的点和划，特别是 E 只用一个点表示，因为它是出现最频繁的字母。一般而言，如果在我们的消息里某些符号出现得很频繁，而另一些却很少见，那么，如果为频繁出现的符号指定较短的码字，就可能更高效地完成数据的编码（对同样消息使用更少的二进制位）。考虑如下的对字母 A 到 H 的另一种编码：

A	0	C	1010	E	1100	G	1110
B	100	D	1011	F	1101	H	1111

采用这种编码，上面的同样信息将编码为如下的串：

100010100101101100011010100100000111001111

这个串只包含 42 个二进制位。也就是说，与前面的定长编码相比，现在这种编码方式节约了超过 20% 的空间。

采用变长编码有一个困难，就是如何在读 0/1 序列的过程中确定已经到了一个字符结束。为解决这个问题，摩尔斯电报码的方法是在每个字母的点划序列之后用一个特殊分隔符（它用一个间歇）。另一解决方法是按某种方式设计编码，使其中任何字符的完整编码都不是另一个字符的编码的前面部分（或称前缀）。具有这种性质的编码称为前缀码。例如，在上面例子里，A 编码为 0 而 B 编码为 100，没有其他字符的编码由 0 或 100 开始。

一般而言，如果所用的变长前缀码能很好利用被编码消息中符号出现的相对频度，我们有可能明显地节约空间。能做好这件事的一种特别方法称为 Huffman 编码，这个名称取自其发明人 David Huffman。一个 Huffman 编码可以用一棵二叉树表示，其中的树叶是被编码的符号。树中每个非叶结点对应一个集合，其中包含了这一结点之下的所有树叶的符号。除此之外，位于树叶的每个符号还赋予了一个权重（也就是它的相对频度），每个非叶结点的权重就是位于它之下的所有叶结点的权重之和。这种权重在编码和解码中并不使用。但我们将在下面看到，这些权重可以帮助我们构造这棵树。

140

图 2.18 显示的是上面给出的 A 到 H 的编码对应的 Huffman 编码树, 树叶上的权重表明, 在这棵树的设计所针对的那些消息里, 字母 A 具有相对权重 8, B 具有相对权重 3, 其余字母的相对权重都是 1。

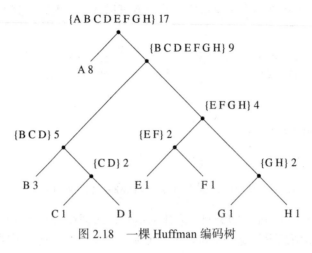

图 2.18　一棵 Huffman 编码树

给了一棵 Huffman 树, 要找出一个符号的编码, 我们只需要从树根开始向下运动, 直至到达了保存着这个符号的树叶为止, 在每次向左下行时给代码加一个 0, 向右下行时加一个 1。在确定向哪一分支运动时, 需要检查该分支是否包含对应这个符号的叶结点, 或者其集合中包含这个符号。举例说, 从图 2.18 中的树根开始, 到达 D 的叶结点的方式是走一个右分支, 而后一个左分支, 而后是右分支, 而后又是右分支, 因此其代码是 1011。

在使用一棵 Huffman 树解码一个序列时, 我们也从树根开始, 通过位序列中的 0 或 1 确定是移向左分支还是右分支。每当我们到达一个叶结点时, 就生成出消息中的一个符号。此时重新从树根开始解码下一个符号。例如, 如果给我们的是上面的树和序列 10001010。〔141〕我们从树根开始, 移向右分支 (因为串中第一个位是 1), 而后向左分支 (因为第二个位是 0), 而后再向左分支 (因为第三个位也是 0)。这时已经到达 B 的叶, 所以被解码消息中的第一个符号是 B。现在再次从根开始, 因为序列中下一个位是 0, 这就导致一次向左分支的移动, 使我们到达包含 A 的叶结点。然后我们再次从根开始处理剩下的串 1010, 经过右左右左移动后到达了 C。这样, 整个消息就是 BAC。

生成 Huffman 树

给定了一个符号组成的 "字母表" 和各个符号的相对频度, 我们怎么能构造出 "最好的" 编码呢?（换句话说, 哪样的树能使消息编码的位数达到最少?）Huffman 给出了一个完成这一工作的算法, 并且证明, 如果消息中各个符号出现的相对频度与构造树时所用的频度相符, 这样得到的编码就是最好的变长编码。我们不打算在这里证明 Huffman 编码的最优性质, 但要说明如何构造 Huffman 树 [38]。

生成 Huffman 树的算法实际上十分简单, 其想法就是设法安排这棵树, 使频度最低的符号出现在离树根最远的地方。构造过程从叶结点的集合开始, 各个结点分别包含各个符号

38　有关 Huffman 编码的数学性质的讨论见 Hamming 1980。

和它们的频度。这些就是构造过程的初始数据。现在我们找出两个具有最低权重的叶结点，归并它们，并生成一个以这两个结点为左右分支的结点。新结点的权重就是所选的那两个结点的权重之和。从原集合删除那两个叶结点，用这个新结点代替它们，然后继续这个构造过程。过程中的每一步都归并两个具有最小权重的结点，把它们从集合删除，并用一个以这两个结点为左右分支的新结点取代之。这个过程进行到集合中只剩一个结点时终止，这个结点就是树根。下面就是图 2.18 中的 Huffman 树的生成过程：

初始树叶	{(A 8)(B 3)(C 1)(D 1)(E 1)(F 1)(G 1)(H 1)}
归并	{(A 8)(B 3)({C D}2)(E 1)(F 1)(G 1)(H 1)}
归并	{(A 8)(B 3)({C D}2)({E F}2)(G 1)(H 1)}
归并	{(A 8)(B 3)({C D}2)({E F}2)({G H}2)}
归并	{(A 8)(B 3)({C D}2)({E F G H}4)}
归并	{(A 8)({B C D}5)({E F G H}4)}
归并	{(A 8)({B C D E F G H}9)}
最后归并	{({A B C D E F G H}17)}

这个算法描述的树通常不唯一。这是因为，每一步选取权重最小的两个结点，满足条件的选择可能不唯一。还有，在归并两个结点时，采用的顺序也是任意的（也就是说，哪个结点作为左分支，哪个作为右分支都可以）。

142

Huffman 树的表示

在下面的练习中，我们要做出一个系统，它能根据上面给出的梗概生成 Huffman 树，还能用 Huffman 树完成消息的编码和解码。我们还是从讨论这种树的表示开始。

树的树叶也用表来表示，其中元素是字符串 "leaf"、叶中的符号和权重：

```
function make_leaf(symbol, weight) {
    return list("leaf", symbol, weight);
}
function is_leaf(object) {
    return head(object) === "leaf";
}
function symbol_leaf(x) { return head(tail(x)); }
function weight_leaf(x) { return head(tail(tail(x))); }
```

一棵一般的树也是一个表，其中包含字符串 "code_tree"、左分支、右分支、一集符号和一个权重。符号集合就是符的表，这里没用更复杂的集合表示。在归并两个结点做出一棵树时，树的权重是这两个结点的权重之和，树的符号集合是两个结点的符号集合的并集。因为这里的符号集用表来表示，利用 2.2.1 节的 append 函数就能得到它们的并集：

```
function make_code_tree(left, right) {
    return list("code_tree", left, right,
                append(symbols(left), symbols(right)),
                weight(left) + weight(right));
}
```

对于按这种方式构造的树，我们需要下面的选择函数：

```
function left_branch(tree) { return head(tail(tree)); }
function right_branch(tree) { return head(tail(tail(tree))); }
function symbols(tree) {
```

```
        return is_leaf(tree)
                ? list(symbol_leaf(tree))
                : head(tail(tail(tail(tree))));
    }
    function weight(tree) {
        return is_leaf(tree)
                ? weight_leaf(tree)
                : head(tail(tail(tail(tail(tree)))));
    }
```

在对树叶或者一般的树调用函数 symbols 和 weight 时，需要做的事情稍有不同。这些不过是通用型函数（可以处理多类不同数据的函数）的简单实例。有关这方面的情况，在 2.4 节和 2.5 节将有很多讨论。

解码函数

下面的函数实现解码算法，它以一个 0/1 的表和一棵 Huffman 树为参数：

```
function decode(bits, tree) {
    function decode_1(bits, current_branch) {
        if (is_null(bits)) {
            return null;
        } else {
            const next_branch = choose_branch(head(bits),
                                               current_branch);
            return is_leaf(next_branch)
                    ? pair(symbol_leaf(next_branch),
                           decode_1(tail(bits), tree))
                    : decode_1(tail(bits), next_branch);
        }
    }
    return decode_1(bits, tree);
}
function choose_branch(bit, branch) {
    return bit === 0
            ? left_branch(branch)
            : bit === 1
            ? right_branch(branch)
            : error(bit, "bad bit -- choose_branch");
}
```

辅助函数 decode_1 有两个参数，其中一个是包含着剩余的二进制位的表，另一个是树中的当前位置。我们在工作中不断在树里"向下"移动，根据表中的下一个位是 0 或 1 选择树的左分支或右分支（这一工作由函数 choose_branch 完成）。当我们到达叶结点时，就把位于这里的符号作为消息中的下一个符号，将其 pair 到对消息里的随后部分的解码结果之前。然后，这一解码又从树根重新开始。请注意，choose_branch 的最后一个子句检查错误，并在遇到输入中非 0/1 的东西时报错。

带权重元素的集合

在我们的树表示里，每个非叶结点包含了一个符号集合，表示为一个简单的表。然而，上面的树生成算法要求我们能对树叶和树的集合工作，不断地归并一对对权重最小的项。因为这里需要反复确定集合里的最小项，采用某种排序的集合表示比较方便。

我们准备把树叶和树的集合表示为元素的表，按权重的上升顺序排列表中元素。下面用于构造集合的函数 adjoin_set 与练习 2.61 中描述的函数类似，但这里比较的是元素的权重，而且，加入集合的新元素原来绝不会出现在这个集合里。

```
function adjoin_set(x, set) {
    return is_null(set)
           ? list(x)
           : weight(x) < weight(head(set))
           ? pair(x, set)
           : pair(head(set), adjoin_set(x, tail(set)));
}
```

下面的函数以一个符号 – 频度对偶的表为参数，例如

```
list(list("A", 4), list("B", 2), list("C", 1), list("D", 1))
```

它构造出树叶的初始排序集合，以便 Huffman 算法能由其开始做归并：

```
function make_leaf_set(pairs) {
    if (is_null(pairs)) {
        return null;
    } else {
        const first_pair = head(pairs);
        return adjoin_set(
                   make_leaf(head(first_pair),       // symbol
                             head(tail(first_pair))), // frequency
                   make_leaf_set(tail(pairs)));
    }
}
```

练习 2.67   声明了下面的编码树和样例消息：

```
const sample_tree = make_code_tree(make_leaf("A", 4),
                                   make_code_tree(make_leaf("B", 2),
                                                  make_code_tree(
                                                      make_leaf("D", 1),
                                                      make_leaf("C", 1))));
const sample_message = list(0, 1, 1, 0, 0, 1, 0, 1, 0, 1, 1, 1, 0);
```

请用函数 decode 完成该消息的编码，并给出编码的结果。

练习 2.68   函数 encode 以一个消息和一棵树为参数，生成被编码消息对应的二进制位的表：

```
function encode(message, tree) {
    return is_null(message)
           ? null
           : append(encode_symbol(head(message), tree),
                    encode(tail(message), tree));
}
```

其中的函数 encode_symbol 需要你写，它根据给定的树产生给定符号的二进制位表。如果遇到未出现在树中的符号，你设计的 encode_symbol 应该报告错误。用你在练习 2.67 中得到的结果检查你的函数，工作中使用同样的树，看看得到的结果是不是原来的消息。

练习 2.69   下面的函数以一个符号 – 频度对偶的表为参数（其中任何符号都不会出现在多于一个对偶中），并根据 Huffman 算法生成出 Huffman 编码树。

```
function generate_huffman_tree(pairs) {
    return successive_merge(make_leaf_set(pairs));
}
```

`make_leaf_set` 是前面定义的函数，它把对偶表变换为叶的有序集合，`successive_merge` 是需要你写的函数，它用 `make_code_tree` 反复归并集合中权重最小的两个元素，直至集合里只剩下一个元素为止。这个元素就是我们需要的 Huffman 树。（这一函数稍微有点技巧性，但并不复杂。如果你发现自己设计了一个很复杂的函数，那么几乎可以肯定是在什么地方搞错了。你应该尽可能地利用有序的集合表示这一事实。）

练习 2.70　下面带有相对频度的 8 个符号的字母表，是为了有效编码 20 世纪 50 年代的摇滚歌曲中的词语而设计的。（注意，"字母表" 中的 "符号" 不必是单个字母。）

A	2	NA	16
BOOM	1	SHA	3
GET	2	YIP	9
JOB	2	WAH	1

请用（练习 2.69 的）`generate_huffman_tree` 函数生成对应的 Huffman 树，用（练习 2.68 的）`encode` 编码下面这个消息：

> Get a job
> Sha na na na na na na na na
> Get a job
> Sha na na na na na na na na
> Wah yip yip yip yip yip yip yip yip yip
> Sha boom

这一编码需要多少个二进制位？如果对这 8 个符号的字母表采用定长编码，完成这个歌曲的编码最少需要多少个二进制位？

练习 2.71　假定我们有一棵 n 个符号的字母表的 Huffman 树，其中各个符号的相对频度分别是 $1, 2, 4, \cdots, 2^{n-1}$。请对 $n=5$ 和 $n=10$ 勾勒出树的形式。对这样的树（对一般的 n），编码出现最频繁的符号用了多少个二进制位？最不频繁的符号呢？

练习 2.72　考虑你在练习 2.68 中设计的编码函数。编码一个符号，计算步数的增长速度如何？这里必须计入遇到每个结点时检查符号表所需的步数。一般性地回答这个问题非常困难。考虑一类特殊情况，其中 n 个符号的相对频度如练习 2.71 所述。请给出编码最频繁符号所需的步数和编码最不频繁符号所需的步数的增长速度（作为 n 的函数）。

2.4　抽象数据的多重表示

我们已经介绍了数据抽象，这是一种构造系统的方法学。遵循这种方法学，我们可以使程序中的大部分描述独立于所选择的被程序操作的数据对象的实现。例如，在 2.1.1 节，我们看到了如何分离使用有理数的程序的设计工作，与有理数的实现工作，这种具体实现需要基于计算机语言提供的构造复合数据的基本机制。数据抽象的关键思想就是建立抽象屏障。对上面的情况，也就是有理数的选择函数和构造函数（`make_rat`、`numer` 和 `denom`）。这种屏障隔离了有理数的使用与其借助表结构的具体表示。类似的抽象屏障也隔离了执行有理数算术的函数（`add_rat`、`sub_rat`、`mul_rat` 和 `div_rat`）与使用有理数的 "高层" 函数。这样完成的程序具有图 2.1 所示的结构。

数据抽象屏障是控制系统复杂性的有力工具。通过隔离数据对象的基础表示，我们可以把一个大程序的设计任务分割成一些可以分别处理的较小任务。但是，这样的数据抽象还不够强大，因为在这里说数据对象的 "基础表示" 并不一定总有意义。

从一个角度看，对于一种数据对象，可能存在多种有用的表示方式，而且我们也可能希望所设计的系统能处理多种表示形式。举个简单的例子，复数可以表示为两种几乎等价的形式：直角坐标形式（实部和虚部）和极坐标形式（模和幅角）。有时采用直角坐标形式更合适，有时极坐标形式更方便。确实，我们完全可能设想一个系统，其中的复数同时采用了两种表示形式，而其中的函数可以对具有任意表示形式的复数工作。

更重要的，一个系统的程序设计常常是由许多人通过相当长时间的工作完成的，系统的需求也随着时间而变化。在这样一种环境里，要求所有的人在数据表示的选择上都达成一致，几乎就是一件不可能的事情。因此，除了需要隔离表示与使用的数据抽象屏障外，我们还需要有抽象屏障去隔离不同的设计选择，允许不同的设计选择在同一个程序里共存。进一步说，大型程序常常是通过组合起一些现存模块构造起来的，而这些模块又是各自独立设计的，我们也需要一些方法，使程序员能通过逐步添加的方式把一个个模块结合到大型系统里，而不必重新设计或者重新实现这些模块。

在这一节我们要学习如何应付复杂的数据，使同一个程序的不同部分可以采用同样数据的不同表示。这就需要我们构造通用型函数——即能在多种数据表示上操作的函数。构造通用型函数的主要技术，就是让它们在带类型标签的数据对象上工作。也就是说，让数据对象明确包含自己应该如何处理的信息。我们还要讨论数据导向的程序设计，这是一种威力强大而且使用方便的实现策略，它能支持以添加方式装配包含通用型操作的系统。

我们将从简单的复数实例开始，看看类型标签和数据导向的风格如何使我们能为复数分别设计直角坐标表示和极坐标表示，同时又维持一种抽象的"复数"数据对象概念。做到这些的方法就是基于通用型选择函数定义复数的算术运算（add_complex、sub_complex、mul_complex 和 div_complex），无论复数怎样表示，这些选择函数都能访问其各个部分。这样完成的复数系统如图 2.19 所示，它包含两类不同的抽象屏障，"水平"抽象屏障扮演的角色与图 2.1 中的相同，它们隔离"高层"操作与"低层"表示。除此之外，这里还有一道"垂直"屏障，它为我们提供隔离不同表示方式和安装替代表示方式的能力。

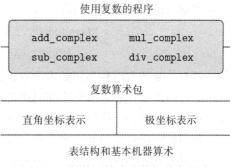

图 2.19　复数系统中的数据抽象屏障

在 2.5 节里，我们将说明如何利用类型标签和数据导向的风格开发一个通用型算术包，其中提供的函数（add、mul 等）可以用于操作任何种类的"数"，而且，在需要另一类新的数时也很容易扩充。在 2.5.3 节，我们还要展示如何在执行符号代数的系统里使用上述的通用型算术功能。

2.4.1　复数的表示

现在我们要开发一个完成复数算术运算的系统，以其作为使用通用型操作的程序的一个简单的，而且也不太实际的例子。开始时，我们要讨论把复数表示为序对的两种可能表示方式：直角坐标形式（实部和虚部）和极坐标形式（模和幅角）[39]。2.4.2 节将展示如何通过类型

39　在实际计算系统里，多数情况中人们倾向于采用直角坐标形式而不是极坐标形式，这样做的原因是在直角坐标形式和极坐标形式之间转换的舍入误差。这也是为什么说这个复数实例不太实际的缘由。但是，无论如何，这一实例清晰地阐释了采用通用型操作时的系统设计，也是对本章后面开发的更实际的系统的一个很好的准备。

标签和通用型操作，使这两种表示共存于同一个系统中。

与有理数类似，复数也可以很自然地用序对表示。我们可以把所有复数的集合设想为一个有两个坐标轴（"实"轴和"虚"轴）的二维空间（图 2.20）。按这个观点，复数 $z = x + iy$（其中 $i^2 = -1$）可以看作这个平面上的一个点，其实坐标是 x 而虚坐标为 y。在这种表示下，复数的加法就可以归结为两个坐标的分别相加：

$$\text{Real-part}(z_1 + z_2) = \text{Real-part}(z_1) + \text{Real-part}(z_2)$$
$$\text{Imaginary-part}(z_1 + z_2) = \text{Imaginary-part}(z_1) + \text{Imaginary-part}(z_2)$$

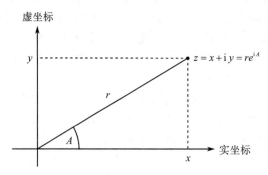

图 2.20   将复数看作平面上的点

在需要乘两个复数时，从复数的极坐标形式出发考虑问题更自然，这时复数用一个模和一个幅角表示（图 2.20 中的 r 和 A）。两个复数的乘积是一个向量，得到它的方法就是把一个复数的向量按另一个的倍数拉长，并按另一个的角度旋转。

$$\text{Magnitude}(z_1 \cdot z_2) = \text{Magnitude}(z_1) \cdot \text{Magnitude}(z_2)$$
$$\text{Angle}(z_1 \cdot z_2) = \text{Angle}(z_1) + \text{Angle}(z_2)$$

这样，复数有两种不同的表示方式，它们分别适合不同的运算。当然，从写使用复数的程序的人的角度，数据抽象原理的建议是所有复数操作都应该可以用，无论计算机用什么具体表示形式。例如，我们也常需要取一个复数的模，即使它实际上采用直角坐标表示。类似的，我们也常需要得到复数的实部，即使它实际上用的是极坐标表示。

在设计这样的系统时，我们准备沿用在 2.1.1 节设计有理数包时采用的同样的数据抽象策略。我们假设所有复数运算的实现都基于如下四个选择函数：`real_part`、`imag_part`、`magnitude` 和 `angle`。还假设有两个构造复数的函数：`make_from_real_imag` 返回一个具有特定的实部和虚部的复数，`make_from_mag_ang` 返回一个具有特定的模和幅角的复数。这些函数的性质是，对任何复数 z，下面两者：

```
make_from_real_imag(real_part(z), imag_part(z));
```

和

```
make_from_mag_ang(magnitude(z), angle(z));
```

生成的复数都等于 z。

通过这些构造函数和选择函数，我们就可以实现复数算术了，其中操作的是由上面构造函数和选择函数刻画的"抽象数据"，就像 2.1.1 节对有理数的做法。参考上面的公式，复数加法和减法用实部和虚部的方式描述，而乘法和除法用模和幅角的方式描述：

```
function add_complex(z1, z2) {
    return make_from_real_imag(real_part(z1) + real_part(z2),
                               imag_part(z1) + imag_part(z2));
}
function sub_complex(z1, z2) {
    return make_from_real_imag(real_part(z1) - real_part(z2),
                               imag_part(z1) - imag_part(z2));
}
function mul_complex(z1, z2) {
    return make_from_mag_ang(magnitude(z1) * magnitude(z2),
                             angle(z1) + angle(z2));
}
function div_complex(z1, z2) {
    return make_from_mag_ang(magnitude(z1) / magnitude(z2),
                             angle(z1) - angle(z2));
}
```

|150|

为了完成这个复数包，我们必须选择一种表示方式，而且必须基于基本的数值和基本的表结构，实现各个构造函数和选择函数。现在有两种显见的方式完成这一工作：按"直角坐标形式"把复数表示为一个序对（实部，虚部），或者按"极坐标形式"把复数表示为序对（模，幅角）。但是，究竟应该选择哪种方式呢？

为了更具体地看看采用不同选择的情况，我们设想有两个程序员 Ben Bitdiddle 和 Alyssa P. Hacker，他们正分别独立地设计这一复数系统的表示。Ben 选择复数的直角坐标表示，采用这一选择，选取复数的实部与虚部是直截了当的，因为这种复数就是由实部和虚部构成的。要得到模和幅角，或者要在给定模和幅角的情况下构造复数，他利用下面的三角关系：

$$x = r \cos A \quad r = \sqrt{x^2 + y^2}$$
$$y = r \sin A \quad A = \arctan(y, x)$$

这些公式建立起实部和虚部对偶 (x, y) 与模和幅角对偶 (r, A) 之间的联系[40]。Ben 选择的表示要求下面的选择函数和构造函数：

```
function real_part(z) { return head(z); }
function imag_part(z) { return tail(z); }
function magnitude(z) {
    return math_sqrt(square(real_part(z)) + square(imag_part(z)));
}
function angle(z) {
    return math_atan2(imag_part(z), real_part(z));
}
function make_from_real_imag(x, y) { return pair(x, y); }

function make_from_mag_ang(r, a) {
    return pair(r * math_cos(a), r * math_sin(a));
}
```

在另一边，Alyssa 选择使用复数的极坐标形式。对她而言，选取模和幅角的操作直截了当，但必须通过三角关系去得到实部和虚部。Alyssa 的表示是：

40　这里需要的反正切函数用 JavaScript 的 `math_atan2` 函数计算，其定义也是取两个参数 y 和 x，返回正切是 y/x 的角度。参数的符号决定角度所在的象限。

```
function real_part(z) {
    return magnitude(z) * math_cos(angle(z));
}
function imag_part(z) {
    return magnitude(z) * math_sin(angle(z));
}
function magnitude(z) { return head(z); }
function angle(z) { return tail(z); }
function make_from_real_imag(x, y) {
    return pair(math_sqrt(square(x) + square(y)),
                math_atan2(y, x));
}
function make_from_mag_ang(r, a) { return pair(r, a); }
```

数据抽象的戒律保证了 add_complex、sub_complex、mul_complex 和 div_complex 的同一套实现对 Ben 的表示或者 Alyssa 的表示都能正常工作。

2.4.2　带标签数据

审视数据抽象，一种方式是把它看作"最小允诺原则"的一种应用。在 2.4.1 节实现复数系统时，我们可以用 Ben 的直角坐标表示形式，或者用 Alyssa 的极坐标表示形式，通过选择函数和构造函数构造的抽象屏障，我们就能把为数据对象选择具体表示的事宜推迟到可能的最后时刻，从而保持系统设计的最大的灵活性。

最小允诺原则还可以推到更极端的程度。如果希望的话，我们也可以决定同时使用 Ben 的表示和 Alyssa 的表示，并为此设计好选择函数和构造函数，以便在此后一直维持着表示方式的二义。要在一个系统里包含两种不同表示，就需要有办法区分极坐标形式的数据与直角坐标形式的数据。否则，当需要找序对（3,4）的 magnitude，我们就不知道答案是 5（把数据解释为直角坐标形式）还是 3（把数据解释为极坐标形式）。实现这种区分的一种简单技术，就是在每个复数里放入一个类型标签——用串 "rectangular" 或 "polar"。在这样做后，如果我们要操作复数，就可以根据标签确定正确的选择函数了。

为了能对带标签的数据（下面常简称为"标签数据"）做各种操作，我们假定有函数 type_tag 和 contents，它们分别从标签数据对象中提取类型标签和实际内容（对于复数，就是其极坐标或直角坐标）。我们还假定有函数 attach_tag，它以一个标签和实际内容为参数生成一个标签数据对象。实现这些的直接方式就是采用常规的表结构：

```
function attach_tag(type_tag, contents) {
    return pair(type_tag, contents);
}
function type_tag(datum) {
    return is_pair(datum)
            ? head(datum)
            : error(datum, "bad tagged datum -- type_tag");
}
function contents(datum) {
    return is_pair(datum)
            ? tail(datum)
            : error(datum, "bad tagged datum -- contents");
}
```

利用 type_tag，我们可以定义谓词 is_rectangular 和 is_polar，它们分别识别直角坐标

表示的复数和极坐标表示的复数:

```
function is_rectangular(z) {
    return type_tag(z) === "rectangular";
}
function is_polar(z) {
    return type_tag(z) === "polar";
}
```

有了类型标签,现在 Ben 和 Alyssa 就可以修改他们的代码,使他们的两种不同表示能共存于同一个系统中。Ben 构造一个复数时总为它加上一个标签,说明这里用的是直角坐标;而当 Alyssa 构造复数时,则总将其标签设置为极坐标。此外,Ben 和 Alyssa 还必须保证他们的函数名字互不冲突。保证这一点的一种方式就是,Ben 总为在他的表示上操作的函数名字加上后缀 rectangular,而 Alyssa 总为她的函数名加上后缀 polar。下面是 Ben 基于 2.4.1 节的工作修改后的直角坐标表示:

```
function real_part_rectangular(z) { return head(z); }
function imag_part_rectangular(z) { return tail(z); }
function magnitude_rectangular(z) {
    return math_sqrt(square(real_part_rectangular(z)) +
                     square(imag_part_rectangular(z)));
}
function angle_rectangular(z) {
    return math_atan(imag_part_rectangular(z),
                     real_part_rectangular(z));
}
function make_from_real_imag_rectangular(x, y) {
    return attach_tag("rectangular", pair(x, y));
}
function make_from_mag_ang_rectangular(r, a) {
    return attach_tag("rectangular",
                      pair(r * math_cos(a), r * math_sin(a)));
}
```

下面是 Alyssa 修改后的极坐标表示:

```
function real_part_polar(z) {
    return magnitude_polar(z) * math_cos(angle_polar(z));
}
function imag_part_polar(z) {
    return magnitude_polar(z) * math_sin(angle_polar(z));
}
function magnitude_polar(z) { return head(z); }
function angle_polar(z) { return tail(z); }
function make_from_real_imag_polar(x, y) {
    return attach_tag("polar",
                      pair(math_sqrt(square(x) + square(y)),
                           math_atan(y, x)));
}
function make_from_mag_ang_polar(r, a) {
    return attach_tag("polar", pair(r, a));
}
```

|153|

每个通用型选择函数都采用下面的实现方式:它首先检查实参的标签,然后调用处理该类数据的适当函数。例如,为了得到一个复数的实部,real_part 通过检查确定是调用 Ben 的 real_part_rectangular 还是调用 Alyssa 的 real_part_polar。在这两种情况下,我

们都用 contents 提取原始的无标签数据，将其送给正确的直角坐标函数或极坐标函数：

```
function real_part(z) {
    return is_rectangular(z)
           ? real_part_rectangular(contents(z))
           : is_polar(z)
           ? real_part_polar(contents(z))
           : error(z, "unknown type -- real_part");
}
function imag_part(z) {
    return is_rectangular(z)
           ? imag_part_rectangular(contents(z))
           : is_polar(z)
           ? imag_part_polar(contents(z))
           : error(z, "unknown type -- imag_part");
}
function magnitude(z) {
    return is_rectangular(z)
           ? magnitude_rectangular(contents(z))
           : is_polar(z)
           ? magnitude_polar(contents(z))
           : error(z, "unknown type -- magnitude");
}
function angle(z) {
    return is_rectangular(z)
           ? angle_rectangular(contents(z))
           : is_polar(z)
           ? angle_polar(contents(z))
           : error(z, "unknown type -- angle");
}
```

在实现复数算术运算时，我们仍然可以用取自 2.4.1 节的同样函数 add_complex、sub_complex、mul_complex 和 div_complex，因为它们调用的选择函数现在都是通用型的，对任何表示都能工作。例如，函数 add_complex 仍然是：

```
function add_complex(z1, z2) {
    return make_from_real_imag(real_part(z1) + real_part(z2),
                               imag_part(z1) + imag_part(z2));
}
```

最后，我们还必须选择是用 Ben 的表示还是 Alyssa 的表示构造复数。一种合理选择是，手头有实部和虚部时就采用直角坐标表示，有模和幅角时就用极坐标表示：

```
function make_from_real_imag(x, y) {
    return make_from_real_imag_rectangular(x, y);
}
function make_from_mag_ang(r, a) {
    return make_from_mag_ang_polar(r, a);
}
```

这样就得到了一个复数系统，其基本结构如图 2.21 所示。这一系统已分解为三个相对独立的部分：复数算术运算、Alyssa 的极坐标实现和 Ben 的直角坐标实现。极坐标或直角坐标的实现可能是 Ben 和 Alyssa 分别工作的结果，这两个部分可能又被第三个程序员作为基础表示，用于在抽象的构造函数和选择函数的接口上实现各种复数算术函数。

因为每个数据对象都以其类型为标签，选择函数就能以通用的方式操作这些数据。也就是说，每个选择函数的定义方式都使其行为依赖被应用的数据的类型。请注意这里建立不同表示之间接口的通用机制：在一种给定表示的实现中（例如 Alyssa 的极坐标包），复数是无类型的对偶（模，幅角）。当通用型选择函数操作 polar 类型的复数时，它剥去标签并把内容传给 Alyssa 的代码。反过来，当 Alyssa 为公共使用而构造复数时，也要加上类型标签，使这个数据对象可以被高层函数识别。在把数据对象从一个层次传给另一层次时，这种剥去和添加标签的规范方式可以作为一种重要的组织策略，正如我们将在 2.5 节看到的那样。

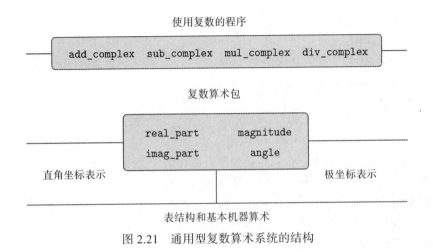

图 2.21　通用型复数算术系统的结构

155

2.4.3　数据导向的程序设计和可加性

检查一个数据的类型，并根据情况调用适当函数，这种普适的策略称为*基于类型的分派*。这是在系统设计中获得模块性的一种功能强大的策略。但另一方面，像 2.4.2 节那样实现分派有两个重要弱点。第一个弱点是，通用型接口函数（real_part、imag_part、magnitude 和 angle）必须知道所有的不同表示。例如，假定现在我们希望为复数系统增加另一种新表示，就必须把这一新表示标识为一种新类型，而且还要给每个通用接口函数增加一个子句，由它检查这种新类型，并对这种新表示调用适当的选择函数。

这种技术还有另一个弱点：虽然各个独立的表示形式可以分别设计，但我们还必须保证在整个系统里不存在两个名字相同的函数。正是因为这个原因，Ben 和 Alyssa 必须修改自己在前面 2.4.1 节给出的那些函数的名字。

在这两个弱点背后的基础问题就是，上述实现通用型接口的技术不具有*可加性*。在每次安装一种新的表示形式时，实现通用选择函数的人都必须修改他们的函数，而那些要把独立的表示与系统接口的人也必须为了避免名字冲突而修改自己的代码。在这里遇到的情况中，必须做的修改都是直截了当的，但也都需要做好，这些自然会成为不便和出错的根源。对上面这样的复数系统，完成这种修改不是太大的问题。但是，如果需要处理的不是复数的两种表示，而是几百种不同表示；抽象数据接口上也有许多需要维护的通用型选择函数；而且，没有一个程序员了解所有的接口函数和表示（实际中经常是这样）。在大规模的数据库管理系统中，这些都是现实存在、必须面对的问题。

看来，我们还需要找到能将系统设计进一步模块化的方法。一种称为*数据导向的程序设计*的技术提供了这种能力。为了理解数据导向的程序设计如何工作，首先应该看到，无论何时，当我们需要处理针对一集不同类型的一集公共的通用型操作时，事实上，我们要做的就是处理一个二维表格，其中的一个维是所有的可能操作，另一个维是所有的可能类型。表格中的项目是一些函数，它们针对各种不同的参数类型实现各个操作。在前一节开发的复数系统里，操作的名字、数据类型和实际函数之间有对应关系，但这些关系散布在各个通用接口函数的各个条件子句里。我们也可以把同样的信息组织为一个表格，如图 2.22 所示。

操作	类型	
	极坐标	直角坐标
real_part	real_part_polar	real_part_rectangular
imag_part	imag_part_polar	imag_part_rectangular
magnitude	magnitude_polar	magnitude_rectangular
angle	angle_polar	angle_rectangular

图 2.22　复数系统的操作表

数据导向的程序设计技术，也就是让程序直接在这种表格上工作。前面我们用一集函数作为复数算术与两个表示包之间的接口，让每个函数去做基于类型的显式分派。下面我们要把这个接口实现为一个单一函数，让它基于操作名和参数类型的组合，到表中去找到正确的函数，然后将其应用于参数的内容。如果我们做好了这些，再需要把新表示包加入系统时，我们就不需要修改任何现存的函数了，只需要向表格里添加一些新项。

为了实现这个计划，现在我们假设已经有了两个函数 put 和 get，它们可以用于处理这种操作 – 类型对偶的表格：

- put(*op*, *type*, *item*)
  以 *op* 和 *type* 作为索引把项 *item* 安装到表格里。
- get(*op*, *type*)
  在表中查找并返回与 *op* 和 *type* 对应的项。如果找不到，get 返回名字 undefined 引用的一个具有唯一性的基本值，该值能用基本谓词 is_undefined 检查[41]。

从现在起，我们要假定 put 和 get 已经包含在我们使用的语言里。在第 3 章里（3.3.3节），我们会看到如何实现这两个函数以及其他表格操作函数。

我们现在说明如何把数据导向的程序设计用到复数系统里。在开发直角坐标表示时，Ben 完全按他原来的做法实现自己的代码。他定义了一组函数或者说一个程序包，并把它们与系统的其他部分接口，采用的方法就是向表格中加入一些项，告诉系统如何操作直角坐标形式表示的数。完成这些工作的方法就是调用下面的函数：

```
function install_rectangular_package() {
    // internal functions
    function real_part(z) { return head(z); }
    function imag_part(z) { return tail(z); }
    function make_from_real_imag(x, y) { return pair(x, y); }
    function magnitude(z) {
        return math_sqrt(square(real_part(z)) + square(imag_part(z)));
    }
    function angle(z) {
        return math_atan(imag_part(z), real_part(z));
    }
```

41　任何 JavaScript 实现都预定义了名字 undefined，该名字应只用于引用相应基本值，不应安排他用。

```
function make_from_mag_ang(r, a) {
    return pair(r * math_cos(a), r * math_sin(a));
}

// interface to the rest of the system
function tag(x) { return attach_tag("rectangular", x); }
put("real_part", list("rectangular"), real_part);
put("imag_part", list("rectangular"), imag_part);
put("magnitude", list("rectangular"), magnitude);
put("angle", list("rectangular"), angle);
put("make_from_real_imag", "rectangular",
    (x, y) => tag(make_from_real_imag(x, y)));
put("make_from_mag_ang", "rectangular",
    (r, a) => tag(make_from_mag_ang(r, a)));
return "done";
}
```

请注意，这里所有的内部函数与 2.4.1 节里 Ben 自己独立工作时写的函数一模一样，在把它们与系统其他部分接口时，完全不需要做任何修改。进一步说，由于有关函数声明都位于上面的安装函数内部，Ben 不必担心自己已用的函数名会与直角坐标程序包外面的函数名冲突。为了与系统的其他部分接口，Ben 将其 real_part 函数安装在操作名 real_part 和类型表 list("rectangular") 之下，其他选择函数的情况都类似[42]。这个接口中还定义了一些供外部系统使用的构造函数[43]，它们也与 Ben 自己定义的构造函数一样，只是其中需要完成添加标签的工作。

〔158〕

Alyssa 的极坐标包与 Ben 的类似：

```
function install_polar_package() {
    // internal functions
    function magnitude(z) { return head(z); }
    function angle(z) { return tail(z); }
    function make_from_mag_ang(r, a) { return pair(r, a); }
    function real_part(z) {
        return magnitude(z) * math_cos(angle(z));
    }
    function imag_part(z) {
        return magnitude(z) * math_sin(angle(z));
    }
    function make_from_real_imag(x, y) {
        return pair(math_sqrt(square(x) + square(y)),
                    math_atan(y, x));
    }

    // interface to the rest of the system
    function tag(x) { return attach_tag("polar", x); }
    put("real_part", list("polar"), real_part);
    put("imag_part", list("polar"), imag_part);
    put("magnitude", list("polar"), magnitude);
    put("angle", list("polar"), angle);
    put("make_from_real_imag", "polar",
        (x, y) => tag(make_from_real_imag(x, y)));
    put("make_from_mag_ang", "polar",
        (r, a) => tag(make_from_mag_ang(r, a)));
```

42　这里用表 list("rectangular") 而不用字符串 "rectangular"，是为了能支持具有多个参数，而且这些参数又并非都是同一个类型的操作。

43　安装构造函数用的关联类型不必表，因为每个构造函数必定只用于生成一种特定类型的对象。

```
        return "done";
    }
```

虽然 Ben 和 Alyssa 两人仍旧使用他们原来的函数，用同样的名字定义（例如 real_part），但是这些声明都在相应的安装函数内部（参看 1.1.8 节），因此不会出现名字冲突。

这里有一个通用的名为 apply_generic 的"操作"函数，复数算术的选择函数都通过这个函数访问表格。函数 apply_generic 用操作名和参数类型在表格中查找，如果找到，就把得到的函数应用于相应的实际参数 [44]：

```
function apply_generic(op, args) {
    const type_tags = map(type_tag, args);
    const fun = get(op, type_tags);
    return ! is_undefined(fun)
           ? apply_in_underlying_javascript(fun, map(contents, args))
           : error(list(op, type_tags),
                   "no method for these types -- apply_generic");
}
```

利用 apply_generic，我们需要的通用型选择函数可以如下声明：

```
function real_part(z) { return apply_generic("real_part", list(z)); }
function imag_part(z) { return apply_generic("imag_part", list(z)); }
function magnitude(z) { return apply_generic("magnitude", list(z)); }
function angle(z)     { return apply_generic("angle", list(z));     }
```

请注意，在把一个新表示加入这个系统时，上面这些代码都不需要修改。

我们同样可以从表中提取构造函数，使之可以用在包外的程序中，从实部和虚部或者模和幅角构造复数。就像 2.4.2 节里那样，当我们有实部和虚部时，就构造直角坐标表示的复数，有模和幅角时就构造极坐标的复数：

```
function make_from_real_imag(x, y) {
    return get("make_from_real_imag", "rectangular")(x, y);
}
function make_from_mag_ang(r, a) {
    return get("make_from_mag_ang", "polar")(r, a);
}
```

练习 2.73 在 2.3.2 节，我们描述了一个执行符号求导的程序：

```
function deriv(exp, variable) {
    return is_number(exp)
           ? 0
           : is_variable(exp)
           ? is_same_variable(exp, variable) ? 1 : 0
           : is_sum(exp)
           ? make_sum(deriv(addend(exp), variable),
                      deriv(augend(exp), variable))
           : is_product(exp)
           ? make_sum(make_product(multiplier(exp),
```

---

44 apply_generic 用到函数 apply_in_underlying_javascript，该函数将在 4.1.4 节给出（脚注 18），它有两个参数：一个函数和一个表。它应用这个函数，把这个表作为函数应用的参数表。例如：

    apply_in_underlying_javascript(sum_of_squares, list(1, 3))

将返回结果 10。

```
                              deriv(multiplicand(exp), variable)),
              make_product(deriv(multiplier(exp), variable),
                           multiplicand(exp)))
      // more rules can be added here
      : error(exp, "unknown expression type -- deriv");
}
```

160

```
deriv(list("*", list("*", "x", "y"), list("+", "x", 4)), "x");
list("+", list("*", list("*", x, y), list("+", 1, 0)),
        list("*", list("+", list("*", x, 0), list("*", 1, y)),
                  list("+", x, 4)))
```

可以认为，这个程序也是在执行一种基于被求导表达式类型的分派工作。在这里，数据的"类型标签"就是其代数运算符（例如 "+"），需要执行的操作是 deriv。我们可以把这个程序变换到数据导向的风格，把其中的基本求导函数重新写成：

```
function deriv(exp, variable) {
    return is_number(exp)
           ? 0
           : is_variable(exp)
           ? is_same_variable(exp, variable) ? 1 : 0
           : get("deriv", operator(exp))(operands(exp), variable);
}
function operator(exp) { return head(exp); }
function operands(exp) { return tail(exp); }
```

a. 请解释我们在上面究竟做了些什么。为什么我们不能把谓词 is_number 和 is_variable 也类似地搬到数据导向的分派中？

b. 请写出针对求和式与乘积式的求导函数，以及上面程序所需的，用于把这些函数安装到表格里的辅助代码。

c. 请选择另外的某种你希望包括的求导规则，例如对乘幂（练习 2.56）求导等，并把它安装到这一数据导向的系统里。

d. 在这一简单的代数运算器中，表达式的类型就是构造它们的代数运算符。假定我们想以另一种相反的方式做索引，使 deriv 里完成分派的代码行的形式如下：

```
get(operator(exp), "deriv")(operands(exp), variable);
```

求导系统还需要做哪些相应的改动？

练习 2.74 Insatiable 事业公司是一个高度分散经营的联合公司，由一大批分布在世界各地的分支机构组成。公司的计算机设施已经通过一种非常巧妙的网络连接模式联为一体，使得从任何用户的角度看，整个网络就像一台计算机。当 Insatiable 公司的总经理第一次试图利用网络能力从各分支机构的文件提取管理信息时，她非常沮丧地发现，虽然各分支机构的文件都被实现为 JavaScript 里的数据结构，但是它们所用的数据结构各不相同。她立刻招来各个分支机构的经理，开了一个会，希望找到一种策略集成起这些文件，以满足公司总部的需要，同时又能保持各分支机构现有的自治状态。

161

　　请说明可以如何用数据导向的程序设计技术实现一种策略。作为例子，假定每个分支机构的人事记录都保存在一个独立文件里，其中包含了一集以雇员的名字作为键值的记录。而有关集的结构却由于分支机构的不同而不同。进一步说，每个雇员的记录本身又是一个集合（各分支机构所用的结构也不同），其中包含的信息也在一些作为键值的标识符之下，例

如 address 和 salary。特别地:

    a. 请为公司总部实现一个 get_record 函数, 使它能从指定的人事文件里提取出任何特定雇员的记录。这个函数应该能用于任何分支机构的文件。请说明各独立分支机构的文件应该具有怎样的构造。特别地, 它们必须提供哪些类型信息?

    b. 请为公司总部实现一个 get_salary 函数, 它能从任何分支机构的人事文件中获取某个特定雇员的薪金信息。为使这个操作能工作, 这些记录应具有怎样的结构?

    c. 请为公司总部实现一个函数 find_employee_record, 该函数需要针对特定的雇员名, 到所有分支机构的文件去查找对应的记录, 并返回找到的记录。假定这个函数的参数是一个雇员名和一个包含所有分支机构文件的表。

    d. 当 Insatiable 购并了一家新公司后, 为了能把新增加的人事文件结合到中央系统中, 必须对系统做哪些修改?

消息传递

数据导向的程序设计中最核心的想法, 就是通过显式处理操作 – 类型表格 (如图 2.22 里的表格) 的方式, 管理程序里的各种通用型操作。我们在 2.4.2 节采用的程序设计风格, 其组织形式是基于类型的分派, 让每个操作关注自己的分派。从效果上看, 这种方式就是把操作 – 类型表格分解为一些行, 每个通用型函数表示表格里的一行。

另一种实现策略是按列分解表格, 不是用 "智能操作" 去做基于数据类型的分派, 而是用 "智能数据对象", 让它们基于操作名去做分派。要这样做, 我们就需要做好安排, 把每个数据对象 (例如一个采用直角坐标表示的复数) 表示为一个函数。它以需要执行的操作名为参数执行指定操作。这样, make_from_real_imag 就应该写成下面的样子:

```
function make_from_real_imag(x, y) {
    function dispatch(op) {
        return op === "real_part"
               ? x
               : op === "imag_part"
               ? y
               : op === "magnitude"
               ? math_sqrt(square(x) + square(y))
               : op === "angle"
               ? math_atan(y, x)
               : error(op, "unknown op -- make_from_real_imag");
    }
    return dispatch;
}
```

162

与之对应, 当 apply_generic 函数需要把通用型操作应用于参数时, 只需简单地把操作名送给相应的数据对象, 让那个对象自己去完成工作 [45]:

```
function apply_generic(op, arg) { return head(arg)(op); }
```

请注意, make_from_real_imag 的返回值是一个函数——其内部声明的 dispatch 函数, 它就是 apply_generic 要求执行某个操作时应该调用的那个函数。

这种风格的程序设计称为消息传递, 这个名字源自一种看法: 一个数据对象是一个实体, 它以 "消息" 的方式接收需要执行的操作的名字。我们在 2.1.3 节已经看到过一个消息

45　这种组织方式的一个限制是只允许一个参数的通用型函数。

传递的例子，在那里，我们看到如何以没有数据对象而只有函数的方式定义 pair、head 和 tail。现在我们看到，消息传递并不是一种数学机巧，而是一种有价值的技术，能用于组织包含通用型操作的系统。在本章的剩下部分，我们将继续使用数据导向的程序设计（而不用消息传递），进一步讨论通用型算术运算的问题。我们将在第 3 章回到消息传递，在那里可以看到它可能怎样成为构造模拟程序的强有力的工具。

练习 2.75 请用消息传递的风格实现构造函数 make_from_mag_ang。这个函数应该与上面给出的 make_from_real_imag 函数类似。

练习 2.76 包含通用型操作的大型系统也可能不断演化，在演化中经常需要加入新的数据对象类型或者新的操作。请针对上面提出的三种策略——采用显式分派的通用型操作、数据导向的风格，以及消息传递的风格——分别说明在加入一个新类型或者新操作时，我们必须对系统做哪些修改。哪种组织方式最适合经常需要加入新类型的系统？哪种组织方式最适合经常需要加入新操作的系统？

2.5 包含通用型操作的系统

在前一节里，我们看到如何设计一个系统，允许其中的数据对象有多种表示方式。其中的关键思想就是通过通用型接口函数，把描述数据操作的代码连接到不同数据表示。现在我们将要看到，采用同样的思想，不但可以定义能在不同表示上的通用型操作，还能定义针对不同类型的参数的通用型操作。我们已经看过几个不同的算术运算包：语言内部的基本算术（+、−、*、/）、2.1.1 节的有理数算术（add_rat、sub_rat、mul_rat 和 div_rat），以及 2.4.3 节实现的复数算术。现在我们要利用数据导向技术，构造一个算术运算包，把前面已经构造的所有算术包都结合进来。

图 2.23 描绘了我们将要构造的系统的结构。请注意其中的各道抽象屏障。从"数"的使用者的观点，无论提供什么样的数，这里都只使用一个 add。函数 add 是通用型接口的一部分，该接口使所有使用数的程序能以统一的方式访问相互分离的常规算术、有理数算术包和复数算术包。任何独立的算术程序包（例如复数包）本身也能通过通用型函数（例如 add_complex）访问，这种包还可能是由针对不同表示方式设计的包（直角坐标表示和极坐标表示）组合而成的。进一步说，这个系统具有可加性，因此，人们还可以设计其他独立的算术包，并把它组合到这一通用型的算术系统里。

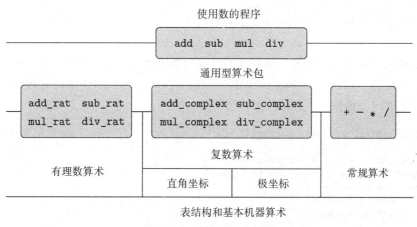

图 2.23　通用型算术系统

2.5.1　通用型算术运算

设计通用型算术运算的工作很像设计通用型复数运算。我们希望（例如）有一个通用型的求和函数 add，对于常规数，它的行为就像常规的基本加法运算 +，对有理数它就像 add_rat，对复数就像 add_complex。我们可以沿用在 2.4.3 节实现复数上的通用选择函数的同样策略，来实现 add 和其他通用算术运算。下面将为每种数附一个类型标签，使得通用型函数能根据其参数的类型完成到某个合适的程序包的分派。

通用型算术函数的定义如下：

```
function add(x, y) { return apply_generic("add", list(x, y)); }
function sub(x, y) { return apply_generic("sub", list(x, y)); }
function mul(x, y) { return apply_generic("mul", list(x, y)); }
function div(x, y) { return apply_generic("div", list(x, y)); }
```

我们从安装处理常规数（也就是语言中基本的数）的包开始。这种数的标签用字符串 "javascript_number"，包里的算术运算都是基本算术函数，因此不需要定义处理无标签数的函数。因为这些运算都取两个参数，我们以键值 list("javascript_number", "javascript_number") 把它们安装到表格里：

```
function install_javascript_number_package() {
    function tag(x) {
        return attach_tag("javascript_number", x);
    }
    put("add", list("javascript_number", "javascript_number"),
        (x, y) => tag(x + y));
    put("sub", list("javascript_number", "javascript_number"),
        (x, y) => tag(x - y));
    put("mul", list("javascript_number", "javascript_number"),
        (x, y) => tag(x * y));
    put("div", list("javascript_number", "javascript_number"),
        (x, y) => tag(x / y));
    put("make", "javascript_number",
        x => tag(x));
    return "done";
}
```

JavaScript- 数值包的用户可以通过下面函数创建带标签的常规数：

```
function make_javascript_number(n) {
    return get("make", "javascript_number")(n);
}
```

做好了通用算术系统的框架，现在我们可以把新的数类型加入其中。下面是一个执行有理数算术的程序包。请注意，得益于可加性，我们可以把取自 2.1.1 节的有理数代码直接作为这个程序包的内部函数，不必做任何修改：

```
function install_rational_package() {
    // internal functions
    function numer(x) { return head(x); }
    function denom(x) { return tail(x); }
    function make_rat(n, d) {
        const g = gcd(n, d);
        return pair(n / g, d / g);
    }
    function add_rat(x, y) {
```

```
        return make_rat(numer(x) * denom(y) + numer(y) * denom(x),
                        denom(x) * denom(y));
    }
    function sub_rat(x, y) {
        return make_rat(numer(x) * denom(y) - numer(y) * denom(x),
                        denom(x) * denom(y));
    }
    function mul_rat(x, y) {
        return make_rat(numer(x) * numer(y),
                        denom(x) * denom(y));
    }
    function div_rat(x, y) {
        return make_rat(numer(x) * denom(y),
                        denom(x) * numer(y));
    }
    // interface to rest of the system
    function tag(x) {
        return attach_tag("rational", x);
    }
    put("add", list("rational", "rational"),
        (x, y) => tag(add_rat(x, y)));
    put("sub", list("rational", "rational"),
        (x, y) => tag(sub_rat(x, y)));
    put("mul", list("rational", "rational"),
        (x, y) => tag(mul_rat(x, y)));
    put("div", list("rational", "rational"),
        (x, y) => tag(div_rat(x, y)));
    put("make", "rational",
        (n, d) => tag(make_rat(n, d)));
    return "done";
}

function make_rational(n, d) {
    return get("make", "rational")(n, d);
}
```

我们也能安装一个类似程序包来处理复数，采用的标签是 `"complex"`。在创建这个程序包时，我们要从表格里抽取操作 `make_from_real_imag` 和 `make_from_mag_ang`，它们原来分别定义在直角坐标和极坐标包里。可加性使我们能把取自 2.4.1 节的 `add_complex`、`sub_complex`、`mul_complex` 和 `div_complex` 函数不加修改地用作内部操作。

166

```
function install_complex_package() {
    // imported functions from rectangular and polar packages
    function make_from_real_imag(x, y) {
        return get("make_from_real_imag", "rectangular")(x, y);
    }
    function make_from_mag_ang(r, a) {
        return get("make_from_mag_ang", "polar")(r, a);
    }
    // internal functions
    function add_complex(z1, z2) {
        return make_from_real_imag(real_part(z1) + real_part(z2),
                                   imag_part(z1) + imag_part(z2));
    }
    function sub_complex(z1, z2) {
        return make_from_real_imag(real_part(z1) - real_part(z2),
                                   imag_part(z1) - imag_part(z2));
    }
    function mul_complex(z1, z2) {
        return make_from_mag_ang(magnitude(z1) * magnitude(z2),
                                 angle(z1) + angle(z2));
    }
```

```
}
function div_complex(z1, z2) {
    return make_from_mag_ang(magnitude(z1) / magnitude(z2),
                             angle(z1) - angle(z2));
}
// interface to rest of the system
function tag(z) { return attach_tag("complex", z); }
put("add", list("complex", "complex"),
    (z1, z2) => tag(add_complex(z1, z2)));
put("sub", list("complex", "complex"),
    (z1, z2) => tag(sub_complex(z1, z2)));
put("mul", list("complex", "complex"),
    (z1, z2) => tag(mul_complex(z1, z2)));
put("div", list("complex", "complex"),
    (z1, z2) => tag(div_complex(z1, z2)));
put("make_from_real_imag", "complex",
    (x, y) => tag(make_from_real_imag(x, y)));
put("make_from_mag_ang", "complex",
    (r, a) => tag(make_from_mag_ang(r, a)));
return "done";
}
```

复数包外面的程序可以从实部和虚部出发构造复数，也可以从模和幅角出发。请注意这里如何导出原本定义在直角坐标和极坐标包里的基础函数，放入复数包，又如何从这里再次导出送给外面的世界。

```
function make_complex_from_real_imag(x, y){
    return get("make_from_real_imag", "complex")(x, y);
}
function make_complex_from_mag_ang(r, a){
    return get("make_from_mag_ang", "complex")(r, a);
}
```

167

我们现在有了一个带两层标签的系统。一个典型的复数，例如直角坐标表示的 $3+4i$，现在的表示形式如图 2.24 所示。外层标签（"complex"）用于把这个数引导到复数包，一旦进入复数包，下一个标签（"rectangular"）将引导这个数进入直角坐标表示包。在大型的复杂系统里可能有许多层次，每一层与下一层之间都通过一些通用型操作接口。当一个数据对象被"向下"传输时，引导它进入适当程序包的最外层标签被剥除（通过应用 contents），下一层标签（如果有）变为可见，并将被用于下一次分派。

图 2.24　直角坐标形式的 3 + 4i 的表示

在上面的程序包里，我们用到 add_rat、add_complex 以及其他算术函数，完全按它们原来的形式。一旦把这些声明放入不同的安装函数内部，它们的名字就不必再相互不同了。在这两个包里，我们都可以把它们简单地命名为 add、sub、mul 和 div。

练习 2.77　Louis Reasoner 试着求值 magnitude(z)，其中 z 是图 2.24 里的那个对象。令他吃惊的是，apply_generic 得到的不是 5 而是一个错误信息，说没办法对类型（"complex"）做操作 magnitude。他把这次交互的情况拿给 Alyssa P. Hacker 看，Alyssa 说"问题出在没有为 "complex" 数定义复数的选择函数，而是只为 "polar" 和 "rectangular" 数定义了它们。你需要做的就是在 complex 包里加入下面这些东西"：

```
put("real_part", list("complex"), real_part);
put("imag_part", list("complex"), imag_part);
put("magnitude", list("complex"), magnitude);
put("angle",     list("complex"), angle);
```

请详细说明为什么这样做可行。作为例子，请考虑表达式 magnitude(z) 的求值过程，其中 z 就是图 2.24 展示的那个对象。请追踪这个求值过程中的所有函数调用，特别地，请看看 apply_generic 被调用了几次？每次调用分派到哪个函数？

练习 2.78　包 javascript_number 里的内部函数基本上什么也没做，只是去调用基本函数 +、− 等。这里当然不能直接使用语言的基本函数，因为我们的类型标签系统要求给每个数据对象加类型标签。但是，事实上每个 JavaScript 实现都有自己的类型系统，用在系统内部，并提供基本谓词 is_symbol 和 is_number 等确定数据对象是否具有特定类型。请修改 2.4.2 节 type_tag、contents 和 attach_tag 的定义，使我们的通用算术系统能利用 JavaScript 的内部类型系统。也就是说，修改后的系统应该像原来一样工作，除了其中的常规数直接表示为 JavaScript 的数，而不用 head 部分是字符串 "javascript_number" 的序对。

练习 2.79　请定义一个能检查两个数是否相等的通用型相等谓词 is_equal，并把它安装到通用算术包里。这一操作应该对常规的数、有理数和复数都能工作。

练习 2.80　请定义一个通用谓词 is_equal_to_zero 检查参数是否为 0，并把它安装到通用算术包里。这一操作应该对常规的数、有理数和复数都能工作。

2.5.2　不同类型数据的组合

我们已经看到了如何定义一个统一的算术系统，其中可以包含常规数、复数和有理数，以及我们想发明的任何其他数值类型。但是，这里还忽略了一个重要问题：至今我们定义的所有运算，都是把不同的数据类型看作相互完全分离的，因此，在我们的系统里有几个相互完全分离的程序包，它们分别完成两个常规数，或两个复数的加法等。至今我们还没考虑下面的事实：定义能跨越类型界限的操作也很有意义，譬如完成一个复数和一个常规数的加法。前面我们一直煞费苦心地在程序中的各部分之间引进屏障，以便它们能分别开发、分别理解。现在要引进跨类型操作，当然必须采用经过细心考虑的可控方式，保证在支持这些操作的同时又不破坏模块的边界。

支持跨类型操作的一种方法，就是为每种合法的类型组合运算设计一个专用函数。例如，我们可以扩充复数包，使它能提供一个函数用于加一个复数和一个常规的数，并用标签 ("complex", "javascript_number") 把它安装到表格里 [46]：

```
// to be included in the complex package
function add_complex_to_javascript_num(z, x) {
    return make_complex_from_real_imag(real_part(z) + x, imag_part(z));
}
put("add", list("complex", "javascript_number"),
    (z, x) => tag(add_complex_to_javascript_num(z, x)));
```

这一技术虽然可行，但也非常麻烦。对于这样的系统，引进一个新类型的代价就不仅是为该类型构造一个函数包，还要构造并安装好所有实现跨类型操作的函数。后一项工作所需要的

46　我们还需要另一个几乎相同的函数来处理类型 list("javascript_number", "complex")。

168

169 代码量很可能远远超过定义新类型本身的操作的代码量。这种方法也损害了我们以添加方式组合独立开发的程序包的能力，至少是给独立程序包的实现者增加了限制，要求他们在针对独立程序包工作时，必须同时关注其他程序包。比如，还是上面这个例子，在处理复数和常规数的混合运算时，我们把这件事看作复数包的责任，看起来似乎很合理。然而，如果要做有理数和复数的组合工作，却存在许多不同选择。这件事完全可以由复数包、有理数包，或者另外的第三个包，通过从前两个包里取出的操作来完成。在设计一个包含许多程序包和许多跨类型操作的系统时，要规划好一套统一的策略，划分好各个程序包的责任，很容易变成一项无法完成的复杂任务。

强制

对最一般的情况，其中需要处理的是针对一批相互完全无关的类型的一批相互完全无关的操作，直接实现跨类型操作可能就是解决问题的最好方法了，虽然做起来比较麻烦。幸运的是，我们常常可以利用潜藏在类型系统中的一些额外结构，把事情做得更好一些。不同数据类型通常都不是完全相互无关的，常常存在一些方式，使我们可以把一种类型的对象看作另一种类型的对象。利用这类性质的处理过程称为强制。举例说，如果现在需要做常规数与复数的混合算术，我们可以把常规数看成是虚部为 0 的复数。这样就能把问题转换为两个复数的运算问题，可以由复数包以正常的方式处理了。

一般而言，为了实现这一想法，我们可以设计一些强制函数，它们能把一个类型的对象转换到另一类型里的等价对象。下面是一个典型的强制函数，它把给定的常规数转换为一个复数，其中的实部为原来的数而虚部是 0：

```
function javascript_number_to_complex(n) {
    return make_complex_from_real_imag(contents(n), 0);
}
```

我们把这种强制函数安装到一个特殊的强制表格里，用两个类型的名字作为索引：

```
put_coercion("javascript_number", "complex",
             javascript_number_to_complex);
```

（我们假设存在两个函数 put_coercion 和 get_coercion，能用于操纵这个表格。）一般而言，这个表格里的某些格子是空的，因为并不是每个类型里的任意数据对象都能转换到另外的所有类型。例如，并不存在把任意复数转换为常规数的方法，因此，这个表格中就不应包含一般的 complex_to_javascript_number 函数。

一旦设置好上述转换表格，我们就可以修改 2.4.3 节的 apply_generic 函数，使用一种统一的方法来处理强制。在要求应用一个操作时，我们先检查是否存在针对实际参数类型的

170 操作定义，就像前面一样。如果存在，就把任务分派到从操作 – 类型表格中找到的函数。否则就试着去做强制。为了简化讨论，现在只考虑两个参数的情况 [47]。我们检查强制表格，查看其中第一个参数类型的对象能否转换到第二个参数的类型。如果可以，就对第一个参数做强制后再去操作。如果第一个参数类型的对象不能强制到第二个类型，那么就试验另一方向，看看第二个参数的类型能否转换到第一个参数的类型。最后，如果不存在从一个类型到另一类型的强制，那就只能放弃了。下面是这个函数：

---

47   有关推广见练习 2.82。

```
function apply_generic(op, args) {
    const type_tags = map(type_tag, args);
    const fun = get(op, type_tags);
    if (! is_undefined(fun)) {
        return apply(fun, map(contents, args));
    } else {
        if (length(args) === 2) {
            const type1 = head(type_tags);
            const type2 = head(tail(type_tags));
            const a1 = head(args);
            const a2 = head(tail(args));
            const t1_to_t2 = get_coercion(type1, type2);
            const t2_to_t1 = get_coercion(type2, type1);
            return ! is_undefined(t1_to_t2)
                   ? apply_generic(op, list(t1_to_t2(a1), a2))
                   : ! is_undefined(t2_to_t1)
                   ? apply_generic(op, list(a1, t2_to_t1(a2)))
                   : error(list(op, type_tags),
                           "no method for these types");
        } else {
            return error(list(op, type_tags),
                         "no method for these types");
        }
    }
}
```

与显式定义跨类型操作相比，这种强制模式有许多优点，正如上面所言。虽然我们仍然需要写一些与类型有关的强制函数（对 n 个类型的系统可能需要 n^2 个函数），但是只需要为每对类型写一个函数，而不是为每对类型和每个通用型操作写一个函数[48]。能这样做的基础就是类型之间的适当转换只依赖于这两个类型，并不依赖需要实际应用的操作。

另一方面，也可能存在一些应用，我们的强制模式对它们而言还不够一般。即使需要运算的两种类型的对象都不能转换到另一种类型，也完全可能把这两种类型的对象都转换到第三种类型，然后执行这一运算。为了处理这种复杂性，同时又能维持我们系统的模块性，通常就需要在建立系统时利用类型之间的进一步结构，有关情况见下面的讨论。

类型的层次结构

上面提出的强制模式，依赖的是一对对类型之间存在某种自然的关系。在实际中，不同类型之间在相互关系上也经常存在一些更"全局性"的结构。例如，假设我们想构造一个通用型算术系统，处理整数、有理数、实数、复数。在这种系统里，一种自然的看法是把整数看作一类特殊的有理数，而有理数又是一类特殊的实数，实数转而又是一类特殊的复数。这样，我们实际就有了一个所谓的类型层次结构，在其中，（例如）整数是有理数的子类型（也就是说，任何可以应用于有理数的操作都可以应用于整数）。对应的，我们也说有理数形成整数的一个超类型。这个例子里的类型层次结构是最简单的一种，其中一个类型至多有一个超类型和至多一个子类型。这种结构称为类型塔，如图 2.25 所示。

图 2.25　一个类型塔

[171]

48　如果做得更聪明些，我们常常不需要写 n^2 个强制函数。例如，如果知道如何从类型 1 转换到类型 2，以及如何从类型 2 转换到类型 3，我们就可以利用这些知识从类型 1 转换到类型 3。这将大大减少为系统加入新类型时需要显式提供的转换函数个数。如果真希望，我们完全可以把这种复杂方式做到系统里，让系统去查一个类型间的关系"图"，而后自动通过显式提供的强制函数，生成能推导出的强制函数。

如果我们面对的是一个塔结构，把一个新类型加入层次结构的问题就可能极大简化，因为需要做的就是刻画清楚这个新类型如何嵌入正好位于它之上的超类型，以及它如何作为下面那个类型的超类型。举例说，如果希望做整数和复数的加法，我们并不需要明确定义一个特殊强制函数 `integer_to_complex`。相反，我们可以定义如何把整数转换到有理数，如何把有理数转换到实数，以及如何把实数转换到复数。然后就可以让系统通过这些步骤，把整数转换到复数，然后再做两个复数的加法。

我们可以按如下方式重新设计 `apply_generic` 函数：对每个类型，我们需要提供一个 `raise` 函数，它把本类型的对象"提升"到塔中更高一层的类型。此后，当系统遇到需要对两个不同类型的运算时，它就可以逐步提升较低类型的对象，直至所有对象都达到了塔的同一个层（练习 2.83 和练习 2.84 将关注这种策略的一些实现细节）。

类型塔的另一优点是使我们很容易实现一种观念：每个类型"继承"其超类型中定义的所有操作。举例说，如果我们没有为找出整数的实部提供一个特殊函数，也完全可能期望 `real_part` 函数对整数有定义，因为事实上整数是复数的一个子类型。对类型塔的情况，我们可以通过修改 `apply_generic` 函数，以统一的方式安排好这些工作。如果所需操作在给定对象的类型中没有明确定义，就把这个对象提升到它的超类型后再次检查。在向塔顶攀登的过程中，我们也不断转换有关的参数，直至在某个层次找到了所需要的操作，然后就去执行它。或者已经到了塔顶还没找到，这时就只能放弃。

与其他层次结构相比，塔形结构的另一优点是它还使我们有简单的方法把数据对象"下降"到最简表示。例如，如果现在要做 $2 + 3i$ 和 $4 - 3i$ 的加法，结果是整数 6 而不是复数 $6 + 0i$ 当然更好。练习 2.85 讨论了一种实现下降操作的方法。（这里的诀窍就是需要一种普适的方式，分辨可以下降的对象（例如 $6 + 0i$）和不能下降的对象（例如 $6 + 2i$）。）

层次结构的不足

如果我们系统里的数据类型可以自然地安排为一个塔形，那么正如前面所说，处理不同类型上通用型操作的问题能得到极大的简化。不幸的是，事情经常不是这样。图 2.26 描绘了混合类型的一种更复杂情况，显示了几个不同几何图形类型之间的关系。从中可以看到，一般而言，一个类型可能有多于一个子类型，例如三角形和四边形都是多边形的子类型。进而，一个类型也可能有多个超类型，例如，等腰直角三角形可以看作等腰三角形，又可以看作直角三角形。多重超类型的问题特别棘手，因为这意味着，在层次结构中"提升"一个类型的方式可能不唯一。当我们需要把一个操作应用于一个对象时，作为 `apply_generic` 一类函数的一部分工作——即找到"正确的"超类型——可能涉及对整个类型网络的大范围搜索。另一方面，一般而言一个类型可能有多个子类型，在类型层次结构中"下降"一个值时也会遇到类似的问题。在设计大型系统时，处理好一大批相关类型，同时又能保持模块性，确实非常困难，这也是一个当前仍有很多研究的领域[49]。

---

[49] 这句话也出现在本书的第一版里，它在现在就像 1984 年我们在写时一样正确。开发出有用的，而且具有一般意义的框架，描述不同类型的对象之间的关系（这在哲学中称为"本体论"），看来是极其困难的。1984 年存在的混乱和今天存在的混乱之间的主要差别就在于，今天我们已经有了一批各式各样但又都差强人意的本体理论，它们被嵌入数量过多而又先天不足的各种程序设计语言。举例说，面向对象语言的大部分复杂性——以及当前各种面向对象语言之间细微且使人迷惑的差异——的核心，就是相关类型之间通用型操作的处理。我们在第 3 章有关计算对象的讨论完全回避了这些问题。熟悉面向对象程序设计的读者会注意到，我们在第 3 章对局部状态说了很多，但根本没提"类"或"继承"。事实上，我们的猜想是，如果没有知识表示和自动推理的帮助，仅仅通过计算机语言的设计，不可能恰当地处理这些问题。

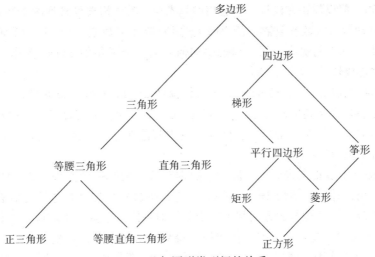

图 2.26 几何图形类型间的关系

练习 2.81 Louis Reasoner 注意到，即使两个参数已经具有同样类型，`apply_generic` 也可能试着把一个参数强制到另一参数的类型。由此他推论说，需要在强制表格中加一些函数，把每个类型的参数"强制"到它们自己的类型。例如，除了上面给的 `javascript_number_to_complex` 强制外，他觉得还应该有：

174

```
function javascript_number_to_javascript_number(n) { return n; }
function complex_to_complex(n) { return n; }
put_coercion("javascript_number", "javascript_number",
             javascript_number_to_javascript_number);
put_coercion("complex", "complex", complex_to_complex);
```

a. 假设安装了 Louis 的强制函数，如果在调用 `apply_generic` 时两个参数的类型都是 `"javascript_number"`，或者两个参数的类型都是 `"complex"`，而表格里又找不到针对这些类型的操作，会出现什么情况？例如，假定我们定义了一个通用型求幂运算：

```
function exp(x, y) {
    return apply_generic("exp", list(x, y));
}
```

并在 JavaScript- 数值包里放了一个求幂函数，但其他程序包里都没有：

```
// following added to JavaScript-number package
put("exp", list("javascript_number", "javascript_number"),
    (x, y) => tag(math_exp(x, y))); // using primitive math_exp
```

如果对两个复数调用 exp 会出现什么情况？

b. Louis 说的对吗？也就是问：对同类型参数的强制问题，我们必须要做些工作吗？或者，现在的 `apply_generic` 就已经能正确工作了吗？

c. 请修改 `apply_generic`，使之不会试着去强制两个同类型的参数。

练习 2.82 请阐述如何推广 `apply_generic`，以便处理多个参数的一般性强制问题。一种可能策略是首先试着把所有参数都强制到第一个参数的类型，然后试着强制到第二个参数的类型，并这样试下去。请给一个例子说明这种策略还不够一般（就像上面有关两个参数的情况的例子）。（提示：请考虑一些情况，其中表格里某些合适的操作将不会被考虑。）

练习 2.83 假设你正在设计一个通用型算术包，其中需要处理如图 2.25 所示的类型塔，包括整数、有理数、实数和复数。请为每个类型（除了复数之外）设计一个函数，它能把该类型的对象提升到塔的更高一层。请说明如何安装一个通用的 raise 操作，使之能对各个类型工作（除复数外）。

练习 2.84 利用练习 2.83 的 raise 操作修改 apply_generic 函数，使它能通过逐层提升的方式把参数强制到同样类型，如本节正文里的讨论。你需要安排一种方式，去检查两个类型中哪个高于另一个。请以一种能与系统中其他部分"相容"，而且不会影响向塔中加入新层次的方式完成这一工作。

练习 2.85 本节正文提到了"简化"数据对象表示的一种方法，就是使之在类型塔中尽可能下降。请设计一个函数 drop（下落），它能在如练习 2.83 描述的类型塔中完成这一工作。这里的关键是以某种普适方法判断一个数据对象能否下降。举例说，复数 $1.5 + 0i$ 至多可以下降到 "real"，复数 $1 + 0i$ 至多可以下降到 "integer"，而复数 $2 + 3i$ 不能下降。下面是一种确定对象能否下降的方案：首先定义一个运算 project（投射），它把对象在类型塔中"向下压"。例如，project 复数就是丢掉其虚部。这样，如果一个数能下降，条件就是我们先 project 对它做投射，而后再把结果 raise 到原始类型，得到的东西与初始的东西相等。请阐述实现这一想法的具体细节，并写出一个 drop 函数，使它可以把一个对象尽可能下降。你需要设计各种投射函数[50]，并需要把 project 作为通用型操作安装到系统里。你还需要使用通用型的相等谓词，例如练习 2.79 所描述的。最后，请利用 drop 重写练习 2.84 的 apply_generic，使之可以"简化"得到的结果。

练习 2.86 假定我们希望处理复数，它们的实部、虚部、模和幅角都可以是常规数值、有理数，或者我们希望加入系统的任何其他数值类型。请完成这一设想，描述并实现系统需要做的各种修改。注意，你将不得不设法把普通运算，例如 sine 和 cosine 之类，也定义为在常规数和有理数上的通用运算。

2.5.3 实例：符号代数

符号表达式的操作是一种复杂计算过程，可用于展示在设计大型系统时经常出现的许多困难问题。一般而言，代数表达式可以看作具有层次结构的对象，它们是把一些运算符作用于一些运算对象形成的树。我们可以从一集基本对象（例如常量和变量）出发，通过各种代数运算符（如加法和乘法等）组合，构造出各种代数表达式。就像在其他语言里一样，我们也需要做抽象，以便能有简单的方法引用复合对象。在符号代数中，与典型抽象有关的想法包括线性组合、多项式、有理函数和三角函数等。这些都可以看作复合"类型"，用于帮助引导对代数表达式的处理过程。例如，我们可以把表达式：

$$x^2 \sin(y^2 + 1) + x \cos 2y + \cos(y^3 - 2y^2)$$

看作一个 x 的多项式，其系数是 y 的多项式的三角函数，而 y 的多项式的系数是整数。

我们不准备开发完整的代数演算系统，那种系统超级复杂，包含深奥的代数知识和很多精妙算法。我们准备做的就是考察代数演算系统中一个简单但却非常重要的部分——多项式算术。我们要展示这种系统的设计者面临的各种抉择，以及抽象数据和通用型操作的思想能如何帮助我们组织好这项工作。

---

[50] 实数可以用基本函数 round 投射到整数，这个函数返回最接近参数的整数值。

多项式算术

要设计一个能执行多项式算术的系统，第一件事是确定多项式到底是什么。多项式通常总是针对某些特定变量（多项式中的未定元）定义的。为简单起见，我们把需要考虑的多项式限制到只有一个未定元的情况（单变元多项式）[51]。我们把多项式定义为项的和式，每个项或者就是一个系数，或者是未定元的乘方，或者是一个系数与一个未定元乘方的乘积。系数也定义为一个代数表达式，但它不依赖该多项式的未定元。例如：

$$5x^2 + 3x + 7$$

是一个 x 的简单多项式，而

$$(y^2 + 1)x^3 + (2y)x + 1$$

是一个 x 的多项式，而其系数又是 y 的多项式。

这样我们就绕过了一些棘手问题。例如，上面第一个多项式是否与多项式 $5y^2 + 3y + 7$ 相同？为什么？合理的回答可以是"是，如果我们把多项式纯粹看作一种数学函数"；或者"不是，如果把多项式看作一种语法形式"。第二个多项式在代数上等价于一个 y 的多项式，其系数是 x 的多项式。我们的系统应该承认这个情况吗，或者不承认？进一步说，表示多项式还有其他方法——例如，作为因子的乘积，或者（对单变元多项式）作为一组根，或者表示为该多项式在某个特定的点集合里各点处的值的表[52]。我们可以回避这些问题，决定在这个代数演算系统里，"多项式"就是一种特殊语法形式，而不是其背后的数学意义。

现在考虑如何做多项式算术。在这个简单的系统里，我们准备只考虑加法和乘法。进一步说，我们还强制要求两个参与运算的多项式的未定元相同。

下面我们再次按已经熟悉的数据抽象的套路开始工作，考虑这个系统的设计。多项式用一种称为 poly 的数据结构表示，它由一个变量和一组项组成。我们假定已经有选择函数 variable 和 term_list，用于从多项式中提取相应部分。还有构造函数 make_poly，从给定变量和项表出发构造多项式。变量用字符串表示，因此我们可以用 2.3.2 节的 is_same_variable 函数比较变量。下面两个函数定义了多项式加法和乘法：

```
function add_poly(p1, p2) {
    return is_same_variable(variable(p1), variable(p2))
           ? make_poly(variable(p1),
                       add_terms(term_list(p1), term_list(p2)))
           : error(list(p1, p2), "polys not in same var -- add_poly");
}
function mul_poly(p1, p2) {
    return is_same_variable(variable(p1), variable(p2))
           ? make_poly(variable(p1),
                       mul_terms(term_list(p1), term_list(p2)))
           : error(list(p1, p2), "polys not in same var -- mul_poly");
}
```

---

51 在另一方面，我们允许多项式的系数本身是其他变元的多项式，这就给了我们与完全的多变量系统一样充分的表达能力，但是会引起一些强制问题。详情见下面的讨论。

52 对于单变元多项式，给出多项式在一集点的值可能是一种特别好的表示方法。这样做可以使多项式算术变得特别简单。例如，要得到两个以这种方式表示的多项式之和，我们只需要加起这两个多项式在对应点的值。要把它们变换到我们更熟悉的形式，则可以利用拉格朗日插值公式，该公式说明如何基于多项式在 $n + 1$ 个点的给定值构造出一个 n 阶多项式的各个系数。

为了把多项式结合到前面建立的通用算术系统里，需要为其提供类型标签，并把可以用于带标签多项式的操作安装到操作表格里。这里我们采用标签 **"polynomial"**，并把所有代码都嵌入完成多项式包的安装函数里，正如 2.5.1 节采用的方法：

```
function install_polynomial_package() {
    // internal functions
    // representation of poly
    function make_poly(variable, term_list) {
        return pair(variable, term_list);
    }
    function variable(p) { return head(p); }
    function term_list(p) { return tail(p); }
    ⟨functions is_same_variable and is_variable from section 2.3.2⟩

    // representation of terms and term lists
    ⟨functions adjoin_term...coeff from text below⟩

    function add_poly(p1, p2) { ... }
    ⟨functions used by add_poly⟩
    function mul_poly(p1, p2) { ... }
    ⟨functions used by mul_poly⟩

    // interface to rest of the system
    function tag(p) { return attach_tag("polynomial", p); }
    put("add", list("polynomial", "polynomial"),
        (p1, p2) => tag(add_poly(p1, p2)));
    put("mul", list("polynomial", "polynomial"),
        (p1, p2) => tag(mul_poly(p1, p2)));
    put("make", "polynomial",
        (variable, terms) => tag(make_poly(variable, terms)));
    return "done";
}
```

多项式加法通过逐项相加的方式完成。同幂次的项（即具有同样未定元幂次的项）必须归并，完成这件事的方法就是建立一个同幂次的新项，其系数是两个项的系数之和。只出现在一个求和多项式中的项直接累积到正在构造的多项式里。

为了操作项表，我们假设有一个构造函数 the_empty_termlist，它将返回一个空项表，还有另一个构造函数 adjoin_term，可用于把一个新项加入项表。我们还假设有一个谓词 is_empty_termlist 用于检查项表是否为空，还有一个选择函数 first_term 提取出项表里最高幂次的项，另一个选择函数 rest_terms 返回除了最高次项之外的其他项的表。为了操作多项式里的项，我们假设有构造函数 make_term，它基于给定的次数和系数构造项；还有选择函数 order 和 coeff，它们分别返回项的次数和系数。这些操作使我们可以把项和项表都看作数据抽象，其具体实现另外考虑。

下面的函数为两个多项式的求和构造一个项表[53]。请注意，这里我们稍微扩充了 1.3.2 节介绍的条件语句的语法，在尾随的 **else** 块的位置写了另一个条件语句：

```
function add_terms(L1, L2) {
    if (is_empty_termlist(L1)) {
        return L2;
    } else if (is_empty_termlist(L2)) {
```

---

[53] 这个运算很像我们在练习 2.62 中开发的有序 union_set 运算。事实上，如果我们把多项式看作根据未定元的次数排序的集合，那么为了求和而生成项表的程序几乎就等同于 union_set。

```
            return L1;
    } else {
        const t1 = first_term(L1);
        const t2 = first_term(L2);
        return order(t1) > order(t2)
                ? adjoin_term(t1, add_terms(rest_terms(L1), L2))
                : order(t1) < order(t2)
                ? adjoin_term(t2, add_terms(L1, rest_terms(L2)))
                : adjoin_term(make_term(order(t1),
                                        add(coeff(t1), coeff(t2))),
                            add_terms(rest_terms(L1),
                                    rest_terms(L2)));
    }
}
```

在这里需要注意的最重要的一点就是，在求需要归并的项的系数之和时，我们采用了通用型加法函数 add。这样做有一个特别有价值的后果，下面马上会看到。

为了乘起两个项表，我们用第一个表中的每个项去乘另一个表中所有的项，通过反复应用 mul_term_by_all_terms（这个函数用一个给定项去乘一个项表里的各个项）完成项表的乘法。这样得到的结果项表（对应第一个表里的每个项各有一个表）通过求和积累起来。乘起两个项构造新项的方法是：求出两个因子的次数之和作为结果项的次数，再求出两个因子的系数的乘积作为结果项的系数：

```
function mul_terms(L1, L2) {
    return is_empty_termlist(L1)
            ? the_empty_termlist
            : add_terms(mul_term_by_all_terms(
                                first_term(L1), L2),
                        mul_terms(rest_terms(L1), L2));
}
function mul_term_by_all_terms(t1, L) {
    if (is_empty_termlist(L)) {
        return the_empty_termlist;
    } else {
        const t2 = first_term(L);
        return adjoin_term(
                    make_term(order(t1) + order(t2),
                            mul(coeff(t1), coeff(t2))),
                    mul_term_by_all_terms(t1, rest_terms(L)));
    }
}
```

这些就是多项式加法和乘法的全部了。请注意，因为我们这里对项的操作都基于通用型函数 add 和 mul 描述，所以这个多项式包将自动地能处理任何系数类型，只要它是这个通用算术程序包知晓的。如果我们再把 2.5.2 节讨论的强制机制也包括进来，那么我们也就自动地有了能处理不同系数类型的多项式操作的能力，例如

$$[3x^2 + (2+3i)x + 7] \cdot \left[x^4 + \frac{2}{3}x^2 + (5+3i) \right]$$

由于我们已经把多项式的求和、求乘积的函数 add_poly 和 mul_poly 作为针对类型 polynomial 的操作，安装进通用算术系统的 add 和 mul 操作里，这样得到的系统也自动地具有了处理如下多项式操作的能力：

$$[(y+1)x^2 + (y^2+1)x + (y-1)] \cdot [(y-2)x + (y^3+7)]$$

能完成这种工作的原因是，当系统试图去归并系数时，它会通过 add 和 mul 进行分派。由于这时的系数本身也是多项式（y 的多项式），它们将通过使用 add_poly 和 mul_poly 完成组合。这样就产生了一种"数据导向的递归"。例如，在这里，对 mul_poly 的调用中还会递归地调用 mul_poly 去求系数的乘积。如果系数的系数本身仍然是多项式（在三个变元的多项式里，就可能出现这种情况），数据导向将保证这个系统能进入另一层递归调用，并能如此下去，根据被处理数据的结构进入任意深层的递归调用 [54]。

项表的表示

我们面对的最后工作，就是要为项表选择一种很好的表示。从作用上看，一个项表就是一个以项的次数为键值的系数集合，因此，任何能用于表示集合的方法（见 2.2.3 节的讨论）都能用于这一工作。但另一方面，我们的函数 add_terms 和 mul_terms 都是顺序地访问项表，从最高次项到最低次项，因此我们应该采用某种排序表示。

我们应该如何构造表示项表的表结构呢？有一个因素需要考虑，那就是我们需要操作的多项式的"密度"。一个多项式称为稠密的，如果它的大部分次数的项都具有非 0 系数。如果一个多项式包含许多系数为 0 的项，那么它就是稀疏的。例如：

$$A: x^5 + 2x^4 + 3x^2 - 2x - 5$$

是稠密的，而

$$B: x^{100} + 2x^2 + 1$$

是稀疏的。

对于稠密的多项式，项表的最有效的表示方式就是直接采用所有系数的表。例如，上面多项式 A 可以很好地表示为 list(1, 2, 0, 3, -2, -5)。在这种表示里，一个项的次数就是从这个项开始的子表的长度减一 [55]。对于 B 那样的稀疏多项式，这样做可能得到一种可怕的表示，因为它会是一个巨大的几乎全 0 值的表，其中点缀着几个非 0 项。对于稀疏多项式，一种更合理方法是将其表示为非 0 项的项表，表中每个项是一个表，包含多项式里一个非 0 项的次数和该项的系数。按照这种模式，多项式 B 可以有效表示为 list(list(100, 1), list(2, 2), list(0, 1))。由于需要操作的多项式大多是稀疏多项式，我们准备采用后一种表示方法。我们确定用项的表来表示项表，按照从最高次到最低次的顺序安排。一旦我们做了这个决定，为项表实现选择函数和构造函数也变得直截了当了 [56]。

```
function adjoin_term(term, term_list) {
    return is_equal_to_zero(coeff(term))
```

---

[54] 为使工作完全平滑地进行，还需要给这个通用算术系统加入把"数"强制到多项式的能力。我们把数看成次数为 0 而系数就是这个数的多项式。处理下面的多项式运算时就需要这种功能：

$$[x^2 + (y+1)x + 5] + [x^2 + 2x + 1]$$

其中需要求系数 $y + 1$ 和系数 2 之和。

[55] 对于这些多项式示例，我们都假定用的是练习 2.78 提出的通用算术系统。这样，常规数值的系数将直接用数值本身表示，而不是表示为 head 成分为字符串 "javascript_number" 的序对。

[56] 虽然我们假定项表是排序的，但还是把 adjoin_term 实现为在现有项表前面简单加入新项。只要保证所有使用 adjoin_term 的函数（如 add_terms）总用比表中项的次数更高的项调用，我们就不用担心会出问题。如果我们不希望提供这种保证，也可以采用类似集合的有序表表示中实现构造函数 adjoin_set 的方法（练习 2.61）实现 adjoin_term。

```
                    ? term_list
                    : pair(term, term_list);
        }

const the_empty_termlist = null;
function first_term(term_list) { return head(term_list); }
function rest_terms(term_list) { return tail(term_list); }
function is_empty_termlist(term_list) { return is_null(term_list); }

function make_term(order, coeff) { return list(order, coeff); }
function order(term) { return head(term); }
function coeff(term) { return head(tail(term)); }
```

这里的 `is_equal_to_zero` 已经在练习 2.80 中定义（另见下面练习 2.87 ）。

多项式程序包的用户可以通过下面的函数创建多项式：

```
function make_polynomial(variable, terms) {
    return get("make", "polynomial")(variable, terms);
}
```

练习 2.87　请在通用算术包中为多项式安装 `is_equal_to_zero`，这将使 `adjoin_term` 也能用于系数本身也是多项式的多项式。

练习 2.88　请扩充多项式系统，加入多项式的减法。（提示：你可能发现，定义一个通用的求负操作非常有用。）

练习 2.89　请声明一些函数，实现上面讨论的适用于稠密多项式的项表表示。 |182|

练习 2.90　假定我们希望有一个多项式系统，希望它对稠密多项式和稀疏多项式都是高效的。做好这件事的一种方法就是允许我们的系统里同时存在两种项表表示。这时遇到的情况类似 2.4 节复数的例子，那里同时允许直角坐标表示和极坐标表示。为了完成这一工作，我们必须能分辨不同类型的项表，并把针对项表的操作通用化。请重新设计我们的多项式系统，实现这种推广。这项工作需要付出很多努力，而不仅是做一些局部修改。

练习 2.91　一个单变元多项式可以除以另一个多项式，产生一个商式和一个余式。例如：

$$\frac{x^5-1}{x^2-1} = x^3 + x, \text{余式} \, x-1$$

除法可以通过长除完成，也就是说，用被除式的最高次项除以除式的最高次项，得到商式的第一项；然后用这个结果乘以除式，再从被除式中减去这个乘积。剩下的工作就是用减得到的差作为新的被除式，重复上述做法，产生随后的结果。当除式的次数超过被除式的次数时结束，此时的被除式就是余式。还有，如果被除式是 0，就返回 0 作为商和余式。

我们可以基于 `add_poly` 和 `mul_poly` 的模型，设计一个除法函数 `div_poly`。这个函数先检查两个多项式的未定元是否相同，如果相同就剥去变元，把问题送给函数 `div_terms`，由它执行项表上的除法运算。`div_poly` 最后把变元重新附加到 `div_terms` 返回的结果上。把 `div_terms` 设计为同时计算除法的商式和余式可能更方便。`div_terms` 可以以两个项表为参数，返回包含一个商式项表和一个余式项表的表。

请填充下面函数 `div_terms` 中空缺的部分，完成这个定义，并基于它实现 `div_poly`。该函数应该以两个多项式为参数，返回一个包含商和余式多项式的表。

```
function div_terms(L1, L2) {
    if (is_empty_termlist(L1)) {
        return list(the_empty_termlist, the_empty_termlist);
    } else {
        const t1 = first_term(L1);
        const t2 = first_term(L2);
        if (order(t2) > order(t1)) {
            return list(the_empty_termlist, L1);
        } else {
            const new_c = div(coeff(t1), coeff(t2));
            const new_o = order(t1) - order(t2);
            const rest_of_result = ⟨compute rest of result recursively⟩;
            ⟨form and return complete result⟩
        }
    }
}
```

183

符号代数中类型的层次结构

我们的多项式系统表明，一种类型的对象（多项式）实际上可以很复杂，以许多不同类型的对象作为其组成部分。但这种情况不会给定义通用型操作增添实质性的困难。我们只需要安装好适当的通用型函数，让它们去执行针对复合对象中各个部分的操作。事实上，我们看到，多项式形成了一种"递归数据抽象"，因为多项式的某些部分本身也可以是多项式。通用型操作和数据导向的程序设计风格完全可以处理这种复杂性，并没有更多困难。

但另一方面，多项式代数也是这样一个系统，其中的数据类型不能自然地安排到一个类型塔里。例如，这里可能有 x 的多项式，其系数是 y 的多项式；也可能有 y 的多项式，其系数是 x 的多项式。这些类型中哪个类型都并不自然地位于另一类型"之上"，然而我们却常需要对不同集合的成员求和。有几种方法可以完成这项工作。一种可能是把一个多项式变换到另一个的类型，通过展开并重新安排多项式里的项，使两个多项式具有相同的主变元。我们还可以对变元排序，给多项式强行加入一个类型塔结构，并永远把所有多项式都变换到某种"规范形式"，以最高优先级的变元作为主变元，把优先级较低的变元藏在系数里。这种策略可以工作得很好。但是，做这种变换，有可能不必要地扩大了多项式，使它更难读，操作效率更低。对这个领域和另一些领域（其中用户可以基于已有类型，通过组合形式动态引进新类型，例如三角函数、幂级数和积分等），塔形策略都不太自然。

在设计大规模的代数演算系统时，如果看到对强制的控制变成严重问题，完全不要感到奇怪。这种系统里的大部分复杂性都牵涉多个类型之间的关系。公平地说，至今我们还没有完全理解数据类型的强制。事实上，我们还没有完全理解类型的概念。但无论如何，我们已经有了强大的结构化和模块化理论，它们能支持我们设计好大型的系统。

练习 2.92 请扩充多项式程序包，加入强制的变量序，使多项式的加法和乘法都能处理包含不同变量的多项式。（这个工作绝不简单！）

扩充练习：有理函数

我们可以扩充前面做的通用算术系统，把有理函数也包括进来。有理函数也就是"分式"，其分子和分母都是多项式，例如：

184

$$\frac{x+1}{x^3-1}$$

这个系统应该能做有理函数的加减乘除，例如可以完成下面的计算：

$$\frac{x+1}{x^3-1} + \frac{x}{x^2-1} = \frac{x^3+2x^2+3x+1}{x^4+x^3-x-1}$$

（这里的和式已经做了简化，删除了公因子。如果按基本的"交叉乘法"，得到的分子是一个 4 次多项式，分母是一个 5 次多项式。）

如果我们修改前面的有理数程序包，使它能使用通用型操作，那么就能完成我们希望做的事情，除了无法把分式化简到最简形式。

练习 2.93 请修改有理数算术包，在其中使用通用型操作，但改写 make_rat，使它不再企图把分式化简到最简形式。请对下面两个多项式调用 make_rational 生成有理函数，以检查你的系统：

```
const p1 = make_polynomial("x", list(make_term(2, 1), make_term(0, 1)));
const p2 = make_polynomial("x", list(make_term(3, 1), make_term(0, 1)));
const rf = make_rational(p2, p1);
```

现在用 add 把 rf 与它自己相加。你会看到这个加法函数不能把分式化简到最简形式。

我们可以采用与前面针对整数工作时的同样想法，把分子和分母都是多项式的分式化简到最简形式：修改 make_rat，把分子和分母都除以它们的最大公因子。"最大公因子"的概念对多项式同样有意义。事实上，我们可以用本质上与整数的欧几里得算法相同的算法求出两个多项式的 GCD（最大公因子）[57]。对整数的算法是：

```
function gcd(a, b) {
    return b === 0
           ? a
           : gcd(b, a % b);
}
```

|185|

利用它，再做一点很明显的修改，就可以定义好对项表工作的 GCD 操作：

```
function gcd_terms(a, b) {
    return is_empty_termlist(b)
           ? a
           : gcd_terms(b, remainder_terms(a, b));
}
```

其中的 remainder_terms 从项表除法操作 div_terms 返回的表里取出余式成分，该操作已经在练习 2.91 中实现了。

练习 2.94 利用 div_terms 实现函数 remainder_terms，并用它定义上面的 gcd_terms。再写一个函数 gcd_poly 计算两个多项式的多项式 GCD（如果两个多项式的变元不同，这个函数应该报告错误）。在系统中安装通用型操作 greatest_common_divisor，使得遇到多项式时它能归约到 gcd_poly，遇到常规数时能归约到常规的 gcd。作为试验，请试试：

---

[57] 按代数的说法，欧几里得算法可以用于多项式，说明多项式也是一种称为欧几里得环的代数论域。欧几里得环是一种论域，其中包含加、减和可交换乘运算，并有一种方法为环中每个元素 x 赋以一个正整数的"度量" $m(x)$，其性质是，对任何非 0 的 x 和 y 都有 $m(xy) \geqslant m(x)$，而且对任意给定的 x 和 y，存在一个 q 使得 $y = qx + r$，其中 $r = 0$ 或者 $m(r) < m(x)$。抽象地看，这些也就是证明欧几里得算法能使用所需的所有性质。对整数论域，整数的度量 m 就是其绝对值。对多项式论域，这个度量就是多项式的次数。

```
const p1 = make_polynomial("x", list(make_term(4, 1), make_term(3, -1),
                                      make_term(2, -2), make_term(1, 2)));
const p2 = make_polynomial("x", list(make_term(3, 1), make_term(1, -1)));
greatest_common_divisor(p1, p2);
```

并用手工检查得到的结果。

练习 2.95 定义了下面多项式 P_1、P_2 和 P_3:

$$P_1: x^2 - 2x + 1$$
$$P_2: 11x^2 + 7$$
$$P_3: 13x + 5$$

现在定义 Q_1 为 P_1 和 P_2 的乘积,Q_2 为 P_1 和 P_3 的乘积,然后用 `greatest_common_divisor`(练习 2.94)求出 Q_1 和 Q_2 的 GCD。请注意,得到的回答与 P_1 不同。这个例子把非整数操作引进了计算过程,从而引起 GCD 算法的困难[58]。要理解这里出现了什么情况,请试着手工追踪 `gcd_terms` 在计算 GCD 或做试除时的情况。

练习 2.95 揭示的问题是可以解决的,为此,我们只需要对 GCD 算法(它只能用于整系数多项式)做如下修改:在 GCD 计算中执行任何多项式除法之前,我们先把被除式乘以一个整数常数因子,这个因子的选择要保证在除的过程中不出现分数。这样做,GCD 得到的结果将比实际结果多一个整数常数因子。但在有理函数化简到最简形式时,这个因子不会造成问题,因为要用 GCD 的结果去除分子和分母,所以这个常数因子会被消除。

说得更准确些,如果 P 和 Q 是多项式,令 O_1 是 P 的次数(P 的最高次项的次数),O_2 是 Q 的次数,令 c 是 Q 的首项系数。可以证明,如果给 P 乘上一个整数化因子 $c^{1+O_1-O_2}$,得到的多项式用 `div_terms` 算法除以 Q 就不会产生分数。把被除式乘以这样的常数后除以除式,这个操作有时被称为 P 对 Q 的伪除,得到的余式也相应地称为伪余。

练习 2.96

a. 请实现函数 `pseudoremainder_terms`,它与 `remainder_terms` 类似,但是如上所述,在调用 `div_terms` 前先给被除式乘以那个整数化因子。请修改 `gcd_terms` 使之能使用 `pseudoremainder_terms`,并检验修改后的 `greatest_common_divisor` 能不能正确处理练习 2.95 的例子,产生一个整系数的结果。

b. 现在的 GCD 保证能得到整系数,但其系数比 P_1 的系数大,请修改 `gcd_terms`,使它能从答案的所有系数中清除公因子,采用的方法就是把这些系数都除以它们的(整数的)最大公约数。

至此,我们已经弄清楚了如何把一个有理函数化简到最简形式:

• 用取自练习 2.96 的 `gcd_terms` 版本计算分子和分母的 GCD;

• 在得到了 GCD 之后,用它去除分子和分母之前,先把分子和分母都乘以同一个整数化因子,使得除以这个 GCD 不会引进非整数的系数。作为整数化因子,你可以用得到的 GCD 的首项系数的 $1 + O_1 - O_2$ 次幂。其中 O_2 是这个 GCD 的次数,O_1 是分子与分母中的次数较大的那个。这样就能保证用这个 GCD 去除分子和分母时不会引进非整数。

• 这一操作得到的结果分子和分母都具有整数的系数。这些系数通常会由于整数化因子

58　在 JavaScript 里,整数除法可能产生有限精度的十进制数,这时我们就不能得到合法的因子了。

而变得非常大。所以最后一步就是消去这个多余的因子，为此，我们需要先算出分子和分母中所有系数的（整数）最大公约数，而后除去这个公约数。

练习 2.97

a. 请将上述算法实现为一个函数 `reduce_terms`，它以两个项表 n 和 d 为参数，返回一个包含 nn 和 dd 的表，它们分别是由 n 和 d 通过上面说明的算法简化得到的最简形式。再请另写一个与 `add_poly` 类似的函数 `reduce_poly`，它检查两个多项式的变元是否相同。如果是，`reduce_poly` 就剥去变元，并把问题交给 `reduce_terms`，最后为 `reduce_terms` 返回的表里的两个项表重新加上变元。

b. 请定义一个类似 `reduce_terms` 的函数，它的功能就像 `make_rat` 对整数做的事情：

```
function reduce_integers(n, d) {
    const g = gcd(n, d);
    return list(n / g, d / g);
}
```

并把 `reduce` 定义为一个通用型操作，它调用 `apply_generic` 完成分派到 `reduce_poly`（对 `polynomial` 参数）或 `reduce_integers`（对 `javascript_number` 参数）的工作。现在你很容易让有理数算术包把分式简化到最简形式，为此只需让 `make_rat` 在组合给定的分子和分母构造出有理数之前也调用 `reduce`。现在这个系统就能处理整数或多项式的有理表达式了。为了测试你的程序，请先试验下面的扩充练习：

```
const p1 = make_polynomial("x", list(make_term(1, 1), make_term(0, 1)));
const p2 = make_polynomial("x", list(make_term(3, 1), make_term(0, -1)));
const p3 = make_polynomial("x", list(make_term(1, 1)));
const p4 = make_polynomial("x", list(make_term(2, 1), make_term(0, -1)));

const rf1 = make_rational(p1, p2);
const rf2 = make_rational(p3, p4);

add(rf1, rf2);
```

看看能否得到正确结果，结果是否被正确地化简为最简形式。

GCD 计算是所有有理函数计算系统的核心。上面的算法在数学上直截了当，但却异常低效。出现这种情况，部分原因在于其中用到大量除法，部分在于伪除产生的巨大的中间系数。在开发代数演算系统的领域中，一个很活跃问题就是开发计算多项式 GCD 的更好算法 [59]。

---

[59] Richard Zippel 发明了（1979）一个特别高效而且优美的计算多项式 GCD 的方法。这是一个概率算法，就像我们在第 1 章介绍过的素数快速检查算法。Zippel 的书（1993）里讨论了这个算法，还介绍了计算多项式 GCD 的其他一些方法。

模块化、对象和状态

即使在变化中，也保持不变。

——赫拉克立特（Heraclitus）

变得越多，越是老样。

——阿尔封斯·卡尔（Alphonse Karr）

前两章介绍了组成程序的各种基本元素。我们看到如何组合基本函数和基本数据，构造复合的实体，也从中认识到，抽象在帮助我们解决大型系统的复杂性问题上如何至关重要。但是，对设计程序的工作而言，只有这些工具还是不够的。有效的程序综合，还需要一些能指导我们系统化地完成程序的整体设计的组织原则，特别是需要一些能用于帮助我们构造大型系统，使之能很好地模块化的策略。模块化就是说，使得这些系统能"自然地"分割为一些具有内聚力的、可以独立开发和维护的部分。

有一种威力强大的设计策略，特别适合用于构造模拟真实物理系统的程序，那就是根据被模拟系统的结构设计程序的结构：针对相关物理系统里的每个对象，我们构造一个与之对应的计算对象；针对物理系统里的每种活动，我们在自己的计算模型里定义一种符号操作。在应用这种策略时，我们的希望是，如果后来为了处理新对象或新活动而扩充相应的计算模型时，只需要加入与这些对象或活动对应的新符号对象，不需要对程序做重大的修改。如果我们在系统的组织方面做得很成功，那么在需要添加新特征，或者排除旧东西里的错误时，可能只需要在系统里某些局部做一点工作。

这样，在很大程度上，我们组织大型程序的方式受到了我们对被模拟系统的认知的支配。在这一章里，我们要研究两种特点非常鲜明的组织策略，它们源自对系统结构的两种截然不同的"世界观"。第一种组织策略把注意力集中于对象，把一个大型系统看作一大批独立对象的汇集，这些对象的行为可能随时间而不断变化。另一种组织策略把注意力集中到流过系统的信息流，非常像电子工程师观察信号处理系统。

基于对象的途径和基于流处理的途径，都对程序设计提出了意义重大的语言要求。对于对象途径，我们必须关注计算对象如何可以在变化的同时又维持其标识不变。这迫使我们抛弃先前的计算的代换模型（1.1.5 节），转向更机械式的，也是在理论上更不容易把握的计算的环境模型。在处理对象、变化和标识时将要遇到的种种困难，其根源就在于我们需要在这种计算模型里与时间搏斗。如果程序还可能并发执行，事情会变得更困难很多。当我们需要解耦在模型中被模拟的时间与计算机里的求值中各种事件发生的顺序时，流途径可能得到最充分的利用。我们将通过一种称为延迟求值的技术处理这方面的问题。

3.1 赋值和局部状态

人们关于世界的一种常见观点，就是把它看作聚集在一起的许多独立对象，每个对象有自己随着时间变化的状态。所谓对象"有状态"，也就是说它的行为受到其历史的影响。例如，一个银行账户就有状态，对于问题"我能取出 100 元钱吗？"的回答，依赖该账户的存入和支取的交易历史。我们可以用一个或几个状态变量刻画一个对象的状态，在这些变量里维持有关这个对象的充分的、足以确定该对象的当前行为的历史信息。在一个简单的银行系统里，我们可以用当前余额刻画账户的状态，而不是记录账户的全部交易历史。

在一个由许多对象组成的系统里，这些对象很少会是完全独立的。每个对象都可能通过交互作用影响其他对象的状态，而所谓交互，也就是一个对象的状态变量与其他对象的状态变量之间的关联。确实，如果一个系统里的状态变量可以分组，形成一些内部紧密互连的子系统，每个子系统与其他子系统之间只存在松散联系，在这种情况下，把整个系统看作由一些独立对象组成的观点就特别有用。

有关系统的这种观点，有可能成为组织系统的计算模型的威力强大的框架。如果这样一个模型是模块化的，它就应该分解成一些计算对象，它们分别模拟系统里的一些实际对象。每一个计算对象必须有自己的一组局部状态变量，描述该对象的实际状态。由于被模拟系统里的对象的状态随着时间变化，与之对应的计算对象的状态也必须变化。如果我们决定要用计算机里的时间顺序模拟实际系统中时间的流逝，那么我们就必须有办法构造出一些计算对象，其行为能在程序的运行中改变。特别地，如果我们希望用程序设计语言里常规的符号名模拟状态变量，语言就必须提供赋值操作，使我们能用它修改名字的关联值。

3.1.1 局部状态变量

我们说让计算对象具有随时间变化的状态，现在用一个例子来阐释这句话的意思：为模拟从银行账户支取现金的情况。我们用函数 `withdraw` 做这件事，它有一个参数 `amount` 表示支取的金额。如果相对于给定的支取金额，账户里有足够的余额，那么 `withdraw` 就返回支取后账户的余额，否则返回消息 *Insufficient funds*（余额不足）。例如，假设开始时账户有 100 元钱，通过反复使用函数 `withdraw`，我们可能得到下面的交互序列：

[190]

```
withdraw(25);
75

withdraw(25);
50

withdraw(60);
"Insufficient funds"

withdraw(15);
35
```

请注意这里的表达式 `withdraw(25)`，它被两次求值，但产生的值却不同。这是函数的一种新行为。前面的所有 JavaScript 函数都可以说是计算某个数学函数。调用一个函数计算出该函数作用于给定实参的值，用同样实参两次调用同一个函数总产生同样的结果[1]。

迄今我们的所有名字都是不变的（immutable）。在应用一个函数时，其参数引用的值也不会改变。而且，一旦一个声明被求值，被声明名字的值也不会改变。要实现 `withdraw`

---

1 实际上这句话并不完全对。一个例外是 1.2.6 节的随机数生成器。另一个例外是我们在 2.4.3 节引进的操作 /
类型表格，用同样参数两次调用 `get`，得到的值依赖于前面对 `put` 的调用。当然，我们也应该注意另一方面的情况：在没有介绍赋值之前，我们确实没办法自己创建这种函数。

这样的函数，我们的语言除了允许以关键字 **const** 开头的常量声明外，还需要引进变量声明，这种声明以关键字 **let** 开头。我们可以声明一个变量 balance，表示账户里的余额，并把 withdraw 定义为一个访问 balance 的函数。函数 withdraw 检查 balance 的值是否不少于所需的 amount，如果是，withdraw 就从 balance 里减去 amount 并返回 balance 的新值；否则 withdraw 就返回消息 *Insufficient funds*。下面是 balance 和 withdraw 的声明：

```
let balance = 100;

function withdraw(amount) {
    if (balance >= amount) {
        balance = balance - amount;
        return balance;
    } else {
        return "Insufficient funds";
    }
}
```

减少 balance 值的工作由下面的赋值表达式语句完成：

```
balance = balance - amount;
```

赋值表达式的语法是：

name = new-value

其中的 *name* 应该用 **let** 声明，也可以是函数的参数，而 *new-value* 是任意的表达式。赋值的执行将修改 *name*，使其值变成求值 *new-value* 得到的结果。在上面这个例子里我们改变了 balance 的值，使其新值等于从 balance 的原值中减去 amount 后的结果[2]。

函数 withdraw 里还用到语句序列，当 **if** 的条件为真时要求对两个语句顺序求值：首先减少 balance 的值，而后返回 balance 的值。一般而言，对语句序列：

stmt$_1$ *stmt*$_2$ $\cdots$ *stmt*$_n$

求值，将导致语句 *stmt*$_1$ 到 *stmt*$_n$ 被顺序地一个个求值[3]。

虽然 withdraw 确实能如我们所期望的那样工作，变量 balance 却表现出另一个问题。按上面的说法，balance 是定义在程序环境里的一个名字，因此可以自由地被任何函数访问，可以检查或修改。如果我们能把 balance 做成 withdraw 内部的东西，情况将会好得多，因

---

2 赋值表达式的值就是它赋给 *name* 的值。看起来，赋值表达式语句的形式类似于下面的常量声明或者变量声明，但实际上与它们都不同，不要搞混了：

const *name* = *value*;

和

let *name* = *value*;

这两种语句都是给新声明的名字关联值。另外，赋值表达式看着也像下面的表达式，但也不要弄混它们：

expression$_1$ === *expression*$_2$

当 *espression*$_1$ 的值等于 *expression*$_2$ 的值时，求值这个表达式得到 **true**，否则得到 **false**。

3 我们已经不声不响地在程序里用过语句序列。JavaScript 函数体的块里不仅可以写一个返回语句，也可以写一串函数声明，而后是一个返回语句，1.1.8 节介绍过这一情况。

为这将使 withdraw 成为唯一能直接访问 balance 的函数，任何其他函数都只能间接地（通过调用 withdraw）访问 balance。这样才能更准确地模拟有关的概念：balance 是一个只由 withdraw 使用的局部状态变量，用于保存账户状态的变化轨迹。

我们可以重写 withdraw 的声明如下，使 balance 成为它内部的东西： 192

```
function make_withdraw_balance_100() {
    let balance = 100;
    return amount => {
            if (balance >= amount) {
                balance = balance - amount;
                return balance;
            } else {
                return "Insufficient funds";
            }
        };
}
const new_withdraw = make_withdraw_balance_100();
```

我们在这里的做法是用 **let** 创建一个包含局部变量 balance 的环境，并为该变量约束初始值 100。在这个局部环境里，我们用 lambda 表达式[4]创建了一个函数，它以 amount 为参数，其行为就像前面的 withdraw 函数。求值 make_withdraw_balance_100 函数的体，返回的就是上面说的函数，它的行为与 withdraw 一样，但是，它用的变量 balance 却是任何其他函数都不能访问的[5]。

赋值与变量声明结合是一种普适的程序设计技术，我们将一直用这种技术构造具有局部状态的计算对象。不幸的是，使用这一技术也带来了一个严重问题。当我们最初介绍函数的概念时，同时还介绍了求值的代换模型（1.1.5 节），用以解释函数调用的意义。那时我们说，如果一个函数的体就是一个返回语句，我们把它的应用解释为：首先把函数的形式参数用对应的实参值代换，然后求值这里的返回表达式。如果函数体的结构更复杂，就在用实参值代换函数参数之后求值整个函数体。现在的新麻烦是：一旦我们的语言里引进了赋值语句，代换就不再是函数应用的合适模型了（我们将在 3.1.3 节看到为什么）。作为后果，现在我们还没办法从技术上理解为什么函数 new_withdraw 会有上面说的行为。要真正理解如 new_withdraw 一类的函数，就需要为函数应用开发一个新模型。我们将在 3.2 节介绍这个 193 模型，同时给出对赋值和变量声明的解释。现在我们准备先考察 new_withdraw 带来的相关问题的几种变形。

与用 **let** 声明的名字一样，函数参数也是变量。下面的函数 make_withdraw 也能创建一种"提款处理器"，其形式参数 balance 描述账户的初始余额值[6]。

```
function make_withdraw(balance) {
    return amount => {
            if (balance >= amount) {
                balance = balance - amount;
                return balance;
```

---

4 以块结构作为 lambda 表达式体的情况已经在 2.2.4 节介绍过。

5 按照程序设计语言的行话，变量 balance 称为封装在 new_withdraw 函数内部。这一封装也反映了所谓隐藏原理的普适的系统设计原则：通过把系统中不同的部分保护起来，也就是说，只为系统中那些"必须知道"的部分提供信息访问方法，可以使系统更模块化、更强健。

6 与前面 new_withdraw 的情况不同，这里我们没用 **let** 把 balance 设定为局部变量，因为形式参数就是局部的。在 3.2 节讨论了求值的环境模型之后，这些情况都会更清楚了（另见练习 3.10）。

```
                    } else {
                        return "Insufficient funds";
                    }
                };
        }
```

我们用函数 make_withdraw 创建两个对象 W1 和 W2:

```
    const W1 = make_withdraw(100);
    const W2 = make_withdraw(100);

    W1(50);
    50

    W2(70);
    30

    W2(40);
    "Insufficient funds"

    W1(40);
    10
```

可以看到, W1 和 W2 是两个相互独立的对象, 每个对象有自己的局部状态变量 balance, 从一个对象提款与另一个对象无关。

我们还可以创建既允许提款也允许存款的对象。这种对象表示一种简单的银行账户。下面是一个函数, 它返回一个具有给定初始余额的 "银行账户对象":

```
    function make_account(balance) {
        function withdraw(amount) {
            if (balance >= amount) {
                balance = balance - amount;
                return balance;
            } else {
                return "Insufficient funds";
            }
        }
        function deposit(amount) {
            balance = balance + amount;
            return balance;
        }
        function dispatch(m) {
            return m === "withdraw"
                   ? withdraw
                   : m === "deposit"
                   ? deposit
                   : error(m, "unknown request -- make_account");
        }
        return dispatch;
    }
```

每次调用函数 make_account, 就会设置好一个带有局部状态变量 balance 的环境。在这个环境里, make_account 声明了能访问 balance 的函数 deposit 和 withdraw。另外还声明了函数 dispatch, 它接收一个 "消息" 作为输入, 返回这两个局部函数之一。函数 dispatch 本身将被返回, 作为代表相应银行账户对象的值。这正好就是我们在 2.4.3 节看到过的程序设计的消息传递风格, 当然, 在这里它还结合了修改局部变量的功能。

函数 make_account 可以按下面的方式使用：

```
const acc = make_account(100);

acc("withdraw")(50);
50

acc("withdraw")(60);
"Insufficient funds"

acc("deposit")(40);
90

acc("withdraw")(60);
30
```

每次调用 acc 就会返回局部定义的函数 deposit 或 withdraw，这个函数随后被应用于给定的 amount。与 make_withdraw 一样，对 make_account 的另一次调用

```
const acc2 = make_account(100);
```

也会生成另一个完全独立的账户对象，它也维持着自己局部的 balance。

练习 3.1　一个累加器是一个函数，用数值反复调用，它能把这些数值累加到一个和数里。每次调用累加器还将返回当前的累加和。请写一个生成累加器的函数 make_accumulator，每个累加器维持一个独立的和数。make_accumulator 的实参描述和的初始值，例如：

```
const a = make_accumulator(5);

a(10);
15

a(10);
25
```

练习 3.2　对应用程序做软件测试时，能统计出计算中某个给定函数被调用的次数常常很有用。请写一个函数 make_monitored，它以函数 f 为参数，这个函数本身也有一个参数。make_monitored 返回另一个函数，比如称之为 mf，它用一个内部计数器维持自己被调用的次数。如果调用 mf 的实参是特殊符号 "how many calls"，mf 就返回内部计数器的值；如果实参是特殊符号 "reset count"，mf 就把计数器重置为 0；对任何其他实参，mf 都返回函数 f 应用于相应实参的结果，并把内部计数器的值加一。例如，我们可能采用下面的方式做出函数 sqrt 的一个受监视的版本：

```
const s = make_monitored(math_sqrt);

s(100);
10

s("how many calls");
1
```

练习 3.3　请修改 make_account 函数，使它能创建一种带密码保护的账户。也就是说，函数 make_account 应该增加一个字符串的参数，例如：

```
const acc = make_account(100, "secret password");
```

这样产生的账户对象在接到一个请求时，只有同时提供了账户创建时给定的密码，它才处理
这一请求，否则就发出一个抱怨信息：

```
acc("secret password", "withdraw")(40);
60

acc("some other password", "deposit")(40);
"Incorrect password"
```

练习 3.4 请修改练习 3.3 中的 make_account 函数，增加另一个局部状态变量。如果
一个账户被人用不正确的密码连续访问 7 次，它就会调用函数 call_the_cops（召唤警察）。

3.1.2 引进赋值带来的利益

在后面我们将要看到，把赋值引进我们的程序设计语言，会使我们陷入饱含着非常困难
的概念问题的丛林。但是，无论如何，把系统看作一集带有局部状态的对象，也是一种维护
模块化设计的威力强大的技术。作为一个简单实例，现在考虑如何设计一个函数 rand，每
次调用它将返回一个随机选择的整数。

简单地说"随机选择"，意思并不清晰。其实，我们实际希望的是通过反复调用 rand
可以得到一系列的数，这个序列具有均匀分布的统计性质。我们不准备深入讨论如何生成合
适的序列，实际上，现在我们假设已经有了一个函数 rand_update，其性质就是，如果从
一个给定的数 x_1 开始，执行下面的操作

```
x₂ = rand_update(x₁);
x₃ = rand_update(x₂);
```

得到的数值序列 $x_1, x_2, x_3, \cdots$ 具有我们希望的性质[7]。

我们可以把 rand 实现为一个带有局部状态变量 x 的函数，其中 x 初始化为某个固定值
random_init。每次调用 rand 算出把 rand_update 应用于 x 当前值的结果，函数把这个结
果作为新值存入 x，并返回它作为生成的随机数。

```
function make_rand() {
    let x = random_init;
    return () => {
            x = rand_update(x);
            return x;
        };
}
const rand = make_rand();
```

当然，即使不用赋值，我们也可以简单地直接调用 rand_update，生成同样的随机数
序列。但如果那样做，也就意味着程序中任何使用随机数的部分都必须显式记录 x 的当前

---

7 实现 rand_update 的一种常见方法是每次执行时把 x 更新为 ax + b 取模 m，其中的 a、b 和 m 都是适当
选取的整数。Knuth 1997b 的第 3 章深入讨论了随机数序列生成及其统计性质。请注意，rand_update
计算的是一个数学函数，两次给它同样输入，它将产生同样输出。这样，如果"随机"强调的是序列中每
个数与其前面的数无关的话，由 rand_update 生成的数序列肯定不是"随机的"。"真正的随机性"与
所谓伪随机序列（由良好的确定的计算产生出来，但又具有适当统计性质的序列）之间的关系是一个非常
复杂的问题，涉及数学和哲学中的一些困难问题。Kolmogorov、Solomonoff 和 Chaitin 为这些问题做出了
很多贡献，在 Chaitin 1975 里可以找到有关的讨论。

值，以便能把它送给 rand_update 作为参数。要看看这样做会造成多少烦恼，现在考虑用随机数实现一种称为蒙特卡罗模拟的技术。

蒙特卡罗方法要求从一个大集合里随机选择试验样本，并对多次试验的结果做统计评估，在此基础上做出论断。举例说，$6/\pi^2$ 是两个随机选取的整数之间没有公因子（也就是说，它们的最大公因子是 1）的概率。我们可以利用这一事实求 π 的近似值[8]。为了逼近 π 的值，我们需要做大量试验，每次试验随机选择两个整数并检查它们的 GCD 是否为 1。通过检查的次数的比例就给出了对 $6/\pi^2$ 的估计值，由它可以得到 π 的近似值。

这个程序的核心是函数 monte_carlo，它以做某个试验的次数和该试验本身为参数。试验用一个无参函数描述，运行时应该返回真或假的结果。monte_carlo 运行这个试验指定的次数，最后返回一个数值，说明所做试验中结果为真的比例。

```
function estimate_pi(trials) {
    return math_sqrt(6 / monte_carlo(trials, dirichlet_test));
}
function dirichlet_test() {
    return gcd(rand(), rand()) === 1;
}
function monte_carlo(trials, experiment) {
    function iter(trials_remaining, trials_passed) {
        return trials_remaining === 0
                ? trials_passed / trials
                : experiment()
                ? iter(trials_remaining - 1, trials_passed + 1)
                : iter(trials_remaining - 1, trials_passed);
    }
    return iter(trials, 0);
}
```

现在让我们来试一试不用 rand，直接用 rand_update 完成同一项计算。如果我们不用赋值模拟局部状态，就不得不采用下面的做法：

|198|

```
function estimate_pi(trials) {
    return math_sqrt(6 / random_gcd_test(trials, random_init));
}
function random_gcd_test(trials, initial_x) {
    function iter(trials_remaining, trials_passed, x) {
        const x1 = rand_update(x);
        const x2 = rand_update(x1);
        return trials_remaining === 0
                ? trials_passed / trials
                : gcd(x1, x2) === 1
                ? iter(trials_remaining - 1, trials_passed + 1, x2)
                : iter(trials_remaining - 1, trials_passed, x2);
    }
    return iter(trials, 0, initial_x);
}
```

虽然程序仍然比较简单，但却在模块化上打开了一些令人痛苦的缺口。在程序的第一个版本里，由于用了 rand，我们可以把蒙特卡罗方法直接表述为一个通用的 monte_carlo 函数，令其把任意的 experiment 函数作为参数。而在程序的第二个版本里，由于没有随机数生成器的局部状态，random_gcd_test 必须显式地操作两个随机数 x1 和 x2，并需要在进

8　这个定理出自 G. Lejeune Dirichlet，见 Knuth 1997b 中 4.5.2 节的讨论和证明。

入迭代循环时把 x2 送给 rand_update 作为新输入。这种对随机数的显式处理与积累试验结果的结构交织在一起，还要结合在这个特定试验里用了两个随机数的具体情况。显而易见，其他蒙特卡罗试验也完全可能需要用一个或三个随机数。即使最上层的函数 estimate_pi，也必须关心提供初始随机数的问题。由于内部的随机数生成器被暴露出来，进入了程序的其他部分，使我们难以把蒙特卡罗方法的思想独立出来，使之能应用于其他工作。与之相对的，在第一个版本的程序里，我们通过赋值把随机数生成器的状态封装在函数 rand 内部，这就使随机数生成的细节与程序其他部分毫无关联。

上面的蒙特卡罗方法实例显示了一种普遍现象：从一个复杂计算过程中的一个部分观察，其他部分都像是在随着时间变化，而且它们隐藏了自己随时间变化的局部状态。如果我们希望写一个计算机程序，让它的结构反映这种系统分解，就需要让计算对象（例如银行账户和随机数生成器）的行为随时间变化。也就是说，我们需要用局部状态变量模拟系统的状态，用对这些变量的赋值模拟状态的变化。

至此，我们可以对这一段讨论做如下的总结：与所有状态都必须显式操作并通过额外参数传递的方法相比，通过引进赋值并把状态隐藏在局部变量中的技术，我们能以更模块化的方式构造系统。可惜的是事情并不这么简单，我们很快就会看到这一点。

[199]

练习 3.5　蒙特卡罗积分是一种使用蒙特卡罗模拟估计定积分值的方法。考虑由谓词 $P(x, y)$ 描述的区域的面积计算问题，该谓词对区域里的点 (x, y) 为真，对不在区域里的点为假。举例说，检查公式 $(x - 5)^2 + (y - 7)^2 \leq 3^2$ 是否成立的谓词，就描述了以 $(5, 7)$ 为圆心的半径为 3 的圆所围的区域。要估计这种由谓词描述的区域的面积，我们首先选一个包含该区域的矩形。例如，以 $(2, 4)$ 和 $(8, 10)$ 为对角点的矩形包含了上面的圆，要考虑的积分就是这一矩形中位于所关注区域内部的那一部分。我们可以用下面的方法估计积分值：随机选取位于矩形里的点 (x, y)，通过检查 $P(x, y)$ 确定该点是否位于考虑的区域内。如果检查的点足够多，那么落在区域内的点的比例，应该能用于估计矩形中被考虑区域的面积的比例。这样，用这个比例乘以整个矩形的面积，就能得到相应积分的一个估计值。

请把蒙特卡罗积分实现为一个函数 estimate_integral，它以一个谓词 P，矩形的上下边界 x1、x2、y1 和 y2，以及为产生估计值而要求做试验的次数为参数。你的函数应该使用上面用于估计 π 值的那个 monte_carlo 函数。请用你的 estimate_integral，通过对单位圆面积的度量生成 π 的一个估计值。

你可能发现，能选取给定范围里的随机数的函数非常有用。下面的 random_in_range 函数利用 1.2.6 节用过的 random 实现这一功能，它返回小于其参数的非负随机数。

```
function random_in_range(low, high) {
    const range = high - low;
    return low + math_random() * range;
}
```

练习 3.6　有时也需要重置随机数生成器，以便从某个特定值开始生成随机数序列。请重新设计一个 rand 函数，使得可以用字符串 "generate" 或者字符串 "reset" 作为参数调用它：rand("generate") 生成一个新随机数，而 rand("reset")(*new-value*) 将其内部状态变量重置为值 *new-value*。通过重置状态，我们就能重复生成同样的序列。在使用随机数测试程序排除程序错误时，这种功能非常有用。

3.1.3 引进赋值的代价

正如我们已经看到的，赋值使我们能模拟具有局部状态的对象。然而，这一获益也有代价。现在，我们的程序设计语言里的函数应用，已经不能再用 1.1.5 节介绍的代换模型解释了。进一步说，任何具有"漂亮的"数学性质的简单模型，都不可能适合作为处理程序设计语言里的对象和赋值问题的理论框架了。

只要在函数里没有赋值，对同一个函数应用于同样实际参数的两次求值，一定产生同样的结果。因此，我们可以认为这种函数就是在计算数学函数。我们在本书前两章中做的那种不使用任何赋值的程序设计，称为函数式程序设计。

要理解赋值会怎样使事情复杂化，现在让我们来考虑 3.1.1 节 make_withdraw 函数的一个简化版本，其中不关注账户是否有足够的余额：

200

```
function make_simplified_withdraw(balance) {
    return amount => {
            balance = balance - amount;
            return balance;
        };
}

const W = make_simplified_withdraw(25);

W(20);
5

W(10);
-5
```

请比较上面的函数与下面的 make_decrementer 函数，这个函数里没有赋值：

```
function make_decrementer(balance) {
    return amount => balance - amount;
}
```

函数 make_decrementer 返回一个函数，该函数从指定的量 balance 中减去其输入，但多次调用它，并不会像 make_simplified_withdraw 那样产生积累的效果：

```
const D = make_decrementer(25);

D(20);
5

D(10);
15
```

我们可以用代换模型解释 make_decrementer 的工作。举个例子，让我们来分析下面表达式的求值过程：

```
make_decrementer(25)(20)
```

我们首先简化函数应用中的函数表达式，用 25 代换 make_decrementer 体里的 balance。这样，原来的表达式就归约为：

```
(amount => 25 - amount)(20)
```

现在应用这里的函数，用 20 代换 lambda 表达式体里的 amount：

```
25 - 20
```

[201]　最后得到的结果是 5。

试图把类似的代换分析用于 `make_simplified_withdraw`，会出现什么情况呢？

```
make_simplified_withdraw(25)(20)
```

首先简化其中的函数表达式，用 25 代换 `make_simplified_withdraw` 体里的 `balance`，这一归约得到了下面的表达式[9]：

```
(amount => {
    balance = 25 - amount;
    return 25;
})(20)
```

现在应用其中的函数，用 20 代换 lambda 表达式体里的 `amount`：

```
balance = 25 - 20;
return 25;
```

如果我们坚持使用代换模型，那么就必须说，这个函数应用的结果是先把 `balance` 设置为 5，而后返回 25 作为表达式的值。这样得到的结果当然是错的。为了得到正确回答，我们将不得不区分 `balance` 的第一个出现（在赋值作用之前）和第二个出现（在赋值作用之后），而代换模型不可能做到这些。

这里的麻烦是，从本质上说，代换的最终基础是一种观念：我们语言里的名字就是值的符号。这样说常量是正确的。但是，由于变量的值可以通过赋值改变，因此它们就不再简单地是值的名字了。一个变量索引着某个可以保存值的位置，而保存在这个位置的值是可以改变的。在 3.2 节将会看到，在我们的计算模型里，环境将怎样扮演着“位置”的角色。

同一和变化

在这里暴露出的问题，还远不止是打破了一个特定的计算模型，其意义深远得多。一旦把变化引进我们的计算模型，许多以前非常简单明了的概念，现在就都变得有问题了。首先考虑两个物体“相同”的概念。

假设我们用相同的参数调用 `make_decrementer` 两次，就会创建出两个函数：

```
const D1 = make_decrementer(25);
const D2 = make_decrementer(25);
```

D1 和 D2 相同吗？一个可以接受的回答是“是”，因为 D1 和 D2 具有相同的计算行为——它们都是同样的可以从 25 向下减参数值的函数。事实上，我们确实可以在任何计算中用 D1 代 [202] 替 D2 而不会改变结果。

对应地，我们也调用 `make_simplified_withdraw` 两次：

```
const W1 = make_simplified_withdraw(25);
const W2 = make_simplified_withdraw(25);
```

W1 和 W2 相同吗？当然不是，因为对 W1 和 W2 的调用将会有相互独立的效果，正如下面的交互所显示的情况：

9　我们没有代换掉赋值里 `balance` 的出现，因为赋值里的名字并不求值。如果真的代换掉它，我们将得到
　　`25 = 25 - amount`，这个表达式根本就没有意义。

```
W1(20);
5

W1(20);
-15

W2(20);
5
```

虽然 W1 和 W2 都是通过对同一个表达式 make_simplified_withdraw(25) 的求值创建出来，从这个角度可以说它们"相同"。但如果说在任何表达式里都可以用 W1 代替 W2，而不会改变表达式的求值结果，那就不对了。

如果一个语言支持在任何表达式里"相同的东西可以相互替换"，这样替换不会改变该表达式的值，这个语言就称为具有引用透明性。我们在自己的计算机语言里包含了赋值之后，也就破坏了引用透明性，使确定能否通过等价表达式代换的方法简化表达式变成了一个复杂的问题。正由于此，对使用赋值的程序做推理也会变得极其困难。

一旦我们抛弃了引用透明性，计算对象"相同"的意思就很难形式化地把握了。实际上，在我们希望用计算机程序去模拟的真实世界里，"相同"的意义就很难弄清楚。一般而言，要确定两个感觉上是同一个的事物是否确实"相同"，我们只能采用下面的方法：改变其中一个对象，再去看另一个对象是否也同样改变了。但是，如果不能通过观察"同一个"对象两次，看到在一次观察中看到的对象的某些性质与另一次不同，我们又怎么能说一个对象是否"变化"了呢？所以，如果没有对"相同"的某些先验观念，我们就不可能确定"变化"，而如果不能看到变化的影响，又无法确定同一性。

为了看到这一问题如何出现在程序设计里，现在考虑一个新例子。假定 Peter 和 Paul 有银行账户，其中有 100 元钱。显然，对这一事实的如下建模：

```
const peter_acc = make_account(100);
const paul_acc = make_account(100);
```

与如下建模之间有着实质性的不同：

```
const peter_acc = make_account(100);
const paul_acc = peter_acc;
```

前一情况创建的两个银行账户互不相关。Peter 做交易不会影响 Paul 的账户，反过来也一样。而对后一情况，显然，由于这里把 paul_acc 与 peter_acc 定义为同一个东西，结果就是 Peter 和 Paul 共有一个合用账户。如果 Peter 从 peter_acc 支取一笔款，Paul 就会看到 paul_acc 里少了钱。在构造计算模型时，这两种相近但又不同的情况很容易造成混乱。特别是后一个共享账户的情形特别容易引起混乱，因为在这里，同一个对象（那个银行账户）有两个不同的名字（peter_acc 和 paul_acc），如果我们想在程序里搜索所有可能修改 paul_acc 的位置，就必须记住也需要检查那些修改 peter_acc 的地方[10]。

203

10　一个计算对象可以通过多于一个名字访问的现象称为别名。共有银行账户的例子展示的是别名的最简单情况。在 3.3 节我们还将看到一些更复杂的例子，例如"不同"数据结构共享某些部分。如果我们忘记两个"不同"对象实际上是同一对象的不同别名，修改一个对象可能由于"副作用"而修改了另一"不同的"对象，程序就可能出错。这种错误称为副作用错误，特别难以分析和定位。因此某些人建议说，程序设计语言的设计应该不允许副作用或别名（Lampson et al. 1981；Morris, Schmidt, and Wadler 1980）。

参考前面有关"相同"和"变化"的讨论，如果 Peter 和 Paul 只能检查其银行账户，不能执行修改余额的操作，那么弄清这两个账户是否不同的问题就需要讨论了。一般而言，如果我们绝不修改数据对象，那么可以认为，复合数据对象就是由其片段组成的整体。例如，一个有理数完全由其分子和分母确定。如果允许变化，这一观点就不再有效了，一个复合数据对象将有一个"标识"，它是某种与组成该对象的各个片段都不同的东西。即使我们通过提款修改了账户的余额，该账户仍然是原来的"同一个"账户。反之，我们也可能有两个银行账户，它们有相同的状态信息。这种复杂性并不是程序设计语言的问题，而是我们把银行账户看作对象而产生的结果。例如，我们通常不把有理数看作有标识的可变化的对象，不想去修改其分子并保持其为"同一个"有理数。

命令式程序设计的缺陷

与函数式程序设计对应，广泛使用赋值的程序设计称为命令式程序设计。除了会带来计算模型的复杂性外，以命令式风格写程序还容易出现一些不会在函数式程序中出现的错误。举例说，重看 1.2.1 节里的迭代式求阶乘程序（这里用条件语句代替了条件表达式）：

```
function factorial(n) {
    function iter(product, counter) {
        if (counter > n) {
            return product;
        } else {
            return iter(counter * product,
                        counter + 1);
        }
    }
    return iter(1, 1);
}
```

我们也可以不在内部迭代循环的调用之间传递参数，而是采用更命令式的风格，显式地通过赋值更新变量 product 和 counter 的值：

```
function factorial(n) {
    let product = 1;
    let counter = 1;
    function iter() {
        if (counter > n) {
            return product;
        } else {
            product = counter * product;
            counter = counter + 1;
            return iter();
        }
    }
    return iter();
}
```

这样做不会改变程序产生的结果，但却会引进一个微妙的陷阱：我们应该如何确定两个赋值的顺序呢？上面那样写的程序是正确的，但如果以相反顺序写这两个赋值：

```
counter = counter + 1;
product = counter * product;
```

就会产生不同的，实际上是错误的结果。一般而言，使用赋值的程序设计强迫我们去考虑赋值的前后顺序问题，以保证每个语句用的都是被修改变量的正确版本。这类问题根本不会出现在函数式程序里[11]。

如果我们考虑存在多个并发执行的进程的应用程序，命令式程序设计的复杂性还会变得更糟。我们将在 3.4 节回到这个问题。现在首先需要解决的，当然是为涉及赋值的程序提供一个计算模型，以及在模拟的设计中如何使用有局部状态的对象。

练习 3.7　考虑练习 3.3 描述的，由 `make_account` 创建的带密码的银行账户对象。假定我们的银行系统允许建立合用账户，请声明函数 `make_joint` 创建这种账户。函数 `make_joint` 应该有三个参数：第一个参数是一个密码保护的账户；第二个参数是密码，它必须与已定义账户的密码匹配，使 `make_joint` 操作能继续；第三个参数是一个新密码。`make_joint` 用这个新密码创建对原账户的另一条访问路径。例如，如果 `peter_acc` 是具有密码 `"open sesame"` 的银行账户，那么

205

```
const paul_acc = make_joint(peter_acc, "open sesame", "rosebud");
```

使人可以通过名字 `paul_acc` 和密码 `"rosebud"` 对账户 `peter_acc` 做交易。请修改你针对练习 3.3 的解，加入这一新功能。

练习 3.8　我们在 1.1.3 节定义求值模型时曾经说过，求值表达式的第一步是求值其子表达式。但那时没说将按怎样的顺序去求值子表达式（例如，是从左到右还是从右到左）。引进赋值之后，对运算符组合式里各运算对象的不同求值顺序有可能导致不同的结果。请定义一个简单的函数 `f`，使得对 `f(0) + f(1)` 的求值，当 `+` 对运算对象采用从左到右的求值顺序时返回 0，而对运算对象采用从右到左的求值顺序时返回 1。

3.2　求值的环境模型

在第 1 章介绍复合函数时，我们用求值的代换模型（1.1.5 节）定义了函数应用于实际参数的意义。定义如下：

> 把一个复合函数应用于一些实际参数，就是在把该函数的返回表达式（更一般情况是函数体）中的每个形参用相应实参取代后，求值得到的结果表达式（或函数体）。

一旦我们把赋值引进程序设计语言，这个定义就不再合适了。特别是我们在 3.1.3 节已经论证，由于赋值的存在，名字已经不能再被看作某个值的代表了。与之相对，此时的一个名字必须以某种方式指定一个"位置"，在那里可以存储值。在我们的新求值模型里，这种位置维持在一种称为环境的结构里。

环境是框架（frame）的序列，每个框架是包含着一些约束的表格（可能为空），这些约束把一些名字关联于对应的值（在一个框架里，任何变量至多只能有一个约束）。每个框架还包含一个指针，指向该框架的外围环境，除非该框架在当前讨论中被当作全局的。一个名字的值（相对于某个特定的环境），就是在相应环境里的第一个包含这个名字的约束的框架

11　从这里的情况可以看出，大多数程序设计引论课程采用高度命令式的风格教授，确实是一件令人啼笑皆非的事情。这一情况可能源自 20 世纪 60 年代到 70 年代的一种常见看法的残余。那种看法说，调用函数的程序一定比执行赋值的程序效率低（Steele1977 批驳了这一论断）。还有，这种情况也可能反映了另一种观点，认为让初学者一步步地看赋值比观察函数调用更容易。无论出于什么原因，它总是给程序设计的初学者增加了关注"我应该把给这个变量的赋值放在另一个之前还是之后"的负担，这种情况会使程序设计复杂化，也会使其中的主要思想变得更不清晰。

里，该名字的那个约束值。如果在环境的框架序列中不存在这个名字的约束，我们就说这个名字在该特定环境中未约束。

图 3.1 描绘了一个简单环境的结构，其中包含 3 个框架，分别用Ⅰ、Ⅱ和Ⅲ标记。在这个图里，A、B、C 和 D 都是环境指针，其中 C 和 D 指向同一个环境。变量 z 和 x 在框架Ⅱ里约束，而变量 y 和 x 在框架Ⅰ里约束。x 在环境 D 里的值是 3，x 相对环境 B 的值也是 3。最后这个情况按如下方式确定：我们首先检查序列中的第一个框架（框架Ⅲ），在这里没找到 x 的约束，因此继续前进到外围环境 D 并在框架Ⅰ里找到了相应约束。另一方面，x 在环境 A 中的值是 7，因为序列中第一个框架（框架Ⅱ）包含 x 与 7 的约束。相对于环境 A，我们说在框架Ⅱ里 x 与 7 的约束遮蔽了框架Ⅰ里 x 与 3 的约束。

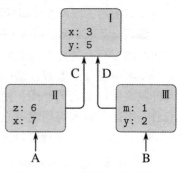

图 3.1   一个简单的环境结构

[206]

环境对求值过程至关重要，因为它确定了表达式求值的上下文。实际上，我们完全可以说，程序语言里的表达式本身根本无意义，只有相对于表达式求值所在的环境，表达式才获得意义。即使如 display(1) 这样最直截了当的表达式，其解释也依赖于有关操作进行的上下文，其中名字 display 引用着一个能显示值的基本函数。这样，在有关求值模型的讨论中，我们将总是说某表达式相对于某环境的求值。为了描述与解释器的交互，我们将始终假定存在一个全局环境，它只包含一个框架（没有外围环境），其中包含着所有基本函数的名字及其关联值。例如，display 是基本显示函数的名字，这个说法的表现就是，在全局环境中名字 display 约束到那个基本显示函数。

在求值一个程序之前，我们给全局环境扩充一个框架，称为程序框架，得到的环境称为程序环境。我们将把所有在程序顶层（也就是说，在任何块结构之外）声明的名字都加入这个框架。任何给定程序的求值都是相对于程序环境进行的。

3.2.1   求值规则

关于解释器如何求值函数应用的问题，其整体描述仍然与我们在 1.1.4 节中第一次介绍时完全一样。

需要求值一个函数应用式时，按下面的方式工作：

[207]

1. 求值应用式中的各个子表达式，即其中的函数表达式和各个实参表达式 [12]。
2. 把得到的函数（也就是函数表达式的值）应用于那些实参表达式的值。

用求值的环境模型取代求值的代换模型，就是要重新说明把函数应用于实参的意义。

在求值的环境模型里，一个函数是一个序对，由一些代码和一个指向环境的指针构成。函数只有一种创建方式，就是通过求值 lambda 表达式。这样生成的函数，其代码来自相应 lambda 表达式的正文，其环境就是求值该 lambda 表达式从而生成该函数时的那个环境。举个例子，考虑在程序环境里求值下面的函数定义：

---

12 赋值的存在给求值规则的步骤 1 引入了一个微妙的问题。正如练习 3.8 描述的，赋值的存在使我们可以写出一些表达式，如果以不同的顺序对函数应用中的各个子表达式求值，它们可能产生不同的值。为了消除这种歧义性，JavaScript 明确说明组合式的子表达式和函数应用的实参表达式都从左到右求值。

```
function square(x) {
    return x * x;
}
```

函数声明的语法形式等价于其背后隐含的 lambda 表达式，写上面的声明等价于写[13]：

```
const square = x => x * x;
```

它求值 `x => x * x`，并把求值的结果约束于名字 `square`，这些都在程序环境里完成。

图 3.2 描绘了这个声明语句求值后的情况。全局环境包围着程序环境。为了避免过于杂乱，以后的图中将不再画出全局环境（它总与这里一样），但我们应该记得它的存在，而且从程序框架有一个向上指向它的指针。函数对象是一个序对，其代码部分说明这个函数有一个形式参数 `x`，其函数体是 `return x * x;`。函数的环境部分是一个指向程序环境的指针，因为产生这个函数的 lambda 表达式是在程序环境中求值的。这个声明的求值在程序框架里加入一个新约束，把生成的函数对象约束于名字 `square`。

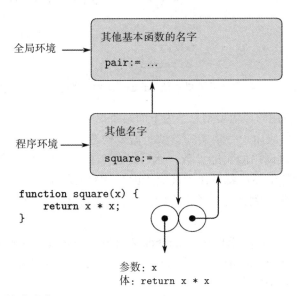

图 3.2   在程序环境中求值 `function square(x) { return x * x; }` 产生的环境结构

一般而言，`const`、`function` 和 `let` 都会在框架里加入约束。由于不能对常量赋值，在我们的环境模型里需要区分引用常量和引用变量的名字。我们用在名字后的冒号之后写一个等号的形式，指明这是一个常量名字。我们把函数声明看作等价于常量声明[14]。

看过了创建函数的情况，我们现在就可以描述函数的应用了。按照环境模型，把一个函数应用于一组实际参数时将建立一个新环境。该环境中包含一个框架，被调用函数的各个形式参数在这个框架里分别约束于对应的实际参数，该框架的外围环境就是被应用函数的那个环境。然后，我们就在这个新环境中求值函数的体。

为了演示这一规则的实施情况，图 3.3 描绘了在程序环境中求值表达式 `square(5)` 创建的环境结构，其中的 `square` 是在图 3.2 里生成的函数。这个函数应用创建了一个新环境，

208

13　第 1 章的脚注 54 里说过在完全的 JavaScript 里这两者之间的差异。本书中我们将忽略这种差异。

14　第 1 章的脚注 54 里说过，完全的 JavaScript 允许给函数声明约束的名字赋值。

在图中用 E1 标记。该环境从一个框架开始，其中包含函数的形式参数 x 到实际参数 5 的约束。请注意，E1 里名字 x 之后是冒号但没有等号，说明形式参数被当作变量看待 [15]。从这个框架上引的指针说明该框架的外围环境就是程序环境。之所以这里选择程序环境，是因为它就是作为 square 函数对象的一部分的那个环境。我们在 E1 里求值函数体 return x * x。因为在 E1 里 x 的值是 5，所以求值的结果是 5 * 5，也就是 25。

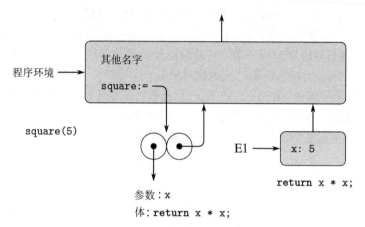

图 3.3   在程序环境里求值 square(5) 时创建的环境结构

我们可以把函数应用的环境模型总结为下面两条规则：

- 把一个函数对象应用于一集实际参数，需要构造一个新框架，在其中把函数的形式参数约束到这次调用的实际参数，然后以这个新构造的环境为上下文求值函数体。这个新框架的外围环境就是作为被应用的函数对象的组成部分的那个环境。在求值函数体的过程中遇到的第一个返回语句的返回表达式的值，就是这个函数应用的结果。

- 相对于一个给定的环境求值一个 lambda 表达式，将创建一个函数对象。该函数对象是一个序对，由该 lambda 表达式的正文和一个指向环境的指针组成。该指针指向创建这个函数对象时的环境。

最后我们要明确说明赋值的行为，正是这个操作迫使我们引入环境模型。在某个环境中求值表达式 *name = value*，需要找到这个 *name* 在该环境里的约束，也就是说，找到该环境里的第一个包含这个 *name* 的约束的框架。如果这个约束是变量约束——在图示中用框架里的 *name* 后随一个：表示——就修改该约束，反映该变量被赋新值的情况。否则这个约束就是常量约束——用 *name* 后随 := 表示——赋值报 "assignment to constant" 错误。如果 *name* 在环境中无约束，赋值报 "variable undeclared" 错误。

显然，这一套求值规则比代换规则复杂了许多，但也还是合理地直截了当。进一步说，虽然这一求值模型比较抽象，但它却为解释器如何求值表达式提供了正确的描述。在第 4 章里我们将看到，这一模型将如何成为实现一个能工作的解释器的蓝图。下面几节将分析几个极具解释意义的实例，进一步揭示这一模型的各方面细节。

---

15   这个例子里并没有利用形参 x 也是变量的事实。但请回忆一下 3.1.1 节中的函数 make_withdraw，它就依赖其形参是变量的情况。

3.2.2　简单函数的应用

在 1.1.5 节里介绍代换模型时，我们展示了在给出下面的函数声明之后，组合式 f(5)
怎样求值得到 136：

210

```
function square(x) {
    return x * x;
}
function sum_of_squares(x, y) {
    return square(x) + square(y);
}
function f(a) {
    return sum_of_squares(a + 1, a * 2);
}
```

我们同样能用环境模型分析这个实例。图 3.4 描绘了在程序环境里对 f、square 和 sum_of_
squares 的声明的求值完成时创建的三个函数对象，每个函数对象都由一些代码和一个指向
程序环境的指针构成。

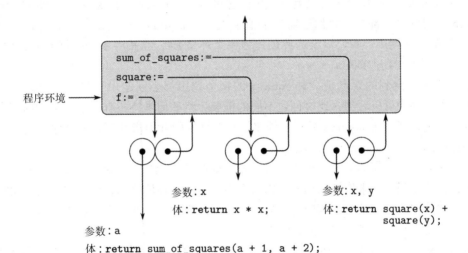

图 3.4　程序框架里的几个函数对象

图 3.5 描绘的是求值 f(5) 创建的环境结构。对 f 的调用创建了一个新环境 E1，它开始
于一个框架，其中 f 的形式参数 a 约束到实参 5。下一步是在 E1 里求值 f 的体：

```
return sum_of_squares(a + 1, a * 2);
```

求值这个返回语句时，我们先求值返回表达式的子表达式。第一个子表达式 sum_of_
squares 的值是一个函数对象（请注意这个值是如何找到的：我们首先在 E1 的第一个框架
里找，但这里没有 sum_of_squares 的约束。然后我们进入当时的外围环境——即程序环
境——并在那里找到了图 3.4 所示的约束）。对另外两个子表达式求值要求应用基本运算符 +
和 *，分别求值组合式 a + 1 和 a * 2 得到 6 和 10。

211

现在需要把 sum_of_squares 的函数对象应用于实参 6 和 10，为此将构造一个新环境
E2，在新框架里形式参数 x 和 y 约束于对应的实际参数。然后要求在 E2 里求值语句

```
return square(x) + square(y);
```

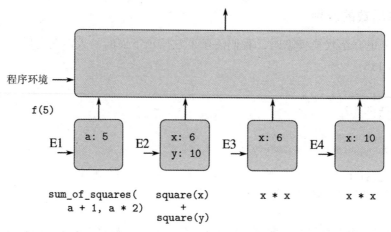

图 3.5   使用图 3.4 里的函数求值 f(5) 创建的环境

这要求我们求值 square(x)，其中 square 从程序环境中找到，而 x 是 6。我们又需要设置另一个新环境 E3，在其中 x 约束到 6，并在这里求值 square 的体 x * x。作为 sum_of_squares 应用的另一部分，我们还需要求值子表达式 square(y)，其中的 y 是 10。这是对 square 的第二个调用，我们需要为此创建另一个环境 E4，在其中 square 的形式参数 x 约束到 10，然后在 E4 里求值 x * x。

这里应该注意到的要点是，对 square 的每个调用都会创建一个包含 x 的约束的新环境。由这些说明中可以看到，通过创建不同的框架，将如何维持所有名字为 x 的局部变量互不相同。还请注意，由 square 的调用创建的每个框架的外围指针都指向程序环境，因为它就是 square 的函数对象指定的环境。

各子表达式求值后返回得到的值。对 square 的两个调用产生的值被 sum_of_squares 加起来，作为调用 f 的求值结果返回。因为现在关心的是环境结构，所以这里我们没有详细考察得到的返回值如何从一个调用传到另一个调用。当然，这件事也是求值过程的一个重要方面，我们将在第 5 章研究这个问题的细节。

练习 3.9   在 1.2.1 节，我们用代换模型分析了两个计算阶乘的函数。一个递归版本：

```
function factorial(n) {
    return n === 1
        ? 1
        : n * factorial(n - 1);
}
```

和一个迭代版本：

```
function factorial(n) {
    return fact_iter(1, 1, n);
}
function fact_iter(product, counter, max_count) {
    return counter > max_count
        ? product
        : fact_iter(counter * product,
                    counter + 1,
                    max_count);
}
```

请分别描绘对函数 `factorial` 的这两个版本求值 `factorial(6)` 时创建的环境结构 [16]。

3.2.3 框架作为局部状态的仓库

我们同样可以通过环境模型，去看看函数和赋值如何表示具有局部状态的对象。作为例子，现在考虑通过调用 3.1.1 节的如下函数创建的"提款处理器"：

```
function make_withdraw(balance) {
    return amount => {
            if (balance >= amount) {
                balance = balance - amount;
                return balance;
            } else {
                return "insufficient funds";
            }
        };
}
```

让我们仔细观察下面语句的求值过程：

```
const W1 = make_withdraw(100);
```

而后再做：

```
W1(50);
50
```

213

图 3.6 描绘了在程序环境里声明 `make_withdraw` 函数的结果。这个求值产生了一个函数对象，其中包含一个指向程序环境的指针。到目前为止，这个实例还没表现任何与前面看过的实例不同的东西，除了函数体本身是一个 `lambda` 表达式之外。

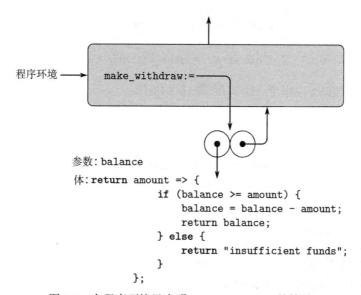

图 3.6 在程序环境里声明 `make_withdraw` 的结果

---

16 这种环境模型还不能澄清我们在 1.2.1 节的断言，那里说，由于使用尾递归，解释器只需要常量空间就能执行像 `fact_iter` 这样的函数。我们将在 5.4 节讨论解释器的控制结构时处理尾递归问题。

这个计算中的最有趣现象出现在把函数 make_withdraw 应用于参数的时候：

```
const W1 = make_withdraw(100);
```

如常，我们需要在开始时设置环境 E1，其中形参 balance 约束到实参 100，并在这个环境里求值 make_withdraw 的体，也就是那个返回语句，其返回表达式是一个 lambda 表达式。求值这个 lambda 表达式将构造出一个新的函数对象，其代码来自 lambda 表达式，而其环境就是 E1，也就是求值该 lambda 表达式并生成函数对象时的环境。这个函数对象也就是调用 make_withdraw 的返回值，它在程序环境里约束于 W1，因为对常量声明的求值本身是在程序环境里进行的。图 3.7 显示了这些处理完成后得到的环境结构。

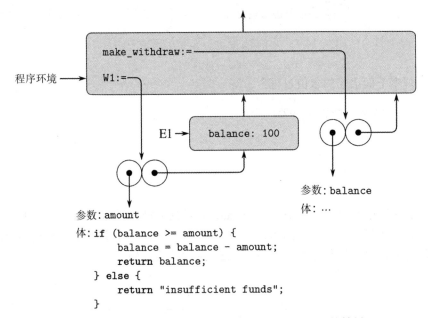

图 3.7　求值 const W1 = make_withdraw(100) 的结果

现在我们分析把 W1 应用于一个实参时出现的情况：

```
W1(50);
50
```

[214]　我们开始于构造一个框架，将 W1 的形式参数 amount 在其中约束到实参 50。这里要注意的关键点是：这个框架的外围环境不是程序环境，而是环境 E1，因为它才是函数对象 W1 指定的环境。现在我们要在这个新环境里求值下面这个函数体：

```
if (balance >= amount) {
    balance = balance - amount;
    return balance;
} else {
    return "insufficient funds";
}
```

得到的环境结构如图 3.8 所示。在这里需要求值表达式里引用了 amount 和 balance，其中的 amount 在环境中第一个框架找到，而 balance 则沿外围环境指针向前到 E1 找到。

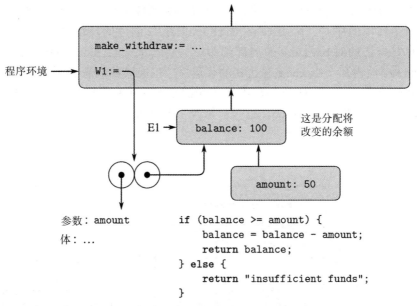

图 3.8　通过应用函数对象 W1 创建起的环境

执行赋值就修改了 balance 在 E1 里的约束。在对 W1 的调用完成时 balance 的值是 50，而且包含着这个 balance 的框架仍然被 W1 的函数对象指着。约束 amount 的那个框架（我们曾在其中执行修改 balance 的代码）现在已经无关紧要了，因为构造它的函数调用已经结束，环境中任何部分都不再包含指向该框架的指针了。下一次 W1 被调用时，这个函数又会构造起另一个新框架，在其中建立 amount 的另一个新约束，而这个框架的外围环境还是 E1。在上面的分析中，我们可以看到环境 E1 怎样起着保存函数对象的局部状态变量的"位置"的作用。图 3.9 展示的是调用 W1 之后的情景。

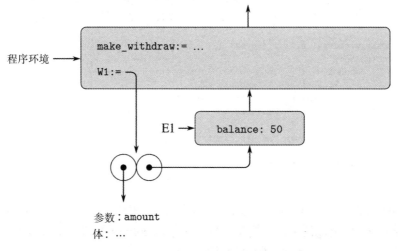

图 3.9　调用 W1 之后的环境

215

现在我们再次调用 make_withdraw 创建第二个"提款"对象，看看会出现什么情况：

```
const W2 = make_withdraw(100);
```

这个语句产生的环境结构如图 3.10 所示，其中的 W2 也是一个函数对象，也就是说，是一
些代码和一个环境的序对。调用 make_withdraw 为 W2 创建的环境是 E2，它包含一个框
架，其中有它自己的对 balance 的局部约束。另一方面，W1 和 W2 的代码相同，也就是
make_withdraw 体内那个 lambda 表达式的代码 [17]。在这里我们看到了为什么 W1 和 W2 是
行为上完全互相独立的两个对象。调用 W1 引用的是保存在 E1 里的状态变量 balance，而
调用 W2 引用的是 E2 里的 balance。这样，修改一个对象的局部状态当然不会影响另一个
对象。

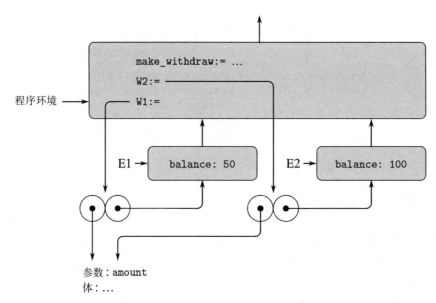

图 3.10   使用 const W1 = make_withdraw(100) 创建第二个对象

练习 3.10   在函数 make_withdraw 里，balance 是作为函数参数创建的局部变量。我
们也可以用下面可称为立即调用 lambda 表达式的方式，独立创建一个局部状态变量：

```
function make_withdraw(initial_amount) {
    return (balance =>
                amount => {
                    if (balance >= amount) {
                        balance = balance - amount;
                        return balance;
                    } else {
                        return "insufficient funds";
                    }
                })(initial_amount);
}
```

外层的 lambda 表达式在求值后被立即调用，其作用就是创建局部变量 balance 并将其初始
化为 init_amount 的值。请用环境模型分析 make_withdraw 的这个不同版本，画出类似上
面形式的环境结构图，展示下面代码执行时的情况：

```
const W1 = make_withdraw(100);
```

---

17   究竟 W1 和 W2 是共享计算机里保存的同一段物理代码，还是各自维持自己的一份拷贝，完全是实现的技
       术细节。我们在第 4 章实现的解释器里采用了共享代码的方式。

```
W1(50);

const W2 = make_withdraw(100);
```

请说明 `make_withdraw` 的这两个版本创建的对象具有相同的行为。这两个函数版本生成的
环境结构有什么不同吗？

3.2.4　内部定义

在这一节，我们要讨论包含声明的函数体或其他块结构（例如条件语句的分支）的求值
问题。前面说过，每个块结构为块中声明的名字开辟了一个新作用域。为了在给定的环境中
求值块结构，我们需要扩充这个环境，增加一个框架，其中包含所有直接在这个块体里（也
就是说，在其内部嵌套的块之外）声明的名字，然后在这个新环境中求值块体。

1.1.8 节介绍了函数可以有内部定义的思想，这样就引进了块结构，就像下面计算平方
根的函数里的情况：

```
function sqrt(x) {
    function is_good_enough(guess) {
        return abs(square(guess) - x) < 0.001;
    }
    function improve(guess) {
        return average(guess, x / guess);
    }
    function sqrt_iter(guess){
        return is_good_enough(guess)
               ? guess
               : sqrt_iter(improve(guess));
    }
    return sqrt_iter(1);
}
```

现在我们要用环境模型来看看，为什么这样的内部定义具有我们期望的行为。图 3.11 显示
了求值表达式 `sqrt(2)` 的过程中的一点，当时内部函数 `is_good_enough` 被第一次调用，
其中参数 `guess` 等于 1。

请仔细观察这个环境结构。名字 `sqrt` 在程序环境里约束到一个函数对象，与之关联的
环境就是程序环境。`sqrt` 被调用时生成一个新环境 E1，作为程序环境的下属，参数 x 在其
中约束到 2。然后 `sqrt` 的体在 E1 里求值。这个函数体是一个块，其中包含局部的函数声
明。因此 E1 就会被扩充，为求值块里的代码创建一个新框架，由此得到新环境 E2。下一步
就是在 E2 里求值这个块里的代码。块体里需要求值的第一个语句是：

[218]

```
function is_good_enough(guess) {
    return abs(square(guess) - x) < 0.001;
}
```

求值这个声明在环境 E2 里创建函数 `is_good_enough`。更准确地说，名字 `is_good_`
`enough` 被加入环境 E2 的第一个框架，并约束于一个函数对象，该函数对象的关联环境是
E2。与此类似，`improve` 和 `sqrt_iter` 也在 E2 里约束于相应的函数对象。为简洁起见，
图 3.11 里只画了约束于 `is_good_enough` 的函数对象。

定义好各个局部函数之后，现在要求值表达式 `sqrt_iter(1)`，还是在环境 E2 里。由
于当前的情况，在 E2 里约束于 `sqrt_iter` 的函数对象被调用，以 1 作为实参。这个调

219 用创建了另一个环境 E3，其中 sqrt_iter 的形参 guess 约束到 1。函数 sqrt_iter 转而以 guess（来自 E3）的值为实参调用 is_good_enough，这时创建了另一个环境 E4，（is_good_enough 的形参）guess 在该环境里约束到 1。虽然 sqrt_iter 和 is_good_enough 都有名字为 guess 的形参，但它们是两个不同的局部变量，位于不同的框架里。还有，E3 和 E4 都以 E2 作为其外围环境，这是因为函数 sqrt_iter 和 is_good_enough 都以 E2 作为自己的定义环境。这种情况造成的一个后果就是，出现在 is_good_enough 体内部的名字 x 将引用出现在 E1 里的 x 约束，也就是一开始 sqrt 被调用时的那个 x 的值。

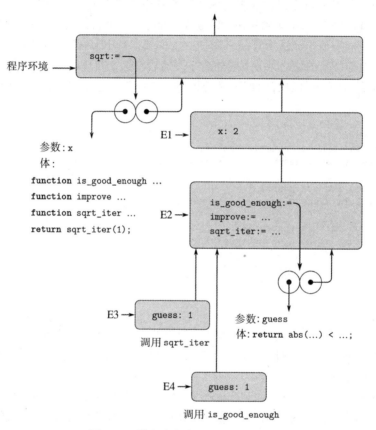

图 3.11 带有内部定义的 sqrt 函数

我们说以局部函数声明是程序模块化的有用技术，环境模型完全清楚地解释了这种技术所具有的两个最关键的性质：

- 局部函数的名字不会与包容它们的函数之外的名字互相干扰，这是因为这些局部函数名都是在该函数求值时创建的框架里约束的，而不是在程序环境里约束的。
- 局部函数可以访问包含着它们的函数的参数（以及在那里局部声明的变量和常量）。如果希望这样，只需要把相应形参的名字作为自由名字。这是因为，对局部函数的体求值时所用的环境是其外围函数求值时所用的环境的下属。

练习 3.11 在 3.2.3 节里，我们看到环境模型如何描述带有局部状态的函数的行为，现在我们又看到了局部定义如何工作。一个典型的消息传递函数同时包含这两个方面。现在考虑 3.1.1 节的银行账户函数：

```
function make_account(balance) {
    function withdraw(amount) {
        if (balance >= amount) {
            balance = balance - amount;
            return balance;
        } else {
            return "Insufficient funds";
        }
    }
    function deposit(amount) {
        balance = balance + amount;
        return balance;
    }
    function dispatch(m) {
        return m === "withdraw"
                ? withdraw
                : m === "deposit"
                ? deposit
                : "Unknown request: make_account";
    }
    return dispatch;
}
```

220

请描绘下面交互序列生成的环境结构：

```
const acc = make_account(50);

acc("deposit")(40);
```
90

```
acc("withdraw")(60);
```
30

acc 的局部状态保存在哪里？假定我们定义了另一个账户：

```
const acc2 = make_account(100);
```

这两个账户的局部状态如何保持不同？环境结构中的哪些部分被 acc 和 acc2 共享？

有关块结构的更多讨论

正如我们已经看到的，在 sqrt 里声明的名字，其作用域是整个 sqrt 的体。这也解释了为什么相互递归可以工作，例如下面这个（过分繁复的）检查非负整数是否偶数的函数：

```
function f(x) {
    function is_even(n) {
        return n === 0
                ? true
                : is_odd(n - 1);
    }
    function is_odd(n) {
        return n === 0
                ? false
                : is_even(n - 1);
    }
    return is_even(x);
}
```

在对 f 的调用中调用 even 时，环境图的形式类似图 3.11 里调用 sqrt_iter 时的情况，函数 is_even 和 is_odd 都已经在 E2 里约束到相应的函数对象，这两个函数对象都以 E2 作为被调用求值时的环境。这样，虽然 is_odd 是在 is_even 之后声明的，函数 is_even 体里的 is_odd 还是能正确地引用它。与 sqrt_iter 的体里的名字 improve 和名字 sqrt_iter 本身如何引用到正确函数的情况对照，这里的情况没什么不同。

有了上述块内部声明的处理方法的帮助，我们可以重新考察位于顶层的名字声明。我们在 3.2.1 节说过，在顶层声明的名字将被加入程序环境。对此的一种更好的解释是，整个程序位于一个隐含的块里，该块在全局环境里求值。这样，前面有关块的解释就能处理顶层的情况了：全局环境用一个新框架扩充，该框架包含着所有在这个隐含的块里声明的名字。这个框架就是程序框架，而这样构造起来的环境就是程序环境。

我们说，一个块的体将在一个环境里求值，该环境包含了所有在这个块体里直接声明的名字。进入这个块时，局部声明的名字被放入环境，但还没有关联的值。在求值块体的过程中，求值一个名字的声明就会给这个名字赋值，所用的值就是对 = 右边的表达式求值的结果，如同该声明就是一个赋值。由于把名字加入环境的动作独立于其声明的求值，导致这个名字的作用域就是这个块的整体。有一类错误程序，就是在一个名字的声明被求值之前访问它，对未赋值的名字求值，系统将会报错[18]。

3.3 用变动数据建模

第 2 章处理了复合数据，将其作为构造包含多个部分的计算对象的方法，用于模拟真实世界中具有多个侧面的对象。我们还介绍了数据抽象的系统方法，按这种方法，数据结构应该用构造函数（用于创建数据对象）和选择函数（用于访问复合数据对象中的部分）描述。现在我们又了解到第 2 章没涉及的数据的另一面。为了模拟由状态不断变化的对象组成的系统，我们除了需要构造复合数据对象、做成分选择之外，可能还需要修改它们。为了模拟状态不断变化的复合对象，我们设计的数据抽象不但要包含选择函数和构造函数，还需要一类称为变动函数的操作，用于修改相应的数据对象。举例说，模拟银行系统就要求我们能修改账户的余额。这样，表示银行账户的数据结构可能需要接受下面的操作：

    set_balance(*account*, *new-value*)

它根据给定的新值修改指定账户的余额。定义了变动函数的数据对象称为**可变数据对象**。

第 2 章引进序对作为构造复合数据的通用"粘接剂"。我们在这一节也从定义序对的基本变动函数开始，把序对作为构造可变数据对象的基本构件。变动函数能极大提升序对的表达能力，使我们能构造出（2.2 节使用的）序列和树以外的其他数据结构。我们还要给出一些模拟实例，其中用带局部状态的对象的集合建模复杂的系统。

3.3.1 可变的表结构

序对的基本操作——pair、head 和 tail——能用于构造表结构，或选出表结构中的部分，但它们不能修改表结构。我们至今用过的其他表操作（例如 append 和 list）也都如此，因为它们都可以基于 pair、head 和 tail 定义。修改表结构需要新的操作。

18　这也解释了为什么第 1 章脚注 56 里的程序是错误的。在一个名字被建立约束与该名字的声明被求值之间的这段时间，称为临时性死亡区间（Temporal Dead Zone，TDZ）。

操作序对的基本变动函数是 `set_head` 和 `set_tail`。`set_head` 要求两个参数，其中第一个参数必须是序对。`set_head` 修改这个序对，把它的 `head` 指针替换为指向 `set_head` 的第二个参数的指针 [19]。

作为例子，假设 x 约束到表 `list(list("a", "b"), "c", "d")`，y 约束到表 `list("e", "f")`，如图 3.12 所示。求值表达式 `set_head(x, y)` 将修改 x 约束的那个序对，把它的 `head` 用 y 的值取代。这一操作的结果如图 3.13 所示。结构 x 被修改了，现在它等价于 `list(list("e", "f"), "c", "d")`。原来由被取代的指针引用的，表示表 `list("a", "b")` 的那个序对，现在已经脱离了原来的结构 [20]。

223

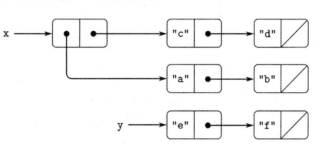

图 3.12　表 x: `list(list("a", "b"), "c", "d")` 和 y: `list("e", "f")`

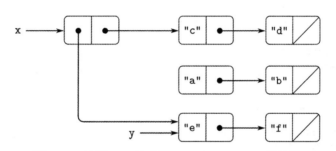

图 3.13　对图 3.12 的表做 `set_head(x, y)` 的效果

我们可以对图 3.13 和图 3.14 做一个比较。图 3.14 展示的是执行 **const z = pair(y, tail(x))** 的结果，其中 x 和 y 仍然约束到图 3.12 表示的那两个表。执行操作之后，名字 z 约束到了由 `pair` 操作创建的一个新序对，而 x 约束的表并没有改变。

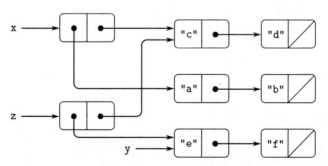

图 3.14　对图 3.12 的表执行 **const z = pair(y, tail(x))** 的结果

19　`set_head` 和 `set_tail` 的返回值为 `undefined`。我们应该只使用它们的效果。

20　可以看到，对表的变动操作可能产生"废料"，它们不再是任何可访问结构的组成部分。在 5.3.2 节我们将看到，JavaScript 的存储管理系统包含一个废料收集器，它能标识并回收这种无用序对占用的存储。

set_tail 操作与 set_head 类似，不同点就在于这个操作中被取代的是序对的 tail 指针，而不是 head 指针。对图 3.12 中的表执行 set tail(x, y) 的效果如图 3.15 所示。在这里，x 的 tail 指针被指向 list("e", "f") 的指针取代。还有，原来作为 x 的 tail 部分的表 list("c", "d")，现在也脱离了这个结构。

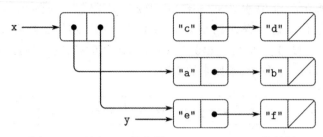

图 3.15　对图 3.12 的表做 set_tail(x, y) 的结果

pair 通过创建新序对的方式构造新表，而 set_head 和 set_tail 则是修改现有的序对。显然，pair 可以用两个变动函数和一个返回新序对的函数 get_new_pair 实现，这里得到的新序对不是任何现存表结构的组成部分。我们先取得一个序对，而后把它的 head 和 tail 的指针分别设置到指定对象，最后返回这个序对作为 pair 的结果 [21]。

```
function pair(x, y) {
    const fresh = get_new_pair();
    set_head(fresh, x);
    set_tail(fresh, y);
    return fresh;
}
```

练习 3.12　下面是 2.2.1 节介绍过的表拼接函数：

```
function append(x, y) {
    return is_null(x)
           ? y
           : pair(head(x), append(tail(x), y));
}
```

append 通过顺序地把 x 的元素加到 y 前面的方法构造新表。函数 append_mutator 与 append 类似，但它是一个变动函数而不是构造函数。它做表拼接的方法是把两个表粘到一起，也就是修改 x 最后的序对，使其 tail 变成 y(对空的 x 调用 append_mutator 是错误的)。

```
function append_mutator(x, y) {
    set_tail(last_pair(x), y);
    return x;
}
```

这里的函数 last_pair 返回其参数的最后一个序对：

```
function last_pair(x) {
    return is_null(tail(x))
           ? x
           : last_pair(tail(x));
}
```

21　5.3.1 节将说明存储管理系统如何实现 get_new_pair。

考虑下面的交互

```
const x = list("a", "b");

const y = list("c", "d");

const z = append(x, y);

z;
["a", ["b", ["c", ["d, null]]]]

tail(x);
response

const w = append_mutator(x, y);

w;
["a", ["b", ["c", ["d", null]]]]

tail(x);
response
```

上面空缺的两个 *response* 是什么？请画出相应的盒子指针图来解释你的回答。 225

练习 3.13　考虑下面的 make_cycle 函数，其中用到练习 3.12 定义的 last_pair 函数：

```
function make_cycle(x) {
    set_tail(last_pair(x), x);
    return x;
}
```

请画出盒子指针图，说明下面声明创建的 z 的结构：

```
const z = make_cycle(list("a", "b", "c"));
```

如果我们尝试去计算 last_pair(z)，会出现什么情况？

练习 3.14　下面这个函数相当有用，但也有些费解：

```
function mystery(x) {
    function loop(x, y) {
        if (is_null(x)) {
            return y;
        } else {
            const temp = tail(x);
            set_tail(x, y);
            return loop(temp, x);
        }
    }
    return loop(x, null);
}
```

函数 loop 里用一个"临时"变量 temp 保存 x 的 tail 的原值，因为下一行的 set_tail 将破坏这个 tail。请一般性地解释 mystery 做些什么。假定 v 由下面声明得到：

```
const v = list("a", "b", "c", "d");
```

请画出 v 约束的表的盒子指针图。假定现在求值

```
const w = mystery(v);
```

请画出求值这个程序后结构 v 和 w 的盒子指针图。打印 v 和 w 的值会得到什么?

共享和相等

在 3.1.3 节,我们提出了由于引入赋值而产生的"同一"和"变动"的理论问题。当不同的数据对象共享某些序对时,这些问题就表现到现实中来了。例如,考虑由下面求值形成的结构:

```
const x = list("a", "b");
const z1 = pair(x, x);
```

如图 3.16 所示,这里的 z1 是一个序对,其 head 和 tail 都指向同一个序对 x。这种 z1 的 head 和 tail 共享 x 是 pair 的简单实现方式的自然结果。一般而言,用 pair 构造的表结构总是由序对相互链接形成的结构,其中可能有些序对被某些不同的结构共享。

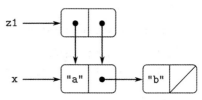

图 3.16 由 pair(x, x) 构造的表 z1

与图 3.16 不同,图 3.17 展示的是由下式创建的结构:

```
const z2 = pair(list("a", "b"), list("a", "b"));
```

在这个结构里,两个表 list("a", "b") 里包含了同样的字符串,但这两个表里的各个序对都不相同 [22]。

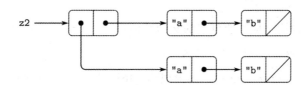

图 3.17 由 pair(list("a", "b"), list("a", "b")) 构造的表 z2

如果当作表看待,z1 和 z2 表示的是"同一个"表:

```
list(list("a", "b"), "a", "b")
```

一般而言,如果我们只对表使用 pair、head 和 tail 操作,完全不会察觉其中的共享。然而,如果允许对表结构做变动操作,共享的情况就会显现出来。作为考察这种共享会产生什么影响的例子,现在考虑下面的函数,它修改被应用的结构的 head:

```
function set_to_wow(x) {
    set_head(head(x), "wow");
    return x;
}
```

虽然 z1 和 z2 可以看作"同一个"结构,把 set_to_wow 应用于它们却会产生不同的结果。对于 z1,修改其 head 也同时修改了它的 tail,因为 z1 的 head 和 tail 是同一个序对。

---

22 这两个序对不同,是因为每次调用 pair 都返回一个新序对。字符串相同是说它们都是基本数据(和数一样),由同样的字符按同样顺序构成。因为 JavaScript 没有修改字符串的操作,解释器的设计者可能决定在系统里实现一些字符串共享,但这种共享是无法检查的。下面我们将一直认为,对于基本数据(例如两个数、布尔值、字符串),如果不可区分,就认为它们相同。

而对 z2, 由于其 head 和 tail 是不同的, 所以 set_to_wow 只修改了它的 head:

```
z1;
[["a", ["b", null]], ["a", ["b", null]]]

set_to_wow(z1);
[["wow", ["b", null]], ["wow", ["b", null]]]

z2;
[["a", ["b", null]], ["a", ["b", null]]]

set_to_wow(z2);
[["wow", ["b", null]], ["a", ["b", null]]]
```

要检查检查表结构是否共享, 一种方法是使用基本谓词 ===。这个谓词在 1.1.6 节介绍过, 可以用于检查两个数是否相同, 在 2.3.1 节有扩展, 允许用于检查两个字符串是否相同。在用于非基本值时, x === y 检查 x 和 y 是否为同一个对象 (也就是说, x 和 y 作为指针是否相等)。这样, 对图 3.16 和图 3.17 展示的 z1 和 z2, 我们就会得到 head(z1) === tail(z1) 是真, 而 head(z2) === tail(z2) 是假。

在下面几节里可以看到, 利用共享结构, 我们能极大地扩展能用序对表示的数据结构的范围。但另一方面, 共享也可能带来危险, 因为对一个结构的修改会影响那些恰好共享着被修改序对的结构。使用变动函数 set_head 和 set_tail 时应特别小心, 除非我们完全理解被操作的数据对象里的实际共享情况, 否则, 使用变动函数就可能造成意想不到的结果 [23]。

练习 3.15 请画出盒子指针图, 表示 set_to_wow 对上面结构 z1 和 z2 的作用。

练习 3.16 Ben Bitdiddle 决定写一个函数来统计任何表结构里的序对个数。"这太简单了,"他说,"任何表结构里的序对的个数, 就是其 head 部分的统计值加上其 tail 部分的统计值, 再加上 1, 以计入当前这个序对。"所以 Ben 写出了下面这个函数:

```
function count_pairs(x) {
    return ! is_pair(x)
           ? 0
           : count_pairs(head(x)) +
             count_pairs(tail(x)) +
             1;
}
```

请说明这个函数并不正确。请画出几个表示表结构的盒子指针图, 它们都正好出 3 个序对构成, 而 Ben 的函数对它们将分别返回 3、4、7, 或者根本就不返回。

练习 3.17 请设计出练习 3.16 中 count_pairs 函数的一个正确版本, 使它对任何结构都能正确返回不同序对的个数。(提示: 遍历有关的结构, 维护一个辅助数据结构, 用它记录已经统计过的序对的轨迹。)

23　在处理可变数据对象的共享问题时, 最微妙之处正反映了 3.1.3 节提出的有关"同一"和"变动"的基本问题。在那里我们说过, 如果语言许可变动, 每个复合对象就必须有一个"标识", 而这应该是某种不同于构造它中的片段的东西。在 JavaScript 里, 我们认为"标识"是某种可以用 === 检查的量, 例如指针相等。因为在大多数 JavaScript 实现里, 指针本质上就是存储地址, 这样, 我们"解决(对象标识定义)问题"的方法就是假设数据对象"本身"也是信息, 保存在计算机里某些特定存储位置。对简单的 JavaScript 程序, 这样就足够了。但是, 这并不是解决计算模型中"同一"问题的普适方法。

练习 3.18 请写一个函数，它检查一个表，确定其中是否有环路。而所谓的有环路，也就是说，如果一个程序打算通过不断做 `tail` 去找到这个表的尾，就会陷入无穷循环。练习 3.13 构造了这种表。

练习 3.19 请重做练习 3.18，采用一种只需要常量空间的算法（这需要一个聪明的想法）。

变动也就是赋值

我们在 2.1.3 节介绍复合数据时已经看到，序对可以纯粹地用函数表示：

```
function pair(x, y) {
    function dispatch(m) {
        return m === "head"
               ? x
               : m === "tail"
               ? y
               : error(m, "undefined operation -- pair");
    }
    return dispatch;
}
function head(z) { return z("head"); }
function tail(z) { return z("tail"); }
```

这种认识对变动数据也是对的，我们也可以把可变数据对象实现为使用赋值和局部状态的函数。举例说，我们可以扩充上面这个序对实现，采用 3.1.1 节通过 `make_account` 实现银行账户的类似方式，处理 `set_head` 和 `set_tail` 的问题。

```
function pair(x, y) {
    function set_x(v) { x = v; }
    function set_y(v) { y = v; }
    return m => m === "head"
               ? x
               : m === "tail"
               ? y
               : m === "set_head"
               ? set_x
               : m === "set_tail"
               ? set_y
               : error(m, "undefined operation -- pair");
}
function head(z) { return z("head"); }
function tail(z) { return z("tail"); }
function set_head(z, new_value) {
    z("set_head")(new_value);
    return z;
}
function set_tail(z, new_value) {
    z("set_tail")(new_value);
    return z;
}
```

理论上说，要表现变动数据的行为，需要的全部东西也就是赋值。只要把赋值纳入我们的语言，就会带来所有的问题，不仅是赋值的问题，也包括一般可变对象的问题 [24]。

24　在另一方面，从实现的角度看，赋值要求我们能修改环境，而环境本身也是一个变动数据结构。这样，赋值和变动就具有等价的地位，可以相互实现。

练习 3.20 请画出环境图，展示下面一系列语句的求值过程：

```
const x = pair(1, 2);
const z = pair(x, x);
set_head(tail(z), 17);

head(x);
17
```

其中使用上面给出的序对的函数实现。（请与练习 3.11 比较。）

230

3.3.2 队列的表示

利用变动函数 `set_head` 和 `set_tail`，我们可以用序对构造出一些只靠 `pair`、`head` 和 `tail` 无法构造的数据结构。这一节将展示如何用序对表示一种称为队列的数据结构。3.3.3 节将展示如何表示称为表格的数据结构。

一个队列是一个序列，项只能从其一端插入（这一端称为队列的尾端），而且只能从另一端删除（队列的前端）。图 3.18 显示的是一个初始为空的队列，而后插入数据项 "a" 和 "b"，而后删除 "a"，又插入 "c" 和 "d"，再后又删除 "b"。由于数据项按它们插入的顺序删除，因此队列有时也被称为 FIFO（先进先出）缓冲区。

操作	结果队列
`const q = make_queue();`	
`insert_queue(q, "a");`	a
`insert_queue(q, "b");`	a b
`delete_queue(q);`	b
`insert_queue(q, "c");`	b c
`insert_queue(q, "d");`	b c d
`delete_queue(q);`	c d

图 3.18　队列操作

依照数据抽象的说法，队列可以看作是由下面一组操作定义的结构：

- 一个构造函数：

  `make_queue()`

  它返回一个空队列（不包含数据项的队列）。

- 一个谓词：

  `is_empty_queue(`*queue*`)`

  检查队列 *queue* 是否为空。

- 一个选择函数：

  `front_queue(`*queue*`)`

  返回队列 *queue* 前端的对象，如果队列为空就报错。它不修改队列。

- 两个变动函数：

  `insert_queue(`*queue*, *item*`)`

  将数据项 *item* 插入队列 *queue* 的尾端，返回修改过的队列作为值。

231

  `delete_queue(`*queue*`)`

  删除队列 *queue* 前端的数据项并返回修改后的队列作为值。如果 *queue* 为空就报错。

由于队列就是项的序列，我们当然可以把它表示为一个常规的表。这样，队列前端就是表的 `head`，向队列中插入项就是把项附到表的最后，而从队列里删除项就是取表的 `tail`。但是这种表示相当低效，这是因为，为了插入一个数据项，我们必须扫描整个表直至到达表尾。由于扫描表只能通过执行一系列 `tail` 操作，对 *n* 个项的表，这种扫描就需要 $\Theta(n)$ 步。

简单修改一下表的表示方式，就能克服这个缺点，使各种队列操作都只需要 $\Theta(1)$ 步，也就是说，使所需的步数与队列的长度无关。

采用表的表示形式，麻烦是需要通过扫描找到表尾。需要扫描的原因在于表的标准表示是用序对的链，这样可以为我们提供表的开始指针，但却没提供能方便地访问表尾的指针。为了消除这个缺点，修改的方法还是将队列表示为表，但增加一个指向表中最后序对的指针。这样，需要插入项时就可以直接通过表尾指针，避免了对表的扫描。

这样，一个队列将用一对指针 `front_ptr` 和 `rear_ptr` 表示，它们分别指向一个常规表中的第一个和最后一个序对。由于我们希望队列成为可标识对象，因此用 `pair` 组合这两个指针。这样，队列本身就是两个指针的 `pair`。图 3.19 显示了这种表示的情况。

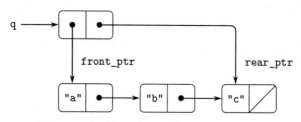

图 3.19　队列实现为一个带有首尾指针的表

为了定义各种队列操作我们先声明下面几个函数，它们使我们可以选择或者修改队列的前端和尾端指针。

```
function front_ptr(queue) { return head(queue); }
function rear_ptr(queue) { return tail(queue); }
function set_front_ptr(queue, item) { set_head(queue, item); }
function set_rear_ptr(queue, item) { set_tail(queue, item); }
```

现在我们就可以实现实际的队列操作了。如果一个队列的前端指针是空表，我们就认为这个队列是空的：

232

```
function is_empty_queue(queue) { return is_null(front_ptr(queue)); }
```

构造函数 `make_queue` 返回一个空队列，也就是一个序对，其 `head` 和 `tail` 都是空表：

```
function make_queue() { return pair(null, null); }
```

在需要选取队列前端的项时，我们返回由前端指针指向的序对的 `head`：

```
function front_queue(queue) {
    return is_empty_queue(queue)
            ? error(queue, "front_queue called with an empty queue")
            : head(front_ptr(queue));
}
```

向队列中插入一个项时，我们参考图 3.20 中描绘的方法，先创建一个新序对，其 `head` 就是要插入的项，其 `tail` 是空表。如果队列原来为空，就让队列的前端和尾端指针都指向这个新序对。否则，我们就修改队列里最后一个序对的 `tail` 指针，令其指向这个新序对，然后让队列的尾端指针也指向这个新序对。

```
function insert_queue(queue, item) {
```

```
        const new_pair = pair(item, null);
        if (is_empty_queue(queue)) {
            set_front_ptr(queue, new_pair);
            set_rear_ptr(queue, new_pair);
        } else {
            set_tail(rear_ptr(queue), new_pair);
            set_rear_ptr(queue, new_pair);
        }
        return queue;
    }
```

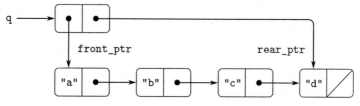

图 3.20　对图 3.19 的队列应用 `insert_queue(q, "d")` 的结果

要从队列的前端删除一个项，我们只需要修改队列的前端指针，令它指向队列中的第二个序对。通过队列中第一个序对的 `tail` 指针就能找到这个序对（参见图 3.21）[25]：

233

```
function delete_queue(queue) {
    if (is_empty_queue(queue)) {
        error(queue, "delete_queue called with an empty queue");
    } else {
        set_front_ptr(queue, tail(front_ptr(queue)));
        return queue;
    }
}
```

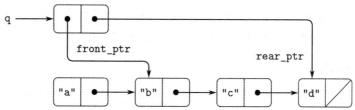

图 3.21　对图 3.20 的队列执行 `delete_queue(q)` 的结果

练习 3.21　Ben Bitdiddle 决定对上面描述的队列实现做些测试，他顺序地给 JavaScript 解释器输入了下面的语句，并查看执行情况：

```
const q1 = make_queue();

insert_queue(q1, "a");
[["a", null], ["a", null]]

insert_queue(q1, "b");
[["a", ["b", null]], ["b", null]]

delete_queue(q1);
[["b", null], ["b", null]]
```

25　如果队列的第一个数据项也是最后一个，删除后前端指针将变成空表，这也使队列变成空的。此时不必去关心尾端指针，虽然它还指着那个被删除的数据项。因为 `is_empty_queue` 只看前端指针。

```
delete_queue(q1);
[null, ["b", null]]
```

"不对，"他抱怨说，"解释器的响应说明最后一个项被插入队列两次，因为我把两个项都删除了，但是第二个还在那里。因此这时该表还不空，但它应该已经空了。"Eva Lu Ator 说是 Ben 错误理解了出现的情况。"这里根本没有一个项进入队列两次的事，"她解释说，"问题只是标准的 JavaScript 打印函数不知道如何理解队列的表示。如果你希望看到队列的正确打印结果，就必须自己为队列定义一个打印函数。"请解释 Eva Lu 说的是什么意思，特别是说明，为什么 Ben 的例子产生上面的输出结果。请定义一个函数 print_queue，它以一个队列为输入，打印出队列里的项的序列。

练习 3.22 除了可以用指针的序对表示队列外，我们也可以把队列构造为一个带有局部状态的函数。这里的局部状态由指向一个常规表的开始和结束的指针组成。这样，函数 make_queue 将具有下面的形式：

```
function make_queue() {
    let front_ptr = ...;
    let rear_ptr = ...;
    ⟨declarations of internal functions⟩
    function dispatch(m) {...}
    return dispatch;
}
```

请完成 make_queue 的声明，并提供采用这一表示方式的队列操作的实现。

练习 3.23 双端队列（deque）也是数据项的序列，其中的项可以从前端或者后端插入和删除。双端队列的操作包括构造函数 make_deque，谓词 is_mpty_deque，选择函数 front_deque 和 rear_deque，变动函数 front_insert_deque、rear_insert_deque、front_delete_deque 和 rear_delete_deque。请说明如何用序对表示双端队列，并给出各个操作的实现。所有操作都应该在 $\Theta(1)$ 步内完成工作 [26]。

3.3.3 表格的表示

我们在第 2 章研究集合的表示方法时，曾在 2.3.3 节提到过一项工作，那就是维护一个用标识关键码进行索引的记录的表格。在 2.4.3 节实现数据导向的程序设计时，我们也广泛地使用了两维的表格，通过两个关键码在表格里存储或者从中提取信息。现在我们考虑如何用变动的表结构来构造表格。

我们先考虑一维表格，这种表格里的每个值保存在一个关键码之下。我们要把这种表格实现为记录的表，每个记录实现为由关键码和其关联值组成的序对。我们把记录用序对连接起来构成表，让这些序对的 head 指针指向顺序的各个记录。作为连接结构的那些序对称为表格的骨架。为了在给表格里加入记录时总有可以修改的位置，我们把这种表格构造为一种带表头的表。这种表开头有一个特殊的骨架序对，其中保存一个哑记录——我们存入一个任意选定的字符串 "*table*"。图 3.22 显示了下面这个表格的盒子指针图。

```
a: 1
b: 2
c: 3
```

---

26 请当心，不要试图让解释器去打印一个包含环的结构（参见练习 3.13）。

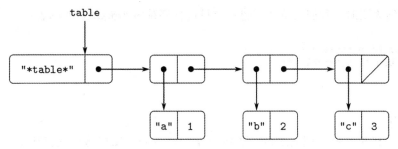

图 3.22　用带表头的表表示的表格

为了从表格里提取信息，我们声明一个 lookup 函数，它以一个关键码为参数，返回该关键码在表格里的关联值（如果在该关键码之下没保存值就返回 undefined）。函数 lookup 基于操作 assoc 定义，该操作要求一个关键码和一个记录的表作为参数。请注意，assoc 不看表格开头的哑记录，它返回以给定关键码为 head 的记录[27]。函数 lookup 确定了 assoc 返回的结果记录不是 undefined，就返回该记录中的值（其 tail）。

```
function lookup(key, table) {
    const record = assoc(key, tail(table));
    return is_undefined(record)
           ? undefined
           : tail(record);
}
function assoc(key, records) {
    return is_null(records)
           ? undefined
           : equal(key, head(head(records)))
           ? head(records)
           : assoc(key, tail(records));
}
```

要把一个值插入表格里某个特定的关键码之下，我们首先用 assoc 查看表格里是否已经存在具有这个关键码的记录。如果没有就用 pair 组合这个关键码和相关值，构造一个新记录，并把它插到记录表的头部，放在哑记录之后。如果表格里已经存在具有这个关键码的记录，就把该记录的 tail 设置为给定的新值。表格的头单元为我们插入新记录提供了一个确定的修改位置[28]。

236

```
function insert(key, value, table) {
    const record = assoc(key, tail(table));
    if (is_undefined(record)) {
        set_tail(table,
                 pair(pair(key, value), tail(table)));
    } else {
        set_tail(record, value);
    }
    return "ok";
}
```

27　由于 assoc 里用的是 equal，它允许以字符串、数值或表结构作为关键码。

28　这样，第一个骨架序对也就成为代表这个表格"本身"的对象，也就是说，指向这个表格的指针就应该指向这个序对。这个骨架序对也是表格的开始。如果我们不采用这种安排方式，insert 函数每次向表格中加入一个新记录之后，就需要返回表格的新的开始位置。

在构造新表格时，我们简单地创建一个只包含字符串 `"*table*"` 的表：

```
function make_table() {
    return list("*table*");
}
```

二维表格

在二维表格里，每个值通过两个关键码索引。我们可以把这种表格构造为一种一维表格，其中每个关键码关联一个子表格。图 3.23 中的盒子指针图表示的是下面的表格：

```
"math":
    "+":  43
    "-":  45
    "*":  42
"letters":
    "a":  97
    "b":  98
```

这个表格包含了两个子表格。(子表格并不需要特殊的头单元字符串，因为子表格的关键码就能起这种作用。)

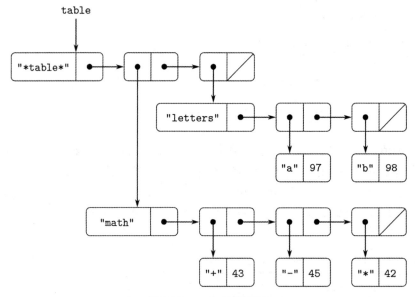

图 3.23　一个二维表格

在需要查找一个数据项时，我们先用第一个关键码确定对应的子表格，然后用第二个关键码在这个子表格里确定记录。

```
function lookup(key_1, key_2, table) {
    const subtable = assoc(key_1, tail(table));
    if (is_undefined(subtable)) {
        return undefined;
    } else {
        const record = assoc(key_2, tail(subtable));
        return is_undefined(record)
                ? undefined
```

```
                : tail(record);
        }
    }
```

如果需要把新数据项插入一对关键码之下，我们先用 assoc 查看在第一个关键码下是
否存在子表格。如果没有就构造一个新的子表格，其中只包含一个记录（key_2, value），
并把这个子表格插入表格中的第一个关键码下。如果表格里已经有对应第一个关键码的子表
格，就把新记录插入该子表格，采用与前述一维表格插入同样的方法：

237

```
function insert(key_1, key_2, value, table) {
    const subtable = assoc(key_1, tail(table));
    if (is_undefined(subtable)) {
        set_tail(table,
                pair(list(key_1, pair(key_2, value)), tail(table)));
    } else {
        const record = assoc(key_2, tail(table));
        if (is_undefined(record)) {
            set_tail(subtable,
                    pair(pair(key_2, value), tail(subtable)));
        } else {
            set_tail(record, value);
        }
    }
    return "ok";
}
```

创建局部表格

上面声明的 lookup 和 insert 操作都以一个表格作为参数，这也使我们可以把它们用
到使用了多个表格的程序里。处理多个表格的另一种方法是为每个表格提供独立的 lookup
和 insert 函数。如果要这样做，我们就以函数的形式，把表格表示为以局部状态方式维持
的内部表格对象。接到适当的消息，这种"表格对象"就提供能对内部表格完成这个操作的
函数。下面是采用这种方法实现的二维表格的生成器：

238

```
function make_table() {
    const local_table = list("*table*");
    function lookup(key_1, key_2) {
        const subtable = assoc(key_1, tail(local_table));
        if (is_undefined(subtable)) {
            return undefined;
        } else {
            const record = assoc(key_2, tail(subtable));
            return is_undefined(record)
                    ? undefined
                    : tail(record);
        }
    }
    function insert(key_1, key_2, value) {
        const subtable = assoc(key_1, tail(local_table));
        if (is_undefined(subtable)) {
            set_tail(local_table,
                    pair(list(key_1, pair(key_2, value)),
                        tail(local_table)));
        } else {
            const record = assoc(key_2, tail(subtable));
            if (is_undefined(record)) {
                set_tail(subtable,
```

```
                        pair(pair(key_2, value), tail(subtable)));
            } else {
                set_tail(record, value);
            }
        }
    }
    function dispatch(m) {
        return m === "lookup"
               ? lookup
               : m === "insert"
               ? insert
               : error(m, "unknown operation -- table");
    }
    return dispatch;
}
```

利用 make_table，我们立刻就能实现 2.4.3 节里为做数据导向的程序设计而用的 get 和 put 操作。它们的实现如下：

```
const operation_table = make_table();
const get = operation_table("lookup");
const put = operation_table("insert");
```

函数 get 以两个关键码为参数，put 以两个关键码和一个值为参数。这两个操作访问同一个局部表格，该表格封装在通过调用 make_table 创建的对象里。

练习 3.24   在上面的表格实现里，检查关键码时采用 equal 做相等比较（它被 assoc 调用）。这并不一定是合适的检查方法。举例说，我们可能有一个采用数值关键码的表格，在这里，我们需要的可能不是找到被查询数值的准确匹配，而是可以有一定容许误差的数值。请设计一个表格构造函数 make_table，它以一个 same_key 函数作为参数，用这个函数检查关键码的"相等"与否。make_table 函数应该返回一个函数 dispatch，通过它可以访问相应局部表格的 lookup 和 insert 函数。

练习 3.25   请推广一维表格和二维表格的概念，说明如何实现一种表格，其中的值可以保存在任意多个关键码之下，不同的值关联的关键码个数也可以不同。函数 lookup 和 insert 以一个关键码的表为参数，实现对这种表格的访问。

练习 3.26   为在上面这样实现的表格里检索，我们需要扫描其中的记录表。从本质上说，这就是 2.3.3 节里的无序表表示方式。如果表格很大，以其他方式构造可能更高效。请描述一种表格实现，其中的（key, value）记录组织成二叉树的形式。这里要假定关键码能按某种方法排序（例如数值序或字典序）。（请与第 2 章的练习 2.66 比较。）

练习 3.27   记忆法（memoization，又称为表格法，tabulation）是一种技术，采用这种技术的函数把已经算过的值都记录到一个局部表格里。这种技术有可能显著改变一个程序的性能。在采用记忆法的函数里维持一个表格，其中保存着已经做过的调用求出的值，以产生这些值的实际参数作为关键码。当这种函数被要求去计算某个值时，它先检查自己的表格，看看相应的值是否已经在那里，如果找到了就直接返回找到的值；否则就以正常方式计算相应的值，并把它保存到自己的表格里。作为记忆性函数的一个例子，让我们重温 1.2.2 节里通过指数计算过程计算斐波那契数的函数：

```
function fib(n) {
    return n === 0
           ? 0
```

239

```
                    : n === 1
                    ? 1
                    : fib(n - 1) + fib(n - 2);
    }
```

同一函数的带记录版本是：

```
const memo_fib = memoize(n => n === 0
                           ? 0
                           : n === 1
                           ? 1
                           : memo_fib(n - 1) +
                             memo_fib(n - 2)
                      );
```

其中的记录器定义为：

```
function memoize(f) {
    const table = make_table();
    return x => {
            const previously_computed_result =
                lookup(x, table);
            if (is_undefined(previously_computed_result)) {
                const result = f(x);
                insert(x, result, table);
                return result;
            } else {
                return previously_computed_result;
            }
        };
    }
```

请画一个环境图，仔细分析 memo_fib(3) 的计算过程，并解释为什么 memo_fib 能以正比于 n 的步数算出第 n 个斐波那契数。如果简单地把 memo_fib 直接定义为 memoize(fib)，这一模式还能工作吗？

3.3.4　数字电路模拟器

设计复杂的数字系统（例如计算机）是一种非常重要的工程活动。数字系统都是通过连接一些简单元件构造起来的，虽然每个独立元件的行为都很简单，它们的网络却可能产生复杂的行为。用计算机模拟人设计的电路，是数字系统工程师广泛使用的一种重要工具。在这一节，我们要设计一个能执行数字逻辑模拟的系统。这个系统是通常称为事件驱动的模拟程序的一个典型代表。在这种系统里，一个活动（"事件"）可能引发在随后某个时间发生的另一些事件，它们又会引发随后的事件，并如此继续。

我们有关电路的计算模型由一些对象组成，它们对应于构造电路用的各种基本构件。这里有用于传递数字信号的连线，在任何时刻，数字信号只能取 0 和 1 两种可能值之一。这里还有一些不同类别的数字功能块，它们把一些输入信号线连到另一些输出信号线。功能块根据其输入信号生成对应的输出信号。输出信号有延迟时间（延时），具体情况依功能块的类别而定。例如，反门（invertor）是一种基本功能块，它对输入求反。如果一个反门的输入信号变为 0，那么在一个反门延时单位后，该反门就将其输出信号变为 1。如果一个反门的输入信号变为 1，那么在一个反门延时单位后，该反门就将其输出信号变为 0。图 3.24 里显示了表示反门的符号。与门（and-gate，也见图 3.24）也是一种基本功能块，它有两个输入和一个输出，以其输入的逻辑与作为输出信号的值。也就是说，当两个输入信号都变成 1 时，在一个与门延时单位后与门将产生 1 作为输出信号，否则其输出就是 0。或门（or-gate）是类似的有两个输入的功能块，以其输入的逻辑或作为输出信号的值。也就是说，当且仅当或门的两个输入信号之一为 1 时，其输出为 1，否则其输出就是 0。

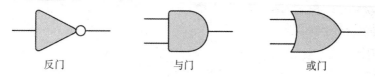

反门   与门   或门

图 3.24   数字逻辑模拟器的基本功能部件

我们可以把基本功能部件连接起来，构造出更复杂的功能。为了做到这些，只需要把一些功能块的输出连接到另一些功能块的输入。举个例子，图 3.25 展示的是一个半加器电路，其中包括一个或门、两个与门和一个反门。这个半加器有两个输入信号 A 和 B，以及两个输出信号 S 和 C。当且仅当 A 和 B 之一是 1 时 S 将变成 1，而当 A 和 B 都是 1 时 C 变成 1。从这个图可以看出，由于延时的存在，这些输出可能在不同的时间产生，有关数字电路设计的许多困难都是出自延时的问题。

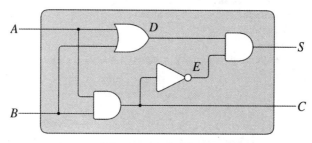

图 3.25   一个半加器

为了模拟我们希望深入研究的数字逻辑电路，我们现在要构造一个程序。该程序能支持我们构造模拟连线的计算对象，这种对象能"保持"信号。电路里的功能块将用函数模拟，它们能严格维持信号之间的正确关系。

在我们的模拟中用到的一个基本元素是函数 make_wire，它用于构造连线。例如，我们可以通过下面方式构造出 6 条连线：

```
const a = make_wire();
const b = make_wire();
const c = make_wire();
const d = make_wire();
const e = make_wire();
const s = make_wire();
```

如果要把一个功能块连到一组连线上，我们调用这种功能块的构造函数，把需要连接到这一功能块的连线作为实际参数提供给这个函数。例如，有了上面的连线，我们采用如下方式构造与门、或门和反门，就把它们连成了图 3.25 所示的半加器：

```
or_gate(a, b, d);
"ok"

and_gate(a, b, c);
```

```
"ok"

inverter(c, e);
"ok"

and_gate(d, e, s);
"ok"
```

为了把事情做得更好，我们应该为这个新操作命名。为此我们声明一个函数 half_adder，它能够构造半加器，并为其连接好四条外部连线：

```
function half_adder(a, b, s, c) {
    const d = make_wire();
    const e = make_wire();
    or_gate(a, b, d);
    and_gate(a, b, c);
    inverter(c, e);
    and_gate(d, e, s);
    return "ok";
}
```

做好这种定义有很大的优势，我们又可以用 half_adder 作为基本构件，进一步创建更复杂的电路。例如，图 3.26 显示的是一个全加器，它由两个半加器和一个或门组成[29]。我们可以声明如下的函数来构造全加器：

```
function full_adder(a, b, c_in, sum, c_out) {
    const s = make_wire();
    const c1 = make_wire();
    const c2 = make_wire();
    half_adder(b, c_in, s, c1);
    half_adder(a, s, sum, c2);
    or_gate(c1, c2, c_out);
    return "ok";
}
```

把全加器定义为函数后，我们就又可以用它作为构件，去创建更复杂的电路了。（练习 3.30 描述了一个例子。）

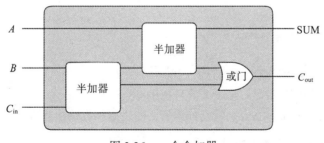

图 3.26　一个全加器

从本质上看，我们的模拟器提供了一套用于构造电路的基本语言工具。如果采用有关语言的普适观点——就像在 1.1 节研究 JavaScript 时的做法。我们可以说：各种基本功能块就

243

---

[29] 全加器是完成二进制数求和的基本电路元件。这里的 A 和 B 是两个被加数中对应的二进制位上的二进制值，C_{in} 是从被加位的右边来的进位值。这一电路产生的 SUM 是表示对应的二进制位上和的二进制值，而 C_{out} 是传递给左边一位的进位值。

是这个语言的基本元素，用连线把功能块连接起来是这里的组合方法，而把特定的连接模式
定义为函数就是这里的抽象方法。

基本功能块

每个基本功能块实现某种"效能"，使一根连线上的信号变化能影响其他连线上的信号。
为了构造各种功能块，我们需要针对连线的如下操作：

- get_signal(*wire*)
  返回连线 *wire* 上的当前信号值。
- set_signal(*wire*, *new-value*)
  将连线 *wire* 上的信号改为新值 *new-value*。
- add_action(*wire*, *function-of-no-arguments*)
  这个操作要求，一旦连线 *wire* 上的信号值改变，*function-of-no-arguments* 指定的函数
  就应该运行。这种函数可用于把连线 *wire* 的值的变化传到其他连线。

除了这些函数外，我们还需要一个函数 after_delay，其参数是一个延迟时间和一个函数。
after_delay 将在给定的时延后执行这个函数。

利用这些函数，我们就能定义基本的数字逻辑功能了。为了把输入通过一个反门连接到
输出，我们应该用 add_action 为输入连线关联一个函数，当输入连线的值改变时这个函数
就会执行。下面函数计算输入信号的 logical_not，在一个 inverter_delay 之后把输出
连线设置为这个新值：

```
function inverter(input, output) {
    function invert_input() {
        const new_value = logical_not(get_signal(input));
        after_delay(inverter_delay,
                    () => set_signal(output, new_value));
    }
    add_action(input, invert_input);
    return "ok";
}
function logical_not(s) {
    return s === 0
           ? 1
           : s === 1
           ? 0
           : error(s, "invalid signal");
}
```

与门的情况稍微复杂一点，因为这种门的两个输入之一发生变化时，相应的动作函数都
必须运行。这里用函数计算输入连线上信号值的 logical_and 值（用类似 logical_not 的
函数），并在一个 and_gate_delay 后设置新值，使之出现在输出连线上。

```
function and_gate(a1, a2, output) {
    function and_action_function() {
        const new_value = logical_and(get_signal(a1),
                                      get_signal(a2));
        after_delay(and_gate_delay,
                    () => set_signal(output, new_value));
    }
    add_action(a1, and_action_function);
    add_action(a2, and_action_function);
    return "ok";
}
```

练习 3.28　请将或门定义为一个基本功能块。你的 `or_gate` 构造函数应该和上面 `and_gate` 的构造函数类似。

练习 3.29　构造或门的另一种方法是把它作为一种复合数字逻辑设备，利用与门和反门来构造。请用这种方式声明函数 `or_gate`。这样定义的或门的延时可以如何用 `and_gate_delay` 和 `inverter_delay` 表示？

练习 3.30　图 3.27 描绘的是通过串接起 n 个全加器组成的一个级联进位加法器。这是一种能用于求 n 位二进制数之和的形式最简单的并行加法器。输入 $A_1, A_2, A_3, \cdots, A_n$ 与 $B_1, B_2, B_3, \cdots, B_n$ 是需要求和的两个二进制数（每个 A_k 和 B_k 都是 0 或 1）。这一电路产生与它们对应的和的 n 个二进制位 $S_1, S_2, S_3, \cdots, S_n$，以及该求和的最终进位值 C。请写一个函数 `ripple_carry_adder` 生成这种电路。该函数应该以各包含着 n 条连线的三个表——A_k、B_k 和 S_k——还有另一条连线 C，作为参数。级联进位加法器的主要缺点是需要等待进位信号向前传播。请设法确定，为了得到 n 位级联进位加法器的完整输出，需要的时延是什么。请用与门、或门和反门的时延表示加法器的这一时延。

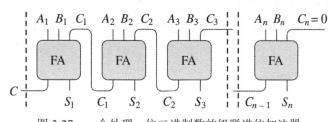

图 3.27　一个处理 n 位二进制数的级联进位加法器

245

连线的表示

在我们的模拟中，连线是一种包含两个局部状态变量的计算对象，其中一个是信号值 `signal_value`（其初值取 0），另一个是一组函数 `action_functions`。信号值改变时这些函数都应该运行。我们采用消息传递风格，把连线实现为一组局部函数和一个 `dispatch` 函数，后者负责选取适当的局部操作，这也就是 3.1.1 节处理简单银行账户的做法：

```
function make_wire() {
    let signal_value = 0;
    let action_functions = null;
    function set_my_signal(new_value) {
        if (signal_value !== new_value) {
            signal_value = new_value;
            return call_each(action_functions);
        } else {
            return "done";
        }
    }
    function accept_action_function(fun) {
        action_functions = pair(fun, action_functions);
        fun();
    }
    function dispatch(m) {
        return m === "get_signal"
                ? signal_value
                : m === "set_signal"
                ? set_my_signal
                : m === "add_action"
```

```
                ? accept_action_function
                : error(m, "unknown operation -- wire");
    }
    return dispatch;
}
```

连线的局部函数 set_my_signal 检查新信号值是否改变了连线的信号, 如果是, 它就调用
函数 call_each 运行所有的动作函数 (逐个调用表里的各个无参函数):

```
function call_each(functions) {
    if (is_null(functions)) {
        return "done";
    } else {
        head(functions)();
        return call_each(tail(functions));
    }
}
```

连线的另一个局部函数 accept_action_function 把给定函数加入需要运行的函数表, 并
运行一次这个新函数。(参见练习 3.31。)

设置好局部的 dispatch 函数之后, 我们还需要提供下面这几个用于访问连线里的局部
操作的函数 [30]:

```
function get_signal(wire) {
    return wire("get_signal");
}
function set_signal(wire, new_value) {
    return wire("set_signal")(new_value);
}
function add_action(wire, action_function) {
    return wire("add_action")(action_function);
}
```

连线维持着随时间变化的信号, 因此是一种典型的可变对象, 它们能连接到各种设备
上。我们用带有局部状态变量的函数模拟它们, 这些局部变量能通过赋值修改。我们创建一
条新连线, 系统就会分配一集新状态变量 (通过 make_wire 里的 let 语句), 构造并返回一
个新的 dispatch 函数, 它掌控着包含这些新状态变量的新环境。

连接在同一条连线上的所有设备共享这条连线。这样, 与设备的一次交互造成的变化,
就会影响连在同一条连线上的其他设备。连线通过调用相关动作函数的方式把变化通知与之
相连的邻居, 这些函数是在建立连接时提供的。

待处理表

为了完成这个模拟器, 需要做的工作就剩下 after_delay 了。我们的想法是维护一个
称为待处理表的数据结构, 在其中记录需要完成的事项。我们为待处理表定义如下操作:

- make_agenda()

---

30 这些函数不过是语法糖衣, 使我们能用常规函数语法形式调用对象里的局部函数。能如此简单地交换
   "函数" 和 "数据" 的角色也很令人震惊。例如, 写 wire("get_signal") 时, 我们是把 wire 当作一个
   函数, 用消息 "get_signal" 作为输入去调用它。换个方式, 写 get_signal(wire) 就让我们把 wire 想
   象为函数 get_signal 输入的数据对象。真实情况是, 在可以把函数当作对象的语言里, "函数" 和 "数
   据" 之间并没有本质的区别, 我们可以自由选择所需的语法糖衣, 按自己选定的风格做程序设计。

返回一个新的空待处理表。

- `is_empty_agenda(`*agenda*`)`
  在参数待处理表 *agenda* 为空时返回真。
- `first_agenda_item(`*agenda*`)`
  返回待处理表 *agenda* 里的第一个项目。
- `remove_first_agenda_item(`*agenda*`)`
  修改待处理表 *agenda*，删除其中第一个项目。
- `add_to_agenda(`*time*, *action*, *agenda*`)`
  修改待处理表 *agenda*，加入一项，要求在特定时间 *time* 运行动作函数 *action*。
- `current_time(`*agenda*`)`
  返回当前的模拟时间。

我们使用的特定待处理表用 `the_agenda` 表示。函数 `after_delay` 向 `the_agenda` 里加入一个新元素：

```
function after_delay(delay, action) {
    add_to_agenda(delay + current_time(the_agenda),
                  action,
                  the_agenda);
}
```

模拟过程由函数 `propagate` 驱动，该函数顺序执行待处理表 `the_agenda` 里的一个个项目。一般而言，随着模拟的运行，会有一些新项目被加入待处理表。只要在待处理表里还有项目，函数 `propagate` 就会继续模拟下去：

```
function propagate() {
    if (is_empty_agenda(the_agenda)) {
        return "done";
    } else {
        const first_item = first_agenda_item(the_agenda);
        first_item();
        remove_first_agenda_item(the_agenda);
        return propagate();
    }
}
```

一个简单的模拟实例

下面的函数在一条连线上安放一个"监测器"，用于显示模拟器的活动。监测器告诉连线，只要其信号值改变，它就会就打印这个新值，同时打印当前时间和该连线的标识名：

```
function probe(name, wire) {
    add_action(wire,
               () => display(name + " " +
                             stringify(current_time(the_agenda)) +
                             ", new value = " +
                             stringify(get_signal(wire))));
}
```

248

我们的工作从初始化待处理表和描述各种功能块的延时开始：

```
const the_agenda = make_agenda();
const inverter_delay = 2;
```

```
const and_gate_delay = 3;
const or_gate_delay = 5;
```

现在我们定义 4 条连线，在其中两条连线上安装监测器：

```
const input_1 = make_wire();
const input_2 = make_wire();
const sum = make_wire();
const carry = make_wire();

probe("sum", sum);
"sum 0, new value = 0"

probe("carry", carry);
"carry 0, new value = 0"
```

作为下一步，我们把这些连线连到一个半加器电路上（参见图 3.25），把 input_1 上的信号设置为 1，而后运行这个模拟：

```
half_adder(input_1, input_2, sum, carry);
"ok"

set_signal(input_1, 1);
"done"

propagate();
"sum 8, new value = 1"
"done"
```

在时间 8，连线 sum 上的信号变为 1。现在模拟到了开始之后的 8 个时间单位。在这一点上，我们把 input_2 上的信号设置为 1，并让有关的值向前传播：

```
set_signal(input_2, 1);
"done"

propagate();
"carry 11, new value = 1"
"sum 16, new value = 0"
"done"
```

在时间 11 处 carry 变为 1，在时间 16 处 sum 变成 0。

练习 3.31　在 make_wire 里定义了一个内部函数 accept_action_function，根据该函数的描述，当一个新动作函数加入连线时，这个函数就应该立即运行。请解释为什么需要这种初始化动作。特别地，请追踪上面段落里的半加器示例，看看如果不这样做，而是把 accept_action_function 的声明写成下面的样子，会出现什么情况：

```
function accept_action_function(fun) {
    action_functions = pair(fun, action_functions);
}
```

待处理表的实现

最后，我们要给出待处理表数据结构的实现细节，这一数据结构里保存着已经做好安排，应该在未来的某些时刻运行的函数。

待处理表由一些时间段组成，每个时间段是由一个数值（表示时间）和一个队列（见练习 3.32）组成的序对，队列里保存着已经安排好将在该时间段运行的函数。

```
function make_time_segment(time, queue) {
    return pair(time, queue);
}
function segment_time(s) { return head(s); }
function segment_queue(s) { return tail(s); }
```

我们用 3.3.2 节描述的队列操作完成在时间段队列上的操作。

待处理表本身就是一个时间段的一维表格。与 3.3.3 节描述的表格的不同之处，就在于这个表格里的时间段按时间递增的顺序排列。此外，我们还需要在待处理表的头部维持一个当前时间（也就是在此之前最后处理的那个动作的时间）。新建的待处理表里没有时间段，其当前时间是 0[31]：

```
function make_agenda() { return list(0); }
function current_time(agenda) { return head(agenda); }
function set_current_time(agenda, time) {
    set_head(agenda, time);
}
function segments(agenda) { return tail(agenda); }
function set_segments(agenda, segs) {
    set_tail(agenda, segs);
}
function first_segment(agenda) { return head(segments(agenda)); }
function rest_segments(agenda) { return tail(segments(agenda)); }
```

待处理表为空就是其中没有时间段：

```
function is_empty_agenda(agenda) {
    return is_null(segments(agenda));
}
```

在需要把动作加入待处理表时，我们首先检查待处理表是否为空。如果是，我们就为当前动作创建一个新时间段，并把该时间段装入待处理表；否则我们就扫描待处理表，检查其中各时间段的时间。如果发现某个时间段的时间正好合适，就把动作加入与之关联的队列。如果遇到比我们需要预定的时间更晚的时间段，就把一个新时间段插入待处理表里的这个位置之前。如果到达了待处理表的末尾，就在最后加入一个新时间段。

```
function add_to_agenda(time, action, agenda) {
    function belongs_before(segs) {
        return is_null(segs) || time < segment_time(head(segs));
    }
    function make_new_time_segment(time, action) {
        const q = make_queue();
        insert_queue(q, action);
        return make_time_segment(time, q);
    }
    function add_to_segments(segs) {
        if (segment_time(head(segs)) === time) {
            insert_queue(segment_queue(head(segs)), action);
        } else {
```

31　待处理表是一个带表头的表，就像 3.3.3 节的表格。但是，因为这个表头里存放着当前时间，我们就不必再为它加一个哑的表头了（例如，前面的表格用的字符串 "*table*" 表示）。

```
        const rest = tail(segs);
        if (belongs_before(rest)) {
            set_tail(segs, pair(make_new_time_segment(time, action),
                                tail(segs)));
        } else {
            add_to_segments(rest);
        }
    }
}
const segs = segments(agenda);
if (belongs_before(segs)) {
    set_segments(agenda,
                pair(make_new_time_segment(time, action), segs));
} else {
    add_to_segments(segs);
}
}
```

从待处理表中删除第一项的函数，应该删去第一个时间段的队列前端的第一项。如果删除使这个时间段变空，我们就也从待处理表删除这个时间段[32]：

```
function remove_first_agenda_item(agenda) {
    const q = segment_queue(first_segment(agenda));
    delete_queue(q);
    if (is_empty_queue(q)) {
        set_segments(agenda, rest_segments(agenda));
    } else {}
}
```

251

找出待处理表里的第一项，也就是找出其第一个时间段的队列里的第一项。无论何时提取一个项时，我们都需要更新待处理表的当前时间[33]：

```
function first_agenda_item(agenda) {
    if (is_empty_agenda(agenda)) {
        error("agenda is empty -- first_agenda_item");
    } else {
        const first_seg = first_segment(agenda);
        set_current_time(agenda, segment_time(first_seg));
        return front_queue(segment_queue(first_seg));
    }
}
```

练习 3.32　在待处理表里，每个时间段中需要运行的函数都保存在一个队列里，这使我们对时间段中函数的调用能按它们加入待处理表的顺序进行（先进先出）。请解释必须采用这种顺序的理由。特别地，请追踪一个与门的行为，假设它的输入在一个时间段里从 0,1 变为 1,0。请说明，如果我们按常规表的方式把函数存入时间段，总在表的前端插入和删除函数（后进先出），将会出现什么情况。

3.3.5　约束传播

按照传统，计算机程序总是被组织为一种单向计算。它们对一些给定的参数执行某些操

32　请注意，这个函数里用的条件语句没有替代部分。这种"单分支条件语句"用于确定某件事情做或者不做，而不是从两个语句中选择。

33　按这种方式，当前时间总是最近处理的那个动作的时间。把这个时间保存在待处理表的头部，就能保证即使与这一时间关联的时间段已经被删除了，当前时间仍然可用。

作，产生相应的输出。但是，在另一方面，我们也经常需要模拟一些系统，它们是通过一些量之间的关系描述的。例如，某个机械结构的数学模型里可能包含这样一些信息：在一个金属杆的偏转量 d 与作用于这个杆的力 F，杆的长度 L，截面面积 A 和弹性模数 E 之间存在着由下面等式描述的关系：

$$dAE = FL$$

这种关系不是单向的，给定其中任意的 4 个量，我们就能利用这个等式计算出第 5 个量。然而，如果要把这个等式翻译到传统的程序设计语言，就会迫使我们选定一个量，要求基于另外的 4 个量去计算它。这样，一个计算截面积 A 的函数就不能用于计算偏转量 d，虽然对 A 的计算和对 d 的计算都出自这同一个等式[34]。

在这一节里，我们要勾勒出一种语言的设计，它使我们可以基于各种关系本身开展工作。这个语言里的基本元素是一些基本约束，它们描述一些量之间的特定关系。例如，`adder(a, b, c)` 描述量 a、b 和 c 之间必须有关系 $a + b = c$，`multiplier(x, y, z)` 描述约束关系 $xy = z$，而 `constant(3.14, x)` 说 x 的值永远是 3.14。

我们的语言里还要提供一些组合基本约束的方法，以便描述更复杂的关系。在这里，我们将通过构造约束网络的方法把约束组合起来，在这种网络里，约束通过连接器相互连接。连接器是一种对象，它们可以"保存"一个值，使之能参与一个或多个约束。例如，我们知道华氏温度和摄氏温度之间的关系是：

$$9C = 5(F{-}32)$$

这个约束就可以看作是一个网络（如图 3.28 所示），通过基本加法器、乘法器和常量约束组成。在这个图里，我们看到左边的乘法器块有三个端口，分别标记为 m_1, m_2 和 p。这个乘法器以如下方式与网络的其他部分连接：端口 m_1 接到连接器 C，该连接器保存摄氏温度。端口 m_2 接到连接器 w，该连接器还连着一个保存着常量 9 的约束块。端口 p 由这个乘法器块约束为 m_1 和 m_2 的乘积，它连接到另一个乘法器块的端口 p。另一乘法器的 m_2 端口连接到常量 5，它的 m_1 端口连接到一个加法器的一个端口上。

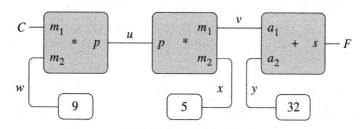

图 3.28   用约束网络表示关系 $9C = 5(F - 32)$

这种网络的计算按如下方式进行：当某个连接器得到了一个新值时（来自用户或者与它连接的某个约束块），它就会唤醒所有与之关联的约束（除了刚刚唤醒它的那个约束外），通知它们自己有了一个新值。被唤醒的各个约束块就会去盘点自己的连接器，看看是否存在足够的信息为某个连接器确定一个值。如果能确定，该块就设置相应的连接器，而被设置的连

---

34 约束传播的概念首先出现在 Ivan Sutherland 的不可思议的前瞻性系统 SKETCHPAD 中（1963）。Alan Borning 在 Xerox Palo Alto 研究中心基于 Smalltalk 语言开发了一个漂亮的约束传播系统（1977）。Sussman、Stallman 和 Steele 把约束传播用于电子电路分析（Sussman and Stallman 1975 和 Sussman and Steele 1980）。TK!Solver (Konopasek and Jayaraman 1984) 是一个基于约束的扩展模拟环境。

接器又会去唤醒与之连接的约束,并这样进行下去。举例说,在摄氏和华氏的变换中,w、x 和 y 将立即被各个常量块分别设置为 9、5 和 32。这些连接器唤醒网络中的加法器和乘法器,但是它们都确定了当时还没有足够的信息继续工作。如果用户(或网络中另外的某个部分)为 C 设置了一个值(例如 25),最左边的乘法器就会被唤醒,它会把 u 设置为 $25 \cdot 9 = 225$。然后 u 就会唤醒第二个乘法器,这一乘法器将把 v 设置为 45;v 又会唤醒那个加法器,该加法器就会把 F 设置为 77。

253

约束系统的使用

用上面给出梗概的约束系统构造温度计算的网络时,我们首先调用构造函数 make_connector 创建两个连接器 C 和 F,然后把它们连接到一个适当的网络里:

```
const C = make_connector();
const F = make_connector();
celsius_fahrenheit_converter(C, F);
"ok"
```

创建这个网络的函数的声明如下:

```
function celsius_fahrenheit_converter(c, f) {
    const u = make_connector();
    const v = make_connector();
    const w = make_connector();
    const x = make_connector();
    const y = make_connector();
    multiplier(c, w, u);
    multiplier(v, x, u);
    adder(v, y, f);
    constant(9, w);
    constant(5, x);
    constant(32, y);
    return "ok";
}
```

这个函数建立内部连接器 u、v、w、x 和 y,然后调用基本约束的构造函数 adder、multiplier 和 constant,把它们按图 3.28 所示的形式连接起来。与 3.3.4 节描述的电子电路模拟器类似,通过函数方式描述元素的组合,自动地为我们的语言提供了抽象复合对象的方法。

为了观察这个网络的活动,我们可以为连接器 C 和 F 安装监测器。这里用的函数 probe 与前面在 3.4.4 节里监视连线的函数类似。在一个连接器上安装监视器,每次这个连接器被给定了一个值时,监视器就会打印一条消息:

```
probe("Celsius temp", C);
probe("Fahrenheit temp", F);
```

下一步我们把 C 设置为 25(set_value 的第三个参数告诉 C 这个指令来自 user)。

```
set_value(C, 25, "user");
"Probe: Celsius temp = 25"
"Probe: Fahrenheit temp = 77"
"done"
```

附在 C 上的监视器被唤醒并报告有关的值。C 还会像前面说的那样,把自己的值沿着网络传播,这将导致 F 被设置为 77,最后也被 F 上的监视器报告。

下面我们想试着为 F 设置一个新值，例如 212：

```
set_value(F, 212, "user");
"Error! Contradiction: (77, 212)"
```

连接器抱怨说它发现一个矛盾：它现在的值是 77，而什么地方想把它的值设置为 212。如果我们真希望对新值重新使用这一网络，就应该告诉 C 忘掉它的旧值：

```
forget_value(C, "user");
"Probe: Celsius temp = ?"
"Probe: Fahrenheit temp = ?"
"done"
```

C 看到 "user" 要求撤销它的值，而这个值原来就是 "user" 设置的，因此 C 同意丢掉这个值，正如监视器报告的情况。这一信息同样会通知到网络的其余部分，有关消息最终传到 F，使它发现已经没有理由认为自己应该继续保持值 77 了。这样，F 就放弃了原来的值，就像它的监视器报告的那样。

现在 F 没有值了，此时我们就可以把它设置为 212：

```
set_value(F, 212, "user");
"Probe: Fahrenheit temp = 212"
"Probe: Celsius temp = 100"
"done"
```

这个新值通过网络传播，最终使得 C 获得新的值 100，附在 C 上的监视器报告出这一情况。从这些解释里可以看到，同一个网络，在给定了 F 之后能用于计算 C，在给定 C 后能算出 F。这种非定向的计算，就是基于约束的系统的标志性特征。

约束系统的实现

约束系统也基于具有内部状态的函数对象实现，采用的方法很像 3.3.4 节讨论的数字电路模拟器。虽然约束系统里的基本对象在某些方面更复杂一些，但整个系统却更简单，因为这里不需要关心待处理表和时间延迟问题。

连接器的基本操作如下：

- has_value(*connector*)
  检查连接器 *connector* 是否有值。
- get_value(*connector*)
  返回连接器 *connector* 的当前值。
- set_value(*connector*, *new-value*, *informant*)
  信息源 *informant* 要求连接器 *connector* 把自己的值设置为 *new-value*。
- forget_value(*connector*, *retractor*)
  撤销源 *retractor* 要求连接器 *connector* 忘记其当时的值。
- connect(*connector*, *new-constraint*)
  通知连接器 *connector* 参与一个新约束 *new-constraint*。

连接器通过函数 inform_about_value 与各个相关约束通信，告知它们现在本连接器有了新值。函数 inform_about_no_value 告知有关约束现在本连接器丧失了自己的原值。

函数 adder 在被求和的连接器 a1 和 a2 与和连接器 sum 之间构造一个加法器。加法器也实现为一个带有内部状态的函数（下面的函数 me）：

```
function adder(a1, a2, sum) {
    function process_new_value() {
        if (has_value(a1) && has_value(a2)) {
            set_value(sum, get_value(a1) + get_value(a2), me);
        } else if (has_value(a1) && has_value(sum)) {
            set_value(a2, get_value(sum) - get_value(a1), me);
        } else if (has_value(a2) && has_value(sum)) {
            set_value(a1, get_value(sum) - get_value(a2), me);
        } else {}
    }
    function process_forget_value() {
        forget_value(sum, me);
        forget_value(a1, me);
        forget_value(a2, me);
        process_new_value();
    }
    function me(request) {
        if (request === "I have a value.") {
            process_new_value();
        } else if (request === "I lost my value.") {
            process_forget_value();
        } else {
            error(request, "unknown request -- adder");
        }
    }
    connect(a1, me);
    connect(a2, me);
    connect(sum, me);
    return me;
}
```

函数 adder 把一个新加法器连到指定的连接器，并以这个加法器作为返回值。函数 me 代表这个新建的加法器，其行为方式就像一个局部函数的分派函数。下面的"语法接口"函数（参见 3.3.4 节里的脚注 30）与上面的分派函数结合使用：

```
function inform_about_value(constraint) {
    return constraint("I have a value.");
}
function inform_about_no_value(constraint) {
    return constraint("I lost my value.");
}
```

256

当加法器得知自己的一个连接器有了新值时，就会调用其局部函数 process_new_value。该函数首先检查 a1 和 a2 是否都有了值，如果有就告知 sum 将其值设置为两个加数之和。送给 set_value 的 informant 参数是 me，也就是这个加法器对象本身。如果 a1 和 a2 并非都有值，该加法器就检查是否 a1 和 sum 都已经有值，如果情况如此，它就把 a2 设置为两者之差。最后，如果 a2 和 sum 都有值，就给了这个加法器足够的信息去设置 a1。如果加法器被告知自己的一个连接器丧失了值，它就要求所有连接器现在丢掉它们的值（实际上，只有被本加法器设置值的连接器才会丢掉值），而后再运行函数 process_new_value。需要做最后这步的原因是，可能还有一个或几个连接器仍然有自己的值（也就是说，那些连接器的原值不是这个加法器设置的），那些值也可能需要通过这个加法器传播。

乘法器很像加法器。如果它的两个因子之一是 0，它就会把 product 设置为 0，即使另一个因子现在还不知道。

```
function multiplier(m1, m2, product) {
    function process_new_value() {
        if ((has_value(m1) && get_value(m1) === 0)
         || (has_value(m2) && get_value(m2) === 0)) {
            set_value(product, 0, me);
        } else if (has_value(m1) && has_value(m2)) {
            set_value(product, get_value(m1) * get_value(m2), me);
        } else if (has_value(product) && has_value(m1)) {
            set_value(m2, get_value(product) / get_value(m1), me);
        } else if (has_value(product) && has_value(m2)) {
            set_value(m1, get_value(product) / get_value(m2), me);
        } else {}
    }
    function process_forget_value() {
        forget_value(product, me);
        forget_value(m1, me);
        forget_value(m2, me);
        process_new_value();
    }
    function me(request) {
        if (request === "I have a value.") {
            process_new_value();
        } else if (request === "I lost my value.") {
            process_forget_value();
        } else {
            error(request, "unknown request -- multiplier");
        }
    }
    connect(m1, me);
    connect(m2, me);
    connect(product, me);
    return me;
}
```

257

构造函数 constant 简单地设置指定连接器的值。任何时候把 "I have a value" 或者 "I lost my value" 消息送到常量块都会产生错误。

```
function constant(value, connector) {
    function me(request) {
        error(request, "unknown request -- constant");
    }
    connect(connector, me);
    set_value(connector, value, me);
    return me;
}
```

最后，监视器在指定连接器被设置或取消值时打印一条信息：

```
function probe(name, connector) {
    function print_probe(value) {
        display("Probe: " + name + " = " + stringify(value));
    }
    function process_new_value() {
        print_probe(get_value(connector));
    }
    function process_forget_value() {
        print_probe("?");
    }
    function me(request) {
        return request === "I have a value."
               ? process_new_value()
```

```
                    : request === "I lost my value."
                    ? process_forget_value()
                    : error(request, "unknown request -- probe");
            }
        connect(connector, me);
        return me;
    }
```

连接器的表示

连接器用带有局部状态变量 value、informant 和 constraints 的函数对象表示，value 保存这个连接器的当前值，informant 是设置连接器值的对象，constraints 是这一连接器参与的所有约束的表。

258

```
function make_connector() {
    let value = false;
    let informant = false;
    let constraints = null;
    function set_my_value(newval, setter) {
        if (!has_value(me)) {
            value = newval;
            informant = setter;
            return for_each_except(setter,
                                   inform_about_value,
                                   constraints);
        } else if (value !== newval) {
            error(list(value, newval), "contradiction");
        } else {
            return "ignored";
        }
    }
    function forget_my_value(retractor) {
        if (retractor === informant) {
            informant = false;
            return for_each_except(retractor,
                                   inform_about_no_value,
                                   constraints);
        } else {
            return "ignored";
        }
    }
    function connect(new_constraint) {
        if (is_null(member(new_constraint, constraints))) {
            constraints = pair(new_constraint, constraints);
        } else {}
        if (has_value(me)) {
            inform_about_value(new_constraint);
        } else {}
        return "done";
    }
    function me(request) {
        if (request === "has_value") {
            return informant !== false;
        } else if (request === "value") {
            return value;
        } else if (request === "set_value") {
            return set_my_value;
        } else if (request === "forget") {
            return forget_my_value;
        } else if (request === "connect") {
            return connect;
```

```
        } else {
            error(request, "unknown operation -- connector");
        }
    }
    return me;
}
```

259

当连接器收到设置值的要求时，就会调用自己的局部函数 set_my_value。如果这个连接器当时没值，它就设置自己的值，并在 informant 记录要求设置值的那个约束[35]。然后这个连接器就会通知它参与的所有约束，除了刚刚要求设置值的约束外。这一工作通过下面的迭代函数完成，该函数把指定的函数应用于一个表里的所有对象，除了一个给定的例外：

```
function for_each_except(exception, fun, list) {
    function loop(items) {
        if (is_null(items)) {
            return "done";
        } else if (head(items) === exception) {
            return loop(tail(items));
        } else {
            fun(head(items));
            return loop(tail(items));
        }
    }
    return loop(list);
}
```

当连接器被要求忘记自己的值时，它就会运行局部函数 forget_my_value。这个函数首先检查收到的要求是否来自原先设置值的那个对象。如果情况确实如此，连接器就通知它参与的所有约束，告知它们自己的值已经没有了。

局部函数 connect 把指定的新约束加入连接器的约束表里（如果它以前不在表里）[36]。如果这个连接器已经有值，它就会把这个情况通知新约束。

连接器函数 me 完成对其他内部函数的分派工作，同时也作为连接器对象的代表。下面几个函数为这些分派提供了语法接口：

```
function has_value(connector) {
    return connector("has_value");
}
function get_value(connector) {
    return connector("value");
}
function set_value(connector, new_value, informant) {
    return connector("set_value")(new_value, informant);
}
function forget_value(connector, retractor) {
    return connector("forget")(retractor);
}
```

260

```
function connect(connector, new_constraint) {
    return connector("connect")(new_constraint);
}
```

35　这个 setter 也可能不是约束。在前面有关温度的例子里，就用了 "user" 作为 setter。

36　我们可以用 2.3.1 节的函数 member 检查 new_constraint 是否已经在 constraint 里。虽然前面介绍时把 member 被限制到只用于数和字符串，但其中使用的 === 已经在 3.3.1 节扩充到指针相等了。

练习 3.33 请利用基本加法器、乘法器和常量约束定义一个 averager 函数，它以三个连接 a、b 和 c 为输入建立一个约束，使 c 总是 a 和 b 的平均值。

练习 3.34 Louis Reasoner 想做一个平方器，这是一种有两个端口的约束装置，使连接在它的第二个端口上的连接器 b 的值总是其第一个端口上的值 a 的平方。他提出了用乘法约束定义这一设备的简单方法：

```
function squarer(a, b) {
    return multiplier(a, a, b);
}
```

这个建议有一个严重缺陷，请给出解释。

练习 3.35 Ben Bitdiddle 告诉 Louis，为了避免他在练习 3.34 中遇到的麻烦，一种方法是把平方器定义为一个新的基本约束。请填充 Ben 所给出的以下函数概要，实现这种约束：

```
function squarer(a, b) {
    function process_new_value() {
        if (has_value(b)) {
            if (get_value(b) < 0) {
                error(get_value(b), "square less than 0 -- squarer");
            } else {
                alternative₁
            }
        } else {
            alternative₂
        }
    }
    function process_forget_value() {
        body₁
    }
    function me(request) {
        body₂
    }
    statements
    return me;
}
```

练习 3.36 假定我们在程序环境里求值以下语句序列：

```
const a = make_connector();
const b = make_connector();
set_value(a, 10, "user");
```

在对 set_value 求值中的某个时刻，需要在连接器的局部函数中求值下面的语句：

```
for_each_except(setter, inform_about_value, constraints);
```

请画出表示求值这个语句时的环境图。

练习 3.37 与下面更具有表达式风格的定义相比，函数 celsius_fahrenheit_converter 显得过于啰嗦了：

```
function celsius_fahrenheit_converter(x) {
    return cplus(cmul(cdiv(cv(9), cv(5)), x), cv(32));
}
```

```
const C = make_connector();
const F = celsius_fahrenheit_converter(C);
```

这里的 cplus、cmul 等是"约束"版的算术运算。例如，cplus 以两个连接器为参数，返回另一个连接器，它与那两个连接器之间有加法约束：

```
function cplus(x, y) {
    const z = make_connector();
    adder(x, y, z);
    return z;
}
```

请定义模拟函数 cminus、cmul、cdiv 和 cv（常量值），使我们可以利用它们定义各种复合约束，就像前面有关反门的例子[37]。

262

3.4 并发：时间是一个本质问题

我们已经看到具有内部状态的计算对象作为模拟工具的巨大威力。然而，正如 3.1.3 节提出的警告，获得这种威力也付出了代价：丧失了引用透明性，造成了同一与变化问题的错综复杂，还需要抛弃求值的代换模型，转用更复杂也难把握的环境模型。

潜藏在状态、同一、变化的复杂性背后的中心问题，就是在引入了赋值之后，我们将不得不承认时间在计算模型中的位置。在引入赋值之前，我们的程序没有时间问题，也就是说，任何具有某个值的表达式，总是具有那个值。与此相反，请回忆在 3.1.1 节开始讨论的，模拟从银行账户提款并返回最后余额的例子：

```
withdraw(25);
75

withdraw(25);
50
```

在这里，顺序地两次对同一表达式求值，却产生了不同的值。这种行为的出现源于一个事实：赋值表达式的执行（在讨论的情况里，就是对变量 balance 的赋值）勾画出一些时刻，在那里有些值改变了。求值一个表达式的结果不但依赖表达式本身，还依赖求值发生在这些时刻之前还是之后。用具有局部状态的计算对象建立模型，就会迫使我们直面时间的问题，

---

37 这种类似表达式的表示形式比较方便，因为不必为计算的中间表达式命名。本书原 Scheme 版的约束语言遇到的麻烦与许多语言里处理复合数据的操作时一样。例如，如果要计算乘积 $(a+b) \cdot (c+d)$，其中的变量都表示向量，我们可以用"命令式风格"定义一些函数，让它们设置给定的向量参数，但其自身并不返回向量值：

```
v_sum("a", "b", temp1);
v_sum("c", "d", temp2);
v_prod(temp1, temp2, answer);
```

换个方式，我们也可以用返回向量值的函数写表达式，这样就可以避免明确提出 temp1 和 temp2：

```
const answer = v_prod(v_sum("a", "b"), v_sum("c", "d"));
```

JavaScript 允许返回复合对象作为函数的值，因此，我们可以把上面命令式风格的约束语言变换为表达式风格的语言（见上述练习）。看过基于表达式的表达形式的优点后，有人可能会问，采用命令式风格实现系统（像我们在本节做的这样）难道还有什么理由吗？一个理由是，非表达式形式的约束语言为约束对象（例如 adder 函数的值）和连接器对象都提供了句柄，如果我们希望为这种系统扩充新操作，希望它们直接与这些约束通信，而不是通过连接器的操作与之通信，这种句柄就非常有用了。虽然在命令式描述的实现之上很容易实现基于表达式风格的描述，反过来做却很困难。

不得不把它作为程序设计中的一个关键概念。

在构造与我们感知的物理世界更匹配的计算模型方面，我们还可以走得更远。在现实世界里，对象不是一次一个地顺序变化，相反，我们看到它们总是并发地活动，所有东西都在动。所以，用一集并发执行的线程（计算步骤的序列）模拟各种系统，常常也是很自然的[38]。我们可以把模型组织为一批具有相互分离的局部状态的对象，使程序更模块化。类似地，把计算模型划分为一些独立的而且并发演化的部分，常常也是很合适的。即使开发的程序将在顺序计算机上执行，在写程序的工作中把它们看作将要并发地执行，也能帮助程序员们避免那些无关紧要的时间约束，因此也可能使程序更模块化。

除了使程序更模块化外，并发计算还可能提供某种超越顺序计算的速度优势。顺序计算机每次只执行一个操作，所以，它执行一项任务花费的时间正比于需要执行的操作总量[39]。然而，如果有可能把问题分解为一些片段，这些片段之间相对独立，极少需要相互联系，那么就有可能把这些片段分配给相互分离的计算处理器，得到的速度提高就可能正比于可用的处理器数目了。

263

不幸的是，在出现并发的情况下，由赋值引入的复杂性问题将变得更加严重。并发执行的事实，无论是因为在客观世界里确实是并行活动，还是因为我们的计算机这样做，都会在我们对时间的理解中引进更多的复杂性。

3.4.1 并发系统中时间的性质

在表面上，时间看起来很简单，也就是强加在事件上的一种顺序[40]。对任意两个事件 A 和 B，或者 A 出现在 B 之前，或者 A 和 B 同时发生，或者 A 出现在 B 之后。譬如说，回到银行账户的例子。假设 Peter 从两人的合用账户里提款 \$10 而 Paul 提款 \$25。这一账户的初始余额为 \$100，提款后账户余额为 \$65。根据两次提款的顺序不同，账户余额的序列可以是 \$100 → \$90 → \$65 或者 \$100 → \$75 → \$65。在银行系统的计算机实现里，余额的这种变化序列可以用对变量 balance 的一串赋值模拟。

然而，对更复杂的情况，这种看法也可能有问题。假设 Peter 和 Paul，还有其他的什么人，都在通过遍布全世界的银行网络访问这个账户。那么这个账户余额的实际序列就严苛地依赖这些访问的确切时间顺序，以及机器之间通信的各方面细节。

这种事件顺序的非确定性，可能给并发系统的设计造成严重问题。举例说，假设 Peter 和 Paul 的取款被实现为两个相互独立的线程，它们共享同一个变量 balance，两个计算线程都由 3.1.1 节给出的如下函数描述：

```
function withdraw(amount) {
    if (balance >= amount) {
        balance = balance - amount;
        return balance;
    } else {
        return "Insufficient funds";
    }
}
```

---

38 本书中这种顺序线程被称为"进程"，但在本节我们用术语"线程"，强调它们访问共享的存储器。

39 大部分真实的处理器也能同时执行几个操作，它们采用一种称为流水线的策略。虽然这一技术能显著提高硬件的工作效率，但只是用于加速顺序指令流的执行，而且要求维持顺序程序的行为。

40 引一段不知什么人乱涂在马萨诸塞的剑桥的建筑墙上的话："时间是一种设施，发明它就是为了不让所有的事情一起发生。"

如果这两个线程各自独立操作，那么 Peter 就可能去检查余额，而后企图取出合法数量的一笔钱。然而，Paul 完全可能在 Peter 检查余额的时刻与 Peter 完成提款的时刻之间从账户里取走了一笔钱，从而使 Peter 的检查变得不合法了。

事情还可能变得更糟糕。考虑作为提款过程的一部分执行的语句：

```
balance = balance - amount;
```
264

这个语句包含三个步骤：（1）访问变量 `balance` 的值，（2）计算新的余额，（3）把变量 `balance` 设为新值。如果 Peter 和 Paul 两个人的提款过程并发地执行这个语句，那么这两次提款中访问 `balance` 和将它设置为新值的动作就可能交错。

图 3.29 显示的时间图描绘了一个事件序列，其中 `balance` 在开始时是 100，Peter 取走了 \$10，Paul 取走了 \$25，然而 `balance` 最后的值却是 75。正如图中所示，出现这种异常情况的原因是，Paul 把 75 赋值给 `balance` 的前提条件是，在减少之前 `balance` 的值是 100。而当 Peter 把 `balance` 改为 90 之后，上述前提已经不再正确了。对银行系统而言，这当然是一个灾难性错误，因为系统里款项的总量没维持好。在这些交易之前，款项的总额是 \$100。在此之后，Peter 有了 \$10，Paul 有了 \$25，而银行还有 \$75[41]。

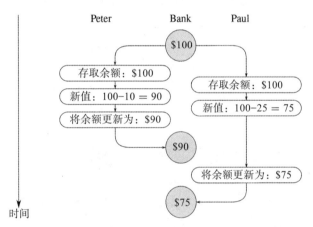

图 3.29　时序图，说明两次银行提款事件怎样交错就可能导致不正确的余额

由这个实例表现出的一般情况是，几个线程可能共享同一个状态变量。使事情变得更复杂的原因，就是多个线程有可能同时试图去操作这种共享的状态。对于银行账户的例子，在每次交易的过程中，每个客户应该能像根本不存在其他客户那样开展自己的活动。当一个客户以某种依赖余额的方式修改余额时，他应该能假定，在立刻就要实施修改的那个时刻，该余额的情况仍然是他所设想的情况。
265

并发程序的正确行为

上面例子展示的情况非常典型，也是可能潜藏在并发程序里的微妙错误。这一复杂性的

41　对这个系统而言，如果两个赋值同时试图去修改余额，产生的情况可能更糟。在这种情况下，存储器里出现的实际数据可能是两个线程所写信息的随机组合。大部分计算机都要求对存储器基本写入操作的互锁，以防出现这种同时写入的情况。即使是这种看起来很简单的保护机制，也对多处理计算机的设计和实现提出了挑战。在多处理计算机里，非常精巧的缓存一致性协议要求保证所有处理器对存储器内容有一种统一的观点，虽然事实上这些数据可能被复制（"缓存"）到不同处理器，以提高存储器访问速度。

根源，就在于出现了对不同线程共享的变量的赋值。我们在前面知道，在写使用赋值的程序时必须小心，因为一个计算的结果依赖其中各个赋值发生的顺序[42]。对于并发线程，我们做赋值更要特别小心，因为我们可能无法控制不同线程做赋值的顺序。如果几个这种修改可能并发出现（就像上面两个提款人访问合用账户的情况），我们就需要采用某些方法来保证系统的行为正确。例如，在合用银行账户提款的情况中，我们必须保证总款额不变。为保证并发程序的行为正确，我们可能需要对程序的并发执行增加一些限制。

我们可以对并发提出一种限制：禁止任意的两个修改共享状态变量的操作同时发生。这是一个特别严厉的要求。对于分布式银行系统，这可能要求系统设计者保证每个时刻只能处理一个交易。这样做过于低效，也太保守了。图 3.30 中显示的是 Peter 和 Paul 共享同一个银行账户，而 Peter 还有一个私人账户。该图展示了从共享账户的两次提款（一次来自 Peter，一次来自 Paul）和对 Paul 的个人账户的一次存款[43]。对共享账户的两次取款绝不能并发进行（因为两者需要访问和更新同一个账户），而且 Paul 的存款和取款也绝不能并发（因为都访问和更新 Paul 钱包里的款项）。但是，允许 Paul 向自己的个人账户存款与 Peter 从他们的共享账户取款并发进行，不会有任何问题。

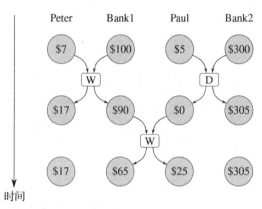

图 3.30   并发地从共享账户 Bank1 取款和向个人账户 Bank2 存款

对并发的另一种不那么严厉的限制方式，是保证并发系统产生的结果与各线程按某种方式顺序运行产生的结果相同。这一要求包含两个重要方面。首先，它并不要求各线程实际上顺序运行，只要求运行产生的结果与假设它们顺序运行产生的结果相同。对图 3.30 的例子，银行账户系统的设计者可以安全地允许 Paul 的存款和 Peter 的取款并发进行，因为这样做的整体效果与这两个操作顺序进行一样。第二点，一个并发程序可能产生多于一个"正确"结果，因为我们只要求其结果与按某种方式顺序化的结果相同。例如，假定 Peter 和 Paul 的共享账户开始有 $100，Peter 存入 $40，同时 Paul 并发地取出了账户中钱数的一半。顺序执行可能使账户的余额变成 $70 或 $90（参看练习 3.38）[44]。

对于并发程序的正确执行，还可以提出一些更弱的要求。一个模拟扩散过程的程序（例

---

42   3.1.3 节里的阶乘程序针对单个顺序进程阐释了这方面的情况。

43   图中各列分别表示 Peter 的钱包、合用账户（Bank1）、Paul 的钱包、Paul 的个人账户（Bank2），显示了它们在每次提款（W）和存款（D）前后的情况。Peter 从 Bank1 取出 $10，Paul 向 Bank2 存入 $5，而后又从 Bank1 取出 $25。

44   有关这种看法的更形式化的说法是，并发程序具有内在的非确定性。也就是说，它们不能用单值函数描述，只能用结果为一集可能值的函数描述。我们将在 4.3 节研究一种描述非确定性计算的语言。

如，某个实体里的热量流动）可以由一大批线程组成，每个线程表示空间中很小的一点体积，它们并发地更新自己的值。每个线程反复地把自己的值更新为自己的原值和相邻线程的值的平均值。无论这些操作按什么顺序执行，这种算法都能收敛到正确的解，因此也就不需要对共享变量的并发使用提出任何限制了。

练习 3.38　假定 Peter、Paul 和 Mary 共享一个合用账户，其中开始有 $100。按并发方式执行下面命令，Peter 存入 $10，Paul 取出 $20，而 Mary 取出账户中款额的一半：

```
Peter:  balance = balance + 10
Paul:   balance = balance - 20
Mary:   balance = balance - (balance / 2)
```

a. 请列出在完成了这 3 项交易之后 `balance` 的所有可能值。这里假定银行系统强迫这三个线程按照某种顺序运行。

b. 如果系统允许这些线程交错进行，还可能产生出另一些结果吗？请画出类似图 3.29 的时间图，解释各个值将如何出现。

267

3.4.2　控制并发的机制

我们已经看到了处理并发线程的困难，其根源就在于需要考虑不同线程里事件的发生顺序的交错。举例说，假设我们有两个线程，一个有顺序的三个事件（a, b, c），另一个有顺序的三个事件（x, y, z）。如果这两个线程并发运行，对它们的执行如何交错没有任何限制，那么就存在 20 种可能的事件排列，它们都与两个线程内部事件的排列顺序相容：

$$(a, b, c, x, y, z) \quad (a, x, b, y, c, z) \quad (x, a, b, c, y, z) \quad (x, a, y, z, b, c)$$
$$(a, b, x, c, y, z) \quad (a, x, b, y, z, c) \quad (x, a, b, y, c, z) \quad (x, y, a, b, c, z)$$
$$(a, b, x, y, c, z) \quad (a, x, y, b, c, z) \quad (x, a, b, y, z, c) \quad (x, y, a, b, z, c)$$
$$(a, b, x, y, z, c) \quad (a, x, y, b, z, c) \quad (x, a, y, b, c, z) \quad (x, y, a, z, b, c)$$
$$(a, x, b, c, y, z) \quad (a, x, y, z, b, c) \quad (x, a, y, b, z, c) \quad (x, y, z, a, b, c)$$

作为设计这个系统的程序员，我们可能就必须考虑这 20 种排列中每一种的效果，检查是否每种排列的行为都可以接受。随着线程和事件的数量进一步增加，这一工作方式很快就会变得无法控制了。

在设计并发系统时，另一种更实际的方法是设法做出一些通用机制，它们可用于限制并发线程之间交错的可能情况，以保证程序具有正确的行为。人们已经为此目的开发了许多不同的机制，本节将介绍其中的一个，称为串行器（serializer）。

对共享状态访问的串行化

串行化就是实现下面的想法：我们允许线程并发地执行，但其中也有特定的一组一组的函数不允许并发执行。说得更准确些，串行化就是要创建一些明确定义的（串行化）函数集合，并且保证：对任意一个串行化函数集合，在每个时刻至多存在一个函数的一个执行。如果某个串行化函数集合里有一个函数正在执行，而另一个线程企图执行这个集合里的任何函数时，这时它就必须等待，直到前面那个函数的执行结束。

我们可以用串行化技术控制对共享变量的访问。举例说，如果希望基于某个共享变量的已有值更新这个变量自身，那么，我们就把访问这个变量的现有值和给这个变量赋新值的操作放在同一个函数里。我们再保证，任何可能给这个变量赋值的函数都不会与前面这个函数并发运行，方法就是把所有这样的函数都放入同一个串行化集合。这样就能保证在访问这个变量和给它赋值之间，变量的值不会改变。

串行器

现在考虑把上述机制做得更具体些。假设我们已经扩充了所用的 JavaScript 语言，加入了一个名为 concurrent_execute 的函数：

concurrent_execute(f_1, f_2, $\cdots$, f_k)

这里的每个 f 必须是一个无参函数，函数 concurrent_execute 为每个 f 创建一个独立线程，该线程将执行 f（不需要参数），而且这些线程都并发地运行[45]。

作为使用这种机制的一个示例，考虑：

```
let x = 10;
concurrent_execute(() => { x = x * x; },
                   () => { x = x + 1; });
```

这样就建立了两个并发线程，T_1 要把 x 设置为 x 乘以 x，而 T_2 要把 x 的值加一。在这些执行完成后，x 将具有下面 5 个可能值之一，具体如何依赖 T_1 和 T_2 中各事件的交错情况。

101：T_1 把 x 设置为 100，然后 T_2 把 x 的值增加到 101。

121：T_2 把 x 的值增加到 11，然后 T_1 把 x 设置为 x 乘以 x。

110：T_2 把 x 从 10 修改为 11 出现在 T_1 求值 x * x 的两次访问 x 的值之间。

11：T_2 访问 x，然后 T_1 把 x 设置为 100，再后 T_2 又设置 x。

100：T_1 访问 x（两次），然后 T_2 把 x 设置为 11，再后 T_1 又设置 x。

我们可以用经过串行化的函数来限制执行中的并发，这种函数用串行器创建，而串行器本身用 make_serializer 构造（该函数的实现将在下面给出）。串行器以一个函数为参数，它返回的经过串行化的函数具有与原函数一样的行为。但另一方面，通过对一个串行器的调用得到的所有串行化的函数同属于一个串行化集合。

这样，与上面的例子不同，执行：

```
let x = 10;
const s = make_serializer();
concurrent_execute(s(() => { x = x * x; }),
                   s(() => { x = x + 1; }));
```

只能产生 x 的两种可能值 101 和 121，其他可能都排除了，因为 T_1 和 T_2 的执行不会交错。

下面是取自 3.1.1 节的 make_account 函数的另一个版本，其中的存款和取款操作都已经做了串行化：

```
function make_account(balance) {
    function withdraw(amount) {
        if (balance > amount) {
            balance = balance - amount;
            return balance;
        } else {
            return "Insufficient funds";
```

45　concurrent_execute 不是标准 JavaScript 的一部分，但本节所有实例都可以在 ECMAScript 2020 实现。

```
        }
    }
    function deposit(amount) {
        balance = balance + amount;
        return balance;
    }
    const protect = make_serializer();
    function dispatch(m) {
        return m === "withdraw"
               ? protect(withdraw)
               : m === "deposit"
               ? protect(deposit)
               : m === "balance"
               ? balance
               : error(m, "unknown request -- make_account");
    }
    return dispatch;
}
```

对于这个实现，两个线程不会并发地在同一个账户上存款和取款，这样就消除了图 3.29 中展示的错误的根源。在那里出错，就是因为 Peter 修改账户余额的动作出现在 Paul 访问账户余额以计算新值和实际执行赋值的动作之间。而在另一方面，由于每个账户都有自己的串行器，因此，对不同账户的存款和取款都可以并发进行。

练习 3.39　如果我们改用下面的串行化执行，上面正文中所示的 5 种并行执行结果中的哪一些还可能出现？

```
let x = 10;
const s = make_serializer();
concurrent_execute(  () => { x = s(() => x * x)(); },
                     s(() => { x = x + 1;            }));
```

练习 3.40　请给出下面执行可能产生的所有 x 值：

```
let x = 10;
concurrent_execute(() => { x = x * x; },
                   () => { x = x * x * x; });
```

如果我们改用下面的串行化函数，上述可能性中的哪些还会存在：

```
let x = 10;
const s = make_serializer();
concurrent_execute(s(() => { x = x * x;       }),
                   s(() => { x = x * x * x; }));
```

练习 3.41　Ben Bitdiddle 觉得像下面这样实现银行账户可能更好（其中带注释的行有修改）：

```
function make_account(balance) {
    function withdraw(amount) {
        if (balance > amount) {
            balance = balance - amount;
            return balance;
        } else {
            return "Insufficient funds";
        }
    }
    function deposit(amount) {
        balance = balance + amount;
```

270

```
            return balance;
        }
        const protect = make_serializer();
        function dispatch(m) {
            return m === "withdraw"
                    ? protect(withdraw)
                    : m === "deposit"
                    ? protect(deposit)
                    : m === "balance"
                    ? protect(() => balance)(undefined) // serialized
                    : error(m, "unknown request -- make_account");
        }
        return dispatch;
    }
```

因为允许非串行地访问银行账户可能导致不正常行为。你同意 Ben 的观点吗？是否存在任何场景能证明 Ben 的担心？

练习 3.42　Ben Bitdiddle 建议说，在响应每个 withdraw 和 deposit 消息时创建一个新的串行化函数完全是浪费时间。他说，可以修改 make_account，使得对 protected 的调用在函数 dispatch 之外进行。这样，在每次要求去执行提款函数时，这个账户将总返回同一个串行化函数（它是与这个账户同时创建的）。

```
function make_account(balance) {
    function withdraw(amount) {
        if (balance > amount) {
            balance = balance - amount;
            return balance;
        } else {
            return "Insufficient funds";
        }
    }
    function deposit(amount) {
        balance = balance + amount;
        return balance;
    }
    const protect = make_serializer();
    const protect_withdraw = protect(withdraw);
    const protect_deposit = protect(deposit);
    function dispatch(m) {
        return m === "withdraw"
                ? protect_withdraw
                : m === "deposit"
                ? protect_deposit
                : m === "balance"
                ? balance
                : error(m, "unknown request -- make_account");
    }
    return dispatch;
}
```

这个修改安全吗？特别地，这样修改之后，在所允许的并发性方面，make_account 的两个版本之间有什么不同？

使用多项共享资源的复杂性

串行器提供了一种非常强大的抽象，能帮助我们把并发程序的复杂性孤立出来，使这种程序能被小心地而且（希望是）正确地处理。应该看到，如果只存在一项共享资源（例如一个银行账户），串行器的使用相对比较简单，但如果存在着多项共享资源，并发程序设计就可能变得非常难把握了。

为了展示可能出现的一种困难，现在假定我们希望交换两个账户的余额。我们首先访问每个账户以确定其中的余额，然后算出这两个余额之间的差额，从一个账户里减去这一差额，再把它存入另一个账户。我们可能想到如下面这样的实现[46]：

```
function exchange(account1, account2) {
    const difference = account1("balance") - account2("balance");
    account1("withdraw")(difference);
    account2("deposit")(difference);
}
```

[272]

如果只有一个线程试图做这种交换，上面的函数可以工作得很好。然而，假定 Peter 和 Paul 都能访问账户 a_1、a_2 和 a_3，在 Peter 要求交换 a_1 和 a_2 时，正好 Paul 也并发地要求交换 a_1 和 a_3。即使我们已经对单个账户的存款和取款做了串行化（如在本节前面所示的在 make_account 函数里的描述），exchange 还是可能产生错误结果。举例说，Peter 可能已经算出了 a_1 和 a_2 的余额之差，但是 Paul 却可能在 Peter 完成交换之前改变了 a_1 的余额[47]。为了得到正确的行为，我们就必须重新安排 exchange 函数，使得它能在完成整个交换的期间锁住对相关账户的任何其他访问。

要想得到这种效果，一种方法是用需要交换的两个账户的串行器把整个 exchange 函数串行化。为了做到这一点，我们就需要重新安排对一个账户的串行器的访问。请注意，在这里我们暴露了相关的串行器，蓄意打破了银行账户对象的模块化。下面版本的 make_account 等价于 3.1.1 节里的原始版本，除其中提供了一个串行器来保护余额变量，而且通过消息传递把这个串行器提供给外部：

```
function make_account_and_serializer(balance) {
    function withdraw(amount) {
        if (balance > amount) {
            balance = balance - amount;
            return balance;
        } else {
            return "Insufficient funds";
        }
    }
    function deposit(amount) {
        balance = balance + amount;
        return balance;
    }
    const balance_serializer = make_serializer();
    return m => m === "withdraw"
                ? withdraw
                : m === "deposit"
                ? deposit
                : m === "balance"
                ? balance
                : m === "serializer"
                ? balance_serializer
                : error(m, "unknown request -- make_account");
}
```

[273]

46　我们已利用消息 deposit 可以接受负值的事实（这是我们银行系统的严重错误）简化了 exchange。

47　如果开始时这些账户的余额分别是 \$10、\$20 和 \$30，那么在经过任意次交换后，它们的值应该还是按某种顺序的 \$10、\$20 和 \$30。对单个账户的存款串行化不足以保证这一点，见练习 3.43。

我们可以用这个函数做好存款和取款的串行化。当然，这里做出的东西不像前面的串行化账户，现在需要银行账户对象的每个用户都承担起责任，通过明确定义的方式去管理串行化的问题，例如下面这个例子[48]：

```
function deposit(account, amount) {
    const s = account("serializer");
    const d = account("deposit");
    s(d(amount));
}
```

通过这种方式导出串行器，使我们有了足够的灵活性，可以实现串行化的交换程序了。现在我们只需要简单地用针对两个账户的串行器去串行化原来的 exchange 函数：

```
function serialized_exchange(account1, account2) {
    const serializer1 = account1("serializer");
    const serializer2 = account2("serializer");
    serializer1(serializer2(exchange))(account1, account2);
}
```

练习 3.43 假定三个账户的初始余额分别是 \$10、\$20 和 \$30，现在有多个线程正在运行，它们都在交换这些账户中的余额。请论证，如果这些线程顺序运行，那么经过任何次并发交换，这些账户里的余额还是按某种顺序排列的 \$10、\$20 和 \$30。请画出一个类似图 3.29 中那样的时间图，说明如果用本节的第一个版本的账户交换程序实现账户交换，这一条件就会被破坏。另一方面，也请论证，即使是使用那个 exchange 程序，这些账户里的余额之和也仍然能保持不变。请画出一个时间图，说明如果我们不对各账户上的交易做串行化，上面说的条件就可能被破坏。

练习 3.44 现在考虑从一个账户向另一账户转款的问题。Ben Bitdiddle 断言下面函数能完成这项任务，即使存在多个人并发地在许多账户之间转款。这里可以使用任何经过存款和取款交易串行化的账户机制，例如前面正文里的 make_account 版本。

```
function transfer(from_account, to_account, amount) {
    from_account("withdraw")(amount);
    to_account("deposit")(amount);
}
```

Louis Reasoner 说这里有问题，因此需要采用更复杂精细的方法，例如处理存款交换问题时用的方法。Louis 是对的吗？如果不是，那么在转款问题和交换问题之间存在什么本质性的不同吗？（你可以假设 from_account 至少有 amount 要求的那么多钱。）

练习 3.45 Louis Reasoner 认为，由于存款和取款不能自动串行化，我们的银行账户系统已经变得毫无必要地过分复杂了，而且容易出错。他建议，不仅要像 make_account 那样用串行器做好账户和取款的串行化，还应该让 make_account_and_serializer 导出其中的串行器（以便用在 serialized_exchange 一类的函数里），而不是用后者取代前者。他建议把账户重新定义为下面的样子：

```
function make_account_and_serializer(balance) {
    function withdraw(amount) {
        if (balance > amount) {
            balance = balance - amount;
```

---

48 练习 3.45 深入研究了为什么存款和取款不能继续由账户自动串行化。

```
                    return balance;
            } else {
                    return "Insufficient funds";
            }
    }
    function deposit(amount) {
            balance = balance + amount;
            return balance;
    }
    const balance_serializer = make_serializer();
    return m => m === "withdraw"
                ? balance_serializer(withdraw)
                : m === "deposit"
                ? balance_serializer(deposit)
                : m === "balance"
                ? balance
                : m === "serializer"
                ? balance_serializer
                : error(m, "unknown request -- make_account");
}
```

然后还像原来的 `make_account` 那样处理取款:

```
function deposit(account, amount) {
    account("deposit")(amount);
}
```

请解释为什么 Louis 的推理是错误的。特别是考虑在调用 `serialized_exchange` 时会发生
什么情况。

275

串行器的实现

我们用一种更基本的称为互斥元（mutex）的同步机制来实现串行器。互斥元是一种支
持两个操作的对象，它可以被获取（acquire）或被释放（release）。一旦某个互斥元被获取，
其他任何获取这一互斥元的操作，都必须等到该互斥元被释放后才能进行[49]。在我们的实现
里，每个串行器有一个关联的互斥元。给了一个函数 `f`，串行器将返回另一函数，该函数要
求获取相应的互斥元，然后运行 `f`，最后释放该互斥元。这样就能保证，由这个串行器生成
的所有函数中同时只能有一个运行，这正是我们需要保证的串行化性质。为使串行器可以应
用于有任意多个参数的函数，我们要用到 JavaScript 的其他参数（*rest* parameter）和展开语
法（*spread* syntax）。形式参数 `args` 前面的 `...` 要求收集起函数调用中剩下的所有其他实参
（这里实际上是所有实参），把它们放入一个向量数据结构。在函数应用 `f(...args)` 里 `args`
前面的 `...` 要求把实参 `args` 的元素展开，使其成为 `f` 的各个实际参数。

```
function make_serializer() {
    const mutex = make_mutex();
    return f => {
```

---

49 术语 "mutex" 是 "mutual exclusion" 的缩写。有关安排一种机制，使之能允许并发进程安全地共享资
     源的一般性问题称为互斥问题。我们的互斥元是信号量机制的一种简化形式（见练习 3.47）。信号量机
     制由 "THE" 多道程序设计系统引进，该系统在 Eindhoven 技术大学开发，用这所大学的荷兰语名字的
     首字母命名（Dijkstra 1968a）。获取和释放操作原来被称为操作 P 和 V，来自荷兰语词汇 passeren（通过）
     和 vrijgeven（释放），参考了铁路系统所用的信号灯。Dijkstra 的经典论文（1968b）是最早清晰地讨论并
     发控制问题的论文之一，其中阐述了如何利用信号量处理各种并发问题。

```
function serialized_f(...args) {
    mutex("acquire");
    const val = f(...args);
    mutex("release");
    return val;
}
return serialized_f;
};
}
```

互斥元是一种可变对象（我们在这里用一个单元素的表，并称它为一个单元），可以保存一个真或假的值。当它的值为假时，这个互斥元可以被获取；当其值为真时该互斥元就是不可用的，任何要求获取这一互斥元的线程都必须等待。

互斥元构造函数 make_mutex 把单元的内容初始化为假。要获取一个互斥元，首先需要检查这个单元。如果互斥元可用，我们就把单元设置为真并继续下去。否则就在一个循环中等待，一次又一次地试图去获取这个互斥元，直到发现它可用为止[50]。要释放一个互斥元，只需要把单元的内容设置为假：

```
function make_mutex() {
    const cell = list(false);
    function the_mutex(m) {
        return m === "acquire"
            ? test_and_set(cell)
              ? the_mutex("acquire") // retry
              : true
            : m === "release"
            ? clear(cell)
            : error(m, "unknown request -- mutex");
    }
    return the_mutex;
}
function clear(cell) {
    set_head(cell, false);
}
```

函数 test_and_set 检查单元 cell 并返回检查的结果，如果检查结果为假，test_and_set 在返回假之前还要把单元内容设置为真。我们可以用下面的函数描述这种行为：

```
function test_and_set(cell) {
    if (head(cell)) {
        return true;
    } else {
        set_head(cell, true);
        return false;
    }
}
```

然而，这样实现 test_and_set 并不能保证得到所需效果，因为这里有一个至关重要的细节，使得并发控制进入了系统：test_and_set 操作必须以原子的方式执行。也就是说，我们必须保证，一旦某个线程检查了一个单元的内容并发现它是假，该单元的内容就必须实际设置为真，而且必须在任何其他线程检查这个单元之前完成设置。如果没有这种保证，互斥元就可能失效，类似图 3.29 里有关银行账户的情况（见练习 3.46）。

---

50 在大多数分时操作系统里，被互斥元阻塞的线程并不像上面说的那样通过"忙等待"耗费时间。实际上，系统会在一个线程等待时调度另一进程去运行，当互斥元变为可用时唤醒被阻塞的线程。

test_and_set 的实际实现依赖我们的系统如何运行并发线程的细节。例如，我们可能是在一台顺序处理器上，采用时间片机制轮换式地执行并发线程，让每个线程运行一小段时间，而后中断这个线程并转到下一个线程。在这种情况下，test_and_set 只需要禁止在检查和设置单元值之间做时间分片，就可以正确工作了。在另一类情况中，多处理器计算机则提供了专门指令，直接在硬件中支持原子操作[51]。

练习 3.46 假设我们像正文中所示的那样，用一个常规函数实现 test_and_set，并不要求把这一操作原子化。请画出一个像图 3.29 那样的时间图，说明这个互斥元实现可能失效，可能允许两个线程同时访问互斥元。

练习 3.47 （大小为 n 的）信号量是一种推广的互斥元。与互斥元类似，信号量也支持获取和释放操作，但更一般些，它允许同时有最多 n 个线程获取。其他更多的企图获取有关信号量的线程就必须等待释放操作。请基于下述功能实现信号量：

a. 基于互斥元；

b. 基于原子的 test_and_set 操作。

死锁

现在，在我们看过了可以如何实现串行化之后，却还可以看到，即使用了前面给出的函数 serialized_exchange，在账户交换问题里还存在一个麻烦。设想 Peter 企图交换账户 a_1 和 a_2，同时 Paul 也并发地企图交换 a_2 和 a_1。假定 Peter 的线程到达这样一点，此时它已经进入了保护 a_1 的串行化函数，而恰好在此之后，Paul 的线程也进入了保护 a_2 的串行化函数。现在 Peter 已经没办法继续前进了（因为无法进入保护 a_2 的串行化函数），他需要一直等到 Paul 退出保护 a_2 的串行化函数。与 Peter 的情况类似，Paul 也没办法前进了，他需要等到 Peter 退出保护 a_1 的串行化函数。这样，两个线程都会无穷无尽地等待下去，等着另一个线程的活动，这种情况称为死锁。在所有提供了对多种共享资源的并发访问的系统里，总是存在出现死锁的危险。

要避免死锁，一种方法是预先给每个账户确定一个唯一标识号，并且重写 serialized_ exchange，使每个线程总是先设法进入具有较小标识号的账户的保护函数。虽然这种方法对交换问题是可行的，但是还存在另一些情况，在那里需要更复杂的死锁避免技术。还有一些地方则根本无法避免死锁（参见练习 3.48 和练习 3.49）[52]。

练习 3.48 请详细解释，为什么上面提出的避免死锁的方法（例如，预先对账户编号，并要求线程首先试图获取编号较小的账户）能避免余额交换问题中的死锁。请结合这一思想重写函数 serialized_exchange（你还需要修改 make_account，使它创建的每个账户都有

---

51 这种指令有许多变形，如检查与设置、检查与清除、对换、比较与交换、装载并保存、条件存储等。这种指令的设计必须仔细地与机器的处理器 - 存储接口匹配。这里出现的一个问题是，确定是否有两个线程恰好完全同时用这种指令企图获取同一个资源。这就要求有某种判决机制，确定哪个线程获得控制权。这种机制称为仲裁器，它通常需要借助某种硬件设备工作。不幸的是，可以证明，我们无法物理地构造出一个在 100% 的时间里都能工作的公平的仲裁器，除非允许仲裁器用任意长的时间去做决定。这种本质现象早已被 14 世纪法国哲学家 Jean Buridan 观察到了，详见其关于亚里士多德的《论天》的评注。Buridan 论述说，把一条完全理性的狗放在具有同样吸引力的两处食物来源之间，这条狗将会因饥饿而死，因为它没能力决定先往哪一边去。

52 Havender（1968）提出的避免死锁的一般性技术是枚举共享资源，按顺序去获取它们。对于不可能避免的死锁情况，就要求一种死锁恢复方法，要求进程能"退出"死锁状态并重新尝试运行。死锁恢复机制广泛用于数据库管理系统，有关这一问题的细节参见 Gray and Reuter 1993。

218 第 3 章

一个编号，可以通过发送适当消息的方式访问该编号）。

练习 3.49 请设法描述一种场景，使上述避免死锁的机制在这种场景中不能工作（提示，在交换问题中，每个线程都知道它随后要访问的账户是哪些。请考虑一种情形，其中线程必须在访问了某些共享资源后，才能确定它是否还需要访问其他共享资源。）

并发性、时间和通信

我们已经看到，在并发系统的程序设计中，需要对不同线程访问共享状态的事件发生的顺序加以控制，也看到如何通过审慎地使用串行器来实现这种控制。但是，并发性的基本问题比这更深刻，因为，从更基本的观点看，"共享状态"的意思常常并不清晰。

像 `test_and_set` 一类的机制，都要求线程能在任意时刻检查一个全局性的共享标志。在实现新型高速处理器时，这种检查本身就很有问题，也必然很低效。由于需要各种优化技术，例如流水线和缓存，因此我们不可能每个时刻都保持存储器内容的一致性。正因为这样，在当前的多处理器系统里，串行化风范正在被完成并发控制的其他途径取代[53]。

共享状态的各方面问题也都出现在大型的分布式系统里。例如，设想一个分布式的银行系统，其独立的分支银行维护着银行余额的局部值，并且周期性地比较这些值与其他分行维护的值。在这样的系统里，"账户余额"的值就可能是不确定的，除非刚刚做完一次同步。如果 Peter 在他与 Paul 合用的一个账户里存入一些钱，什么时候我们能说这个账户的余额改变了？是在本地的分支银行修改了余额之后，还是在同步之后？进一步说，如果 Paul 从另一分行访问这个账户，如何在这一银行系统里对这种行为的"正确性"确定合理的约束？在这里说正确，最需要关注的可能就是 Peter 和 Paul 各自独立观察到的行为，以及刚完成了一次同步后账户的"状态"。关于"真正"的账户余额，或者多次同步之间事件发生的顺序的问题，则可能无关紧要，而且也没有意义[54]。

这里的基本现象是不同线程之间的同步，建立共享状态，或强迫线程之间通信产生的事件按特定的顺序进行。从本质上看，在并发控制里，任何时间概念都必然与通信有内在的联系[55]。有趣的是，时间与通信之间的这种联系也出现在相对论里，在那里，光速（可能用于同步事件的最快信号）是与时间和空间有关的基本常量。在处理时间和状态时，我们在计算模型领域遭遇的复杂性，事实上，可能就是物理世界中最基本的复杂性的一种反映。

3.5 流

我们对用赋值作为模拟工具已经有了很好的理解，也认识到赋值带来的复杂问题。现在是提出下面问题的时候了：我们能否走另一条不同的路，以避免这些问题中的某些方面？在这一节里，我们要基于一种称为流的数据结构，探索为状态建模的另一条途径。正如我们将要看到的，流有可能缓和为状态建模中的一些复杂性。

---

53 代替串行化的另一种技术是栅栏同步。程序员允许并发线程随意执行，但建立一些同步点（"栅栏"），在所有线程没到达这里之前，任何线程都不能穿过它。有些处理器提供了机器指令，使程序员可以在需要统一性的位置上建立同步点。例如，PowerPC™ 为此目的提供了两条指令 SYNC 和 EIEIO（输入输出的强制按序执行，Enforced In-order Execution of Input/Output）。

54 这一观点看起来有点怪，但确实有这样工作的系统。例如，信用卡账户的跨国付款通常采用按国家结清的方式，不同国家付款则采用周期性平账。这样，一个账户在不同国家的余额完全可能不同。

55 针对分布式系统的这方面看法由 Lamport 提出（1978），他说明了如何通过通信建立一种"全局时钟"，利用它在分布式系统里建立起事件之间的顺序。

让我们先退一步，重新考虑这里的复杂性从何而来。在试图建模真实世界中的现象时，我们做了一些明显合理的决策：我们用具有局部状态的计算对象模拟真实世界里具有局部状态的对象；用计算机里的随着时间的变化表示真实世界里的随着时间的变化；用计算机里对模型对象中的局部变量的赋值实现被建模的对象随着时间的状态变化。

难道还有其他办法吗？我们能避免用计算机里的时间去反映被模拟世界的时间吗？我们必须让模型随时间变化，以模拟变化的世界里的现象吗？从数学函数的角度考虑这些问题，我们可以把一个量 x 随时间变化的行为描述为一个时间的函数 $x(t)$。如果我们集中关注一个个时刻的 x，那么可以把它看作一个变化的量。然而，如果我们关注这些值的整个时间史，我们就不需要强调变化——函数本身并没有变[56]。

如果用离散的步骤度量时间，那么我们就可以用（可能无穷的）序列来模拟时间的函数。在这一节里，我们将看到如何用这样的序列来模拟变化，用以表示被模拟系统随着时间变化的历史。为了做到这些，我们需要引进一种称为流的新数据结构。从抽象的观点看，一个流就是一个序列。然而，我们将会发现，把流直接表示为表（如在 2.2.1 节里那样）并不能充分发挥流处理的威力。换一个方式，我们要引进一种延迟求值技术，它使我们能用流去表示非常长的（甚至是无穷长的）序列。

流处理使我们可以建模一些有状态的系统，但却不使用赋值或变动数据。这一情况会产生一些重要的结果，既有理论的也有实际的。我们可以构造出一些模型，它们避免了由于使用赋值而带来的内在缺陷。但另一方面，流框架也带来自己的困难。至于哪种建模技术能带来更模块化、更容易维护的系统，这个问题仍然不会有最终结论。

3.5.1　流作为延迟的表

正如我们已经在 2.2.3 节看到的，序列可以作为组合程序的一种标准接口。我们在前面已经构造了一些操作序列的功能强大的抽象，例如 map、filter 和 accumulate 等，它们以简洁而优雅的方式凝聚了范围广泛的许多操作的共同特征。

不幸的是，如果我们用表来表示序列，获得这些优雅结果的同时要付出严重低效的代价，无论在计算的时间还是空间方面。当我们用表变换实现对序列的操作时，在工作过程中的每一步，我们的程序都必须构造和复制相关的数据结构（它们可能巨大）。

为了说明为什么情况如此，让我们来比较两个程序，它们都计算一个区间里的素数之和。其中的第一个程序用标准的迭代风格写出[57]：

```
function sum_primes(a, b) {
    function iter(count, accum) {
        return count > b
               ? accum
               : is_prime(count)
               ? iter(count + 1, count + accum)
               : iter(count + 1, accum);
    }
    return iter(a, 0);
}
```

56　物理学有时也采用这种观点，例如引进粒子的"世界线"（world lines），作为对运动推理的工具。我们也曾提到（在 2.2.3 节），这样做，是考虑信号处理系统的一种自然的方式。我们将在 3.5.3 节探索如何把流应用于信号处理。

57　假设已经有了谓词 is_prime（例如像 1.2.6 节里那样定义），它检查一个数是否素数。

第二个程序完成同样的计算，但其中使用 2.2.3 节里的序列操作：

```
function sum_primes(a, b) {
    return accumulate((x, y) => x + y,
                      0,
                      filter(is_prime,
                             enumerate_interval(a, b)));
}
```

在执行计算的过程中，第一个程序只需要维护正在累积的和数。与此形成鲜明对照，对于第二个程序，在 enumerate_interval 构造好相应区间里所有整数的表之后，过滤器才能做检查。过滤器生成了另一个表，然后把这个表传给 accumulate，让它挤压这个表，算出和数。第一个程序根本不需要这些大规模的中间存储，因为我们可以认为只需要递增地枚举这个区间，每生成一个素数，就把它加入和数中。

如果我们用下面语句，通过序列模式执行计算，获取 10 000 到 1 000 000 的区间里的第二个素数，这种低效情况就表现得更明显了：

```
head(tail(filter(is_prime,
                 enumerate_interval(10000, 1000000))));
```

这个语句确实能找出第二个素数，但计算的开销令人完全无法容忍。这里首先构造了一个包含近一百万个整数的表，然后通过检查每个元素是否素数的方式过滤这个表，最后又抛弃掉几乎所有的结果。在更传统的程序设计风格中，我们完全可以让枚举和过滤交替进行，并在找到第二个素数后就立刻停下来。

流是一种非常聪明的想法，它使我们有可能使用各种序列操作，但又不会出现把序列作为表去操作而带来的代价。利用流结构，我们能得到这两个世界里最好的东西：构造出的程序可以像序列操作那样优雅，同时又能得到递增计算的效率。这里的基本想法就是做好一种安排，只是部分地构造出流的结构，并把这样的部分结构送给使用流的程序。如果使用方需要访问这个流中尚未构造的部分，这个流就会自动地继续构造下去，但只做出满足当前需要的那一部分。这一做法造成了一种假象，就像整个流都存在似的。换句话说，虽然我们将要写的程序都像是在处理完整的序列，但我们设计好了一种流的实现，使得流的构造和它的使用能交错进行，而这种交错又是自动的和完全透明的。

为了做到这些，我们将用序对来构造流，把流的第一个项放在序对的头部。然而，我们并不把流的其余部分（作为值）放入序对的尾部，而是在这里放一个"允诺"，如果需要这一部分，我们就会把它计算出来。可以看到，如果我们有一个数据项 h 和一个流 t，求值 pair(h, () => t) 就能构造出一个头部是 h 尾部是 t 的流——但是尾部 t 被包装为一个无参函数，所以其求值被延迟了。空流就是 null，和空表一样。

要访问一个非空流里的第一项数据，我们简单选取序对的 head。但如果要访问流的尾部，我们就需要求值其中的延迟表达式。为了方便，我们定义

```
function stream_tail(stream) {
    return tail(stream)();
}
```

这个函数选取序对的尾部，并应用在那里找到的函数，从而得到流中的下一个序对（或者 null，如果剩下的是空流）——从效果看，就是迫使这个序对的尾部履行其允诺。

我们可以构造和使用流，就像构造和使用表，用它们表示存入序列的积聚性数据。特别

地，我们可以用类似第 2 章的表操作构造流，例如 `list_ref`、`map` 和 `for_each`[58]：

```
function stream_ref(s, n) {
    return n === 0
            ? head(s)
            : stream_ref(stream_tail(s), n - 1);
}
function stream_map(f, s) {
    return is_null(s)
            ? null
            : pair(f(head(s)),
                   () => stream_map(f, stream_tail(s)));
}
function stream_for_each(fun, s) {
    if (is_null(s)) {
        return true;
    } else {
        fun(head(s));
        return stream_for_each(fun, stream_tail(s));
    }
}
```

如果要查看流的内容，可以用函数 `stream_for_each`：

```
function display_stream(s) {
    return stream_for_each(display, s);
}
```

为了使流的实现能自动而又透明地完成流的构造与使用的交错，我们需要做好安排，使得对流的 `tail` 部分的求值等到函数 `stream_tail` 访问它的时候再做，而不是在用 `pair` 构造流的时候做。这种实现选择，可能使我们回忆起 2.1.2 节有关有理数的讨论。在那里我们看到，有理数的实现方式有不同的选择，化简分子与分母到最简形式的工作可以在构造时完成，也可以在选取时完成。有理数的这两种实现产生同样的数据抽象，但不同选择可能对效率产生影响。在流和常规的表之间也存在类似的关系。作为数据抽象，流与表完全一样。它们的不同点就在于其中元素的求值时间。对于常规的表，其 `head` 和 `tail` 都在构造时求值；而对于流，其 `tail` 部分则是在选取时求值。

流的行为

要想看看流数据结构的行为，让我们先分析一下前面看过的那个"令人无法容忍"的素数计算。现在用流的方式重写如下：

```
head(stream_tail(stream_filter(
                    is_prime,
                    stream_enumerate_interval(10000, 1000000))));
```

我们将看到它确实能有效地工作。

我们从用参数 10 000 和 1 000 000 调用 `stream_enumerate_interval` 开始。这里的函数 `stream_enumerate_interval` 是类似于 `enumerate_interval`（2.2.3 节）的流函数：

58　这可能使你感到困扰。实际情况是，需要针对流定义这些与表类似的函数，说明我们缺少一些基础性的抽象。不幸的是，要想开放这种抽象，就需要对求值过程运用比我们现在在做的更精细的控制。我们将在 3.5.4 节最后进一步讨论这个问题，在 4.2 节开发一个框架来统一表和流。

283

```
function stream_enumerate_interval(low, high) {
    return low > high
           ? null
           : pair(low,
                  () => stream_enumerate_interval(low + 1, high));
}
```

这样，`stream_enumerate_interval` 返回的结果，就是通过 `pair` 构造的[59]：

284

```
pair(10000, () => stream_enumerate_interval(10001, 1000000));
```

也就是说，`stream_enumerate_interval` 返回一个流，其 head 是 10 000，而其 tail 是一个允诺，它说，如果需要就能枚举出区间里更多的东西。这个流被送去过滤出素数，使用的是针对流的 filter 函数（2.2.3 节）：

```
function stream_filter(pred, stream) {
    return is_null(stream)
           ? null
           : pred(head(stream))
           ? pair(head(stream),
                  () => stream_filter(pred, stream_tail(stream)))
           : stream_filter(pred, stream_tail(stream));
}
```

函数 `stream_filter` 检查这个流的 head（此时就是 10 000）。因为这个数不是素数，`stream_filter` 再去检查其输入流的 tail。对 `stream_tail` 的调用迫使系统对延迟的 `stream_enumerate_interval` 求值，这次它返回：

```
pair(10001, () => stream_enumerate_interval(10002, 1000000));
```

现在函数 `stream_filter` 查看这个流的 head，也就是 10 001，看到这个数也不是素数，因此就再次强迫求值 `stream_tail`，并如此进行下去，直至 `stream_enumerate_interval` 产生出素数 10 007。这时 `stream_filter` 根据其定义返回：

```
pair(head(stream),
     stream_filter(pred, stream_tail(stream)));
```

这时它也就是：

```
pair(10007,
     () => stream_filter(
             is_prime,
             pair(10008,
                  () => stream_enumerate_interval(10009, 1000000))));
```

这个结果现在送给我们的原表达式里的 `stream_tail`，再次迫使延迟的 `stream_filter` 求值，使它转去迫使延迟的 `stream_enumerate_interval` 求值，直到找到了下一个素数。在这里也就是 10 009。最后，这个结果被送给我们原来表达式的 head：

```
pair(10009,
     () => stream_filter(
```

59　这里写出的数值并不实际出现在延迟表达式里，实际出现的是原来的表达式，其中变量在环境里约束到相应数值。例如，这里写 10001 的地方实际出现的是 `low + 1`，其中 `low` 约束到 10 000。

```
                is_prime,
                pair(10010,
                        () => stream_enumerate_interval(10011, 1000000))));
```

函数 head 返回 10 009，整个计算结束。在此期间，我们只检查了为找到第二个素数必须检查的那些数，对区间的枚举也只做到为满足素数过滤器的需要而必须做的地方。

⟨285⟩

一般而言，我们可以把延迟求值看作一种"需求驱动"的程序设计，其中流处理的每个阶段都只做到足够满足下一阶段需要的程度。我们做的，也就是解耦了计算中事件发生的实际顺序与函数的表面结构之间的联系，函数的写法就像流已经"不折不扣地"存在了，而实际计算是逐步进行的，就像传统程序设计风格里的做法。

一种优化

构造流的序对时，我们推迟了对其 tail 表达式的求值，采用的方法是把表达式包装成一个函数。在需要的时候去迫使它求值，也就是应用这个函数。

上面的实现已经足以使流像前面展示的那样工作了。但这里还有一个重要优化，在需要的时候应该考虑。在许多应用中，我们需要多次强迫求值同一个延迟对象，这个情况会给涉及流的递归程序带来严重的效率问题（参看练习 3.57）。解决这个问题的一种方法是改造延迟对象，让它们在第一次被迫求值时就把得到的值保存起来，再次被迫求值时就直接返回保存的值，不再重复计算。换句话说，如果需要，我们可以把流结构的序对实现为一种特殊的带记忆函数，类似练习 3.27 说明的那样。做好这件事的一种方法是使用下面的函数，它以一个（无参）函数作为参数，返回该函数的带记忆版。这个带记忆的函数记录第一次运行时得到的结果，再次运行时直接返回保存的结果[60]。

```
function memo(fun) {
    let already_run = false;
    let result = undefined;
    return () => {
                if (!already_run) {
                        result = fun();
                        already_run = true;
                        return result;
                } else {
                        return result;
                }
        };
}
```

任何时候，只要需要构造流序对，我们都可以用 memo。例如，我们可以不写：

⟨286⟩

```
function stream_map(f, s) {
    return is_null(s)
            ? null
            : pair(f(head(s)),
                    () => stream_map(f, stream_tail(s)));
}
```

---

60 除了这里说明的方法外，流还有许多可能的实现方法。延迟求值是使流成为实用技术的关键，它也是 Algol 60 语言中按名参数传递方法的固有特征。采用 Algol 机制实现流的技术首先由 Landin（1965）提出。流的延迟求值由 Friedman 和 Wise（1976）引进 Lisp，在他们的实现里，cons（我们的 pair 函数的 Lisp 等价物）总是延迟求值其参数，这就使表自动地具有了流的行为。带记忆的实现也称为按需求值。Algol 社区可能更愿意把我们基本版的延迟对象称为按名调用槽（thunk），而称优化的版本为按需调用槽。

而是采用如下形式来定义优化的 `stream_map` 函数：

```
function stream_map_optimized(f, s) {
    return is_null(s)
           ? null
           : pair(f(head(s)),
                  memo(() =>
                        stream_map_optimized(f, stream_tail(s))));
}
```

练习 3.50 请完成下面函数 `stream_map_2` 的声明。该函数以一个二元函数和两个流为参数，返回一个流，其内容是把函数应用于两个参数流中对应的一对对元素得到的结果：

```
function stream_map_2(f, s1, s2) {
    ...
}
```

参考 `stream_map_optimized` 修改你的 `stream_map_2`，声明函数 `stream_map_2_optimized`，使得到的结果流带有记忆功能。

练习 3.51 可以看到，基本函数 `display` 在显示其参数后还要返回这个参数。解释器在顺序求值下面的语句时，打印出的响应是什么[61]？

```
let x = stream_map(display, stream_enumerate_interval(0, 10));
stream_ref(x, 5);
stream_ref(x, 7);
```

如果用 `stream_map_optimized` 而不是 `stream_map`，解释器的响应又是什么？

```
let x = stream_map_optimized(display, stream_enumerate_interval(0, 10));
stream_ref(x, 5);
stream_ref(x, 7);
```

练习 3.52 考虑下面的语句序列：

```
let sum = 0;
function accum(x) {
    sum = x + sum;
    return sum;
}
const seq = stream_map(accum, stream_enumerate_interval(1, 20));
const y = stream_filter(is_even, seq);
const z = stream_filter(x => x % 5 === 0, seq);
stream_ref(y, 7);
display_stream(z);
```

在上面每个语句求值后 `sum` 的值是什么？求值其中的 `stream_ref` 和 `display_stream` 表达式将打印出什么？如果我们在构造每个流序对时，都对其 `tail` 部分应用函数 `memo`，如前面讨论优化时的建议，得到的响应会有什么不同吗？请给出解释。

---

61 练习 3.51 和练习 3.52 这样的练习，在检查我们对 `delay` 怎样工作的理解方面很有价值。但另一方面，让延迟求值和打印混在一起——更糟糕的是，与赋值混在一起——也是特别容易迷惑人的。因此，传统的计算机语言课程的教师常在考试里用本节里这样问题去拷问学生。应该说，写出依赖于这类狡晦细节的程序是极其丑陋的程序设计风格。流处理的部分威力就在于使我们能忽略程序中各个事件的实际发生顺序。不幸的是，这恰好是存在赋值时我们无法做到的事情，因为赋值要求我们必须去考虑时间和变化。

3.5.2   无穷流

我们已经看到如何支持一种假象，使程序可以像对待完整的实体一样去操作流，即使实际上我们只算出了流中必须访问的那一部分。利用这种技术，我们可以有效地用流表示序列，即使被表示的序列非常长。更令人吃惊的是，我们甚至可以用流表示无穷长的序列。例如，考虑下面正整数的流的定义：

```
function integers_starting_from(n) {
    return pair(n, () => integers_starting_from(n + 1));
}

const integers = integers_starting_from(1);
```

这样写确实有意义，因为 integers 将是一个序对，其 head 就是 1，而其 tail 是产生出所有从 2 开始的整数的允诺。这是一个无穷长的流，但在任何给定时刻，我们只可能检查到它的有穷部分，因此我们的程序将永远不知道整个的无穷流并不在那里。

我们可以利用 integers 定义另一些无穷流，例如所有不能被 7 整除的整数的流：

```
function is_divisible(x, y) { return x % y === 0; }

const no_sevens = stream_filter(x => ! is_divisible(x, 7),
                                integers);
```

现在就可以通过简单地访问这个流的元素的方式，找出不能被 7 整除的整数了：

288

```
stream_ref(no_sevens, 100);
117
```

正如可以定义 integers，我们也可以定义斐波那契数的无穷流：

```
function fibgen(a, b) {
    return pair(a, () => fibgen(b, a + b));
}

const fibs = fibgen(0, 1);
```

常量 fibs 是一个序对，其 head 是 0，而其 tail 是求值 fibgen(1, 1) 的允诺。当我们求值这个延迟的 fibgen(1, 1) 时，它又将产生出一个序对，其 head 是 1，而其 tail 是一个求值 fibgen(1, 2) 的一个允诺，并如此继续下去。

要看一个更激动人心的无穷流，我们可以推广前面 no_sevens 的实例，采用一种通常称为厄拉多塞筛的方法 [62]，构造一个素数的无穷流。我们从整数 2 开始，这是第一个素数。为了得到其余的素数，就需要从其余的整数中滤掉 2 的所有倍数。这样就留下一个以 3 开头的流，而 3 也就是下一个素数。现在我们再从这个流的后面部分过滤掉 3 的所有倍数，这样就留下一个以 5 开头的流，而 5 又是下一个素数。再这样继续下去。换句话说，这种方法就是通过如下的筛选过程构造出所有的素数：对流 S 做筛选形成了一个流，其第一个元素就是 S 的第一个元素，得到随后元素的方式是从 S 的其余元素中滤掉 S 第一个元素的所有倍数，

---

[62] 厄拉多塞是公元前 3 世纪亚力山大的希腊哲学家。他因最早给出地球圆周的精确估计而闻名于世，其方法是观察夏至正午影子的角度。虽然厄拉多塞筛法的历史如此悠久，但它仍然是专用硬件"筛"的基础，直至近年还是确定大素数存在的最有力工具。到 20 世纪 70 年代，这类方法才被 1.2.6 节讨论过的概率方法的成果超越。

然后再对得到的结果进行筛选。这个函数很容易用流操作描述：

```
function sieve(stream) {
    return pair(head(stream),
                () => sieve(stream_filter(
                            x => ! is_divisible(x, head(stream)),
                            stream_tail(stream))));
}
const primes = sieve(integers_starting_from(2));
```

如果现在要找某个特定的素数，我们只需要提出要求：

```
stream_ref(primes, 50);
233
```

289

仔细思考由 sieve 构建的信号处理系统也很有意思，它可以用图 3.31 所示的"Henderson 图"描述[63]。输入流被馈入"反 pair"，分解出这个流的首元素和其余元素。用这个首元素构造一个非可整除过滤器，让流的其余部分穿过这个过滤器。过滤器的输出再馈入另一个筛块，然后把原来的首元素加到这个内部筛的输出之前，形成最终的输出流。在这里，不仅流是无穷的，信息处理器也是无穷的，因为在一个筛里还包含着另一个筛。

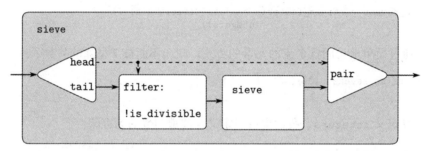

图 3.31   把素数筛看作一个信号处理系统。这里的每条实线代表一个正在传输值的流，从 head 到 pair 和 filter 的虚线表明这里传输的是单个值而不是流

隐式地定义流

上面给出了 integers 和 fibs 流，采用的定义方式都是显式地描述一个"生成"函数，该函数能一个个计算出流的元素。描述流的另一种方式是利用延迟求值，隐式地定义所需的流。举个例子，下面语句把 ones 定义为 1 的无穷流：

```
const ones = pair(1, () => ones);
```

这样做就像是声明一个递归函数：ones 是一个序对，其 head 是 1 而 tail 是求值 ones 的允诺。对其 tail 求值又给了我们一个 1 和一个求值 ones 的允诺，并如此继续。

我们可以通过利用 add_streams 一类的操作，做一些更有趣的事情。add_streams 操作生成给定的两个流中逐对元素之和的流[64]：

```
function add_streams(s1, s2) {
    return stream_map_2((x1, x2) => x1 + x2, s1, s2);
}
```

---

63   这种图用 Peter Henderson 的名字命名。Henderson 最先画出这种图，用于帮助思考流处理的过程。

64   这里使用了取自练习 3.50 的函数 stream_map_2。

现在我们就能采用如下方式定义整数流 integers 了：

```
const integers = pair(1, () => add_streams(ones, integers));
```

这样定义的 integers 是一个流，其首元素是 1，其余部分是 ones 与 integers 之和。这样，integers 的第二个元素就是 1 加上 integers 的第一个元素，也就是 2；integers 的第三个元素是 1 加上 integers 的第二个元素，也就是 3；并如此继续。这一定义可行，是因为在任一点上 integers 流的足够部分已经生成出来了，使我们可以把它回馈给这个定义，去生成下一个整数。

我们可以用同样的风格定义斐波那契数：

```
const fibs = pair(0,
                  () => pair(1,
                             () => add_streams(stream_tail(fibs),
                                               fibs)));
```

这个定义说 fibs 是一个以 0 和 1 开始的流，这个流的其余部分都可以通过加起流 fibs 和移动了一个位置的 fibs 而得到：

$$
\begin{array}{rrrrrrrrrl}
1 & 1 & 2 & 3 & 5 & 8 & 13 & 21 & \cdots & = \text{ stream\_tail(fibs)} \\
0 & 1 & 1 & 2 & 3 & 5 & 8 & 13 & \cdots & = \text{ fibs} \\
\hline
0 \quad 1 & 1 & 2 & 3 & 5 & 8 & 13 & 21 \quad 34 & \cdots & = \text{ fibs}
\end{array}
$$

scale_stream 是可用于描述这种流定义的另一个很有用的函数，该函数把一个给定的常数乘到流中的每个项上：

```
function scale_stream(stream, factor) {
    return stream_map(x => x * factor,
                      stream);
}
```

例如：

```
const double = pair(1, () => scale_stream(double, 2));
```

将生成出 2 的各次幂的值：1, 2, 4, 8, 16, 32, $\cdots$。

素数流的另一种定义方法是从整数出发，通过检查是否素数的方式过滤它们。我们需要用第一个素数 2 来启动这个计算：

```
const primes = pair(2,
                    () => stream_filter(is_prime,
                                        integers_starting_from(3)));
```

这个定义并不像它初看起来那么直截了当，因为我们检查数 n 是否素数时，采用的方法是检查 n 能否被所有小于等于 $\sqrt{n}$ 的素数（而不是用所有这样的整数）整除：

```
function is_prime(n) {
    function iter(ps) {
        return square(head(ps)) > n
               ? true
               : is_divisible(n, head(ps))
               ? false
               : iter(stream_tail(ps));
    }
```

```
        return iter(primes);
    }
```

291

这是一个递归定义，因为 primes 是基于谓词 is_prime 定义的，而在谓词 is_prime 本身的定义中又使用了流 primes。这一函数能行，原因是在计算中的任意一点，我们已经生成出了流 primes 的足够多的部分，足以满足我们检查随后的数是否素数的需要。也就是说，在检查任何一个数 n 是否素数时，或者 n 不是素数（这时存在已生成的素数能整除它），或者 n 是素数（这时已经生成了小于 n 但是大于 $\sqrt{n}$ 的素数）[65]。

练习 3.53 请不要运行程序，直接说明下面程序定义的流里的元素：

```
const s = pair(1, () => add_streams(s, s));
```

练习 3.54 请定义函数 mul_streams，它与 add_streams 类似，对两个输入流，它按元素逐个生成它们的乘积。用它和 integers 流一起完成下面流的定义，其中的第 n 个元素（从 0 开始数）是 $n+1$ 的阶乘：

```
const factorials = pair(1, () => mul_streams(⟨??⟩, ⟨??⟩));
```

练习 3.55 请定义函数 partial_sums，它以流 S 为参数，返回的流中的元素是 S_0, $S_0 + S_1$, $S_0 + S_1 + S_2$, $\cdots$。例如，partial_sums(integers) 应该生成流 1, 3, 6, 10, 15, $\cdots$。

练习 3.56 下面是一个很有名的问题，最早由 R. Hamming 提出。要求按递增序不重复地枚举出所有满足条件的整数，这些整数都没有 2、3 和 5 之外的素数因子。完成此事有一种明显的方法，就是简单地检查每个整数，看它是否有 2、3 和 5 之外的素数因子。但这样做极其低效，因为随着整数变大，它们中满足要求的数会变得越来越少。换一种看法，让我们把所需的流称为 S，可以看到下述有关它的事实：

- S 从 1 开始。
- scale_stream(S, 2) 的元素也是 S 的元素。
- 上一说法对于 scale_stream(S, 3) 和 scale_stream(S, 5) 也都对。

292
- 这些也就是 S 的所有元素了。

现在需要做的就是把所有这些来源的元素组合起来。为此我们先定义一个函数 merge，它能把两个排好顺序的流合并为一个排好顺序的流，并删除其中重复的元素：

```
function merge(s1, s2) {
    if (is_null(s1)) {
        return s2;
    } else if (is_null(s2)) {
        return s1;
    } else {
        const s1head = head(s1);
        const s2head = head(s2);
        return s1head < s2head
               ? pair(s1head, () => merge(stream_tail(s1), s2))
               : s1head > s2head
```

---

[65] 最后一点并不容易看到，它依赖事实 $p_{n+1} \leqslant p_n^2$（这里 p_k 表示第 k 个素数）。这种形式的估计都是很难建立的。欧几里得在古代证明了素有无穷多，其中证明了 $p_{n+1} \leqslant p_1 p_2 \cdots p_n + 1$，直到 1851 年都没人得到更好的结果，是年俄罗斯数学家 P. L. Chebyshev 证明对任何 n 都有 $p_{n+1} \leqslant 2p_n$，这一结果是 1845 年提出的一个猜想，称为 Bertrand 猜想。在 Hardy and Wright 1960 的 22.3 节可以找到这个问题的证明。

```
                 ? pair(s2head, () => merge(s1, stream_tail(s2)))
                 : pair(s1head, () => merge(stream_tail(s1), stream_tail(s2)));
    }
}
```

这样做之后，我们就可以利用 merge，以如下方式构造出所需的流了：

```
const S = pair(1, () => merge(⟨??⟩, ⟨??⟩));
```

请填充上面用 <??> 标记位置的缺失表达式。

练习 3.57   如果我们用基于函数 add_streams 的 fibs 定义计算第 *n* 个斐波那契数，需要做多少次加法？请证明，相比于在 add_stream 里使用练习 3.50 描述的 stream_map_2 的情况，这里需要做的加法次数要多指数倍[66]。

练习 3.58   请给下面函数计算的流的一种解释：

```
function expand(num, den, radix) {
    return pair(math_trunc((num * radix) / den),
                () => expand((num * radix) % den, den, radix));
}
```

这里的 math_trunc 去掉参数的小数部分，这里去掉的是整除的余数。请问，expand(1, 7, 10) 会顺序产生出哪些元素？ expand(3, 8, 10) 会产生哪些元素？

293

练习 3.59   在 2.5.3 节，我们看到如何实现一个多项式算术系统，其中把多项式表示为项的表。我们可以按类似方式处理幂级数。例如，把

$$e^x = 1 + x + \frac{x^2}{2} + \frac{x^3}{3\cdot 2} + \frac{x^4}{4\cdot 3\cdot 2} + \cdots$$

$$\cos x = 1 - \frac{x^2}{2} + \frac{x^4}{4\cdot 3\cdot 2} - \cdots$$

$$\sin x = x - \frac{x^3}{3\cdot 2} + \frac{x^5}{5\cdot 4\cdot 3\cdot 2} - \cdots$$

表示为无穷流，我们用系数 $a_0, a_1, a_2, a_3, \cdots$ 的流表示级数 $a_0 + a_1 x + a_2 x^2 + a_3 x^3 + \cdots$。

a. 级数 $a_0 + a_1 x + a_2 x^2 + a_3 x^3 + \cdots$ 的积分是级数：

$$c + a_0 x + \frac{1}{2}a_1 x^2 + \frac{1}{3}a_2 x^3 + \frac{1}{4}a_3 x^4 + \cdots$$

这里的 *c* 是一个任意常数。请定义函数 integrate_series，它以表示幂级数的流 $a_0, a_1, a_2, \cdots$ 为参数，返回这个幂级数的积分中的各个非常数项系数的流 $a_0, (1/2)a_1, (1/3)a_2, \cdots$。（因为返回的结果不包含常数项，因此它不是幂级数。如果要对它们使用 integrate_series，我们可以用 pair 给它加一个常数项。）

b. 函数 $x \mapsto e^x$ 是其自身的导数。这也意味着 e^x 和 e^x 的积分是同一个级数（除了常数项之外）。而常数项应该是 $e^0 = 1$。根据这些情况，我们可以按如下方式生成 e^x 的级数：

```
const exp_series = pair(1, () => integrate_series(exp_series));
```

---

66 这一练习说明按需调用与练习 3.27 描述的常规记忆方法的密切联系。在练习 3.27，我们用赋值显式构造了一个表列。按需调用流能有效且自动地构造这个表列，并把值存入已强迫做出的部分流里。

我们知道 sin 的导数是 cos，而且 cos 的导数是负的 sin，请说明如何根据这些事实，生成 sin 和 cos 的级数：

```
const cosine_series = pair(1, ⟨??⟩);
const sine_series = pair(0, ⟨??⟩);
```

练习 3.60   像练习 3.59 里那样把幂级数表示为系数的流之后，级数的和就可以直接用函数 add_streams 实现了。请完成下面级数的乘积函数的定义：

```
function mul_series(s1, s2) {
    pair(⟨??⟩, () => add_streams(⟨??⟩, ⟨??⟩));
}
```

你可以利用公式 $\sin^2 x + \cos^2 x = 1$，用练习 3.59 定义的级数检验你定义的函数。

练习 3.61，令 S 是一个常数项为 1 的幂级数（练习 3.59），假定我们现在希望找出 $1/S$ 的幂级数，也就是说，找出一个级数 X，使得 $S \cdot X = 1$。把 S 写成 $S = 1 + S_R$，其中 S_R 是 S 常数项之后的部分，然后就可以按下面方式解出 X：

$$S \cdot X = 1$$
$$(1 + S_R) \cdot X = 1$$
$$X + S_R \cdot X = 1$$
$$X = 1 - S_R \cdot X$$

换句话说，X 是这样的一个幂级数，其常数项为 1，而其高阶的项可以由 S_R 求负后乘以 X 而得到。请利用这一思想定义一个函数 invert_unit_series，使它能对常数项为 1 的幂级数 S 计算 $1/S$。你需要使用练习 3.60 的 mul_series。

练习 3.62   请利用练习 3.60 和练习 3.61 的结果定义一个函数 div_series，实现两个幂级数的除法。div_series 应该能对任意两个级数工作，只要作为分母的幂级数具有非 0 的常数项（如果它的常数项为 0，div_series 应该报错）。请说明，如何利用 div_series 和练习 3.59 的结果生成正切函数的幂级数。

3.5.3   流计算模式的应用

带延迟求值的流能同时提供局部状态和赋值的许多效益，因此可能成为功能强大的建模工具。进一步说，这种机制还能避免把赋值引入程序设计语言带来的一些理论困难。

流方法很有意思，因为采用这种方法构造系统时，模块的划分方式可以与围绕着给状态变量赋值的组织系统的方式完全不同。例如，我们可以把整个时间序列（或者信号）作为关注的目标，而不是关注状态变量在各个时刻的值。这将使我们能更方便地组合与比较来自不同时刻的状态成分。

把迭代表示为流计算过程

1.2.1 节介绍了迭代计算过程，其本质就是不断更新一些状态变量。现在我们知道，状态可以用值的"无时间的"流表示，而不是用一集不断更新的变量。让我们用这种观点重看 1.1.7 节的平方根函数。回忆一下，那里的想法就是生成一个序列，其中元素是 x 的平方根的越来越好的猜测值，采用的方法是反复应用一个改进猜测的函数：

```
function sqrt_improve(guess, x) {
    return average(guess, x / guess);
}
```

在原版的 **sqrt** 函数里，我们用一个状态变量的一系列值表示这些猜测。换个方式，我们也可以生成一个无穷的猜测序列，从初始猜测 1 开始：

```
function sqrt_stream(x) {
    return pair(1, () => stream_map(guess => sqrt_improve(guess, x),
                                    sqrt_stream(x)));
}

display_stream(sqrt_stream(2));
1
1.5
1.4166666666666665
1.4142156862745097
1.4142135623746899
...
```

我们可以生成这个流中越来越多的项，得到越来越好的猜测。如果喜欢，我们也可以写一个函数，使它能持续生成这种项，直至得到足够好的答案为止。（另见练习 3.64。）

同样可以采用这种方式处理的另一个迭代，就是基于下面的交替级数生成 π 的近似值，我们在 1.3.1 节已经看到过它：

$$\frac{\pi}{4} = 1 - \frac{1}{3} + \frac{1}{5} - \frac{1}{7} + \cdots$$

我们首先生成上述级数（各个奇数的倒数，其符号是交替的）的部分和的流，逐步取得越来越多的项之和（利用练习 3.55 的 **partial_sums** 函数），并把结果乘以 4：

```
function pi_summands(n) {
    return pair(1 / n, () => stream_map(x => - x, pi_summands(n + 2)));
}
const pi_stream = scale_stream(partial_sums(pi_summands(1)), 4);

display_stream(pi_stream);
4
2.666666666666667
3.466666666666667
2.8952380952380956
3.3396825396825403
2.9760461760461765
3.2837384837384844
3.017071817071818
...
```

这给了我们一个逐步逼近 π 的流。这一逼近收敛得非常慢，序列中的前 8 项只能将 π 值限定到 3.284 和 3.017 之间。

到目前为止我们一直在使用状态的流，但采用的方式与做状态变量更新没有多大差别。然而，流确实提供了可能，使我们可以使用一些有趣的技巧。举例说，我们可以用一个序列加速器对流做变换，这种加速器可以把一个逼近序列变换为另一个新序列，这个新序列也收敛到与原序列同样的值，只是收敛速度快得多。

有一个加速器应该归功于瑞士数学家利昂哈德·欧拉，这个加速器特别适合用于交错级数（项具有交错的符号的级数）的部分和。按照欧拉提出的技术，假设 S_n 是原来的和序列的第 *n* 项，那么加速序列的形式就是：

296

$$S_{n+1} - \frac{(S_{n+1} - S_n)^2}{S_{n-1} - 2S_n + S_{n+1}}$$

这样，如果原序列用数值的流表示，下面的函数就给出了变换后的序列：

```
function euler_transform(s) {
    const s0 = stream_ref(s, 0);    // S_{n-1}
    const s1 = stream_ref(s, 1);    // S_n
    const s2 = stream_ref(s, 2);    // S_{n+1}
    return pair(s2 - square(s2 - s1) / (s0 + (-2) * s1 + s2),
                memo(() => euler_transform(stream_tail(s))));
}
```

请注意，在这里我们用到了 3.5.1 节介绍的带记忆的优化技术，因为在下面的工作中，我们总是需要反复地对结果的流求值。

我们可以用对 π 的逼近序列展示欧拉加速器的效果：

```
display_stream(euler_transform(pi_stream));
3.166666666666667
3.1333333333333337
3.1452380952380956
3.13968253968254
3.1427128427128435
3.1408813408813416
3.142071817071818
3.1412548236077655
...
```

我们还可以做得更好，因为我们甚至可以去加速由前面加速得到的序列，而且递归地加速它们，如此做下去。也就是说，我们可以构造一个流的流（一种我们称为表列的结构），其中每个流都是前一个流的变换结果：

```
function make_tableau(transform, s) {
    return pair(s, () => make_tableau(transform, transform(s)));
}
```

这样得到的表列具有如下的形式：

$$
\begin{array}{ccccccc}
s_{00} & s_{01} & s_{02} & s_{03} & s_{04} & \cdots \\
 & s_{10} & s_{11} & s_{12} & s_{13} & \cdots \\
 & & s_{20} & s_{21} & s_{22} & \cdots \\
 & & & & \cdots
\end{array}
$$

最后，我们取出表列中每行的第一项，构成一个序列：

```
function accelerated_sequence(transform, s) {
    return stream_map(head, make_tableau(transform, s));
}
```

我们用逼近 π 的序列来展示这一"超级加速器"：

```
display_stream(accelerated_sequence(euler_transform, pi_stream));
4
3.166666666666667
3.142105263157895
3.141599357319005
```

```
3.1415927140337785
3.1415926539752927
3.1415926535911765
3.141592653589778
...
```

结果非常令人振奋。只取序列的 8 项，就得到了 π 的直至 14 位数字的正确值。如果我们用原来的逼近序列，那么将需要计算 10^{13} 数量级的项才能达到同样精度（也就是说，需要展开级数的足够多的项，直至一个项的绝对值小于 10^{-13}）。

虽然不用流也可以实现这些加速技术，但采用流的描述形式特别优美而且方便，因为整个状态序列就像一个数据结构，可以通过一组统一的操作直接地随意使用。

练习 3.63 Louis Reasoner 对 `sqrt_stream` 函数生成的流的性能不满意，试图利用记忆方法去优化它：

```
function sqrt_stream_optimized(x) {
    return pair(1,
                memo(() => stream_map(guess =>
                                        sqrt_improve(guess, x),
                             sqrt_stream_optimized(x))));
}
```

Alyssa P. Hacker 提出了另一个建议：

```
function sqrt_stream_optimized_2(x) {
    const guesses = pair(1,
                         memo(() => stream_map(guess =>
                                        sqrt_improve(guess, x),
                                  guesses)));
    return guesses;
}
```

并说 Louis 的版本相当低效，因为其中执行了太多冗余操作。请解释 Alyssa 的回答。Alyssa 不用记忆的方法真比原来版本的 `sqrt_stream` 效率更高吗？

练习 3.64 请写一个函数 `stream_limit`，它以一个流和一个数（用作容许误差）为参数，检查这个流，直至发现连续两项之差的绝对值小于给定的容许误差，这时该函数返回后一个项。利用这个函数，我们可以用下面方式计算满足给定误差的平方根：

298

```
function sqrt(x, tolerance) {
    return stream_limit(sqrt_stream(x), tolerance);
}
```

练习 3.65 利用级数：

$$\ln 2 = 1 - \frac{1}{2} + \frac{1}{3} - \frac{1}{4} + \cdots$$

参考前面计算 π 的方法，计算出逼近 2 的自然对数值的三个类似的序列。这些序列的收敛速度怎么样？

序对的无穷流

在 2.2.3 节，我们看过如何用序列范型处理传统的嵌套循环，把它们定义为序对的序列上的计算过程。如果把这种技术推广到无穷流，我们就可以写出一些很不容易用循环描述的程序，因为要想那样做，就必须对无穷的集合做"循环"。

举例说，假定我们希望推广 2.2.3 节的 prime_sum_pairs 函数，生成所有整数序对 (i, j) 的流，其中 $i \leq j$ 而且 $i+j$ 是素数。如果 int_pairs 是所有满足 $i \leq j$ 的整数序对 (i, j) 的序列，我们需要的流就很简单了[67]：

```
stream_filter(pair => is_prime(head(pair) + head(tail(pair))),
              int_pairs);
```

现在的问题变成了生成流 int_pairs。或者更一般些，假定现在我们有两个流 $S = (S_i)$ 和 $T = (T_j)$，设想下面这个无穷的矩形阵列：

$$\begin{array}{cccc}
(S_0, T_0) & (S_0, T_1) & (S_0, T_2) & \cdots \\
(S_1, T_0) & (S_1, T_1) & (S_1, T_2) & \cdots \\
(S_2, T_0) & (S_2, T_1) & (S_2, T_2) & \cdots \\
& & \cdots &
\end{array}$$

我们希望生成一个流，其中包含在这一阵列中的位于对角线及其上方的所有序对，也就是下面的这些序对：

$$\begin{array}{cccc}
(S_0, T_0) & (S_0, T_1) & (S_0, T_2) & \cdots \\
& (S_1, T_1) & (S_1, T_2) & \cdots \\
& & (S_2, T_2) & \cdots \\
& & & \cdots
\end{array}$$

（如果 S 和 T 都是整数的流，那么这就是我们需要的 int_pairs 流。）

我们把这个一般的流称为 pairs(S, T)，并认为它由三部分组成：序对 (S_0, T_0)、第一行里的所有其他序对，以及其余的序对[68]：

299

$$\begin{array}{c|ccc}
(S_0, T_0) & (S_0, T_1) & (S_0, T_2) & \cdots \\
\hline
& (S_1, T_1) & (S_1, T_2) & \cdots \\
& & (S_2, T_2) & \cdots \\
& & & \cdots
\end{array}$$

可以看出，分解中的第三部分（不在第一行的序对）正是（递归地）由 stream_tail(S) 和 stream_tail(T) 构造出的那些序对。还可以看到第二部分（第一列的其余序对）就是：

```
stream_map(x => list(head(s), x),
           stream_tail(t));
```

因此，我们可以按如下方式构造所需的序对流：

```
function pairs(s, t) {
    return pair(list(head(s), head(t)),
                () => combine-in-some-way(
                          stream_map(x => list(head(s), x),
                                     stream_tail(t)),
                          pairs(stream_tail(s), stream_tail(t))));
}
```

为了完成这个函数，我们还必须选一种方式组合起两个内部的流。一种想法是采用与

67　与 2.2.3 节一样，我们在这里用整数的表来表示序对，而不是用 pair。

68　有关为什么选择这种分解的考虑，请参考练习 3.68。

2.2.1 节中的 append 函数类似的流函数：

```
function stream_append(s1, s2) {
    return is_null(s1)
            ? s2
            : pair(head(s1),
                   () => stream_append(stream_tail(s1), s2));
}
```

但是这种做法完全不适合无穷流，因为它要在取完第一个流的所有元素后，才去结合第二个流的元素。特别地，如果我们试图按如下方式生成所有正整数的序对：

```
pairs(integers, integers);
```

得到的流将试图首先生成所有的第一个元素都等于 1 的序对，因此根本就不会去生成以其他整数作为第一个元素的序对了。

为了处理无穷流，我们需要谋划另一种组合顺序，它必须保证，如果这个程序运行的时间足够长，我们最终能得到流中的每一个元素。为了能做到这一点，一种很美妙的方法就是采用下面的 interleave 函数[69]：

300

```
function interleave(s1, s2) {
    return is_null(s1)
            ? s2
            : pair(head(s1),
                   () => interleave(s2, stream_tail(s1)));
}
```

因为 interleave 交替地从两个流中取元素，这样，即使第一个流是无穷的，第二个流里每个元素最终也都会出现在这样交错得到的流中的某个地方。

现在，我们已经可以通过如下方式生成所需的序对流了：

```
function pairs(s, t) {
    return pair(list(head(s), head(t)),
                () => interleave(stream_map(x => list(head(s), x),
                                            stream_tail(t)),
                                 pairs(stream_tail(s),
                                       stream_tail(t))));
}
```

练习 3.66　请检查流 pairs(integers, integers)，你能对各个序对放入流中的顺序给出某种一般性的说明吗？例如，在序对（1，100）之前大概有多少个序对？在序对（99，100）和（100，100）之前呢？（如果你能在这里给出精确的数学描述，那就更好了。但如果觉得很难做好定量的回答，也完全不必感到沮丧。）

练习 3.67　请修改函数 pairs，使得 pairs(integers, integers) 能生成出所有整数序对 (i, j) 的流（不考虑条件 $i \leqslant j$）。提示：你需要混进去另一个流。

练习 3.68　Louis Reasoner 认为，从上面提出的三个部分出发构造序对的流，实际上是把事情弄得过于复杂了。他建议不要把（S_0, T_0）与第一行的其他序对分开，而是直接对整个

69　这一组合顺序所需的性质可以精确地陈述如下：应该有一个函数 f，它有两个参数，并使对应于第一个流的元素 i 和第二个流的元素 j 的那个序对作为第 $f(i, j)$ 个元素出现输出流中。使用 interleave 达到这一效果的技巧是 David Turner 教给我们的，他在语言 KRC（Turner 1981）里使用了这种技术。

这一行工作，采用下面的方式：

```
function pairs(s, t) {
    return interleave(stream_map(x => list(head(s), x),
                                 t),
                      pair(stream_tail(s), stream_tail(t)));
}
```

这样做能行吗？请考虑，如果我们用 Louis 的 pairs 定义求值 pairs(integers, integers)，会出现什么情况。

练习 3.69 请写一个函数 triples，它以三个无穷流 S、T 和 U 为参数，生成三元组 (S_i, T_j, U_k) 的流，其中要求有 $i \leqslant j \leqslant k$。利用 triples 生成所有正的毕达哥拉斯三元组的流，也就是说，生成所有的三元组 (i, j, k)，其中 $i \leqslant j$，而且有 $i^2 + j^2 = k^2$。

练习 3.70 如果我们能让生成的流中的序对按某种有用的顺序出现，而不是任由某个具体的交错函数生成，也可能很有意义。问题是需要定义一种方法，使我们能说某个序对"小于"另一个，而后就可以采用某种类似练习 3.56 里 merge 函数的技术了。完成此事的一种方法是定义一个"权重函数" $W(i, j)$，并规定当 $W(i_1, j_1) < W(i_2, j_2)$ 时 (i_1, j_1) 小于 (i_2, j_2)。请写出函数 merge_weighted，它很像 merge，但多了一个参数 weight，给出用于计算序对权重的函数，用它确定元素在归并产生的流中出现的顺序 [70]。请利用这个函数把 pairs 推广为函数 weighted_pairs。这个函数的参数包括两个流和一个用于计算权重的函数，它根据给定的权重顺序生成序对的流。请用你的函数生成出：

a. 所有正整数序对 (i, j) 的流，其中要求 $i \leqslant j$，按和数 $i + j$ 的顺序排列。

b. 所有正整数序对 (i, j) 的流，其中要求 $i \leqslant j$，而且 i 和 j 都不能被 2、3、5 整除，而且这些序对按和数 $2i + 3j + 5ij$ 的顺序排列。

练习 3.71 可以用多种方式表达为两个立方数之和的数常称为 Ramanujan 数，以纪念数学家 Srinivasa Ramanujan [71]。序对的有序流为计算这种数的问题提供了一种非常优美的解决方案。为了找到所有能以两种不同方式写成两个立方之和的数，我们只需要以和数 $i^3 + j^3$ 作为权重（见练习 3.70）顺序生成整数序对的流，并在这个流里找权重相同的两个前后紧邻的序对。请写一个函数生成 Ramanujan 数。第一个这种数是 1729，随后的 5 个数是什么？

练习 3.72 请采用类似练习 3.71 的方式生成一个流，其中所有的数都满足条件：能以三种不同的方式表示为两个平方数之和（并请显示出它们的分解形式）。

流作为信号

在开始关于流的讨论时，我们曾把它们描述为信号处理系统里的"信号"在计算中的类似物。事实上，我们可以用流，以一种非常直接的方式为信号处理系统建模，用流的元素表示一个信号在顺序的一系列时间间隔上的值。举例说，我们可以实现一个积分器或称求和器，对输入流 $x = (x_i)$，初始值 C 和一个小增量 dt，累积下面的和：

---

70 我们需要对权重函数提出如下的要求：当我们沿着序对阵列的任何一行向右，或者沿着任何一列向下时，序对的权重一定增加。

71 引用哈代有关 Ramanujan 的讣告（Hardy 1921）："正如 Littlewood 先生（我相信）所说的，'每个正整数都是他的朋友'。记得有一次我去看他，他当时正因病住在 Putney。我刚刚坐的出租车号码是 1729，于是我说到这个数在看来索然无味，希望这不是个坏兆头。'不'他回答说'这是一个非常有趣的数，它是能以两种不同方式表达为两个立方数之和的最小的数。'"利用带权数的序对生成 Ramanujan 数的技巧是 Charles Leiserson 告诉我们的。

$$S_i = C + \sum_{j=1}^{i} x_j \, dt$$

并返回相应的流 $S = (S_i)$。下面的 integral 函数使我们回想起前面生成整数流的"隐式风格的"定义（3.5.2 节）。

```
function integral(integrand, initial_value, dt) {
    const integ = pair(initial_value,
                       () => add_streams(scale_stream(integrand, dt),
                                         integ));
    return integ;
}
```

图 3.32 是与函数 integral 对应的信号处理系统的图示。输入流经过 dt 做尺度变换后穿过一个加法器，加法器的输出又重新送回同一个加法器。位于 integ 定义里的自引用，反映到图中，就是从加法器的输出到它的一个输入的反馈循环。

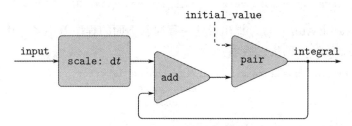

图 3.32　将 integral 函数看作信号处理系统

练习 3.73　我们可以用流表示电流或电压在时间序列上的值，用以模拟电子线路。举例说，假定有一个 RC 电路，它由一个阻值为 R 的电阻和一个容量为 C 的电容串联而成。该电路对输入电流 i 的电压响应 v 由图 3.33 里的公式表示，其结构由对应的信号流图表示。

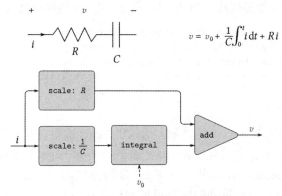

$$v = v_0 + \frac{1}{C}\int_0^t i\,dt + Ri$$

图 3.33　一个 RC 图和相应的信号流图

请写一个函数 RC 模拟这个电路。RC 应该以 R、C 和 dt 的值作为输入，返回一个函数，送给这个函数表示电流的流 i 和表示电容器初始电压的 v_0，函数输出表示电压的流 v。例如，通过求值 const RC1 = RC(5, 1, 0.5) 可以模拟一个 RC 电路，其中 $R = 5$ 欧姆，$C = 1$ 法，以 0.5 秒作为时间步长。这样就把 RC1 定义为一个函数。送给它一个表示电流的时间序列的流和电容器的一个初始电压作为参数，它就能产生表示电压的输出流。

练习 3.74　Alyssa P. Hacker 正在设计一个系统，处理来自物理传感器的信号。她希望得到的一个重要特性是产生一个描述输入信号跨零点的信号。也就是说，当输入信号从负值变成正值时结果信号应该是 +1，当输入信号由正变负时它应该是 −1，其他时刻其值为 0（0 输入的符号也认为是正）。例如，下面是一个典型输入信号及其相关的跨零点信号：

```
… 1  2  1.5  1  0.5  -0.1  -2  -3  -2  -0.5  0.2  3  4 …
… 0  0   0   0   0   -1    0   0   0    0    1   0  0 …
```

在 Alyssa 的系统里，来自传感器的信号用流 sense_data 表示，流 zero_crossings 是对应的跨零点流。Alyssa 先写了一个函数 sign_change_detector，它以两个值作为参数，比较它们的符号产生出适当的 0、1 或者 −1。然后她用下面方式构造跨零点流：

```
function make_zero_crossings(input_stream, last_value) {
    return pair(sign_change_detector(head(input_stream), last_value),
                () => make_zero_crossings(stream_tail(input_stream),
                                          head(input_stream)));
}
const zero_crossings = make_zero_crossings(sense_data, 0);
```

Alyssa 的上司 Eva Lu Ator 走过，提出说这一程序与下面的程序差不多，其中采用了取自练习 3.50 的 stream_map_2 的推广版本：

```
const zero_crossings = stream_map_2(sign_change_detector,
                                    sense_data,
                                    expression);
```

请填充这里缺少的 *expression*，完成这个程序。

练习 3.75 不幸的是，练习 3.74 中 Alyssa 的跨零点检查程序被证明效果不好，因为来自传感器的噪声信号会导致一些虚假的跨零点。硬件专家 Lem E. Tweakit 建议 Alyssa 对信号做平滑，在提取跨零点之前过滤掉噪声。Alyssa 接受了他的建议，决定先做每个检测值与前一检测值的平均值，而后在这样构造出的信号里提取跨零点。她把这个问题解释给自己的助手 Louis Reasoner，让他实现这一想法。Louis 把 Alyssa 的程序修改为下面的样子：

```
function make_zero_crossings(input_stream, last_value) {
    const avpt = (head(input_stream) + last_value) / 2;
    return pair(sign_change_detector(avpt, last_value),
                () => make_zero_crossings(stream_tail(input_stream),
                                          avpt));
}
```

但是这样做并没有正确实现 Alyssa 的计划。请找出 Louis 遗留在其中的错误，改正它，但不要改变程序的结构。（提示：你需要增加 make_zero_crossings 的参数的个数。）

304

练习 3.76 Eva Lu Ator 对练习 3.75 中 Louis 的方法有一个批评意见，说他写的程序不够模块化，因为其中平滑运算和跨零点提取操作混在一起了。举例说，如果 Alyssa 找到另一种改善输入信号的更好方法，这里的提取程序不应该修改。请帮助 Louis 写一个函数 smooth，它以一个流为输入，生成另一个流，其中每个元素都是输入流中顺序的两个元素的平均值。然后以 smooth 为部件，以更模块化的方式实现这个跨零点检测器。

3.5.4 流和延迟求值

前一节最后的函数 integral 展示了我们可以怎样用流来建模包含反馈循环的信号处理系统。为了模拟图 3.32 所示的加法器里的反馈循环，采用的方法是让 integral 里的内部流

integ 基于其自身定义：

```
const integ = pair(initial_value,
                    () => add_streams(scale_stream(integrand, dt),
                                      integ));
```

解释器能处理这种隐式定义。由于 add_stream 的调用被包装在 lambda 表达式里，解释器将延迟获取这个调用的结果。如果没有这个延迟，解释器就无法在完成对 add_stream 的调用求值之前构造 integ，而该求值又要求 integ 已有定义。一般说，用流建模包含循环的信号处理系统时，这种延迟至关重要。如果没有延迟，我们构造的模型就必须要求在产生输出前，每个信号处理部件的输入都已经完成求值。这也就完全排除了循环的可能。

不幸的是，在用流建模包含循环的系统时，前面看过的流程序设计模式的延迟可能还不够。举个例子，图 3.34 显示了一个求解微分方程 $dy/dt = f(y)$ 的信号处理系统，其中 f 是给定的函数。图中有一个映射部件，它把函数 f 应用于输入信号，还连接到一个反馈循环里的积分器，连接方式很像实际用于求解这种方程的模拟计算机电路。

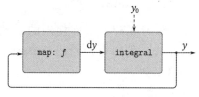

图 3.34　求解方程 $dy/dt = f(y)$ 的 "模拟计算机电路"

假设给了 y 一个初始值 y_0，我们可能想用下面的函数模拟这个系统：

```
function solve(f, y0, dt) {
    const y = integral(dy, y0, dt);
    const dy = stream_map(f, y);
    return y;
}
```

但是这个函数不能工作，因为在 solve 的第一行里对 integral 的调用要求 dy 已经有定义，但这是到 solve 的第二行才做的事情。

另一方面，我们这个定义的意图确实有意义，因为从原则上说，我们可能在不知道 dy 的情况下开始生成 y 流。实际上，integral 和其他许多流操作都能在只有部分参数信息的情况下，开始生成答案的一部分。对于 integral，输出流的第一个元素由 initial_value 描述，这样我们就可以在不求值积分对象 dy 的情况下生成输出流里的第一个元素。一旦有了 y 的第一个元素，位于 solve 第二行的 stream_map 就可以开始工作，生成 dy 的第一个元素，这样就可以生成 y 的下一个元素，并可以这样继续下去了。

为了利用这种想法，我们需要重新定义 integral，把被积分的流看作一个延迟参数。在需要生成输出流第一个元素之后的元素时，integral 才对积分对象的强迫求值：

```
function integral(delayed_integrand, initial_value, dt) {
    const integ =
        pair(initial_value,
             () => {
                 const integrand = delayed_integrand();
                 return add_streams(scale_stream(integrand, dt),
                                    integ);
             });
    return integ;
}
```

305

306

现在我们只需要在 y 的声明里延迟对 dy 求值，就可以实现 solve 函数了：

```
function solve(f, y0, dt) {
    const y = integral(() => dy, y0, dt);
    const dy = stream_map(f, y);
    return y;
}
```

一般而言，integral 的每个调用者，现在都必须延迟其被积参数。我们可以用一个例子展示 solve 函数的工作情况：取值 $y = 1$ 计算近似值 $e \approx 2.718$，它就是初始条件为 $y(0) = 1$ 的情况下计算微分方程 $dy/dt = y$ 的解[72]。

```
stream_ref(solve(y => y, 1, 0.001), 1000);
2.716923932235896
```

练习 3.77   上面使用的函数 integral 类似 3.5.2 节整数无穷流的"隐式"定义。换个方式，我们可以给出 integral 的另一声明，它更像 integers_starting_from（也见 3.5.2 节）：

```
function integral(integrand, initial_value, dt) {
    return pair(initial_value,
                is_null(integrand)
                ? null
                : integral(stream_tail(integrand),
                           dt * head(integrand) + initial_value,
                           dt));
}
```

在用于带循环的系统时，这个函数也有与初始 integral 版本一样的问题。请修改这个函数，使它把 integrand 看作延迟参数，以便能用于上面的 solve 函数。

练习 3.78   现在考虑设计一个信号处理系统，用于研究齐次的二阶线性微分方程：

$$\frac{d^2 y}{dt^2} - a \frac{dy}{dt} - by = 0$$

这里的输出流建模 y，它由一个包含循环的网络生成，这是因为 d^2y/dt^2 的值依赖 y 和 dy/dt 的值，而后两者又都由积分 d^2y/dt^2 确定。图 3.35 显示了我们希望编码的信号图。请写一个函数 solve_2nd，它以常数 a、b 和 dt、y 的初始值 y_0 和 dy_0，以及 dy/dt 为参数，生成 y 的一系列值形成的流。

练习 3.79   请推广练习 3.78 里写出的函数 solve_2nd，使之能用于求解一般的二次微分方程 $d^2y/dt^2 = f(dy/dt, y)$。

练习 3.80   串联 RLC 电路由一个电阻、一个电容和一个电感串联组成，如图 3.36 所示。如果 R、L 和 C 分别是电路里的电阻值、电容量和电感量，那么与三个部件相关的电压（v）和电流（i）由下面的方程描述：

$$v_R = i_R R$$

$$v_L = L \frac{di_L}{dt}$$

---

72   为保证能在合理的时间内结束，这个计算要求在 integral 里及其使用的 add_stream 里采用 3.5.1 节介绍的记忆优化技术（使用练习 3.57 建议的函数 stream_map_2_optimized）。

$$i_C = C\frac{\mathrm{d}v_C}{\mathrm{d}t}$$

电路连接决定了下面的关系：

$$i_R = i_L = -i_C$$
$$v_C = v_L + v_R$$

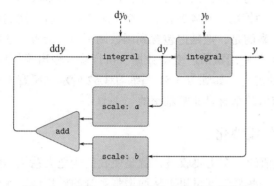

图 3.35　求解二次线性微分方程的信号流图

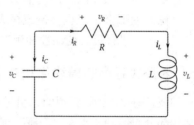

图 3.36　一个串联 RLC 电路

请组合起这些方程，证明电路的状态（由电容器上的电压 v_C 和通过电感的电流 i_L 概括）可以用下面这一对微分方程描述：

$$\frac{\mathrm{d}v_C}{\mathrm{d}t} = -\frac{i_L}{C}$$
$$\frac{\mathrm{d}i_L}{\mathrm{d}t} = \frac{1}{L}v_C - \frac{R}{L}i_L$$

表示这个微分方程系统的信号流图如图 3.37 所示。

请写一个函数 RLC，它以电路的 R、L、C 和时间增量 $\mathrm{d}t$ 为参数，按类似练习 3.73 中函数 RC 的方式，RLC 应该生成一个函数。该函数以状态变量的初值 v_{C_0} 和 i_{L_0} 为参数，生成状态 v_C 和 i_L 的流的一个序对（用 pair）。利用 RLC 生成一对流，模拟一个 RLC 电路的行为，其中 $R = 1$ 欧姆，$C = 0.2$ 法，$L = 1$ 亨，$\mathrm{d}t = 0.1$ 秒，初值 $i_{L_0} = 0$ 安培，$v_{C_0} = 10$ 伏特。

规范序求值

本节的实例说明，延迟求值能给编程提供极大的灵活性，但这些实例也显示了这种做法可能使程序变得更复杂。例如，新的 integral 函数使我们能模拟带循环的系统，但现在我们必须记住，调用 integral 时必须用一个延迟的被积参数，所有使用 integral 的函数都必须注意这件事。从效

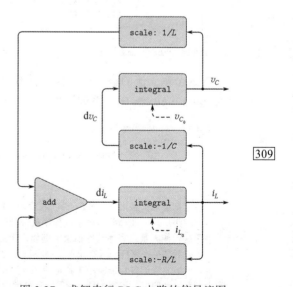

图 3.37　求解串行 RLC 电路的信号流图

果上看，我们构造了两类函数：常规函数和要求延迟参数的函数。一般说，创建了不同类的

309

函数，将迫使我们同时去创建不同类的高阶函数[73]。

要避免同时支持两类不同函数的麻烦，一种可能做法就是让所有函数都用延迟参数。我们可以采用一种求值模型，让其中所有的函数参数都自动延迟，只有在实际需要它们的时候（例如，当基本操作需要它们的时候）才强迫参数求值。这样做，实际上就是把我们的语言转到了使用规范序求值。在 1.1.5 节介绍求值的代换模型时，我们曾首次介绍这个概念。转到规范序求值，可以得到一种统一而且优雅的方案，简化延迟求值的使用。如果我们只关心流处理，这可能是一种应该采用的很自然的策略。在 4.2 节里研究了求值器之后，我们将考察怎样把所用的语言变换到那种样子。不幸的是，把延迟包含到函数调用中，会极大地损害我们设计依赖事件顺序的程序的能力，例如使用赋值、变动数据、执行输入输出等的程序。甚至序对尾部的那个延迟也会造成极大的混乱，如练习 3.51 和练习 3.52 所示。所有人都知道，在程序设计语言里，变动性和延迟求值的结合是非常难搞的。

3.5.5 函数式程序的模块化和对象的模块化

正如我们在 3.1.2 节看到的，引进赋值的一个主要收益，就是使我们能把大系统的状态中的某些部分封装到（或说"隐藏"到）一些局部变量里，从而增强系统的模块性。流模型可以提供与之等价的模块化，而同时又不必使用赋值。为了展示这方面的情况，我们重新实现在 3.1.2 节考察过的 π 的蒙特卡罗估计，这次从流的观点出发。

这里最关键的模块化问题，就是我们希望把一个随机数生成器的内部状态隐藏起来，隔离在使用随机数的程序之外。我们从函数 rand_update 开始，用它作为随机数生成器。这个函数提供的一系列值就是我们需要的随机数：

```
function make_rand() {
    let x = random_init;
    return () => {
            x = rand_update(x);
            return x;
        };
}
const rand = make_rand();
```

在这个基于流的描述里，我们看不到什么随机数生成器。这里只有一个随机数的流，通过对 rand_update 的一系列顺序调用产生：

```
const random_numbers =
    pair(random_init,
        () => stream_map(rand_update, random_numbers));
```

---

73 早期静态类型语言（如 Pascal）在处理高阶函数时遇到了一些困难，上述问题是有关困难在 JavaScript 里的小反应。在那些语言里，程序员必须明确描述每个函数的参数和结果的类型：数、逻辑值、序列等。这就使人难以表述某些抽象。例如，无法表示用一个如 stream_map 的高阶函数"把一个给定函数 fun 映射到一个序列的所有元素"。相反地，在那里我们必须为每种参数和结果数据类型的组合定义一个映射函数，它们各自能应用于特定的 fun。语言中出现高阶函数，维持实际的"数据类型"概念会产生很多困难的问题。语言 ML 展示了一种处理这个问题的方法（Gordon, Milner, and Wadsworth 1979），其中的"参数化多态数据类型"包含数据类型之间高阶变换的模式。进一步说，在 ML 里大部分函数的数据类型不需要程序员显式声明，ML 包含的"类型推导"机制能根据环境中的信息推断所定义函数的数据类型。今天的静态类型程序设计语言都已经演进到能支持某种形式的类型推理，并支持参数化的多态性，但这方面的能力各不相同。Haskell 结合了一套表达能力很强的类型系统，以及一套强大的类型推理机制。

在 `random_numbers` 流中顺序一对对数的基础上可以构造出 Cesàro 试验的输出流：

```
function map_successive_pairs(f, s) {
    return pair(f(head(s), head(stream_tail(s))),
                () => map_successive_pairs(
                              f,
                              stream_tail(stream_tail(s))));
}
const dirichlet_stream =
    map_successive_pairs((r1, r2) => gcd(r1, r2) === 1,
                         random_numbers);
```

把 `dirichlet_stream` 流馈入 `monte_carlo` 函数，该函数生成一个可能性估计的流，得到的结果再变换到一个 π 估值的流。在这一版本的程序里，我们不需要用参数告诉它试验次数，直接查看 pi 流里更后面的值（也就是执行更多试验），就可以得到 π 的更好估值。

```
function monte_carlo(experiment_stream, passed, failed) {
    function next(passed, failed) {
        return pair(passed / (passed + failed),
                    () => monte_carlo(stream_tail(experiment_stream),
                                      passed, failed));
    }
    return head(experiment_stream)
           ? next(passed + 1, failed)
           : next(passed, failed + 1);
}
const pi = stream_map(p => math_sqrt(6 / p),
                      monte_carlo(dirichlet_stream, 0, 0));
```

这个方法也相当模块化，因为在这里，我们仍然构造出了一个普适的 `monte_carlo` 函数，它可以处理任何试验。而且这里没有赋值，也没有局部状态。

练习 3.81　练习 3.6 讨论了推广随机数生成器，使人可以重置随机数序列，以便生成可重复的"随机数"序列。请构造出这种生成器的一个流模型，它对一个表示需求的输入流操作，或者 "generate" 一个新随机数，或者把序列 "reset" 为某个特定值，进而生成所需要的随机数流。请不要在你的解中使用赋值。

练习 3.82　以流的方式重做练习 3.5 里的蒙特卡罗积分，`estimate_integral` 的流版本不需要通过参数告知试验次数，相反，它生成一个表示越来越多试验次数的估值流。 312

时间的函数式程序设计观点

现在，让我们回到有关对象和状态的问题。这是本章开始提出的问题，现在希望从一种新角度去观察。我们引进赋值和可变对象，就是为了提供一种机制，以便模块化地构造程序，用于建模有状态的系统。我们构造了包含内部状态变量的计算对象，用赋值修改这些变量。我们用计算对象的时序行为模拟现实世界中的对象的时序行为。

现在我们已经看到，流为建模具有内部状态的对象提供了另一条途径。我们可以用一个流建模一个变化的量，例如某个对象的局部状态，用流表示其顺序状态的时间史。从本质上说，我们显式地用流表示了时间，因此也就解耦了被我们模拟的世界里的时间与求值中事件发生的顺序之间的紧密联系。确实，由于延迟求值的存在，在模型中被模拟的时间与求值中事件发生的顺序之间，现在的关系可能已经很弱了。

为了对比这两种建模方法，让我们重新考虑一个"取款处理器"的实现，它管理着一个银行账户的余额。在 3.1.3 节，我们实现了这种处理器的一个简化版本：

```
function make_simplified_withdraw(balance) {
    return amount => {
            balance = balance - amount;
            return balance;
        };
}
```

调用 make_simplified_withdraw 生成这种计算对象，每个对象里有一个局部变量 balance，其值将在对该对象的一系列调用中减少。这种对象以一个 amount 为参数，返回新的余额。我们可以想象，银行账户的用户通过键盘送给这种对象一个输入序列，看到由它得到的一系列返回值显示在屏幕上。

换一种方式，我们也可以用函数建模这种提款处理器，它以一个余额值和一个提款值的流作为参数，生成账户中顺序的余额的流：

```
function stream_withdraw(balance, amount_stream) {
    return pair(balance,
                () => stream_withdraw(balance - head(amount_stream),
                                      stream_tail(amount_stream)));
}
```

函数 stream_withdraw 实现了一个定义良好的数学函数，其输出完全由输入确定。当然，这里我们假定 amount_stream 的输入是由用户键入的一系列值构成的流，作为结果的余额流将被显示出来。这样，从送入这些值并观看结果的用户的角度，这个流函数的行为好像与由 make_simplified_withdraw 创建的对象的行为没什么不同。然而，在这个流版本里没有赋值，也没有局部状态变量，因此也就不会有我们在 3.1.3 节里遇到的种种理论困难。但是这个系统也有状态！

[313]

这确实是极其惊人的。虽然 stream_withdraw 实现了一个具有良好定义的数学函数，其行为完全不变化，但用户在这里看到的却是正在与一个具有变化着的状态的系统交互。消解这一悖论的一种方式是认识到，正是由于用户时态的存在，赋予了这个系统状态的特性。如果用户从自己的交互后退一步，以余额流的方式思考问题，而不是去看一次次的交易，这个系统看上去就是无状态的了 [74]。

从一个复杂过程的一个部分的角度观察，其他部分看起来正在随着时间变化，它们有隐藏的随时间变化的局部状态。如果我们希望写程序，用计算机里的某种结构模拟现实世界中的这类自然分解（就像我们从自己的角度，将其看作世界的一个部分那样），那么就会做出一些不是函数式的计算对象——它们必须随时间不断变化。我们用局部状态变量模拟状态，用对这些变量的赋值模拟状态的变化。在这样做的时候，我们就是在用一个计算的执行时间模拟我们作为其中一部分的世界里的时间，这样，我们就把"对象"弄进了计算机。

用对象建模的威力强大，也很直观，究其根源，就在于这里的情况非常符合我们对自己身处其中并与之交流的世界的看法。然而，正如我们在读这一章的整个过程中反复看到的，这样的模型也产生了对事件顺序的约束，以及多个线程的同步等棘手问题。避免这些问题的可能性推动着函数式程序设计语言的发展，在这类语言里根本就不提供赋值或可变对象。在这样一个语言里，所有函数实现的都是它们的参数上的定义良好的数学函数，其行为不会变

化。函数式的方法对于处理并发系统特别有吸引力 [75]。

但是，在另一面，如果我们抵近观察，就会看到与时间有关的问题也潜入了函数式模型中。一个特别麻烦的领域出现在我们希望设计交互式系统的时候，特别是模拟一批独立对象之间的交互的系统。举个例子，让我们再次考虑允许合用账户的银行系统的实现。在常规的系统里使用赋值和状态，我们可以让 Peter 和 Paul 把他们的交易请求送到同一个银行账户对象以模拟 Peter 和 Paul 共享一个账户的事实，就像我们在 3.1.3 节里看到的那样。按照流的观点，这里根本就没有什么“对象”。我们已经指出，银行账户可以用一个计算过程来模拟，该过程在一个交易请求的流上操作，生成一个系统响应的流。照此，我们只要把 Peter [314] 的交易请求流与 Paul 的交易请求流归并，并把归并后的流送给那个银行账户函数，就能模拟 Peter 和 Paul 有着共享账户的事实，如图 3.38 所示。

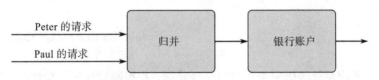

图 3.38   一个合用账户，通过合并两个交易请求流的方式模拟

这种处理方法的麻烦就在于归并的概念。通过简单交替的方式从 Peter 的请求中取一个，而后从 Paul 的请求中取一个的方式根本不行。假定 Paul 很少访问这个账户，我们很难强迫 Peter 等待 Paul 对账户的访问，而后才能启动自己的第二次交易。无论这种归并如何实现，它都必须在某种 Peter 和 Paul 都可以看到的“真实时间”的约束下，交错地归并这两个交易流。这也就意味着，如果 Peter 和 Paul 会面了，他们总可以一致地认为某些交易已经在这次会面之前完成了，其他交易将在这次会面之后做 [76]。这正好就是 3.4.1 节里我们不得不处理的同一个约束。在那里我们发现需要引进显式同步，以确保在并发处理具有状态的对象的过程中，各个事件能按“正确的”顺序发生。这样，当我们试图支持函数式风格时，由于需要归并的输入来自不同主体，这种需要又会要求我们重新引入函数式风格致力于消除的同一个问题。

我们从一个目标开始这一章，那就是希望构造出一些计算模型，使其结构能符合我们对自己试图去模拟的真实世界的看法。我们可以把这个世界模拟为一集相互分离的、受时间约束的、具有状态的、相互交流的对象，或者可以把它模拟为单一的、无时间也无状态的统一体。每种观点都有其强有力的优势方面，但每种方式，就其自身而言，也都不能完全令人满意。我们还在等待着一个大统一的出现 [77]。 [315]

75　John Backus（Fortran 的发明者）在 1978 年得到图灵奖时特别赞赏了函数式程序设计。他在授奖讲演中（Backus 1978）强烈地推崇函数式途径。Henderson 1980 和 Darlington, Henderson, and Turner 1982 给出了有关函数式程序设计的很好综述。

76　请注意，一般说，对任意的两个流，存在多种可接受的交错顺序。这样，从技术上看，“归并”是一个关系而不是一个函数——得到的回答并不是输入的确定性函数。我们已经提到过（本章的脚注 44），非确定性是我们处理并发时遇到的本质性问题。这里提出的归并关系展示了同样本质性的非确定性。在 4.3 节，我们将看到来自另一种观点的非确定性。

77　对象模型通过把世界分割为一些相互分离的片断，得到对世界的一种近似。函数式模型则不是沿着对象间的边界去做模块化。当“对象”之间不共享的状态远远大于它们所共享的状态时，对象模型就特别好用。这种对象观点失效的一个地方就是量子力学，在那里，把物体看作个别的粒子就会导致悖论和混乱。希望统一对象观点和函数式的观点或许与程序设计关系不大，而是与基本认识论有关的论题。

元语言抽象

用话说，这个咒语就是——阿巴拉卡达巴拉，芝麻开门，还有接下去的话——但在一件事上有魔力的咒语对下一件事就不灵了。真正的魔力在于知道哪个咒语有用、什么时候、做什么，诀窍就在于学会那个诀窍。

……这些咒语同样用我们字母表里的字母拼出，而字母表不过是几十个可以用笔画出的弯弯曲线。这就是关键！那些珍宝也一样，如果能抓住它们！这就像说，通向珍宝的钥匙就是珍宝！

——John Barth（约翰·巴思），《奇想》

在前面有关程序设计的研究中，我们已经看到，在控制设计的复杂性时，专业程序员使用的正是与所有复杂系统的设计者一样的通用技术。他们组合起基本元素构成复合元素，抽象复合元素做出更高一层的构件，采纳一些有关系统结构的适当的大尺度观点来保持系统的模块性。在阐释这些技术时，我们一直用 JavaScript 作为语言描述计算过程、构造计算性数据对象和计算过程，以便模拟现实世界中的各种复杂现象。然而，随着面对的问题越来越复杂，我们会发现 JavaScript，实际上，无论哪一种确定的程序设计语言，都不足以满足我们的需要。我们必须经常转向新的语言，以便更有效地表述自己的想法。建立新语言是在工程设计中控制复杂性的一种威力强大的策略，我们常常能通过采用一种新语言而提升处理复杂问题的能力，因为新的语言可能使我们以不同的路径，使用不同的原语、不同的组合方法和抽象方法，去描述（因此也是去思考）面对的问题，这些都可以是为了处理手头的问题而专门打造的[1]。

程序设计总会涉及多种语言。这里有物理的语言，例如特定计算机的机器语言。这些语言关注数据和控制的表示，其基础是存储器里的一个个二进制位和基本的机器指令。机器语言程序员关心如何利用给定的硬件，构造系统和各种实用程序，设法在资源受限的条件下有效地实现各种计算过程。高级语言构筑在机器语言之上，它们隐藏了数据用一些二进制位表示，程序用基本指令序列表示的许多细节。这些语言提供了一些组合和抽象机制，例如函数声明等，因此更适合大规模系统的组织。

元语言抽象——建立新语言——在工程设计的所有分支中都扮演着重要的角色，在计算机程序设计领域更是特别重要。因为，在程序设计领域，我们不仅可以设计新语言，还可以

---

[1] 同样的想法在工程中随处可见。举例说，电子工程师使用许多不同的语言描述电路，其中两种是电子网络的语言和电子系统的语言。网络语言强调基于电子元件为各种设备建模，语言中的基本对象是各种基本电子元器件，如电阻器、电容器、电感器和晶体管，它们的特征用称为电压和电流的物理变量刻画。在用网络语言描述电路时，工程师关心的是一个设计的物理特性。与此对应，系统语言中的基本对象是信号处理模块，如过滤器和放大器。这里关心的只是模块的功能行为和对信号的操作，并不关心它们在物理电流和电压上的实现。系统语言是在网络语言基础上构造起来的，因为信号处理系统的元件是用电子网络构造的。但是，设计者在这里关心的是能解决给定应用问题的电子设备的大规模组织，并假定了各个部分的物理可行性。2.2.4 节中的图形语言展示的分层设计技术，正好是分层语言的另一例子。

317

通过构造求值器的方式实现这些语言。针对某个程序设计语言的求值器（或解释器）也是一个函数，把它应用于这个语言的语句或表达式，它就能执行求值这个表达式所要求的动作。把这一点看作程序设计中最基本的思想，一点也不过分：

> 求值器决定了一个程序设计语言中各种语句和表达式的意义，而它本身也不过就是另一个程序。

意识到这一现实情况，我们需要修正有关自己作为程序员的看法。从现在开始，我们应该把自己看作语言的设计师，而不仅是别人设计好的语言的使用者。

事实上，我们几乎可以把任何程序看作某个语言的求值器。举例说，2.5.3 节的多项式运算系统里嵌入了多项式的算术规则，以及它们在表结构的数据操作基础上的实现。如果我们扩充这个系统，加上读入和打印多项式表达式的函数，我们就有了一个用于处理符号数学问题的专用语言的核心部分。3.3.4 节的数字逻辑模拟器和 3.3.5 节的约束传播系统，从它们自己的角度看，也都是完全合格的语言。它们各有自己的基本操作、组合手段和抽象手段。从这个观点看问题，处理大规模计算机系统的技术，与构造新计算机语言的技术紧密相关，而计算机科学本身不过（也不更少）就是有关如何构造合适的描述语言的知识领域。

现在我们要启程，前去探究如何在一些语言的基础上建设新语言的技术。在这一章里，我们要用 JavaScript 语言作为基础，把各种求值器实现为 JavaScript 函数。作为理解语言实现问题的第一步，我们将首先构造一个针对 JavaScript 本身的求值器，由这个求值器实现的语言是 JavaScript 的一个子集。虽然本章描述的求值器针对的是 JavaScript 的一个特定子集，但它已经包含了为顺序计算机写程序而设计的任何语言的求值器的基本结构。（事实上，大部分语言的处理器，在其深部都包含了一个小小的求值器。）为便于展示和讨论，我们对这个求值器做了一些简化，某些特征被放到一边，其中有些对产品质量的 JavaScript 系统可能非常重要。但无论如何，这个简单求值器已经足以执行本书中的大部分程序了[2]。

把这个求值器清楚地实现为一个 JavaScript 程序，还带来另一个重要获益：我们可以通过修改该求值器的程序，实现某些不同的求值规则。我们可以很好利用这一优势的一个地方，就是可以取得对计算模型中嵌入的时间概念的更多控制，这也是第 3 章讨论的核心问题。在那里，我们通过流的概念去解耦计算机里的时间与现实世界中的时间的关系，以尽可能减少由状态和赋值带来的复杂性。然而，我们的流程序有时写起来很烦琐，因为受到了 JavaScript 的应用顺序求值的限制。在 4.2 节里，我们要修改基础语言，通过修改求值器，提供按正则序求值的能力，并基于此提供一种更优雅的流处理途径。

4.3 节将实现一项更加雄心勃勃的语言变化，在那里，语句和表达式可以有多个值，而不是仅仅一个值。在这个非确定性计算的语言里，我们可以很自然地表达这样的计算过程，它们能生成出语句或表达式的所有值，然后从中搜索出满足某些特定约束条件的值。从计算和时间模型的角度看，这样做就像是允许时间分岔，形成一集"可能的未来"，然后从中搜索合适的时间线。我们的非确定性求值器维护着多重值的轨迹，并能执行搜索的工作，这些都将由语言的基础设施自动处理。

2　我们的求值器没有涉足的最重要特征是有关处理错误和支持查错的机制。有关求值器的更深入讨论可参考 Friedman, Wand, and Haynes 1992，该书展示了用 Lisp 的方言 Scheme 写出的一系列求值器，通过这种方式揭示了程序设计语言里的各种重要现象。

在 4.4 节，我们还要实现一个逻辑程序设计语言。在这个语言里，知识采用关系的形式描述，而不是表述为带有输入输出的计算过程。虽然这样得到的语言与 JavaScript 大相径庭，实际上是与所有常规语言都根本不同，但我们还是会看到，这个逻辑程序设计的求值器仍然共享着 JavaScript 求值器的基本结构。

4.1　元循环求值器

我们的 JavaScript 求值器将实现为一个 JavaScript 程序。考虑用本身也通过 JavaScript 实现的求值器去求值 JavaScript 程序，看起来像一种循环定义。然而，求值就是一种计算过程，所以用 JavaScript 描述这个求值过程也是合适的，因为毕竟它一直被作为我们描述计算过程的工具[3]。用与被求值语言同样的语言写求值器称为元循环。

从本质上说，元循环求值器就是 3.2 节描述的求值的环境模型的一个 JavaScript 表达。请回忆一下，环境模型说，函数应用的求值包括两个基本阶段：

1. 求值一个函数应用式时，首先求值其中的子表达式，然后把函数子表达式的值作用于实际参数子表达式的值。

2. 把一个复合函数应用于一集实际参数时，我们在一个新环境里求值这个函数的体。构造这个环境的方法，就是用一个框架扩充该函数对象的环境部分，在这个框架里，该函数的各个形式参数分别约束于当前函数应用的各个实际参数。

这两条规则描述了求值过程的核心，也就是它的基本循环。在这个循环里，在环境中求值语句和表达式归约到函数对实际参数的应用，而这种应用又归约到新的语句和表达式在新的环境里求值，并如此下去，直至我们下降到名字（其值直接到环境中查找）或者基本函数（它们可以直接应用），见图 4.1[4]。这个求值循环实际体现为求值器里的两个关键函数 evaluate 和 apply 的相互作用（参看图 4.1），4.1.1 节将介绍它们。

求值器的实现要依靠一些函数，它们定义了被求值语句和表达式的语法形式。我们将继续采用数据抽象技术，使求值器独立于语言的具体表示。例如，我们并不事先确定赋值的表示形式为以一个名字开头，后随着一个 =，而是用一个抽象谓词 is_assignment 检查是否为赋值，并用抽象的选择函数 assignment_variable 和 assignment_value_expression 访问赋值中相应的部分。这个数据抽象层将在 4.1.2 节说明，它使得我们的求值器独立于

3　即便如此，这里考虑的求值器还是没有展示求值过程的某些重要方面，其中最重要的就是一个函数调用其他函数的机制，以及把值返回调用者的机制的细节。我们将在第 5 章里讨论这些问题，在那里，我们将通过把求值器实现为一个简单的寄存器机器的方式，更贴近地观察这一求值过程。

4　如果我们已经有了应用基本函数的能力，那么在实现这种求值器时还需要做些什么呢？求值器的工作并不是描述语言的基本函数，而是提供一套连接组织，也就是一些组合手段和抽象手段，它们能把基本函数联为一体，形成一个语言。特别是：

- 求值器使我们能处理嵌套的表达式。举例说，虽然简单地应用基本函数足以求值表达式 2 * 6，但却无法处理 2 * (1 + 5)。如果只考虑运算符 *，它要求实际参数必须是数。如果把表达式 1 + 5 作为实际参数送给它，就会把它噎死。求值器扮演的一个重要角色就是安排好一套方法，在需要把诸如 1 + 5 这样的复合参数传给 * 作为实参前，先把它归约为 6。
- 求值器使我们可以使用名字。举例说，做加法的基本函数不能处理 x + 1 这样的表达式。我们需要求值器维护好一批名字的轨迹，在调用基本函数前取得它们的值。
- 求值器使我们可以定义复合函数。这涉及在求值表达式时知道如何使用这种函数，还需提供一套机制使函数能接受实际参数等。
- 求值器还要提供语言里的其他语法形式，例如条件语句和块结构等。

被解释语言的具体语法，例如语言里的关键字，表示各种程序部件的数据结构的具体选择等。在 4.1.3 节，我们还要描述一些操作，它们刻画了函数和环境的表示。例如，make_function 构造复合函数，lookup_variable_value 提取变量的值，apply_primitive_function 把基本函数应用于给定的实际参数的表。

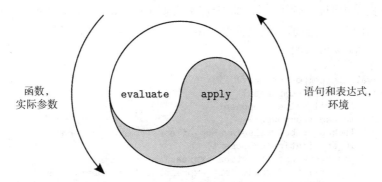

图 4.1　揭示计算机语言本质的 evaluate-apply 循环

4.1.1　求值器的核心部分

求值过程可以描述为两个函数 evaluate 和 apply 之间的相互作用。

函数 evaluate

evaluate 的参数是一个程序组件——一个语句或者表达式[5]——和一个环境。它对组件分类，并根据其类别引导求值工作。函数 evaluate 的结构就像是一个针对被求值组件的语法类型的分情况分析。为了维持该函数的通用性，我们采用抽象的方式描述组件类型的判定工作，但不为各种类型的组件确定特殊表示形式。针对每类组件，我们用一个语法谓词完成相应的检测，用一套抽象方法选取组件中各个部分。这种抽象语法使我们很容易看到可以怎样改变语言的语法形式，但继续使用同一个求值器。为此只需要换一组不同的语法函数。

⌐321⌐

基本表达式
- 对文字量表达式（例如数），evaluate 直接返回它们的值。
- 函数 evaluate 必须在环境中查找名字，找出它们的值。

函数应用
- 对函数应用式，evaluate 必须递归地求值应用中的函数表达式和实际参数表达式。然后把得到的函数和实际参数送给 apply，让它去做实际的函数应用。
- 运算符组合式也转换为函数应用，用同样方法求值。

语法形式
- 条件表达式和条件语句要求对其中各个组成部分采用特殊的处理方式，在谓词为真时求值其后继部分，否则就求值其替代部分。
- lambda 表达式必须转换成一个可以应用的函数，转换的方法就是把这个 lambda 表达式描述的参数表和体与相应的求值环境包装起来。

5　我们的求值器不需要区分语句和表达式。例如，我们并不区分表达式和表达式语句，因此将以同样的方式表示它们，evaluate 函数也用同样的方法处理它们。JavaScript 要求语句不能出现在表达式里，除了可以出现在 lambda 表达式里。但我们的求值器并不强制地做这种限制。

- 语句序列要求按出现的顺序逐个求值其中的组成成分。
- 块结构要求在一个反映了块里声明的所有名字的新环境里求值块体部分。
- 返回语句的求值必须产生一个值，作为函数的当前调用的结果。
- 函数声明被变换为一个常量声明，然后求值。
- 常量或变量声明，或者赋值，都需要递归地调用 evaluate，计算出需要关联于被声明或赋值的名字的新值。然后修改环境，反映这个名字得到了新值。

322

这里是函数 evaluate 的声明：

```
function evaluate(component, env) {
    return is_literal(component)
           ? literal_value(component)
           : is_name(component)
           ? lookup_symbol_value(symbol_of_name(component), env)
           : is_application(component)
           ? apply(evaluate(function_expression(component), env),
                   list_of_values(arg_expressions(component), env))
           : is_operator_combination(component)
           ? evaluate(operator_combination_to_application(component),
                      env)
           : is_conditional(component)
           ? eval_conditional(component, env)
           : is_lambda_expression(component)
           ? make_function(lambda_parameter_symbols(component),
                           lambda_body(component), env)
           : is_sequence(component)
           ? eval_sequence(sequence_statements(component), env)
           : is_block(component)
           ? eval_block(component, env)
           : is_return_statement(component)
           ? eval_return_statement(component, env)
           : is_function_declaration(component)
           ? evaluate(function_decl_to_constant_decl(component), env)
           : is_declaration(component)
           ? eval_declaration(component, env)
           : is_assignment(component)
           ? eval_assignment(component, env)
           : error(component, "unknown syntax -- evaluate");
}
```

为了清晰起见，我们把 evaluate 实现为一个采用条件表达式的分情况分析。这样做有一个缺点：我们的函数只处理了若干种可以相互区分的语句或表达式类别，要想加入新的类别，就必须编辑 evaluate 的声明。在大部分解释器的实现里，针对组件类型的分派都采用数据导向的方式。后一种做法使用户可以更容易增加 evaluate 能分辨的组件类型，而又无须修改 evaluate 的声明本身。（参看练习 4.3。）

名字的表示也通过语法抽象处理。在内部，求值器用字符串表示名字。我们将把这种串称为符号。evaluate 用函数 symbol_of_name 从名字获得它表示的那个符号。

323

函数 apply

函数 apply 有两个参数，一个函数，以及一个该函数应该应用的实际参数的表。apply 把函数分为两类：在应用基本函数时，apply 调用 apply_primitive_function；在应用复合函数时，apply 求值作为函数体的那个块。为了求值复合函数的体，apply 需要构造求值的环境，采用的方法就是扩充被应用函数携带的环境，加入一个框架，在这个框架里把函数的各个形式参数约束于这次函数调用的实际参数。下面是 apply 的声明：

```
function apply(fun, args) {
    if (is_primitive_function(fun)) {
        return apply_primitive_function(fun, args);
    } else if (is_compound_function(fun)) {
        const result = evaluate(function_body(fun),
                                extend_environment(
                                    function_parameters(fun),
                                    args,
                                    function_environment(fun)));
        return is_return_value(result)
                ? return_value_content(result)
                : undefined;
    } else {
        error(fun, "unknown function type -- apply");
    }
}
```

为了得到返回值，JavaScript 函数需要求值一个返回语句。如果函数没有求值返回语句就结束了，apply 就返回 undefined 的值。为了区分这两种情况，对返回语句的求值将把对其中返回表达式求值的结果包装成一个返回值。如果对函数体的求值产生了返回值，返回值的内容将来可以被提取和使用，否则就返回 undefined[6]。

函数的实际参数

函数 evaluate 在处理函数应用时，先通过 list_of_values 生成函数应用的实际参数表。list_of_values 以函数应用的实参表达式表作为唯一参数。它求值其中的各个实参表达式，返回得到的值的表[7]：

```
function list_of_values(exps, env) {
    return map(arg => evaluate(arg, env), exps);
}
```

条件

eval_conditional 在给定环境中求值条件组件的谓词部分，如果得到的结果为真，就去求值其后继部分，否则就求值其替代部分：

```
function eval_conditional(component, env) {
    return is_truthy(evaluate(conditional_predicate(component), env))
            ? evaluate(conditional_consequent(component), env)
            : evaluate(conditional_alternative(component), env);
}
```

6　这种检查是一个延迟操作，因此，对于那些被解释的程序应该给出迭代计算过程的情况（见 1.2.1 节的讨论），我们的求值器还是会给出一个递归计算过程。换句话说，我们的元循环求值器完成的 JavaScript 实现不是尾递归的。5.4.2 和 5.5.3 节将说明如何用寄存器机器实现尾递归。

7　这里的选择是使用高阶函数 map 实现 list_of_values，我们还要在其他地方使用 map。当然，我们完全可以在实现这个求值器时不用任何高阶函数（这样就可以用不支持高阶函数的语言写求值器），即使被实现的语言包含高阶函数。例如，不用 map 的 list_of_values 可以写成下面的样子：

```
function list_of_values(exps, env) {
    return is_null(exps)
            ? null
            : pair(evaluate(head(exps), env),
                list_of_values(tail(exps), env));
}
```

请注意，这个求值器不需要区分条件表达式和条件语句。

从 `eval_conditional` 对 `is_truthy` 的使用中，可以清楚地看到被实现语言与实现所用语言之间的联系。`conditional_predicate` 在被实现的语言里求值，产生该语言里的一个值。解释器的谓词 `is_truthy` 翻译这个值，得到一个实现所用语言的条件表达式可以检测的值。由此可见，元循环求值器里的真值表示完全可以与作为其基础的 JavaScript 不同 [8]。

序列

325　　　`evaluate` 用函数 `eval_sequence` 求值最高层的或者块结构里的语句序列。这个函数以一个语句序列和一个环境为参数，按语句在序列中出现的顺序对它们求值。它返回最后一个语句的值，除非对序列中某个语句的求值产生了一个返回值。在后一情况下，得到的返回值被返回，随后的语句都忽略 [9]。

```
function eval_sequence(stmts, env) {
    if (is_empty_sequence(stmts)) {
        return undefined;
    } else if (is_last_statement(stmts)) {
        return evaluate(first_statement(stmts), env);
    } else {
        const first_stmt_value =
            evaluate(first_statement(stmts), env);
        if (is_return_value(first_stmt_value)) {
            return first_stmt_value;
        } else {
            return eval_sequence(rest_statements(stmts), env);
        }
    }
}
```

块结构

函数 `eval_block` 处理块结构。在块里声明的变量和常量（包括函数）以整个块作为作用域，因此，在块体求值之前，需要把它们都"扫描出来"。块结构的体在一个新环境里求值，该环境是当前环境的扩充，增加了一个新框架，其中把块中声明的每个局部名字都约束到特殊值 `"*unassigned*"`。这个串在这里用作占位符，表示相应名字的声明还没有求值，因此该名字尚未获得正确的值。企图在一个名字的声明完成求值前去访问它的值，将导致一个运行时错误（参见练习 4.12），如第 1 章的脚注 56 所说。

```
function eval_block(component, env) {
    const body = block_body(component);
    const locals = scan_out_declarations(body);
    const unassigneds = list_of_unassigned(locals);
    return evaluate(body, extend_environment(locals,
                                             unassigneds,
                                             env));
}
```

8　在目前情况下，被实现语言与实现所用的语言相同。我们在这里仔细考究 `is_truthy` 的意义，得到的是对情况的更深入的认识，并不会破坏事情的本质。

9　`eval_sequence` 对返回语句的处理方式，正确地反映了 JavaScript 对函数应用求值的情况。但是，如果一个程序由不在任何函数体内的一系列语句组成，这里展示的求值器不符合 ECMAScript 规范里对这种程序的值的规定。练习 4.8 将讨论这个问题。

```
function list_of_unassigned(symbols) {
    return map(symbol => "*unassigned*", symbols);
}
```

函数 `scan_out_declarations` 收集起在这个块里声明的所有名字，返回包含它们的表。它
调用函数 `declaration_symbol` 从声明语句找到被声明的名字，返回表示该名字的符号。 326

```
function scan_out_declarations(component) {
    return is_sequence(component)
           ? accumulate(append,
                        null,
                        map(scan_out_declarations,
                            sequence_statements(component)))
           : is_declaration(component)
           ? list(declaration_symbol(component))
           : null;
}
```

我们应该忽略出现在块结构里的嵌套块内部的声明，因为在求值那些块的时候会处理它
们。函数 `scan_out_declarations` 只查看语句序列里的声明，在条件语句、函数声明或者
lambda 表达式里的声明都属于嵌套的块。

返回语句

函数 `eval_return_statement` 用于求值返回语句。正如我们在有关 apply 和序列求
值的讨论里看到的，返回语句的求值结果必须可以辨认，以便能立即结束对当前函数体的求
值，即使在该返回语句之后还有其他语句。为了这个目的，求值返回语句时，需要把返回表
达式的求值结果包装成一个返回值对象 [10]。

```
function eval_return_statement(component, env) {
    return make_return_value(evaluate(return_expression(component),
                                      env));
}
```

赋值和声明

函数 `eval_assignment` 处理对名字的赋值。(为了简化我们对求值器的展示，这里不仅
允许对变量赋值，还——错误地——允许对常量赋值。练习 4.11 解释了我们可以怎样区分
常量和变量，从而禁止对常量赋值。)`eval_assignment` 对值表达式调用 `evaluate`，得到需
要赋的值，调用 `assignment_symbol` 获取表示被赋值名字的符号。`eval_assignment` 把符
号和值传给函数 `assign_symbol_value`，由它把需要赋的值安装到指定的环境。赋值语句
的求值返回被赋的那个值。

```
function eval_assignment(component, env) {
    const value = evaluate(assignment_value_expression(component),
                           env);
    assign_symbol_value(assignment_symbol(component), value, env);
    return value;
}
```
327

常量和变量声明的都用语法谓词 `is_declaration` 判定，它们的处理方法与赋值类似，

10　除 apply 的应用创建的延迟操作外，把函数 `make_return_value` 应用于返回表达式的求值结果，也会
　　创建一个延迟操作。细节请看本章的脚注 6。

因为 eval_block 已经在当前环境里把它们声明的名字约束到 "*unassigned*"。这两种声明的求值用值表达式的结果取代原来的 "*unassigned*"。

```
function eval_declaration(component, env) {
    assign_symbol_value(
        declaration_symbol(component),
        evaluate(declaration_value_expression(component), env),
        env);
    return undefined;
}
```

求值函数体的结果由返回语句确定，因此，只有在声明出现在顶层时（出现所有函数体之外时），eval_declaration 的返回值 undefined 才有意义。我们用返回值 undefined 的方法简化这里的代码，练习 4.8 说明了在 JavaScript 里顶层组件求值的实际结果。

练习 4.1 注意，对于各个实参表达式，我们没办法说这个元循环求值器是从左到右还是从右到左求值它们，因为这个求值顺序直接继承自作为其基础的 JavaScript：如果在 map 里的 pair 从左到右求值其参数，那么 list_of_values 也将从左到右求值；如果 pair 的参数从右到左求值，那么 list_of_values 也将从右到左求值。

请写出另一个 list_of_values 版本，使它总是从左到右求值实参表达式，无论其基础的 JavaScript 采用什么求值顺序。另写一个总是从右到左求值的 list_of_values 版本。

4.1.2　组件的表示

程序员写程序就像是写文章，也就是说，写一系列字符，输入到一个程序设计环境或者文本编辑器。要运行我们的求值器，首先需要把被求值程序的正文表达为 JavaScript 的值。我们在 2.3.1 节介绍了用字符串表示正文。我们可能想求值 1.1.2 节的某个程序，例如 "const size = 2; 5 * size;"。不幸的是，这种形式的程序正文没有给求值器提供足够的结构信息。在这个例子里，程序片段 "size = 2" 和 "5 * size" 看起来差不多，但意义大相径庭。我们要实现如 declaration_value_expression 一类的抽象语法函数，但是，希望语法函数能直接检查上面这样的程序正文，是很难做好而且很容易出错的。在本节里，我们要引进一个名字为 parse 的函数，它能把程序正文转换为一种带标签的表的表示形式（下面将简称为标签表），与 2.4.2 节的带标签数据类似。例如，把 parse 应用于上面字符串，就会生成一个反映了上述程序的内容的数据结构。这是一个序列，由一个把名字 size 关联于值 2 的常量声明和一个乘式组成：

```
parse("const size = 2; 5 * size;");
list("sequence",
    list(list("constant_declaration",
            list("name", "size"), list("literal", 2)),
        list("binary_operator_combination", "*",
            list("literal", 5), list("name", "size"))))
```

在此之后，求值器用的抽象语法函数就可以访问这种由 parse 生成的标签表表示了。

我们的求值器与 2.3.2 节讨论的符号求导程序类似，它们操作的都是符号数据。这两个程序都要根据被操作对象的类型，首先递归地操作对象的各个部分，然后把得到的结果用某种方式组合起来，得到对这个对象操作的结果。在这两个程序里，我们都通过数据抽象的方法解耦通用操作规则与对象具体表示的细节。对于求导程序，这样做意味着同一个函数可以处理前缀形式、中缀形式或其他某种形式的代数表达式。对于求值器，这一做法意味着被求值的语言的语法，完全由 parse 和那些对 parse 生成的标签表做分类并从中提取组成部分的函数确定。

图 4.2 描绘了由语法谓词和选择函数构成的抽象栅栏，它们是求值器与程序的标签表表示之间的接口，而这种表示又通过 parse 与程序的正文表示分离。下面我们要描述完成语法分析的程序组件，列出语法谓词和选择函数，以及我们需要的一些构造函数。

图 4.2   求值器的语法抽象

329

文字量表达式

对文字量表达式做语法分析，得到包含标签 "literal" 和实际值的标签表：

$$\ll \textit{literal-expression} \gg \quad = \quad list(\texttt{"literal"}, \textit{value})$$

这里的 *value* 就是字符串 *literal-expression* 表示的 JavaScript 值。其中 << *literal-expression* >> 表明在等号后面出现的是对字符串 *literal-expression* 做语法分析的结果。

```
parse("1;");
list("literal", 1)

parse("'hello world';");
list("literal", "hello world")

parse("null;");
list("literal", null)
```

针对文字量表达式的语法谓词是 is_literal：

```
function is_literal(component) {
    return is_tagged_list(component, "literal");
}
```

它基于函数 is_tagged_list 定义，该函数确认表的头部是某个特定字符串：

```
function is_tagged_list(component, the_tag) {
    return is_pair(component) && head(component) === the_tag;
}
```

表的第二个元素是对文字量表达式做语法分析的结果，也就是实际的 JavaScript 值。提取这个值的选择函数是 literal_value：

```
function literal_value(component) {
    return head(tail(component));
```

```
}
literal_value(parse("null;"));
null
```

在本节的剩下部分，如果语法谓词和选择函数要访问的表元素很明显，我们就直接列出它们的名字，省略其声明。

我们为文字量提供一个构造函数，它唾手可得：

```
function make_literal(value) {
    return list("literal", value);
}
```

名字

名字的标签表表示以标签 `"name"` 为首元素，以字符串表示的名字为第二个元素：

330
$$\ll name \gg \quad = \quad \text{list("name", } symbol)$$

这里的 *symbol* 是一个字符串，其中包含在程序正文里构成这个名字的那些字符。针对名字的语法谓词是 `is_name`，*symbol* 用选择函数 `symbol_of_name` 访问。我们也为名字提供一个构造函数，在函数 `operator_combination_application` 里需要用它。

```
function make_name(symbol) {
    return list("name", symbol);
}
```

表达式语句

我们不需要区分表达式和表达式语句，因此，`parse` 直接忽略这两种组件的差异。

$$\ll expression; \gg \quad = \quad \ll expression \gg$$

函数应用

函数应用的语法分析如下：

$$\ll fun\text{-}expr(arg\text{-}expr_1, \cdots, arg\text{-}expr_n) \gg =$$
$$\quad \text{list("application",}$$
$$\qquad \ll fun\text{-}expr \gg,$$
$$\qquad \text{list(} \ll arg\text{-}expr_1 \gg, \cdots, \ll arg\text{-}expr_n \gg))$$

我们声明 `is_application` 作为语法谓词，`function_exression` 和 `argument_expressions` 为选择函数。函数应用的构造函数在 `operator_combination_to_application` 里使用。

```
function make_application(function_expression, argument_expressions) {
    return list("application",
                function_expression, argument_expressions);
}
```

条件组件

条件表达式的语法分析如下：

$$\ll predicate \ ? \ consequent\text{-}expression \ : \ alternative\text{-}expression \gg =$$
$$\quad \text{list("conditional\_expression",}$$

$$\ll predicate \gg,$$
$$\ll consequent\text{-}expression \gg,$$
$$\ll alternative\text{-}expression \gg)$$

与之类似，条件语句的语法分析如下：

$\ll$ **if** $(predicate)$ $consequent\text{-}block$ **else** $alternative\text{-}block$ $\gg$ =
　　　list("conditional_statement",
　　　　　$\ll predicate \gg,$
　　　　　$\ll consequent\text{-}block \gg,$
　　　　　$\ll alternative\text{-}block \gg)$

语法谓词 `is_conditional` 对这两种条件结构都返回真，相应的，`conditional_predicate`，`conditinal_consequenct` 和 `conditinal_alternative` 是对两者都适用的选择函数。 331

lambda 表达式

对于体就是一个表达式的 lambda 表达式，语法分析时把它的体当作只包含一个返回语句的块，其中的返回表达式就是原 lambda 表达式的体。

$\ll (name_1, \cdots, name_n)$ => $expression \gg$ =
　　$\ll (name_1, \cdots, name_n)$ => { **return** $expression$; } $\gg$

如果 lambda 表达式的体是一个块，其语法分析如下：

$\ll (name_1, \cdots, name_n)$ => $block \gg$ =
　　　list("lambda_expression",
　　　　　list($\ll name_1 \gg, \cdots, \ll name_n \gg$),
　　　　　$\ll block \gg)$

语法谓词是 `is_lambda_expression`，体的选择函数是 `lambda_body`，还有一个参数的选择函数 `lambda_parameter_symbols`，其中还要从参数名提取相应的符号。

```
function lambda_parameter_symbols(component) {
    return map(symbol_of_name, head(tail(component)));
}
```

函数 `function_decl_to_constant_decl` 需要用到 lambda 表达式的构造函数。

```
function make_lambda_expression(parameters, body) {
    return list("lambda_expression", parameters, body);
}
```

序列

序列语言把一系列语句包装成一个语句。序列语句的语法分析如下：

$\ll statement_1 \cdots statement_n \gg$ =
　　　list("sequence", list($\ll statement_1 \gg, \cdots, \ll statement_n \gg$))

其语法谓词是 `is_sequence`，选择函数是 `sequence_statements`。我们用 `first_statement` 提取语句表里的第一个语句，用 `rest_statements` 提取其他语句。测试语句表是否为空的谓词是 `is_empty_sequence`，测试它是否只包含一个语句的谓词是 `is_last_statement`[11]。

11　对语句表的这些选择函数并不是想作为一种数据抽象，引进它们主要是作为表操作的助记名，使我们在 5.4 节更容易理解显式控制的求值器。

```
function first_statement(stmts) { return head(stmts); }
function rest_statements(stmts) { return tail(stmts); }
function is_empty_sequence(stmts) { return is_null(stmts); }
function is_last_statement(stmts) { return is_null(tail(stmts)); }
```

块结构

块的语法分析如下 [12]：

$$\ll \{ \textit{statements} \} \gg \;=\; \text{list("block", } \ll \textit{statements} \gg)$$

这里的 *statements* 代表一个语句序列，如上所示。相应的语法谓词是 is_block，选择函数是 block_body。

返回语句

返回语句的语法分析如下：

$$\ll \text{return } \textit{expression}; \gg \;=\; \text{list("return\_statement", } \ll \textit{expression} \gg)$$

其语法谓词和选择函数分别是 is_return_statement 和 return_expression。

赋值

赋值的语法分析如下：

$$\ll \textit{name} = \textit{expression} \gg \;=\; \text{list("assignment", } \ll \textit{name} \gg , \; \ll \textit{expression} \gg)$$

这里的语法谓词是 is_assignment，选择函数是 assignment_symbol 和 assignment_value_expression。其中的符号包装在一个表示名字的标签表里，因此 assignment_symbol 需要去打开它。

```
function assignment_symbol(component) {
    return symbol_of_name(head(tail(component)));
}
```

常量、变量和函数声明

常量和变量声明的语法分析如下：

$$\ll \text{const } \textit{name} = \textit{expression}; \gg =$$
$$\text{list("constant\_declaration", } \ll \textit{name} \gg , \; \ll \textit{expression} \gg)$$

$$\ll \text{let } \textit{name} = \textit{expression}; \gg =$$
$$\text{list("variable\_declaration", } \ll \textit{name} \gg , \; \ll \textit{expression} \gg)$$

选择函数 declaration_symbol 和 declaration_value_expression 适用于两者：

```
function declaration_symbol(component) {
    return symbol_of_name(head(tail(component)));
}
function declaration_value_expression(component) {
```

---

12 如果一个块的语句序列中没有声明，语法分析器实现可以直接把它表示为一个语句序列。如果块中语句序列只包含一个语句，可以把它表示为一个语句。本章和第 5 章的语言处理器都没做这类优化。

```
        return head(tail(tail(component)));
}
```

函数 `function_decl_to_constant_decl` 要用到常量声明的构造函数。

```
function make_constant_declaration(name, value_expression) {
    return list("constant_declaration", name, value_expression);
}
```

函数声明的语法分析如下。

$\ll$ function *name*(*name*$_1$, $\cdots$, *name*$_n$) *block* $\gg$ =
　　list("function_declaration",
　　　　$\ll$ *name* $\gg$,
　　　　list($\ll$ *name*$_1$ $\gg$, $\cdots$, $\ll$ *name*$_n$ $\gg$),
　　　　$\ll$ *block* $\gg$)

语法谓词 `is_function_declaration` 识别这种结构。相应的选择函数是 `function_declaration_name`、`function_declaration_parameters` 和 `function_declaration_body`。

语法谓词 `is_declaration` 对这三种声明都返回真。

```
function is_declaration(component) {
    return is_tagged_list(component, "constant_declaration") ||
           is_tagged_list(component, "variable_declaration") ||
           is_tagged_list(component, "function_declaration");
}
```

派生组件

在我们的语言里，有些语法形式可以基于具有其他语法形式的组件定义，因此不必直接实现。这样的一个例子是函数声明，对这种声明，`evaluate` 首先将其转换为值表达式是 lambda 表达式的常量声明 [13]。

```
function function_decl_to_constant_decl(component) {
    return make_constant_declaration(
                function_declaration_name(component),
                make_lambda_expression(
                    function_declaration_parameters(component),
                    function_declaration_body(component)));
}
```

用这种方式实现对函数声明的求值，可以简化求值器，因为这样做能减少求值过程必须特别描述的语法形式的数目。

类似地，我们把运算符组合式转换为函数应用。运算符组合式可以是一元的或二元的，以它们的运算符作为相应标签表里的第 2 个元素：

$\ll$ *unary-operator expression* $\gg$ =
　　list("unary_operator_combination",
　　　　"*unary-operator*",
　　　　list($\ll$ *expression* $\gg$))

13　在实际的 JavaScript 里这两种形式之间存在微妙差异，见第 1 章脚注 54。练习 4.17 将关注这个问题。

这里的 *unary_operator* 可以是 !（表示逻辑否定）或 -unary（算术的负号）。还有

$$\ll \textit{expression}_1 \textit{ binary-operator expression}_2 \gg =$$
```
        list("binary_operator_combination",
             "binary-operator",
             list(≪ expression₁ ≫, ≪ expression₂ ≫))
```

这里的 *binary_operator* 可以是 +、-、*、/、%、===、!== 、>、<、>= 或 <=。语法谓词是
is_operator_combination、is_unary_operator_combination 和 is_binary_operator_
combination。选择函数是 operator_symbol、first_operand 和 second_operand。

　　求值器用 operator_combination_to_application 把运算符组合式转换为函数应用，
其中的函数名就是运算符的名字。

```
function operator_combination_to_application(component) {
    const operator = operator_symbol(component);
    return is_unary_operator_combination(component)
           ? make_application(make_name(operator),
                              list(first_operand(component)))
           : make_application(make_name(operator),
                              list(first_operand(component),
                                   second_operand(component)));
}
```

　　我们把通过语法转换方法实现的组件（例如函数声明和运算符组合式）称为派生组件。
逻辑复合运算也都是派生组件，见练习 4.4。

　　练习 4.2　parse 的逆函数称为 unparse，它以一个如 parse 生成的形式的标签表为参
数，返回一个符合 JavaScript 语法规则的字符串。

　　a. 请按照 evaluate 的结构（不需要环境参数）写一个函数 unparse，给它一个组件，
它不是对其求值，而是生成表示该组件的字符串。回忆 3.3.4 节，运算符 + 可以应用
于两个字符串，实现它们的连接。基本函数 stringify 能把各种基本值，例如 1.5、
true、null 和 undefined 转换为字符串。请注意运算符的优先级，在从运算符组合
式 unparse 得到的结果字符串外面加括号（可以都加，也可以只在必要时加）。

　　b. 你的 unparse 函数对你做本节后面的练习会很有帮助。请改进它，在得到的字符串
里加入一些 " "（空格）和 "\n"（换行符），以模拟本书中 JavaScript 程序的缩进风格。
在程序正文中加入这种空白字符，使其易读，这种工作称为美观打印。

335

　　练习 4.3　请重写 evaluate，使之能采用数据导向的方式完成分派。请比较这样做出
的程序与练习 2.73 的数据导向微分程序。（你可以用标签表的标签作为组件的类型。）

　　练习 4.4　根据 1.1.6 节的解释可知，逻辑复合运算符 && 和 || 都是条件表达式的语法糖
衣：逻辑合取 *expression*₁ && *expression*₂ 是 *expression*₁ ? *expression*₂ : **false** 的语法糖衣，而
*expression*₁ || *expression*₂ 是 *expression*₁ ? **true** : *expression*₂ 的语法糖衣。它们可以语法分析为：

$$\ll \textit{expression}_1 \textit{ logical-operation expression}_2 \gg =$$
```
        list("logical_composition",
             "logical-operation",
             list(≪ expression₁ ≫, ≪ expression₂ ≫))
```

其中的 *logical-operation* 可以是 && 或 ||。请把 && 和 || 作为新的语法形式，声明适当的语
法函数和求值函数 evel_and 和 eval_or，安装到 evaluate 里。或者换一种方式，请展示
如何把 && 或 || 实现为派生部件。

练习 4.5

a. 在 JavaScript 里，lambda 表达式不允许出现重复的参数。在 4.1.1 节的求值器没检查这个问题。

- 请修改求值器，使任何应用具有重复参数的函数的企图都报告运行时错误。
- 请实现一个 verify 函数，它检查给定的程序里是否有 lambda 表达式包含了重复参数。有了这个函数，我们就能在把程序送给 evaluate 之前先检查整个程序。

为在 JavaScript 求值器里实现这种检查，上面两种方法中你更喜欢哪一个？为什么？

b. 在 JavaScript 里，lambda 表达式的参数必须不同于那些直接在该 lambda 表达式的体块（不包括内部的块）里声明的名字。请用你喜欢的方法完成这项检查。

练习 4.6　Scheme 语言包含一种 let 的变形称为 let*。我们可以在 JavaScript 里用如下方法近似地表现 let* 的行为。let* 声明隐式地引进了一个块，其体包含这个声明本身，以及该声明所在的语句序列中位于该声明之后的所有语句。例如，程序

```
let* x = 3;
let* y = x + 2;
let* z = x + y + 5;
display(x * z);
```

将显示出 39，因此可以看作下面程序的简写形式。 |336|

```
{
  let x = 3;
  {
    let y = x + 2;
    {
      let z = x + y + 5;
      display(x * z);
    }
  }
}
```

a. 请在这种扩充的 JavaScript 语言里写一个程序，当你把其中的某些 let 换成 let* 后，其行为会有所不同。

b. 请引进 let* 作为一种新的语法形式，为其设计一种标签表的表示形式，写出语法分析规则，并为这种标签表表示声明语法谓词和选择函数。

c. 假设 parse 实现了你的新规则，请写一个函数 let_star_to_nested_let，它把程序里出现的所有 let* 都按前面说明的方式转换。然后，如果需要求值这个扩充语言里的程序 p，我们可以直接执行 evaluate(let_star_to_nested_let(p))。

d. 换一种方式，考虑通过为 evaluate 增加一个子句的方式实现 let*。令这个子句识别这种语法形式，然后调用函数 eval_let_star_declaration。为什么这样做行不通？

练习 4.7　JavaScript 支持 while 循环，这种结构反复执行给定的语句。也就是说：

```
while (predicate) { body }
```

先求值 *predicate*，如果结果为真就执行 *body* 并再次执行整个 while 循环。一旦 *predicate* 求值得到假，while 循环就结束。

例如，回忆 3.1.3 节命令式风格版本的迭代式阶乘程序：

```
function factorial(n) {
    let product = 1;
    let counter = 1;
    function iter() {
        if (counter > n) {
            return product;
        } else {
            product = counter * product;
            counter = counter + 1;
            return iter();
        }
    }
    return iter();
}
```

337

我们可以用 while 循环把这个声明重写为：

```
function factorial(n) {
    let product = 1;
    let counter = 1;
    while (counter <= n) {
        product = counter * product;
        counter = counter + 1;
    }
    return product;
}
```

while 循环的语法分析如下：

```
≪ while (predicate) block ≫ =
        list("while_loop", ≪ predicate ≫, ≪ block ≫)
```

a. 请给出处理 while 循环的语法谓词和选择函数。

b. 请声明一个函数 while_loop，它以一个谓词和一个体为参数——两者都用无参函数表示，并模拟 while 循环的行为。因此阶乘函数可以如下实现：

```
function factorial(n) {
    let product = 1;
    let counter = 1;
    while_loop(() => counter <= n,
               () => {
                   product = counter * product;
                   counter = counter + 1;
               });
    return product;
}
```

你的函数 while_loop 应该生成迭代式计算过程（1.2.1 节）。

c. 通过定义一个转换函数 while_to_application，把 while 循环作为派生组件安装到求值器里。这个转换函数使用了你定义的 while_loop 函数。

d. 采用上面的方法实现了 while 循环，当程序员要求在一个包含这种循环的函数里，从这种循环的体中返回，会遇到什么问题？

e. 请修改你的方法，处理上一问提出的问题。如果直接安装 while 循环，让求值器用一个函数 eval_while 完成求值，会怎么样？

f. 请继续上面的直接实现方法，再实现一个 **break** 语句。当这个语句被求值时，直接结束其所在的那个 while 循环语句。

g. 请实现一个 **continue** 语句, 该语句被求值时立刻结束它所在循环的当前迭代, 然后去求值这个 while 循环的谓词。

练习 4.8　对一个函数求值的结果由它的返回语句确定。请继续考虑 4.1.1 节的脚注 9 和声明的求值。一个 JavaScript 程序由位于任何函数体之外的一系列语句 (声明、块、表达式语句和条件语句) 构成, 本练习要考虑求值这种程序时应该返回什么结果。 [338]

对这样的程序, JavaScript 静态地区分了产生值的和不产生值的语句 (这里的 "静态" 意味着我们可以仅通过检查程序完成区分, 并不需要运行它)。所有声明都不产生值, 而所有表达式语句和条件语句都产生值。一个表达式语句的值就是其中表达式的值, 一个条件语句的值就是实际被执行的那个分支语句的值, 如果那个分支不产生值则以 undefined 为值。如果一个块的体产生值, 这个块就产生值, 其值就是这个体的值。如果一个序列中有成分语句产生值, 那么这个序列就产生值, 其值是序列中最后一个产生值的成分语句的值。最后, 如果整个程序不产生值, 其值就是 undefined。

a. 按上面的说明, 下面程序的值是什么?

```
1; 2; 3;

1; { if (true) {} else { 2; } }

1; const x = 2;

1; { let x = 2; { x = x + 3; } }
```

b. 请修改求值器, 使之符合上面的说明。

4.1.3　求值器的数据结构

在定义了组件的表示后, 为实现求值器, 我们还必须定义好求值器内部实际操作的数据结构, 作为程序执行的一部分。例如函数和环境的表示形式、真和假的表示方式等。

谓词检测

我们把条件表达式的谓词表达式限制到真正的谓词 (也就是求值结果为布尔值的表达式), 如同本书中始终贯彻的做法。在这里我们要强调, 函数 is_truthy 只能作用于布尔值, 我们只接受布尔值 **true** 为真。与 is_truthy 相对的函数是 is_falsy[14]。 [339]

14　在完整 JavaScript 里, 条件式可以接受任意值, 而不仅是布尔值, 作为对 "谓词" 表达式求值的结果。按 JavaScript 的观念, 真和假可以用下面 is_truthy 和 is_falsy 的变形版本描述:

```
function is_truthy(x) { return ! is_falsy(x); }
function is_falsy(x) {
    return (is_boolean(x) && !x )               ||
           (is_number(x) && (x === 0 || x !== x )) ||
           (is_string(x) && x === "")           ||
           is_null(x)                            ||
           is_undefined(x);
}
```

测试 x !== x 并不是打字错误, 能使表达式 x !== x 产生真的 JavaScript 值只有 NaN ("Not A Number", 不是数), 它被看作假数 (这也不是打字错误)。NaN 是某些算术边界情况计算的结果, 如 0 / 0。

"truthy" 和 "falsy" 是 Douglas Crockford 发明的术语, 受到他的著作 Crockford 2008 的启发, JavaScript 采用了这些词语。

```
function is_truthy(x) {
    return is_boolean(x)
           ? x
           : error(x, "boolean expected, received");
}
function is_falsy(x) { return ! is_truthy(x); }
```

表示函数

为了处理基本函数，我们假定已有下面的函数：

- apply_primitive_function(*fun*, *args*)

它把给定的基本函数 *fun* 应用于表 *args* 里的参数值，并返回应用的结果。

- is_primitive_function(*fun*)

检查 *fun* 是否为基本函数。

有关如何处理基本函数的机制，在 4.1.4 节有进一步讨论。

复合函数是由形式参数、函数体和环境，通过构造函数 make_function 做出的：

```
function make_function(parameters, body, env) {
    return list("compound_function", parameters, body, env);
}
function is_compound_function(f) {
    return is_tagged_list(f, "compound_function");
}
function function_parameters(f) { return list_ref(f, 1); }
function function_body(f) { return list_ref(f, 2); }
function function_environment(f) { return list_ref(f, 3); }
```

表示返回值

我们在 4.1.1 节已经看到，对语句序列的求值在遇到返回语句时就终止。此外，如果对函数体的求值没遇到返回语句，这个函数应用的求值就应该返回 undefined。为了能识别一个值是返回语句的结果，我们引进返回值作为求值器的一种数据结构。

```
function make_return_value(content) {
    return list("return_value", content);
}
function is_return_value(value) {
    return is_tagged_list(value, "return_value");
}
function return_value_content(value) {
    return head(tail(value));
}
```

340

对环境的操作

求值器需要一些处理环境的操作。正如 3.2 节的解释，一个环境就是框架的一个序列，每个框架都是一个约束的表格，其中的约束关联起符号与它们的对应值。我们提供下面这一组处理环境的操作：

- lookup_symbol_value(*symbol*, *env*)

  返回符号 *symbol* 在环境 *env* 里的约束值，如果 *symbol* 无约束则报告错误。

- extend_enveironment(*symbols*, *values*, *base_env*)

返回一个新环境，其中包含一个新框架，该框架把表 *symbols* 里的各个符号约束到表 *values* 里对应的元素，框架的外围环境是环境 *base-env*。

- assign_symbol_value(*symbol*, *value*, *env*)
  找到 *env* 里包含了 *symbol* 的约束的最内层框架，并修改这个框架，使 *symbol* 重新约束到值 *value*。如果 *symbol* 在 *env* 里无约束就报告错误。

为了实现这些操作，我们把环境表示为一个框架的表。一个环境的外围环境就是这个表的 tail，空环境直接用空表表示。

```
function enclosing_environment(env) { return tail(env); }
function first_frame(env) { return head(env); }
const the_empty_environment = null;
```

环境里的每个框架都是两个表构成的序对：一个是在这个框架里约束的所有符号的表，另一个是与之对应的约束值的表 [15]。

```
function make_frame(symbols, values) { return pair(symbols, values); }
function frame_symbols(frame) { return head(frame); }
function frame_values(frame) { return tail(frame); }
```

在需要用一个（关联了一些符号和值的）新框架扩充一个环境时，我们从一个符号的表和一个值的表出发构造出一个新框架，然后把它加到原环境的前面。如果符号的个数与值的个数不匹配，我们就报告错误。

```
function extend_environment(symbols, vals, base_env) {
    return length(symbols) === length(vals)
           ? pair(make_frame(symbols, vals), base_env)
           : error(pair(symbols, vals),
                   length(symbols) < length(vals)
                   ? "too many arguments supplied"
                   : "too few arguments supplied");
}
```

341

这个函数被 4.1.1 节的 apply 使用，用于把函数的形式参数约束于相应的实际参数。

要在一个环境中查找一个符号，我们扫描第一个框架里的符号表。如果在这里找到了所需符号，就返回相应的值表里对应的元素。如果在当前框架没找到所需符号，就到其外围环境去查找，并如此继续下去。如果遇到了空环境，就报告 "unbound name" 错误。

```
function lookup_symbol_value(symbol, env) {
    function env_loop(env) {
        function scan(symbols, vals) {
            return is_null(symbols)
                   ? env_loop(enclosing_environment(env))
                   : symbol === head(symbols)
                   ? head(vals)
                   : scan(tail(symbols), tail(vals));
        }
        if (env === the_empty_environment) {
            error(symbol, "unbound name");
```

---

15 框架并没有做成真正的数据抽象。函数 set_variable_value 直接用 set_head 修改框架中的值。这样定义框架函数，就是为了使这些环境操作函数更容易读。

```
        } else {
            const frame = first_frame(env);
            return scan(frame_symbols(frame), frame_valuoв(frame));
        }
    }
    return env_loop(env);
}
```

需要在给定环境里给某个符号设置新值时，我们也扫描这个符号，就像在函数 lookup_symbol_value 里那样。找到了这个符号后修改它的值。

```
function assign_symbol_value(symbol, val, env) {
    function env_loop(env) {
        function scan(symbols, vals) {
            return is_null(symbols)
                    ? env_loop(enclosing_environment(env))
                    : symbol === head(symbols)
                    ? set_head(vals, val)
                    : scan(tail(symbols), tail(vals));
        }
        if (env === the_empty_environment) {
            error(symbol, "unbound name -- assignment");
        } else {
            const frame = first_frame(env);
            return scan(frame_symbols(frame), frame_values(frame));
        }
    }
    return env_loop(env);
}
```

[342]   上面描述的方法只是环境的许多可能表示方法之一。这里采用数据抽象技术，把求值器的其他部分隔离于这些表示细节之外，如果需要，我们完全可以修改环境的表示（见练习 4.9）。在产品质量的 JavaScript 系统里，求值器中环境操作的速度——特别是查找变量的速度——对系统性能有重要影响。虽然这里描述的表示方式在概念上非常简单，但工作效率却很低，通常不会被用在产品系统里 [16]。

练习 4.9   我们完全可以不把框架表示为表的序对，而是表示为约束的表，其中的每个约束是一个名字 – 值的序对。请重写有关的环境函数，采用这种新的表示方式。

练习 4.10   函数 lookup_symbol_value 和 assign_symbol_value 可以基于更抽象的遍历环境结构的函数描述。请定义一个抽象抓住其中的公共模式，然后基于这一抽象重新定义上面这两个函数。

练习 4.11   我们的语言里用不同的关键字——**const** 和 **let** 将常量区别于变量，并禁止对常量赋值。然而，我们的求值器却没有实施这种区分：函数 assign_symbol_value 简单地给指定的符号赋新值，不管该符号是声明为常量还是变量。请纠正这个错误，遇到企图把常量用在一个赋值的左边时调用函数 error。你可以采用如下的做法：

- 引进谓词 is_constant_declaration 和 is_variable_declaration，它们使你可以区分这两种情况。如 4.1.2 所示，让 parse 区分这两种情况，使用两种不同的标签

---

16   这种表示（包括练习 4.9 提出的变形）有明显的缺点。为了在环境中找到给定变量的约束，求值器可能需要搜索多个框架。这种方式称为深约束。避免这种低效的一种方法是采用一种称为词法寻址的策略，5.5.6 节将讨论该策略。

constant_declaration 和 variable_declaration。

- 修改 scan_out_declarations 和（如果需要）extend_environment，使得在框架里建立约束时，常量有别于变量。
- 修改 assign_symbol_value，使它能检查所给的符号原来被说明为变量还是常量，对后一情况报告错误，说明不允许对常量赋值。
- 修改 eval_declaration，当它遇到常量声明时调用新函数 assign_constant_value，其中不执行你引进 assign_symbol_value 的检查。
- 保证仍然允许对函数的参数赋值，如果需要就修改 apply。 343

练习 4.12

a. JavaScript 语言规范要求，如果在某个声明被求值之前企图访问被声明的名字的值，应该报告一个运行时错误（参看 3.2.4 节）。请通过修改求值器的方法实现这种行为，修改函数 lookup_symbol_value，让它在遇到值是 "*unassigned*" 时报告错误。

b. 类似地，如果还没有求值声明某个变量的 let 语句，就不能给这个变量赋新值。请修改对赋值求值的功能，遇到在上述情况下给变量赋值时也报告错误。

练习 4.13　在我们用于本书的 ECMAScript 2015 的严格模型之前，JavaScript 的变量的行为与 Scheme 的变量有很大不同，有关情况会使这个 JavaScript 改编本大为减色。

a. 在 ECMAScript 2015 之前，要想在 JavaScript 里声明局部变量，需要使用关键字 var 而不是 let。而用 var 声明的变量，其作用域是外围最近的整个函数体或 lambda 表达式体，而不是外围最近的块。请修改 scan_out_declaration，使得它按照 var 的规则处理用 const 和 let 声明的名字。

b. 在没有采用严格模型时，JavaScript 允许在赋值 = 的左边出现未声明的名字。这种赋值将把一个新约束加入全局环境。请修改函数 assign_symbol_value，使赋值具有这样的行为。严格模型禁止上面这种赋值。为 JavaScript 引进严格模型是为了使程序更安全。那么，不再允许赋值给全局环境加入约束，能解决什么样的安全问题呢？

4.1.4　把求值器作为程序运行

有了这个求值器，我们手头就有了一个（用 JavaScript 表达的）有关 JavaScript 语句和表达式的求值过程的描述。把求值器描述为一个程序，第一个优点就是使我们可以运行这个程序，因此也就给了我们一个能在 JavaScript 里运行的，有关 JavaScript 本身如何完成语句和表达式求值的工作模型。这个模型还可以作为一个试验各种求值规则的框架，这也是我们准备在本章后面部分做的事情。

我们的求值器程序最终把表达式归约到基本函数的应用。因此，为了能运行这个求值器，现在需要做的全部事情就是建立一种机制，通过它能调用作为基础的 JavaScript 系统的功能，模拟各个基本函数的应用。

每个基本函数名和运算符都必须有一个约束，以便在 evaluate 求值一个基本函数或运算符的应用时能找到相应的对象，并把它传给 apply。为此我们必须创建一个初始环境，在其中建立起各基本函数名和运算符与相应对象的关联，这些函数或运算符可能出现在需要求值的表达式里。全局环境里还要包含 undefined 和其他一些名字的约束，使它们也可以作为被求值的表达式里的常量。 344

```
function setup_environment() {
    return extend_environment(append(primitive_function_symbols,
                                     primitive_constant_symbols),
                              append(primitive_function_objects,
                                     primitive_constant_values),
                              the_empty_environment);
}

const the_global_environment = setup_environment();
```

基本函数对象的具体表示形式并不重要，只要 apply 能确认它们，而且能通过函数 is_primitive_function 和 apply_primitive_function 去应用它们。我们采用的方法是把基本函数都表示为以字符串 "primitive" 为标签的表，其中包含着实现了这个基本函数的基础 JavaScript 系统里的相应函数。

```
function is_primitive_function(fun) {
    return is_tagged_list(fun, "primitive");
}
function primitive_implementation(fun) { return head(tail(fun)); }
```

setup_environment 从一个表里取得基本函数的名字和相应的实现函数 [17]：

```
const primitive_functions = list(list("head",    head        ),
                                 list("tail",    tail        ),
                                 list("pair",    pair        ),
                                 list("is_null", is_null     ),
                                 list("+",       (x, y) => x + y  ),
                                 ⟨more primitive functions⟩
                                );
const primitive_function_symbols =
    map(f => head(f), primitive_functions);
const primitive_function_objects =
    map(f => list("primitive", head(tail(f))),
        primitive_functions);
```

与基本函数的情况类似，我们还要定义其他基本常量，函数 setup_environment 也会
把它们安装到全局环境里。

345

```
const primitive_constants = list(list("undefined", undefined),
                                 list("math_PI",   math_PI)
                                 ⟨more primitive constants⟩
                                );
const primitive_constant_symbols =
    map(c => head(c), primitive_constants);
const primitive_constant_values =
    map(c => head(tail(c)), primitive_constants);
```

在应用基本函数时，我们通过基础 JavaScript 系统，直接把 JavaScript 提供的实现函数

17　在基础 JavaScript 里定义的所有函数都可以用作这个元循环求值器的基本函数。求值器里设置的基本函数名不必与它们在基础 JavaScript 系统里的名字相同，这里用同样名字，是因为这个元循环求值器实现的就是 JavaScript 本身。实际上，举例说，我们完全可以把 list("first", head) 或 list("square", x => x * x) 放到表 primitive_functions 里。

应用于实际参数 [18]。

```
function apply_primitive_function(fun, arglist) {
    return apply_in_underlying_javascript(
                primitive_implementation(fun), arglist);
}
```

为能方便地运行这个元循环求值器，我们提供一个驱动循环，它模拟基础 JavaScript 系统里的读入 – 求值 – 打印循环。该循环打印一个提示符，然后以字符串方式读进输入的程序，并将其转换为标签表形式，如 4.1.2 节的说明。这个处理过程称为语法分析，由基本函数 parse 完成。我们在每个打印结果前放一个输出提示，以便区分程序的值和其他可能的打印输出。驱动循环把以前的程序环境作为参数。如 3.2.4 节最后所说，驱动循环处理程序的方式就像它是一个块。它扫描出其中的声明，用一个把被声明的每个名字约束到 "*unassigned*" 的框架扩充给定环境，基于扩充后的环境求值这个程序。然后，这个扩充的环境又作为参数，送给驱动循环的下一次迭代。

346

```
const input_prompt = "M-evaluate input: ";
const output_prompt = "M-evaluate value: ";

function driver_loop(env) {
    const input = user_read(input_prompt);
    if (is_null(input)) {
        display("evaluator terminated");
    } else {
        const program = parse(input);
        const locals = scan_out_declarations(program);
        const unassigneds = list_of_unassigned(locals);
        const program_env = extend_environment(locals, unassigneds, env);
        const output = evaluate(program, program_env);
        user_print(output_prompt, output);
        return driver_loop(program_env);
    }
}
```

我们用 JavaScript 的 prompt 函数打印提示串，然后读入来自用户输入的字符串：

```
function user_read(prompt_string) {
    return prompt(prompt_string);
}
```

如果用户取消输入，函数 prompt 就会返回 null。我们用一个特殊的输出函数 user_print，以避免打印复合函数的环境部分，因为它可能是一个非常长的表（还可能包含循环）。

18　JavaScript 的 apply 函数期望函数的实参是一个向量（向量在 JavaScript 里称为数组），这样就需要把 arglist 变换为一个向量——这里是使用 while 循环的实现（参看练习 4.7）：

```
function apply_in_underlying_javascript(prim, arglist) {
    const arg_vector = [];                  // empty vector
    let i = 0;
    while (!is_null(arglist)) {
        arg_vector[i] = head(arglist);      // store value at index i
        i = i + 1;
        arglist = tail(arglist);
    }
    return prim.apply(prim, arg_vector);    // apply is accessed via prim
}
```

实现 2.4.3 节的函数 apply_generic 时也需要用 apply_in_underlying_javascript。

```
function user_print(string, object) {
    function prepare(object) {
        return is_compound_function(object)
                ? "< compound-function >"
                : is_primitive_function(object)
                ? "< primitive-function >"
                : is_pair(object)
                ? pair(prepare(head(object)),
                       prepare(tail(object)))
                : object;
    }
    display(string + " " + stringify(prepare(object)));
}
```

为了运行这个求值器，现在我们要做的全部事情就是初始化全局环境，然后启动上面的驱动循环。下面是一个交互过程实例：

347

```
const the_global_environment = setup_environment();
driver_loop(the_global_environment);

M-evaluate input:
function append(xs, ys) {
    return is_null(xs)
            ? ys
            : pair(head(xs), append(tail(xs), ys));
}

M-evaluate value:
undefined

M-evaluate input:
append(list("a", "b", "c"), list("d", "e", "f"));

M-evaluate value:
["a", ["b", ["c", ["d", ["e", ["f", null]]]]]]
```

练习 4.14　Eva Lu Ator 和 Louis Reasoner 各自试验了这里的元循环求值器。Eva 键入了 map 的定义，并运行了一些使用它的测试程序，它们都工作得很好。而 Louis 则把系统的 map 版本作为基本函数安装到自己的元循环求值器里。当他试验这个函数时，却出现了严重的错误。请解释，为什么 Eva 的 map 能工作而 Louis 的 map 却失败了。

4.1.5　以数据为程序

在思考这个求值 JavaScript 语句和表达式的 JavaScript 程序时，有一个类比可能很有帮助。关于程序意义有一种操作式的观点，就是把程序看成一部抽象的（可能无穷大的）机器的描述。例如，考虑下面这个我们已经非常熟悉的求阶乘程序：

```
function factorial(n) {
    return n === 1
            ? 1
            : factorial(n - 1) * n;
}
```

348

我们可以把这个程序看成一部机器的描述，该机器包含的部分有减量、乘和相等测试，还有一个包含两个位置的开关和另一部阶乘机器（这样，阶乘机器就是无穷的，因为其中包含另一部阶乘机器）。图 4.3 是这部阶乘机器的流程图，说明了有关部分如何连为一体。

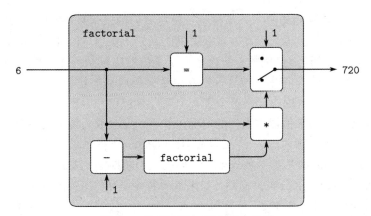

图 4.3　阶乘函数，看作抽象机器

按类似的方式，我们也可以把求值器看着一部特殊机器，它要求以一部机器的描述作为输入。给定了输入，求值器就能规划自己的行为，模拟被描述机器的执行过程。举例说，如果我们把 `factorial` 的定义馈入求值器，如图 4.4 所示，求值器就能计算阶乘。

按照这个观点，我们的求值器也可以看作一部通用机器。它能模拟任何其他机器，只要它们已经被描述为 JavaScript 程序[19]。这是非常令人震惊的。请设想电子电路的类似求值器。那应该是一种电路，它能以任何电路（如某个过滤器）规划的信号编码方案为输入。给了它这种输入后，这个电路求值器就能具有与该描述对应的过滤器同样的行为。这样的通用电子线路会是难以想象的复杂。值得指出，我们的程序求值器却是一个相当简单的程序[20]。

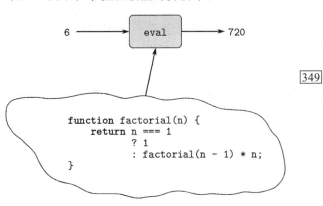

图 4.4　模拟阶乘机器的求值器

求值器的另一惊人方面在于它的作用，它就像在我们的程序设计语言操作的数据对象和

19　把机器描述为 JavaScript 程序的事实其实并不是最根本的。如果我们把一个 JavaScript 程序送给自己的求值器，该程序的行为是另一语言（例如 C 语言）的求值器，那么这个 JavaScript 求值器就能模拟那个 C 求值器，进而能模拟任何用 C 程序形式描述的机器。同样，在 C 里写一个 JavaScript 求值器，也将产生一个能执行所有 JavaScript 程序的 C 程序。这里的深刻思想是，任一求值器都能模拟其他求值器。这样，有关"原则上说什么是可计算的"（忽略了关于所需时间和空间的实际问题）的概念就是与语言或计算机无关的，它反映的是一个有关可计算性的基本概念。这一思想是图灵（Alan M. Turing，1912—1954）第一次以如此清晰的方式阐述的，其 1936 年的论文为理论计算机科学奠定了基础。在这篇论文里，图灵给出了一种简单的计算模型——现在称为图灵机——并声称，任何"能行过程"都能描述为这种机器的程序（这一论断就是著名的丘奇 - 图灵论题）。然后，图灵实现了一台通用机器，也就是一台图灵机，其行为就像是所有图灵机程序的求值器。他还用这一理论框架证明，存在能清晰地提出的问题，而这种问题是图灵机不能计算的（见练习 4.15）。图灵也为实践性的计算机科学做出了基础性的贡献。例如，他发明了采用通用子程序的结构化程序的思想。Hodges 1983 是有关图灵生平的著作。

20　有人觉得求值器完全反直觉，因为它由一个相对简单的函数实现，却能模拟可能比求值器本身更复杂的程序。通用求值器的存在是计算的一种深刻而美妙的性质。递归论是数理逻辑的一个分支，该理论研究计算的逻辑限制。Douglas Hofstadter 在其美妙著作《哥德尔，艾舍尔，巴赫》（1979）里探索了其中的一些思想。

这个程序设计语言本身之间架起了一座桥梁。设想我们的求值程序（用 JavaScript 实现）正在运行，一个用户正用键盘输入程序并观察得到的结果。从用户的观点，他输入的形如 x * x; 的表达式，是程序设计语言里的一个程序，是求值器应该执行的东西。而从求值器的观点看，这个程序就是一个字符串，或者——在语法分析后——是一个带标签表，它要做的，就是按照一套良好定义的规则去操作这个表。

这种用户程序也就是求值器的数据的情况，并不一定会成为混乱的源泉。事实上，忽略这种区分，为用户提供明确地把一个字符串当作 JavaScript 程序求值的能力，也可能带来一些方便。使用 JavaScript 的基本函数 eval 就能做这样的事情。这个函数的参数是一个字符串，它能对该字符串做语法分析，而后（如果该字符串是语法正确的）在 eval 的这次调用的环境中求值分析的结果。例如：

```
eval("5 * 5;");
```

和

```
evaluate(parse("5 * 5;"), the_global_environment);
```

都将返回 25[21]。

练习 4.15 给定了一个单参数的函数 f 和一个对象 a，称 f 对 a "终止"，如果求值表达式 f(a) 能返回一个值（与之相对的是得到一个错误信息而终止或者永远运行下去）。请证明，我们不可能写出一个函数 halts，对任何函数 f 和对象 a，它都能正确判定 f 对 a 是否终止。请采用如下的推理过程。如果你能有这样一个函数，你就可以实现下面的程序：

```
function run_forever() { return run_forever(); }
function strange(f) {
    return halts(f, f)
           ? run_forever();
           : "halted";
}
```

现在考虑求值表达式 strange(strange)，并说明任何可能的结果（无论是终止还是永远运行下去）都将违背我们为 halts 预设的行为[22]。

4.1.6 内部声明

在 JavaScript 里，声明的作用域是直接围绕这个声明的块的整体，而不是该块中从这个声明的出现位置开始的后面一部分。本节将仔细考察 JavaScript 的这个设计选择。

让我们重新考察 3.2.4 节里相互递归的函数对 is_even 和 is_odd，假设它们的声明出现在某个函数 f 的体内，是局部的：

```
function f(x) {
    function is_even(n) {
        return n === 0
                ? true
```

---

21 注意，这个 eval 在你用的 JavaScript 环境里不一定可用，也可能因为安全原因被禁止使用。

22 虽然我们规定了送给 halts 的是一个函数对象，但也请注意，这一推理同样适用于 halts 能访问函数的正文或它的运行环境。这就是图灵伟大的停机定理，也是人类清晰给出的第一个不可计算的问题，也就是说，这是一项良好描述的工作，但却不能通过一个计算过程完成。

```
            : is_odd(n - 1);
    }
    function is_odd(n) {
        return n === 0
                ? false
                : is_even(n - 1);
    }
    return is_even(x);
}
```

按我们的意图，这里出现在函数 is_even 体内部的名字 is_odd 应该引用函数 is_odd，即使它的声明出现在 is_even 之后。名字 is_odd 的作用域是 f 的整个体，而不是 f 体里从 is_odd 的声明点开始的那一部分。确实，考虑 is_odd 本身也是基于 is_even 定义的——所以 is_even 和 is_odd 是相互递归的函数——我们可以看到，有关这两个声明的最令人满意的解释，就是认为两个名字 is_even 和 is_odd 应该同时加入环境。更一般地说，在块结构里，一个局部名字的作用域，应该是其声明的求值所在的整个块。

　　在求值块结构时，4.1.1 节的元循环求值器能正确处理局部名字的同时作用域问题，因为它先扫描出块里的所有声明，并用一个包含了所有被声明名字约束的框架扩充环境，这些都在求值这些声明之前完成。因此，在求值块体时，新环境已经包含了 is_even 和 is_odd 的约束，这两个名字中任何一个的出现都能引用正确的约束。求值它们的声明使这两个名字分别约束到声明的值，也就是相应的函数对象，而这两个函数对象也以这个扩充的环境作为自己的环境。这样，例如，在 f 的体中应用 is_even 时，其环境里已经包含了 is_odd 的正确约束，在 is_even 的体内应用 is_odd 一定能取到正确的值。

　　练习 4.16　考虑 1.3.2 节的函数 f_3：

```
function f_3(x, y) {
    const a = 1 + x * y;
    const b = 1 - y;
    return x * square(a) + y * b + a * b;
}
```

a. 请画出求值 f_3 的返回表达式时的环境图。

b. 在求值函数应用时，与内部块的情况不同，求值器要建立两个框架：参数的框架和函数体块里直接声明的名字的框架。因为这两个框架里的名字具有同样作用域，实现也可以把两者合二为一。请修改我们的求值器，使其在求值函数体块时不创建新框架。你可能要假定框架里不能出现重复的名字（练习 4.5 论述了这件事的合理性）。

　　练习 4.17　Eva Lu Ator 写了一个程序，其中函数声明和其他语句交错出现。她需要确认声明的求值都在函数被应用前完成了。她抱怨道"为什么求值器不能关注这件烦心事，如果出现声明，就把声明都提升到块的开始？出现在块外的声明应该提升到程序的开始。"

a. 请参照 Eva 的建议修改求值器。

b. JavaScript 的设计者决定采纳 Eva 的方案，请讨论这一决策。

c. 此外，JavaScript 设计者还决定，对函数声明中声明的函数名，允许用赋值操作重新赋值。请按照这一决策修改你的系统，并讨论这个决定。

　　练习 4.18　我们的求值器处理递归函数的方法很烦琐：首先声明指称递归函数的名字，并给它赋予特殊值 "*unassigned*"，然后在这个名字的作用域里定义递归函数，最后把定义好的函数赋给相应的名字。在应用递归函数时，函数体内名字的出现确实能正确引用这个递归函数。有趣的是，我们不用函数声明或赋值也可以定义递归函数。下面程序就可以通过应用一个递归函数，计算出 10 的阶乘值 [23]：

```
(n => (fact => fact(fact, n))
      ((ft, k) => k === 1
                  ? 1
                  : k * ft(ft, k - 1)))(10);
```

a. 请（通过求值表达式）检查这个表达式确实能完成阶乘的计算。再请设计一个类似的表达式计算斐波那契数。

b. 考虑前面讨论过的函数 f：

```
function f(x) {
    function is_even(n) {
        return n === 0
               ? true
               : is_odd(n - 1);
    }
    function is_odd(n) {
        return n === 0
               ? false
               : is_even(n - 1);
    }
    return is_even(x);
}
```

请填充下面程序里缺失的表达式，完成 f 的另一个声明，其中不用内部函数声明：

```
function f(x) {
    return ((is_even, is_odd) => is_even(is_even, is_odd, x))
            ((is_ev, is_od, n) => n === 0 ? true : is_od(⟨??⟩, ⟨??⟩, ⟨??⟩),
             (is_ev, is_od, n) => n === 0 ? false : is_ev(⟨??⟩, ⟨??⟩, ⟨??⟩));
}
```

顺序地处理声明

我们在 4.1.1 节设计的求值器给块结构的求值强加了运行时的额外负担：求值器需要为处理局部声明的名字而扫描块体，用一个约束这些名字的新框架扩充当前环境，然后在这个扩充了的环境里求值块结构的体。换一种方式，在求值一个块时，我们也可以用一个空框架扩充当前环境，在块体里求值每个声明就变成了给新框架加入新约束。为了实现这种设计，我们首先简化 eval_block：

```
function eval_block(component, env) {
    const body = block_body(component);
    return evaluate(body, extend_environment(null, null, env));
}
```

函数 eval_declaration 不能再假定环境中已经有了所有局部名字的约束，也不能再用 assign_symbol_value 修改已有约束，而是需要调用新函数 add_binding_to_frame，在环境的第一个框架里加入被声明的名字与值表达式的值的约束。

---

23 这个例子展示了一种不用赋值就能定义递归函数的技巧。这类方法中最一般的技巧是 Y 算子，用它可以给出递归的"纯 λ-演算"实现。（有关 λ-演算的细节参看 Stoy 1977，有关在 Scheme 语言里探索 Y 算子的细节见 Gabriel 1988。）

```
function eval_declaration(component, env) {
    add_binding_to_frame(
        declaration_symbol(component),
        evaluate(declaration_value_expression(component), env),
        first_frame(env));
    return undefined;
}
function add_binding_to_frame(symbol, value, frame) {
    set_head(frame, pair(symbol, head(frame)));
    set_tail(frame, pair(value, tail(frame)));
}
```

通过这样顺序地处理声明，一个声明的作用域就不再是直接围绕声明的整个块，而只是这个块里从声明出现位置开始的那一部分。虽然我们不再有同时作用域，顺序处理声明还是能正确求值本节开始的那个函数 f，但原因实属"偶然"：因为内部函数的声明先出现，在这些函数声明之前，没出现对它们的调用的求值。因此，在 is_even 执行时，is_odd 已经声明了。事实上，对一个函数，如果它包含的内部声明都位于函数体的最前面，而且所声明名字的值表达式里都不实际地使用这些名字，那么，顺序地处理声明，得到的结果与 4.1.1 节的扫描出声明的求值器相同。练习 4.19 给出了一个函数的例子，它不满足上述限制，所以换了处理方式的求值器就不等价于我们的扫描出声明的求值器。

与扫描出声明的处理方法相比，顺序处理声明的方法更高效，也更容易实现。然而，采用顺序处理方法，被声明名字的引用有可能依赖块中语句求值的顺序。关于这一情况是否就是人们的期望，在练习 4.19 里，我们会看到一些不同观点。

练习 4.19　Ben Bitdiddle、Alyssa P. Hacker 和 Eva Lu Ator 对求值下面程序的期望结果有些争议：

354

```
const a = 1;
function f(x) {
    const b = a + x;
    const a = 5;
    return a + b;
}
f(10);
```

Ben 断言，应该使用顺序地处理声明的规则得到结果，那样 b 将定义为 11，然后 a 定义为 5，所以最后的结果是 16。Alyssa 反对说，相互递归要求内部函数定义的同时性作用域规则，把函数名视为与其他名字不同是不合理的。因此她为 4.1.1 节实现的机制辩护，这样就导致在需要计算 b 值时 a 还没有赋值。按 Alyssa 的观点，这个函数应该报告错误。Eva 持第三种观点，她说，如果 a 和 b 的定义真正是同时的，那么 a 的值 5 应该能用在 b 的求值中。这样，按照 Eva 的观点，a 应该是 5，b 应该是 15，而最终结果应该是 20。你支持那种观点？你能设计一种实现内部定义的方案，使之具有 Eva 推崇的行为吗 [24]？

4.1.7　分离语法分析与执行

前面实现的求值器确实很简单，但也非常低效，因为组件的语法分析与它们的执行交织

24　JavaScript 的设计者支持 Alyssa，基于如下原因：原则上说，Eva 是对的——这些定义应该认为是同时的。但看起来很难找到一种通用且有效的机制来实现 Eva 的需求。既然缺乏这种机制，那么最好就是在遇到难处理的同时定义时报告错误（Alyssa 的观点），而不是产生一个错误结果（Ben 所希望的）。

在一起。如果一个程序被执行许多次，对它的语法分析也就需要做多次。举例说，考虑使用下面的 factorial 声明，求值 factorial(4)：

```
function factorial(n) {
    return n === 1
           ? 1
           : factorial(n - 1) * n;
}
```

每次调用 factorial 时，求值器就需要确定它的体是一个返回语句，返回表达式是一个条件表达式，然后提取其中的谓词。只有到这时它才能去求值这个谓词，并基于其值完成分派。每次求值表达式 factorial(n - 1) * n，或者子表达式 factorial(n - 1) 和 n - 1 时，求值器都必须执行 evaluate 里的分情况分析，确定这些表达式是函数应用，而且必须提取其中的函数表达式和实参表达式。这种分析的代价高昂，反复执行它们是浪费。

我们可以变换这个求值器，显著提高它的效率，方法就是重新安排其中的各项工作，使它只做一次语法分析 [25]。evaluate 以一个组件和一个环境为参数，我们要把它切分为两个部分。函数 analyze 只取其中的组件为参数执行语法分析工作，最后返回一个新函数，称为执行函数，把被分析组件在执行时需要完成的工作封装其中。这个执行函数以一个环境为参数，完成实际的求值工作。这样做能节省很多工作，因为对于一个组件，现在只需要调用 analyze 一次，生成的执行函数则可以任意多次调用。

分离了语法分析和执行之后，现在 evaluate 就变成了

```
function evaluate(component, env) {
    return analyze(component)(env);
}
```

调用 analyze 得到一个执行函数，它将被应用于环境。analyze 函数完成与 4.1.1 节的原 evaluate 类似的分情况分析，只是被分派的函数只做分析，不做完全的求值：

```
function analyze(component) {
    return is_literal(component)
           ? analyze_literal(component)
           : is_name(component)
           ? analyze_name(component)
           : is_application(component)
           ? analyze_application(component)
           : is_operator_combination(component)
           ? analyze(operator_combination_to_application(component))
           : is_conditional(component)
           ? analyze_conditional(component)
           : is_lambda_expression(component)
           ? analyze_lambda_expression(component)
           : is_sequence(component)
           ? analyze_sequence(sequence_statements(component))
           : is_block(component)
           ? analyze_block(component)
           : is_return_statement(component)
           ? analyze_return_statement(component)
           : is_function_declaration(component)
```

25 这项技术是编译过程的一个固有的组成部分，编译的问题将在第 5 章讨论。Jonathan Rees 在大约 1982 年为 T 项目写了一个与此类似的 Scheme 解释器（Rees and Adams 1982），Marc Feeley（1986）（见 Feeley and Lapalme 1987）在其硕士论文里独立地发明了这一技术。

```
           ? analyze(function_decl_to_constant_decl(component))
           : is_declaration(component)
           ? analyze_declaration(component)
           : is_assignment(component)
           ? analyze_assignment(component)
           : error(component, "unknown syntax -- analyze");
}
```

356

下面是最简单的语法分析函数，它处理文字量表达式。这个函数返回的执行函数忽略环境参数，直接返回文字量的值：

```
function analyze_literal(component) {
    return env => literal_value(component);
}
```

查找名字的值仍需要在执行阶段完成，因为相应的值依赖于当时的环境 [26]。

```
function analyze_name(component) {
    return env => lookup_symbol_value(symbol_of_name(component), env);
}
```

在分析一个函数应用时，我们需要分析其中的函数表达式和实参表达式，然后构造一个执行函数。它调用函数表达式的执行函数（获得实际需要应用的函数）和实参表达式的执行函数（获得实际参数），然后把这些送给 execute_application。这个函数与 4.1.1 节的 apply 类似，不同之处就在于现在复合函数的函数体已经分析过，因此不需要再做分析了。实际上，在这里，我们只需要在扩充的环境里调用函数体的执行函数。

```
function analyze_application(component) {
    const ffun = analyze(function_expression(component));
    const afuns = map(analyze, arg_expressions(component));
    return env => execute_application(ffun(env),
                                      map(afun => afun(env), afuns));
}
function execute_application(fun, args) {
    if (is_primitive_function(fun)) {
        return apply_primitive_function(fun, args);
    } else if (is_compound_function(fun)) {
        const result = function_body(fun)
                           (extend_environment(function_parameters(fun),
                                               args,
                                               function_environment(fun)));
        return is_return_value(result)
               ? return_value_content(result)
               : undefined;
    } else {
        error(fun, "unknown function type -- execute_application");
    }
}
```

357

对于条件组件，我们提取并分析其中的谓词、后继和替代部分。

```
function analyze_conditional(component) {
    const pfun = analyze(conditional_predicate(component));
```

26　然而，变量搜索中的很大一部分工作也可以在语法分析阶段完成。如 5.5.6 节里说明的，我们可以在环境结构中确定能找到变量值的地方，这样就免除了查找整个环境去确定变量匹配的需要。

```
    const cfun = analyze(conditional_consequent(component));
    const afun = analyze(conditional_alternative(component));
    return env => is_truthy(pfun(env)) ? cfun(env) : afun(env);
}
```

分析 lambda 表达式也能得到很大的效率收获，因为 lambda 体只分析一次，而作为这个 lambda 求值结果的函数可能被应用许多次。

```
function analyze_lambda_expression(component) {
    const params = lambda_parameter_symbols(component);
    const bfun = analyze(lambda_body(component));
    return env => make_function(params, bfun, env);
}
```

对语句序列的分析是更深入的 [27]。首先需要分析序列中的每个语句，生成相应的执行函数，再把这些执行函数组合起来做成一个执行函数。这个执行函数以一个环境作为参数，基于这个环境顺序调用语句序列中各个语句的执行函数。

```
function analyze_sequence(stmts) {
    function sequentially(fun1, fun2) {
        return env => {
                const fun1_val = fun1(env);
                return is_return_value(fun1_val)
                        ? fun1_val
                        : fun2(env);
            };
    }
    function loop(first_fun, rest_funs) {
        return is_null(rest_funs)
                ? first_fun
                : loop(sequentially(first_fun, head(rest_funs)),
                        tail(rest_funs));
    }
    const funs = map(analyze, stmts);
    return is_null(funs)
            ? env => undefined
            : loop(head(funs), tail(funs));
}
```

358

块结构体需要先扫描一次，找出其中的局部声明。得到的约束应该在这个块的执行函数被调用时再安装到环境里。

```
function analyze_block(component) {
    const body = block_body(component);
    const bfun = analyze(body);
    const locals = scan_out_declarations(body);
    const unassigneds = list_of_unassigned(locals);
    return env => bfun(extend_environment(locals, unassigneds, env));
}
```

对于返回语句，我们需要分析其中的返回表达式。返回语句的执行函数简单地调用返回表达式的执行函数，并把得到的结果包装成返回值。

```
function analyze_return_statement(component) {
    const rfun = analyze(return_expression(component));
    return env => make_return_value(rfun(env));
}
```

---

27   参看练习 4.21 有关序列处理的某些见解。

函数 analyze_assignment 也必须推迟到执行时再实际设置变量的值，因为那时才有操作的环境。另一方面，分析阶段已经（递归地）分析了需要赋值的值表达式，因此可以大大提高效率，因为对这个表达式的分析只做一次。这种说法对常量和变量声明也是对的。

```
function analyze_assignment(component) {
    const symbol = assignment_symbol(component);
    const vfun = analyze(assignment_value_expression(component));
    return env => {
            const value = vfun(env);
            assign_symbol_value(symbol, value, env);
            return value;
        };
}
function analyze_declaration(component) {
    const symbol = declaration_symbol(component);
    const vfun = analyze(declaration_value_expression(component));
    return env => {
            assign_symbol_value(symbol, vfun(env), env);
            return undefined;
        };
}
```

我们的新求值器使用的数据结构、语法过程和运行支持过程，都与 4.1.2 节、4.1.3 节和 4.1.4 节中描述的完全一样。

练习 4.20　请扩充本节的求值器，使其能支持 while 循环。（参看练习 4.7。）

练习 4.21　Alyssa P. Hacker 不能理解为什么 analyze_sequence 需要如此复杂，而所有其他分析过程都是 4.1.1 节里对应的求值函数（或者 evaluate 子句）的简单变换。她想象中的 analyze_sequence 大致具有下面的样子：

```
function analyze_sequence(stmts) {
    function execute_sequence(funs, env) {
        if (is_null(funs)) {
            return undefined;
        } else if (is_null(tail(funs))) {
            return head(funs)(env);
        } else {
            const head_val = head(funs)(env);
            return is_return_value(head_val)
                    ? head_val
                    : execute_sequence(tail(funs), env);
        }
    }
    const funs = map(analyze, stmts);
    return env => execute_sequence(funs, env);
}
```

Eva Lu Ator 给 Alyssa 解释说，正文中的版本在分析阶段完成了序列求值中的更多工作。Alyssa 的序列求值函数不是调用内部建立的各个求值函数，而是对这些函数循环，一个一个地调用它们。从效果看，虽然序列中各语句都做了分析，但整个序列本身却没有分析。

请比较这两个 analyze_sequence 版本。例如，考虑一种常见情况（典型的函数体），其中的序列只有一个语句。由 Alyssa 的程序产生的执行函数会做些什么？正文中的程序产生的执行函数又怎么样？两个版本在包含两个表达式的序列上工作的比较情况如何？

练习 4.22　请设计并完成一些试验，比较原来的元循环求值器和本节这个版本的速度。

359

用你的结果评估各种函数在分析阶段和执行阶段耗费时间的比例。

4.2 惰性求值

有了一个以 JavaScript 程序的形式描述的求值器，我们现在可以通过简单地修改这个求值器，试验一些语言设计的选择和变化。事实上，在发明新语言时，人们常常就是先用一种现存的高级程序设计语言，写一个嵌入了该新语言的求值器。例如，如果我们希望与 JavaScript 社区的其他成员讨论针对 JavaScript 的修改提议，就可以提供一个体现有关修改的求值器。接收者可以用这个新求值器做些试验，而后送回一些评论意见供进一步修改。高层次的实现基础不仅使我们更容易测试求值器，排除其中错误，而且，这种嵌入也使设计者能从基础语言抄取 [28] 一些特征，就像我们在自己的嵌入式 JavaScript 求值器里，直接使用取自基础 JavaScript 的基本函数和控制结构。只有到了后来（如果需要的话），设计者才需要进一步考虑在某个低级语言或者硬件中做一个完整实现的麻烦事。在本节和后面几节里，我们将探究 JavaScript 的几种变形，它们都提供了明显的额外描述能力。

4.2.1 正则序和应用序

在 1.1 节开始讨论求值模型时，我们就曾说过，JavaScript 是一个采用应用序的语言。也就是说，在函数应用时，提供给 JavaScript 函数的所有实际参数都已经求值。与此相反，采用正则序的语言则会把对函数实际参数的求值推迟到需要这些实际参数的值之时。把函数实际参数的求值拖延到可能的最后时刻（也就是说，直到某些基本操作实际需要它们的时刻）也称为惰性求值 [29]。考虑函数：

```
function try_me(a, b) {
    return a === 0 ? 1 : b;
}
```

在 JavaScript 里求值 try_me(0, head(null)); 将产生错误。如果采用惰性求值就不会出错，对这个语句求值将返回 1，因为参数 head(null) 根本不会求值。

如下声明的函数 unless 是需要利用惰性求值的另一个例子：

```
function unless(condition, usual_value, exceptional_value) {
    return condition ? exceptional_value : usual_value;
}
```

它可以用在下面这样的语句里：

```
unless(is_null(xs), head(xs), display("error: xs should not be null"));
```

在采用应用序的语言里，这样做是不行的，因为在 unless 被调用前，这里的正常值和异常值都会被求值（请与练习 1.6 比较）。惰性求值的一个优点就是使某些函数（例如 unless）能完成有用的计算，即使对其某些参数的求值会产生错误甚至根本不终止。

---

28 抄取："抓取，特别是对很大的文档或材料，以使用为目的，得到或没得到拥有者的允许。"摘录："抄录，有时包含吸收、处理，或理解之意。"（这些定义抄取自 Steele et al. 1983，也见 Raymond 1993。）

29 术语"惰性"和"正则序"之间的差异有时会使人感到有些困惑。一般而言，"惰性"指的是特定求值器里的机制，而"正则序"指语言的语义，与特定的求值策略无关。当然，这种划分也不是黑白分明的，两种说法也常常被相互替代地使用。

如果在某个参数未完成求值之前就进入了相应函数的体，我们就说这个函数相对于该参数是非严格的。如果在进入一个函数的体之前某个参数已经完成求值，我们就说该函数相对于这个参数为严格的[30]。在纯应用序的语言里，所有函数相对于它们的每个参数都是严格的。而在纯正则序的语言里，所有复合函数相对于它们的每个参数都是非严格的，而基本函数可以是严格的，也可以是非严格的。也存在一些语言（参看练习 4.29），它们允许程序员对自己定义的函数的严格性做更精细的控制。

把函数定义成非严格的也可能很有用。一个特别使人印象深刻的例子就是 pair（或者一般说，几乎任何数据结构的构造函数）。这样，在不知道元素的值的情况下，我们也可以完成一些有用的计算，可以把元素组合起来构造数据结构以及操作得到的数据结构。这些确实都很有意义，例如，这样就能在不知道表中元素值的情况下计算表的长度。我们将在 4.2.3 节利用这一思想，把第 3 章的流实现为由非严格的 pair 序对构造的表。

练习 4.23　假定（在常规的应用序的 JavaScript 里）定义了如上所示的 unless，而后基于 unless 把 factorial 定义为：

```
function factorial(n) {
    return unless(n === 1,
                  n * factorial(n - 1),
                  1);
}
```

企图计算 factorial(5) 时会出现什么问题？在正则序语言里这个函数能工作吗？

练习 4.24　实现如 unless 一类东西时需要惰性求值，对惰性求值的重要性，Ben Bitdiddle 和 Alyssa P. Hacker 有不同的看法。Ben 指出，在应用序语言里，unless 有可能实现为一个语法形式。Alyssa 反对这种说法，认为如果真那样做，unless 就只是一种语法形式，而不是能与高阶函数结合在一起工作的函数。请为这两种论述填充一些细节。展示可以如何把 unless 实现为一种派生组件（就像运算符组合式）；再给出一个例子情况，说明如果 unless 是函数而不是语法形式，在这个情况中可能非常有用。

4.2.2　采用惰性求值的解释器

在这一小节里，我们要实现一种正则序语言，它与 JavaScript 完全相同，只是复合函数对任何参数都是非严格的，基本函数仍然是严格的。修改 4.1.1 节的求值器，使它解释的语言具有这种行为，实际上并不困难。需要做的修改几乎都围绕着函数应用。

这里的基本想法是，在应用一个函数时，解释器必须确定哪些实际参数需要求值，哪些应该延迟求值。延迟的参数都不求值，而是变换为一种称为槽（thunk）的对象[31]。槽里必须包含了为（在需要这个实参的值时）产生值所需的全部信息，就像它已经在应用时求了值。这样，槽里必须包含实际参数表达式以及求值这个函数应用时的环境。

362

30　"严格"和"非严格"的术语基本上表示了与"应用序"和"正则序"同样的意思，但它们针对的是个别函数和个别参数，而不是针对整个语言。在有关程序设计语言的会议上，你可能会听到某人说，"正则序语言 Hassle 包含了一些严格的基本函数。其他函数则以惰性求值的方式处理参数。"

31　术语槽是一个非正式的工作组在讨论 Algol 60 的命名参数调用机制的实现时发明的。当时的参与者们看到，有关表达式的大部分分析（"思考"）都能在编译时完成，这样，到运行时，这样的表达式已经被上槽了（Ingerman et al. 1960）。

求值槽中表达式的处理过程称为强迫 [32]。一般而言，只有在需要一个槽的值时才会去强迫它。有关情况包括：需要把它送给一个基本函数，而基本函数需要用这个值；当它是某个条件表达式的谓词的值；当它是一个函数表达式的值，而现在要把它作为函数去应用。这里有一个选择：是采用还是不用带记忆性的槽，与前面 3.5.1 节处理延迟对象的情况类似。有了记忆，槽第一次被强迫就保存起算出的值。随后再被强迫时就简单返回其中保存的值，不重复计算。我们准备把这个解释器做成带记忆的，因为对大部分应用而言，这样做的效率更高。当然，这里也存在一些很难处理的问题 [33]。

修改求值器

惰性求值器与 4.1 节中的求值器之间最重要的不同点，就在于 evaluate 和 apply 里对函数应用的处理。

evaluate 里的 is_application 子句现在变成了

```
: is_application(component)
? apply(actual_value(function_expression(component), env),
        arg_expressions(component), env)
```

这几乎就是 4.1.1 节里 evaluate 的 is_application 子句。不过，对惰性求值，我们是用实际参数表达式去调用 apply，而不是用对它们求值产生的实际参数值。因为参数求值已经延迟，构造槽时需要环境，因此也必须传递它。对于函数表达式，我们还是需要求值，因为 apply 需要被实际应用的函数，以便根据类型（基本的或复合的）去分派并应用它。

无论何时，只要需要某个表达式的实际值，我们就用

```
function actual_value(exp, env) {
  return force_it(evaluate(exp, env));
}
```

而不能用 evaluate。这样，如果表达式的值是一个槽，它就会被强迫。

我们新版本的 apply 也几乎与 4.1.1 节里的一样，不同之处就在送给 evaluate 的是未经求值的实参表达式：对于基本函数（它们是严格的），我们需要在应用前求出实际参数值；对复合函数（它们非严格），在应用函数时延迟对所有实际参数的求值。

```
function apply(fun, args, env) {
  if (is_primitive_function(fun)) {
    return apply_primitive_function(
             fun,
             list_of_arg_values(args, env));             // changed
  } else if (is_compound_function(fun)) {
    const result = evaluate(
                     function_body(fun),
                     extend_environment(
                       function_parameters(fun),
```

---

32 这里的情况，与第 3 章里为表示流而强迫延迟对象的情况类似。我们在这里做的与在第 3 章所做的之间的根本差异，就是现在要把延迟和强迫构筑到求值器里，使整个语言都统一使用这些机制。

33 惰性求值与记忆的组合有时被称为按需调用的参数传递，与按名调用相对应（按名调用由 Algol 60 引进，类似不带记忆的惰性求值）。作为语言设计者，我们可以把自己的求值器做成带记忆或不带记忆的，或者把这一选择留给程序员（练习 4.29）。正如你根据第 3 章可以想到的，如果出现赋值，这些选择就会引出一些微妙而且迷惑人的问题（参看练习 4.25 和 4.27）。有一篇极好的文章（Clinger 1982）试图厘清这里可能出现的多维度的混乱。

```
                                list_of_delayed_args(args, env), // changed
                                function_environment(fun)));
         return is_return_value(result)
                 ? return_value_content(result)
                 : undefined;
    } else {
        error(fun, "unknown function type -- apply");
    }
}
```

处理实际参数的函数就像 4.1.1 节的 list_of_values，但 list_of_delayed_args 也延迟
参数而不是求值它们，而且 list_of_arg_values 用的是 actual_value 而不是 evaluate：

```
function list_of_arg_values(exps, env) {
  return map(exp => actual_value(exp, env), exps);
}
function list_of_delayed_args(exps, env) {
  return map(exp => delay_it(exp, env), exps);
}
```

求值器里另一个必须修改的地方是对条件组件的处理，在这里我们必须用 actual_
value 取代 evaluate，以便在检测真或假之前取得谓词表达式的值：

364

```
function eval_conditional(component, env) {
  return is_truthy(actual_value(conditional_predicate(component), env))
          ? evaluate(conditional_consequent(component), env)
          : evaluate(conditional_alternative(component), env);
}
```

最后，我们还必须修改 driver_loop 函数（见 4.1.4 节），在其中用 actual_value 取
代 evaluate。这样，当一个延迟的值被传回读入 – 求值 – 打印循环时，打印前就会强迫对
它们求值。我们还修改了提示符，表明这是一个惰性求值器：

```
const input_prompt = "L-evaluate input: ";
const output_prompt = "L-evaluate value: ";

function driver_loop(env) {
  const input = user_read(input_prompt);
  if (is_null(input)) {
      display("evaluator terminated");
  } else {
      const program = parse(input);
      const locals = scan_out_declarations(program);
      const unassigneds = list_of_unassigned(locals);
      const program_env = extend_environment(locals, unassigneds, env);
      const output = actual_value(program, program_env);
      user_print(output_prompt, output);
      return driver_loop(program_env);
  }
}
```

做完了这些修改之后，我们就可以启动这个求值器并测试它了。对 4.2.1 节里讨论的
try_me 表达式的成功求值，表明这个解释器确实是在做惰性求值：

```
const the_global_environment = setup_environment();
driver_loop(the_global_environment);

L-evaluate input:
```

```
function try_me(a, b) {
    return a === 0 ? 1 : b;
}
```

L-evaluate value:
undefined

L-evaluate input:
```
try_me(0, head(null));
```

L-evaluate value:
1

槽的表示

我们必须做好安排，使求值器在把函数应用于参数时创建相关的槽，并能在后来强迫对槽求值。一个槽应该包装起一个表达式和一个环境，以便后来需要时生成相应的实参值。在强迫一个槽时，只需要简单地从槽中提取表达式和环境，并在这个环境里对这个表达式求值。这里也应该用 actual_value 而不是 evaluate。如果表达式的值本身又是槽，就需要再强迫它，并这样继续下去，直至得到不是槽的结果为止：

```
function force_it(obj) {
    return is_thunk(obj)
            ? actual_value(thunk_exp(obj), thunk_env(obj))
            : obj;
}
```

包装一个表达式和一个环境，最简单方法就是构造一个包含这个表达式和相应环境的表。因此，我们用如下方式创建槽：

```
function delay_it(exp, env) {
    return list("thunk", exp, env);
}
function is_thunk(obj) {
    return is_tagged_list(obj, "thunk");
}
function thunk_exp(thunk) { return head(tail(thunk)); }
function thunk_env(thunk) { return head(tail(tail(thunk))); }
```

实际上，我们希望解释器做的还不止这些，还希望槽能有记忆。当一个槽被强迫求值后，我们就把它转变为一个已求值的槽，用得到的值取代其中的表达式，并改变 thunk 的标签，以便能识别它是求过值的 [34]：

```
function is_evaluated_thunk(obj) {
    return is_tagged_list(obj, "evaluated_thunk");
}
function thunk_value(evaluated_thunk) {
```

---

34 注意：一旦槽里的表达式已经求值，就删除槽中的 env。这样做对解释器返回的值没有影响，但有助于节约空间。因为删除了槽中对 env 的引用，一旦这个结构不再需要就可以被废料收集，空间就能回收，正如我们在 5.3 节将要讨论的情况。

　　类似地，3.5.1 节也可以对带记忆的延迟对象中不再需要的环境做废料收集，为此只需要让 memo 在保存了得到的值之后执行 fun = null 一类的操作，抛弃函数 fun（fun 的原值包含一个环境，以便能在该环境中求值作为流尾部的那个 lambda 表达式）。

```
        return head(tail(evaluated_thunk));
    }
function force_it(obj) {
    if (is_thunk(obj)) {
        const result = actual_value(thunk_exp(obj), thunk_env(obj));
        set_head(obj, "evaluated_thunk");
        set_head(tail(obj), result);   // replace exp with its value
        set_tail(tail(obj), null);     // forget unneeded env
        return result;
    } else if (is_evaluated_thunk(obj)) {
        return thunk_value(obj);
    } else {
        return obj;
    }
}
```

366

请注意，无论有没有记忆，同一个 `delay_it` 函数都能工作。

练习 4.25　假定我们把下面的声明送给惰性求值器：

```
let count = 0;
function id(x) {
    count = count + 1;
    return x;
}
```

请给出下面交互序列中空缺的值，并解释你的回答[35]。

```
const w = id(id(10));
```

L-evaluate input:
```
count;
```

L-evaluate value:
⟨*response*⟩

L-evaluate input:
```
w;
```

L-evaluate value:
⟨*response*⟩

L-evaluate input:
```
count;
```

L-evaluate value:
⟨*response*⟩

367

　　练习 4.26　在 evaluate 把函数送给 apply 之前，是用 actual_value 而不是 evaluate 去求值函数表达式，以便强迫得到函数表达式的值。请给出一个例子说明必须这样强迫。

　　练习 4.27　请展示一个程序，按你的预期，如果没有记忆功能，其运行会比有记忆功能时慢得多。此外，请考虑下面的交互，其中的 id 函数在练习 4.25 中定义，count 从 0 开始：

35　这个练习就是想说明，在惰性求值和副作用之间的相互作用是非常迷惑人的。根据第 3 章的讨论，你也应该想到这些情况。

```
function square(x) {
    return x * x;
}

L-evaluate input:
square(id(10));

L-evaluate value:
⟨response⟩

L-evaluate input:
count;

L-evaluate value:
⟨response⟩
```

请给出在有或没有记忆功能时求值器的反应。

练习 4.28 Cy D. Fect 以前是 C 程序员，他担心因为惰性求值器不会强迫序列里的某些语句求值，某些副作用根本就不能实现。原因是，在一个序列里，除最后一个语句外，其他语句的值都没用到（它们写在那里只是为了产生效果，例如给某个变量赋值或打印输出）。由于这些值后来可能完全不会用到（例如用作某基本函数的参数），所以就不会对它们强迫求值。因此 Cy 想，在求值一个序列时，必须强迫序列中除最后语句外的所有语句求值。他为此提议修改取自 4.1.1 节的 eval_sequence，其中使用 actual_value 而不是 evaluate：

```
function eval_sequence(stmts, env) {
    if (is_empty_sequence(stmts)) {
        return undefined;
    } else if (is_last_statement(stmts)) {
        return actual_value(first_statement(stmts), env);
    } else {
        const first_stmt_value =
            actual_value(first_statement(stmts), env);
        if (is_return_value(first_stmt_value)) {
            return first_stmt_value;
        } else {
            return eval_sequence(rest_statements(stmts), env);
        }
    }
}
```

368

a. Ben Bitdiddle 认为 Cy 的看法不对。他给 Cy 演示了 2.2.3 节里给出的 for_each 函数，这是一个重要的带有副作用的序列的例子：

```
function for_each(fun, items) {
    if (is_null(items)){
        return "done";
    } else {
        fun(head(items));
        for_each(fun, tail(items));
    }
}
```

他断言说，本节正文中的求值器（采用原来的 eval_sequence）能正确处理：

```
L-evaluate input:
for_each(display, list(57, 321, 88));

57
321
88
L-evaluate value:
"done"
```

请解释为什么 Ben 关于 `for_each` 行为的说法是正确的。

b. Cy 同意 Ben 关于 `for_each` 实例的看法，但是他说，这并不是他提议修改 `eval_sequence` 时考虑的那类程序。他在惰性求值器里定义了下面两个函数：

```
function f1(x) {
    x = pair(x, list(2));
    return x;
}

function f2(x) {
    function f(e) {
        e;
        return x;
    }
    return f(x = pair(x, list(2)));
}
```

使用原来的 `eval_sequence`，`f1(1)` 和 `f2(1)` 的值是什么？如果改用按 Cy 的建议修改的 `eval_sequence`，这两个表达式的值又会是什么？

c. Cy 还指出，像他建议的那样修改了 `eval_sequence` 之后，不会影响 a 部分中那类实例的行为。请解释为什么这一说法是正确的。

d. 你认为在惰性求值器里应该如何处理序列的问题？你喜欢 Cy 的方法，还是喜欢正文中的方法，或者其他什么方法？

练习 4.29 本节采用的方法也有些令人不快，因为它对 JavaScript 做了一种并不兼容的修改。把惰性求值实现为一种向上兼容的扩充可能更好，也就是说，让常规 JavaScript 程序还能像原来那样工作。为达此目的，我们可以扩充函数定义的语法，使用户可以控制是否让一个参数延迟。在考虑这种做法时，我们还可以进一步允许用户在延迟参数是否记忆方面做出选择。举例说，声明：

```
function f(a, b, c, d) {
    parameters("strict", "lazy", "strict", "lazy_memo");
    ...
}
```

把 f 定义为一个包含 4 个参数的函数，其中第 1 个和第 3 个参数在函数调用时求值，第 2 个参数延迟求值，第 4 个参数延迟并记忆。你可以假定这种参数声明总是函数声明中函数体里的第 1 个语句。如果没有声明，所有参数就都是严格的。这样，常规的函数声明将产生与常规 JavaScript 相同的行为，而如果给每个复合函数的每个参数都加上 `"lazy_memo"` 声明，就能得到与本节定义的惰性求值器一样的行为。请设计并实现上述修改，完成这一 JavaScript 扩充。`parse` 函数会把参数声明当作函数调用，所以你需要修改 `apply`，在你的实现里正确分派这种新的语法形式。你还必须安排 `evaluate` 或 `apply`，让它们确定哪些参数需要延迟，并根据情况相应地强迫或延迟有关的参数。你也必须安排好记忆与否的情况。

4.2.3 流作为惰性的表

在 3.5.1 节，我们说明了如何把流实现为一种延迟的表。我们用 lambda 表达式构造了一种计算表尾部的"允诺"，在实际需要之前并不落实这种允诺。在那里，我们不得不把流构建为一类新的数据对象，它们与表类似但又不同。这些情况也要求我们去重新实现许多常规的表操作（如 map、append 等），以便也能对流做这些操作。

有了惰性求值之后，流和表就完全一样了，所以就不再需要任何语法形式，也不再需要区分表操作和流操作了。我们需要做的全部事情就是做好安排，设法让 pair 成为非严格的。完成这项任务的一种方法是扩充惰性求值器，允许非严格的基本函数，并把 pair 实现为它们中的一个。另一方法更简单，回忆前面讨论过的一个事实（2.1.3 节），pair 完全可以不作为基本函数，换个方式，我们可以把序对表示为函数[36]：

370

```
function pair(x, y) {
    return m => m(x, y);
}
function head(z) {
    return z((p, q) => p);
}
function tail(z) {
    return z((p, q) => q);
}
```

基于这些基本操作，各种表操作的标准定义也同样适用于无穷的表（流），就像它们可以用于有穷的表一样。流操作同样可以实现为表操作。下面是一些例子：

```
function list_ref(items, n) {
    return n === 0
            ? head(items)
            : list_ref(tail(items), n - 1);
}
function map(fun, items) {
    return is_null(items)
            ? null
            : pair(fun(head(items)),
                   map(fun, tail(items)));
}
function scale_list(items, factor) {
    return map(x => x * factor, items);
}
function add_lists(list1, list2) {
    return is_null(list1)
            ? list2
            : is_null(list2)
            ? list1
            : pair(head(list1) + head(list2),
                   add_lists(tail(list1), tail(list2)));
}
const ones = pair(1, ones);
const integers = pair(1, add_lists(ones, integers));
```

---

36 这正是练习 2.4 描述的函数式表示。本质上说，任何函数式表示（例如消息传递实现）都可以用。请注意，我们可以简单地在驱动循环中键入这些声明，把它们安装到惰性求值器里。如果原来 pair、head 和 tail 已经是全局环境里的基本函数，这样做就重新定义了它们（另见练习 4.31 和练习 4.32）。

```
L-evaluate input:
list_ref(integers, 17);

L-evaluate value:
18
```

注意，这种惰性表甚至比第 3 章的流更惰性：表的 head 也延迟，与其 tail 一样[37]。事实上，访问惰性序对的 head 或 tail，不需要强迫得到表元素的值。只有真正需要时才会强迫得到它们——也就是说，当它们被用作基本函数的参数或者作为结果打印的时候。

对于处理 3.5.4 节中讨论的由流引起的一些问题，惰性序对也很有帮助。我们在该节看到，当系统的流模型中需要用循环时，除了借用构造流序对提供的延迟操作外，我们还不得不在程序中某些地方点缀一些 lambda 表达式。有了惰性求值，所有函数参数都无一例外地延迟了。举例说，现在我们可以按 3.5.4 节原来的方式做表积分或求解微分方程了：

```
function integral(integrand, initial_value, dt) {
    const int = pair(initial_value,
                     add_lists(scale_list(integrand, dt),
                               int));
    return int;
}
function solve(f, y0, dt) {
    const y = integral(dy, y0, dt);
    const dy = map(f, y);
    return y;
}

L-evaluate input:
list_ref(solve(x => x, 1, 0.001), 1000);

L-evaluate value:
2.716924
```

练习 4.30　请给出一些例子，显示在第 3 章的流与本节描述的"更惰性"的惰性表之间的不同。你可能怎样利用这里新增的惰性？

练习 4.31　Ben Bitdiddle 用下面的表达式测试上面给出的惰性表实现：

```
head(list("a", "b", "c"));
```

令他吃惊的是，这样做却产生出一个错误。经过一番思考后他认识到，通过基本函数 list 得到的"表"与通过新的 pair、head 和 tail 定义的表是不同的。请修改求值器，使得通过驱动循环读入的基本函数 list 的应用也能产生真正的惰性表。

练习 4.32　请修改求值器的驱动循环，使之能以某种合理的形式打印出惰性序对和表。（你如何处理无穷表？）你可能还需要修改惰性序对的表示，使求值器能识别它们，以便完成相应的打印工作。

4.3　非确定性计算

在这一节，我们要扩充 JavaScript 求值器，把支持自动搜索的功能构造到求值器里，以

37　这使我们能创建一般表结构的延迟版本，不仅是序列。Hughes 1990 讨论了"惰性树"的一些应用。

便支持一种称为非确定性计算的程序设计范型。与 4.2 节介绍的惰性求值相比，这是一种对语言意义的影响更加深远的修改。

与流处理的情况类似，非确定性计算对"生成和检测"类的应用特别有价值。考虑下面工作：有两个正整数的表，我们要从中找出一对整数——一个取自第一个表，另一个取自第二个表——要求它们的和是素数。在 2.2.3 节，我们看过如何用有限序列操作的方式解决这个问题，在 3.5.3 节看过如何用无穷流做这件事。两处采用的方式都是生成出所有可能的数对，而后过滤出和为素数的数对。无论我们是像第 2 章里那样首先实际生成出数对的序列，还是像第 3 章里那样地换一种方式，交错地生成和过滤，都没有影响如何组织这个计算过程的基本图景。

非确定性的方法则勾勒出另一幅图景。请简单设想我们需要（按某种方式）从第一个表中取一个数，并（采用同样方式）从第二个表里取一个数，保证它们之和是素数。这件事可以采用下面的函数描述：

```
function prime_sum_pair(list1, list2) {
    const a = an_element_of(list1);
    const b = an_element_of(list2);
    require(is_prime(a + b));
    return list(a, b);
}
```

看起来，这个函数声明就像对问题的另一种重新陈述，并没有说明解决它的方法。但无论如何，这就是一个合法的非确定性程序 [38]。

这里的关键思想是，在非确定性语言里，一个组件可以有多于一个可能的值。例如，an_element_of 可能返回给定的表里的任何元素。我们的非确定性程序求值器，就需要能从可能的值中自动选出一个，并维持有关选择的轨迹。如果随后的要求无法满足，求值器就会尝试另一种不同选择，而且它还会不断做新选择，直至求值成功，或者用完了所有选择。与惰性求值器可以使程序员摆脱有关值如何延迟或者强迫的细节类似，非确定性求值器可以使程序员摆脱如何做选择的细节。

有一件很有教益的事情，就是比较非确定性求值和流处理导致的不同的时间图景。流处理利用惰性求值，解耦了能组合产生可能回答的流里的时间与实际产生流元素的时间。这种求值器支持一种错觉，好像所有可能结果都以一种无时间顺序的方式摆在我们面前。对于非确定性求值，一个组件表示了对一些可能世界的探索，其中每一个世界都由一系列选择确定。某些可能世界会导向死胡同，而另一些则保存着有用的值。非确定性程序求值器支持一种假象：时间是分叉的，而我们程序里保存着不同的可能执行历史。当遇到死胡同时，我们总可以回到以前的某个选择点，并沿另一分支继续下去。

下面要实现的非确定性程序求值器称为 amb 求值器，因为它基于一种称为 amb 的新语法形式。我们可以把上面 prime_sum_pair 的声明（再加上 is_prime、an_element_of 和 require 的声明）键入这个求值器的驱动循环，并像下面这样运行函数：

38　我们假定已定义了函数 is_prime，它检测一个数是否素数。但是，即使有了 is_prime 的定义，函数 prime_sum_pair 看起来也很可疑，就像 1.1.7 节开始我们企图用 "伪 JavaScript" 定义平方根函数时写出的那个毫无帮助的描述。事实上，求平方根的函数也可以按这条路线，描述为一个非确定性程序。通过把某种搜索机制结合进求值器里，我们将逐步侵蚀纯说明式描述和有关计算机将如何给出回答的命令式描述之间的清晰界限。在 4.4 节，我们还将在这个方向上走得更远。

```
amb-evaluate input:
prime_sum_pair(list(1, 3, 5, 8), list(20, 35, 110));

Starting a new problem
amb-evaluate value:
[3, [20, null]]
```

求值器会反复地从两个表里选出一对一对元素，直到做出了一次成功的选择，并因此得到了这里的返回值。

4.3.1 节将介绍 amb，解释它如何通过求值器的自动搜索机制支持非确定性。4.3.2 节要给出几个非确定性程序的实例，4.3.3 节将说明如何通过修改常规的 JavaScript 求值器，实现一个 amb 求值器的各方面细节。

4.3.1　搜索和 amb

为了扩充 JavaScript 以支持非确定性，我们引进一种称为 amb 的新语法形式[39]。表达式 $amb(e_1, e_2, \ldots, e_n)$ "有歧义地"返回 n 个表达式 e_i 之一的值。例如，表达式

```
list(amb(1, 2, 3), amb("a", "b"));
```

有下面六个可能的值：

```
list(1, "a") list(1, "b") list(2, "a")
list(2, "b") list(3, "a") list(3, "b")
```

只有一个选择的 amb 表达式将产生一个常规的（单一）值。

无选择的 amb——表达式 amb()——是没有可接受的值的表达式。按操作的观点，我们可以认为 amb() 是一种表达式，对它求值将导致计算"失败"，这个计算将流产而且不产生任何值。利用这一机制，我们可以把某个特定谓词 p 必须为真的要求表述如下：

```
function require(p) {
    if (! p) {
        amb();
    } else {}
}
```

有了 amb 和 require，我们就可以实现上面的 an_element_of 函数了：

```
function an_element_of(items) {
    require(! is_null(items));
    return amb(head(items), an_element_of(tail(items)));
}
```

表空时 an_element_of 就会失败，否则它就会（有歧义地）或者返回这个表中的第一个元素，或者返回选自这个表的其余部分的某个元素。

我们还可以表述范围为无穷的选择。下面函数可能返回任何一个大于或等于给定值 n 的整数：

```
function an_integer_starting_from(n) {
    return amb(n, an_integer_starting_from(n + 1));
}
```

39　用 amb 实现非确定性程序设计的思想由 John McCarthy 在 1961 年首次提出（见 McCarthy 1967）。

这很像 3.5.2 节描述的流函数 integers_starting_from，但有一点重要不同：该流函数返回一个对象，表示从 n 开始的所有整数的序列；而函数 amb 返回的就是一个整数 [40]。

　　抽象地看，我们可以认为求值一个 amb 表达式，导致时间分裂为一些分支，而计算将沿着每个分支（带着该表达式的一个可能值）继续下去。因此我们说，一个 amb 表示了一个非确定性的选择点。如果我们有一台机器，它有足够多可以动态分配的处理器，我们就能直截了当地实现这种搜索。执行就像在一台顺序机器上进行，直至遇到了一个 amb 表达式。在这一点需要分配并初始化更多的处理器，以便继续这个 amb 的选择蕴含的所有并行执行。每个处理器总是顺序地进行下去，就像它是仅有的选择，直到它或者因为遭遇失败而结束，或者需要进一步分支，或者是成功结束 [41]。

　　另一方面，如果我们有一台机器，它只能执行一个进程（或者不多的几个并发进程），我们就必须考虑一种顺序性的执行方式。我们可以设想修改求值器，使之在遇到选择点时随机地选一个分支走下去。当然，这样随机选择，很可能选择了导向失败的值。我们可能试着一次次重新运行求值器，再做随机选择，以期找到不失败的值。但是，另一种更好的方式是系统化地搜索所有可能的执行路径。我们要在本节开发和使用的 amb 求值器，就实现了如下的系统化搜索方式：当这个求值器遇到 amb 的应用时，它总是首先选第一种可能。这一选择又可能导致随后的选择。在每个选择点，这个求值器开始时总选第一种可能。如果选择的结果导致失败，那么求值器就自动地 [42] 回溯到最近的那个选择点，去试验下一种可能。如果在任一选择点用完了所有的可能，求值器就会退到前一选择点，并从那里继续。这个过程产生的是一种称为深度优先的搜索策略，或称为按历史回溯 [43]。

40　实际上，非确定性地返回一个选择与返回所有选择的差异，在某种意义上，与我们怎样看有关。从使用有关值的代码的角度看，非确定性选择返回的是一个值。从设计代码的程序员的角度看，非确定性选择是潜在地返回了所有可能的值，而计算是分支的，所以各个值将被分别探查。

41　有人可能反对这种极端不有效的机制，因为它在求解某个可以这样简单陈述的问题时，可能需要数以百万计的处理器，而且在大部分时间里大部分处理器都闲置。对这种反对意见应该以历史的观点分析。存储器曾被认为是一种极其昂贵的设备。1964 年一兆 RAM 贵至 400 000 美元。而现在每台个人计算机都有许多兆 RAM，而其中大部分 RAM 都没用。我们很容易高估了电子领域大规模生产的成本。

42　自动地："自动地，但是以一种由于某些原因（典型情况是它太复杂，或太丑陋，或者就是太简单），而使说话者不愿意去解释的方式。"（Steele 1983, Raymond 1993）

43　把自动搜索策略结合到程序设计语言里，这一想法有很长而且很曲折的历史。Robert Floyd（1967）第一次提出可能通过搜索和自动回溯，把非确定性算法优雅地嵌入程序设计语言。Carl Hewitt（1969）发明了称为 Planner 的程序设计语言，它明确支持自动按历史回溯，提供内部的深度优先搜索策略。Sussman, Winograd 和 Charniak（1971）实现了该语言的一个子集，称为 MicroPlanner，用于支持问题求解和机器人规划方面的工作。类似想法也出现在逻辑和定理证明领域，导致优美的 Prolog 语言在爱丁堡和马赛诞生（我们将在 4.4 讨论它）。在自动搜索遭遇严重挫折后，McDermott 和 Sussman（1972）开发出一种名为 Conniver 的语言，它支持程序员控制下的搜索策略安排。然而，这种方式被证明非常难用。后来 Sussman 和 Stallman（1975）在研究电子线路的符号分析时发现了一种更容易控制的方法。他们开发出一种非历史性的回溯模式，采用的方法是追踪相互关联的事实之间的逻辑依赖情况，这种技术后来被人们称为依赖导向的回溯。虽然他们的方法比较复杂，但却能产生效率比较合理的程序，因为工作过程中很少做多余的搜索。Doyle（1979）和 McAllester（1978, 1980）推广并进一步澄清了 Stallman 和 Sussman 的方法，开发了一种新的构造搜索的范式，现在被称为真值保持系统。许多问题求解系统都采用了某种形式的真值保持作为基础技术。参看 Forbus and de Kleer 1993 关于构造真值保持系统，以及应用真值保持系统的各种美妙方法的讨论。Zabih, McAllester and Chapman 1987 描述了 Scheme 的一种基于 amb 的非确定性扩充，与本节描述的解释器类似，但是更复杂一些，因为其中用的是依赖导向的回溯，而不是历史回溯。Winston 1992 介绍了这两种不同的回溯。

驱动循环

amb 求值器的驱动循环有一些很不寻常的性质。它读入一个表达式，并打印出第一个由不失败的执行得到的值，就像上面 prime_sum_pair 的例子所示。如果我们希望看到下一个成功执行的值，可以通过键入 retry 发信号，要求解释器回溯，试着去产生第二个不失败的运行。如果遇到 retry 以外的其他输入，解释器都会开始一个新问题，丢掉前面问题中的那些尚未探索的可能。下面是一个交互执行示例：

```
amb-evaluate input:
prime_sum_pair(list(1, 3, 5, 8), list(20, 35, 110));

Starting a new problem
amb-evaluate value:
[3, [20, null]]

amb-evaluate input:
retry

amb-evaluate value:
[3, [110, null]]

amb-evaluate input:
retry

amb-evaluate value:
[8, [35, null]]

amb-evaluate input:
retry

There are no more values of
prime_sum_pair([1, [3, [5, [8, null]]]], [20, [35, [110, null]]])

amb-evaluate input:
prime_sum_pair(list(19, 27, 30), list(11, 36, 58));

Starting a new problem
amb-evaluate value:
[30, [11, null]]
```

练习 4.33　请写一个函数 an_integer_between，它返回两个限界之间的一个整数。可以基于这个函数实现一个寻找毕达哥拉斯三角形的函数，也就是说，找出在给定限界内（例如）的整数三元组 (i, j, k)，使得 $i \leqslant j$ 且 $i^2 + j^2 = k^2$，所用函数的声明如下：

377

```
function a_pythogorean_triple_between(low, high) {
    const i = an_integer_between(low, high);
    const j = an_integer_between(i, high);
    const k = an_integer_between(j, high);
    require(i * i + j * j === k * k);
    return list(i, j, k);
}
```

练习 4.34　练习 3.69 讨论了如何生成所有的毕达哥拉斯三元组的流，对被搜索的整数大小没有上界。用 an_integer_starting_from 简单代替练习 4.33 中的函数 an_integer_between，并不是生成任意毕达哥拉斯三元组的合适方法，请解释为什么。请写一个确实能完成这项工作的函数。（也就是说，写一个函数，对它反复键入 retry，原则上说，它最终能生成出所有的毕达哥拉斯三元组。）

练习 4.35 Ben Bitdiddle 断言下面这个生成毕达哥拉斯三元组的方法比练习 4.33 中的方法效率更高。他说的对吗？（提示：请考虑必须探索的可能性的数目。）

```
function a_pythagorean_triple_between(low, high) {
    const i = an_integer_between(low, high);
    const hsq = high * high;
    const j = an_integer_between(i, high);
    const ksq = i * i + j * j;
    require(hsq >= ksq);
    const k = math_sqrt(ksq);
    require(is_integer(k));
    return list(i, j, k);
}
```

4.3.2 非确定性程序实例

我们将在 4.3.3 节里讨论 amb 求值器的实现，在此之前，我们想先在这里给出几个展示了它可能怎样使用的例子。非确定性程序设计的优点，就在于使我们可以忽略有关搜索如何进行的细节，因此可能在更高层次上描述我们的程序。

逻辑谜题

下面的谜题（取自 Dinesman 1968）是一大类简单逻辑谜题的典型代表：

> 软件公司 Gargle 正在扩大，Alyssa、Ben、Cy、Lem 和 Louis 要搬到新楼同一层的 5 个单人办公室。Alyssa 没搬到最后一间办公室，Ben 没搬到第一间，Cy 既不在第一间也不在最后一间，Lem 搬入的办公室在 Ben 之后，Louis 的办公室不挨着 Cy 的，Cy 的办公室也不挨着 Ben 的。他们各搬到了哪个办公室？

我们要确定每个人搬到了哪个办公室，最直截了当的方法就是枚举出所有可能性，再加上给定约束条件 [44]：

```
function office_move() {
    const alyssa = amb(1, 2, 3, 4, 5);
    const ben = amb(1, 2, 3, 4, 5);
    const cy = amb(1, 2, 3, 4, 5);
    const lem = amb(1, 2, 3, 4, 5);
    const louis = amb(1, 2, 3, 4, 5);
    require(distinct(list(alyssa, ben, cy, lem, louis)));
    require(alyssa !== 5);
    require(ben !== 1);
    require(cy !== 5);
    require(cy !== 1);
    require(lem > ben);
    require(math_abs(louis - cy) !== 1);
    require(math_abs(cy - ben) !== 1);
```

---

[44] 我们的程序用下面的函数确定表里各元素是否互不相同：

```
function distinct(items) {
    return is_null(items)
           ? true
           : is_null(tail(items))
           ? true
           : is_null(member(head(items), tail(items)))
           ? distinct(tail(items))
           : false;
}
```

```
        return list(list("alyssa", alyssa),
                    list("ben", ben),
                    list("cy", cy),
                    list("lem", lem),
                    list("louis", louis));
    }
```

求值表达式 office_move()，我们将得到下面的结果：

```
list(list("alyssa", 3), list("ben", 2), list("cy", 4),
     list("lem", 5), list("louis", 1))
```

虽然这个简单函数也能工作，但它却非常慢。练习 4.37 和 4.38 讨论了一些改进。

练习 4.36　请修改上面有关办公室搬家问题的函数，减去 Louis 和 Cy 的办公室相邻的要求。这样修改后得到的新谜题有多少个解？

练习 4.37　在办公室搬家函数里，约束条件的顺序会影响答案吗？或者会影响找到答案的时间吗？如果你认为会，那么请展示你通过重排约束条件的顺序，得到的更快的程序。如果你认为不会，请论证你的观点。

379

练习 4.38　在上面办公室搬家问题里，在每个人的办公室不同的条件下，存在多少种给人指定办公室的指派集合，在满足所有需求之前和之后各有多少种？首先生成所有的人到办公室的指派，而后通过回溯进行删除的方法很低效。举例说，大部分约束条件都只依赖一两个个人－办公室关联，因此可以在为所有人选择办公室之前先安排好。请为解决这个问题写出一个高效得多的非确定性函数，让它只产生被前面的限制排除了不可能情况之后的那些可能性，并通过试验证明你的实现更高效。

练习 4.39　请写一个常规的 JavaScript 程序，解决这个办公室搬家问题。

练习 4.40　请解决下面的"说谎者"谜题（取自 Phillips 1934）：

　　Alyssa、Cy、Eva、Lem 和 Louis 聚在 SoSoService 的一个商务午餐上，点过餐好一段时间后，他们的餐食一个接一个送来了。Ben 在办公室等他们回来开会。为了娱乐 Ben，他们决定每人对午餐说一句真话和一句假话：

- Alyssa："Lem 的饭第二个到，我的第三到。"
- Cy："我的最先到，Eva 的第二。"
- Eva："我的第三到，可怜的 Cy 最后才吃到饭。"
- Lem："我的第二，Louis 的第四。"
- Louis："我是第四，Alyssa 的饭来的最早。"

这五位食客拿到餐食的实际顺序是怎样的？

练习 4.41　请用 amb 求值器解决下面谜题（取自 Phillips 1961）：

　　Alyssa、Ben、Cy、Eva 和 Louis 每人拿到 SICP JS 的一章，去做该章里的练习。Louis 做"函数"一章里的练习，Alyssa 做"数据"一章的，Cy 做"状态"一章的。他们决定相互检查工作。Alyssa 自愿检查"元语言"一章的练习，"寄存器机器"一章的练习由 Ben 完成 Louis 检查，检查"函数"一章练习的人做的练习是 Eva 检查的。问：谁检查"数据"一章的练习？

请设法写出一个能高效运行的程序（参看练习 4.38）。另外，请设法确定，如果没告诉我们 Alyssa 检查"元语言"一章的练习，将会有多少个解。

练习 4.42　练习 2.42 描述了"八皇后谜题",要求把八个皇后安放到国际象棋盘上,使她们相互都不攻击。请写一个非确定性的程序求解这个谜题。

自然语言的语法分析

要设计一个能接受自然语言为输入的程序,通常都要从对输入的语法分析开始,也就是说,首先需要设法把输入与一些语法结构匹配。举例说,我们可能需要试着识别由一个冠词,后跟一个名词和一个动词组成的简单句子,比如" The cat eats"。为完成这种分析,我们可以基于一些表,完成句子中各个单词的分类[45]:

```
const nouns = list("noun", "student", "professor", "cat", "class");

const verbs = list("verb", "studies", "lectures", "eats", "sleeps");

const articles = list("article", "the", "a");
```

我们还需要语法,也就是说,需要一集规则描述如何由更简单的元素组成各种语法元素。一个非常简单的语法可能说每个句子都由两部分组成——一个名词短语后面跟一个动词,而名词短语由一个冠词后跟一个名词组成。根据这个语法,句子"The cat eats"将分析为:

```
list("sentence",
     list("noun-phrase", list("article", "the"), list("noun", "cat"),
     list("verb", "eats"))
```

我们可以用一个简单的程序完成这种分析,其中对应每条语法规则有一个独立的函数。为了分析一个句子,我们需要辨识它的两个组成部分,并返回一个包含两个元素的表,用符号 sentence 作为标签:

```
function parse_sentence() {
    return list("sentence",
                parse_noun_phrase(),
                parse_word(verbs));
}
```

名词短语的情况与此类似,分析它,就是要找出其中的冠词和名词:

```
function parse_noun_phrase() {
    return list("noun-phrase",
                parse_word(articles),
                parse_word(nouns));
}
```

在最下一层,分析工作归结到反复检查下一个未分析的单词,看它是否为话语中所需部分的单词表的成员。为完成这项工作,我们维护一个全局变量 not_yet_parsed,其值是输入中尚未分析的部分。在检查一个单词时,我们要求 not_yet_parsed 必须不空,而且以指定的表里的单词开始。如果真是这样,我们就删除 not_yet_parsed 里第一个单词,并返回这个单词和它的词类(可以从单词表的头部找到)[46]:

```
function parse_word(word_list) {
    require(! is_null(not_yet_parsed));
```

45　这里我们采用了一个约定,用每个表的第一个元素指明表中其他单词的词类。

46　请注意,parse_word 用赋值修改 not_yet_parsed 表。为使这种做法能够工作,我们的 amb 求值器就必须能在回溯时撤销赋值的效果。

```
        require(! is_null(member(head(not_yet_parsed), tail(word_list))));
        const found_word = head(not_yet_parsed);
        not_yet_parsed = tail(not_yet_parsed);
        return list(head(word_list), found_word);
    }
```

在启动语法分析时，我们需要做的就是把 not_yet_parsed 设置为整个输入，然后试着去分析出一个句子，最后检查确认没剩下任何东西：

```
    let not_yet_parsed = null;

    function parse_input(input) {
        not_yet_parsed = input;
        const sent = parse_sentence();
        require(is_null(not_yet_parsed));
        return sent;
    }
```

现在我们就可以试验这个分析器，检查它是否能处理简单的测试句子了：

```
    amb-evaluate input:
    parse_input(list("the",  "cat",  "eats"));

    Starting a new problem
    amb-evaluate value:
    list("sentence",
        list("noun-phrase", list("article", "the"), list("noun", "cat")),
        list("verb", "eats"))
```

amb 求值器在这里很有用，它使我们可以借助 require 的帮助，非常方便地描述分析中的各种约束。另一方面，如果我们考虑更复杂的语法，其中某些单元的分解存在多种选择时，自动搜索和回溯就能发挥重要的作用了。

现在让我们在语法中增加一个介词表：

```
    const prepositions = list("prep", "for", "to", "in", "by", "with");
```

并把介词短语（例如，"for the cat"）定义为一个介词后跟一个名词短语：

```
    function parse_prepositional_phrase() {
        return list("prep-phrase",
                    parse_word(prepositions),
                    parse_noun_phrase());
    }
```

382

现在我们可以把句子定义为一个名词短语后跟一个动词短语，其中的动词短语可以是一个动词，也可以是一个动词短语加上一个介词短语[47]：

```
    function parse_sentence() {
        return list("sentence",
                    parse_noun_phrase(),
                    parse_verb_phrase());
    }
    function parse_verb_phrase() {
        function maybe_extend(verb_phrase) {
            return amb(verb_phrase,
```

47　应该看到，这一定义是递归的，动词之后可以有任意多个介词短语。

```
                        maybe_extend(list("verb-phrase",
                                          verb_phrase,
                                          parse_prepositional_phrase())));
    }
    return maybe_extend(parse_word(verbs));
}
```

现在，我们还可以进一步细化名词短语的定义，允许诸如 "a cat in the class" 之类的形式。我们把前面称为名词短语的片段改称为简单名词短语，而现在的名词短语则或者是一个简单名词短语，或者是一个名词短语后跟一个介词短语：

```
function parse_simple_noun_phrase() {
    return list("simple-noun-phrase",
                parse_word(articles),
                parse_word(nouns));
}
function parse_noun_phrase() {
    function maybe_extend(noun_phrase) {
        return amb(noun_phrase,
                   maybe_extend(list("noun-phrase",
                                     noun_phrase,
                                     parse_prepositional_phrase())));
    }
    return maybe_extend(parse_simple_noun_phrase());
}
```

我们的新语法使程序可以分析更复杂的句子了。例如：

```
parse_input(list("the", "student", "with", "the", "cat",
                 "sleeps", "in", "the", "class"));
```

383 将产生：

```
list("sentence",
    list("noun-phrase",
        list("simple-noun-phrase",
            list("article", "the"), list("noun", "student")),
        list("prep-phrase", list("prep", "with"),
            list("simple-noun-phrase",
                list("article", "the"),
                list("noun", "cat")))),
    list("verb-phrase",
        list("verb", "sleeps"),
        list("prep-phrase", list("prep", "in"),
            list("simple-noun-phrase",
                list("article", "the"),
                list("noun", "class")))))
```

请注意，对一个给定的输入，可能存在多于一种合法的分析结果。例如，对句子 "The professor lectures to the student with the cat"，可以是教授带着猫去上课，也可以是该学生拥有那只猫。我们的非确定性程序能找出这两种可能结果：

```
parse_input(list("the", "professor", "lectures",
                 "to", "the", "student", "with", "the", "cat"));
```

将会产生：

```
list("sentence",
    list("simple-noun-phrase",
```

```
                    list("article", "the"), list("noun", "professor")),
        list("verb-phrase",
            list("verb-phrase",
                list("verb", "lectures"),
                list("prep-phrase", list("prep", "to"),
                    list("simple-noun-phrase",
                    list("article", "the"),
                    list("noun", "student")))),
            list("prep-phrase", list("prep", "with"),
                list("simple-noun-phrase",
                    list("article", "the"),
                    list("noun", "cat")))))
```

让求值器再次尝试，就会得到：

```
list("sentence",
    list("simple-noun-phrase",
        list("article", "the"), list("noun", "professor")),
    list("verb-phrase",
        list("verb", "lectures"),
        list("prep-phrase", list("prep", "to"),
            list("noun-phrase",
                list("simple-noun-phrase",
                    list("article", "the"),
                    list("noun", "student")),
                list("prep-phrase", list("prep", "with"),
                    list("simple-noun-phrase",
                        list("article", "the"),
                        list("noun", "cat")))))))
```

384

练习 4.43　基于上面给出的语法，下面这个句子可以有 5 种不同的分析方式："The professor lectures to the student in the class with the cat"。请给出这 5 种分析，并解释这些分析之间的微妙差异。

练习 4.44　4.1 节和 4.2 节的求值器没有明确规定实参表达式的求值顺序。我们将会看到，amb 求值器是从左到右对它们求值的。请解释，如果实参表达式的求值采用其他顺序，为什么我们的分析程序就无法工作了。

练习 4.45　Louis Reasoner 建议说，由于动词短语或者是一个动词，或者是一个动词短语后跟一个介词短语，直接用下面的方式定义 parse_verb_phrase 函数将更加方便（对名词短语也同样可以这样做）：

```
function parse_verb_phrase() {
    return amb(parse_word(verbs),
            list("verb-phrase",
                parse_verb_phrase(),
                parse_prepositional_phrase()));
}
```

这种做法能行吗？如果我们改变 amb 求值器里表达式的顺序，程序的行为也会改变吗？

练习 4.46　请扩充上面给出的语法，以便处理更复杂的句子。例如，你可以扩充名词短语和动词短语加进形容词和副词；或者可以设法处理复合句[48]。

---

[48]　这样的语法可以变得任意复杂，但如果考虑真实的语言理解问题，这些仍然只是玩具。要用计算机理解真实世界中的自然语言，需要语法分析和意义解释之间细致的混合作用。从另一角度看，即使是玩具式语法分析，对支持某些需要比较灵活的命令语言的程序也很有用，例如信息检索系统。Winston 1992 讨论了真实语言理解的计算途径，也讨论了简单语法在命令语言方面的应用。

练习 4.47   Alyssa P. Hacker 更感兴趣的是生成有趣的句子而不是分析它们。她推论说，简单修改函数 parse_word，让它忽略"输入的句子"并总是成功产生出适当的单词，我们就可以用这个为语法分析而开发的程序去做句子生成。请实现 Alyssa 的想法，并给出这个程序生成的前六个句子[49]。

4.3.3   实现 amb 求值器

求值常规的 JavaScript 程序，有可能返回一个值，也可能永不终止，或者发出一个错误信号。求值非确定性 JavaScript 程序还可能遇到死胡同。遇到这种情况，求值就必须回溯到前一个选择点。由于多了一种情况，非确定性 JavaScript 的解释将变得更复杂。

我们要通过修改 4.1.7 节的分析求值器，为非确定性 JavaScript 构造一个 amb 求值器[50]。与分析求值器一样，我们也准备通过分析组件的方法生成它们的执行函数。对常规 JavaScript 的解释和对非确定性 JavaScript 的解释，差异也就在这些执行函数。

执行函数和继续

应该记得，常规求值器生成的执行函数只有一个参数：执行的环境。与其不同，amb 求值器的执行函数需要三个参数：执行环境，以及两个称为继续函数的函数。对一个组件的求值结束时将调用这两个继续函数之一：如果求值得到了一个值，就用这个值去调用那个成功继续，如果求值的结果遇到了死胡同，那么就调用那个失败继续。构造和调用适当的继续函数，就是这个非确定性求值器实现回溯的基本机制。

成功继续函数的工作是接受一个值并把计算过程进行下去。与这个值一起，成功继续函数还会得到另一个失败继续函数，如果使用值的过程中遇到死胡同就转去调用它。

失败继续函数的工作是试探非确定性计算过程的另一个分支。非确定性语言最关键的特征，就是组件可以表示在一些不同可能之间的选择。求值这样的组件时，我们不知道哪个选择能导向可接受的结果，只能按所确定的选择之一走下去。为处理好这种工作，求值器从各种可能值中取出一个，并把这个值送给当时的成功继续函数。伴随着这个值，求值器还要构造并送去一个失败继续函数，以便在后面需要做其他选择的时候调用。

在求值过程中，当用户程序明确拒绝当前的前进路线时（例如，对 require 的调用最终可能执行到 amb()，这是一个永远失败的表达式——见 4.3.1 节），就会触发一次失败（也就是说，要求调用失败继续函数）。遇到这种情况，当前掌握着的那个失败继续函数将导致执行回到最近的选择点去换一种选择。如果被考虑的选择点已经没有更多选择了，就会触发在更早选择点的失败，并这样继续下去。当驱动循环遇到 retry 请求时，作为响应，它也会直接调用失败继续函数，设法找到程序的另一个值。

除此之外，如果由一次选择导致的分支处理中出现了有副作用的操作（例如给某个变量赋值），当随后的处理过程遇到死胡同时，就需要在做新选择之前撤销前面操作的副作用。为了完成这种回滚动作，我们让产生副作用的操作生成一个能撤销其副作用，并传播这个失

---

49   虽然 Alyssa 的想法完全可行（而且极其简单），但它产生的句子则非常无聊——根本不能以某种有意思的方式说出真实语言中的句子范例。事实上，语法在许多地方都是高度递归的，Alyssa 的技术将会落入这种递归并陷在那里。参看练习 4.48 有关解决这个问题的一种方法。

50   我们前面选择通过修改 4.1.1 节的元循环求值器的方式实现 4.2 节的惰性求值器，这次却基于 4.1.7 节的分析求值器实现 amb 求值器。这是因为该求值器的执行过程为实现回溯提供了一种很方便的框架。

败的失败继续函数。

总结一下，失败继续函数的构造来自：

- amb 表达式——提供一种机制，以便在由 amb 表达式做出的当前选择遇到死胡同时，能再做另一种选择；
- 最高层驱动循环——提供一种机制，在选择用完时报告失败；
- 赋值——拦截失败并在回溯前撤销赋值的效果。

触发失败的原因就是遇到了死胡同，这种情况出现在：

- 用户程序执行 amb() 时；
- 用户给最高层的驱动程序送入 retry 时。

失败继续函数还会在处理失败的过程中被调用：

- 由赋值构造的失败继续函数在完成了撤销自己副作用的工作后，将调用被它拦截的失败继续函数，以便把失败传到导致这次赋值的选择点，或者传到最高层。
- 遇到某个 amb 用完所有选择时，失败继续函数就会调用以前传给这个 amb 的失败继续函数，以便把这个失败传到前一个选择点，或者传到最高层。

求值器的结构

amb 求值器的语法和数据表示函数，以及基本 analyze 函数，都与 4.1.7 节求值器的这些函数完全一样。当然，我们还需要增加几个语法函数，以便识别 amb 语法形式。

```
function is_amb(component) {
    return is_tagged_list(component, "application") &&
            is_name(function_expression(component)) &&
            symbol_of_name(function_expression(component)) === "amb";
}
function amb_choices(component) {
    return arg_expressions(component);
}
```

387

我们继续使用 4.1.2 节的语法分析函数，其中没有把 amb(...) 作为新语法形式，而是当作函数应用。谓词 is_amb 保证，只要名字 amb 被用作一个函数应用的函数表达式，求值器就会把这个"应用"处理成一个非确定性选择点[51]。

我们必须在 analyze 的分派中增加一个子句，识别这种应用并生成适当的执行函数：

```
...
: is_amb(component)
? analyze_amb(component)
: is_application(component)
...
```

最高层函数 ambeval（与 4.1.7 节里给出的 evaluate 版本类似）分析给定的组件，并把得到的执行函数应用于给定的环境以及给定的两个继续函数：

```
function ambeval(component, env, succeed, fail) {
    return analyze(component)(env, succeed, fail);
}
```

成功继续是带有两个参数的函数，它们分别是刚刚得到的值和一个失败继续函数。如果

51　这样处理，amb 就不再是有正当作用域的名字。为了避免混乱，我们必须避免在我们的非确定性程序中把 amb 声明为一个名字。

这个值导致后来的处理失败，就会调用这个失败继续函数。失败继续函数是一个无参函数。因此，执行函数的一般形式是：

```
(env, succeed, fail) => {
    // succeed is (value, fail) => ...
    // fail is () => ...
    ...
}
```

例如，执行

```
ambeval(component,
        the_global_environment,
        (value, fail) => value,
        () => "failed");
```

企图去求值给定的组件 *component*，最后或者是返回该组件的值（如果这个求值成功），或者是返回字符串 "failed"（如果求值失败）。在驱动循环（后面给出）里调用 ambeval 时，用了一个更复杂的继续函数，它实现继续循环并能支持 retry 请求。

在 amb 求值器的实现里，最复杂的问题都来自把各种继续函数在相互调用的执行函数之间传来传去的那些工作。在阅读下面的代码时，你应该对比一下这里给出的每个执行函数与 4.1.7 节里常规求值器中相应的执行函数。

简单表达式

除了需要管理继续函数外，针对最简单的几类表达式的执行函数与常规求值器中的相应函数基本相同。这些执行函数以表达式的值直接成功返回，同时传递它们被调用时得到的失败继续函数：

```
function analyze_literal(component) {
    return (env, succeed, fail) =>
            succeed(literal_value(component), fail);
}

function analyze_name(component) {
    return (env, succeed, fail) =>
            succeed(lookup_symbol_value(symbol_of_name(component),
                                       env),
                    fail);
}

function analyze_lambda_expression(component) {
    const params = lambda_parameter_symbols(component);
    const bfun = analyze(lambda_body(component));
    return (env, succeed, fail) =>
            succeed(make_function(params, bfun, env),
                    fail);
}
```

请注意，查找名字的值同样总是"成功"。如果 lookup_symbol_value 没找到要找的名字，它就像平常一样报告错误。这种"失败"说明一个程序错误——引用了未约束变量，但并不表示应该在当前采纳的选择之外再去试探另一种非确定性选择。

条件和序列

条件组件的处理方法也与在常规求值器中类似。由 analyze_conditional 生成的执行函数首先调用谓词的执行函数 pfun。函数 pfun 的成功继续函数检查谓词的值是否为真，并根据情况去执行条件组件的后继部分或替代部分。如果 pfun 的执行失败，那么就调用这个组件原来的那个失败继续函数：

```
function analyze_conditional(component) {
    const pfun = analyze(conditional_predicate(component));
    const cfun = analyze(conditional_consequent(component));
    const afun = analyze(conditional_alternative(component));
    return (env, succeed, fail) =>
            pfun(env,
                // success continuation for evaluating the predicate
                // to obtain pred_value
                (pred_value, fail2) =>
                  is_truthy(pred_value)
                  ? cfun(env, succeed, fail2)
                  : afun(env, succeed, fail2),
                // failure continuation for evaluating the predicate
                fail);
}
```

389

序列也按前面求值器里同样的方式处理，除了子函数 sequentially 里的那些机制外。在 sequentially 里需要传递继续函数：如果需要顺序地先执行 a 而后执行 b，我们就调用 a，并让送给它的成功继续函数去调用 b。

```
function analyze_sequence(stmts) {
    function sequentially(a, b) {
        return (env, succeed, fail) =>
                a(env,
                    // success continuation for calling a
                    (a_value, fail2) =>
                      is_return_value(a_value)
                      ? succeed(a_value, fail2)
                      : b(env, succeed, fail2),
                    // failure continuation for calling a
                    fail);
    }
    function loop(first_fun, rest_funs) {
        return is_null(rest_funs)
                ? first_fun
                : loop(sequentially(first_fun, head(rest_funs)),
                    tail(rest_funs));
    }
    const funs = map(analyze, stmts);
    return is_null(funs)
            ? env => undefined
            : loop(head(funs), tail(funs));
}
```

声明和赋值

处理声明时，继续函数的管理问题比较麻烦，因为这里必须在实际声明新变量之前求值声明的值表达式。为完成这项工作，我们需要用当时的环境、一个成功继续和一个失败继续函数作为参数，去调用声明的值表达式的执行函数 vfun。如果 vfun 执行成功，得到了被声明的名字需要的值 val，我们就声明这个名字并传播这一成功：

```
function analyze_declaration(component) {
    const symbol = declaration_symbol(component);
    const vfun = analyze(declaration_value_expression(component));
```

```
        return (env, succeed, fail) =>
                vfun(env,
                     (val, fail2) => {
                          assign_symbol_value(symbol, val, env);
                          return succeed(undefined, fail2);
                     },
                     fail);
    }
```

赋值的情况更有趣，这是我们第一次实际使用继续函数的地方，而不仅仅是把它们传来
传去。完成赋值的执行函数的开始部分与声明类似，它首先企图求出需要赋给名字的新值。
如果对 vfun 的求值失败，赋值也就失败了。

如果 vfun 成功，我们当然应该继续去做实际的赋值。但在这里还必须考虑这个计算分
支以后失败的可能，因为那时就要求我们对这个赋值做回溯。为了完成回溯，我们必须把撤
销赋值的事宜作为回溯过程的一部分[52]。

为了完成这项工作，我们送给 vfun 一个新的成功继续函数（下面标有注释 "*1*" 的
那一部分），它会在给这个变量赋新值之前首先保存变量的原值，然后再给变量赋新值，然
后从这个赋值之后继续前进。与这次赋值的值一起传递的失败继续函数（下面标有注释
"*2*" 的部分）将在继续处理失败之前恢复变量的原值。这样，一次成功的赋值就提供了一
个失败继续函数，该函数能够拦截以后的失败。在出现失败，原来应该调用 fail2 的时候，
现在就会转过来调用这个函数，在实际调用 fail2 之前撤销这里做过的赋值。

```
function analyze_assignment(component) {
    const symbol = assignment_symbol(component);
    const vfun = analyze(assignment_value_expression(component));
    return (env, succeed, fail) =>
            vfun(env,
                 (val, fail2) => {                    // *1*
                     const old_value = lookup_symbol_value(symbol,
                                                           env);
                     assign_symbol_value(symbol, val, env);
                     return succeed(val,
                                    () => {           // *2*
                                        assign_symbol_value(symbol,
                                                            old_value,
                                                            env);
                                        return fail2();
                                    });
                 },
                 fail);
}
```

返回语句和块结构

返回语句的分析直截了当。首先分析返回表达式并生成一个执行函数，让返回语句的执
行函数调用该执行函数。返回语句的成功继续函数把得到的返回值包装成一个返回值对象，
并把这个对象传给原来的成功继续函数。

```
function analyze_return_statement(component) {
    const rfun = analyze(return_expression(component));
    return (env, succeed, fail) =>
```

---

52 我们不需要为撤销声明费心，因为我们可以假定在一个名字的声明被求值之前，这个名字是不能用的，
  因此其以前的值无所谓。

```
rfun(env,
     (val, fail2) =>
       succeed(make_return_value(val), fail2),
     fail);
}
```

391

块的执行函数在扩充的环境里调用其体的执行函数，不改变成功或失败继续函数。

```
function analyze_block(component) {
    const body = block_body(component);
    const locals = scan_out_declarations(body);
    const unassigneds = list_of_unassigned(locals);
    const bfun = analyze(body);
    return (env, succeed, fail) =>
             bfun(extend_environment(locals, unassigneds, env),
                  succeed,
                  fail);
}
```

函数应用

函数应用的执行函数里也没有什么新意，只有一些由于需要管理继续函数而带来的技术复杂性。函数 analyze_application 里的复杂事宜，都是因为在我们求值实参表达式时需要维护成功和失败继续函数的轨迹。我们用函数 get_args 求值实参表达式的表，而不像常规求值器中那样简单地使用 map：

```
function analyze_application(component) {
    const ffun = analyze(function_expression(component));
    const afuns = map(analyze, arg_expressions(component));
    return (env, succeed, fail) =>
             ffun(env,
                  (fun, fail2) =>
                    get_args(afuns,
                             env,
                             (args, fail3) =>
                               execute_application(fun,
                                                   args,
                                                   succeed,
                                                   fail3),
                             fail2),
                  fail);
}
```

在 get_args 里，我们沿着执行函数的表 afuns 逐个调用其中的 afun，让每个 afun 用它的成功继续函数递归地调用 get_args。在这个过程中同时构造起结果表 args。每次调用 get_args，它的成功继续就会用 pair 把新得到的实际参数值加到积累起来的实参值表的前面，这样就一步步地构造出了所有实参值的表：

392

```
function get_args(afuns, env, succeed, fail) {
    return is_null(afuns)
           ? succeed(null, fail)
           : head(afuns)(env,
                         // success continuation for this afun
                         (arg, fail2) =>
                           get_args(tail(afuns),
                                    env,
                                    // success continuation for
                                    // recursive call to get_args
                                    (args, fail3) =>
```

```
                             succeed(pair(arg, args),
                                     fail3),
                         fail2),
                 fail);
}
```

实际的函数应用由 `execute_application` 执行，它完成工作的方式与常规求值器一样，除了其中还需要管理一些继续函数：

```
function execute_application(fun, args, succeed, fail) {
    return is_primitive_function(fun)
           ? succeed(apply_primitive_function(fun, args),
                     fail)
           : is_compound_function(fun)
           ? function_body(fun)(
                 extend_environment(function_parameters(fun),
                                    args,
                                    function_environment(fun)),
                 (body_result, fail2) =>
                   succeed(is_return_value(body_result)
                           ? return_value_content(body_result)
                           : undefined,
                           fail2),
                 fail)
           : error(fun, "unknown function type - execute_application");
}
```

[393]

amb 表达式的求值

amb 语法形式是这个非确定性语言的关键元素，在这里我们可以看到解释过程的精髓，以及维护继续函数轨迹的原因。amb 的执行函数定义了一个循环 `try_next`，它周而复始地对 amb 表达式的可能值调用执行函数。每次调用执行函数都带着一个失败继续，该继续函数执行下一次探索。如果不存在更多试探的可能，整个 amb 表达式失败。

```
function analyze_amb(component) {
    const cfuns = map(analyze, amb_choices(component));
    return (env, succeed, fail) => {
            function try_next(choices) {
                return is_null(choices)
                       ? fail()
                       : head(choices)(env,
                                       succeed,
                                       () =>
                                         try_next(tail(choices)));
            }
            return try_next(cfuns);
        };
}
```

驱动循环

由于需要构造一种机制，使用户可以在求值程序的过程中重试（retry），这就使 amb 求值器的驱动循环变得非常复杂。这个驱动程序用了一个名为 `internal_loop` 的函数，它以一个函数 `retry` 为参数。这里的意图是，调用 `retry` 应该进入非确定性执行的下一个尚未试探的分支。函数 `internal_loop` 或者调用 `retry`，以响应用户在驱动循环中输入的 `retry` 请求；或者调用 `ambeval` 开始新程序的求值。

调用 `ambeval` 时的失败继续函数将通知用户，说当前这个程序已经没有更多的值了。

然后它就重新调用驱动循环。

对 ambeval 调用的成功继续函数更精细而且微妙。它打印得到的值，并用 retry 函数再次调用内部循环，以便试探下一可能性。这里的 next_alternative 函数被作为第二个参数传递给相应的成功继续函数。按常规，我们应该认为第二个参数是失败继续函数，将在当前求值分支以后失败时调用。而对于这里的情况，我们刚刚完成了一次成功求值，所以应该调用这个"失败"分支，以便能搜索下一个成功求值。

394

```javascript
const input_prompt = "amb-evaluate input:";
const output_prompt =  "amb-evaluate value:";

function driver_loop(env) {
    function internal_loop(retry) {
        const input = user_read(input_prompt);
        if (is_null(input)) {
            display("evaluator terminated");
        } else if (input === "retry") {
            return retry();
        } else {
            display("Starting a new problem");
            const program = parse(input);
            const locals = scan_out_declarations(program);
            const unassigneds = list_of_unassigned(locals);
            const program_env = extend_environment(
                                    locals, unassigneds, env);
            return ambeval(
                       program,
                       program_env,
                       // ambeval success
                       (val, next_alternative) => {
                           user_print(output_prompt, val);
                           return internal_loop(next_alternative);
                       },
                       // ambeval failure
                       () => {
                           display("There are no more values of");
                           display(input);
                           return driver_loop(program_env);
                       });
        }
    }
    return internal_loop(() => {
                             display("There is no current problem");
                             return driver_loop(env);
                         });
}
```

对 internal_loop 初始调用用 retry 函数发出抱怨，说现在还没有当前问题，然后重新开始驱动循环。如果用户还没提供程序就输入 retry，就会导致这种情况。

我们常规地启动驱动循环，设置全局环境，并把它作为外围环境送给 driver_loop 的第一次迭代：

```javascript
const the_global_environment = setup_environment();
driver_loop(the_global_environment);
```

395

练习 4.48 请实现另一种新的语法形式 ramb，它应该与 amb 类似，但是将以某种随机的方式搜索各种可能性，而不是严格地从左到右。请说明，为什么这种机制有可能对练习

4.47 中 Alyssa 遇到的问题有所帮助。

练习 4.49 请修改赋值的实现，使它在遇到失败时不撤销赋值的效果。例如，我们可能需要从一个表里选两个不同元素，并统计完成一次成功选择所需的试验次数。这可以写成：

```
let count = 0;

let x = an_element_of("a", "b", "c");
let y = an_element_of("a", "b", "c");
count = count + 1;
require(x !== y);
list(x, y, count);
Starting a new problem
amb-evaluate value:
["a", ["b", [2, null]]]

amb-evaluate input:
retry

amb-evaluate value:
["a", ["c", [3, null]]]
```

如果这里的赋值用原来的意义，而不是永久性赋值，最后会显示什么？

练习 4.50 我们可能大胆地借用条件语句的语法，实现如下形式的结构：

```
if (evaluation_succeeds_take) { statement } else { alternative }
```

这种结构使用户可以捕捉语句的失败。它如常地求值 *statement*，如果求值成功就正常返回。而如果求值失败，它就去求值给定 *alternative*。参考下面的例子：

```
amb-evaluate input:
if (evaluation_succeeds_take) {
    const x = an_element_of(list(1, 3, 5));
    require(is_even(x));
    x;
} else {
    "all odd";
}

Starting a new problem
amb-evaluate value:
"all odd"
amb-evaluate input:
if (evaluation_succeeds_take) {
    const x = an_element_of(list(1, 3, 5, 8));
    require(is_even(x));
    x;
} else {
    "all odd";
}

Starting a new problem
amb-evaluate value:
8
```

请扩充 amb 求值器，实现这种结构。提示：函数 is_amb 展示了如何为实现某种新的语法形式而大胆地利用 JavaScript 的语法。

练习 4.51　使用练习 4.49 的新赋值和练习 4.50 里提出的如下结构：

```
if (evaluation_succeeds_take) { ... } else { ... }
```

执行下面的求值，得到的结果是什么？

```
let pairs = null;
if (evaluation_succeeds_take) {
    const p = prime_sum_pair(list(1, 3, 5, 8), list(20, 35, 110));
    pairs = pair(p, pairs); // using permanent assignment
    amb();
} else {
    pairs;
}
```

练习 4.52　如果我们开始时没认识到利用 amb 可以把 require 实现为一个常规函数，也就是说，通过用户定义将其作为非确定性程序的一部分，我们可能不得不把它实现为一种语法形式。为此，我们可能需要下面的语法函数：

```
function is_require(component) {
    return is_tagged_list(component, "require");
}
function require_predicate(component) { return head(tail(component)); }
```

以及 analyze 里完成分派的新子句：

```
: is_require(component)
? analyze_require(component)
```

还要用函数 `analyze_require` 处理 require 表达式。请完成下面 `analyze_require` 声明：

397

```
function analyze_require(component) {
    const pfun = analyze(require_predicate(component));
    return (env, succeed, fail) =>
                pfun(env,
                    (pred_value, fail2) =>
                        ⟨??⟩
                        ? ⟨??⟩
                        : succeed("ok", fail2),
                    fail);
}
```

4.4　逻辑程序设计

我们曾在第 1 章强调说，计算机科学研究的是命令式（怎样做的）知识，而数学研究的是说明式（是什么的）知识。确实如此。程序设计语言要求程序员以某种形式把自己的知识表达为解决特定问题的一步步的方法。但另一方面，作为语言实现的一部分，高级语言也提供了大量方法论知识，使用户可以不必关心具体计算如何进行的无数细节。

大部分程序设计语言（包括 JavaScript）都是围绕着数学函数值的计算组织起来的。面向表达式的语言（如 Lisp、C、Python 和 JavaScript）都利用了表达式的"一语双关"：一个表达式既描述了某个函数的值，也可以解释为计算该值的一种方法。正由于此，大部分程序设计语言都强烈地倾向于单向的计算（计算中有清晰定义的输入和输出）。然而，也确实存在一些与此完全不同的程序设计语言，它们解耦了这种倾向性。我们已经在 3.3.5 节看到过一个这样的例子，那里的计算对象是一些算术约束条件。在约束系统里，计算的方向和顺序都没有明确定义。在执行一个计算的过程中，系统必须为"怎样做"提供更多细节，比常规的算术计算中多得多。当然，这并不意味着用户可以完全摆脱提供命令式知识的责任。对于同一集约束关系，存在着许多能实现它的约束网络，用户必须从这些数学上等价的网络中选出一个适合的网络，用它来描述一种特殊的计算。

4.3 节展示的非确定性程序求值器也偏离了常规的程序设计观点，不再认为程序设计就是研究如何构造计算单向函数的算法。在非确定性语言里，表达式可以有多个值，作为结果，计算处理的就是关系而不是单一值的函数。逻辑程序设计拓展了这种思想，其中组合了一种程序设计的关系模型和一类称为合一的威力强大的符号模式匹配功能[53]。

398

在可用之处，这一途径可以成为一种写程序的威力强大的方法。这种威力部分来自下面的事实：一个有关"是什么"的事实可能用于解决多个不同的问题，这些问题可以具有不同的"怎样做"成分。作为例子，现在考虑简单的 append 操作，它以两个表为参数，合并它们的元素，构造出结果的表。在过程式语言里（例如 JavaScript）我们可以基于基本表构造函数 pair 给出 append 的声明，如 2.2.1 节的写法：

```
function append(x, y) {
    return is_null(x)
            ? y
            : pair(head(x), append(tail(x), y));
}
```

可以认为，这个函数把两条规则翻译到 JavaScript 语言，其中第一条规则涵盖了所有第一个表为空的情况，第二条处理非空表，这时表是两个部分组成的 pair：

- 对任意的表 y，空表与 y 的 append 就是 y。
- 对任意的 u, v, y 和 z，pair(u, v) 与 y 做 append 的结果是 pair(u, v)，条件是 v 与 y 的 append 得到 z[54]。

利用这个 append 函数，我们可以回答下面这类问题：

  找出对 list("a", "b") 和 list("c", "d") 做的 append 的结果。

但是，同样两条规则也足以回答类似下面的问题，而上面 JavaScript 函数却无法回答：

  找出表 y，它与 list("a", "b") 的 append 得到 list("a", "b", "c", "d")。

---

53 逻辑程序设计是从有关自动定理证明的长期研究中成长起来的。早期有关定理证明程序的研究鲜有建树，因为它们都是穷尽地搜索可能的证明空间。使这种搜索成为可能的最重要突破是 20 世纪 60 年代前期发现的合一算法和归结原理（Robinson 1965）。归结原理被用作演绎式问题回答系统的基础，例如，Green and Raphael 1968（另见 Green 1969）。在这段时间，研究者主要关注保证能找到证明（如果存在的话）的算法。控制这种算法并使之导向一个证明，却是非常困难的。Hewitt（1969）认识到程序设计语言的控制结构与完成逻辑操作的系统中的运算结合的可能性，这导致了 4.3.1 节介绍的自动搜索方面的工作（见脚注 43）。在这些进展的同时，Colmerauer 在马赛为处理自然语言开发了几个基于规则的系统（见 Colmerauer et al. 1973）。为表示相关的规则，Colmerauer 发明了一种称为 Prolog 的语言。在爱丁堡的 Kowalski（1973，1979）认识到，Prolog 程序的执行过程可以解释为证明定理（采用称为线性 Horn 子句的证明技术）。后两股力量的融合最后产生了逻辑程序设计运动。因为这些，在分配逻辑程序设计开发的荣誉时，法国人可以说 Prolog 在马赛大学诞生，英国人可以强调爱丁堡大学的工作。而根据 MIT 人士的看法，逻辑程序设计的开发，不过是这些研究组在试图弄清楚 Hewitt 在其才华横溢而又深不可测的博士论文中到底说了些什么的过程中搞出来的。有关逻辑程序设计的历史可见 Robinson 1983。

54 为了看到在这些规则与函数的对应，我们需要令函数里的 x（这里的 x 非空）对应规则里的 pair(u, v)，这样 z 就对应于 tail(x) 和 y 的 append。

找出所有的 x 和 y，它们的 append 得到 list("a", "b", "c", "d")。在逻辑式程序设计语言里，程序员写 append "函数" 的方法就是直接陈述上面给出的有关 append 的两条规则，相应 "怎样做" 的知识由解释器自动提供。这将使这两条规则能回答上面的三类有关 append 的问题[55]。

当代的逻辑程序设计语言（包括我们在这里将要实现的这个）都有一些实质性的缺陷，它们有关 "怎样做" 的通用方法，有可能使其陷入谬误性的无穷循环或其他非预期行为。逻辑程序设计是计算机科学研究的一个活跃领域[56]。

在本章的前面部分，我们探索了一些实现解释器的技术，也描述了类 JavaScript 语言解释器（实际上，也就是用于任何常规语言的解释器）的基本元素。现在我们要应用这些思想，讨论一个逻辑程序设计语言的解释器。我们称这种语言为查询语言，因为在描述提取数据库中信息的查询或提问时，这种语言非常好用。虽然这种查询语言与 JavaScript 差异巨大，但我们会发现，基于前面一直使用的通用框架，描述这个语言也是很方便的：一集基本元素，再加上一些组合手段，使我们能把简单元素组合起来构造更复杂的元素；还有抽象的手段，使我们能把复杂的元素看作单个的概念单元。逻辑程序设计的解释器比像 JavaScript 一类语言的解释器复杂许多，然而，正如下面就要看到的，查询语言解释器里也包含了许多可以在 4.1 节的解释器里找到的元素。特别地，这里也有一个 "求值" 部分，它根据类型做表达式的分类。还有一个 "应用" 部分，用于实现语言里的抽象机制（在 JavaScript 里是函数，在逻辑程序设计里是规则）。还有，在这一实现中扮演着核心角色的是一种框架数据结构，它确定符号与它们的关联值之间的对应。在这个查询语言的实现中，另一个有趣的地方是我们实质性地使用了流，那是在第 3 章介绍的。

4.4.1　演绎式信息检索

逻辑程序设计特别适合作为数据库的信息检索接口。我们将要在本章里实现的查询语言就是为了这种用途而设计的。

为了说明一个查询系统能做些什么，我们在这里展示一下如何用它管理 Gargle 公司的人事记录数据库。Gargle 是一个位于波士顿地区的成功的高科技公司。我们的语言提供了一种模式导向的人事信息访问功能，还支持利用具有普遍意义的规则做逻辑推理。

一个实例数据库

Gargle 的人事数据库里包含了一些有关公司人事的断言，下面是有关 Ben Bitdiddle 的信息，他是这个公司里的计算机大师：

55　当然，我们不可能使用户摆脱有关如何算出答案的所有问题。存在许多数学等价的不同的规则集合，它们都描述 append 关系，其中有些可以转化为能在任意方向上有效计算的设施。此外，有时 "是什么" 的信息对 "怎样做" 出回答没给出任何线索。例如，请考虑下面问题：计算出 y 使得 $y^2 = x$。

56　对逻辑程序设计的兴趣在 20 世纪 80 年代前期达到高潮，其时日本政府开始了一个雄心勃勃的计划，目标是制造一种能优化运行逻辑式程序设计语言的超高速计算机。这种计算机的速度用 LIPS 衡量（每秒完成的逻辑推理的次数，Logical Inferences Per Second），而不是通常的 FLOPS（每秒完成的浮点运算的次数，FLoating-point Operations Per Second）。虽然在初始计划的有关硬件和软件开发方面，这个项目取得了一些成功，但国际计算机工业却走向了不同的方向。参看 Feigenbaum and Shrobe 1993 有关日本项目的综合评价。逻辑程序设计社区也转向考虑那些并非基于简单模式匹配技术的关系式程序设计，例如处理数值约束的能力，类似于我们在 3.3.5 节展示的约束传播系统。

```
address(list("Bitdiddle", "Ben"),
        list("Slumerville", list("Ridge", "Road"), 10))
job(list("Bitdiddle", "Ben"), list("computer", "wizard"))
salary(list("Bitdiddle", "Ben"), 122000)
```

断言看起来就像 JavaScript 里的函数应用，但它们实际上表示数据库里的信息。第一个符号——如这里的 address、job 和 salary——描述断言包含的信息的类别，而其中的"参数"可以是表或者基本值，例如字符串或者数。第一个符号不需要声明，不像 JavaScript 里的常量或变量，而且它们的作用域是全局的。

作为这里的大师，Ben 管理着公司的计算机分部，他的属下有两个程序员和一个技师。下面是有关他们的信息：

```
address(list("Hacker", "Alyssa", "P"),
        list("Cambridge", list("Mass", "Ave"), 78))
job(list("Hacker", "Alyssa", "P"), list("computer", "programmer"))
salary(list("Hacker", "Alyssa", "P"), 81000)
supervisor(list("Hacker", "Alyssa", "P"), list("Bitdiddle", "Ben"))

address(list("Fect", "Cy", "D"),
        list("Cambridge", list("Ames", "Street"), 3))
job(list("Fect", "Cy", "D"), list("computer", "programmer"))
salary(list("Fect", "Cy", "D"), 70000)
supervisor(list("Fect", "Cy", "D"), list("Bitdiddle", "Ben"))

address(list("Tweakit", "Lem", "E"),
        list("Boston", list("Bay", "State", "Road"), 22))
job(list("Tweakit", "Lem", "E"), list("computer", "technician"))
salary(list("Tweakit", "Lem", "E"), 51000)
supervisor(list("Tweakit", "Lem", "E"), list("Bitdiddle", "Ben"))
```

在这里还有一个实习程序员，由 Alyssa 指导：

```
address(list("Reasoner", "Louis"),
        list("Slumerville", list("Pine", "Tree", "Road"), 80))
job(list("Reasoner", "Louis"),
        list("computer", "programmer", "trainee"))
salary(list("Reasoner", "Louis"), 62000)
supervisor(list("Reasoner", "Louis"), list("Hacker", "Alyssa", "P"))
```

这些人都属于计算机分部，这一点由他们工作描述中的第一个词 "computer" 表示。

Ben 是公司的高级雇员，他的上司就是公司的大老板本人：

```
supervisor(list("Bitdiddle", "Ben"), list("Warbucks", "Oliver"))

address(list("Warbucks", "Oliver"),
        list("Swellesley", list("Top", "Heap", "Road")))
job(list("Warbucks", "Oliver"), list("administration", "big", "wheel"))
salary(list("Warbucks", "Oliver"), 314159)
```

除了 Ben 管理的计算机分部外，公司里还有一个会计分部，由一位主管会计师和他的助手组成：

```
address(list("Scrooge", "Eben"),
        list("Weston", list("Shady", "Lane"), 10))
job(list("Scrooge", "Eben"), list("accounting", "chief", "accountant"))
salary(list("Scrooge", "Eben"), 141421)
supervisor(list("Scrooge", "Eben"), list("Warbucks", "Oliver"))
```

```
address(list("Cratchit", "Robert"),
        list("Allston", list("N", "Harvard", "Street"), 16))
job(list("Cratchit", "Robert"), list("accounting", "scrivener"))
salary(list("Cratchit", "Robert"), 26100)
supervisor(list("Cratchit", "Robert"), list("Scrooge", "Eben"))
```

大老板还有一个事务助理：

```
address(list("Aull", "DeWitt"),
        list("Slumerville", list("Onion", "Square"), 5))
job(list("Aull", "DeWitt"), list("administration", "assistant"))
salary(list("Aull", "DeWitt"), 42195)
supervisor(list("Aull", "DeWitt"), list("Warbucks", "Oliver"))
```

在这个数据库里还有另一些断言，它们说明从事某些工作的人还可以做另一些类别的工作。比如说，计算机大师还可以做计算机程序员和计算机技师：

```
can_do_job(list("computer", "wizard"),
           list("computer", "programmer"))
can_do_job(list("computer", "wizard"),
           list("computer", "technician"))
```

计算机程序员可以做实习程序员的工作：

```
can_do_job(list("computer", "programmer"),
           list("computer", "programmer", "trainee"))
```

还有，就像我们都知道的：

```
can_do_job(list("administration", "assistant"),
           list("administration", "big", "wheel"))
```

简单查询

这个查询语言支持用户从数据库里检索信息，为此只要在系统提示下送入查询，就能获得系统的回复。举例说，为了找出所有计算机程序员，我们可以说：

```
Query input:
job($x, list("computer", "programmer"))
```

系统的响应会是下面几项：

```
Query results:
job(list("Hacker", "Alyssa", "P"), list("computer", "programmer"))
job(list("Fect", "Cy", "D"), list("computer", "programmer"))
```

查询描述了我们希望在数据库里查找的，能与某个特定模式匹配的那些条目。这个例子里给出的模式明确说明，job 就是我们要找的信息类，其中第一个项可以是任何东西，而第二项是字符串的表 list("computer", "programmer")。在这里，第一项可以是"任何东西"的要求通过查询中的模式变量 $x 描述。模式变量用 $ 符号开头的 JavaScript 名字表示。下面我们将会看到，给模式变量取名也非常有用，因此，这里没采用在模式中只写一个符号 $ 表示"任何东西"的形式。系统对上面这种简单查询的回应，就是显示出数据库里能与给定模式匹配的所有条目。

一个模式里可以有不止一个变量。例如查询：

```
address($x, $y)
```

要求列出所有雇员的地址。

模式里也可以没有变量。这种形式的查询，也就是简单地要求确认相应模式是否为数据库里的一个条目。如果是就有一个匹配，否则就没有匹配。

同一个模式变量也可以在一个查询里出现多次，这样写，就是要求同一个"任何东西"必须出现的几个不同位置。这就是变量需要有名字的原因。举例说，

```
supervisor($x, $x)
```

要求找出所有的其上司就是本人的那些人（虽然在我们的示例数据库里没有这种断言）。

查询：

```
job($x, list("computer", $type))
```

与所有这样的 job 条目匹配，其第二项是包含两个元素的表，其中第一项是 "computer"：

```
job(list("Bitdiddle", "Ben"), list("computer", "wizard"))
job(list("Hacker", "Alyssa", "P"), list("computer", "programmer"))
job(list("Fect", "Cy", "D"), list("computer", "programmer"))
job(list("Tweakit", "Lem", "E"), list("computer", "technician"))
```

上述模式不会与下面的这个条目匹配：

```
job(list("Reasoner", "Louis"),
    list("computer", "programmer", "trainee"))
```

因为这个断言里的第二项是包含三个元素的表，而在前面模式里的第二项，清楚地说明了它要求这里只有两个元素。如果我们想修改上面模式，使得被匹配条目的第二项可以是任意的由 "computer" 开头的表，可以采用下面的方式描述：

```
job($x, pair("computer", $type))
```

例如，模式

```
pair("computer", $type)
```

能匹配数据

```
list("computer", "programmer", "trainee")
```

这时的 $type 与表 list("programmer" , "trainee") 匹配。它也能匹配数据

```
list("computer", "programmer")
```

这里的 $type 匹配表 list("programmer")。还能匹配数据

```
list("computer")
```

此时 $type 匹配空表 null。

这个查询语言对简单查询的处理可以描述如下：

- 系统找出查询模式里变量的所有能满足查询模式的赋值。也就是说，找出这些变量的所有满足如下条件的可能值的集合：如果用得到的一组值实例化（取代）查询模式里的相应变量，得到的结果（断言）存在丁数据库中。

- 系统对查询的响应，就是列出查询模式的所有这样的实例，它们可以通过把查询模式中的变量赋为满足模式的值而得到。

请注意，如果模式里没有变量，查询就简化为一个有关此模式是否出现在数据库里的确认了。如果确实如此，空赋值（不为任何变量赋值）在数据库里满足这个模式。

练习 4.53 请给出在前述数据库里检索下面信息的简单查询：

a. 所有被 Ben Bitdiddle 管理的人；

b. 会计部所有人的名字和工作；

c. 在 Slumerville 居住的所有人的名字和住址。

404

复合查询

简单查询是这个查询语言的基本操作。为了构造复合操作，查询语言提供了一些组合手段。使查询语言成为逻辑程序设计语言的一个原因，就是这里使用的组合手段是 and、or 和 not，它们在这里的意义模仿了其作为逻辑表达式中组合操作的意义。

我们可以利用 and 组合符按如下方式写出查询，找到所有计算机程序员的住址：

```
and(job($person, list("computer", "programmer")),
    address($person, $where))
```

输出的结果是：

```
and(job(list("Hacker", "Alyssa", "P"), list("computer", "programmer")),
    address(list("Hacker", "Alyssa", "P"),
            list("Cambridge", list("Mass", "Ave"), 78)))

and(job(list("Fect", "Cy", "D"), list("computer", "programmer")),
    address(list("Fect", "Cy", "D"),
            list("Cambridge", list("Ames", "Street"), 3)))
```

一般而言，满足

$$\text{and}(query_1,\ query_2,\ \cdots,\ query_n)$$

的值的集合，也就是同时满足查询 $query_1$, $\cdots$, $query_n$ 的模式变量取值的集合。

与简单查询一样，系统处理复合查询的方法，也就是设法找出对模式变量的所有能满足查询的赋值，然后显示出用这些值把原查询实例化得到的结果。

构成复合查询的另一方法是使用 or 组合符。例如：

```
or(supervisor($x, list("Bitdiddle", "Ben")),
   supervisor($x, list("Hacker", "Alyssa", "P")))
```

将找出所有被 Ben Bitdiddle 或者 Alyssa P. Hacker 管理的人员：

```
or(supervisor(list("Hacker", "Alyssa", "P"),
              list("Bitdiddle", "Ben")),
   supervisor(list("Hacker", "Alyssa", "P"),
              list("Hacker", "Alyssa", "P")))

or(supervisor(list("Fect", "Cy", "D"),
              list("Bitdiddle", "Ben")),
   supervisor(list("Fect", "Cy", "D"),
              list("Hacker", "Alyssa", "P")))

or(supervisor(list("Tweakit", "Lem", "E"),
```

```
                   list("Bitdiddle", "Ben")),
        supervisor(list("Tweakit", "Lem", "E"),
                   list("Hacker", "Alyssa", "P")))

   or(supervisor(list("Reasoner", "Louis"),
                   list("Bitdiddle", "Ben")),
        supervisor(list("Reasoner", "Louis"),
                   list("Hacker", "Alyssa", "P")))
```

405

一般地说，满足

$$\text{or}(query_1,\ query_2,\ \cdots,\ query_n)$$

的值的集合，就是满足 $query_1$, $\cdots$, $query_n$ 中至少一个查询的模式变量取值的集合。

复合查询还可以用 not 构造。例如，

```
and(supervisor($x, list("Bitdiddle", "Ben")),
    not(job($x, list("computer", "programmer"))))
```

将找出所有由 Ben Bitdiddle 领导的不是计算机程序员的人。一般而言，

$$\text{not}(query_1)$$

被所有不满足 $query_1$ 的模式变量取值满足[57]。

最后一种组合形式由 javascript_predicate 开头，后随的括号里是一个 JavaScript 谓词。一般而言，满足

$$\text{javascript\_predicate}(predicate)$$

的赋值，也就是对 *predicate* 里模式变量的那些能满足 *predicate* 的赋值。举个例子，如果想找出公司里所有工资高于 50 000 美元的人，我们可以写[58]：

```
and(salary($person, $amount), javascript_predicate($amount > 50000))
```

练习 4.54 请给出检索下面信息的复合查询：

a. Ben Bitdiddle 的所有下属的名字以及他们的住址；

b. 所有工资少于 Ben Bitdiddle 的人，以及他们的工资和 Ben Bitdiddle 的工资；

406

c. 所有不是由计算机分部的人管理的人，以及他们的上司和工作。

规则

除了基本查询和复合查询之外，这个查询语言还提供了为查询定义抽象的方法。这里的抽象通过规则描述。规则：

```
rule(lives_near($person_1, $person_2),
    and(address($person_1, pair($town, $rest_1)),
        address($person_2, pair($town, $rest_2)),
        not(same($person_1, $person_2))))
```

---

57 实际上，有关 not 的这一描述只对简单情况是合法的，not 的实际行为更复杂一些。我们将在 4.4.2 节和 4.4.3 节考察 not 的特殊性质。

58 javascript_predicate 只应该用于做查询语言没提供的操作。特别地，我们不应该用它去做相等检查（因为这就是查询语言中的匹配要做的事）或不等（因为这可以通过下面介绍的 same 规则完成）。

说明两个人住得很近的条件是他们住在同一个城镇。最后的 not 子句防止这一规则说所有的人自己和自己住得近。same 关系可以用一条非常简单的规则定义[59]：

```
rule(same($x, $x))
```

下面规则描述了某个人是一个组织里的"大人物"，也就是说，他管理下的某些人本身还管理其他人：

```
rule(wheel($person),
     and(supervisor($middle_manager, $person),
         supervisor($x, $middle_manager)))
```

规则的一般形式是：

```
rule(conclusion, body)
```

其中的 *conclusion* 是一个模式，*body* 可以是任何查询[60]。我们可以认为，一条规则就像是表示了很大的（甚至无穷的）一集断言，也就是规则结论的那些实例，它们由满足规则体的所有变量赋值生成。我们解释简单查询（模式）时曾经说过，对变量的一个赋值满足一个模式的条件是该模式的这个实例化结果出现在数据库里。其实，模式不必显式作为断言出现在数据库里，它也可以是通过某条规则蕴含的隐式断言。例如，查询

```
lives_near($x, list("Bitdiddle", "Ben"))
```

结果是

```
lives_near(list("Reasoner", "Louis"), list("Bitdiddle", "Ben"))
lives_near(list("Aull", "DeWitt"), list("Bitdiddle", "Ben"))
```

要找出所有住在 Ben Bitdiddle 附近的计算机程序员，我们可以问

```
and(job($x, list("computer", "programmer")),
    lives_near($x, list("Bitdiddle", "Ben")))
```

就像复合函数的情况一样，一条规则也可以作为其他规则的一部分（我们在上面 lives_near 规则中已经看到这种情况），或者甚至可以递归地定义。举个例子：

```
rule(outranked_by($staff_person, $boss),
     or(supervisor($staff_person, $boss),
        and(supervisor($staff_person, $middle_manager),
            outranked_by($middle_manager, $boss))))
```

这条规则说，一个职员是一个老板的下级，如果这个老板就是他的主管，或者（递归的）这个人的主管是这个老板的下级。

练习 4.55　请定义一条规则，说某甲可以代替某乙，如果甲做的工作与乙相同，或者任何能做甲的工作的人都能做乙的工作，而且甲与乙还不是同一个人。使用你的规则，给出

59　请注意，为了弄清两个东西相同并不需要 same，只需要用同一个模式变量描述它们——从效果上看，我们是先有了一个东西而不是两个。例如，lives_near 规则里的 $town 和下面的 wheel 规则里的 $middle_manager。当我们希望强行要求两个东西不同时，same 才真的有用，如在 lives_near 规则里的 $person_1 和 $person_2。虽然对一个查询中的两个部分用同样模式变量将迫使同一事物出现在这两处，采用不同模式变量却不能强迫两处出现不同的值（赋给不同模式变量的值可以相同也可以不同）。

60　我们也允许没有体的规则，例如 same。这种规则的解释是，规则的结论被变量的任何值满足。

查询找出下面的结果：

　　a. 所有能代替 Cy D. Fect 的人；

　　b. 所有能代替某个工资比自己高的人的人，以及这两个人的工资。

练习 4.56 请定义一条规则说，一个人是某部门里的"大腕"，如果这人工作在该部门，但在这个部门里没有他的上司。

练习 4.57 Ben Bitdiddle 经常开会迟到。他害怕这种习惯会影响他的职位，因此决定做点有关的事情。他在 Gargle 的数据库里加入了有关每周例会的所有信息，写成如下断言：

```
meeting("accounting", list("Monday", "9am"))
meeting("administration", list("Monday", "10am"))
meeting("computer", list("Wednesday", "3pm"))
meeting("administration", list("Friday", "1pm"))
```

上面的每条断言对应整个分部的一次会议。Ben 还为全公司会议（包括各个分部）加入了一个条目。计算机分部的所有雇员都应该出席这个会议。

408
```
meeting("whole-company", list("Wednesday", "4pm"))
```

　　a. 星期五上午 Ben 希望查询数据库，确定今天的所有会议。他应该写怎样的查询？

　　b. Alyssa P. Hacker 对此并不满意，她认为，如果能通过说明自己的名字来询问自己的会议，这种功能会更有用。她为此设计了一条规则，说一个人的会议应包括所有 whole_company 会议，再加上这个人所在部门的所有会议。请填充下面规则里的 *rule-body* 部分。

```
rule(meeting_time($person, $day_and_time),
     rule-body)
```

　　c. Alyssa 星期三上午来上班，希望知道她当日必须参加哪些会议。已经有了上面的规则，她应该写什么样的查询来查出这些会议呢？

练习 4.58 给出查询

```
lives_near($person, list("Hacker", "Alyssa", "P"))
```

Alyssa P. Hacker 就能查出谁住在自己附近，这样她就可以搭同事的便车上班了。而另一方面，当她试着用下面查询去找出所有的一对一对的居住较近的人时

```
lives_near($person_1, $person_2)
```

却注意到每对这样的人都列出了两次。例如：

```
lives_near(list("Hacker", "Alyssa", "P"), list("Fect", "Cy", "D"))
lives_near(list("Fect", "Cy", "D"), list("Hacker", "Alyssa", "P"))
```

为什么会出现这种情况？能否有一种方法去查找居住相近的人，但其中每对人只在结果中列出一次？请解释你的回答。

把逻辑看作程序

　　我们可以把一条规则看作一个逻辑蕴含：如果对所有模式变量的一个赋值满足规则的体，那么它就满足该规则的结论。因此，我们可以认为，查询语言有一种基于规则执行逻辑推理的能力。作为示例，现在考虑在 4.4 节开始时提到的 append 操作。正如那时讲过的，append 可以用下面两条规则刻画：

- 对任意的表 y，空表与 y 的 append 就是 y。

- 对任意的 u, v, y 和 z, pair(u, v) 与 y 的 append 的结果是 pair(u, v), 条件是 v 与 y 的 append 得到 z。

要用查询语言描述这些, 我们用两条规则定义下面的关系:

```
append_to_form(x, y, z)
```

这个关系的意义可以解释为 "x 和 y 的 append 得到 z"。这两条规则是:

```
rule(append_to_form(null, $y, $y))
```

409

```
rule(append_to_form(pair($u, $v), $y, pair($u, $z)),
     append_to_form($v, $y, $z))
```

第一条规则没有体, 这就意味着结论对 $y 的任意值都成立。请注意, 在第二条规则里, 我们用 pair 为一个表的 head 和 tail 部分命名。

有这两条规则以后, 我们就可以写查询来计算两个表的 append 了:

```
Query input:
append_to_form(list("a", "b"), list("c", "d"), $z)

Query results:
append_to_form(list("a", "b"), list("c", "d"), list("a", "b", "c", "d"))
```

更令人震惊的是, 我们还能基于同样的两条规则提出这样的问题: "把哪个表 append 到表 list("a", "b") 的后面能得到 list("a", "b", "c", "d")?" 该查询可以表述如下:

```
Query input:
append_to_form(list("a", "b"), $y, list("a", "b", "c", "d"))

Query results:
append_to_form(list("a", "b"), list("c", "d"), list("a", "b", "c", "d"))
```

我们还能询问所有 append 到一起能得到 list("a", "b", "c", "d") 的表的对偶:

```
Query input:
append_to_form($x, $y, list("a", "b", "c", "d"))

Query results:
append_to_form(null, list("a", "b", "c", "d"), list("a", "b", "c", "d"))
append_to_form(list("a"), list("b", "c", "d"), list("a", "b", "c", "d"))
append_to_form(list("a", "b"), list("c", "d"), list("a", "b", "c", "d"))
append_to_form(list("a", "b", "c"), list("d"), list("a", "b", "c", "d"))
append_to_form(list("a", "b", "c", "d"), null, list("a", "b", "c", "d"))
```

从表面上看, 这个查询系统在使用规则推导如上查询的回答时, 好像显示出一点智能。实际上, 正如我们将在下一节看到的, 这个系统不过是按一种精确定义的算法去拆解规则罢了。不幸的是, 虽然该系统对 append 示例的工作情况令人印象深刻, 但是对更复杂的情况, 这种普适方法却可能失败, 正如我们将在 4.4.3 节看到的那样。

练习 4.59 下面规则实现了 next_to_in 关系, 它找出一个表里的相邻元素:

```
rule(next_to_in($x, $y, pair($x, pair($y, $u))))
```

```
rule(next_to_in($x, $y, pair($v, $z)),
     next_to_in($x, $y, $z))
```

410

下面查询将得到什么样的回应?

```
next_to_in($x, $y, list(1, list(2, 3), 4))

next_to_in($x, 1, list(2, 1, 3, 1))
```

练习 4.60 请定义规则实现练习 2.17 里的 last_pair 操作，该操作返回一个表，其中包含非空表里的最后一个元素。请通过一些查询检查你的规则，例如

- last_pair(list(3), $x)
- last_pair(list(1, 2, 3), $x)
- last_pair(list(2, $x), list(3))

你的规则对 last_pair($x, list(3)) 也能正确工作吗？

练习 4.61 下面的数据库（见《创世纪 4》）追踪一个血缘关系表，从 Ada 的后辈一直上溯到 Adam，通过 Cain：

```
son("Adam", "Cain")
son("Cain", "Enoch")
son("Enoch", "Irad")
son("Irad", "Mehujael")
son("Mehujael", "Methushael")
son("Methushael", "Lamech")
wife("Lamech", "Ada")
son("Ada", "Jabal")
son("Ada", "Jubal")
```

请构造一些规则，如"如果 S 是 F 的儿子，而且 F 是 G 的儿子，那么 S 就是 G 的孙子"，"如果 W 是 M 的妻子，而且 S 是 W 的儿子，那么 S 也是 M 的儿子"（这些在圣经时代可能比今天更正确），使查询系统能找到 Cain 的孙子，Lamech 的儿子，Methushael 的孙子。（有关能推导出一些更复杂关系的规则，请参看练习 4.67。）

4.4.2 查询系统如何工作

我们将在 4.4.4 节展示如何把查询解释器实现为一组函数，本节先给出一个概述，解释这个系统里与底层实现细节无关的一般性结构。在说明了这个解释器的实现之后，我们就到了一个位置，在那里已经可以理解这种系统的局限性，以及查询语言的逻辑操作与数理逻辑的操作之间的一些微妙差异了。

事情很明显，查询求值器必须执行某种形式的搜索，以便完成查询与数据库里的事实和规则的匹配。做好这项工作的一种途径是利用 4.3 节的 amb 求值器，把查询系统实现为一个非确定性程序（见练习 4.75）。另一种方法是借助流的帮助来管理搜索。我们要考虑的实现将采用第二种方法。

411

这个查询系统的组织围绕着两个核心操作，它们分别称为模式匹配和合一。我们先介绍模式匹配，并解释如何结合这个操作和基于框架流组织起来的信息，使我们能实现简单查询和复合查询。合一操作在后面讨论，它是模式匹配的推广，是实现规则所必需的操作。最后，我们还要说明如何通过一个分类函数，把整个查询解释器组合起来。这个函数对查询做分类的方法，与 4.1 节描述的解释器中 evaluate 对表达式分类的方法类似。

模式匹配

模式匹配器是一个程序，它检查某个数据项是否符合一个特定模式。举例说，数据

list(list("a", "b"), "c", list("a", "b")) 与模式 list($x, "c", $x) 匹配，其中模式变量 $x 约束到 list("a", "b")。同一个数据也与模式 list($x, $y, $z) 匹配，其中 $x 和 $z 都约束到 list("a", "b")，而 $y 约束到 "c"。这项数据也与模式 list(list($x, $y), "c", list($x,$y)) 匹配，其中 $x 约束到 "a" 而 $y 约束到 "b"。然而，这项数据与模式 list($x, "a", $y) 不匹配，因为在该模式描述的表里，第二个元素必须是串 "a"。

查询系统用的模式匹配器以一个模式、一项数据和一个框架为输入，该框架描述了一些模式变量的约束。匹配器检查该项数据是否以某种方式与模式匹配，而匹配的方式又与框架里已有的约束相容。如果确实如此，匹配器就返回参数框架的一个扩充，其中加入了由当前匹配确定的所有新约束。如果不能匹配，它就指出该匹配失败。

举例说，如果给了一个空框架，要求用模式 list($x, $y, $x) 去匹配 list("a", "b", "a")。匹配器就会返回一个框架，其中描述的是 $x 约束到 "a" 而 $y 约束到 "b"。如果用同一模式、同一数据和一个包含把 $y 约束到 "a" 的框架试验匹配，这个匹配就会失败。如果试验另一匹配，参数是同一模式、同一数据和一个包含把 $y 约束到 "b" 的框架，返回的就是所给的框架扩充了 $x 到 "a" 的约束。

这样的模式匹配器，也就是处理不涉及规则的简单查询所需要的全部机制了。例如，在处理下面的查询时

```
job($x, list("computer", "programmer"))
```

我们要相对于空的初始框架，扫描前面数据库里的所有断言，选出其中与模式匹配的断言。对于找到的每个匹配，我们都用该匹配返回的框架里 $x 的值实例化这个模式。

框架的流

我们通过流的方式组织起相对框架检查模式的工作。给定了一个框架，匹配函数逐个地扫描数据库里的条目。对每个条目，匹配器或产生一个表明匹配失败的特殊符号，或得到给定框架的一个扩充。把对所有数据库条目的匹配结果收集到一起，就形成一个流。我们把这个流送入一个过滤器，删除其中所有失败信息，就得到了另一个流，其中包含所有满足条件的框架，它们都是基于原来的框架，由于模式与数据库里某些断言相匹配而扩充后得到的结果[61]。

在我们的系统里，查询以一个框架流为输入，针对流中的每个框架执行上述匹配操作，如图 4.5 所示。也就是说，对输入流中的每个框架，这个查询都会产生一个新流，其中包含了通过与数据库断言的匹配而形成的给定框架的所有扩充。我们把所有这些新流组合成一个大的流，其中包含输入流中每个框架的所有可能扩充。这个流就是查询的输出。

为了回答一个简单查询，我们用于查询的初始输入流里只包含一个空框架。这样得到的输出流里包含着这个空框架的所有扩充（也就是说，对查询的所有回答）。这个输出流又被用于生成另一个流，在这个流里出现的都是初始查询模式的副本，其中的变量用框架流里各

412

---

[61] 一般而言，匹配是一种代价高昂的操作，我们自然希望避免把完全的匹配操作应用于数据库里的每一个元素。常可以通过把这个过程分解为快速的粗略匹配和最终匹配，达到加速的目的。粗略匹配过滤数据库，产生较小的一组候选送给最终匹配。我们可以仔细安排数据库，使得粗略匹配的工作能在构造数据库的过程中完成，而不是等到需要找候选的时候再做。这种做法称为数据库索引。人们为创建数据库索引模式开发了大量技术。4.4.4 节描述的实现中包含了支持这种优化的一些简单技术。

个框架做了实例化。这个流也就是最后需要打印的结果流。

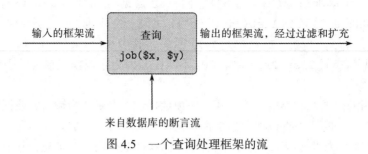

图 4.5   一个查询处理框架的流

复合查询

在基于框架流的实现中，真正优美之处是对复合查询的处理。这种处理利用了我们的匹配器查找与特定框架相容的匹配的能力。看看处理两个查询的 and 的情况，例如

```
and(can_do_job($x, list("computer", "programmer", "trainee")),
    job($person, $x))
```

（非形式地说，也就是"找出所有的人，他们能做计算机实习程序员的工作"。）我们首先找到所有与下面模式匹配的条目：

```
can_do_job($x, list("computer", "programmer", "trainee"))
```

413 这项工作生成了一个框架流，其中每个框架里都包含一个对 $x 的约束。下一步，我们需要针对这个流中的每个框架，找到与下面模式匹配的所有条目：

```
job($person, $x)
```

这些条目都必须与已给定的 $x 的约束相容。每个相容匹配产生一个框架，其中包含对 $x 和 $person 的约束。也就是说，两个查询的 and 可以看作两个成分查询的序列组合，如图 4.6 所示。送给第一个查询过滤器的所有框架经过过滤，再进一步被第二个查询扩充。

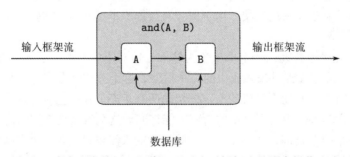

图 4.6   两个查询的 and 组合，通过由对框架流的顺序操作生成

图 4.7 显示的是采用类似方法计算两个查询的 or 的情况，可以把它看成是两个成分查询的并行组合。两个结果流归并到一起，产生最后的输出流。

即使从这种高层描述里，我们也可以明显看出，对复合操作的处理可能很慢。例如，对每个输入框架的查询都可能产生多个输出框架，而 and 里的每个查询都要从前面的查询得到自己的输入框架流。因此，在最坏情况下，在一个 and 查询中必须执行的匹配次数，就是其

414

中的查询个数的指数函数（见练习 4.73 ）[62]。可见，虽然只处理简单查询的系统很有实用价值，但处理复杂查询还是很困难的 [63]。

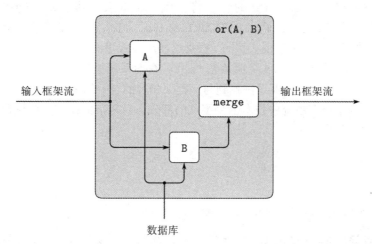

图 4.7　两个查询的 or 组合，通过对两个流并行操作然后归并结果流的方式生成

从框架流的观点看，某个查询的 not 就像一个过滤器，它要求删除所有满足这个查询的框架。举个例子，给了下面的模式：

```
not(job($x, list("computer", "programmer")))
```

对输入流的每个框架，我们将试着生成所有满足 job($x, list("computer", "programmer")) 的扩充框架。然后从输入流里删除所有存在这种扩充的框架。这样就得到了一个流，它只包含了那些对 $x 的约束不能满足 job($x, list("computer", "programmer")) 的框架。例如，在处理下面查询时：

```
and(supervisor($x, $y),
    not(job($x, list("computer", "programmer"))))
```

第一个子句将产生一批包含 $x 和 $y 的约束的框架。然后 not 子句过滤它们，删除其中所有对 $x 的约束满足限制条件 "$x 是程序员" 的那些框架 [64]。

语法形式 javascript_predicate 的情况与此类似，也实现为框架流上的一个过滤器。我们用流里的各个框架去实例化模式里的变量，然后对得到的实例化结果应用给定的 JavaScript 谓词，从流中删去所有使谓词为假的框架。

合一

处理查询语言的规则时，我们需要找出所有结论部分与给定查询模式匹配的规则。规则的结论很像断言，但它们也可以包含变量。为处理这种情况，我们就需要模式匹配的一种推广——称为合一。其中的"模式"和"数据"都可以包含变量。

62　但是，实际中这种指数爆炸在 and 查询里并不常见。因为，一般而言，条件的增加趋向于减少产生的框架的数量，而不是扩大产生的框架数量。

63　存在大量有关数据库管理系统的文献，讨论如何高效处理复杂查询。

64　在 not 的这种过滤器实现和数理逻辑中 not 的常规意义之间有些微妙差异，见 4.4.3 节。

合一器以两个都可以包含常量和变量的模式作为参数，设法确定能否找到其中变量的赋值使这两个模式相等。如果找到，它就返回包含相应约束的框架。举个例子，对 list($x, "a", $y) 和 list($y, $z, "a") 的合一将产生一个框架，其中 $x、$y 和 $z 都约束到 "a"。另一方面，对 list($x, $y, "a") 和 list($x, "b", $y) 的合一则会失败，因为无论怎样给 $y 赋值都不能使两个模式相同（根据这两个模式里的第二个元素，$y 应该是 "b"；然而根据它们的第三个元素，$y 又应该是 "a"）。查询系统里的合一器与模式匹配器一样，其输入也包含一个框架，合一器设法找到与该框架相容的合一结果。

合一算法是这个查询系统中技术上最困难的部分。对复杂的模式，执行合一似乎需要做推理。例如，为了合一

    list($x, $x)

和

    list(list("a", $y, "c"), list("a", "b", $z))

合一算法必须推导出 $x 应该是 list("a", "b", "c")，而 $y 应该是 "b"，$z 应该是 "c"。我们可能认为这个过程就像求解模式成分上的一组方程。一般而言，这些确实是联立方程，可能需要做很多操作才能求解它们[65]。例如，对 list($x, $x) 和 list(list("a", $y, "c"), list("a", "b", $z)) 的合一可以看作是描述了如下的联立方程：

    $x = list("a", $y, "c")
    $x = list("a", "b", $z)

这些方程蕴含着：

    list("a", $y, "c") = list("a", "b", $z)

而它又蕴含着

    "a" = "a", $y = "b",   "c" = $z

因此就有

    $x = list("a", "b", "c")

一次成功的模式匹配使所有模式变量都得到约束，相应的约束值只包含常量。在我们至今看到的合一实例里，情况也是这样。然而，一般而言，成功的合一也可能无法完全确定所有变量的值，有些变量仍未约束，有些也可能约束到包含变量的值。

考虑 list($x, "a") 和 list(list("b", $y), $z) 的合一。我们可以推导出 $x = list("b", $y) 而且 "a" = $z，但却没办法对 $x 和 $y 进一步求解了。这个合一并未失败，因为通过对 $x 和 $y 的赋值，确实能把两个模式变得完全一样。但是，由于在这个匹配里对 $y 的取值没有限制，因此框架里不会存在对 $y 的约束。另一方面，这个匹配确实限制了 $x 的值，因为无论 $y 取什么值，$x 都必须是 list("b", $y)。因此我们应该把 $x 到模式 list("b", $y) 的约束直接放入框架。如果后来 $y 值确定并加入框架（无论是通过某个与

---

65   在单边模式匹配里，包含模式变量的所有方程都很明显，而且都已把未知量（模式变量）解出。

此框架相容的匹配还是通过合一），前面对 `$x` 的约束里也都引用那个值 [66]。

应用规则

对于从规则出发的推理，合一是查询系统里的关键。为了看清楚这件事应该怎样做好，现在考虑一个查询的处理过程，其中涉及规则的应用。例如：

```
lives_near($x, list("Hacker", "Alyssa", "P"))
```

在处理这个查询时，我们首先用前面描述的常规模式匹配函数，查看数据库里是否存在任何与这个模式匹配的断言（对目前这个情况，我们什么也找不到。因为在数据库里根本就没有关于谁与谁住得近的断言）。下一步就是试着用查询模式与每条规则的结论合一。这时我们发现该模式可以与下面规则的结论合一：

```
rule(lives_near($person_1, $person_2),
    and(address($person_1, pair($town, $rest_1)),
        address($person_2, list($town, $rest_2)),
        not(same($person_1, $person_2)))))
```

合一得到了一个框架，其中说明 `$x` 应该与 `$person_1` 具有相同的值，而 `$person_2` 约束到 `list("Hacker", "Alyssa", "P")`。现在我们需要相对于这个框架去求值由这个规则的体给出的复合查询。成功的匹配将扩充这个框架，为 `$person_1` 提供约束，并因此也给定了 `$x` 的值。这样，我们就能用得到的结果实例化原来的查询模式了。

一般而言，当查询求值器需要在一个描述了某些模式变量匹配的框架里，完成对一个查询模式的匹配时，它采用下面的方法去应用一条规则：

- 把这个查询与规则的结论合一，以（在成功时）形成原框架的一个扩充。
- 相对这样扩充后的框架去求值由规则体形成的查询。

我们应该注意到，这一做法与在 JavaScript 的 `evaluate/apply` 求值器里应用函数的方法何其相似：

- 把该函数的形式参数约束于实际参数，以形成一个框架去扩充原来的函数环境。
- 相对这样扩充后的环境去求值函数的体。

我们不应该对这两种求值器之间的相似感到惊诧。这正是因为函数定义是 JavaScript 的抽象手段，而规则定义则是现在的查询语言的抽象手段。在这两种情况下，我们都需要剥开有关的抽象，采用的方法就是创建适当的约束，而后相对于它们去求值规则或者函数的体。

|417|

简单查询

在本节前面部分，我们已经看到在没有规则的情况下如何求值简单查询。现在又看到如何应用规则，因此，现在已经可以说明如何通过使用规则和断言求值简单查询了。

给定了一个查询模式和一个框架流，对输入流里的每个框架产生两个流：

- 一个扩充框架的流。得到这些框架的方式是用模式匹配器，用给定的查询模式与数据库里的所有断言做匹配。

---

[66] 认识合一的另一角度是认为它生成一种最广泛的模式，该模式同时是两个输入模式的特殊化。也就是说，`list($x, "a")` 和 `list(list("b", $y), $z)` 的合一应该是 `list(list("b", $y), "a")`，而 `list($x, "a", $y)` 和 `list($y, $z, "a")` 的合一（按上面的讨论）应该是 `list("a", "a", "a")`。对我们的实现，把合一的结果看成框架比看成模式更方便。

- 还有另一个扩充框架的流，通过应用所有可能的规则（用合一器）而得到[67]。

把这两个流连到一起就产生了一个新流，其中包含所有与原框架相容的、能满足给定模式的不同方式。把这样的流（对输入流里的每个框架有一个流）组合为一个大的流，其中包含了可以从原输入流中的每个框架扩充而得到的与给定模式匹配的所有不同方式。

查询求值器和驱动循环

如果不看基础匹配操作的复杂性，这个系统的组织很像任何语言的求值器。在这里，协调各种匹配操作的函数是 `evaluate_query`，它扮演着与 JavaScript 求值器中函数 `evaluate` 类似的角色。函数 `evaluate_query` 以一个查询和一个框架流为输入，其输出是一个框架流，对应查询模式的所有成功匹配，其中的框架都是输入流里某个框架的扩充，如图 4.5 所示。与 `evaluate` 类似，`evaluate_query` 也根据表达式（查询）的类型对它们分类，然后分派到适当的函数。对每类语法形式（ `and`、`or`、`not` 和 `javascript_predicate` ）各有一个函数，还有一个函数处理简单查询。

这里的驱动循环也与本章其他求值器里的 `driver_loop` 函数类似：从终端读入查询，然后用这个查询和只包含一个空框架的流调用 `evaluate_query`。这个调用产生出所有可能匹配（空框架的所有可能扩充）的流。对结果流里的每个框架，求值器用其中的变量约束值去实例化初始查询，最后逐一打印实例化得到的流的元素[68]。

驱动循环还要检查特殊命令 `assert`，这个关键词说明本次输入不是查询，而是一个断言或者规则，应该加入数据库。例如：

```
assert(job(list("Bitdiddle", "Ben"), list("computer", "wizard")))

assert(rule(wheel($person),
            and(supervisor($middle_manager, $person),
                supervisor($x, $middle_manager))))
```

4.4.3 逻辑程序设计是数理逻辑吗？

初看起来，这个查询语言里的各种组合手段似乎等同于数理逻辑里的操作 `and`、`or` 和 `not`，而查询语言规则的应用，事实上就是通过合规的推理方法完成的[69]。然而，查询语言与数理逻辑之间的这种等同性并非真的正确，因为查询语言提供了一种控制结构，采用过程的方式解释逻辑语句。我们常常可以得益于这种控制结构。例如，为找出程序员的所有上司，我们可以用如下两种逻辑上完全等价的形式构造查询：

```
and(job($x, list("computer", "programmer")),
    supervisor($x, $y))
```

67　由于合一是匹配的推广，我们完全可以简化这个系统，用合一器产生这两个流。当然，用简单匹配器处理简单情况，也说明了匹配（与一般性的合一相对）本身也可能有用。

68　我们在这里采用框架的流（而没有用表），原因是，在递归地应用规则时，完全可能产生出无穷多个满足查询的值。流中蕴含的延迟求值在这里至关重要。系统将一个个地打印出结果，无论实际结果究竟有有穷多个还是无穷多个。

69　一种特定推理方法的正当性并不是一个简单的论断，我们必须证明，从真的前提出发只能推导出真的结论。通过规则应用表示的推理方法称为假言推理（modus ponens），这是一种人们熟知的推理方法，它说，如果 A 为真且 A 蕴含 B 也为真，那么就可以做出结论说 B 真。

或者

```
and(supervisor($x, $y),
    job($x, list("computer", "programmer"))))
```

如果在这个公司里上司比程序员多，采用第一种形式就比第二种形式更好，因为对于 and 的第一个子句产生的每个中间结果（框架），我们都需要扫描整个数据库。

逻辑程序设计的目标是为程序员提供一种技术，利用这种技术，程序员能把计算问题分解为两个独立的问题："什么"需要计算，以及"如何"实施这项计算。达到这个目标的方式是：从数理逻辑中选一个语句子集，其功能足够强大，足以描述所有我们可能希望计算的问题。然而它又足够弱，使我们能有一种过程式的解释。这里的意图是，一方面，在逻辑程序设计语言里刻画的程序应该是足够有效的程序，能用计算机去执行。控制（"如何"去计算）受到这个语言采用的求值顺序的影响。我们应该设法安排好子句的顺序和每个子句里各个子目标的顺序，使计算能以某种正确而且高效的方式完成。在此同时，我们还应该能看到计算的结果（"什么"需要计算），它们应该是这些逻辑法则的简单推论。

我们的查询语言，可以看作（只不过）是数理逻辑的一个可以用过程方式解释的子集。断言表示简单事实（原子命题）；规则表示蕴含，所有使规则体成立的情况都使规则的结论成立。规则有一种很自然的过程式解释：为了得到一条规则的结论，请设法得到这个规则的体。这样，规则就描述了计算的过程。当然，由于规则也可以看作数理逻辑的语句，我们可以确认如下断言：对于用逻辑程序能建立起来的任何"推理"，通过完全在数理逻辑里工作的方式，都可以得到同样的结果 [70]。

无穷循环

对逻辑程序做过程式的解释，就会存在一个推论，那就是，在解决某些问题时，我们构造出的程序可能极其低效。这种低效的极端情况就是系统做推导时陷入无穷循环。作为简单的例子，假设我们正在设计一个有关著名婚姻的数据库，并加入了如下断言：

```
assert(married("Minnie", "Mickey"))
```

如果提问

```
married("Mickey", $who)
```

我们将得不到答复，因为系统不知道如果 A 与 B 结婚，那么 B 也与 A 结婚。现在我们加入下面的规则：

```
assert(rule(married($x, $y),
            married($y, $x)))
```

---

70 我们必须为这种说法加一点限制，约定在说某逻辑程序建立了"推理"的问题时，我们总假定计算终止。很可惜，对下面给出的查询语言实现，这样限制后的语句也不对（对 Prolog 的程序和当前多数其他逻辑程序设计语言，这种说法同样不对），原因是其中对 not 和 javascript_predicate 的使用。正如我们将要说明的，这个查询语言里 not 的实现并不总与数理逻辑里的 not 一致，而 javascript_predicate 又引进更多复杂情况。如果从语言里简单删除 not 和 javascript_predicate，并约定只用简单查询写程序，我们能得到一种与数理逻辑相容的语言。然而，如果真的那样做，就会极大地限制语言的表达能力。在逻辑程序设计的研究中，人们特别关注的一个问题就是找到一些方式，设法尽可能地与数理逻辑相容，而同时又不会过多牺牲语言的表达能力。

420 然后再次查询

```
married("Mickey", $who)
```

不幸的是，这将导致系统进入无穷循环。因为：

- 系统发现 married 规则可用，也就是说，规则的结论 married($x, $y) 成功地与查询模式 married("Mickey", $who) 匹配，并产生了一个框架，其中 $x 约束到 "Mickey" 而 $y 约束到 $who。这样，解释器就会继续做下去，在这个框架里求值规则的体 married($y, $x)——从效果上看，也就是处理查询 married($who, "Mickey")。

- 现在可以直接从数据库里得到了一个断言：married("Minnie", "Mickey")。

- 但是，由于 married 规则仍然可以应用，所以解释器又会去求值这个规则的体，这次它等价于 married("Mick ey", $who)。

这样，系统就陷入了无穷循环。在实际中，所用的系统能否在陷入循环之前找到简单的回答 married("Minnie", "Mickey")，还要依赖这个系统检查数据库中条目的实现细节。这是一个非常简单的可能导致无穷循环的实例。一组相互有关的规则可能导致很难预料的循环，而这种循环的出现又可能依赖各个子句在某个 and 里出现的顺序（参看练习 4.62），或者依赖于系统处理查询的顺序方面的底层细节[71]。

与 not 有关的问题

这个系统的另一诡异之处与 not 有关。对于 4.4.1 节的数据库，考虑下面两个查询：

```
and(supervisor($x, $y),
    not(job($x, list("computer", "programmer"))))
```

```
and(not(job($x, list("computer", "programmer"))),
    supervisor($x, $y))
```

这两个查询会产生不同结果。第一个查询开始时找出了数据库里所有与 supervisor($x, $y) 匹配的条目，然后从得到的流中过滤掉所有其中 $x 的值满足 job($x, list("computer", "programmer")) 的框架。第二个查询开始时从输入框架删除所有满足 job($x, list

421 ("computer", "programmer")) 的框架。因为初始流中只包含一个空框架，查询将会去检查数据库里满足模式 job($x, list("computer", "programmer")) 的条目。一般而言，数据库里应该有这种形式的条目，所以 not 子句将过滤掉这个空框架，返回一个空的框架流。这样，整个复合查询也将得到空流。

这里的麻烦出自我们的 not 实现，它实际上就是一个对变量值的过滤器。如果一个 not 子句用一个框架开始工作，而该框架里存在未约束变量（如上面例子里的 $x），系统就会产生我们不希望的结果。类似问题也可能出现在使用 javascript_predicate 的时候——如

---

71 这实际上不是逻辑的问题，而是出自我们的解释器为逻辑提供的过程解释。我们也可以写一个解释器，保证其不会陷入循环。譬如，我们可以采用宽度优先而不是深度优先顺序，枚举从已有断言和规则可以推导出的所有证明。当然，这种系统就很难利用程序中的推导顺序了。de Kleer et al. 1977 描述了试图把复杂的控制构筑到这种程序里的一次尝试。另一种不会带来如此严重控制问题的技术是放进特殊的知识，例如能检查某些类特定循环的检测功能（练习 4.65）。但是，不大可能找到可靠的普适模式，能够防止系统在执行推导时落入无穷循环的陷阱。请设想具有如下形式的恶魔规则："要证明 $P(x)$ 为真，请证明 $P(f(x))$ 为真"，对某个适当选出的函数 f。

果所用 JavaScript 谓词的某些参数无约束，它也不可能正确工作，见练习 4.74。

这个查询语言里的 not 与数理逻辑里的 not 不同，另一方面的问题更严重。在逻辑里，我们把语句"非 P"解释为 P 不真。而在这个查询系统里，"非 P"意味着 P 不能由数据库里的知识推导出来。举例说，基于 4.4.1 节的人事数据库，这个系统可以推导出大量奇怪的 not 语句，如 Ben Bitdiddle 不喜欢篮球，外面没下雨，以及 2 + 2 不等于 4 等[72]。换句话说，逻辑程序设计语言里的 not 反映了一种所谓的封闭世界假说，它认为所有相关的知识都已经包含在数据库里了[73]。

练习 4.62　Louis Reasoner 错误地从数据库里删除了有关 outranked_by 的规则（4.4.1 节）。在发现了这个问题后，他很快重新创建了这条规则。不幸的是，他对规则做了一点小修改，实际输入的是下面这条规则：

```
rule(outranked_by($staff_person, $boss),
    or(supervisor($staff_person, $boss),
        and(outranked_by($middle_manager, $boss),
            supervisor($staff_person, $middle_manager)))))
```

Louis 刚刚把这些信息输入系统，DeWitt Aull 就来查询谁的级别高于 Ben Bitdiddle。他发出的查询是：

```
outanked_by(list("Bitdiddle", "Ben"), $who)
```

系统给出回答后就陷入了无穷循环。请解释这是为什么。

422

练习 4.63　Cy D. Fect 期望有朝一日能在公司里得到提拔，因此给出了一个查询，要找出这里所有的大人物（他用的是 4.4.1 节的 wheel 规则）：

```
wheel($who)
```

令他感到非常吃惊，系统的回复居然是

```
Query results:
wheel(list("Warbucks", "Oliver"))
wheel(list("Bitdiddle", "Ben"))
wheel(list("Warbucks", "Oliver"))
wheel(list("Warbucks", "Oliver"))
wheel(list("Warbucks", "Oliver"))
```

为什么 Oliver Warbucks 在这里列出了 4 次？

练习 4.64　Ben 正在扩展这个查询系统，使之能提供有关公司的各种统计。例如，为找出所有程序员的工资总额，人们可以写：

```
sum($amount,
    and(job($x, list("computer", "programmer")),
        salary($x, $amount)))
```

一般而言，Ben 的新系统里允许下面形式的表达式：

72　考虑查询 not(baseball_fan(list("Bitdiddle", "Ben")))。系统发现数据库里没有断言 baseball_fan(list("Bitdiddle", "Ben"))，因此空框架不满足这个模式，不会从初始框架流删除。查询结果就是这个空框架，它被用于实例化原查询得到 not(baseball_fan(list("Bitdiddle", "Ben")))。

73　从论文 Clark 1978 "Negation as Failure" 可以找到对 not 的这种处理方式及其正当性的讨论。

$$\text{accumulation\_function}(\textit{variable},$$
$$\textit{query-pattern})$$

其中，accumulation_function 可以是 sum、average 或 maximum 一类的东西。Ben 觉得这种扩充的实现应该是小菜一碟。他觉得把查询模式简单地送入 evaluate_query，就能得到一个框架流。然后他把这个流送给一个映射函数，让函数从流中各个框架里取出指定变量的值，再把得到的结果值的流送入累积函数。当 Ben 刚完成这个实现，准备去试验它的时候，Cy 走了过来，他还在为练习 4.63 中 wheel 的查询结果感到困惑。当 Cy 把系统的回应展示给 Ben 时，Ben 忽然大叫一声，"哎呀，糟糕，我的简单累积模式根本不行！"

Ben 刚刚认识到什么？请规划一种方法，帮助他把相关工作从危难中拯救出来。

练习 4.65 请设计一种方法，在查询系统里安装一个循环监测器，以避免正文和练习 4.62 里说的那类简单循环。一种普适想法是让系统维护好它当前所做推导链的某种历史记录，如果遇到已经处理过的查询，就不重新做它了。请说明在这一历史记录里需要包含哪些信息（模式和框架），应该做哪些检查。在学习了 4.4.4 节里的查询系统实现之后，你可能会希望修改该系统，使之包含你的循环监测器。

423

练习 4.66 请定义一些规则，实现练习 2.18 里的 reverse 操作。它将返回一个元素与所给的表相同，但按相反顺序排列的表。（提示：利用 append_to_form。）对查询 reverse(list(1 2 3), $x) 和 reverse($x, list(1 2 3))，你的规则都能给出回答吗？

练习 4.67 让我们从练习 4.61 的那些规则出发，为祖孙关系加入"重"的规则。这应该使系统能推导出 Irad 是 Adam 的重孙，还有 Jabal 和 Jubal 是 Adam 的重重重重重孙。

a. 考虑修改数据库里的断言，只留下一种关系信息，名字为 related。其第一个元素描述实际关系。例如，以后就不写 son("Adam", "Cain")，而是写 related("son", "Adam", "Cain")。请表示有关 Irad 的事实，例如：

```
related(list("great", "grandson"), "Adam", "Irad")
```

b. 写一些规则，确定某个表的最后是单词 "grandson"。

c. 利用它描述一条规则，使人可以推导出关系

```
list(pair("great", $rel), $x, $y)
```

其中 $rel 是一个以 "grandson" 结束的表。

d. 用一些查询检查你的规则，例如 related(list("great", "grandson"), $g, $ggs) 和 related($relationship, "Adam", "Irad")。

4.4.4 实现查询系统

4.4.2 节解释了这个查询系统如何工作的各个方面的相关情况。现在我们要给出这个系统的一个完整实现，填充其中的细节。

4.4.4.1 驱动循环和实例化

这个查询系统的驱动循环反复读取输入表达式。如果表达式内容是要求加入数据库的规则或断言，就把有关信息加入数据库。否则就认为表达式是查询，把它送给 evaluate_ query，同时送去一个初始框架流，其中只包含一个空框架。这样求值的结果是一个框架流，每个框架表示从数据库里找到的一组满足查询的变量取值。我们用这些框架做原始查询的实例化，产生一个原始查询的实例化副本的流。这一最终的流将被显示： 424

```javascript
const input_prompt = "Query input:";
const output_prompt = "Query results:";

function query_driver_loop() {
    const input = user_read(input_prompt) + ";";
    if (is_null(input)) {
        display("evaluator terminated");
    } else {
        const expression = parse(input);
        const query = convert_to_query_syntax(expression);
        if (is_assertion(query)) {
            add_rule_or_assertion(assertion_body(query));
            display("Assertion added to data base.");
        } else {
            display(output_prompt);
            display_stream(
                stream_map(
                    frame =>
                      unparse(instantiate_expression(expression, frame)),
                    evaluate_query(query, singleton_stream(null))));
        }
        return query_driver_loop();
    }
}
```

与本章讨论的所有求值器一样，这里的查询语言的部件也用字符串的形式给出，并用 parse 转换为 JavaScript 的语法表示（我们给输入表达式字符串加上分号，因为 parse 期望的输入是语句）。下一步，我们用 convert_to_query_syntax 把这种语法表示进一步转换为一种适合查询系统的概念层表示，这个转换函数在 4.4.4.7 节给出，同时给出的还有谓词 is_assertion 和选择函数 assertion_body。函数 add_rule_or_assertion 在 4.4.4.5 节声明。查询求值产生的框架流用于实例化上面的语法表示，得到的结果反向解析回到字符串供显示之用。函数 instantiate_expression 和 unparse 在 4.4.4.7 节给出。

4.4.4.2　求值器

query_driver_loop 调用函数 evaluate_query。这个函数就是基本查询求值器，它以一个查询和一个框架的流为输入，返回扩充后的框架流。evaluate_query 用 get 和 put 识别各种语法形式，完成数据导向的分派，类似我们在第 2 章实现各种通用型操作时的做法。任何无法识别为语法形式的查询都看作简单查询，交给 simple_query 处理。 425

```javascript
function evaluate_query(query, frame_stream) {
    const qfun = get(type(query), "evaluate_query");
    return is_undefined(qfun)
           ? simple_query(query, frame_stream)
           : qfun(contents(query), frame_stream);
}
```

函数 type 和 contents 将在 4.4.4.7 节定义，它们实现了各种语法形式的抽象语法。

简单查询

函数 simple_query 处理简单查询。它以一个简单查询（一个模式）和一个框架流为实际参数，用查询与数据库的匹配扩充每个框架，返回扩充得到的所有框架的流。

```
function simple_query(query_pattern, frame_stream) {
    return stream_flatmap(
              frame =>
                stream_append_delayed(
                    find_assertions(query_pattern, frame),
                    () => apply_rules(query_pattern, frame)),
              frame_stream);
}
```

对输入流中的每个框架，我们都用 find_assertions（4.4.4.3 节）做模式与数据库里所有断言的匹配，生成一个扩充框架的流；再用 apply_rules（4.4.4.4 节）应用所有可能的规则，生成另一扩充框架的流。这两个流组合成一个流（用 stream_append_delayed，4.4.4.6 节），表示满足给定模式，而且与给定框架相容的所有不同方式（参看练习 4.68）。用 stream_flatmap（4.4.4.6 节）组合起每个输入框架产生的结果流，形成一个大的流，它表示对初始输入流里的每个框架进行扩充，产生出的与给定模式匹配的所有可能方式。

复合查询

and 查询的处理由函数 conjoin 完成，处理方法如图 4.6 所示。conjoin 以合取项和一个框架流为实际参数，返回扩充框架的流。conjoin 首先处理框架流，得到能满足第一个合取项的所有可能的扩充框架形成的流。然后用这个流作为新的框架流，递归地把 conjoin 应用于这次 and 查询的剩余部分。

```
function conjoin(conjuncts, frame_stream) {
    return is_empty_conjunction(conjuncts)
             ? frame_stream
             : conjoin(rest_conjuncts(conjuncts),
                       evaluate_query(first_conjunct(conjuncts),
                                      frame_stream));
}
```

语句

426

```
put("and", "evaluate_query", conjoin);
```

设置好 evaluate_query，使之能在遇到 and 时分派给 conjoin。

处理 or 查询的方法与此类似，如图 4.7 所示。or 各个析取项的输出流分别计算，然后用 4.4.4.6 节（参看练习 4.68 和练习 4.69）定义的 interleave_delayed 函数归并。

```
function disjoin(disjuncts, frame_stream) {
    return is_empty_disjunction(disjuncts)
             ? null
             : interleave_delayed(
                   evaluate_query(first_disjunct(disjuncts), frame_stream),
                   () => disjoin(rest_disjuncts(disjuncts), frame_stream));
}
put("or", "evaluate_query", disjoin);
```

用于合取和析取的谓词和选择函数也在 4.4.4.7 节给出。

过滤器

语法形式 not 的处理采用 4.4.2 节给出梗概的方式。我们试着扩充输入流里的每个框架，看它们能否满足被否定的查询，只把那些无法扩充的框架包含到输出流里。

```
function negate(exps, frame_stream) {
    return stream_flatmap(
            frame =>
              is_null(evaluate_query(negated_query(exps),
                                     singleton_stream(frame)))
              ? singleton_stream(frame)
              : null,
            frame_stream);
}
put("not", "evaluate_query", negate);
```

语法形式 javascript_predicate 是与 not 类似的过滤器。我们用流中每个框架去实例化谓词里的变量，然后求值实例化后的谓词，过滤掉输入流中那些使谓词求值得到假的框架。实例化的谓词用 4.1 节的 evaluate 在 the_global_envirement 里求值。只要求值之前所有模式变量都已经实例化，采用这种方法就能处理任何 JavaScript 表达式。

```
function javascript_predicate(exps, frame_stream) {
    return stream_flatmap(
            frame =>
              evaluate(instantiate_expression(
                               javascript_predicate_expression(exps),
                               frame),
                       the_global_environment)
              ? singleton_stream(frame)
              : null,
            frame_stream);
}
put("javascript_predicate", "evaluate_query", javascript_predicate);
```

427

语法形式 always_true 描述一种总能满足的查询。它忽略其内容（通常为空），并简单地让输入流里的所有框架都通过。always_true 用在选择函数 rule_body 里（4.4.4.7 节），作为定义中没有体部分的规则（即那些结论总能满足的规则）的规则体。

```
function always_true(ignore, frame_stream) {
    return frame_stream;
}
put("always_true", "evaluate_query", always_true);
```

定义语法规则 not 和 javascript_predicate 的选择函数也在 4.4.4.7 节给出。

4.4.4.3　通过模式匹配找出断言

函数 find_assertions 被 simple_query 调用（4.4.4.2 节），其参数是一个模式和一个框架。它返回一个框架流，其中的框架都是由给定模式做数据库匹配得到的给定框架的扩充。该函数用 fetch_assertions（4.4.4.5 节）获取数据库里所有应该与当前模式和框架匹配的断言的流。使用 fetch_assertions 是因为我们常能通过简单测试丢掉数据库的很多条目，缩小成功检索用的候选池。没有 fetch_assertions 这个系统也能工作，只是简单地检查数据库中所有断言的流。但这样做可能降低效率，因为调用匹配器的次数可能大大增加。

```
function find_assertions(pattern, frame) {
    return stream_flatmap(
                datum => check_an_assertion(datum, pattern, frame),
                fetch_assertions(pattern, frame));
}
```

函数 check_an_assertion 以一个模式、一个数据对象（一个断言）和一个框架为参数。它或在匹配成功时返回被扩充的框架构成的单元素流，或在匹配失败时返回 null。

```
function check_an_assertion(assertion, query_pat, query_frame) {
    const match_result = pattern_match(query_pat, assertion,
                                       query_frame);
    return match_result === "failed"
           ? null
           : singleton_stream(match_result);
}
```

基本模式匹配器或者返回字符串 "failed"，或者返回给定框架的一个扩充。这个匹配器的基本思想就是对照模式检查数据，一个个元素地做，积累模式变量的约束。模式与数据对象相同是一种匹配成功，函数返回至今积累的约束形成的框架。否则，如果模式是一个变量（用 4.4.4.7 节声明的函数 is_variable 检查），而且它与数据的约束与框架里已有的约束相容，我们就用这个约束扩充当前的框架，得到扩充的框架。如果模式和数据都是序对，我们就（递归地）用模式的头部与数据的头部匹配，产生一个框架。然后在这个框架基础上做模式尾部与数据尾部的匹配。如果这些情况都不行则匹配失败，返回字符串 "failed"。

```
function pattern_match(pattern, data, frame) {
    return frame === "failed"
           ? "failed"
           : equal(pattern, data)
           ? frame
           : is_variable(pattern)
           ? extend_if_consistent(pattern, data, frame)
           : is_pair(pattern) && is_pair(data)
           ? pattern_match(tail(pattern),
                           tail(data),
                           pattern_match(head(pattern),
                                         head(data),
                                         frame))
           : "failed";
}
```

下面函数通过加入一个新约束的方式扩充给定的框架，条件是这个约束与框架里已有的约束相容：

```
function extend_if_consistent(variable, data, frame) {
    const binding = binding_in_frame(variable, frame);
    return is_undefined(binding)
           ? extend(variable, data, frame)
           : pattern_match(binding_value(binding), data, frame);
}
```

如果框架里不存在这个变量的约束，我们就简单加入该变量与数据的约束。否则，我们就需要在这个框架里，用这项数据与框架里该变量的约束值匹配。如果保存的值里只包含常量（如果它是由 `extend_if_consistent` 在模式匹配中存入的，则一定是这样），那么，这个匹配也就是检查已存的值和新值是否相同。如果两个值相同就返回不加修改的框架，如果不同就返回失败标志。当然，框架保存的值里也可能包含变量（如果它是由合一操作保存的，就可能出现这种情况，参看 4.4.4.4 节）。框架里保存的值与新值的递归匹配还可能要求增加或要求检查模式里相关变量的约束。举个例子，假设我们有一个框架，其中 `$x` 约束到 `list("f", $y)` 而 `$y` 没有约束，现在希望通过加入 `$x` 到 `list("f", "b")` 的约束来扩充这个框架。我们查找 `$x` 并发现它已经约束到 `list("f", $y)`，这就导致我们需要在同一框架里匹配已有的 `list("f", $y)` 与新值 `list("f", "b")`。这个匹配最终把 `$y` 到 `"b"` 的约束加入框架，而变量 `$x` 还是约束到 `list("f", $y)`。在整个处理过程中，已经保存的约束绝不修改，也不会为一个给定变量保存多个约束。

函数 `extend_if_consistent` 里用到几个操作约束的函数，它们将在 4.4.4.8 节定义。　　429

4.4.4.4　规则与合一

与函数 `find_assertions`（4.4.4.3 节）对应，`apply_rules` 是处理规则的函数。它以一个模式和一个框架为输入，通过把规则应用于数据库，生成一个扩充的框架流。函数 `stream_flatmap` 把 `apply_a_rule` 映射到可能应用的规则形成的流（由 `fetch_rules` 选出，4.4.4.5 节），并把得到的框架流组合到一起。

```
function apply_rules(pattern, frame) {
    return stream_flatmap(rule => apply_a_rule(rule, pattern, frame),
                          fetch_rules(pattern, frame));
}
```

函数 `apply_a_rule` 用 4.4.2 节概述的方法应用规则。它首先在给定的框架里对规则的结论和模式做合一操作，以扩充其实参框架。如果操作成功，它就在得到的新框架里求值规则的体。

在做上述操作之前，程序还需要把规则里的所有变量重命名为具有唯一性的新名字。之所以要这样做，是为了避免在应用不同规则时变量的名字相互干扰。举个例子，如果两条规则里都用到变量 `$x`，在应用时，这两条规则就都可能向框架里加入对 `$x` 的约束。其实这两个约束之间毫无关系，而我们却以为这两个约束必须相容。不做变量重命名，我们也可以设计一种聪明的环境结构。重命名是最直截了当的解决方法，虽然效率可能不是最高的（参看练习 4.76）。下面是 `apply_a_rule` 函数的声明：

```
function apply_a_rule(rule, query_pattern, query_frame) {
    const clean_rule = rename_variables_in(rule);
    const unify_result = unify_match(query_pattern,
                                     conclusion(clean_rule),
                                     query_frame);
    return unify_result === "failed"
           ? null
           : evaluate_query(rule_body(clean_rule),
                            singleton_stream(unify_result));
}
```

提取规则成分的选择函数 `rule_body` 和 `conclusion` 在 4.4.4.7 节定义。

为了生成唯一名字，我们给每次规则应用关联一个唯一标识（一个数），并把这个标识与原变量名组合。譬如说，如果一次规则应用的标识是 7，我们就把被应用的规则里的每个 \$x 都改成 \$x_7，每个 \$y 都改为 \$y_7。（4.4.4.7 节将给出函数 make_new_variable 和 new_rule_application_id，还有相关的语法函数。）

430

```
function rename_variables_in(rule) {
    const rule_application_id = new_rule_application_id();
    function tree_walk(exp) {
        return is_variable(exp)
               ? make_new_variable(exp, rule_application_id)
               : is_pair(exp)
               ? pair(tree_walk(head(exp)),
                      tree_walk(tail(exp)))
               : exp;
    }
    return tree_walk(rule);
}
```

合一算法也实现为一个函数，它以两个模式和一个框架为参数，返回扩充后的框架或者字符串 "failed"。合一函数很像前面的模式匹配器，但它是对称的，因为匹配的两边都可以有变量。函数 unify_match 与 pattern_match 基本相同，只是多了些代码（下面用 "***" 标记的部分），用于处理匹配的右边对象是变量的情况。

```
function unify_match(p1, p2, frame) {
    return frame === "failed"
           ? "failed"
           : equal(p1, p2)
           ? frame
           : is_variable(p1)
           ? extend_if_possible(p1, p2, frame)
           : is_variable(p2)                        // ***
           ? extend_if_possible(p2, p1, frame)  // ***
           : is_pair(p1) && is_pair(p2)
           ? unify_match(tail(p1),
                         tail(p2),
                         unify_match(head(p1),
                                     head(p2),
                                     frame))
           : "failed";
}
```

合一操作的情况与单边模式匹配类似，我们只在所考虑的扩充与现存约束相容时才接受它们。合一中使用的 extend_if_possible 函数很像在模式匹配用的 extend_if_consistent，但增加了两处特殊检查，在下面的程序里用 "***" 标记。第一种情况出现在试图匹配的变量还没有约束，而且要用它去匹配的值本身也是一个（不同的）变量时。此时就需要检查那个（作为值的）变量是否已有约束。如果有，就让前一变量也约束到它的值。

431

如果两个变量都没有约束，我们就把其中任何一个约束到另一个。

第二个检查的情况是在试图把一个变量约束到一个模式，而该模式里又包含这个变量的时候。当两个模式里都有重复出现的变量时就可能出现这种情况。举个例子，考虑在一个 \$x 和 \$y 都没有约束的框架里做模式 list(\$x \$x) 和 list(\$y, *expression involving \$y*) 的合一。这里首先匹配 \$x 与 \$y，得到一个从 \$x 到 \$y 的约束。下面又要用同一个 \$x 去与一个涉及 \$y 的表达式匹配。由于 \$x 已经约束到 \$y，结果就要用 \$y 去与这个表达式匹配。

如果我们认为合一工作是为模式变量找到一集对应值，它们能使两个模式变得相同。那么上面合一就意味着要找一个 $y 使 $y 等价于那个包含 $y 的表达式。不存在求解这种方程的普适方法，因此我们拒绝这种约束[74]。谓词 depends_on 检查这种情况。另一方面，我们不想拒绝一个变量与其自身的匹配。举例说，在考虑合一 list($x, $x) 和 list($y, $y) 时，第二次尝试把 $x 约束到 $y 时要做 $y（$x 的保存值）与 $y（$x 的新值）的匹配。这个情况通过 unify_match 里的 equal 子句检查。

432

```
function extend_if_possible(variable, value, frame) {
    const binding = binding_in_frame(variable, frame);
    if (! is_undefined(binding)) {
        return unify_match(binding_value(binding),
                           value, frame);
    } else if (is_variable(value)) {                    // ***
        const binding = binding_in_frame(value, frame);
        return ! is_undefined(binding)
               ? unify_match(variable,
                             binding_value(binding),
                             frame)
               : extend(variable, value, frame);
    } else if (depends_on(value, variable, frame)) { // ***
        return "failed";
    } else {
        return extend(variable, value, frame);
    }
}
```

函数 depends_on 是一个谓词，它检查一个准备作为某模式变量的值的表达式是否依赖这个变量。这一检查也必须相对于当前的框架，因为表达式里可能包含某个变量的出现，而该变量已经有了值，其值依赖于需要检查的变量。depends_on 的结构是一个简单的递归的树遍历，工作中（在需要时）需要把一些变量换成相应的值。

74　一般而言，$y 与一个涉及 $y 的表达式合一，要求我们找到方程 $y = <expression involving $y> 的一个不动点。有些时候我们确实可能通过语法方式构造一个表达式，使它正好是这个方程的一个解。例如，$y = list("f", $y) 看来有不动点 list("f", list("f", list("f", ...)))，我们可以从表达式 list("f", $y) 开始，通过反复用 list("f", $y) 替换 $y 而得到它。不幸的是，并不是每个这样的方程都存在有意义的不动点。这里出现的问题与数学里无穷级数运算中的问题类似。举例说，我们知道 2 是方程 $y = 1 + y/2$ 的解。从表达式 $1 + y/2$ 开始，反复地用 $1 + y/2$ 替换 y，将给出：

$$2 = y = 1 + y/2 = 1 + (1 + y/2)/2 = 1 + 1/2 + y/4 = \cdots$$

由此将得到

$$2 = 1 + 1/2 + 1/4 + 1/8 + \cdots$$

但是，如果我们由于看到了 -1 是方程 $y = 1 + 2y$ 的解，而试着去做同样的事情时，将会得到：

$$-1 = y = 1 + 2y = 1 + 2(1 + 2y) = 1 + 2 + 4y = \cdots$$

并由此得到

$$-1 = 1 + 2 + 4 + 8 + \cdots$$

虽然用于推导出这两个方程时用的形式操作完全一样，第一个结果是关于一个无穷级数的合法断言，而第二个却不是。与此类似，用任意语法结构的表达式对合一的结果做推理，也可能导致错误。

　　当然，今天的大多数逻辑程序设计系统允许循环引用，接受带环的数据结构作为匹配结果。人们已经利用合理树（rational tree）在理论上证明了这种做法的合法性（Jaffar and Stuchey 1986）。接受循环数据结构就允许自引用数据。例如，雇员的数据结构包含对雇佣者的引用，而雇佣者的记录里又引用该雇员。

```
function depends_on(expression, variable, frame) {
    function tree_walk(e) {
        if (is_variable(e)) {
            if (equal(variable, e)) {
                return true;
            } else {
                const b = binding_in_frame(e, frame);
                return is_undefined(b)
                       ? false
                       : tree_walk(binding_value(b));
            }
        } else {
            return is_pair(e)
                   ? tree_walk(head(e)) || tree_walk(tail(e))
                   : false;
        }
    }
    return tree_walk(expression);
}
```

433

4.4.4.5 数据库维护

在设计逻辑程序设计语言时，一个重要问题就是设法做好安排，使得在需要检查给定的模式时必须考察的无关数据库条目尽可能地少。为此目的，我们用表来表示断言，其头部是表示该断言所属信息类的字符串。我们把断言存入一些不同的流，每个流里存储着同属一个信息类的断言。这些流都存入一个用类别作为索引的表格。在提取可能与模式匹配的断言时，我们返回具有同样头部（同属一个信息类）的所有断言（送给匹配器去检查）。更聪明的方法还可以考虑利用框架里的信息。我们没有把上述索引规则构造到程序里，而是依靠谓词和选择函数来实现这种规则。

```
function fetch_assertions(pattern, frame) {
    return get_indexed_assertions(pattern);
}
function get_indexed_assertions(pattern) {
    return get_stream(index_key_of(pattern), "assertion-stream");
}
```

函数 `get_stream` 到表格里去找相应的流，如果没找到就返回一个空流。

```
function get_stream(key1, key2) {
    const s = get(key1, key2);
    return is_undefined(s) ? null : s;
}
```

对规则也采用类似的方式，基于规则结论的头部保存。一个模式可能与结论部分与其具有同样头部的规则匹配。这样，在提取有可能与模式匹配的规则时，我们提取所有结论部分的头部与模式头部相同的规则。

```
function fetch_rules(pattern, frame) {
    return get_indexed_rules(pattern);
}
function get_indexed_rules(pattern) {
    return get_stream(index_key_of(pattern), "rule-stream");
}
```

函数 `add_rule_or_assertion` 用在 `query_driver_loop` 里，用于把断言和规则加入数据库。每个条目都保存到相应的索引下。

```
function add_rule_or_assertion(assertion) {
    return is_rule(assertion)
           ? add_rule(assertion)
           : add_assertion(assertion);
}
function add_assertion(assertion) {
    store_assertion_in_index(assertion);
    return "ok";
}
function add_rule(rule) {
    store_rule_in_index(rule);
    return "ok";
}
```

434

实际保存一个断言或规则时，我们将其存入适当的流。

```
function store_assertion_in_index(assertion) {
    const key = index_key_of(assertion);
    const current_assertion_stream =
              get_stream(key, "assertion-stream");
    put(key, "assertion-stream",
        pair(assertion, () => current_assertion_stream));
}
function store_rule_in_index(rule) {
    const pattern = conclusion(rule);
    const key = index_key_of(pattern);
    const current_rule_stream =
              get_stream(key, "rule-stream");
    put(key, "rule-stream",
        pair(rule, () => current_rule_stream));
}
```

模式（一个断言或者一个规则的结论部分）以其头部字符串为关键字保存在表格里。

```
function index_key_of(pattern) { return head(pattern); }
```

4.4.4.6 流操作

这个查询系统还用到几个在第 3 章里没有给出的流操作。

函数 stream_append_delayed 和 interleave_delayed 与 （3.5.3 节的） stream_append 和 interleave 类似， 但它们都要求延迟参数（就像 3.5.4 节的 integral 函数）。这样做，在某些情况将延迟循环的执行（参看练习 4.68）。

```
function stream_append_delayed(s1, delayed_s2) {
    return is_null(s1)
           ? delayed_s2()
           : pair(head(s1),
                  () => stream_append_delayed(stream_tail(s1),
                                              delayed_s2));
}
function interleave_delayed(s1, delayed_s2) {
    return is_null(s1)
           ? delayed_s2()
           : pair(head(s1),
                  () => interleave_delayed(delayed_s2(),
                                           () => stream_tail(s1)));
}
```

函数 stream_flatmap 在整个查询求值器里到处使用，它把一个函数映射到一个框架流上，并把得到的结果框架流组合起来。这个函数可以看作 2.2.3 节介绍的针对常规表的 flatmap 函数的流版本。但是，与常规 flatmap 不同，我们通过交错的方式累积起各个流，而不是简单地把它们连接起来（参看练习 4.69 和练习 4.70）。

```
function stream_flatmap(fun, s) {
    return flatten_stream(stream_map(fun, s));
}
function flatten_stream(stream) {
    return is_null(stream)
           ? null
           : interleave_delayed(
               head(stream),
               () => flatten_stream(stream_tail(stream)));
}
```

求值器还用下面的简单函数生成只包含一个元素的流：

```
function singleton_stream(x) {
    return pair(x, () => null);
}
```

4.4.4.7　查询的语法函数和实例化

我们在 4.4.4.1 节看到，驱动循环首先把输入字符串变换到 JavaScript 语法表示。我们把输入设计成 JavaScript 表达式的样子，因此就能用 4.1.4 节的 parse 函数，它也能支持 JavaScript 形式的 javascript_predicate。例如：

```
parse('job($x, list("computer", "wizard"));');
```

将产生：

```
list("application",
    list("name", "job"),
    list(list("name", "$x"),
        list("application",
            list("name", "list"),
            list(list("literal", "computer"),
                list("literal", "wizard")))))
```

标签 "application" 说明，在语法上，查询被看作 JavaScript 里的函数应用。函数 unparse 把这种语法表示转回字符串：

```
unparse(parse('job($x, list("computer", "wizard"));'));
'job($x, list("computer", "wizard"))'
```

在查询处理器里，我们假定有另一种查询语言专用的断言、规则和查询的表示形式。函数 convert_to_query_syntax 能把这种语法表示转换到该专用形式。用同一个例子：

```
convert_to_query_syntax(parse('job($x, list("computer", "wizard"));'));
```

将产生：

```
list("job", list("name", "$x"), list("computer", "wizard"))
```

查询系统的函数，如 4.4.4.5 节的 add_rule_or_assertion 和 4.4.4.2 节的 evaluate_query，都在查询语言专用表示上操作，它们都使用下面将要声明的选择函数和语法谓词 type、 contents、is_rule 和 first_conjunct 等。图 4.8 描绘了查询系统的三层抽象屏障，可以看到变换函数 parse、unparse 和 convert_to_query_syntax 如何扮演着桥梁的角色。

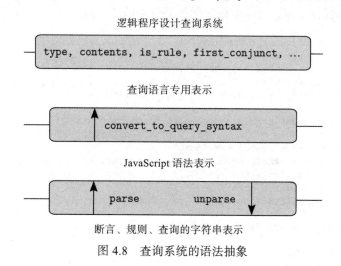

图 4.8　查询系统的语法抽象

处理模式变量

在查询处理过程中，谓词 is_variable 用在查询语言专用表示上；在实例化时，这个函数用在 JavaScript 语法表示上，用于识别 $ 符号开头的名字。我们假设有一个函数 char_at，它返回一个字符串，其中只包含给定字符串中给定位置的字符[75]。

```
function is_variable(exp) {
    return is_name(exp) && char_at(symbol_of_name(exp), 0) === "$";
}
```

在规则应用中使用的唯一名字通过下面的函数构造。规则应用的唯一标识是一个数，每次有规则应用时将其值加一：

```
let rule_counter = 0;

function new_rule_application_id() {
    rule_counter = rule_counter + 1;
    return rule_counter;
}
function make_new_variable(variable, rule_application_id) {
    return make_name(symbol_of_name(variable) + "_" +
                    stringify(rule_application_id));
}
```

函数 convert_to_query_syntax

函数 convert_to_query_syntax 采用递归的方式定义，它把 JavaScript 语法表示转换到查询语言的专用表示。在转换中，它还要简化断言、规则和查询的形式，把应用中的函数表达式里名字的符号改为标签。但是，当遇到的符号是 "pair" 或 "list" 时，它就直接构造一个（无标签的）JavaScript 序对或者表。这意味着，在转换中，convert_to_query_syntax 直接实现了构造函数 pair 和 list 的应用。这样，如 4.4.4.3 节的 pattern_match

437

---

[75]　在 JavaScript 里，要取得字符串 s 中的首字符构成的串，实际上应该用 s.charAt(0)。

和 4.4.4.4 节的 unify_match 等处理函数, 就能直接在所需要的序对或表上操作了, 而不是在 parse 生成的语法表示上操作。javascript_predicate 的 (单元素) "实参" 表保持不变 (下面解释)。变量保持不变, 文字量被简化为其包含的基本值。

```javascript
function convert_to_query_syntax(exp) {
    if (is_application(exp)) {
        const function_symbol = symbol_of_name(function_expression(exp));
        if (function_symbol === "javascript_predicate") {
            return pair(function_symbol, arg_expressions(exp));
        } else {
            const processed_args = map(convert_to_query_syntax,
                                       arg_expressions(exp));
            return function_symbol === "pair"
                   ? pair(head(processed_args), head(tail(processed_args)))
                   : function_symbol === "list"
                   ? processed_args
                   : pair(function_symbol, processed_args);
        }
    } else if (is_variable(exp)) {
        return exp;
    } else { // exp is literal
        return literal_value(exp);
    }
}
```

这一处理中的唯一一例外是 javascript_predicate, 其中 JavaScript 语法形式的谓词表达式需要在实例化后送给 4.1.1 节的 evaluate。因此, 在查询语言的专用表示里, 这种表达式维持来自 parse 的原语法表示不变。对于 4.4.1 节的下面例子:

and(salary($person, $amount), javascript_predicate($amount > 50000))

convert_to_query_syntax 生成一个数据结构, 可以看到在查询语言的专用表示里嵌入了一段 JavaScript 语法表示:

```javascript
list("and",
    list("salary", list("name", "$person"), list("name", "$amount")),
    list("javascript_predicate",
        list("binary_operator_combination",
            ">",
            list("name", "$amount"),
            list("literal", 50000))))
```

在处理这个查询时, 为了求值其中的 javascript_predicate 子表达式, 4.4.4.2 节声明的函数 javascript_predicate 将对内嵌的 JavaScript 语法表示 $amount > 50000 调用函数 instantiate_expression (见下), 把其中变量 list("name", "$amount") 代换为某个文字量, 例如 list("literal", 70000), 表示 $amount 约束的基本值是 70000。这样 JavaScript 求值器就可以求值实例化后的谓词了, 在这里也就是 70000 > 50000。

表达式的实例化

4.4.4.2 节的函数 javascript_predicate 和 4.4.4.1 节的驱动循环都需要对表达式调用函数 instantiate_expression, 用给定框架里的值取代其中的变量, 最后得到该表达式的实例化拷贝。这里的输入和结果表达式都用 JavaScript 语法表示, 因此, 在结果表达式里,任何由变量实例化得到的值，都需要从它在约束里的形式转换为 JavaScript 语法表示：

```js
function instantiate_expression(expression, frame) {
    return is_variable(expression)
           ? convert(instantiate_term(expression, frame))
           : is_pair(expression)
           ? pair(instantiate_expression(head(expression), frame),
                  instantiate_expression(tail(expression), frame))
           : expression;
}
```

函数 instantiate_term 以一个变量、序对或基本值作为第一个参数，以一个框架作为第二个实参。它递归地把第一个参数里的变量都用它们在框架里的约束值取代，直至遇到基本值或未约束变量。如果处理中遇到序对，它就构造一个新序对，其中各个部分都是原部分的实例化结果。例如，如果合一使得 $x 在框架 f 里约束于 [$y, 5]，$y 约束于 3，将函数 instantiate_term 作用于 list("name", "$x") 和 f 就会得到 [3, 5]。

439

```js
function instantiate_term(term, frame) {
    if (is_variable(term)) {
        const binding = binding_in_frame(term, frame);
        return is_undefined(binding)
               ? term   // leave unbound variable as is
               : instantiate_term(binding_value(binding), frame);
    } else if (is_pair(term)) {
        return pair(instantiate_term(head(term), frame),
                    instantiate_term(tail(term), frame));
    } else { // term is a primitive value
        return term;
    }
}
```

函数 convert 从 instantiate_term 返回的变量、序对或基本值出发，构造相应的 JavaScript 语法表示。原来的 pair 变成 JavaScript 的序对构造函数应用，基本值变成文字量。

```js
function convert(term) {
    return is_variable(term)
           ? term
           : is_pair(term)
           ? make_application(make_name("pair"),
                              list(convert(head(term)),
                                   convert(tail(term))))
           : // term is a primitive value
             make_literal(term);
}
```

为了展示这些函数，我们考虑下面查询中出现的情况：

```js
job($x, list("computer", "wizard"))
```

在 4.4.4.7 节的开始，我们给出过由驱动循环处理的这个查询的 JavaScript 语法表示。现在让我们假定结果流中有一个框架 g，在其中 $x 约束于序对 ["Bitdiddle", $y]，变量 $y 约束于序对 ["Ben", null]。这样

```js
instantiate_term(list("name", "$x"), g)
```

就会返回表

```
list("Bitdiddle", "Ben")
```

它被 convert 转换为

```
list("application",
    list("name", "pair"),
    list(list("literal", "Bitdiddle"),
        list("application",
            list("name", "pair"),
            list(list("literal", "Ben"),
                list("literal", null)))))
```

440

instantiate_expression 应用于该查询的 JavaScript 语法表示和框架 g，结果将是

```
list("application",
    list("name", "job"),
    list(list("application",
            list("name", "pair"),
            list(list("literal", "Bitdiddle"),
                list("application",
                    list("name", "pair"),
                    list(list("literal", "Ben"),
                        list("literal", null))))),
        list("application",
            list("name", "list"),
            list(list("literal", "computer"),
                list("literal", "wizard")))))
```

驱动循环将把这个结果转回字符串表示形式，最后显示出

```
'job(list("Bitdiddle", "Ben"), list("computer", "wizard"))'
```

函数 unparse

函数 unparse 使用 4.1.2 节的语法规则，把给定组件从 JavaScript 语法表示转换为字符串。下面我们将像在练习 4.2 里那样，只说明 4.4.1 节的例子里用到的表达式类型的 unparse 情况，省略对语句和其他类型的表达式的说明。表达式中的文字量用 stringifying 变换到相应的值，名字变换到相应的符号。对函数应用做格式化时，unparse 先处理其中的函数表达式（这里可以假定它是一个名字），后随一对括号，其中括起的一些用逗号分隔的实参表达式。二元运算符组合式都转换为中缀表示形式：

```
function unparse(exp) {
    return is_literal(exp)
            ? stringify(literal_value(exp))
            : is_name(exp)
            ? symbol_of_name(exp)
            : is_list_construction(exp)
            ? unparse(make_application(make_name("list"),
                                       element_expressions(exp)))
            : is_application(exp) && is_name(function_expression(exp))
            ? symbol_of_name(function_expression(exp)) +
                "(" +
                comma_separated(map(unparse, arg_expressions(exp))) +
                ")"
            : is_binary_operator_combination(exp)
            ? "(" + unparse(first_operand(exp)) +
```

```
                    " " + operator_symbol(exp) +
                    " " + unparse(second_operand(exp)) +
                    ")"
           ⟨unparsing other kinds of JavaScript components⟩
           : error(exp, "unknown syntax -- unparse");
}
function comma_separated(strings) {
    return accumulate((s, acc) => s + (acc === "" ? "" : ", " + acc),
                      "",
                      strings);
}
```

没有下面的子句，函数 unparse 也可以很好地工作：

```
: is_list_construction(exp)
? unparse(make_application(make_name("list"),
                           element_expressions(exp)))
```

只是在模式变量被实例化为表的情况时，产生的输出串可能毫无必要地过分啰嗦。在上面的
例子里，处理查询：

```
job($x, list("computer", "wizard"))
```

将产生一个框架，其中 $x 约束于 ["Bitdiddle", ["Ben", null]]。对它 unparse 生成：

```
'job(list("Bitdiddle", "Ben"), list("computer", "wizard"))'
```

如果没有上面子句，它将生成：

```
'job(pair("Bitdiddle", pair("Ben", null)), list("computer", "wizard"))'
```

这里显式构造了两个序对，用于表示第一个表。为构造出整个 4.4.1 节一直在用的更简洁的
表达形式，我们插入了上述子句，用它检查表达式是否构成一个表。如果发现是就构造一
个表，把 list 应用于从表达式里提取出来的那些表元素表达式。一个表结构或者是一个
null，或者是一个 pair 应用，而且其第二个实参也是表结构。

```
function is_list_construction(exp) {
    return (is_literal(exp) && is_null(literal_value(exp))) ||
           (is_application(exp) && is_name(function_expression(exp)) &&
            symbol_of_name(function_expression(exp)) === "pair" &&
            is_list_construction(head(tail(arg_expressions(exp)))));
}
```

从给定的表结构里提取元素表达式，需要遍历并收集起一个个 pair 应用中的第一个参数，
直至遇到 null：

```
function element_expressions(list_constr) {
    return is_literal(list_constr)
           ? null // list_constr is literal null
           :       // list_constr is application of pair
             pair(head(arg_expressions(list_constr)),
                  element_expressions(
                      head(tail(arg_expressions(list_constr)))));
}
```

查询语言专用表示的谓词和选择函数

函数 type 和 contents 用在 evaluate_query 里（4.4.4.2 节），它们说明查询专用语言

是一种头部用字符串标识的语法形式。这两个函数与 2.4.2 节的 `type_tag` 和 `contents` 完全一样，除了其中的错误信息不同：

```
function type(exp) {
    return is_pair(exp)
           ? head(exp)
           : error(exp, "unknown expression type");
}
function contents(exp) {
    return is_pair(exp)
           ? tail(exp)
           : error(exp, "unknown expression contents");
}
```

下 面 函 数 用 在 `query_driver_loop` 里（4.4.4.1 节）。它们描述了用 `assert` 命令加入数据库的规则和断言的形式。函数 `convert_to_query_syntax` 把断言转换为形如 [`"assert"`, *rule-or-assertion*] 的序对形式：

```
function is_assertion(exp) {
    return type(exp) === "assert";
}
function assertion_body(exp) { return head(contents(exp)); }
```

这里是用于 `and`、`or`、`not` 和 `javascript_predicate` 语法形式（4.4.4.2 节）的谓词和选择函数的声明：

```
function is_empty_conjunction(exps) { return is_null(exps); }
function first_conjunct(exps) { return head(exps); }
function rest_conjuncts(exps) { return tail(exps); }

function is_empty_disjunction(exps) { return is_null(exps); }
function first_disjunct(exps) { return head(exps); }
function rest_disjuncts(exps) { return tail(exps); }

function negated_query(exps) { return head(exps); }

function javascript_predicate_expression(exps) { return head(exps); }
```

443

下面三个函数定义了规则的查询语言专用表示：

```
function is_rule(assertion) {
    return is_tagged_list(assertion, "rule");
}
function conclusion(rule) { return head(tail(rule)); }
function rule_body(rule) {
    return is_null(tail(tail(rule)))
           ? list("always_true")
           : head(tail(tail(rule)));
}
```

4.4.4.8 框架和约束

框架表示为一组约束的表，每个约束是一个变量 – 值的序对：

```
function make_binding(variable, value) {
    return pair(variable, value);
```

```
}
function binding_variable(binding) {
    return head(binding);
}
function binding_value(binding) {
    return tail(binding);
}
function binding_in_frame(variable, frame) {
    return assoc(variable, frame);
}
function extend(variable, value, frame) {
    return pair(make_binding(variable, value), frame);
}
```

练习 4.68 Louis Reasoner 感到很奇怪，为什么 simple_query 和 disjoin 函数（4.4.4.2 节）的实现里用了延迟表达式，而没有定义为下面的形式：

```
function simple_query(query_pattern, frame_stream) {
    return stream_flatmap(
               frame =>
                 stream_append(find_assertions(query_pattern, frame),
                               apply_rules(query_pattern, frame)),
               frame_stream);
}
function disjoin(disjuncts, frame_stream) {
    return is_empty_disjunction(disjuncts)
           ? null
           : interleave(
               evaluate_query(first_disjunct(disjuncts), frame_stream),
               disjoin(rest_disjuncts(disjuncts), frame_stream));
}
```

你能给出一些查询实例，对于它们，这种更简单的定义会导致我们不希望的行为吗？

444

练习 4.69 为什么 disjoin 和 stream_flatmap 要以交错的方式合并多个流，而不是简单地连接它们？请给出实例，说明采用交错方式是更合适的。（提示：为什么我们在 3.5.3 节里需要使用函数 interleave？）

练习 4.70 为什么我们在 flatten_stream 的体中使用了延迟表达式？采用下面的方式定义它有什么问题呢？

```
function flatten_stream(stream) {
    return is_null(stream)
           ? null
           : interleave(head(stream),
                        flatten_stream(stream_tail(stream)));
}
```

练习 4.71 Alyssa P. Hacker 建议在 negate、javascript_predicate 和 find_assertions 里采用另一个更简单的 stream_flatmap 版本。她注意到，在这些情况下，被映射到框架流的函数总是或者产生一个空流，或者产生一个单元素流。因此，在组合这些流时，根本不需要做交错。

a. 请填充下面 Alyssa 的程序里缺少的表达式：

```
function simple_stream_flatmap(fun, s) {
    return simple_flatten(stream_map(fun, s));
}
function simple_flatten(stream) {
    return stream_map(⟨??⟩,
                      stream_filter(⟨??⟩, stream));
}
```

b. 如果我们这样修改程序，查询系统的行为会改变吗？

练习 4.72 请为这个查询语言实现一种称为 unique 的新语法形式。当且仅当数据库里恰好有一个满足特定查询的条目时 unique 成功。例如，

```
unique(job($x, list("computer", "wizard")))
```

应该打印下面的只包含一个条目的流

```
unique(job(list("Bitdiddle", "Ben"), list("computer", "wizard")))
```

因为 Ben 是这里仅有的计算机大师。而

```
unique(job($x, list("computer", "programmer")))
```

应该输出一个空流，因为这里的计算机程序员不止一个。进一步说，

```
and(job($x, $j), unique(job($anyone, $j)))
```

应该列出所有只有一个人能做的工作，以及能做该工作的人。

实现 unique 的工作包括两部分。首先是写一个处理这个语法形式的函数，其次是让 evaluate_query 能为这个函数分派。第二项工作很简单，因为 evaluate_query 以数据导向的方式做分派，如果你的函数名字是 uniquely_asserted，需要做的也就是写：

```
put("unique", "evaluate_query", uniquely_asserted);
```

evaluate_query 遇到 type（头部）是字符串 "unique" 的查询，就会分派给相应的函数。

真正的问题是函数 uniquely_asserted。它需要以 unique 查询的 contents（尾部）部分和一个框架流为输入，对流里每个框架，它应该用 evaluate_query 找出该框架的所有满足给定查询的扩充框架的流，抛弃所有包含不止一个条目的流，送回剩下的流，并将其累积到一个大流里作为 unique 查询的结果。这一方式与语法形式 not 的实现类似。

请构造如下查询以检查你的实现：找出所有这样的人，他们只有一个上级。

练习 4.73 我们把 and 实现为一系列查询的组合（图 4.6）。这种方法很优美，但也比较低效。因为在处理 and 的第二个查询时，我们必须针对第一个查询产生的每一个框架去扫描整个数据库。如果数据库里有 N 个元素，一次典型查询产生的输出框架个数正比于 N（例如 N/k），那么为第一个查询生成的所有输出框架扫描数据库，就需要调用模式匹配器 N^2/k 次。另一种方法是分别处理 and 的两个子句，然后考察两个流里的各对输出框架是否兼容。如果每个查询产生 N/k 个输出框架，在这里我们只需要做 N^2/k^2 次相容性检查——与目前的方法相比，新方法需要做的匹配次数小了一个 k 倍的因子。

请开发出一个采用后一策略的 and 实现。你必须实现一个函数，它以两个流为输入，检查它们中的一对对框架里的约束是否兼容，如果是就合并这两个框架里的约束，生成一个

框架。最后的这个操作很像合一操作。

练习 4.74　我们在 4.4.3 节里看到，如果把过滤器 not 和 javascript_predicate 作用于包含未约束变量的框架，就会导致查询语言给出"错误的"回答。请设计一种方法纠正这个问题。一种想法是以某种"延迟"的方式执行过滤，给这些框架附上一个做过滤的"允诺"，只有在框架里的变量约束足够多，使这个操作能正常完成时才去执行它。我们可以等到所有其他操作都完成之后再执行过滤。当然，由于效率原因，我们还是希望尽早做过滤，以减少所生成出的中间框架的数量。

446

练习 4.75　请重新把这个查询语言作为一个非确定性程序，用 4.3 节的求值器实现，而不是作为一个流处理过程。按这种方法，每个查询将产生一个回答（而不是所有回答的流），但用户可以通过输入 retry 得到更多回答。你应该发现，我们在这一节里构造的大部分机制都被非确定性搜索和回溯涵盖了。当然，你可能还会发现，从行为上看，这个新查询语言与本节给出的语言有一些微妙差异。你能找出说明有关差异的例子吗？

练习 4.76　我们在 4.1 节实现 JavaScript 求值器时，曾看到如何通过使用内部环境来避免函数参数之间的名字冲突。例如，在求值下面的表达式时：

```javascript
function square(x) {
    return x * x;
}
function sum_of_squares(x, y) {
    return square(x) + square(y);
}
sum_of_squares(3, 4);
```

square 的 x 与 sum_of_squares 的 x 之间不会产生混乱，因为对各函数体将在某个特别构造的包含了有关局部变量的环境求值。在查询系统里，为避免规则应用中的名字冲突，我们采用了另一种方式：在每次应用一条规则前，我们都把其中的变量重新命名，保证名字都是唯一的。我们也可以在 JavaScript 求值器里采用这个策略，不用局部环境，而是在每次应用一个函数时重新命名函数体里的所有变量。

请为查询语言实现另一种规则应用方式，其中采用局部环境而不是重命名。你能否基于自己的环境结构，为查询语言增加处理大型系统的机制，例如类似块结构功能的规则。你能把这类结构里的一些东西与在一个上下文里推导的问题（例如，"如果假定了 P 真，我就能推导出 A 和 B。"）联系起来，做成一个问题求解方法吗？（这个问题是无止境的。）

447

寄存器机器里的计算

我的目标就是想说明，这一天空机器并不是天赐造物或生命体，只不过是钟表一类的装置（相信钟表有灵魂者却说它是其创造者的荣耀），几乎所有多种多样的运动都由一种简单的物质力所致，就像钟表里的所有活动都由一个重锤驱动。

——Johannes Kepler（约翰尼斯·开普勒），给 Herwart von Hohenburg 的信（1605）

本书从研究计算过程和用 JavaScript 写函数描述它们起步。为了解释这些函数的意义，我们提出了一系列求值模型：第 1 章的代换模型，第 3 章的环境模型，以及第 4 章的元循环模型。我们特别仔细地考察元循环模型，就是为了尽力揭开类 JavaScript 语言的程序如何解释的神秘面纱。但是，即使是元循环解释器，也留下了一些没回答的问题，因为它没办法诠释 JavaScript 系统的控制机制。例如，该求值器不能解释在求值子表达式的过程中如何管理返回值，将其传给使用这些值的表达式。该求值器也没办法解释为什么有些递归函数能产生迭代型计算过程（也就是说，其求值只需要常量空间），而另一些递归函数却产生递归型计算过程[1]。这一章将讨论这些问题。

我们将基于传统计算机的一步一步操作来描述计算过程。这样的计算机也称为寄存器机器，它们顺序执行一些指令，用于操作固定的一组称为寄存器的存储单元的内容。一条典型的寄存器机器指令把一种基本操作应用于某几个寄存器的内容，并把结果赋给另一个寄存器。对于寄存器机器执行的计算过程的描述，看起来很像传统计算机的"机器语言"程序。当然，这里并不打算关注任何特定计算机的机器语言，我们要考察几个 JavaScript 函数，并为执行每个函数设计特殊的寄存器机器。这样，我们就像从硬件结构设计师的角度看问题，而不是从机器语言计算机程序员的角度。在设计寄存器机器时，我们还要开发一些实现重要的程序设计结构的机制，例如递归。我们还要给出一种描述寄存器机器设计的语言。在 5.2 节，我们要实现一个 JavaScript 程序，它能根据上述描述模拟我们设计的机器。

我们寄存器机器的大部分基本操作都非常简单。例如，有一个操作可以加起从两个寄存器获得的值，把产生的结果存入第三个寄存器。这些操作都能用很容易描述的硬件执行。为了处理表结构，我们也需要使用存储器操作 head、tail 和 pair，它们要求更精细地存储分配机制。我们将在 5.3 节研究如何基于更基本的操作实现它们。

在积累了许多把简单函数构造为寄存器机器的经验之后，我们要在 5.4 节设计一部机器，它能执行由 4.1 节的元循环求值器描述的算法。该工作将填补起我们对如何解释 JavaScript 程序的理解中的缺陷，为求值器里的控制机制提供一个清晰明确的模型。在 5.5 节，我们还要研究一个简单的编译器，它能把 JavaScript 程序翻译成指令序列，这种序列可以用上面的求值器寄存器机器的寄存器和操作直接执行。

1　使用我们的元循环求值器，递归函数将总是给出递归型的计算过程，即使按照 1.2.1 节的划分，该计算过程应该是迭代的。参看 4.1.1 节的脚注 6。

5.1　寄存器机器的设计

为了设计一部寄存器机器，我们必须设计好它的数据通路（寄存器和操作）和控制器，后者决定了相关操作的执行顺序。为了展示简单寄存器机器的设计过程，让我们再次考察欧几里得算法，它能计算出两个整数的最大公约数（GCD）。正如我们在 1.2.5 节看到的，欧几里得算法可以由下面函数描述的迭代计算过程实现：

```
function gcd(a, b) {
    return b === 0 ? a : gcd(b, a % b);
}
```

一部机器要执行这个算法，就必须维持好两个数 a 和 b 的变化轨迹。所以，我们假定这两个数保存在具有同样名字的两个寄存器里。这里需要的基本操作包括检查寄存器 b 的内容是否为 0，以及计算寄存器 a 的内容除以寄存器 b 的内容得到的余数。余数操作是一个复杂的计算过程，但我们现在暂时假定有一个能计算余数的基本设备。在这个 GCD 算法的每次循环里，寄存器 a 的内容都必须用寄存器 b 的内容取代，而 b 的内容必须用 a 的原内容除以 b 的原内容的余数取代。如果这些代换能同时做，事情会方便很多。但是，对于我们的寄存器机器模型，我们假定每一步只能给一个寄存器赋新的值。为完成上述代换，我们的机器需要使用第三个"临时性的"寄存器，称为 t。（首先把余数放入寄存器 t，而后把 b 的内容存入 a，最后再把保存在 t 里的余数存入 b。）

我们可以用图 5.1 所示的数据通路图描绘这部机器里所需的寄存器和各种操作。在这个图里，寄存器（a、b 和 t）用矩形表示，给寄存器赋值的一种方法用一个带按钮（图中画在箭头后面的⊗）的箭头表示，箭头连线从数据源指向被赋值的寄存器。按压箭头上的按钮，就是允许值从数据源"流向"指定的寄存器。每个按钮旁边的名字用于引述这个按钮，这些名字可以任意取，因此我们选用助记的名字（例如，用 a<-b 表示按压该按钮把寄存器 b 的内容赋值给寄存器 a）。一个寄存器的数据源可以是另一个寄存器（例如赋值 a<-b 的情况），或者是一个操作的结果（如赋值 t<-r 的情况），或者是一个常量（一个不允许改变的内置值，在数据通路图里用包含该常量的三角形表示）。

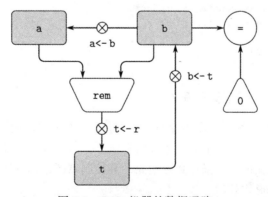

图 5.1　GCD 机器的数据通路

数据通路图里的操作用梯形框表示，框里写着操作的名字，每个操作从常量或寄存器的内容出发计算一个值。例如，图 5.1 中 rem 标记的梯形框表示计算余数的操作，它基于寄存器 a 和 b 的内容做计算，因为 a 和 b 都连到这个操作框。这里有箭头（上面没有按钮）从输入寄存器和常量指向操作框，还有箭头从操作的输出连到寄存器。检测操作用圆圈表示，圆

450

圈中写着检测名。例如，GCD 机器里有一个操作检测寄存器 b 的内容是否为 0。检测同样有从其输入寄存器和常量米的箭头，但是没有输出箭头。检测的值由控制器使用，并不用于数据通路。从整体看，数据通路图表示一部机器里所需要的寄存器和操作，以及它们应该如何连接。如果我们把箭头看作连线，把⊗按钮看作开关，这种数据通路图就像一部机器的线路图，表示如何用电子元件构造出这部机器。

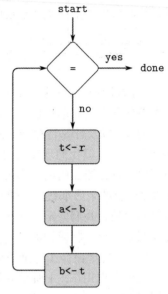

图 5.2　GCD 机器的控制器

为使上述数据通路图能实现 GCD 计算，其中的按钮必须按正确的顺序按动。我们用控制器图描述这种顺序，如图 5.2 所示。控制器图里的元素描述数据通路图里的组件应该如何操作：矩形表示按压数据通路中按钮的动作，箭头表示从一个步骤到下一步骤的顺序。图中的菱形表示决策，它有两个表示出路走向的箭头，具体走哪一个要看菱形里标明的数据通路的检测值。我们可以用一种物理类比来解释这个控制器：把这样的图看作迷宫，有一个弹子在里面滚。当弹子滚到一个盒子（矩形）里的时候，就会按压该盒子里标明的数据通路按钮；当弹子滚到一个决策结点时（例如这里对

451

b = 0 的检测），它究竟从哪条路线离开，则由指定检测的结果确定。上述数据通路和控制器放在一起，就完全描述了一部计算 GCD 的机器。在寄存器 a 和 b 里安放了适当的值之后，控制器从标明 start 的位置开始运行（滚动弹子）。当控制器达到 done 时，就能看到寄存器 a 里的 GCD 值了。

练习 5.1　请设计一部寄存器机器，采用由下面的函数描述的迭代型算法计算阶乘。请画出这部机器的数据通路图和控制器图。

```
function factorial(n) {
    function iter(product, counter) {
        return counter > n
               ? product
               : iter(counter * product,
                      counter + 1);
    }
    return iter(1, 1);
}
```

5.1.1　一种描述寄存器机器的语言

数据通路图和控制器图适合描述像 GCD 这样的简单机器，但如果用于描述大型机器，例如 JavaScript 的解释器，就会显得非常笨拙不便了。为了能够处理复杂的机器，我们要创造一种语言，它能以正文的形式描述数据通路图和控制器图给出的所有信息。我们从一种直接模仿这些图示的记法形式开始。

我们通过描述寄存器和相关操作的方式定义机器的数据通路图。在描述一个寄存器时，我们需要为它命名，并描述对其赋值的控制按钮。我们还要给每个按钮命名，并描述在按钮控制下进入寄存器的数据的来源（数据源可以是寄存器、常量或操作）。在描述操作时，我们也需要给它命名，并描述其输入（寄存器或常量）。

我们把一部机器的控制器定义为一个指令序列，还需要一些标号来标明序列中的入口

点。一条指令可以是下面几种东西之一：

- 数据通路图中一个按钮的名字，按压它就会把一个值赋给一个寄存器。（这对应着控制器图里的一个矩形框。）
- `test` 指令，执行相应的检测。
- 条件分支指令（`branch` 指令），基于前面检测的结果（检测和分支一起对应控制器图里的菱形），转移到由控制器标号指明的某个位置。如果检测为假，控制器将继续执行序列里的下一条指令；否则控制器的下一步就是执行指定标号之后的那条指令。
- 无条件分支指令（`go_to` 指令），明确说明下一步应该转去执行的控制器标号。 452

机器从控制器指令序列的开头启动，直至执行到达序列的末尾时停止。指令总按它们列出的顺序执行，除非遇到分支指令改变控制的流向。

图 5.3 是用这种方式描述的 GCD 机器，该实例只是为了说明这种表示方式的普适性。GCD 机器是一个非常简单的实例，其中每个寄存器只有一个按钮，每个按钮和检测都只在控制器里使用一次。

```
data_paths(
  registers(
    list(
      pair(name("a"),
           buttons(name("a<-b"), source(register("b")))),
      pair(name("b"),
           buttons(name("b<-t"), source(register("t")))),
      pair(name("t"),
           buttons(name("t<-r"), source(operation("rem")))))),
  operations(
    list(
      pair(name("rem"),
           inputs(register("a"), register("b"))),
      pair(name("="),
           inputs(register("b"), constant(0))))));

controller(
  list(
    "test_b",                        // label
    test("="),                       // test
    branch(label("gcd_done")),       // conditional branch
    "t<-r",                          // button push
    "a<-b",                          // button push
    "b<-t",                          // button push
    go_to(label("test_b")),          // unconditional branch
    "gcd_done"));                    // label
```

图 5.3 GCD 机器的规范描述

不幸的是，这种描述同样很难读。为了理解控制器里的指令，我们必须时时查看按钮的名字和操作的名字；为了理解按钮究竟会做什么，我们又不得不去查看操作名的定义。我们希望改变所用的记法形式，把来自数据通路图和控制器图的信息组合在一起，以便能把它们作为一个整体来查看。

为了得到一种新的描述形式，我们用按钮和操作的行为定义代替为它们任意取的名字。也就是说，不再采用在一个地方（在控制器里）说"按压按钮 `t<-r`"，而在另一个地方（在数据通路图里）说"按压 `t<-r` 把操作 `rem` 的值赋给寄存器 `t`"以及"操作 `rem` 的输入是寄存器 `a` 和 `b` 的内容"，以后（在控制器里）我们将直接说"按压这个按钮，把操作 `rem` 对寄

存器 a 和 b 的内容算出的值赋给寄存器 t"。与此类似，我们也不再（在控制器里）说"执行 = 检测"，并另外（在数据通路里）说"这个 = 检测是对寄存器 b 的内容和常量 0 操作"，而是说"对寄存器 b 的内容和常量 0 做 = 检测"。我们还要忽略有关数据通路的描述，只留下控制器序列。这样，我们就可以用下面的方式描述 GCD 机器：

453

```
controller(
  list(
    "test_b",
      test(list(op("="), reg("b"), constant(0))),
      branch(label("gcd_done")),
      assign("t", list(op("rem"), reg("a"), reg("b"))),
      assign("a", reg("b")),
      assign("b", reg("t")),
      go_to(label("test_b")),
    "gcd_done"))
```

与图 5.3 展示的形式相比，现在这种描述形式更容易读，但它还是有一些缺点：

- 对于大型机器，这种描述还是太啰嗦，因为只要控制器指令序列中多次提到某个数据通路元件，该元件的完整描述就会反复出现（在 GCD 实例里没出现这个问题，因为在这里每个操作和按钮都只出现一次）。进一步说，重复出现的数据通路描述使机器里的实际数据通路结构变得模糊不清。对大型机器而言，到底有多少个寄存器、操作和按钮，它们之间如何连接等情况都不是一目了然的。
- 机器定义中的控制器指令看起来像 JavaScript 的表达式，这使人很容易忘记它们并不是任意的 JavaScript 表达式，必须表示合法的机器指令。例如，操作只能直接针对常量和寄存器的内容，不能作用于其他操作的结果。

虽然存在这些缺点，但我们在这一章里还是准备始终用这一寄存器机器语言，因为下面我们将更多关注对控制器的理解，而较少注意数据通路里的元素和连接。当然，我们还是应该记住，在设计实际机器时，数据通路的设计是至关重要的。

练习 5.2 请用这里的寄存器机器语言描述练习 5.1 的迭代型阶乘机器。

动作

现在我们要修改上面的 GCD 机器，以便能给它输入希望求 GCD 的两个数，并使它能把结果打印出来。我们并不想讨论如何使机器能读入和打印，而是假定这些都可以作为基本操作（就像在 JavaScript 里，如果需要就直接用 prompt 和 display 那样）[2]。

操作 prompt 就像我们用过的操作，它产生一个可以存入寄存器的值。但 prompt 并不454从任何寄存器取得输入，它的值依赖于某些情况，而这些情况发生在我们设计的机器的组成部分之外。我们要允许机器的某些操作具有这种行为，并据此画出或者说明 prompt 的使用，就像使用能计算出值的其他操作一样。

另一方面，display 操作与我们用过的任何操作都有本质性的不同：它不产生任何可以存入寄存器的输出值。虽然它会产生一种效果，但这种效果却不是我们正在设计的机器的一部分。下面我们将把这类操作称为动作。在数据通路图上，我们表示动作的方式就像表示能计算出一个值的操作——也用一个梯形，在其中给出动作的名字。有来自输入（寄存器或常

---

2 这一假设掩盖了很大一部分复杂性。实现读入和打印要做很多工作，例如处理不同语言的字符编码。

量）的箭头指向动作框，我们也为动作关联一个按钮，按压这个按钮就会导致该动作发生。为了使控制器也能按压动作的按钮，我们使用一种新的称为 perform 的指令。这样，在控制器序列里，打印寄存器 a 的内容的动作用下面的指令表示：

```
perform(list(op("display"), reg("a")))
```

图 5.4 显示了新 GCD 机器的数据通路和控制器。这里我们没有让这部机器打印结果后就停止，而是让它重新开始。因此，这部机器将反复读入一对对的数，计算它们的 GCD 并打印出结果。这种结构很像第 4 章那些解释器中的驱动循环。

455

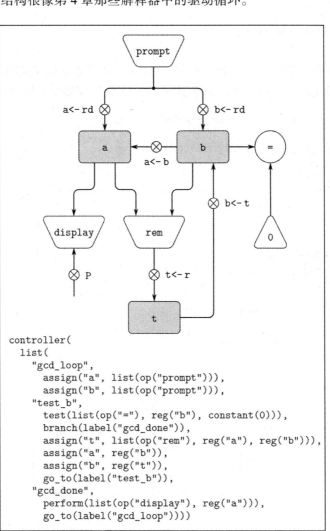

```
controller(
  list(
    "gcd_loop",
      assign("a", list(op("prompt"))),
      assign("b", list(op("prompt"))),
    "test_b",
      test(list(op("="), reg("b"), constant(0))),
      branch(label("gcd_done")),
      assign("t", list(op("rem"), reg("a"), reg("b"))),
      assign("a", reg("b")),
      assign("b", reg("t")),
      go_to(label("test_b")),
    "gcd_done",
      perform(list(op("display"), reg("a"))),
      go_to(label("gcd_loop"))))
```

图 5.4　能读进输入并打印结果的 GCD 机器

5.1.2　机器设计的抽象

我们经常需要设计这样的机器，其中包含了一些本身也非常复杂的"基本"操作。例如，在 5.4 节和 5.5 节，我们将把 JavaScript 的环境操作当作基本操作。这种抽象很有意义，因为它使我们能忽略机器中一些部分的细节，把注意力集中到设计的其他方面。当然，我们能把大量复杂事务隐藏起来的事实，并不意味着这种机器设计是不实际的。因为我们总能用一些更简单的基本操作来取代这种复杂的"基本操作"。

考虑上面的 GCD 机器，该机器里有一条指令计算寄存器 a 和 b 的内容的余数，并把结果赋值给寄存器 t。如果我们希望构造出一部 GCD 机器，其中求余数不作为基本操作，那么我们就必须说清如何利用更简单的操作来计算余数，例如用减法。我们确实可以写出一个能够找出余数的 JavaScript 函数，如下所示：

```
function remainder(n, d) {
    return n < d
            ? n
            : remainder(n - d, d);
}
```

我们可以用一个减法操作和一个比较检测，取代 GCD 机器的数据通路里的求余数操作。图 5.5 显示了这样细化后的机器的数据通路和控制器。原 GCD 控制器定义里的指令

```
assign("t", list(op("rem"), reg("a"), reg("b")))
```

现在被一个包含循环的指令序列取代了，如图 5.6 所示。

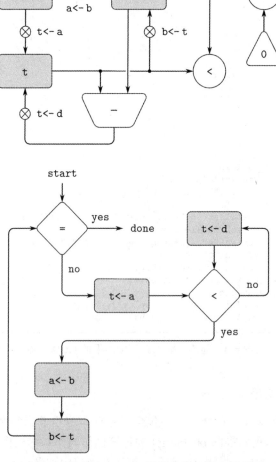

图 5.5　精化后的 GCD 机器的数据通路和控制器

```
controller(
  list(
    "test_b",
      test(list(op("="), reg("b"), constant(0))),
      branch(label("gcd_done")),
      assign("t", reg("a")),
    "rem_loop",
      test(list(op("<"), reg("t"), reg("b"))),
      branch(label("rem_done")),
      assign("t", list(op("-"), reg("t"), reg("b"))),
      go_to(label("rem_loop")),
    "rem_done",
      assign("a", reg("b")),
      assign("b", reg("t")),
      go_to(label("test_b")),
    "gcd_done"))
```

图 5.6　针对图 5.5 中 GCD 机器的控制器指令序列

练习 5.3　请设计一部机器，采用如 1.1.7 节描述的牛顿法计算平方根，这一方法在 1.1.8 节中通过下面的代码实现：

```
function sqrt(x) {
    function is_good_enough(guess) {
        return math_abs(square(guess) - x) < 0.001;
    }
    function improve(guess) {
        return average(guess, x / guess);
    }
    function sqrt_iter(guess) {
        return is_good_enough(guess)
                ? guess
                : sqrt_iter(improve(guess));
    }
    return  sqrt_iter(1);
}
```

在开始时假设 is_good_enough 和 improve 都是可用的基本操作，而后说明如何基于算术操作展开它们。请描述这些 sqrt 机器的设计，画出它们的数据通路图，并用寄存器机器语言写出控制器的定义。

5.1.3　子程序

在设计一部能完成某种计算的机器时，我们常常希望能做好安排，让计算中的不同部分可以共享一些组件，而不是重复描述这些组件。现在考虑一部包含两个 GCD 计算的机器，其中一个找出寄存器 a 和 b 的内容的 GCD，另一个找出寄存器 c 和 d 的内容的 GCD。在开始时我们可以假设有一个基本的 gcd 操作，而后再基于更基本的操作展开 gcd 的这两个实例。图 5.7 中只显示了结果机器的数据通路里与 GCD 有关的部分，没显示它们与机器中其他部分的连接。这个图里还显示了该机器的控制器序列里的相关部分。

在这部机器里有两个余数操作框和两个相等检测框。如果重复出现的组件比较复杂，就像这里的余数框，如此构造机器就不太经济了。我们可以用同一个组件完成这两个 GCD 计算，避免这些数据通路组件重复出现，但希望这样做的时候不会影响更大的机器计算中的其他部分。如果在控制器到达 gcd_2 时寄存器 a 和 b 里的值已经不再需要（或者为了妥善保管，可以把这些值搬到其他寄存器），我们就可以修改这部机器，使它在计算第二个 GCD 时

457

也像在第一次中那样使用寄存器 a 和 b，而不用寄存器 c 和 d。按这种做法，我们就会得到
458 如图 5.8 所示的控制器序列。

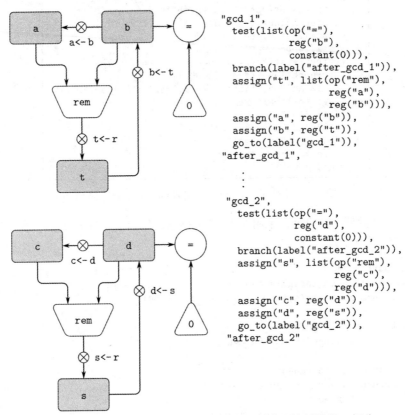

图 5.7　包含两个 GCD 计算的机器的数据通路和控制器的一部分

```
"gcd_1",
  test(list(op("="), reg("b"), constant(0))),
  branch(label("after_gcd_1")),
  assign("t", list(op("rem"), reg("a"), reg("b"))),
  assign("a", reg("b")),
  assign("b", reg("t")),
  go_to(label("gcd_1")),
"after_gcd_1",
      .
      .
"gcd_2",
  test(list(op("="), reg("b"), constant(0))),
  branch(label("after_gcd_2")),
  assign("t", list(op("rem"), reg("a"), reg("b"))),
  assign("a", reg("b")),
  assign("b", reg("t")),
  go_to(label("gcd_2")),
"after_gcd_2"
```

图 5.8　在一部机器里为两个不同的 GCD 计算使用同一套数据通路部件，这里是机器控制器序列的一部分

这样，我们就消除了重复的数据通路部件（因此数据通路又变回图 5.1 的样子）。但另一方面，控制器里还是有两个 GCD 序列，其差异只在入口标号不同。如果能把这两个序列换成转到同一个序列（一个 gcd 子程序），并能在该序列最后通过分支，使控制回到主流指令序列

中的正确位置，那当然就更好了。我们可以通过如下方法做到这一点：在分支进入 gcd 之前，我们先在一个特定的寄存器 continue 里存入一个区分值（例如 0 或 1），在 gcd 子程序结束时根据寄存器 continue 的值，决定是回到 after_gcd_1 还是 after_gcd_2。图 5.9 显示了这样做之后控制器序列里的相关部分，其中只包含一个 gcd 指令的副本。

```
"gcd",
  test(list(op("="), reg("b"), constant(0))),
  branch(label("gcd_done")),
  assign("t", list(op("rem"), reg("a"), reg("b"))),
  assign("a", reg("b")),
  assign("b", reg("t")),
  go_to(label("gcd")),
"gcd_done",
  test(list(op("="), reg("continue"), constant(0))),
  branch(label("after_gcd_1")),
  go_to(label("after_gcd_2")),
    ⋮
  // Before branching to gcd from the first place where
  // it is needed, we place 0 in the continue register
  assign("continue", constant(0)),
  go_to(label("gcd")),
"after_gcd_1",
    ⋮
  // Before the second use of gcd, we place 1 in the continue register
  assign("continue", constant(1)),
  go_to(label("gcd")),
"after_gcd_2"
```

图 5.9　采用一个 continue 寄存器，避免像图 5.8 那样重复的控制器序列

如果需要处理的问题比较小，上面的做法很合理。但是，如果控制器序列里出现了多个 GCD 计算实例，事情就很难弄了。为了确定 gcd 子程序完成后转到哪里继续执行，我们就需要在控制器里所有使用 gcd 的地方加上做检测的数据通路和分支指令。实现子程序的另一种更强大的方法，是让寄存器 continue 记住控制器序列里的入口标号，利用标号指明子程序结束时执行应该转到哪里继续。要实现这一策略，就必须在寄存器机器的数据通路与控制器之间建立一类新联系：必须能把控制器序列里的标号赋给寄存器，而且还必须能从寄存器里提取出这种值，并能将其用作继续执行的指定入口点。

为了获得这种能力，我们需要扩充寄存器机器的 assign 指令，允许把控制器序列里的标号作为值（作为一类特殊常量）赋给寄存器。还要扩充 go_to 指令，使执行进程不仅可以转到用常量标号描述的入口点继续，也可以转到用寄存器的内容描述的入口点继续。利用这些新结构，我们就可以在 gcd 子程序的结束处放一条分支指令，要求转向保存在 continue 寄存器里的那个位置。这样做出的控制器序列如图 5.10 所示。 459

如果一部机器里有多个子程序，我们可以使用多个 continue 寄存器（例如，gcd_continue, factorial_continue），也可以让所有子程序共享同一个 continue 寄存器。共享的方法当然更经济。但是，如果出现一个子程序（sub1）调用另一子程序（sub2）的情况，我们就必须小心了。除非 sub1 在设置 continue 寄存器以准备去调用 sub2 之前，事先保存了 continue 寄存器的内容，否则 sub1 本身结束时就不知道应该转到哪儿去了。下节将开发一种用于处理递归的机制，它也为解决子程序嵌套调用的问题提供了一种更好的办法。 460

```
"gcd",
  test(list(op("="), reg("b"), constant(0))),
  branch(label("gcd_done")),
  assign("t", list(op("rem"), reg("a"), reg("b"))),
  assign("a", reg("b")),
  assign("b", reg("t")),
  go_to(label("gcd")),
"gcd_done",
  go_to(reg("continue")),
       ⋮
  // Before calling gcd, we assign to continue
  // the label to which gcd should return.
  assign("continue", label("after_gcd_1"))),
  go_to(label("gcd")),
"after_gcd_1",
       ⋮
  // Here is the second call to gcd, with a different continuation.
  assign("continue", label("after_gcd_2"))),
  go_to(label("gcd")),
"after_gcd_2"
```

461

图 5.10   把标号赋给 continue 寄存器，简化并推广图 5.9 展示的策略

5.1.4   使用栈实现递归

有了迄今的这些实例展示的思想，我们已经可以通过描述寄存器机器来实现任何迭代型的计算过程了。对于计算过程中的每个状态变量，在机器里设一个寄存器。这种机器反复执行一个控制器循环，不断修改相关寄存器的内容，直至满足某些结束条件。在控制器序列中的每一点，机器的状态（表示迭代型计算过程中的状态）完全由这些寄存器的内容（对应的状态变量的值）确定。

然而，如果希望实现递归型计算过程，我们还需要增加一种新机制。考虑下面的计算阶乘的递归方法，我们已经在 1.2.1 节第一次看到过它：

```
function factorial(n) {
    return n === 1
           ? 1
           : n * factorial(n - 1);
}
```

正如在这个函数声明中可以看到的，我们在计算 $n!$ 的时候需要计算 $(n-1)!$。虽然我们的 GCD 机器在模拟下面的函数时

```
function gcd(a, b) {
    return b === 0 ? a : gcd(b, a % b);
}
```

462

同样需要去计算另一个 GCD。但是，这个 gcd 函数与上面的 factorial 有一点重要的不同：这个 gcd 函数是把原来的计算简化为一个新的 GCD 计算，而 factorial 则是要求计算另一个阶乘作为子问题。在这个 GCD 函数里，对新的 GCD 计算的回答也就是对原来问题的回答。因此，在计算下一个 GCD 时，我们只需要简单地把新参数放进 GCD 机器的输入寄存器，而后通过执行同一个控制器序列，重新使用这个机器的数据通路。在机器完成了最后一个 GCD 问题的求解时，整个计算也就完成了。

但是，在阶乘（以及其他任何递归型计算过程）的情形中，对新的阶乘子问题的回答并

不是对原问题的回答。由计算 (n-1)! 得到的值还必须乘以 n 才能得到最后结果。如果我们试图模仿 GCD 设计，通过减小寄存器 n 的值并重新运行阶乘机器的方式求解这里的阶乘子问题，我们就会丧失 n 的原值，因此就没办法再用它去乘计算结果了。这样，我们就需要第二部阶乘机器去完成子问题。而这第二个阶乘计算本身又有一个阶乘子问题，它又要求第三部阶乘机器，并如此下去。因为每部阶乘机器里都需要包含另一部阶乘机器，完整的机器就包含了无穷嵌套的类似机器，这是无法用固定的有限个部件构造出来的。

然而，如果我们能做好安排，设法让所有嵌套的机器实例都使用同一组部件，就能用一部寄存器机器实现这一阶乘计算过程了。具体说，计算 n! 的机器应该用同一套部件去处理针对 (n-1)! 的子问题，以及针对 (n-2)! 的子问题，并如此下去。这是有可能的，因为，虽然在阶乘计算过程的执行中要求同一机器的无穷多个副本，但是，在任何给定时刻，这些副本中只有一个需要活动。当这部机器遇到递归的子问题时，它可以挂起针对主问题的工作，重用同一套物理部件去处理子问题，然后再继续前面挂起的计算。

当然，在处理子问题时，寄存器的内容与它们在主问题里的内容不同（对当前问题，寄存器 n 的值减小了）。为了能继续挂起的计算，机器必须把解决了子问题之后还要用的那些寄存器的内容保存起来，以便后来恢复它们并继续前面挂起的计算。对阶乘问题，我们需要保存 n 的原值，在完成了 n 寄存器减小后的阶乘计算之后再恢复它[3]。

由于事先不知道对递归调用的嵌套深度有何限度，我们可能需要保存任意数量的寄存器值。这些值应该以与其保存顺序相反的顺序恢复，因为在嵌套的递归中最后进入的子问题最先结束。这就要求我们用一个栈（或称"后进先出"数据结构）保存寄存器的值。我们可以扩充寄存器机器语言，加入一个栈，并为此增加两条指令：save 指令把值放入栈里，restore 指令从栈中恢复寄存器的值。如果我们把一系列值 save 到栈里，再做一系列的 restore 就能以相反的顺序提取出这些值[4]。

有了栈的帮助，我们就可以重复使用阶乘机器数据通路的同一个副本，处理所有的阶乘子问题了。在重用操作数据通路的控制器序列时，也存在类似的设计问题。为了重复执行阶乘计算，控制器不能像迭代计算过程那样简单转回开始处，因为在解决了 (n-1)! 子问题之后，我们的机器还必须把结果乘以 n。控制器需要挂起对 n! 的计算，解决 (n-1)! 子问题，然后再继续自己对 n! 的计算。对阶乘计算的这种看法提示我们采用 5.1.3 节描述的子程序机制，在那里控制器用了一个 continue 寄存器，以便在执行了解决子问题的指令序列部分后，还能回到它脱离主问题的位置继续执行。我们同样可以让阶乘子程序把返回的入口点存入 continue 寄存器。围绕每个子程序调用，我们都保存和恢复寄存器 continue，就像处理寄存器 n，因为每"层"阶乘计算都要用同一个 continue 寄存器。这样，阶乘子程序在调用自己去解决一个子问题前，必须把一个新值存入 continue，但它后来还需要那个老的值，以便能返回调用自己来解决这个子问题之前的位置。

图 5.11 显示了实现这种递归的 factorial 函数的机器的数据通路和控制器。这部机器里有一个栈和三个分别称为 n、val 和 continue 的寄存器。为了简化数据通路图，我们没给寄存器赋值按钮命名，只给栈操作按钮命名（sc 和 sn 保存寄存器内容，rc 和 rn 恢复寄

463

3　有人可能会说，在这里不需要保护 n 的原值，因为在减小它并解决了子问题之后，我们可以再增大它使之恢复到原值。虽然对于阶乘问题这种策略确实可行，但却不是一般可行的。因为一般而言，一个寄存器原来的值未必能从它的新值计算出来。

4　我们将在 5.3 节看到如何基于更基本的操作实现栈。

存器内容）。在操作这部机器时，我们把希望计算阶乘值的数存入寄存器 n 后启动机器。当机器到达 fact_done 时计算结束，答案在寄存器 val 里。在控制器序列里，每次递归调用前都保存 n 和 continue，从调用返回时恢复它们。从一个调用返回的方式就是转到保存在 continue 里的位置。在启动机器时初始化 continue，使它最后返回 fact_done。val 寄存器里存着阶乘计算的结果，但在递归调用时不需要保存它，因为在子程序返回后 val 的原内容已经没用了，只需要它的新值，也就是这次子计算产生的值。

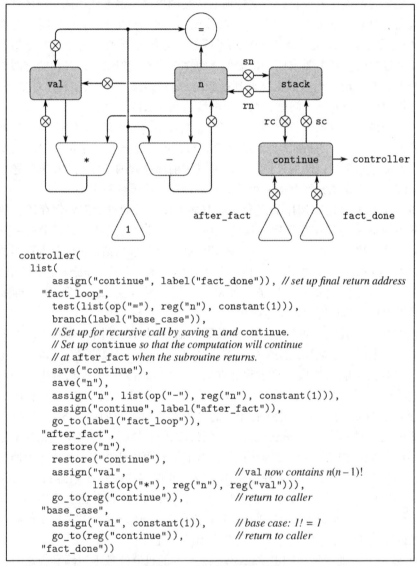

```
controller(
  list(
      assign("continue", label("fact_done")),   // set up final return address
    "fact_loop",
      test(list(op("="), reg("n"), constant(1))),
      branch(label("base_case")),
      // Set up for recursive call by saving n and continue.
      // Set up continue so that the computation will continue
      // at after_fact when the subroutine returns.
      save("continue"),
      save("n"),
      assign("n", list(op("-"), reg("n"), constant(1))),
      assign("continue", label("after_fact")),
      go_to(label("fact_loop")),
    "after_fact",
      restore("n"),
      restore("continue"),
      assign("val",                              // val now contains n(n − 1)!
            list(op("*"), reg("n"), reg("val"))),
      go_to(reg("continue")),                    // return to caller
    "base_case",
      assign("val", constant(1)),                // base case: 1! = 1
      go_to(reg("continue")),                    // return to caller
    "fact_done"))
```

图 5.11   递归的阶乘机器

虽然，从原理上说，阶乘计算需要一部无穷机器，但实际上图 5.11 所示的机器却是有穷的，除了其中的栈之外，而这个栈是潜在无界的。当然，任何具体的物理实现的栈，其大小都是有穷的，这将限制机器能处理的递归调用的深度。这一阶乘实现阐释了实现递归算法的通用策略：用一个常规的寄存器机器加一个栈。在遇到递归子问题时，只要某些寄存器的值在子问题求解完成后还需要用，我们就把它们的当前值存入栈，然后转去求解递归子问题。之后恢复保存的寄存器值，并继续处理原来的主问题。continue 寄存器的值总要保存，其他寄存器的值是否保存要看特定机器的情况，因为并不是所有递归计算都需要所有寄存器的原值，即使在求解子问题的过程中修改了这些寄存器（见练习 5.4）。

464
〜
465

双递归

现在我们考察一个更复杂的递归计算过程：斐波那契数的树形递归计算。我们在 1.2.2 节介绍过这个问题：

```
function fib(n) {
    return n === 0
           ? 0
           : n === 1
           ? 1
           : fib(n - 1) + fib(n - 2);
}
```

与阶乘的情况类似，我们也可以把递归的斐波那契计算实现为一部寄存器机器，其中使用寄存器 n、val 和 continue。这部机器比计算阶乘的机器更复杂些，因为控制序列中有两个地方需要执行递归调用——一个计算 Fib(n-1)，另一个计算 Fib(n-2)。为安排好每个递归调用，我们需要保存以后还需要用的那些寄存器的值，然后把 n 寄存器设置为需要递归计算 Fib 的值（n-1 或 n-2），把 continue 赋值为计算返回时应该转向的主序列入口点（分别为 afterfib_n_1 或者 afterfib_n_2），然后转向 fib_loop。当我们从递归调用返回时，答案就在 val 里。图 5.12 显示了这一机器的控制器序列。

```
controller(
  list(
    assign("continue", label("fib_done")),
  "fib_loop",
    test(list(op("<"), reg("n"), constant(2))),
    branch(label("immediate_answer")),
    // set up to compute Fib(n-1)
    save("continue"),
    assign("continue", label("afterfib_n_1")),
    save("n"),                              // save old value of n
    assign("n", list(op("-"), reg("n"), constant(1))), // clobber n to n-1
    go_to(label("fib_loop")),               // perform recursive call
  "afterfib_n_1",                           // upon return, val contains Fib(n-1)
    restore("n"),
    restore("continue"),
    // set up to compute Fib(n-2)
    assign("n", list(op("-"), reg("n"), constant(2))),
    save("continue"),
    assign("continue", label("afterfib_n_2")),
    save("val"),                            // save Fib(n-1)
    go_to(label("fib_loop")),
  "afterfib_n_2",                           // upon return, val contains Fib(n-2)
    assign("n", reg("val")),                // n now contains Fib(n-2)
    restore("val"),                         // val now contains Fib(n-1)
    restore("continue"),
    assign("val",                           // Fib(n-1)+Fib(n-2)
      list(op("+"), reg("val"), reg("n"))),
    go_to(reg("continue")),                 // return to caller, answer in val
  "immediate_answer",
    assign("val", reg("n")),                // base case: Fib(n)=n
    go_to(reg("continue")),
  "fib_done"))
```

图 5.12 计算斐波那契数的机器的控制器

练习 5.4 请严格描述能实现下面各函数的寄存器机器。对这里的每部机器，请写出它的控制器指令序列，并画出相应的数据通路图。

a. 递归的指数计算：

```
function expt(b, n) {
    return n === 0
            ? 1
            : b * expt(b, n - 1);
}
```

b. 迭代的指数计算：

```
function expt(b, n) {
    function expt_iter(counter, product) {
        return counter === 0
                ? product
                : expt_iter(counter - 1, b * product);
    }
    return expt_iter(n, 1);
}
```

466

练习 5.5 请用手工模拟阶乘机器和斐波那契机器的计算过程，用一个非平凡的输入（需要执行至少一次递归调用）。请说明在执行中的每个关键点上栈的内容。

练习 5.6 Ben Bitdiddle 注意到斐波那契机器的控制序列里有一个多余的 save 和一个

467 多余的 restore，可以把它们删去，得到一个更快速的机器。这些指令在哪里？

5.1.5 指令总结

在我们的寄存器机器语言里，一条控制器指令具有下述之一的形式，其中每个 $input_i$ 或者是一个 reg(*register-name*)，或者是一个 constant(*constant-value*)。

下面几条指令都已经在 5.1.1 节介绍过：

assign(*register-name*, reg(*register-name*))

assign(*register-name*, constant(*constant-value*))

assign(*register-name*, list(op(*operation-name*), $input_1$, ..., $input_n$))

perform(list(op(*operation-name*), $input_1$, ..., $input_n$))

test(list(op(*operation-name*), $input_1$, ..., $input_n$))

branch(label(*label-name*))

go_to(label(*label-name*))

用寄存器保存标号的指令是在 5.1.3 节讨论的：

assign(*register-name*, label(*label-name*))

go_to(reg(*register-name*))

使用栈的指令在 5.1.4 节介绍过：

save(*register-name*)

restore(*register-name*)

我们至今看到过的 *constant-value* 都是数值，后面还会用到字符串和表常量。例如，constant("abc") 是字符串 "abc"，constant(**null**) 是空表，constant(list("a", "b", "c")) 是表 list("a", "b", "c")。

5.2　寄存器机器的模拟器

为了更好地理解寄存器机器的设计，我们必须测试自己设计的机器，看它能否按预期的方式执行。要测试一个设计，一种方法是手工模拟控制器的操作，如练习 5.5 那样。但是，如果需要模拟的机器不是特别简单，这样做就会特别冗长而枯燥。在这一节，我们要为用寄存器机器语言描述的机器构造一个模拟器。该模拟器是个 JavaScript 程序，它提供了四个接口函数。第一个函数根据寄存器机器的描述构造出该机器的模型（也就是一个数据结构，其中的各个部分对应于被模拟机器的组成部分）。另外还有三个函数，我们可以通过它们操作这种模型，模拟机器的执行：

- make_machine(*register-names*, *operations*, *controller*)
  构造并返回机器的模型，它具有由各个参数给定的寄存器、操作和控制器。
- set_register_contents(*machine-model*, *register_name*, *value*)
  把值 *value* 存入给定机器 *machine-model* 的模拟寄存器 *register_name*。
- get_register_contents(*machine-model*, *register_name*)
  返回机器 *machine-model* 里模拟寄存器 *register_name* 的内容。
- start(*machine-model*)
  模拟 *machine-model* 的执行，从控制器序列的开始启动，直至到达该序列的结束。

468

我们定义下面的 gcd_machine，用作说明如何使用上面这些函数的实例。这里创建的就是 5.1.1 节的 GCD 机器的一个模型：

```
const gcd_machine =
    make_machine(
        list("a", "b", "t"),
        list(list("rem", (a, b) => a % b),
             list("=", (a, b) => a === b)),
        list(
          "test_b",
            test(list(op("="), reg("b"), constant(0))),
            branch(label("gcd_done")),
            assign("t", list(op("rem"), reg("a"), reg("b"))),
            assign("a", reg("b")),
            assign("b", reg("t")),
            go_to(label("test_b")),
          "gcd_done"));
```

函数 make_machine 的第一个参数是一个寄存器名的表；第二个参数是一个列表（两个元素的表的表），其中每个序对包括一个操作名和一个实现该操作的 JavaScript 函数（也就是说，给了同样的输入值，它就能产生同样的输出值）；最后一个参数描述机器的控制器，用一个标号和机器指令的表表示，就像 5.1 节介绍的那样。

为了用这部机器计算 GCD，我们需要设置输入寄存器，启动这部机器，在模拟结束时检查计算结果：

```
set_register_contents(gcd_machine, "a", 206);
"done"
```

```
set_register_contents(gcd_machine, "b", 40);
"done"

start(gcd_machine);
"done"

get_register_contents(gcd_machine, "a");
2
```

这个计算的运行比直接用 JavaScript 写的 gcd 函数慢很多，因为我们是在模拟低级机器指令，例如 assign，使用的是更复杂的操作。

练习 5.7   用这个模拟器检查你在练习 5.4 中设计的机器。

5.2.1　机器模型

函数 make_machine 采用第 3 章开发的消息传递技术，它生成的机器模型用包含了一些局部变量的函数表示。为了构造这种模型，make_machine 首先调用函数 make_new_machine，构造出所有寄存器机器模型里都需要的公共部分。本质上说，make_new_machine 构造的基本机器模型就是一个容器，其中包含了若干个寄存器和一个栈。另外还包含一个执行机制，它能一条条地处理控制器指令。

然后 make_machine 扩充这个基本模型（通过给它传递消息），把特定机器需要定义的寄存器、操作和控制器加入其中。它根据参数提供的每个寄存器名在新机器里分配一个新寄存器，还要在机器里安装好指定的操作。最后，它用一个汇编器（在 5.2.2 节介绍）把控制器列表转换为这个新机器用的指令，并把它们安装到机器里，作为其指令序列。make_machine 返回修改后的机器模型作为函数值。

```
function make_machine(register_names, ops, controller) {
    const machine = make_new_machine();
    for_each(register_name =>
                machine("allocate_register")(register_name),
             register_names);
    machine("install_operations")(ops);
    machine("install_instruction_sequence")
            (assemble(controller, machine));
    return machine;
}
```

寄存器

像第 3 章里那样，我们把寄存器表示为带有局部状态的函数。make_register 函数创建寄存器，它们可以保存一个值，这个值可以访问或修改：

```
function make_register(name) {
    let contents = "*unassigned*";
    function dispatch(message) {
        return message === "get"
               ? contents
               : message === "set"
               ? value => { contents = value; }
               : error(message, "unknown request -- make_register");
    }
    return dispatch;
}
```

下面的函数用于访问这些寄存器： 470

```
function get_contents(register) {
    return register("get");
}
function set_contents(register, value) {
    return register("set")(value);
}
```

栈

栈也表示为带有局部状态的函数。make_stack 函数创建栈，其局部状态就是一个包含着栈里的数据项的表。栈接受的请求包括把一个数据项存入栈的 push，以及从栈里去除数据项并返回它的 pop。initialize 把栈初始化为空。

```
function make_stack() {
    let stack = null;
    function push(x) {
        stack = pair(x, stack);
        return "done";
    }
    function pop() {
        if (is_null(stack)) {
            error("empty stack -- pop");
        } else {
            const top = head(stack);
            stack = tail(stack);
            return top;
        }
    }
    function initialize() {
        stack = null;
        return "done";
    }
    function dispatch(message) {
        return message === "push"
                ? push
                : message === "pop"
                ? pop()
                : message === "initialize"
                ? initialize()
                : error(message, "unknown request -- stack");
    }
    return dispatch;
}
```

下面两个函数用于访问栈：

```
function pop(stack) {
    return stack("pop");
}
function push(stack, value) {
    return stack("push")(value);
}
```

471

基本机器

函数 make_new_machine 如图 5.13 所示，它构造一个对象，其局部状态包括一个栈；一个初始为空的指令序列；以及一个操作表，初始时其中只包含一个初始化栈的操作；还有一个寄存器列表，初始时包含两个分别称为 flag 和 pc（"程序计数器"，program counter）的寄存器。内部函数 allocate_register 用于给寄存器列表加入新项，内部函数 lookup_register 在这个列表里查找寄存器。

```
function make_new_machine() {
    const pc = make_register("pc");
    const flag = make_register("flag");
    const stack = make_stack();
    let the_instruction_sequence = null;
    let the_ops = list(list("initialize_stack", () => stack("initialize")))
    let register_table = list(list("pc", pc), list("flag", flag));
    function allocate_register(name) {
        if (is_undefined(assoc(name, register_table))) {
            register_table = pair(list(name, make_register(name)),
                                  register_table);
        } else {
            error(name, "multiply defined register");
        }
        return "register allocated";
    }
    function lookup_register(name) {
        const val = assoc(name, register_table);
        return is_undefined(val)
               ? error(name, "unknown register")
               : head(tail(val));
    }
    function execute() {
        const insts = get_contents(pc);
        if (is_null(insts)) {
            return "done";
        } else {
            inst_execution_fun(head(insts))();
            return execute();
        }
    }
    function dispatch(message) {
        function start() {
            set_contents(pc, the_instruction_sequence);
            return execute();
        }
        return message === "start"
               ? start()
               : message === "install_instruction_sequence"
               ? seq => { the_instruction_sequence = seq; }
               : message === "allocate_register"
               ? allocate_register
               : message === "get_register"
               ? lookup_register
               : message === "install_operations"
               ? ops => { the_ops = append(the_ops, ops); }
               : message === "stack"
               ? stack
               : message === "operations"
               ? the_ops
               : error(message, "unknown request -- machine");
    }
    return dispatch;
}
```

图 5.13　函数 make_new_machine，它实现基本机器模型

寄存器 flag 用于控制被模拟机器的分支动作。test 指令根据检测的结果（真或假）设置 flag 的内容，branch 指令通过检查 flag 的内容确定是否分支。

在机器运行时，pc 寄存器决定指令的执行顺序。这个顺序由内部函数 execute 实现。在这个模拟模型里的每条机器指令是一个数据结构，其中包含一个称为指令执行函数的无参函数，调用该函数就能模拟相应指令的执行。在模拟运行时，pc 总指向指令序列（表）里从下一条需要执行的指令开始的位置。函数 execute 取得这条指令，通过调用指令里的执行函数的方式完成相应执行，然后重复这一循环，直到再也没有需要执行的指令为止（也就是说，直到 pc 指向了指令序列的结束）。

作为操作的一部分，每个指令执行函数都会修改 pc，使之指向下一条需要执行的指令。branch 和 go_to 指令直接修改 pc，使之指向新的目标位置，所有其他指令都简单地更新 pc 的值，使之指向序列中的下一条指令。可以看到，每次调用 execute 都会再次调用 execute，但这不会产生无穷循环，因为指令的执行函数运行时都会修改 pc 的内容。

函数 make_new_machine 返回一个分派函数，该函数通过消息传递实现对内部状态的访问。请注意，启动机器的方法就是把 pc 设置到指令序列的开始并调用 execute。

为方便起见，除提供了设置和检查寄存器内容的函数外，我们还为 start 操作提供了另一个接口，如 5.2 节开始时所说的那样：

```
function start(machine) {
    return machine("start");
}
function get_register_contents(machine, register_name) {
    return get_contents(get_register(machine, register_name));
}
function set_register_contents(machine, register_name, value) {
    set_contents(get_register(machine, register_name), value);
    return "done";
}
```

这些函数（以及 5.2.2 节和 5.2.3 节里的许多其他函数）里都使用了下面的函数，它通过给定的寄存器名在给定机器里查看有关的寄存器：

```
function get_register(machine, reg_name) {
    return machine("get_register")(reg_name);
}
```

472
~
473

5.2.2　汇编器

汇编器把机器的控制器指令序列翻译为相关的机器指令表，每条指令带着它的执行函数。在整体上，这个汇编器很像我们在第 4 章研究过的求值器——它有一个输入语言（目前情况下就是寄存器机器语言），这一语言里的每个部件类型都要求执行适当的动作。

为每条指令生成一个执行函数，采用的就是我们在 4.1.7 节为了提高求值器的速度，把对程序的分析工作与运行时的执行动作分离的技术。正如我们在第 4 章看到的，在不知道名字的实际值的情况下，我们仍然可以对 JavaScript 表达式做许多有用的分析。与此类似，在这里，我们也可以在不知道机器寄存器的实际内容的情况下，对寄存器机器语言中的各种表达式做许多有用的分析。例如，我们可以用指向寄存器对象的指针代替对寄存器的引用，用指向标号指定的指令序列中位置的指针代替对相应标号的引用。

　　在实际生成指令的执行函数之前，汇编器必须知道所有标号的引用位置。为此它首先扫描控制器，找到控制器序列中的所有标号。在扫描控制器的过程中，汇编器将构造出一个指令的表和另一个列表，该列表为每个标号关联一个指到指令表里的指针。在此之后，汇编器将扩充得到的指令表，给每条指令插入一个执行函数。

　　函数 assemble 是汇编器的主入口，它以一个控制器序列和相应的机器模型为参数，返回应该存入模型的指令序列。函数 assemble 调用 extract_labels，该函数根据参数提供的控制器构造初始的指令表和标号列表。extract_labels 的第二个参数是个函数，它调用该函数处理得到的指令序列和标号列表。这个函数调用 update_insts 生成指令执行函数，把它们插入各条指令，最后返回修改后的指令表。

```
function assemble(controller, machine) {
    return extract_labels(controller,
                          (insts, labels) => {
                              update_insts(insts, labels, machine);
                              return insts;
                          });
}
```

　　函数 extract_labels 的参数是表 controller 和函数 receive。函数 receive 将用两个参数调用：第一个参数是指令数据结构的表 insts，其中每一项是一条来自 controller 的指令；第二个参数是另一列表 labels，其中每一项把来自 controller 的一个标号关联于相应标号在表 insts 里的具体位置。

474

```
function extract_labels(controller, receive) {
    return is_null(controller)
           ? receive(null, null)
           : extract_labels(
               tail(controller),
               (insts, labels) => {
                 const next_element = head(controller);
                 return is_string(next_element)
                        ? receive(insts,
                                  pair(make_label_entry(next_element,
                                                        insts),
                                       labels))
                        : receive(pair(make_inst(next_element),
                                       insts),
                                  labels);
               });
}
```

函数 extract_labels 的工作就是顺序扫描 controller 的各个元素，逐渐积累起 insts 和 labels。如果一个元素是字符串（因此是标号），它就给列表 labels 加入一个相应的条目，

475 否则就把这个元素积累到 insts 表里[5]。

　　函数 update_insts 修改指令表。这个表里原来只包含控制器的指令，update_insts 给每条指令加入相应的执行函数：

```
function update_insts(insts, labels, machine) {
    const pc = get_register(machine, "pc");
```

5　这里使用 receive 函数的方法，可以看作一种有效地同时返回两个值（labels 和 insts）的方法。这样做就不必专门做一个复合数据结构去保存它们了。另一种实现方法是返回这两个显式的值的序对：（转下页）

```
const flag = get_register(machine, "flag");
const stack = machine("stack");
const ops = machine("operations");
return for_each(inst => set_inst_execution_fun(
                            inst,
                            make_execution_function(
                                inst_controller_instruction(inst),
                                labels, machine, pc,
                                flag, stack, ops)),
                 insts);
}
```

机器指令的数据结构就是控制器指令和相应执行函数的序对。在 extract_labels 构造指令时，这些执行函数还不能用。它们是后来由 update_insts 插入的。

```
function make_inst(inst_controller_instruction) {
    return pair(inst_controller_instruction, null);
}
function inst_controller_instruction(inst) {
    return head(inst);
}
function inst_execution_fun(inst) {
    return tail(inst);
}
function set_inst_execution_fun(inst, fun) {
    set_tail(inst, fun);
}
```

我们的模拟器并不使用控制器指令，但还是把它们保存在这里。保留这些指令，可能给将来排除程序中的错误带来方便（见练习 5.15）。

标号列表里的元素就是序对：

（接上页注）

```
function extract_labels(controller) {
    if (is_null(controller)) {
        return pair(null, null);
    } else {
        const result = extract_labels(tail(controller));
        const insts = head(result);
        const labels = tail(result);
        const next_element = head(controller);
        return is_string(next_element)
                ? pair(insts,
                       pair(make_label_entry(next_element, insts), labels))
                : pair(pair(make_inst(next_element), insts),
                       labels);
    }
}
```

汇编器应该用如下方式调用它：

```
function assemble(controller, machine) {
    const result = extract_labels(controller);
    const insts = head(result);
    const labels = tail(result);
    update_insts(insts, labels, machine);
    return insts;
}
```

你可以认为这里对 receive 的使用展示了一种返回多个值的优雅方法，或者把它简单看成不过是一种程序设计技巧。像 receive 这种准备作为下一次被调用函数的参数，通常称为"继续"函数。请回忆 4.3.3 节的 amb 求值器，实现回溯控制结构时用的也是这种继续函数。

```
function make_label_entry(label_name, insts) {
    return pair(label_name, insts);
}
```

下面的函数用于在列表里查找条目：

```
function lookup_label(labels, label_name) {
    const val = assoc(label_name, labels);
    return is_undefined(val)
            ? error(label_name, "undefined label -- assemble")
            : tail(val);
}
```

476

练习 5.8 下面的寄存器机器代码有歧义，因为其中的标号 here 有不止一个定义：

```
"start",
  go_to(label("here")),
"here",
  assign("a", constant(3)),
  go_to(label("there")),
"here",
  assign("a", constant(4)),
  go_to(label("there")),
"there",
```

对前面的模拟器，当控制到达 there 时寄存器 a 的内容是什么？请修改 extract_labels 函数，使汇编器在发现某个标号被用于指向两个不同位置时能发一个出错信号。

5.2.3 指令和它们的执行函数

汇编器调用 make_execution_function 为每条指令生成一个执行函数。与 4.1.7 节求值器里的 analyze 函数类似，这个函数也是基于指令类型把生成执行函数的工作分派给适当的函数。执行函数的细节由寄存器机器里各种指令的意义决定：

```
function make_execution_function(inst, labels, machine,
                                 pc, flag, stack, ops) {
    const inst_type = type(inst);
    return inst_type === "assign"
            ? make_assign_ef(inst, machine, labels, ops, pc)
            : inst_type === "test"
            ? make_test_ef(inst, machine, labels, ops, flag, pc)
            : inst_type === "branch"
            ? make_branch_ef(inst, machine, labels, flag, pc)
            : inst_type === "go_to"
            ? make_go_to_ef(inst, machine, labels, pc)
            : inst_type === "save"
            ? make_save_ef(inst, machine, stack, pc)
            : inst_type === "restore"
            ? make_restore_ef(inst, machine, stack, pc)
            : inst_type === "perform"
            ? make_perform_ef(inst, machine, labels, ops, pc)
            : error(inst, "unknown instruction type -- assemble");
}
```

函数 make_machine 接收 controller 序列里的元素，以字符串（表示标号）或标签表（表示指令）的形式把它们送给 assemble。指令里的标签标识了指令的类型，例如 "go_to" 等，表中其他元素包括指令的实参，例如 go_to 的目标位置。函数 make_execution_function 用下面函数取得指令的类型后执行分派：

```
function type(instruction) { return head(instruction); }
```

在求值 make_machine 的第三个参数 list 表达式（也就是控制器序列）时，需要为其中的每条指令构造相应的标签表。该 list 的每个实参或是一个字符串（表示标号，其求值得到自身），或是对指令标签表的构造函数的调用。例如，assign("b", reg("t")) 调用构造函数 assign，其实参是 "b" 和对 "t" 调用构造函数 reg 的结果。构造函数和它们的实参确定寄存器机器语言里各种指令的语法。下面给出指令的构造函数、选择函数和相应的执行函数生成器，其中用到各种适当的选择函数。

assign 指令

函数 make_assign_ef 为 assign 指令构造执行函数：

```
function make_assign_ef(inst, machine, labels, operations, pc) {
    const target = get_register(machine, assign_reg_name(inst));
    const value_exp = assign_value_exp(inst);
    const value_fun =
        is_operation_exp(value_exp)
        ? make_operation_exp_ef(value_exp, machine, labels, operations)
        : make_primitive_exp_ef(value_exp, machine, labels);
    return () => {
                set_contents(target, value_fun());
                advance_pc(pc);
            };
}
```

函数 assign 构造 assign 指令。选择函数 assign_reg_name 和 assign_value_exp 从 assign 指令里提取寄存器名和值表达式。

```
function assign(register_name, source) {
    return list("assign", register_name, source);
}
function assign_reg_name(assign_instruction) {
    return head(tail(assign_instruction));
}
function assign_value_exp(assign_instruction) {
    return head(tail(tail(assign_instruction)));
}
```

函数 make_assign_ef 调用 get_register，通过寄存器名找到被赋值的目标寄存器对象。如果要赋的值是一个运算的结果，就把它送给函数 make_operation_exp_ef，否则就把它送给函数 make_primitive_exp_ef。这两个函数（下面给出）分析该值表达式并为相应的值生成一个执行函数。这里一个无参函数，名字是 value_fun，在模拟中需要为寄存器赋值生成实际值时就求值它。请注意，查找寄存器名和分析值表达式的工作只在汇编时做一次，在每次指令模拟执行时不需要做。这样可以节省工作量，也是我们采用执行函数的原因。这种做法与 4.1.7 节的求值器里把对程序的分析与执行分离的做法一样。

函数 make_assign_ef 返回的结果就是 assign 指令的执行函数。当这个执行函数被调用时（被机器模型的 execute 函数调用），它就会用执行 value_fun 得到的结果设置目标寄存器，然后运行下面的函数更新 pc，使之指向下一条指令。

```
function advance_pc(pc) {
    set_contents(pc, tail(get_contents(pc)));
}
```

advance_pc 是除了 branch 和 go_to 之外的大多数指令的正常结束操作。

test、branch 和 go_to 指令

函数 make_test_ef 以类似的方式处理 test 指令。它提取出描述需要检测的条件的表达式，为它生成一个执行函数。在模拟时，与有关条件对应的执行函数就会被调用，它把检测结果赋给 flag 寄存器，然后更新 pc：

```
function make_test_ef(inst, machine, labels, operations, flag, pc) {
    const condition = test_condition(inst);
    if (is_operation_exp(condition)) {
        const condition_fun = make_operation_exp_ef(
                                  condition, machine,
                                  labels, operations);
        return () => {
                   set_contents(flag, condition_fun());
                   advance_pc(pc);
               };
    } else {
        error(inst, "bad test instruction -- assemble");
    }
}
```

函数 test 构造 test 指令，选择函数 test_condition 从检测指令里提取条件。

```
function test(condition) { return list("test", condition); }
function test_condition(test_instruction) {
    return head(tail(test_instruction));
}
```

branch 指令的执行函数检查 flag 寄存器的内容，而后或者是把 pc 的内容设置为分支的目标（如果需要执行分支），或者简单地更新 pc（如果不分支）。请注意，branch 指令里指定的目标必须是标号，make_branch_ef 函数要做这一检查。还请注意，标号也是在汇编的时候查找，而不是在模拟 branch 指令的时候查找。

```
function make_branch_ef(inst, machine, labels, flag, pc) {
    const dest = branch_dest(inst);
    if (is_label_exp(dest)) {
        const insts = lookup_label(labels, label_exp_label(dest));
        return () => {
                   if (get_contents(flag)) {
                       set_contents(pc, insts);
                   } else {
                       advance_pc(pc);
                   }
               };
    } else {
        error(inst, "bad branch instruction -- assemble");
    }
}
```

函数 branch 构造 branch 指令，选择函数 branch_dest 提取分支的目标。

```
function branch(label) { return list("branch", label); }
function branch_dest(branch_instruction) {
    return head(tail(branch_instruction));
}
```

go_to 指令的情况与分支指令类似，除了这里的目标可以用标号或者寄存器描述，而且

也没有检测条件。相应的执行函数里总把 pc 设置为新的目标位置。

```
function make_go_to_ef(inst, machine, labels, pc) {
    const dest = go_to_dest(inst);
    if (is_label_exp(dest)) {
        const insts = lookup_label(labels, label_exp_label(dest));
        return () => set_contents(pc, insts);
    } else if (is_register_exp(dest)) {
        const reg = get_register(machine, register_exp_reg(dest));
        return () => set_contents(pc, get_contents(reg));
    } else {
        error(inst, "bad go_to instruction -- assemble");
    }
}
```

函数 go_to 构造 go_to 指令，选择函数 go_to_dest 从 go_to 指令提取转移目标。

```
function go_to(label) { return list("go_to", label); }
function go_to_dest(go_to_instruction) {
    return head(tail(go_to_instruction));
}
```

480

其他指令

栈指令 save 和 restore 简单地对指定寄存器使用栈，并且更新 pc：

```
function make_save_ef(inst, machine, stack, pc) {
    const reg = get_register(machine, stack_inst_reg_name(inst));
    return () => {
               push(stack, get_contents(reg));
               advance_pc(pc);
           };
}
function make_restore_ef(inst, machine, stack, pc) {
    const reg = get_register(machine, stack_inst_reg_name(inst));
    return () => {
               set_contents(reg, pop(stack));
               advance_pc(pc);
           };
}
```

函数 save 和 restore 构造栈指令 save 和 restore，选择函数 stack_inst_reg_name 从指令里提取寄存器名：

```
function save(reg) { return list("save", reg); }
function restore(reg) { return list("restore", reg); }
function stack_inst_reg_name(stack_instruction) {
    return head(tail(stack_instruction));
}
```

最后一类指令用 make_perform_ef 处理，这个函数为需要执行的动作生成一个执行函数。在模拟时，该执行函数执行相应的动作函数并更新 pc。

```
function make_perform_ef(inst, machine, labels, operations, pc) {
    const action = perform_action(inst);
    if (is_operation_exp(action)) {
        const action_fun = make_operation_exp_ef(action, machine,
                                                 labels, operations);
        return () => {
```

```
                        action_fun();
                        advance_pc(pc);
                    };
            } else {
                error(inst, "bad perform instruction -- assemble");
            }
        }
```

函数 perform 构造 perform 指令，选择函数 perform_action 从 perform 指令里提取动作。

```
function perform(action) { return list("perform", action); }
function perform_action(perform_instruction) {
    return head(tail(perform_instruction));
}
```

481

子表达式的执行函数

为寄存器赋值（make_assign_ef，见上文）或者为操作提供输入（make_operation_exp_ef，见下文）时，都可能需要使用 reg、label 或者 constant 表达式的值。下面函数为这些表达式生成执行函数，在模拟时它们将产生这些子表达式的值：

```
function make_primitive_exp_ef(exp, machine, labels) {
    if (is_constant_exp(exp)) {
        const c = constant_exp_value(exp);
        return () => c;
    } else if (is_label_exp(exp)) {
        const insts = lookup_label(labels, label_exp_label(exp));
        return () => insts;
    } else if (is_register_exp(exp)) {
        const r = get_register(machine, register_exp_reg(exp));
        return () => get_contents(r);
    } else {
        error(exp, "unknown expression type -- assemble");
    }
}
```

reg、label 和 constant 表达式的语法形式由下面几个构造函数确定，这里还给出了相应的谓词和选择函数：

```
function reg(name) { return list("reg", name); }
function is_register_exp(exp) { return is_tagged_list(exp, "reg"); }
function register_exp_reg(exp) { return head(tail(exp)); }

function constant(value) { return list("constant", value); }
function is_constant_exp(exp) {
    return is_tagged_list(exp, "constant");
}
function constant_exp_value(exp) { return head(tail(exp)); }

function label(name) { return list("label", name); }
function is_label_exp(exp) { return is_tagged_list(exp, "label"); }
function label_exp_label(exp) { return head(tail(exp)); }
```

在 assign、perform 和 test 指令里，还可能包含把机器操作（用 op 表达式描述）应用于操作对象（用 reg 和 constant 表达式描述）的描述。下面函数为这种"操作表达式"生成执行函数。这种表达式是一个表，其中包含相应的操作和操作对象表达式：

```
function make_operation_exp_ef(exp, machine, labels, operations) {
    const op = lookup_prim(operation_exp_op(exp), operations);
    const afuns = map(e => make_primitive_exp_ef(e, machine, labels),
                      operation_exp_operands(exp));
    return () => apply_in_underlying_javascript(
                     op, map(f => f(), afuns));
}
```

482

操作表达式的语法由下面几个函数确定：

```
function op(name) { return list("op", name); }
function is_operation_exp(exp) {
    return is_pair(exp) && is_tagged_list(head(exp), "op");
}
function operation_exp_op(op_exp) { return head(tail(head(op_exp))); }
function operation_exp_operands(op_exp) { return tail(op_exp); }
```

可以看到，这里对操作表达式的处理，很像 4.1.7 节求值器里的 analyze_application 函数对函数应用的处理，其中还需要为每个操作对象生成一个执行函数。在模拟时，我们将调用这些操作对象函数，然后把模拟有关操作的 JavaScript 函数应用于得到的值。这里要使用函数 apply_in_underlying_javascript，就像在 4.1.4 节使用 apply_primitive_function。为了把操作 op 应用于第一个 map 产生的实参表 afuns 里所有元素，就需要这样做，就像它们是 op 的不同实参。如果没有这一步，op 就只能是一元函数了。

需要找出所需的模拟函数时，我们用操作名到机器的操作列表里查找：

```
function lookup_prim(symbol, operations) {
    const val = assoc(symbol, operations);
    return is_undefined(val)
           ? error(symbol, "unknown operation -- assemble")
           : head(tail(val));
}
```

练习 5.9　上面对机器操作的处理，除了允许它们操作常量和寄存器的内容外，还允许操作标号。请修改上面的表达式处理函数，加一个条件，要求操作只能用于寄存器和常量。

练习 5.10　我们在 5.1.4 节引入 save 和 restore 时，并没说明如果试图恢复一个并不是以前最后保存的寄存器会出现什么情况。例如下面的操作序列：

```
save(y);
save(x);
restore(y);
```

对于这里的 restore 的意义，存在几种合理的解释：

a. restore(y) 把最后存入栈里的值放入 y，无论这个值原来来自哪个寄存器。这也是上面的模拟器采用的行为方式。请说明如何利用这种方式的优点，从 5.1.4 节（图 5.12）的斐波那契机器中删去一条指令。

483

b. restore(y) 把最晚存入栈里的值放入 y，但是只在该值确实来自 y 的情况下才这样做，否则就报告错误。请修改模拟器，使之能按这种方式活动。你需要修改 save，使它不但把值存入栈，还要存入寄存器的名字。

c. restore(y) 把来自 y 的最后存入栈里的那个值放入 y，无论保存 y 之后又有哪些寄存器的值存入或恢复。请修改模拟器，使之能按这种方式活动。你需要为每个寄存器关联一个栈，还要修改 initialize_stack 操作，让它初始化所有寄存器栈。

练习 5.11　在针对给定的控制器实现机器时，我们可以让模拟器帮助确定所需的数据通路。请扩充前面的汇编器，令其在工作中把下面的信息存储到机器模型里：

- 一个指令的表，其中删除了所有重复，并按指令的类型保存（assign、go_to 等）；
- 一个用于保存入口点的寄存器的表（其中无重复），有 go_to 指令引用这些寄存器；
- 一个被 save 或者 restore 操作过的寄存器的表；
- 对每个寄存器设一个赋值源的表（其中无重复）。例如，对图 5.11 的阶乘机器，寄存器 val 的赋值源包括 constant(1) 和 list(op("*"), reg("n"), reg("val"))。

请扩充寄存器机器的消息传递接口，提供对这些新信息的访问功能。为测试你的分析器，请定义取自图 5.12 的斐波那契机器，并检测你构造的各个表。

练习 5.12　请修改模拟器，让它可以直接利用控制器序列确定机器需要哪些寄存器，不必另用一个寄存器表作为 make_machine 的参数。你可以不采用在 make_machine 里预先分配寄存器的方式，而是在指令的汇编过程中首次遇到一个寄存器的时刻完成分配。

5.2.4　监视机器执行

模拟非常有用，它不仅可以用于验证我们设计的机器的正确性，还能帮助我们度量机器的性能。例如，我们可以在自己的模拟程序里安装一个"测量仪"，记录计算中使用栈操作的次数。为了做好这件事，我们需要修改模拟器里的栈，记录寄存器存入栈里的次数和栈达到的最大深度的轨迹，还要为基本机器模型增加一个操作，以便打印有关栈的统计数据，并在函数 make_new_machine 里把 the_ops 初始化为：

```
list(list("initialize_stack",
          () => stack("initialize")),
     list("print_stack_statistics",
          () => stack("print_statistics")));
```

这里是 make_stack 的新版本：

```
function make_stack() {
    let stack = null;
    let number_pushes = 0;
    let max_depth = 0;
    let current_depth = 0;
    function push(x) {
        stack = pair(x, stack);
        number_pushes = number_pushes + 1;
        current_depth = current_depth + 1;
        max_depth = math_max(current_depth, max_depth);
        return "done";
    }
    function pop() {
        if (is_null(stack)) {
            error("empty stack -- pop");
        } else {
            const top = head(stack);
            stack = tail(stack);
            current_depth = current_depth - 1;
            return top;
        }
    }
    function initialize() {
        stack = null;
```

```
            number_pushes = 0;
            max_depth = 0;
            current_depth = 0;
            return "done";
        }
        function print_statistics() {
            display("total pushes = " + stringify(number_pushes));
            display("maximum depth = " + stringify(max_depth));
        }
        function dispatch(message) {
            return message === "push"
                    ? push
                    : message === "pop"
                    ? pop()
                    : message === "initialize"
                    ? initialize()
                    : message === "print_statistics"
                    ? print_statistics()
                    : error(message, "unknown request -- stack");
        }
        return dispatch;
    }
```

485

练习 5.14～练习 5.18 描述了另一些在监视和排除程序错误方面的有用特征，可以考虑把它们加入寄存器机器模拟器中。

练习 5.13　对图 5.11 所示的阶乘机器，请度量对各种小的 n 值计算 $n!$ 的过程中栈的压入次数和最大深度。根据你得到的数据确定两个公式，对任意 $n > 1$，它们分别基于 n 描述压入操作的次数和在计算 $n!$ 时的最大栈深度。请注意，这两个公式都是 n 的线性函数，因此请设法确定其中的两个常量。为了打印统计数据，你需要扩充这部阶乘机器，增加初始化栈和打印统计结果的指令。你还可能想修改机器，使它能反复读入值到 n，计算其阶乘并打印结果（就像我们在图 5.4 里对 GCD 机器做的那样），使你不必再反复地去调用 get_register_contents、set_register_contents 和 start。

练习 5.14　给寄存器机器模拟器增加指令计数功能。也就是说，让这个机器模型统计计算中执行的指令条数。扩充这个机器模型，使它能接受一个新消息，打印当时的指令计数值并把计数器重新设置为 0。

练习 5.15　扩充上述模拟器，提供指令追踪功能。也就是说，在每条指令执行之前，让模拟器打印出这一指令的正文。让扩充后的机器模型能接受 trace_on 和 trace_off 消息，并相应地打开或者关闭追踪功能。

练习 5.16　扩充练习 5.15 的指令追踪功能，使得在打印一条指令之前，模拟器先打印出在控制序列里直接位于该指令前面的标号。在做这件事时，请小心地保证它不会干扰指令计数功能（练习 5.14）。你需要让模拟器保存必要的标号信息。

练习 5.17　请修改 5.2.1 节里的 make_register 函数，使寄存器可以被追踪。寄存器应该能接受打开和关闭追踪的消息。当一个寄存器被追踪时，一旦给这个寄存器赋值，就打印出寄存器名、寄存器原来的内容和当时赋值的新内容。请扩充机器模型的接口，使你可以打开或者关闭对任何特定寄存器的追踪。

练习 5.18　Alyssa P. Hacker 希望在模拟器里有断点功能，以帮助她排除机器设计中的错误。你现在被雇佣来为她安装这种特征。她希望能描述控制序列里的任何位置，使模拟器能停在那里，使她能检查机器的状态。你需要实现一个函数：

486

    set_breakpoint(*machine*, *label*, *n*)

它在给定标号后面的第 *n* 条指令之前设置一个断点。例如，

    set_breakpoint(gcd_machine, "test_b", 4)

在 gcd_machine 里给寄存器 a 赋值之前设一个断点。当模拟器到达断点时，它应该打印那个标号和断点的偏移量，并停止指令执行。这样 Alyssa 就可以用 get_register_contents 和 set_register_contents 操作被模拟机器的状态。她应该能用下面的操作让机器继续：

    proceed_machine(*machine*)

她还应该可以用下面的方式删除某个特定断点：

    cancel_breakpoint(*machine*, *label*, *n*)

或者用下面的方式删除所有断点：

    cancel_all_breakpoints(*machine*)

5.3 存储分配和废料收集

在 5.4 节里，我们要说明如何把 JavaScript 求值器实现为一部寄存器机器。为了简化讨论，我们将假定寄存器机器里已经安装了一个表结构存储器，这使表结构数据的基本操作都成为机器的基本函数。当我们需要集中精力考虑解释器里的控制机制时，假定存在这样的存储器是一种非常有用的抽象。但是，很明显，这一假设没反映当前计算机中实际的基本数据操作的情况。为了完整地看清楚系统如何能有效地支持表结构存储器，我们必须研究怎样通过一种适合常规计算机存储器的方式来表示表结构。

要实现表结构，需要考虑两方面的问题。首先是一个纯粹的表示问题：只用典型计算机的存储和寻址能力，如何表示序对的"盒子和指针"结构。其次是需要关注如何把存储管理作为一个计算过程。JavaScript 系统的操作深度依赖连续创建新数据对象的能力，包括被解释的 JavaScript 函数需要显式创建的各种对象，还有解释器自身创建的对象，例如环境和参数表等。如果计算机存储器的容量无穷而且可以快速寻址，连续地不断创建新对象就没有任何问题。但是，实际计算机存储器的规模是有穷的（实在可惜）。因此 JavaScript 系统提供了一种自动存储分配功能，用以支持一种无穷存储器的假象。当一个数据对象不再需要时，分配给它的存储就会被自动回收，以便用于构造新的数据对象。人们已经开发出多种能提供自

487

动存储分配能力的技术，我们准备在这一节里讨论的方法称为废料收集。

5.3.1 把存储器看作向量

常规计算机的存储器可以看作排列整齐的一串小隔间，一个隔间里可以保存一点信息。每个小隔间有一个唯一名字，称为它的地址或位置。典型的存储器系统提供两个基本操作，一个取出保存在特定位置的数据，另一个把新数据赋给特定位置。我们还可以做存储器地址的增量操作，以支持对一组小隔间的顺序访问。更一般的，许多重要数据操作都要求把存储

器地址也当作数据看待和处理，以便能把地址保存到存储位置里，并能在机器寄存器里操作它们。表结构的表示就是这种地址算术的一种具体应用。

为了模拟计算机的存储器，我们采用一种称为向量的新数据结构。抽象地看，一个向量也是一个复合数据对象，其中的元素都可以通过整数下标访问，这种访问所需的时间与具体下标无关[6]。为了描述存储器操作，我们用两个函数来操控向量[7]：

- vector_ref(*vector*, *n*) 返回向量 *vector* 里的第 *n* 个元素。
- vector_set(*vector*, *n*, *value*) 把向量 *vector* 里的第 *n* 个元素设置为值 *value*。

举例说，如果 v 是向量，那么 vector_ref(v, 5) 取得 v 里的第 5 个元素，而 vector_set(v, 5, 7) 把 v 里的第 5 个元素修改为 7[8]。对于常规的计算机存储器，这种访问都可以通过地址算术实现，为此只需用一个基址描述向量在存储器里的开始位置，再加上一个下标描述特定元素在向量中的偏移量。

表示数据

我们可以用向量实现表结构存储器所需的基本序对结构。让我们设想计算机的存储器被分成了两个向量，the_heads 和 the_tails。我们用下面的方式表示表结构：指向一个序对的指针就是到这两个向量的下标，该序对的 head 就是向量 the_heads 里具有指定下标的项，而该序对的 tail 就是向量 the_tails 里具有指定下标的项。我们还要为不是序对的对象（例如数和字符串）确定相应的表示方式，为此需要有一种方法分辨是这种数据还是那种数据。做好这些事情的方法很多，但它们都可以归结为采用某种带类型的指针，也就是说，我们需要扩充"指针"的概念，使之包含有关数据类型的信息[9]。数据类型使系统能辨别一个指针是指向序对的指针（它包括"序对"数据类型和一个到存储器向量的下标），还是指向其他类型的数据的指针（它包含有关某个数据类型的信息和某些用于表示该类型数据的其他信息）。认为两个数据对象是同一个东西（===）的条件就是它们的指针相等。图 5.14 显示的是采用这种方法表示表 list(list(1, 2), 3, 4) 的情况，相应的盒子指针表示也显示在图里，其中的字母前缀标明类型信息。这样，指向下标为 5 的序对的指针标明 p5，空表用指针 e0 表示，指向数 4 的指针标明 n4。在盒子指针图里，我们在每个序对的左下方标了一个向量下标，表示这个序对在 head 和 tail 的存储位置。在 the_heads 和 the_tails 里空白的地方可能保存了其他数据结构的序对（这里不关心它们）。

488

6　我们也可以把存储器表示为数据项的表。但如果那样做，访问时间就不会与下标无关了，因为访问其中的第 *n* 个元素需要做 *n* − 1 次 tail 操作。

7　4.1.4 节（脚注 18）说过，JavaScript 支持向量作为一种数据结构，并称其为"数组"。我们在本书中称其为向量，是因为这一术语更常用。向量函数很容易用 JavaScript 数组支持的基本操作实现。

8　为完整起见，我们还应该声明一个 make_vector 操作，用以构造向量。然而，在目前的讨论中，我们只用向量模拟计算机存储器中的固定大小的部分。

9　这种想法与我们在第 2 章为处理通用操作而引进"带标签数据"的想法完全一样。当然，这里的数据类型位于基本机器的层面上，而不是在表的基础上构造出来。

　　类型信息可以用各种方式编码，具体做法依赖系统实现所在机器的细节。程序的执行效率在很大程度上依赖于这里的选择有多聪明。但是，要想把好的选择形式化为普适的设计原则却很困难。实现带类型指针，最直接方式是在每个指针里分配固定的一组二进制位作为类型域，用于做类型编码。在设计这种表示时，必须处理下面这些重要问题：用多少个二进制位表示类型？向量的下标需要多大？操作指针的类型域的基本机器指令的效率如何？有些机器为有效操作类型域提供了特殊的硬件支持，这种机器也被称为具有带标签体系结构的机器。

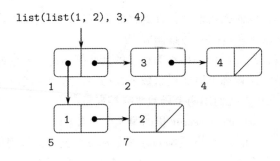

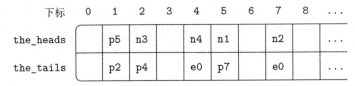

下标　　0　1　2　3　4　5　6　7　8　...

	0	1	2	3	4	5	6	7	8	...
the_heads		p5	n3		n4	n1		n2		...
the_tails		p2	p4		e0	p7		e0		...

图 5.14　表 list(list(1, 2), 3, 4) 的方块指针图和存储器向量表示

指向一个数的指针，例如 n4，完全可能同时包含了标明数对象的类型信息以及数 4 的表示本身[10]。如果需要处理的数值太大，无法在指针所需的固定大小的空间里表示，我们可以用一种大数数据类型，让指针指向一个表，在表里存储大数的各个部分[11]。

字符串也可以表示为带类型的指针，这时被指的是一个字符序列，该序列形成字符串的输出形式。在遇到字符串文字量时，语法分析器需要构造这种字符序列。字符串拼接函数 + 和生成字符串的基本函数（例如 stringify）也会构造这种字符序列。如果我们希望同一字符串的两个实例被 === 认定为"同一个"字符串，而且希望 === 能简单检测指针相等，就必须保证系统两次看到同一个字符串时，一定用同一个指针（指向同一个字符序列）表示这两次出现。为做到这些，系统需要维护一个称为字符串池的列表，其中包含遇到过的所有字符串。当系统考虑构造一个字符串时，先去检查这个字符串池，看以前是否看到过同一个字符串。如果没遇到过就构造一个新字符串，并让指针（指向新字符序列的带类型指针）指向字符串池里的新字符串。如果遇到过，系统就直接返回字符串池里保存字符串的指针。把字符串用这种唯一指针取代的过程称为字符串内化（string interning）。

基本表操作的实现

有了上面的表示框架，我们就可以用一个或几个基本向量操作代替寄存器机器的一个"基本"表操作了。我们用两个寄存器 the_heads 和 the_tails 表示相应的内存向量，假定 vector_ref 和 vector_set 是可用的基本向量操作，还假定对指针的算术操作（如增加指针的值，用序对的指针作为向量下标，或者加两个数）只作用到带类型指针的下标部分。

例如，我们可以让寄存器机器支持下面的指令：

10　有关数值如何表示的决定，也确定了我们能否用 ===（它检测指针相等）检测两个数值相等与否。如果指针里包含了数值本身，那么相等的数值就会有相同的指针值。但是如果指针里包含了存储数的位置的下标，要保证相等的数也具有相同指针，我们就需要小心安排，不能让同一个数存入多个位置。

11　这样做，就像是把一个数写成数字的序列，除了这里的每个"数字"可能有所不同，它可以是位于 0 到可能存入一个指针里的最大数之间的某个值。

```
assign(reg₁, list(op("head"), reg(reg₂)))

assign(reg₁, list(op("tail"), reg(reg₂)))
```

我们分别把它们实现为：

```
assign(reg₁, list(op("vector_ref"), reg("the_heads"), reg(reg₂)))

assign(reg₁, list(op("vector_ref"), reg("the_tails"), reg(reg₂)))
```

指令

```
perform(list(op("set_head"), reg(reg₁), reg(reg₂)))

perform(list(op("set_tail"), reg(reg₁), reg(reg₂)))
```

实现为

```
perform(list(op("vector_set"), reg("the_heads"), reg(reg₁), reg(reg₂)))

perform(list(op("vector_set"), reg("the_tails"), reg(reg₁), reg(reg₂)))
```

操作 pair 执行时分配一个未用的闲置下标，然后把 pair 的参数存入向量 the_heads 和 the_tails 里由这个下标确定的位置。我们还假定有一个特殊寄存器 free，它总是保存着一个序对指针，内容就是下一个可用下标，而且我们总可以增加这个指针的下标部分，找到下一个空闲位置[12]。举例说，指令：

```
assign(reg₁, list(op("pair"), reg(reg₂), reg(reg₃)))
```

可以用下面的向量操作序列实现[13]：

```
perform(list(op("vector_set"),
             reg("the_heads"), reg("free"), reg(reg₂))),
perform(list(op("vector_set"),
             reg("the_tails"), reg("free"), reg(reg₃))),
assign(reg₁, reg("free")),
assign("free", list(op("+"), reg("free"), constant(1)))
```

操作 ===

```
list(op("==="), reg(reg₁), reg(reg₂))
```

简单地检测寄存器的所有域是否相等。另一方面，像 is_pair、is_null、is_string 和 is_number 一类的谓词都只检测指针的类型域。

实现栈

虽然寄存器机器需要用栈，但我们不需要做任何特殊的事情，因为栈可以用表模拟。栈可以是一个保存值的表，用特殊寄存器 the_stack 指向。这样 save(reg) 就可以实现为：

12　也存在找到自由存储的其他方法。例如，我们可以把所有未用的序对链接起来，构成一个自由表。我们现在的自由位置是连续的（并因此可以通过增加指针值的方式逐一访问），是因为这里采用了一种紧缩式的废料收集程序。5.3.2 节将说明有关的情况。

13　从本质上说，这也就是基于 set_head 和 set_tail 的 pair 实现，如前面 3.3.1 节所述。在前面的实现中所用的 get_new_pair，现在通过 free 指针实现了。

```
assign("the_stack", list(op("pair"), reg(reg), reg("the_stack")))
```

类似的，restore(*reg*) 可以实现为：

```
assign(reg, list(op("head"), reg("the_stack")))
assign("the_stack", list(op("tail"), reg("the_stack")))
```

而 perform(list(op(initialize_stack))) 可以实现为：

```
assign("the_stack", constant(null))
```

这些操作都可以进一步展开为上面说明的向量操作。在常规的计算机体系结构里，栈也常被另行分配为一个单独的向量，这样做有很大的优越性：采用这种做法，对栈的压入和弹出操作都可以通过增加或者减少向量下标的方式实现。

练习 5.19 请画出由下面语句产生的表结构的盒子指针表示，以及对应的存储器向量表示的图形（如图 5.4 里那样）。

```
const x = pair(1, 2);
const y = list(x, x);
```

假定 free 指针开始时的值是 p1。free 的最终值是什么？哪些指针表示 x 和 y 的值？

练习 5.20 为下面函数实现一个寄存器机器。假定表结构存储操作是机器可用的基本操作：

a. 递归的 count_leaves：

```
function count_leaves(tree) {
    return is_null(tree)
        ? 0
        : ! is_pair(tree)
        ? 1
        : count_leaves(head(tree)) +
          count_leaves(tail(tree));
}
```

b. 带有一个显式计数器的递归的 count_leaves，：

```
function count_leaves(tree) {
    function count_iter(tree, n) {
        return is_null(tree)
            ? n
            : ! is_pair(tree)
            ? n + 1
            : count_iter(tail(tree),
                         count_iter(head(tree), n));
    }
    return count_iter(tree, 0);
}
```

练习 5.21 练习 3.12 和 3.3.1 节给出了一个 append 函数，它连接起两个表，构成一个新表。还给出了另一个函数 append_mutator，它直接把两个表粘到一起。请为实现这两个操作各设计一个寄存器机器，假定有关表结构的存储器操作都是可用的基本操作。

5.3.2　维持一种无穷存储的假象

5.3.1 节描绘的表示方式能解决表的结构问题，当然这里还需要一个前提，那就是存在数量无穷的存储单元。对实际计算机，我们最终一定会用完所有可用于构造新序对的自由空间 [14]。然而，典型计算中生成的大部分序对只是用于保存计算的中间结果，这些结果被用过之后，有关序对就不再有用了——它们变成了废料。例如，计算

```
accumulate((x, y) => x + y,
           0,
           filter(is_odd, enumerate_interval(0, n)))
```

的过程中会构造起两个表：枚举的表和对枚举过滤的结果表。在累计工作完成后，这两个表就都不需要了，为它们分配的存储可以回收。如果我们能做好安排，周期性地收集起所有废料，而且这种重复利用存储的速度与构造新序对的速率大致差不多，那么我们就能维持一种假象，好像这里有无穷的存储器。

为了回收这些序对，我们必须有一种方法去确定以前分配的哪些序对已经不再需要（这意味着它们的内容对后面的计算不再有影响了）。我们将在下面考察的方法称为废料收集。废料收集基于如下的观察：在基于表结构存储的解释过程中的任何时刻，可能影响未来计算的对象，也就是从当前位于机器寄存器里的那些指针出发，经过一些 head 和 tail 操作能到达的那些对象 [15]。所有不能这样访问的对象都可以回收了。

实现废料收集的方法也很多。我们在这里将要考察的方法称为停止并复制，其基本思想是把存储器分成两半："工作存储区"和"自由存储区"。当 pair 需要构造序对时，它就在工作存储区里分配。每当工作存储区满的时候执行一次废料收集：设法确定工作存储区里所有有用序对的位置，把它们复制到自由存储区的一些连续位置里（确定有用序对的方法就是从机器的寄存器出发，追踪所有的 head 和 tail 指针）。由于我们不复制废料，因此可以预期，上述复制工作完成后，自由存储区还会剩下一些序对，可供分配。此外，原来的工作存储区里不再有有用的东西了，因为有用的序对都已经复制。这样，如果我们交换工作存储区和自由存储区的角色，就可以在新的工作存储区（也就是原来的自由存储区）里分配新序对，使计算可以继续下去。当这个存储区再满的时候，我们又可以把其中有用的序对复制到新的自由存储区（也就是原来的工作存储区）[16]。

493

---

[14] 这句话将来也可能不成立，因为存储器可能变得足够大，以至于在一台计算机的存续期间不可能用完它。举例说，一年大约有 3×10^{16} 纳秒，因此，如果每纳秒做一次 pair，大约需要 10^{18} 个存储单元就能构造出一台机器，它可以运行 30 年而不会用光所有存储器。按今天的标准这样的存储器似乎太大了，但在物理上这并不是不可能的。而另一方面，处理器的速度也在变得更快，现代计算机可能包含越来越多的处理器，它们在同一个内存上并行操作，因此使用存储的速度也可能远快于上面的假设。

[15] 我们假定按 5.3.1 节的说明，栈用表的形式表示，因此栈里的数据项都可以通过栈寄存器访问。

[16] 这一思想是 Minsky 发明并最早实现的，作为 MIT 电子学实验室为 PDP-11 所做的 Lisp 系统的一部分。Fenichel 和 Yochelson（1969）进一步开发了这个想法，并将其用于 Multics 分时系统的 Lisp 实现。后来 Baker（1978）开发出这一思想的一个"实时"版本，其中不需要在废料收集时停下计算。Baker 的思想又得到 Hewitt、Lieberman 和 Moon 的进一步发展（参见 Lieberman and Hewitt 1983），以利用实际中的一种情况：计算中构造的一些结构更易变，而另一些结构更持久。

　　另一种常用废料收集技术是标记 – 清扫方法。其工作过程包括追踪从机器寄存器出发可以访问的所有结构，在遇到每个结构时做好标记。而后扫描整个存储区，把所有没标记的位置作为废料"扫入"自由空间，使它们可以重新使用。有关标记 – 清扫方法的更完整讨论可参见 Allen 1978。

　　Minsky-Fenichel-Yochelson 的算法已成为实用的大型存储系统的主导算法，因为它只需要检查存储器的在用部分。标记 - 清扫方法的情况与此不同，其中的清扫阶段必须检查存储区的所有部分。停止并复制方法的另一个优势在于它是一种紧缩型废料收集算法。也就是说，废料收集阶段结束时，有用数据都被移到一片连续存储位置中，所有废料都被挤了出来。对使用虚拟存储器的机器而言，这种情况可能得到可观的性能提升，因为在这种系统里，访问非常分散的存储地址可能需要做更多的换页操作。

停止并复制废料收集器的实现

现在我们要用自己的寄存器机器语言，给出这种停止并复制算法的更多细节。我们假定存在一个称为 root 的寄存器，其中包含一个指针，它指向了一个结构，从这里出发，最终能找到所有可访问的数据。这件事很容易安排，我们只需要在废料收集即将开始时把机器里所有寄存器的内容都存入一个预先分配的表，并让 root 指向这个表[17]。我们还假定，除了当前的工作存储区外还有一个自由存储区，可以把有用的数据复制过去。当前工作存储区由两个向量组成，其基址分别存放在称为 the_heads 和 the_tails 的寄存器里，自由存储区的基址存放在寄存器 new_heads 和 new_tails 里。

一旦计算耗尽了当前工作存储区里的所有自由单元。也就是说，当某一次 pair 操作企图增加 free 指针的值，但却使它超出工作存储向量的范围时，就会触发废料收集。当一次废料收集完成时，root 指针指向新的存储区，从 root 出发可以访问的所有对象都已移入新存储区。free 指针指向新存储区里的下一个位置，以后就在那里继续分配新序对。此外，工作存储区和自由存储区的角色也交换了——新序对将在新的工作存储区里分配，从 free 指针所指的位置开始。（原先的）工作存储区现在变成了可用的自由存储区，将被用于下一次废料收集。图 5.15 显示的是在一次废料收集之前和之后的存储安排情况。

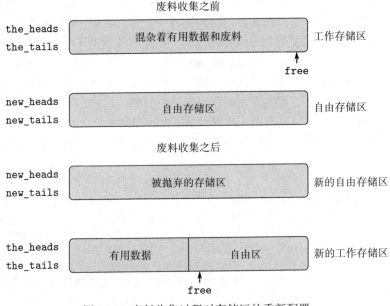

图 5.15   废料收集过程对存储区的重新配置

废料收集的过程中需要的状态控制就是维持两个指针 free 和 scan，开始时把它们初始化到新存储区的起始位置。算法开始时，我们把 root 指向的序对（根）重新分配到新存储区的开始位置。复制了这个序对后把 root 指针也调整为指向这一新位置，然后增加 free 指针的值。此外，我们还要在这个序对的原来位置加一个标记，说明这里的内容已经移走了。标记的方法如下：在原序对的 head 部分放一个特殊标记，表示这是一个已经移走的对

---

17   这个寄存器表里不包含用于存储分配系统的寄存器——root、the_heads、the_tails，以及本节里还要引进的其他寄存器。

象（按照传统，这种对象称为破碎的心）[18]，在其 tail 位置存入一个前向指针，让它指向该对象移动后的新位置。

为根序对重新分配了位置之后，废料收集器就进入它的基本循环。在算法的每一步，扫描指针 scan（初始时指向重新分配的根）总指向一个对象，其本身已经移入新存储区，但它的 head 和 tail 指针仍然指到老存储区里的对象。这样的对象被一个个重新分配，并相应增加 scan 指针的值。为了重新分配一个对象（例如正被 scan 指向的序对的 head 指针指向的那个对象），我们先检查它是否已经移走（查看该对象的 head 里是否保存着破碎的心标记）。如果该对象尚未移走，我们就把它复制到 free 所指的位置并更新 free，然后在这个对象的老位置设置破碎的心标记和前向指针，并更新指向该对象的指针（在目前的假设中，也就是正被扫描的序对里的 head 指针），使之指向该对象的新拷贝所在的新位置。如果该对象已经移走了，我们就利用它的前向指针（可以从破碎的心中的 tail 位置找到）来更新被扫描的那个序对里的指针。最终，所有可访问对象都完成了移动和扫描，在那个时间点，scan 指针就会超过 free 指针，本次收集过程就结束了。

我们可以把这个停止并复制算法描述为一个寄存器机器的指令序列。重新分配一个对象的基本操作由子程序 relocate_old_result_in_new 实现。该子程序的参数是一个指向需要移动的对象的指针，来自一个称为 old 的寄存器。子程序为指定对象重新分配存储（在这个过程中要增加 free 的值），把重新分配后的对象的地址存入另一个 new 寄存器，最后用一个分支指令返回保存在寄存器 relocate_continue 的入口点。在开始废料收集时，我们先初始化 free 和 scan，然后调用这个子程序，为 root 指针重新分配。在完成了 root 的重新分配之后，我们把 root 指针设置到新的根位置，然后进入废料收集器的主循环。

```
"begin_garbage_collection",
  assign("free", constant(0)),
  assign("scan", constant(0)),
  assign("old", reg("root")),
  assign("relocate_continue", label("reassign_root")),
  go_to(label("relocate_old_result_in_new")),
"reassign_root",
  assign("root", reg("new")),
  go_to(label("gc_loop")),
```

在废料收集器的主循环开始，我们必须确定是否还存在需要扫描的对象，方法就是检查 scan 指针是否已经与 free 指针重合。如果这两个指针相等，那就说明所有可访问的对象都已经重新分配了，这时我们就分支到 gc_flip，在那里做一些清理工作，以便能继续前面中断的计算。如果还存在需要扫描的序对，我们就调用子程序，为下一个序对的 head 做重新分配（把那个 head 指针放入 old 寄存器），并设置 relocate_continue 寄存器，使子程序能返回到更新 head 指针的位置。

496

```
"gc_loop",
  test(list(op("==="), reg("scan"), reg("free"))),
  branch(label("gc_flip")),
  assign("old", list(op("vector_ref"), reg("new_heads"), reg("scan"))),
  assign("relocate_continue", label("update_head")),
  go_to(label("relocate_old_result_in_new")),
```

18　术语破碎的心是 David Cressey 创造的，他写了 MDL 的废料收集系统。MDL 是 20 世纪 70 年代早期在 MIT 开发的一种 Lisp 方言。

在 update_head 入口，我们先修改被扫描序对的 head 指针，并为随后处理这个序对的 tail 部分做好准备。在完成了 head 部分的重新分配之后，我们返回到 update_tail。对 tail 部分重新分配和更新后，处理这个序对的工作完成，此时就可以继续主循环了。

```
"update_head",
  perform(list(op("vector_set"),
               reg("new_heads"), reg("scan"), reg("new"))),
  assign("old", list(op("vector_ref"),
                     reg("new_tails"), reg("scan"))),
  assign("relocate_continue", label("update_tail")),
  go_to(label("relocate_old_result_in_new"))),

"update_tail",
  perform(list(op("vector_set"),
               reg("new_tails"), reg("scan"), reg("new"))),
  assign("scan", list(op("+"), reg("scan"), constant(1))),
  go_to(label("gc_loop"))),
```

子程序 relocate_old_result_in_new 按下面方式重新分配对象：如果要求重新分配的对象（由 old 指向）不是序对，子程序返回指向该对象的原指针（在 new 里），不做任何修改。举例说，如果现在扫描到一个序对，其 head 部分是数 4。如果像 5.3.1 节所言，这个 head 就表示为 n4，我们当然希望"重新分配"后的 head 指针仍然是 n4。不是这种情况（也就是说遇到序对）时就必须重新分配。如果要求重新分配的位置有破碎的心标记，说明该序对已经移走，我们提取其前向地址（从破碎的心里的 tail 位置），在 new 里返回这个地址。如果 old 指向的是未移走的序对，就把该序对移到新存储区里（由 free 指向的）第一个空位置，在该序对的老位置设置破碎的心标志和前向指针。relocate_old_result_in_new 用寄存器 oldht 保存由 old 指向的对象的 head 或者 tail[19]。

[497]

```
"relocate_old_result_in_new",
  test(list(op("is_pointer_to_pair"), reg("old"))),
  branch(label("pair")),
  assign("new", reg("old")),
  go_to(reg("relocate_continue"))),
"pair",
  assign("oldht", list(op("vector_ref"),
                       reg("the_heads"), reg("old"))),
  test(list(op("is_broken_heart"), reg("oldht"))),
  branch(label("already_moved")),
  assign("new", reg("free")),          // new location for pair
  // Update free pointer
  assign("free", list(op("+"), reg("free"), constant(1))),
  // Copy the head and tail to new memory
  perform(list(op("vector_set"),
               reg("new_heads"), reg("new"),
               reg("oldht"))),
  assign("oldht", list(op("vector_ref"),
                       reg("the_tails"), reg("old"))),
  perform(list(op("vector_set"),
               reg("new_tails"), reg("new"),
               reg("oldht"))),
  // Construct the broken heart
```

---

19 废料收集程序用一个低级谓词 is_pointer_to_pair，而没用表结构操作 is_pair，这是因为实际系统里可能有许多不同东西需要为废料收集而当作序对处理。例如，函数对象可能实现为一种特殊的"序对"，它们不会满足 is_pair 谓词。如果只为模拟，我们可以用 is_pair 实现 is_pointer_to_pair。

```
  perform(list(op("vector_set"),
                reg("the_heads"), reg("old"),
                constant("broken_heart"))),
  perform(list(op("vector_set"),
                reg("the_tails"), reg("old"),
                reg("new"))),
  go_to(reg("relocate_continue")),
"already_moved",
  assign("new", list(op("vector_ref"),
                      reg("the_tails"), reg("old"))),
  go_to(reg("relocate_continue")),
```

在废料收集过程的最后，我们还需要交换老存储区和新存储区的角色，为此只需要交换指针的值：把 the_heads 与 new_heads 交换，the_tails 与 new_tails 交换。这样就做好了准备，可以在下次存储区耗尽时执行下一次废料收集了。

```
"gc_flip",
  assign("temp", reg("the_tails")),
  assign("the_tails", reg("new_tails")),
  assign("new_tails", reg("temp")),
  assign("temp", reg("the_heads")),
  assign("the_heads", reg("new_heads")),
  assign("new_heads", reg("temp"))
```

498

5.4　显式控制的求值器

在 5.1 节，我们看到了如何把简单的 JavaScript 程序变换为一个寄存器机器描述。下面要对一个更复杂的程序做这种变换。我们要变换的就是 4.1.1 节到 4.1.4 节讨论的元循环求值器，它说明了如何基于一对函数 evaluate 和 apply 描述 JavaScript 解释器的行为。在本节我们要开发一个显式控制求值器，说明可以如何基于寄存器和栈的操作，描述求值过程中最基础的函数调用和参数传递机制。此外，显式控制求值器还可以作为 JavaScript 解释器的一个实现，写这个求值器用的语言也非常接近常规计算机的机器语言。这个求值器可以在 5.2 节讨论的寄存器机器模拟器上执行。换个看法，它也可以作为 JavaScript 求值器的机器语言实现的出发点，甚至作为能求值

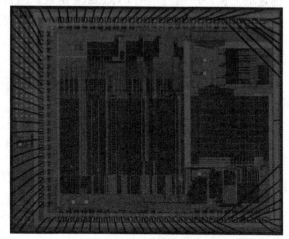

图 5.16　一个实现 Scheme 求值器的芯片

JavaScript 程序的专用机器的出发点。图 5.16 显示了这样一个硬件实现，显示了一片作为 Scheme 求值器的硅芯片，而 Scheme 语言在 SICP 的 Scheme 版里起着 JavaScript 在本书里的作用。该芯片的设计者就是从为一部寄存器机器描述数据通路和控制器规范开始，最后利用设计自动化工具程序构造出集成电路的布线[20]。他们描述的机器也很像我们将在本节里描述的求值器。

499

20　有关这个芯片及其设计方法的更多信息，可以参看 Batali et al. 1982。

寄存器和操作

在设计显式控制求值器时，我们必须明确描述这部寄存器机器的各种操作。我们基于抽象语法形式描述元循环求值器时用到一些函数，如 `is_literal` 和 `make_function`。在实现相应的寄存器机器时，需要把这些函数展开为基本的表结构操作序列，在我们的寄存器机器上实现它们。但是，这样做会使这个求值器变得非常长，也使其基本结构被许多细节弄得很不清楚。为使这一展示更清晰，我们将把 4.1.2 节给出的那些语法函数，以及 4.1.3 节和 4.1.4 节里表示环境和其他运行时数据的函数，都作为这部寄存器机器的基本操作。要完整地描述这一求值器，使它能用低级的机器语言编程实现或者用硬件实现，我们就需要基于5.3 节描述的表结构实现，使用更基本的操作来取代上面这些操作。

在我们的 JavaScript 求值器的寄存器机器里有一个栈和七个寄存器：`comp`、`env`、`val`、`continue`、`fun`、`argl` 和 `unev`。寄存器 `comp` 用于掌控被求值部件，`env` 记录执行求值时用的环境。当求值结束时，在指定环境中求值相应部件的结果存入 `val`。`continue` 寄存器用于实现递归，就像 5.1.4 节里解释的那样（这一求值器需要调用自身，因为对一个部件的求值会要求求值其子部件）。寄存器 `fun`、`argl` 和 `unev` 用在函数应用的求值中。

我们不准备画数据通路图来说明求值器里的寄存器与操作如何连接，也不准备罗列这一机器的所有操作。这些都隐含在求值器的控制器里，下面会给出有关细节。

5.4.1 分派器和基本求值

这个求值器的核心部分是从 `eval_dispatch` 开始的指令序列，这段代码对应于 4.1.1 节描述的元循环求值器里的 `evaluate` 函数。当控制器从 `eval_dispatch` 开始执行时，它要做的工作就是在 `env` 确定的环境中对由 `comp` 确定的部件求值。当这一求值工作完成时，控制器将转跳到保存在寄存器 `continue` 里的入口点，而且这时 `val` 寄存器保存着刚得到的部件的值。`eval_dispatch` 的结构就像元循环求值器里的 `evaluate` 函数，同样是做基于被求值部件的类型的分情况分析[21]。

```
"eval_dispatch",
  test(list(op("is_literal"), reg("comp"))),
  branch(label("ev_literal")),
  test(list(op("is_name"), reg("comp"))),
  branch(label("ev_name")),
  test(list(op("is_application"), reg("comp"))),
  branch(label("ev_application")),
  test(list(op("is_operator_combination"), reg("comp"))),
  branch(label("ev_operator_combination")),
  test(list(op("is_conditional"), reg("comp"))),
  branch(label("ev_conditional")),
  test(list(op("is_lambda_expression"), reg("comp"))),
  branch(label("ev_lambda")),
  test(list(op("is_sequence"), reg("comp"))),
  branch(label("ev_sequence")),
  test(list(op("is_block"), reg("comp"))),
  branch(label("ev_block")),
  test(list(op("is_return_statement"), reg("comp"))),
  branch(label("ev_return")),
```

---

21 在我们这个求值器里，分派写成一系列 `test` 和 `branch` 指令。也可以换种方式，采用数据导向的风格写（真实的系统里常是这样），避免执行一系列检测，而且有利于定义新组件类型。

```
  test(list(op("is_function_declaration"), reg("comp"))),
  branch(label("ev_function_declaration")),
  test(list(op("is_declaration"), reg("comp"))),
  branch(label("ev_declaration")),
  test(list(op("is_assignment"), reg("comp"))),
  branch(label("ev_assignment")),
  go_to(label("unknown_component_type"))),
```

求值简单表达式

数和字符串、名字，以及 lambda 表达式中都没有需要求值的子表达式。对于它们，求值器简单地把正确的值存入 val 寄存器，然后转到 continue 描述的入口点继续执行。对简单表达式的求值由下面这些控制器代码完成：

```
"ev_literal",
  assign("val", list(op("literal_value"), reg("comp"))),
  go_to(reg("continue")),

"ev_name",
  assign("val", list(op("symbol_of_name"), reg("comp"), reg("env"
  assign("val", list(op("lookup_symbol_value"),
                      reg("val"), reg("env"))),
  go_to(reg("continue")),

"ev_lambda",
  assign("unev", list(op("lambda_parameter_symbols"), reg("comp"
  assign("comp", list(op("lambda_body"), reg("comp"))),
  assign("val", list(op("make_function"),
                     reg("unev"), reg("comp"), reg("env"))),
  go_to(reg("continue")),
```

请注意这里 ev_lambda 怎样利用 unev 和 comp 寄存器保存 lambda 表达式的参数和体，以便把它们和 env 里的环境一起送给 make_function 操作。

501

条件

与元循环解释器类似，处理语法形式的方法也是选择性地求值组件的片段。对于条件组件，我们必须求值其谓词部分，然后基于得到的值决定是求值后继部分还是替代部分。

在求值谓词之前，我们要保存当时在 comp 里的条件组件，以便后面可以提取其中的后继或替代部分。为了求值谓词部分，我们把它移入 comp 寄存器并再次转到 evel_dispatch。env 寄存器里已经是求值谓词的正确环境了，但我们还是要保存 env，因为以后求值后继或替代部分时还需要它。我们设置好 continue，使得完成谓词的求值后，求值过程可以转到 ev_conditional_decide 继续。当然，在设置之前还要先保存 continue 的原值，以便在得到了条件组件的值之后，执行能回到正在等着这个值的需要求值的语句。

```
"ev_conditional",
  save("comp"),      // save conditional for later
  save("env"),
  save("continue"),
  assign("continue", label("ev_conditional_decide")),
  assign("comp", list(op("conditional_predicate"), reg("comp"))),
  go_to(label("eval_dispatch")),  // evaluate the predicate
```

完成了谓词部分的求值，在转到 `ev_conditional_decide` 继续时，我们需要检查谓词的值是真还是假，并根据该值把后继或替代部分存入 comp，然后再转到 eval_dispatch[22]。注意，在这里我们还要恢复 env 和 continue，这样就为 eval_dispatch 设置好正确的环境，而且能转到接受条件值的正确位置去继续。

```
"ev_conditional_decide",
  restore("continue"),
  restore("env"),
  restore("comp"),
  test(list(op("is_falsy"), reg("val"))),
  branch(label("ev_conditional_alternative")),
"ev_conditional_consequent",
  assign("comp", list(op("conditional_consequent"), reg("comp"))),
  go_to(label("eval_dispatch")),
"ev_conditional_alternative",
  assign("comp", list(op("conditional_alternative"), reg("comp"))),
  go_to(label("eval_dispatch")),
```

求值序列

在显式控制求值器里，从 ev_sequence 开始一段指令处理语句序列类似于元循环求值器里的 eval_sequence 函数。

位于 ev_sequence_next 和 ev_sequence_continue 的入口形成了一个循环，在这里顺序求值序列中的各个语句。尚未求值的语句的表保存在 unev。在 ev_sequence，我们把需要求值的语句序列放入 unev。如果序列为空就把 val 设置为 undefined，然后跳到 ev_sequence_empty 继续；否则就开始序列求值的循环。这时先把 continue 的值入栈，因为循环的局部控制流需要用 continue 寄存器，但在完成了整个序列后还要用它的原值。在求值一个语句之前，我们检查序列里是否还有其他需要求值的语句。如果有，我们就把这些未求值的语句保存到 unev，并保存当时的环境（环境在 env 里，求值其余语句时还要用这个环境）。然后调用 eval_dispatch 去求值已经放入 comp 的语句。这一求值完成后，在入口 ev_sequence_continue 恢复前面保存的两个寄存器。

序列的最后一个语句在入口点 ev_sequence_last_statement 处理，采用不同的处理方式。由于这个语句之后没有更多语句了，所以，在转到 eval_dispatch 之前就不需要保存 unev 和 env。由于整个序列的值就是最后这个语句的值，因此，对最后语句的求值完成后不必做其他事情，只需按在 ev_sequence 入口点存入栈的位置继续。这里没有先设置 continue，完成语句的求值后恢复 continue 并以转到相应入口点继续的方式从 eval_dispatch 返回，而是在转到 eval_dispatch 之前直接从栈里恢复 continue。这样，eval_dispatch 完成了语句求值之后，就能直接转到 continue 里的那个入口点继续了。

22　在这一章里我们用函数 is_falsy 检查谓词的值。这使我们能以与条件部件同样的顺序写后继部分和替代部分，条件成立时简单落入后继分支。函数 is_falsy 的声明与在 4.1.1 节里用于检查条件组件的谓词的函数 is_truthy 相反。

```
"ev_sequence",
  assign("unev", list(op("sequence_statements"), reg("comp"))),
  test(list(op("is_empty_sequence"), reg("unev"))),
  branch(label("ev_sequence_empty")),
  save("continue"),
"ev_sequence_next",
  assign("comp", list(op("first_statement"), reg("unev"))),
  test(list(op("is_last_statement"), reg("unev"))),
  branch(label("ev_sequence_last_statement")),
  save("unev"),
  save("env"),
  assign("continue", label("ev_sequence_continue")),
  go_to(label("eval_dispatch")),
"ev_sequence_continue",
  restore("env"),
  restore("unev"),
  assign("unev", list(op("rest_statements"), reg("unev"))),
  go_to(label("ev_sequence_next")),
"ev_sequence_last_statement",
  restore("continue"),
  go_to(label("eval_dispatch")),

"ev_sequence_empty",
  assign("val", constant(undefined)),
  go_to(reg("continue")),
```

与显式控制求值器的 ev_sequence 函数不同，完成序列求值时，eval_sequence 部分 |503|
不需要检查被求值的是否为返回语句，并根据情况结束语句序列的求值。这个求值器里的
"显式控制"使返回语句可以直接跳到当前函数应用的返回点，不需要再去唤醒序列求值。
因此对序列求值时也不需要关心返回，甚至不需要意识到语言里有返回语句。由于返回语句
将直接跳离序列求值的代码，在 ev_sequence_continue 处恢复寄存器的动作都不会执行。
下面我们会看到返回语句如何从栈里移除这些值。

5.4.2　函数应用的求值

一个函数应用是一个组合式，包含一个函数表达式和一些实参表达式。函数表达式是这
里的一个子表达式，其值是一个函数；而作为实参表达式的子表达式的值就是函数应该作用
的实际参数。在元循环求值器里，evaluate 处理函数应用时需要递归地调用自己，去求值
应用组合式的各个元素，然后把结果送给 apply 执行实际的函数应用。显式控制求值器同
样也要做这些事，其中的递归调用通过 go_to 指令实现。这里还要把一些寄存器入栈，以
便在递归调用返回之后恢复它们。在每个调用前，我们都需要仔细辩明哪些寄存器必须保护
（因为后面还需要它们的值）[23]。

与元循环求值器里的情况一样，运算符组合式翻译成对应于运算符的基本函数应用。这
一工作在 ev_operator_combination 部分完成。翻译工作在 comp 寄存器里做，翻译完成

23　把一个用过程性语言（如 JavaScript）描述的算法翻译为寄存器机器语言时，这个问题特别重要，细枝末
　　节很多。我们也可以在每次递归调用前保存所有寄存器（除 val 外），而不是只保存必须保存的东西。这
　　种方式称为框架栈方法。这种方法当然能工作，但可能保存了一些不必保存的寄存器。对那些栈操作代
　　价高昂的系统，这样做可能对系统性能产生重大影响。保存了后面不再需要的寄存器的内容，还可能维
　　持了一些原本可以经过废料收集，收回自由空间重复使用的无用数据。

后，执行直接落入求值器的 `ev_application` 部分[24]。

在开始求值函数应用时，我们先求值函数表达式得到一个函数，准备后面把它应用于求出的实际参数值。为求值函数表达式，我们把它移入 comp 寄存器后转到 `eval_dispatch`。位于 env 寄存器的环境就是求值函数表达式所需的正确环境。但我们还需要保护这个环境，以便后面用于实参表达式的求值。我们还要提取出实参表达式，将其存入 unev，并把这个寄存器入栈。还需要设好 continue，使得 eval_dispatch 完成了函数表达式的求值后，执行能回到 `ev_appl_did_function_expression`。当然，在做这些之前，我们必须把 continue 的原值存入栈，这个值告诉控制器在完成函数应用之后应该转向何处。

504

```
"ev_operator_combination",
  assign("comp", list(op("operator_combination_to_application"),
                      reg("comp"), reg("env"))),
"ev_application",
  save("continue"),
  save("env"),
  assign("unev", list(op("arg_expressions"), reg("comp"))),
  save("unev"),
  assign("comp", list(op("function_expression"), reg("comp"))),
  assign("continue", label("ev_appl_did_function_expression")),
  go_to(label("eval_dispatch")),
```

从函数表达式的求值返回后，我们需要继续去求值函数应用的各个实参表达式，并把得到的实参值积累到一个表里，保存在 argl（这里的工作很像求值语句序列，只是还需要收集得到的值）。我们首先恢复未求值的实参表达式及其求值环境，并把 argl 初始化为一个空表，然后把 fun 寄存器设置为由函数表达式的求值得到的函数。如果这个应用没有实参表达式，我们就直接转到 apply_dispatch；如果有实参表达式就把 fun 入栈，然后开始求值实参的循环[25]。

```
"ev_appl_did_function_expression",
  restore("unev"), // the argument expressions
  restore("env"),
  assign("argl", list(op("empty_arglist"))),
  assign("fun", reg("val")), // the function
  test(list(op("is_null"), reg("unev"))),
  branch(label("apply_dispatch")),
  save("fun"),
```

---

24 我们假设语法翻译器 `operator_combination_to_application` 可以作为机器操作直接使用。如果从头开始做一个实际实现，就需要让显式控制求值器解释一个能做这种源到源翻译的 JavaScript 程序，并让函数 `function_decl_to_constant_decl` 在实际执行前做好语法转换。

25 我们要为 4.1.3 节的求值器数据结构增加下面两个函数，用于操作参数表：

```
function empty_arglist() { return null; }
function adjoin_arg(arg, arglist) {
    return append(arglist, list(arg));
}
```

还需要使用下面的语法函数，用于检查组合式的最后参数：

```
function is_last_argument_expression(arg_expression) {
    return is_null(tail(arg_expression));
}
```

　　每执行一次实参求值循环，就能完成对取自 unev 表的一个实参表达式的求值，以及求值结果在 argl 的积累。在求值实参表达式时，我们先把它放入 comp 寄存器，并在设置了 continue 寄存器后转到 eval_dispatch，使这个积累实参值的阶段能正确地继续。在转移之前，我们还需要保存至今已积累的实参值（位于 argl），求值环境（位于 env），以及尚未求值的那些实参表达式（位于 unev）。对最后一个实参表达式的求值作为特殊情况，在 ev_appl_last_arg 处理。 |505|

```
"ev_appl_argument_expression_loop",
  save("argl"),
  assign("comp", list(op("head"), reg("unev"))),
  test(list(op("is_last_argument_expression"), reg("unev"))),
  branch(label("ev_appl_last_arg")),
  save("env"),
  save("unev"),
  assign("continue", label("ev_appl_accumulate_arg")),
  go_to(label("eval_dispatch"))),
```

　　完成一个实参表达式的求值后，需要把得到的值累积到 argl 记录的表里，还要把这个实参表达式从 unev 里尚未求值的运算对象表中移除，然后继续实参求值的循环。

```
"ev_appl_accumulate_arg",
  restore("unev"),
  restore("env"),
  restore("argl"),
  assign("argl", list(op("adjoin_arg"), reg("val"), reg("argl"))),
  assign("unev", list(op("tail"), reg("unev"))),
  go_to(label("ev_appl_argument_expression_loop"))),
```

　　对最后一个实参表达式的求值采用不同处理方式，就像对语句序列里的最后一个语句。这时，在转到 eval_dispatch 之前不再需要保护环境和尚未求值的实参表达式表，因为对最后一个实参表达式求值后它们都不需要了。另一方面，我们应该从这一求值返回特殊的入口点 ev_appl_accum_last_arg，在那里恢复 argl 表并把最后这个实参值放进去，恢复前面保存的函数，然后转去执行函数应用[26]。

```
"ev_appl_last_arg",
  assign("continue", label("ev_appl_accum_last_arg")),
  go_to(label("eval_dispatch"))),
"ev_appl_accum_last_arg",
  restore("argl"),
  assign("argl", list(op("adjoin_arg"), reg("val"), reg("argl"))),
  restore("fun"),
  go_to(label("apply_dispatch"))),
```

　　实参求值循环的细节确定了解释器对组合式中实参表达式的求值顺序（从左到右或从右到左——见练习 3.8）。元循环求值器的实现没有明确说明这个顺序，其控制结构直接继承自 |506|

26　对最后一个实参表达式的这种特殊的优化处理方式，也就是所谓的表求值的尾递归（见 Wand 1980）。如果我们把对第一个实参表达式的求值也作为特殊情况，还可能进一步提高效率。因为这使我们可以推迟对 argl 的初始化，直到做完第一个实参表达式的求值，因此也避免了保存 argl 的工作。5.5 节的编译器执行了这种优化（请与 5.5.3 节的 construct_arglist 函数做一个比较）。

实现所在的基础 JavaScript 系统 [27]。现在因为 ev_appl_augument_expression_loop 用 head 从 unev 表里顺序提取实参表达式，ev_appl_accumulate_arg 用 tail 提取剩下的实参表达式。因此，对于函数应用的实参表达式，这个显式控制求值器采用的是从左到右的求值顺序，这也是 ECMAScript 规范的要求。

函数应用

入口点 apply_dispatch 对应元循环求值器的 apply 函数。当我们到达 apply_dispatch 时，寄存器 fun 里是需要应用的函数，argl 里是已经求出的应该应用的实参值的表。continue 值（原初是返回 eval_dispatch，在 ev_application 保存）已经在栈里，它告诉我们得到了函数应用的结果后应该返回哪里。本次函数应用完成后，控制器就应该转到由被保存的 continue 值确定的入口点，函数应用的结果应该存入 val。就像元循环求值器里的 apply 一样，现在也有两种情况需要考虑，因为被应用的可能是基本函数，也可能是组合函数。

```
"apply_dispatch",
  test(list(op("is_primitive_function"), reg("fun"))),
  branch(label("primitive_apply")),
  test(list(op("is_compound_function"), reg("fun"))),
  branch(label("compound_apply")),
  go_to(label("unknown_function_type"))),
```

我们假定每个基本函数的实现都要求从 argl 获取实际参数表，最后把结果存入 val。为了描述这一机器如何处理基本函数，我们必须为实现每个基本函数提供一个控制器指令序列，并为 primitive_apply 做好安排，使之能基于 fun 的内容完成到各个基本函数的指令序列的分派。由于我们更感兴趣的是求值过程的结构，而不是基本函数的实现细节，这里将不考虑上面说的细节，只是用了一个 apply_primitive_function 操作，假定它能把 fun 里的基本函数应用于 argl 里的实际参数。为了用 5.2 节的模拟器模拟这个求值器，我们使用函数 apply_primitive_function 的做法就像在前面 4.1.1 节的元循环求值器里一样，让它调用基础 JavaScript 系统去执行基本函数应用。在计算出基本函数应用的值之后，我们恢复寄存器 continue 并转到它指定的入口点。

```
"primitive_apply",
  assign("val", list(op("apply_primitive_function"),
                     reg("fun"), reg("argl"))),
  restore("continue"),
  go_to(reg("continue"))),
```

标号为 compound_apply 的指令序列描述复合函数的应用。这里的做法也与元循环求值器里相同：构造一个框架，在其中把函数的形式参数约束于对应实际参数，用这个框架扩充函数携带的环境，然后在扩充后的环境里求值函数体。

在这一点，函数位于寄存器 fun，实际参数在 argl。我们提取函数的形参放到 unev，把函数的环境放到 env。然后把函数的形参约束于所给的实参，把 env 里原来的环境代换为扩充这些约束构造出的环境，然后提取函数体放到 comp。自然的下一步应

---

27 在元循环求值器里，函数 list_of_values 求值参数表达式的顺序由函数 pair 对参数求值的顺序决定，构造实参表时使用这种顺序。4.1 节脚注 7 中的 list_of_values 的版本直接调用 pair，正文中的版本使用 map，它也调用 pair。（参看练习 4.1。）

该是恢复 continue 寄存器并转到 eval_dispatch 求值函数体，然后带着 val 里的结果跳到恢复的继续点，就像处理完序列中最后一个语句后的做法。但是，这里还有些复杂情况！

这里的复杂情况有两个方面。首先，在函数体求值中的任何一点，都可能出现返回语句，要求以其返回表达式的值作为函数体的返回值，进而作为函数的返回值。这个返回语句可能出现在函数体里任意嵌套的深处。因此，遇到返回语句时的栈未必是从函数里返回时需要的栈。为了在返回时把栈调整好，一种可行的方法是在栈里放一个标记，让执行返回的代码能够找到它。在栈里放标记的操作用 push_marker_to_stack 指令实现。这样做后，返回代码就可以在求值返回表达式前，用 revert_stack_to_marker 指令把栈恢复到标记指明的状态了[28]。

这里的复杂情况还有另一个方面：如果函数体的求值没执行返回语句就结束了，函数体的值就应该是 undefined。为处理这个问题，在转到 eval_dispatch 去求值函数体前，我们把 continue 寄存器设置到入口点 return_undefined。如果在求值函数体的过程中没遇到返回语句，对函数体求值结束时就会转到 return_undefined 继续。

```
"compound_apply",
  assign("unev", list(op("function_parameters"), reg("fun"))),
  assign("env", list(op("function_environment"), reg("fun"))),
  assign("env", list(op("extend_environment"),
                      reg("unev"), reg("argl"), reg("env"))),
  assign("comp", list(op("function_body"), reg("fun"))),
  push_marker_to_stack(),
  assign("continue", label("return_undefined")),
  go_to(label("eval_dispatch")),
```

在这个求值器里，只有在 compound_apply 和 ev_block（5.4.3 节）两个地方需要给 env 寄存器赋新值。如同在元循环求值器里，求值函数体所需的新环境是基于函数携带的环境构造的，加入了实际参数表与需要约束的名字表。

在 ev_return 求值返回语句时，我们用 revert_stack_to_marker 指令把栈恢复到函数调用开始时的状态，从栈中删去直到标记位置（包括这个标记）的所有值。这样做，随后的 restore("continue") 就能恢复函数调用的继续点，这是以前由 ev_application 保存的。在恢复栈之后，我们求值返回表达式，并把得到的值放到 val。这样，当返回表达式的求值完成并继续时，这个值就自然地成为了函数的返回值。

```
"ev_return",
  revert_stack_to_marker(),
  restore("continue"),
  assign("comp", list(op("return_expression"), reg("comp"))),
  go_to(label("eval_dispatch")),
```

如果在函数体的求值过程中未遇到返回语句，求值将转到 return_undefined 继续，这是 compound_apply 设置的继续点。为使函数能返回 undefined，我们把 undefined 存入 val，然后跳到 ev_application 压入栈里的入口点。当然，我们从栈里恢复这个继续点

---

[28]　特殊指令 push_marker_to_stack 和 revert_stack_to_marker 并不是必要的，我们可以向栈里显式地压入/弹出一个特殊标记值，用这种方式实现所需要的效果。任何不可能与程序里的正常值混淆的值都可以用在这里作为标记值。参看练习 5.23。

508

之前，必须先把栈恢复到 compound_apply 存入标记的位置。

```
"return_undefined",
  revert_stack_to_marker(),
  restore("continue"),
  assign("val", constant(undefined)),
  go_to(reg("continue")),
```

返回语句和尾递归

在第 1 章里我们说过，由（例如）下面函数描述的计算

```
function sqrt_iter(guess, x) {
    return is_good_enough(guess, x)
           ? guess
           : sqrt_iter(improve(guess, x), x);
}
```

是一个迭代计算过程。即使这个函数声明在语法上是递归（基于它自身定义）。逻辑上说，求值器在从对 sqrt_iter 的一个调用转到下一调用时，完全不必保存信息[29]。如果一个求值器在执行像 sqrt_iter 这样的函数时，在函数继续调用自身的时候不需要增加存储，我们就说这个求值器是一个尾递归求值器。

第 4 章里实现的元循环求值器不是一个尾递归实现，因为，它对返回语句的实现就像相应返回值对象（其中包含要返回的值）的构造函数，而且还要求检查函数调用的结果是不是这种对象。如果函数体求值生成了一个返回值对象，相应函数的返回值就是该对象的内容；否则，返回值就是 undefined。构造这种返回值对象和最后检查函数调用的结果都是延迟操作，都会导致栈上的信息积累。

而我们的显式控制求值器则确实是尾递归的，因为它不需要包装返回值供以后检查，这样就避免了为延迟的操作而向栈里加入信息。在 ev_return 求值计算函数返回值的表达式，我们直接转到 evel_dispatch，并没有在栈里放入比函数调用前更多的东西。为了做到这一点，我们用 revert_stack_to_marker 消去函数保存在栈里的所有东西（因为现在正在返回，这些都已经没用了）。此后我们不是安排 eval_dispatch 回到这里，不是从栈里恢复 continue 寄存器后再跳到相应的继续点，而是在转去 evel_dispatch 之前就从栈里恢复 continue 寄存器，这样，evel_dispatch 求值表达式之后就会直接转到该入口点继续。最后，我们在转到 evel_dispatch 之前没向栈里存入任何信息。这样，继续求值返回表达式时，栈的情况和调用函数（去计算它的返回值）前完全一样。这样，求值返回表达式——即使它是一个函数调用（如 sqrt_iter 的情况，其中的条件表达式归结为对 sqrt_iter 的调用）——也不会导致栈里出现任何信息积累[30]。

如果不想利用这一情况（在求值返回表达式时，不必在栈里保存不需要的信息）带来的益处，我们也可以采用直截了当的做法求值返回表达式，再回来恢复寄存器，最后转到等待函数调用结果的入口点继续。

509

---

29 我们已经在 5.1 节看到过如何在寄存器机器里实现这种计算过程。在那里没有栈，计算过程的状态都保存在固定的一组寄存器里。

30 尾递归的这种实现是许多编译程序里使用的一种有名的优化技术的变形。在编译函数时，如果函数最后是一个函数调用，那么就可以用直接跳到函数入口点来代替这个调用。本节的做法就是把这一策略构筑到解释器里，并因此为整个语言提供了统一的优化。

```
"ev_return",   // alternative implementation: not tail-recursive
  assign("comp", list(op("return_expression"), reg("comp"))),
  assign("continue", label("ev_restore_stack")),
  go_to(label("eval_dispatch")),
"ev_restore_stack",
  revert_stack_to_marker(),       // undo saves in current function
  restore("continue"),            // undo save at ev_application
  go_to(reg("continue")),
```

　　采用这种做法，看起来好像只是对前面的返回语句的求值代码做了一点小改动，仅有不同点就是把清除前面存入栈的寄存器的工作，推迟到完成了返回表达式的求值之后再做。解释器对任何表达式都将给出同样的值。但是，对尾递归实现而言，这一改动却是致命的。因为，现在我们就需要在求值了返回表达式之后再回来，清除以前保存的（无用的）寄存器值。 [510]
在嵌套的函数调用中，这些额外保存的值就会积累在栈里。由于这些情况，sqrt_iter 一类函数所需要的空间就会正比于迭代次数，而不再是常量空间了。这种差异可能是至关重要的，例如，有了尾递归，无穷循环也可以通过函数调用和返回机制来表述：

```
function count(n) {
    display(n);
    return count(n + 1);
}
```

但是，如果没有尾递归，这个函数最终就会用光所有的栈空间。而要想表述真正的迭代型计算，就要求提供函数调用之外的其他控制机制。

　　请注意，为了做出尾递归，我们的 JavaScript 实现需要使用 return，因为消除被保存的寄存器的工作都在 ev_rerurn 完成。如果从上面的 count 函数声明里删去 return，它最终就会用完栈空间。这也解释了在第 4 章的无穷驱动循环里使用 return 的原因。

　　练习 5.22　请解释从 count 里删去 return 后栈的构造情况：

```
function count(n) {
    display(n);
    count(n + 1);
}
```

　　练习 5.23　我们可以在 compound_apply 里使用 save，通过存入一个特殊值的方式实现与 push_marker_to_stack 等价的功能。在 ev_return 和 return_undefined 里通过一个循环反复做 restore 直至遇到标记，也能实现与 revert_stack_to_marker 等价的功能。注意，在这样做时，我们需要把值"恢复"到某个寄存器，而该寄存器并不是这个值的来源。（虽然我们在自己的求值器里一直小心地避免这种情况，实际上，我们的栈实现确实允许这种操作。参看练习 5.10）。这是必须的，因为要想从栈里弹出值，只能通过将其恢复到某个寄存器。提示：你需要创建一个唯一常量用作标记，例如用 **const marker = list("marker")**。list 创建的新序对不可能与栈里的任何东西相同（用 === 检查）。

　　练习 5.24　请参考 5.2.3 节里 save 和 restore 的实现，把 push_marker_to_stack 和 revert_stack_to_marker 实现为寄存器机器的指令。仿照 5.2.1 节 push 和 pop 的实现，加入两个新函数 push_marker 和 pop_marker。注意，你并不需要向栈里实际插入一个标记，也可以给栈模型增加一个局部变量，维持在每次 push_marker_to_stack 之前最后一次 save 操作的位置。如果你选择向栈里加入标记，请看练习 5.23 的提示。 [511]

5.4.3 块结构、赋值和声明

块结构

对块体求值相对的环境是当前环境的扩充，增加了一个框架，其中把所有局部名字约束到值 "*unassigned*"。我们用 val 寄存器临时掌握这个块里声明的所有局部名字的表，该表通过 4.1.1 节的 scan_out_declarations 得到。这里假定 scan_out_declarations 和 list_of_unassigned 都是可用的机器操作 [31]。

```
"ev_block",
  assign("comp", list(op("block_body"), reg("comp"))),
  assign("val", list(op("scan_out_declarations"), reg("comp"))),

  save("comp"),      // so we can use it to temporarily hold *unassigned* values
  assign("comp", list(op("list_of_unassigned"), reg("val"))),
  assign("env", list(op("extend_environment"),
                        reg("val"), reg("comp"), reg("env"))),
  restore("comp"), // the block body
  go_to(label("eval_dispatch")),
```

赋值和声明

赋值在 ev_assignment 处理。当 eval_dispatch 在 comp 里遇到赋值表达式，控制就会转到这里。位于 ev_assignment 的代码首先求出赋值中表达式部分的值，而后把这个新值装入环境。这里假定 assign_symbol_value 是可用的机器操作。

```
"ev_assignment",
  assign("unev", list(op("assignment_symbol"), reg("comp"))),
  save("unev"), // save variable for later
  assign("comp", list(op("assignment_value_expression"), reg("comp"))),
  save("env"),
  save("continue"),
  assign("continue", label("ev_assignment_install")),
  go_to(label("eval_dispatch")), // evaluate assignment value
"ev_assignment_install",
  restore("continue"),
  restore("env"),
  restore("unev"),
  perform(list(op("assign_symbol_value"),
                reg("unev"), reg("val"), reg("env"))),
  go_to(reg("continue")),
```

512 变量和常量声明的处理方式与此类似。请注意，赋值的值就是被赋的那个值，而声明的值是 undefined，为此需要在继续前把 val 设置为 undefined。与元循环求值器一样，我们也把函数声明翻译为常量声明，其值表达式是 lambda 表达式。ev_function_declaration 在 comp 寄存器里完成这个翻译，然后直接落入 ev_declaration。

```
"ev_function_declaration",
  assign("comp",
          list(op("function_decl_to_constant_decl"), reg("comp"))),
"ev_declaration",
  assign("unev", list(op("declaration_symbol"), reg("comp"))),
```

31　脚注 24 建议实际实现在执行程序前先做语法转换。顺着这个思路，块结构里声明的名字也应该在预处理步骤中扫描出来，而不是等到块求值的时候再做。

```
save("unev"), // save declared name
assign("comp",
       list(op("declaration_value_expression"), reg("comp"))),
save("env"),
save("continue"),
assign("continue", label("ev_declaration_assign")),
go_to(label("eval_dispatch")), // evaluate declaration value
"ev_declaration_assign",
restore("continue"),
restore("env"),
restore("unev"),
perform(list(op("assign_symbol_value"),
             reg("unev"), reg("val"), reg("env"))),
assign("val", constant(undefined)),
go_to(reg("continue")),
```

练习 5.25　请扩充求值器，使之能处理 while 循环，方法是将其翻译为函数 while_loop 的应用，如练习 4.7 所示。你可以把该函数的声明插入用户程序前部，也可以采用 "欺骗" 法，假设语法翻译器 while_to_application 是可用的机器指令。请参考练习 4.7 的讨论，如果允许在 while 循环里出现 return、break 和 continue 语句，上述哪种方法仍然可行。如果都不行，你该如何修改显式控制求值器，使之能运行包含这几种语句的 while 循环？

练习 5.26　请参考 4.2 节的惰性求值器，修改这里的求值器，使之采用正则序求值。

5.4.4　求值器的运行

实现了上面的显式控制求值器之后，我们从第 1 章开始的开发也到了终点。在此期间我们研究了求值过程的一系列越来越精确的模型，从相对非形式的代换模型开始，在第 3 章将其扩充为环境模型，使我们能处理状态和变化。在第 4 章的元循环求值器里，我们用 JavaScript 本身作为语言，明确地展现了在组件求值的过程中环境结构的构造情况。现在，通过寄存器机器，我们已经更贴近地观看了求值器里有关存储管理、实参传递和控制的机制。在每个新描述层次上，我们都提出了一些问题，解决了一些在前面层次中不太明显，对求值过程的处理不太精确、意义含糊的情况。为了理解显式控制求值器的行为，我们同样可以模拟它，监视其执行过程。

现在我们要为这个求值器机器安装一个驱动循环，它扮演着 4.1.4 节里 driver_loop 函数的角色。这个求值器将反复打印提示，读入一个程序，然后转到 eval_dispatch 去求值这个程序，最后打印结果。如果提示后用户没送入任何实际内容，我们就跳到标号 evaluator_done，这是控制器里的最后一个标号。显式控制求值器的控制器序列最开始的一部分就是下面的指令序列[32]：

```
"read_evaluate_print_loop",
perform(list(op("initialize_stack"))),
assign("comp", list(op("user_read"),
                     constant("EC-evaluate input:"))),
assign("comp", list(op("parse"), reg("comp"))),
test(list(op("is_null"), reg("comp"))),
branch(label("evaluator_done")),
assign("env", list(op("get_current_environment"))),
assign("val", list(op("scan_out_declarations"), reg("comp"))),
```

---

[32]　这里我们假定 user_read、parser 和若干打印操作都是可用的基本机器操作，这样假定对模拟很有用，但在实践中确实不实际。这些操作实际上都很复杂。在实践中，我们需要基于低级输入输出操作实现它们，低级操作的例子如把一个字符送到某个设备，或者从某个设备取得一个字符。

```
      save("comp"),      // so we can use it to temporarily hold *unassigned* values
      assign("comp", list(op("list_of_unassigned"), reg("val"))),
      assign("env", list(op("extend_environment"),
                         reg("val"), reg("comp"), reg("env"))),
      perform(list(op("set_current_environment"), reg("env"))),
      restore("comp"), // the program
      assign("continue", label("print_result")),
      go_to(label("eval_dispatch")),
   "print_result",
      perform(list(op("user_print"),
                   constant("EC-evaluate value:"), reg("val"))),
      go_to(label("read_evaluate_print_loop")),
```

我们保存当前环境,在变量 `cunrrent_environment` 里初始化全局环境,还要随着循环的每次执行更新环境,并记住处理过的声明。操作 `get_cunrrent_environment` 和 `set_cunrrent_environment` 简单完成这个变量的取值或设置:

```
let current_environment = the_global_environment;
function get_current_environment() {
    return current_environment;
}
function set_current_environment(env) {
    current_environment = env;
}
```

514

如果在一个函数里遇到了错误(例如,`apply_dispatch` 可能报告"未知函数类型错误"),我们需要打印错误信息并返回驱动循环[33]。

```
   "unknown_component_type",
     assign("val", constant("unknown syntax")),
     go_to(label("signal_error")),

   "unknown_function_type",
     restore("continue"), // clean up stack (from apply_dispatch)
     assign("val", constant("unknown function type")),
     go_to(label("signal_error")),

   "signal_error",
     perform(list(op("user_print"),
                  constant("EC-evaluator error:"), reg("val"))),
     go_to(label("read_evaluate_print_loop")),
```

为了做好模拟,我们在每次通过驱动循环时都做一次栈初始化,因为在出现错误(例如遇到未定义的变量)导致循环中断后,栈有可能不空[34]。

把从 5.4.1 节到 5.4.4 节的代码片段组合到一起,我们就构造出一个求值器机器模型。现在就可以用 5.2 节的寄存器机器模拟器去运行它了。

```
const eceval = make_machine(list("comp", "env", "val", "fun",
                                 "argl", "continue", "unev"),
                            eceval_operations,
                            list("read_evaluate_print_loop",
                                 ⟨entire machine controller as given above⟩
                                 "evaluator_done"));
```

---

33 也存在一些特殊错误,我们可能更希望解释器去处理它们。但这种事情不那么简单。请看练习 5.31。

34 我们也可以只在出错后才去初始化栈。但是,在驱动循环完成这件工作,使我们能更方便地监视求值器的执行,下面会讨论这方面的问题。

我们还必须定义一些 JavaScript 函数，模拟求值器用到的所有基本操作。这些函数也就是我们在 4.1 节定义元循环求值器时定义的那些函数，还有在 5.4 节各脚注里定义的函数。

```
const eceval_operations = list(list("is_literal", is_literal),
                               ⟨complete list of operations for eceval machine⟩)
```

最后，我们就可以初始化全局环境并运行这个求值器了：

```
const the_global_environment = setup_environment();
start(eceval);
```

[515]

```
EC-evaluate input:
function append(x, y) {
    return is_null(x)
           ? y
           : pair(head(x), append(tail(x), y));
}

EC-evaluate value:
undefined

EC-evaluate input:
append(list("a", "b", "c"), list("d", "e", "f"));

EC-evaluate value:
["a", ["b", ["c", ["d", ["e", ["f", null]]]]]]
```

当然，以这种方式求值程序，需要的时间远远长于我们直接把它们送给 JavaScript，因为在这个模拟过程中涉及多个不同层次：我们的程序由显式控制求值器求值，该求值器用一个 JavaScript 程序模拟，而这个程序本身又要用 JavaScript 解释器求值。

监视求值器的性能

模拟可以成为指导求值器实现的有力工具。模拟不仅使人比较容易去探索寄存器机器设计的各种变形，也使人更容易监视被模拟求值器的执行性能。举个例子，性能中的一个重要指标就是求值器对栈的使用是否有效。我们只要为前面的求值器寄存器机器定义一个特殊的模拟器版本，令其收集使用栈的统计信息（5.2.4 节），并在求值器的 `print_result` 入口增加一条打印统计信息的指令，就可以观察它求值程序时执行栈操作的次数了：

```
"print_result",
  perform(list(op("print_stack_statistics"))), // added instruction
  // rest is same as before
  perform(list(op("user_print"),
                constant("EC-evaluate value:"), reg("val"))),
  go_to(label("read_evaluate_print_loop")),
```

与求值器的交互，现在看起来是下面的样子：

```
EC-evaluate input:
function factorial (n) {
    return n === 1
           ? 1
           : factorial(n - 1) * n;
}
total pushes = 4
maximum depth = 3
EC-evaluate value:
undefined
```

[516]

```
EC-evaluate input:
factorial(5);

total pushes = 151
maximum depth = 28
EC-evaluate value:
120
```

注意，求值器的驱动循环在每次交互开始时重新初始化栈，因此，这样打印的统计信息，也就是在求值前一程序的过程中使用栈操作的次数。

练习 5.27　请利用上述受监视的栈考察求值器的尾递归性质（5.4.2 节）。启动求值器并定义下面这个取自 1.2.1 节的迭代型 factorial 函数：

```
function factorial(n) {
    function iter(product, counter) {
        return counter > n
               ? product
               : iter(counter * product,
                      counter + 1);
    }
    return iter(1, 1);
}
```

用一个比较小的 n 值运行这一函数。记录对每个值计算 $n!$ 时的最大栈深度和压栈次数。

　　a. 你会发现求值 $n!$ 时的最大栈深度与 n 无关。这个深度是多大？

　　b. 根据你得到的数据确定一个公式，对任何 $n \geqslant 1$，它都基于 n 值描述了在求值 $n!$ 的过程中所用的压栈操作的总次数。注意，这个次数应该是 n 的线性函数，你需要确定其中的两个常量。

练习 5.28　与练习 5.27 比较，研究下面这个采用递归方式求阶乘的函数的行为：

```
function factorial(n) {
    return n === 1
           ? 1
           : factorial(n - 1) * n;
}
```

|517|

通过在受监视的栈上运行这个函数，可以确定对任何 $n \geqslant 1$，在求值 $n!$ 的过程中栈的最大深度和总压栈次数。请把它们描述为 n 的函数（这些函数仍然是线性的）。把你的试验结果总结在下面表里，在表中各个空格里填入基于 n 的适当表达式。

	最大深度	压栈次数
递归的阶乘		
迭代的阶乘		

　　栈的最大深度是求值器在执行计算中所用存储空间的一个度量，而压栈次数则对应求值所需要的时间。

练习 5.29　请修改上面求值器的定义，像 5.4.2 节说的那样修改 ev_return，使求值器不再是尾递归的。重新运行你在练习 5.27 和练习 5.28 里做的试验，以此说明现在上面两个 factorial 函数版本需要的空间都随着输入而线性增长。

练习 5.30　请监视在树形递归的斐波那契计算中栈操作的情况：

```
function fib(n) {
    return n < 2 ? n : fib(n - 1) + fib(n - 2);
}
```

a. 请给出一个基于 n 的公式，描述对 $n \geq 2$ 计算 Fib(n) 所需的最大栈深度。提示：在 1.2.2 节我们曾经说过，这一计算过程所需的空间随着 n 线性增长。

b. 请给出一个基于 n 的公式，描述对 $n \geq 2$ 计算 Fib(n) 所需的全部压栈操作的次数。你会发现这一压栈次数（对应于计算所需的时间）随 n 指数地增长。提示：令 $S(n)$ 是计算 Fib(n) 所用的压栈次数，你应该能论证，可以基于 $S(n-1)$ 和 $S(n-2)$ 写出一个表示 $S(n)$ 的公式，还存在某个与 n 无关的"耗费"常量 k。请给出这个公式并说明 k 是什么。而后说明 $S(n)$ 可以表述为 $a \, \text{Fib}(n + 1) + b$，并请给出 a 和 b 的值。

练习 5.31　我们当前的求值器只能捕捉两类错误并发出信号——未知组件类型和未知函数类型。其他错误都将导致求值器退出读入 - 求值 - 打印循环。当我们用寄存器机器模拟器运行这个求值器时，这些错误都能被基础的 JavaScript 系统捕捉到。这种情况相当于用户程序出错时计算机就直接崩溃 [35]。做好一个真实的错误处理系统是个大项目，但理解这里可能涉及的问题却值得花些时间。 |518|

a. 在求值过程中出现的错误（例如企图访问未约束变量）可以通过修改查询操作的方式捕捉。让它在遇到这种情况时返回一个可辨认的条件码，这个条件码不能是任何用户变量的可能值。这样，求值器就可以检查这个条件码，如果需要就转到 `signal_error` 去。请在上面求值器里找出所有需要修改的地方并设法修改之。为此需要做很多工作。

b. 更困难的问题是处理应用基本操作时产生的错误，例如企图用 0 去除，或者提取字符串的 `head`。在专业水平的高质量系统里，系统会检查每一个基本操作应用，把安全性看作基本操作的一部分。例如，在每次调用 `head` 之前，都先确认实际参数确实是序对。如果实参不是序对，这个函数应用就把一个可辨认的条件码返给求值器，导致求值器报告错误。我们也可以在寄存器机器模拟器中安排好这些事情，让每个基本函数都检查实参的可用性，出问题的时候返回适当的可辨认的条件码。这样，求值器里的 `primitive_apply` 代码就可以检查条件码，在必要时转到 `signal_error`。请设法做出这种结构并使之能工作。这是一个很大的工作课题。

5.5 编译

5.4 节的显式控制求值器是一部寄存器机器，其控制器能解释 JavaScript 程序。在这一节，我们要看看如何在控制器不是 JavaScript 解释器的寄存器机器上运行 JavaScript 程序。

显式控制求值器是一部通用机器，它可以执行能用 JavaScript 语言描述的任何计算过程。该求值器的控制器配合使用其数据通路，执行所需计算过程。也就是说，该求值器的数据通路也是通用的：给了一套适当的控制器，它们就可以执行需要做的任何计算 [36]。

商品的通用计算机也是寄存器机器，其组织也是围绕着一组寄存器和一组操作，它们 |519|

---

[35] 这种情况的表现形式可能是"内核卸载"，或者"死亡蓝屏"，或者甚至是系统重启。电话或平板的典型处理方式就是自动重启，但现代操作系统则希望尽可能避免用户程序导致整个系统垮台。

[36] 这只是一个理论性结论。我们并不想断言说，作为一种通用计算机而言，这一求值器的数据通路是特别方便的或特别有效的数据通路集合。举例说，对于实现高性能的浮点计算，或者对于其中包含了大量对二进制序列操作的计算，这组数据通路就不太好。

构成了一套高效而且方便的数据通路。通用计算机的控制器也是一个寄存器机器语言的解释器，与我们前面看到的类似。相应语言称为这台计算机的本机语言或机器语言。用机器语言写的程序就是使用该机器的数据通路的指令序列。例如，显式控制求值器的指令序列，可以看作是某台通用计算机的机器语言程序，而不是特殊的解释器机器的控制器。

为了在高级语言和寄存器机器语言之间架起桥梁，存在两种常见的策略。显式控制求值器展示的是称为解释的策略。我们用机器的本机语言写一个解释器，它配置这部机器，使之能执行某个语言（称为源语言）的程序，而这个源语言可能与执行求值的机器的本机语言大相径庭。源语言的基本函数通过机器的本机语言写的子程序库实现。被解释的程序（称为源程序）用一种数据结构表示。解释器遍历这种数据结构，分析源程序，在这样做的过程中调用取自程序库的适当的基本子程序，模拟源程序期望的行为。

在这一节里，我们要探讨另一种称为编译的策略。针对一个给定的源语言和一部具体机器的编译器，能把源程序翻译为用该机器的本机语言写出的等价程序（称为目标程序）。我们将要在这一节里实现一个编译器，它能把用 JavaScript 写的程序翻译为可以用显式控制求值器的数据通路执行的指令序列 [37]。

与解释的方式相比，编译方式可以大大提高程序执行的效率，下面对编译器的综述里将说明有关情况。另一方面，解释器则为交互式程序开发和排除程序错误提供了更强大的环境，因为被执行的源代码在整个运行期间都是可用的，可以检查和修改。此外，由于完整的基本操作库都在，我们可以在排除错误的过程中随时构造新程序并将其加入系统中。

看到了编译和解释的互补优势，现代程序开发环境推崇一种混合策略。这种系统的常用组织方式使被解释的函数和经过编译的函数可以相互调用。这使程序员可以编译那些自己认为已经排除了错误的程序部分，从而取得编译策略的效率优势，并让正在交互式地开发和排错，还在不断变化的程序部分仍然在解释模式中执行 [38]。我们将在实现了编译器之后，在 5.5.7 节说明如何把它与解释器连接，做出一个集成的编译器 – 解释器开发环境。

有关编译器的综述

从结构和执行的功能上看，我们的编译器都很像前面的解释器。这个编译器里用于分析组件的机制与解释器使用的机制类似。进一步说，为使编译代码能与解释代码方便地互连，我们通过设计，让编译器生成的代码也遵循与解释器相同的寄存器使用规则：执行环境仍然保存在 `env` 寄存器，实参表在 `argl` 寄存器里积累，被应用的函数保存在 `fun` 寄存器，函数在 `val` 里返回它们的值，函数应该使用的返回地址保存在 `continue`。一般而言，这个编译器能把一个源程序翻译为一个目标程序，该目标程序所执行的寄存器操作，从本质上说，就是解释器求值同一个源程序时执行的操作。

上面的说明提出了一种实现初级编译器的策略：按照与解释器同样的方式遍历组件。遇到解释器求值组件时应该执行寄存器指令的时候，我们不是去执行这个指令，而是把它收集

---

37 实际上，运行编译产生的代码的机器可以比相应的解释器机器更简单，因为我们没用 `comp` 和 `unev` 寄存器。解释器用这些寄存器保存未求值的部件。对于编译器，这些组件都构造到寄存器机器需要执行的编译结果代码里。由于同样原因，我们也不再需要处理组件语法的机器操作。但编译结果代码还要用到几个没出现在显式控制求值器的机器里的机器操作（用于表示编译后的函数对象）。

38 即使这种程序部分已经假定是排除了错误，语言实现也经常推迟对它们的编译，直到有充分证据说明编译它们能带来全局性的效率优势。这些证据是运行中通过监视被解释程序部分的执行次数而获得的。这种技术称为即时编译。

到一个序列里，这样得到的指令序列就是我们需要的目标代码。现在可以看到编译器优于解释器的地方了。解释器每次求值一个组件——例如 f(96, 22)——都要先对这个组件做分类（发现这是函数应用），检查实参表达式表的结束（发现这里有两个实参表达式）。而编译器只需要对这个组件分析一次，就是在编译期间生成指令序列的时候。在编译器生成的目标代码里只包含对函数表达式和两个实参表达式求值的指令、组合参数表的指令，以及把函数（在 fun 里）应用于实际参数（在 argl 里）的指令。

　　这些也就是我们在 4.1.7 节实现分析型求值器时采用的同一类优化技术。但是，在编译代码里还存在很多进一步提高效率的可能。解释器在运行时，需要按某种适合处理语言里所有组件的方式工作，而一段特定的编译代码就是执行某个特定组件。这种差异可能产生很大的影响，例如在用栈保存寄存器方面。当解释器求值一个组件时，它必须为所有可能的偶发情况做好准备。在求值子组件之前，解释器必须把所有后来可能需要的寄存器入栈，因为子组件可能要求做任何求值工作。在另一方面，编译器则可以利用被它处理的特定组件的结构，在产生的代码里避免所有不必要的栈操作。

⌊521⌋

　　作为例子，考虑应用式 f(96, 22)。在求值这个函数应用的函数表达式前，解释器需要为该求值做好准备，把保存着实参表达式和环境的寄存器都入栈，因为这些值后面还要用。然后解释器求值函数表达式，在 val 里得到结果，恢复保存在栈里的寄存器值，最后把 val 里的结果移到 fun。然而，在我们需要处理的这个具体表达式里，函数表达式就是名字 f，对它的求值直接用机器操作 lookup_symbol_value 完成，这个操作不修改任何寄存器。我们在本节实现的编译器就能利用这个事实，在生成的代码里，它将用下面指令完成对这个函数表达式的求值：

```
assign("fun",
        list(op("lookup_symbol_value"), constant("f"), reg("env")))
```

其中 lookup_symbol_value 的实参就是在编译时直接从 f(96, 22) 的语法表示里抽取的。这一代码不仅避免了不必要的栈保存和恢复工作，而且直接把找到的值赋给 fun。而解释器需要先得到这个结果放入 val，然后再把它移到 fun。

　　编译器还能优化对环境的访问。通过分析代码，在许多情况下，编译器可以确定某个特定的名字位于哪个框架，并直接访问该框架，因而不需要用 lookup_symbol_value 执行搜索。我们将在 5.5.6 节讨论如何实现这种词法定位。当然，在那之前，我们要集中精力研究上面描述的寄存器和栈优化。编译器还可以做许多优化工作，例如把某些基本操作"内置处理"，而不用一般性的 apply 机制（见练习 5.41）。但我们不准备强调这些。本节的主要目标，就是在一个经过简化（但仍然很有意思）的语境里展示编译处理过程。

5.5.1　编译器的结构

　　在 4.1.7 节里，我们修改了原来的元循环解释器，分离了分析与程序的实际执行。对每个组件的分析生成一个执行函数，它以一个环境为参数，能够执行所需的操作。在我们的编译器里，也要做本质上与那里相同的分析。但现在不是要生成执行函数，而是要生成能被我们的寄存器机器执行的指令序列。

　　函数 compile 完成编译器里的最高层分派，它对应 4.4.1 节里的 evaluate 函数或 4.1.7 节的 analyze 函数，以及 5.4.1 节显式控制求值器里的 eval_dispatch 入口点。这个编译

522 器很像解释器，它也使用 4.1.2 节定义的各种组件语法函数[39]。函数 compile 基于被编译组件的语法类型做分情况分析，把每种类型的组件分派到一个特殊的代码生成器：

```
function compile(component, target, linkage) {
    return is_literal(component)
           ? compile_literal(component, target, linkage)
           : is_name(component)
           ? compile_name(component, target, linkage)
           : is_application(component)
           ? compile_application(component, target, linkage)
           : is_operator_combination(component)
           ? compile(operator_combination_to_application(component),
                     target, linkage)
           : is_conditional(component)
           ? compile_conditional(component, target, linkage)
           : is_lambda_expression(component)
           ? compile_lambda_expression(component, target, linkage)
           : is_sequence(component)
           ? compile_sequence(sequence_statements(component),
                              target, linkage)
           : is_block(component)
           ? compile_block(component, target, linkage)
           : is_return_statement(component)
           ? compile_return_statement(component, target, linkage)
           : is_function_declaration(component)
           ? compile(function_decl_to_constant_decl(component),
                     target, linkage)
           : is_declaration(component)
           ? compile_declaration(component, target, linkage)
           : is_assignment(component)
           ? compile_assignment(component, target, linkage)
           : error(component, "unknown component type -- compile");
}
```

目标和连接

除了被编译的组件外，函数 compile 和它调用的代码生成器还有另外两个参数。一个参数是目标（target），它描述一个寄存器，编译生成的代码段应该用它返回组件的值。还有一个是连接描述符（linkage descriptor），它说明由编译组件得到的代码在完成自己的执行后，应该如何继续。连接描述符可以要求代码做下面三件事情之一：

- 继续序列里的下一条指令（用连接描述符 "next" 表示）。
- 作为从一个函数调用的一部分操作，跳到 continue 寄存器的当前值（用连接描述符 "return" 表示）。
- 跳到一个命名入口点（描述这种情况的方式就是以指定的标号作为连接描述符）。

举例说，以 val 寄存器作为目标，以 next 作为连接描述符，编译表达式 5（这是一个
523 自求值表达式），将生成下面的指令

```
assign("val", constant(5))
```

而用连接 "return" 编译同一个表达式，将生成下面的指令序列

---

39 请注意，我们的编译器是一个 JavaScript 程序，而那些用于操作组件的语法函数，也是在元循环求值器里使用的真正的 JavaScript 函数。另一方面，在讨论显式控制求值器时，我们则假定了同样的一组等价的语法函数可以用作寄存器机器的操作。（当然，在 JavaScript 里模拟寄存器机器时，在我们的寄存器机器模拟器里用的确实是这些真实的 JavaScript 函数。）

```
assign("val", constant(5)),
go_to(reg("continue"))
```

在第一种情况里，执行将继续去处理指令序列里的下一条指令。对第二种情况，我们将跳到 continue 寄存器里保存的入口点，无论它是什么。对这两种情况，表达式的值都应存入目标寄存器 val。我们的编译器在编译返回语句的返回表达式时就会使用 "return" 连接。与显式控制求值器一样，从函数调用中返回需要三步：

1. 把栈恢复到标记处并恢复 continue 寄存器（使之保存函数调用开始时设置的继续点）；
2. 计算返回值并将其存入 val；
3. 跳到 continue 里保存的入口点。

编译返回语句也要明确生成恢复栈和恢复 continue 寄存器的代码。我们应该用目标 val 和连接 "return" 编译返回表达式，生成的代码将计算出返回值并将其存入 val，然后以跳到 continue 的指令结束。

指令序列和栈的使用

每个代码生成器都返回一个指令序列，其中包含了编译给定组件生成的目标代码。编译复合组件生成的代码时，总是先得到针对更简单的子组件的代码生成器输出的代码，然后组合起这些代码，就像前面的求值复合组件，是基于求值其成分组件一样。

为组合指令序列，最简单的方法就是调用名为 append_instruction_sequences 的函数。该函数以两个指令序列为参数，假定它们应该顺序执行，直接拼接这两个序列，返回组合而成的指令序列。也就是说，如果 seq_1 和 seq_2 都是指令序列，那么求值：

append_instruction_sequences(seq_1, seq_2)

产生的指令序列就是

seq_1
seq_2

如果需要保护一些寄存器，编译器的代码生成器就用 preserving 实现更精细的指令序列组合。preserving 有三个参数，一个寄存器集合和两个需要顺序执行的指令序列。preserving 组合这两个序列的方式可以保证，如果第二个指令序列里用到其参数集合里的某个寄存器的值，该值就不会受第一个指令序列执行的影响。也就是说，如果第一个序列修改了某个寄存器，而第二个序列实际需要该寄存器的原值，在把第一个序列合并进来时，preserving 就会在其外面包上对该寄存器的一个 save 和一个 restore。如果情况不是这样，preserving 就返回简单连接起来的序列。这样，举个例子，对于：

preserving(list(reg_1, reg_2), seq_1, seq_2)

根据 seq_1 和 seq_2 里使用 reg_1 和 reg_2 的不同情况，可能产生下面四种序列之一：

seq_1 seq_2	save(reg_1), seq_1 restore(reg_1), seq_2	save(reg_2), seq_1 restore(reg_2), seq_2	save(reg_2), save(reg_1), seq_1 restore(reg_1), restore(reg_2), seq_2

采用 preserving 组合指令序列，编译器就能避免不必要的栈操作了。这样做，也

把是否需要生成 save 和 restore 指令的细节隔离到 preserving 函数内部，使之独立于写各个代码生成器时需要关心的问题。事实上，所有代码生成器都不明确地生成 save 和 restore 指令，除了调用函数的代码需要保存 continue，从函数返回的代码需要恢复它之外。与这两个操作对应的 save 和 restore 指令在对 compile 的不同调用中生成，而不是由 preserving 成对地生成（在 5.5.3 节里可以看到有关细节）。

原则上说，我们完全可以把指令序列简单表示为指令的表。如果采用这种形式，函数 append_instruction_sequences 组合指令序列就是做常规的表 append。但如果真的那样做，函数 preserving 会非常复杂，因为它需要分析每个指令序列，确定其中使用寄存器的情况。这样，不但 preserving 会变得复杂，也会变得很低效，因为它必须去分析自己的每个指令序列参数，即使这些参数本身也是通过调用 preserving 构造起来的，其中各个部分都已经分析过。为了避免这种重复分析，我们为每个指令序列关联上它的寄存器使用信息。在构造简单的指令序列时明确给出这方面的信息，再让组合指令的函数基于各个成分序列的寄存器使用信息，推导出组合产生的序列的相关信息。

这样，一个指令序列将包含三部分信息：

- 本序列的指令执行前必须初始化的寄存器的集合（这些寄存器称为该指令序列需要的）。
- 其值会在本序列执行中被修改的寄存器的集合。
- 序列的实际指令。

我们把指令序列表示为包含这三个部分的表。这样，指令序列的构造函数就是：

```
function make_instruction_sequence(needs, modifies, instructions) {
    return list(needs, modifies, instructions);
}
```

举个例子，设想一个包含了两条指令的序列，它要在当前环境里查找符号 "x" 的值，把结果赋给 val，然后转向继续点。这个序列要求寄存器 env 和 continue 都经过初始化，而且要修改寄存器 val。因此这个序列的构造如下：

```
make_instruction_sequence(list("env", "continue"), list("val"),
    list(assign("val",
                list(op("lookup_symbol_value"), constant("x"),
                     reg("env"))),
         go_to(reg("continue"))));
```

5.5.4 节将给出所有组合指令序列的函数。

练习 5.32　在求值函数应用时，显式控制求值器总要求在求值函数表达式的前后保存和恢复 env 寄存器，在求值每个实参表达式（除最后一个外）的前后保存和恢复 env，在求值每个实参表达式的前后保存和恢复 argl，在求值实参表达式序列的前后保存和恢复 fun。对下面的每个函数调用，请说明其中的哪些 save 和 restore 操作是多余的，因此可以通过编译器里的 preserving 机制删除：

```
f("x", "y")

f()("x", "y")

f(g("x"), y)

f(g("x"), "y")
```

练习 5.33　使用了 preserving 机制，当一个应用式的函数表达式是简单名字时，编译器可以避免在求值函数表达式的前后保存和恢复 env 寄存器。我们也可以把这种优化构筑到求值器里。实际上，5.4 节的显式控制求值器已经做了一种类似的优化，它把无参函数的应用式作为一种特殊情况处理。

524

  a. 请扩充显式控制求值器，使之能识别出一类特殊的函数应用，其中的函数表达式就是名字，并在求值这种组件时利用发现的情况。

  b. Alyssa P. Hacker 建议，求值器应该识别更多有可能结合到编译器里的特殊情况，这样就能完全消除编译器的所有优势。你觉得这种想法怎么样？

5.5.2　组件的编译

在本节和下一节里，我们要实现 compile 函数分派的各种代码生成器。

连接代码的编译

一般而言，在每个代码生成器输出的代码最后，都是一些由函数 compile_linkage 生成的，实现前面代码所需连接的指令。如果连接是 "return"，我们应该生成指令 go_to(reg("continue"))。这条指令需要 continue 寄存器，但不修改任何寄存器。如果连接是 "next"，我们不需要添加任何指令。否则连接就是一个标号，需要生成一条转向那个标号的 go_to 指令，该指令既不需要也不修改任何寄存器。

```
function compile_linkage(linkage) {
    return linkage === "return"
           ? make_instruction_sequence(list("continue"), null,
                                       list(go_to(reg("continue"))))
           : linkage === "next"
           ? make_instruction_sequence(null, null, null)
           : make_instruction_sequence(null, null,
                                       list(go_to(label(linkage))));
}
```

preserving 把连接代码附加到一段指令序列后面时，应该采用保护（保存和恢复）continue 寄存器的方式，因为 "return" 连接需要 continue 寄存器。这样，如果该指令序列修改 continue 寄存器（而连接代码又需要它），continue 的内容就应该保存和恢复。

```
function end_with_linkage(linkage, instruction_sequence) {
    return preserving(list("continue"),
                      instruction_sequence,
                      compile_linkage(linkage));
}
```

527

编译简单组件

针对文字量表达式和名字的代码生成器生成的指令序列，应该把所需要的值赋给指定的目标寄存器，而后按连接描述符继续。

文字量值应该在编译时从被编译组件里提取，放入 assign 指令的常量部分。对于名字，编译时需要生成一条使用 lookup_symbol_value 操作的指令。在编译得到的程序运行时，该指令到当前环境里去查找与符号关联的值。与文字值的情况类似，符号也在编译时从被编译组件里提取，这样，symbol_of_name(component) 只在程序编译时执行一次，这个符号也作为 assign 指令里的常量：

```
function compile_literal(component, target, linkage) {
    const literal = literal_value(component);
    return end_with_linkage(linkage,
            make_instruction_sequence(null, list(target),
                list(assign(target, constant(literal)))));
}
function compile_name(component, target, linkage) {
    const symbol = symbol_of_name(component);
    return end_with_linkage(linkage,
            make_instruction_sequence(list("env"), list(target),
                list(assign(target,
                                list(op("lookup_symbol_value"),
                                    constant(symbol),
                                    reg("env")))))));
}
```

这些赋值指令都修改目标寄存器，查找符号的指令需要 env 寄存器。

对赋值和声明的处理方式都很像解释器的做法，函数 compile_assign_declaration 首先递归地生成计算符号的关联值的代码，然后给它后附一个包含两条指令的序列，这两条指令实际地更新环境中符号的关联值，并把整个组件的值（对赋值而言就是被赋的值，而对于声明就是 undefined）赋给目标寄存器。这里的递归编译要使用目标 val 和连接 "next"，所生成的代码在把值放入 val 后继续执行随后的代码。这里的拼接需要保护 env，因为在更新符号 – 值关联时需要当时的环境，而计算值的代码可能是任意复杂的表达式的编译结果，其中可能以任何方式修改 env 寄存器。

```
function compile_assignment(component, target, linkage) {
    return compile_assignment_declaration(
            assignment_symbol(component),
            assignment_value_expression(component),
            reg("val"),
            target, linkage);
}
function compile_declaration(component, target, linkage) {
    return compile_assignment_declaration(
            declaration_symbol(component),
            declaration_value_expression(component),
            constant(undefined),
            target, linkage);
}
function compile_assignment_declaration(
            symbol, value_expression, final_value,
            target, linkage) {
    const get_value_code = compile(value_expression, "val", "next");
    return end_with_linkage(linkage,
            preserving(list("env"),
                get_value_code,
                make_instruction_sequence(list("env", "val"),
                                            list(target),
                    list(perform(list(op("assign_symbol_value"),
                                    constant(symbol),
                                    reg("val"),
                                    reg("env"))),
                        assign(target, final_value)))));
}
```

后附的两指令序列需要 env 和 val，还修改目标寄存器。请注意，虽然我们为这个序列保存了 env，但却没有保存 val，因为 get_value_code 的设计明确将其结果放入 val，供这一序列使用。（事实上，如果我们真保存 val 的值，反而会引进一个错误，因为这会导致在 get_value_code 运行之后又去恢复 val 的原值。）

编译条件组件

针对给定的目标和连接，编译条件组件产生的指令序列具有下面的形式：

```
⟨compilation of predicate, target val, linkage "next"⟩
  test(list(op("is_falsy"), reg("val"))),
  branch(label("false_branch")),
"true_branch",
  ⟨compilation of consequent with given target and given linkage or after_cond⟩
"false_branch",
  ⟨compilation of alternative with given target and linkage⟩
"after_cond"
```

529

为了生成这样的代码，我们需要编译其中的谓词、后继和替代部分，并把得到的代码与检测谓词结果的代码，以及几个新生成的标号组合起来。这些标号用于标明检测的真假分支和条件表达式计算的结束位置[40]。在安排这些代码时，我们必须在谓词检测为假时跳过真分支。稍微复杂一点的情况出现在对真分支的连接处理。如果条件组件的连接是 "return" 或标号，真分支和假分支都应该用这个连接。如果连接是 "next"，真分支最后就要有一条跳过假分支的指令，直接跳到这个条件组件的结束位置。

```
function compile_conditional(component, target, linkage) {
    const t_branch = make_label("true_branch");
    const f_branch = make_label("false_branch");
    const after_cond = make_label("after_cond");
    const consequent_linkage =
            linkage === "next" ? after_cond : linkage;
    const p_code = compile(conditional_predicate(component),
                           "val", "next");
    const c_code = compile(conditional_consequent(component),
                           target, consequent_linkage);
    const a_code = compile(conditional_alternative(component),
                           target, linkage);
    return preserving(list("env", "continue"),
```

40　我们不能像上面所示的那样直接用标号 true_branch、false_branch 和 after_cond，因为程序里可能有多个条件组件。编译器需要用函数 make_label 生成新标号。函数 make_label 以字符串为参数返回一个新字符串，该串以给定的字符串为开始部分。例如，连续地反复调用 make_label("a") 将返回 "a1"、"a2" 等。函数 make_label 的实现可以采用与查询语言中生成唯一变量名类似的方法，例如下面这样：

```
let label_counter = 0;
function new_label_number() {
    label_counter = label_counter + 1;
    return label_counter;
}
function make_label(string) {
    return string + stringify(new_label_number());
}
```

```
                p_code,
                append_instruction_sequences(
                  make_instruction_sequence(list("val"), null,
                    list(test(list(op("is_falsy"), reg("val"))),
                        branch(label(f_branch)))),
                  append_instruction_sequences(
                    parallel_instruction_sequences(
                      append_instruction_sequences(t_branch, c_code),
                      append_instruction_sequences(f_branch, a_code)),
                    after_cond)));
```
530
```
            }
```

在谓词代码前后需要保护 env，因为真分支和假分支都可能需要它；还要保护 continue，因为这些分支的连接代码可能需要它。由真分支和假分支生成的代码（它们不会顺序执行）用另一特殊组合操作 parallel_instruction_sequences 拼接，它也在 5.5.4 节介绍。

编译序列

对语句序列的编译与显式控制求值器里对它们求值时一样，只有一点不同：如果在序列中任何地方出现返回语句，我们都把它当作最后一个语句处理。首先分别编译序列里的各个语句——最后一个语句（或者一个返回语句）的连接就是整个序列的连接，其他语句都用 "next" 连接（因为在此之后应该执行序列的剩余部分）。我们把编译序列中各个语句得到的指令序列拼接起来，构成一个指令序列。在这里需要保护 env（序列中剩余部分需要它）和 continue（序列最后的连接可能需要它）[41]。

```
function compile_sequence(seq, target, linkage) {
    return is_empty_sequence(seq)
           ? compile_literal(make_literal(undefined), target, linkage)
           : is_last_statement(seq) ||
               is_return_statement(first_statement(seq))
           ? compile(first_statement(seq), target, linkage)
           : preserving(list("env", "continue"),
               compile(first_statement(seq), target, "next"),
               compile_sequence(rest_statements(seq),
                                target, linkage));
}
```

返回语句的编译就像它是语句序列的最后一个语句，但还要丢弃返回语句之后的"死代码"，因为它们绝不会执行。删去 is_return_statement 检查不会改变目标程序的行为，然而，避免编译死代码还有很多原因（安全性、编译时间消耗、代码大小等）。当然，对这个问题的讨论已经超出了本书的范围。许多编译器会对死代码提出警告[42]。

编译块结构

在编译块结构时，需要在块体（语句序列）的编译结果前面加一条 assign 指令。这个

41　"return" 连接可能需要 continue 寄存器，这种连接来自 compile_and_go 编译的结果（5.5.7 节）。

42　我们的编译器不能检查所有死代码。例如，一个条件语句的后继和替代分支都以返回语句结束，也不能排除其后续语句的编译。见练习 5.34 和练习 5.35。

赋值给当前环境增加一个框架，其中把本块里声明的名字都关联于值 "*unassigned*"。这个操作既需要也修改 env 寄存器。 531

```
function compile_block(stmt, target, linkage) {
    const body = block_body(stmt);
    const locals = scan_out_declarations(body);
    const unassigneds = list_of_unassigned(locals);
    return append_instruction_sequences(
            make_instruction_sequence(list("env"), list("env"),
                list(assign("env", list(op("extend_environment"),
                                    constant(locals),
                                    constant(unassigneds),
                                    reg("env"))))),
            compile(body, target, linkage));
}
```

编译 lambda 表达式

lambda 表达式的作用是构造函数，其目标代码应该具有下面的形式：

⟨*construct function object and assign it to target register*⟩
⟨*linkage*⟩

在编译 lambda 表达式时，我们也需要生成函数体的代码。虽然这个体在函数构造期间并不执行，但把它的目标代码插到紧接着 lambda 表达式的代码之后是很方便的。如果对 lambda 表达式的连接是标号或者 "return"，这样做就正好合适。但是如果其连接是 "next"，我们就需要用一个转跳连接，通过它跳过函数体的代码，跳到紧随函数体之后的相应标号。这样，目标代码将具有下面的形式：

⟨*construct function object and assign it to target register*⟩
⟨*code for given linkage*⟩ *or* go_to(label("after_lambda"))
⟨*compilation of function body*⟩
"after_lambda"

函数 compile_lambda_expression 生成出构造函数对象的代码，随后是函数体的代码。实际函数对象将在运行时构造，构造方法就是组合起当时的环境（声明点的环境）和编译后的函数体代码的入口点（用一个新生成的标号）[43]。 532

---

43 我们需要几个机器操作来实现表示编译后函数的数据结构，类似 4.1.3 节描述的复合函数的结构：

```
function make_compiled_function(entry, env) {
    return list("compiled_function", entry, env);
}
function is_compiled_function(fun) {
    return is_tagged_list(fun, "compiled_function");
}
function compiled_function_entry(c_fun) {
    return head(tail(c_fun));
}
function compiled_function_env(c_fun) {
    return head(tail(tail(c_fun)));
}
```

```
function compile_lambda_expression(exp, target, linkage) {
    const fun_entry = make_label("entry");
    const after_lambda = make_label("after_lambda");
    const lambda_linkage =
            linkage === "next" ? after_lambda : linkage;
    return append_instruction_sequences(
            tack_on_instruction_sequence(
                end_with_linkage(lambda_linkage,
                    make_instruction_sequence(list("env"),
                                              list(target),
                        list(assign(target,
                                    list(op("make_compiled_function"),
                                         label(fun_entry),
                                         reg("env")))))),
                compile_lambda_body(exp, fun_entry)),
            after_lambda);
}
```

函数 compile_lambda_expression 使用特殊组合操作 tack_on_instruction_sequence
（见 5.5.4 节，不用 append_instruction_sequences），把函数体代码拼接到 lambda 表达式
的代码后面。这样做，是因为当执行进入被组合的序列时，不应该把函数体作为相应指令序
列的一部分。我们把函数体代码放在这里，只因为这里是安放它的一个方便的位置。

函数 compile_lambda_body 构造函数体的代码。这段代码的开始是一个入口点标号，
随后的指令把运行时的求值环境转到求值函数体的正确环境——也就是转到函数的环境，但
还需要扩充，使之包含形式参数与这次函数调用的实参的约束。在此之后就是函数体的代
码，它也被扩充，保证其最后是一个返回语句。扩充的函数体用目标 val 编译，因此函数返
回值将被放在 val。送给这段编译的连接无关紧要，因为它将被忽略[44]。由于需要一个连接参
数，我们在这里随便写了 "next"。

[533]

```
function compile_lambda_body(exp, fun_entry) {
    const params  = lambda_parameter_symbols(exp);
    return append_instruction_sequences(
        make_instruction_sequence(list("env", "fun", "argl"),
                                  list("env"),
            list(fun_entry,
                assign("env",
                       list(op("compiled_function_env"),
                            reg("fun"))),
                assign("env",
                       list(op("extend_environment"),
                            constant(params),
                            reg("argl"),
                            reg("env"))))),
        compile(append_return_undefined(lambda_body(exp)),
            "val", "next"));
}
```

为了保证所有函数体结束时都会执行返回语句，compile_lambda_body 通过调用函
数 append_return_undefined 给 lambda 体最后附一个返回语句，其返回表达式是文字

44　扩充的函数体是一个总以返回语句结束的语句序列。编译语句序列时，对成分语句的编译总用 "next"
连接，但最后一个语句用给定的连接。对目前情况，最后总是一个返回语句，而且，正如我们将在 5.5.3
节看到的，返回语句对其返回表达式总是用 "return" 作为连接描述符。这样，函数体总以 "return" 连
接结束，而不用我们在 compile_lambda_body 里送给 compile 的连接参数 "next"。

量 undefined。函数 append_return_undefined 构造一个语法分析器所用形式的标签表（4.1.2 节），表示包含了这个 lambda 体和一个 **return** undefined; 语句的序列。

```
function append_return_undefined(body) {
    return list("sequence", list(body,
                        list("return_statement",
                             list("literal", undefined)))));
}
```

对 lambda 体做这种变换，保证了无显式返回的函数总返回 undefined，这种做法可以看作实现这个目标的第三种方法。元循环求值器里用一个返回值对象扮演结束一个序列求值的角色。在显式控制求值器里，无返回语句的函数总显式地跳到一个入口，那里把 undefined 存入 val。练习 5.35 描述了处理插入返回值问题的另一种更优雅的方法。

练习 5.34 脚注 42 指出这个编译器不能辨识所有的死代码。要删除所有的死代码实例，编译器还需要做些什么？

提示：问题的回答与我们对死代码的定义有关。一种可能的（而且有用的）定义是"在一个序列里跟在返回语句之后的代码"——但是，你怎么考虑 **if** (**false**) …之后的后继分支，或者跟在练习 4.15 里的 run_forever() 的调用之后的代码呢？

534

练习 5.35 前面函数 append_return_undefined 的设计有些粗鲁，它总给 lambda 体后面附一个 **return** undefined; 语句，即使体里的每条执行路径都已经有返回语句。请重写 append_return_undefined，使其只在那些没有返回语句的路径的最后插入一个 **return** undefined; 语句。请用下面几个函数测试你的函数，其中 e_1 和 e_2 可以代换为任意表达式，s_1 和 s_2 可以代换为任意（非返回语句的）语句。对函数 t，应该在两个 (*) 处或者 (**) 处插入返回语句。对函数 w 和 h，应该在其中的某一个 (*) 处插入。对函数 m，完全不需要加返回语句。

```
function t(b) {          function w(b) {          function m(b) {          function h(b1, b2) {
    if (b) {                 if (b) {                 if (b) {                 if (b1) {
        s1                       return e1;               return e1;               return e1;
        (*)                  } else {                 } else {                 } else {
    } else {                     s1                       return e2;               if (b2) {
        s2                       (*)                  }                                s1
        (*)                  }                        }                                (*)
    }                    }                                                     } else {
    (**)                                                                          return e2;
}                                                                             }
                                                                              (*)
                                                                          }
                                                                          (*)
                                                                      }
```

5.5.3　编译函数应用和返回语句

整个编译过程的核心是函数应用的编译。针对给定的目标和连接编译一个函数应用式，结果代码具有下面的形式：

⟨*compilation of function expression, target* fun, *linkage* "next"⟩
⟨*evaluate argument expressions and construct argument list in* argl⟩
⟨*compilation of function call with given target and linkage*⟩

在求值函数表达式和实参表达式时，必须保存和恢复寄存器 env、fun 和 argl。请注意，在整个编译器中，只有这一个地方使用的目标描述不是 val。

函数应用所需的代码由 compile_application 生成。这个函数首先递归地编译函数表达式，生成的代码把要应用的函数放入 fun，然后编译各个实参表达式，生成应用所需的各个实参表达式的求值代码。这些求值实参表达式的指令序列还要与在 argl 里构造实参的代码组合（通过调用 construct_arglist）。这样得到的实参表代码再与函数的代码和执行函数调用的代码组合（通过 compile_function_call）。在拼接这些代码序列时，求值函数表达式的前后必须保存和恢复 env（因为求值函数表达式可能修改 env，而在求值实参表达式时还需要这个环境），构造实参表的前后必须保存和恢复寄存器 fun（因为求值实参表达式的过程中可能修改 fun，实际函数应用时还需要它）。在整个这段代码的前后也需要保存 continue，因为函数调用的连接需要它。

```
function compile_application(exp, target, linkage) {
    const fun_code = compile(function_expression(exp), "fun", "next");
    const argument_codes = map(arg => compile(arg, "val", "next"),
                               arg_expressions(exp));
    return preserving(list("env", "continue"),
                      fun_code,
                      preserving(list("fun", "continue"),
                          construct_arglist(argument_codes),
                          compile_function_call(target, linkage)));
}
```

构造实参表的代码将求值每个实参表达式，把结果放入 val，然后用 pair 把这个值组合到已经在 argl 积累起来的实参表里。因为这里是用 pair 把实参加在 argl 中的序列的前面，因此我们必须从最后一个实参开始做，最后做第一个实参，这样才能使结果表里实参的出现顺序是从第一个到最后一个。为了不浪费一条指令把 argl 初始化为空表，并为随后的一系列求值做好准备，我们用第一个代码序列构造初始的 argl。这样，实参表构造代码的一般形式就具有如下的形式：

⟨compilation of last argument, targeted to val⟩
assign("argl", list(op("list"), reg("val"))),
⟨compilation of next argument, targeted to val⟩
assign("argl", list(op("pair"), reg("val"), reg("argl"))),
. . .
⟨compilation of first argument, targeted to val⟩
assign("argl", list(op("pair"), reg("val"), reg("argl"))),

除第一个实参外，在求值每个实参表达式的前后都必须保存和恢复 argl（保证至今已经积累的实参不丢失）。除了最后一个实参表达式外，在求值每个实参表达式的前后都必须保存和恢复 env（以便在后续的实参求值中使用）。

由于第一个实参表达式需要特殊处理，而且需要在另一个地方保存 argl 和 env，编译这段实参代码有些小麻烦。construct_arglist 函数以求值各个实参表达式的代码段作为参数。如果没有实参表达式，它就直接送出下面的指令：

assign(argl, constant(null))

否则，construct_arglist 就用最后一个实参表达式的代码创建初始的 argl，再拼接上求值其他实参，并把它们顺序加入 argl 的代码。为了从后向前处理各实参表达式，我们

必须把 `compile_application` 提供的实参代码序列的表反转一下。

```
function construct_arglist(arg_codes) {
    if (is_null(arg_codes)) {
        return make_instruction_sequence(null, list("argl"),
                   list(assign("argl", constant(null))));
    } else {
        const rev_arg_codes = reverse(arg_codes);
        const code_to_get_last_arg =
            append_instruction_sequences(
                head(rev_arg_codes),
                make_instruction_sequence(list("val"), list("argl"),
                    list(assign("argl",
                                list(op("list"), reg("val"))))));
        return is_null(tail(rev_arg_codes))
               ? code_to_get_last_arg
               : preserving(list("env"),
                     code_to_get_last_arg,
                     code_to_get_rest_args(tail(rev_arg_codes)));
    }
}
function code_to_get_rest_args(arg_codes) {
    const code_for_next_arg =
        preserving(list("argl"),
            head(arg_codes),
            make_instruction_sequence(list("val", "argl"), list("argl"),
                list(assign("argl", list(op("pair"),
                                          reg("val"), reg("argl"))))));
    return is_null(tail(arg_codes))
           ? code_for_next_arg
           : preserving(list("env"),
                        code_for_next_arg,
                        code_to_get_rest_args(tail(arg_codes)));
}
```

应用函数

　　完成了函数应用中各个元素的求值后，得到的编译结果代码需要把位于 `fun` 的函数应用于 `argl` 里的实际参数。这段代码在本质上就是做与 4.1.1 节元循环求值器里的 `apply` 函数，或者 5.4.2 节里显式控制求值器里 `apply_dispatch` 入口点同样的分派。它需要检查被应用的是基本函数还是编译得到的函数（下面简称"编译函数"）。对于基本函数，我们调用 `apply_primitive_function` 处理。下面马上就会看到对编译函数的处理。函数应用的代码 [537] 具有如下的形式：

```
    test(list(op("primitive_function"), reg("fun"))),
    branch(label("primitive_branch")),
"compiled_branch",
    ⟨code to apply compiled function with given target and appropriate linkage⟩
"primitive_branch",
    assign(target,
           list(op("apply_primitive_function"), reg("fun"), reg("argl"))),
    ⟨linkage⟩
"after_call"
```

请注意，处理编译函数的分支必须跳过处理基本函数的分支，这样，如果原来函数调用的连接是 `"next"`，复合函数的分支就必须用一个连接跳到插入在基本分支之后的那个标号处。（与 `compile_conditional` 里真分支所用的连接类似。）

```
function compile_function_call(target, linkage) {
    const primitive_branch = make_label("primitive_branch");
    const compiled_branch = make_label("compiled_branch");
    const after_call = make_label("after_call");
    const compiled_linkage = linkage === "next" ? after_call : linkage;
    return append_instruction_sequences(
        make_instruction_sequence(list("fun"), null,
            list(test(list(op("is_primitive_function"), reg("fun"))),
                branch(label(primitive_branch)))),
        append_instruction_sequences(
            parallel_instruction_sequences(
                append_instruction_sequences(
                    compiled_branch,
                    compile_fun_appl(target, compiled_linkage)),
                append_instruction_sequences(
                    primitive_branch,
                    end_with_linkage(linkage,
                        make_instruction_sequence(list("fun", "argl"),
                                                  list(target),
                            list(assign(
                                target,
                                list(op("apply_primitive_function"),
                                    reg("fun"), reg("argl")))))))),
            after_call));
}
```

这里的基本分支和复合分支很像 compile_conditional 里的真分支和假分支，它们也用函数 parallel_instruction_sequences 拼接，不用常规的 append_instruction_sequences，因为它们不会顺序执行。

应用编译函数

处理函数调用和返回的代码是这个编译器里最难做的一部分。一个编译函数（由 compile_lambda_expression 构造）有一个入口点，就是一个标明函数开始位置的标号，该入口点标明的代码将计算出结果存入 val，然后执行编译返回语句得到的指令。

编译函数的应用代码使用栈的方法与 5.4.2 节的显式控制求值器相同，在跳入编译函数的入口点前，先把函数的继续点存入栈，然后用一个标记表明栈的恢复点，以便栈能恢复到以这个调用的继续点为栈顶的状态。

```
// set up for return from function
save("continue"),
push_marker_to_stack(),
// jump to the function's entry point
assign("val", list(op("compiled_function_entry"), reg("fun"))),
go_to(reg("val")),
```

编译返回语句（用 compile_return_statement）生成的代码将恢复栈的状态，然后恢复 continue 寄存器并转跳过去。

```
revert_stack_to_marker(),
restore("continue"),
⟨evaluate the return expression and store the result in val⟩
go_to(reg("continue")), // "return"-linkage code
```

除非函数进入无穷循环，否则它最后一定执行上面这些返回代码。该代码或是程序里的返回语句的编译结果，或是 `compile_lambda_body` 插入的代码，用于返回 `undefined`[45]。

　　针对给定目标和连接的编译函数应用，最直接的代码应该设置 `continue` 寄存器，使函数能返回到一个局部标号，而不是返回最后的连接。如果需要，还应该把位于 `val` 的函数值拷贝到目标寄存器。如果连接是标号，该代码就应该具有下面的形式：

```
assign("continue", label("fun_return")), // where function should return to
save("continue"),            // will be restored by the function
push_marker_to_stack(),      // allows the function to revert stack to find fun_return
assign("val", list(op("compiled_function_entry"), reg("fun"))),
go_to(reg("val")),           // eventually reverts stack, restores and jumps to continue
"fun_return",                // the function returns to here
assign(target, reg("val")),  // included if target is not val
go_to(label(linkage)),       // linkage code
```

539

换一种情况，如果连接是 `"return"`（也就是说，如果函数应用在一个返回语句里，其值就是需要返回的结果），代码应该具有下面的形式——开始时保存调用方的继续点，以便最后能恢复它并按它继续下去。

```
save("continue"),            // save the caller's continuation
assign("continue", label("fun_return")), // where function should return to
save("continue"),            // will be restored by the function
push_marker_to_stack(),      // allows the function to revert stack to find fun_return
assign("val", list(op("compiled_function_entry"), reg("fun"))),
go_to(reg("val")),           // eventually reverts stack, restores and jumps to continue
"fun_return",                // the function returns to here
assign(target, reg("val")),  // included if target is not val
restore("continue"),         // restore the caller's continuation
go_to(reg("continue")),      // linkage code
```

这里的代码设置 `continue` 使函数能返回标号 `fun_return`，然后跳到函数入口点。位于 `fun_return` 的代码把函数的结果从 `val` 送到目标寄存器（如果需要），然后跳到连接描述的位置（连接一定是 `"return"` 或标号，因为 `compile_function_call` 已经把复合函数分支的 `"next"` 连接换成 `after_call` 标号了）。在跳入函数入口前，我们还要保存 `continue` 并执行 `push_marker_to_stack()`，使函数能带着所需的栈状态返回程序里的正确位置。与之匹配的 `revert_stack_to_marker()` 和 `restore("continue")` 指令由 `compile_return_statement` 生成，它为函数体里的每个返回语句生成这些指令[46]。

　　事实上，如果目标寄存器不是 `val`，那么上面这些正好就是我们的编译器应该生成的代码[47]。当然，有关目标通常都是 `val`（编译器里以其他寄存器作为求值目标的地方仅有一处，就是求值函数表达式时把目标设定在 `fun`），所以函数的结果直接存入目标寄存器，而不需要跳到特定位置去拷贝它。我们简化了这里的代码，设置好 `continue` 使被调用的函数能直接"返回"到调用方的连接指定的位置：

540

45　由于函数体的执行总以返回结束，这里就不需要如 5.4.2 节的 `return_undefined` 入口那类的机制了。

46　在编译器里的其他地方，所有保存和恢复寄存器的代码都是由 `preserving` 生成的，用于跨过一段指令序列并保持相应寄存器的值，所用方法就是在这些指令之前保存相应的值，并在这些指令之后恢复。例如在求值条件组件的谓词部分的前后。但是，这种机制不会在函数应用和对应的返回位置生成保存和恢复 `continue` 的指令，因为这两段代码是分别编译的，并不连续。因此，在这两个位置，保存和恢复寄存器指令必须由 `compile_fun_appl` 和 `compile_return_statement` 分别生成。

47　实际上，当目标不是 `val` 而连接是 `"return"` 时，我们要发一个错误信号，因为只有编译返回表达式时才需要 `"return"` 连接，而按我们的约定，函数总在 `val` 里返回它们的值。

⟨*set up* continue *for linkage and push the marker*⟩
```
assign("val", list(op("compiled_function_entry"), reg("fun"))),
go_to(reg("val")),
```

如果连接是标号，我们就设置 continue 使函数直接返回该标号。（也就是说，使被调函数最后的 go_to(reg("continue")) 等价于在 fun_return 处写 go_to(label(*linkage*))。）

```
assign("continue", label(linkage)),
save("continue"),
push_marker_to_stack(),
assign("val", list(op("compiled_function_entry"), reg("fun"))),
go_to(reg("val")),
```

如果连接是 "return"，我们不需要设置 continue，因为它已经保存着所需的地址。（也就是说，被调函数最后的 go_to(reg("continue")) 已经能直接跳到正确位置，也就是假设在上面的 fun_return 处写 go_to(reg("continue")) 将跳到的位置。）

```
save("continue"),
push_marker_to_stack(),
assign("val", list(op("compiled_function_entry"), reg("fun"))),
go_to(reg("val")),
```

"return" 连接采用这种实现，编译器生成的就是尾递归代码了。如果返回语句里的函数调用的值就是应该返回的结果，这里就会做一次直接转移，不在栈里保存任何信息。

假如我们不这样做，对具有 "return" 连接和 val 目标的函数调用，也采用对非 val 目标代码的处理方法，就会破坏尾递归。那样修改后，系统对任何函数调用都能返回同样的值，但在每次调用函数时都会保存 continue，并在调用后返回时撤销这种（无意义的）保存的效果。这种多余的保存就会在嵌套的函数调用中积累起来[48]。

541 函数 compile_fun_appl 生成如上所述的函数调用代码。该函数根据调用的目标是否为 val 以及连接是否为 "return"，分别考虑了四种不同情况。可以看到，这里的代码序列都声明为需要修改所有寄存器，因为函数体执行中可能以任何方式修改寄存器[49]。

```
function compile_fun_appl(target, linkage) {
    const fun_return = make_label("fun_return");
    return target === "val" && linkage !== "return"
            ? make_instruction_sequence(list("fun"), all_regs,
                list(assign("continue", label(linkage)),
                    save("continue"),
                    push_marker_to_stack(),
                    assign("val", list(op("compiled_function_entry"),
                                       reg("fun"))),
```

---

48 让编译器生成尾递归代码是非常令人期待的，特别是对函数式编程范式。但是，常见语言（包括 C 和 C++）的大部分编译器都没这样做，因此，在这些语言里就不能用函数调用描述迭代。在这些语言里处理尾递归的困难，在于其实现不但要在栈里保存返回地址，还要保存函数的实际参数和局部变量。在本书描述的 JavaScript 实现里，实参和名字都保存在支持废料收集的存储区。把实参和局部变量保存在栈里，是因为那样做可以避免在语言里使用废料收集（不那样做就需要它），一般认为这种实现方法有利于程序执行的效率。事实上，复杂的编译器也可以用栈保存实参而又不破坏尾递归（参看 Hanson 1990 的讨论）。在更基本的问题上，有关栈分配是否确实能得到高于废料收集的效率也有许多争论，细节看来依赖计算机体系结构的某些细微要点（参看 Appel 1987 和 Miller and Rozas 1994 有关这一问题的对立观点）。

49 常量 all_args 约束于一个包含所有寄存器名的表：
```
const all_regs = list("env", "fun", "val", "argl", "continue");
```

```
                            go_to(reg("val"))))
        : target !== "val" && linkage !== "return"
        ? make_instruction_sequence(list("fun"), all_regs,
              list(assign("continue", label(fun_return)),
                   save("continue"),
                   push_marker_to_stack(),
                   assign("val", list(op("compiled_function_entry"),
                                      reg("fun"))),
                   go_to(reg("val")),
                   fun_return,
                   assign(target, reg("val")),
                   go_to(label(linkage))))
        : target === "val" && linkage === "return"
        ? make_instruction_sequence(list("fun", "continue"),
                                    all_regs,
              list(save("continue"),
                   push_marker_to_stack(),
                   assign("val", list(op("compiled_function_entry"),
                                      reg("fun"))),
                   go_to(reg("val"))))
        : // target !== "val" && linkage === "return"
          error(target, "return linkage, target not val -- compile");
    }
```

我们已经说明，当连接是 **"return"** 时——也就是说，当函数应用位于返回语句里，而且其值就是应该返回的值时——如何为函数调用生成尾递归代码。类似地，如 5.4.2 节所说，在这里（以及在显式控制求值器里）使用的处理调用和返回的栈标记机制，也只是对这种情况生成尾递归行为。在为函数调用生成的代码里，这两个方面相互配合，保证了当函数最后就是返回一个函数调用的值时，不会有信息积累在栈里。

542

编译返回语句

返回语句的编译代码具有下面的形式，无论其目标和连接是什么：

```
revert_stack_to_marker(),
restore("continue"),    // saved by compile_fun_appl
⟨evaluate the return expression and store the result in val⟩
go_to(reg("continue")) // "return"-linkage code
```

这些指令利用标记还原栈的位置，然后恢复 continue，这些对应于 compile_fun_appl 生成的保存 continue 和给栈加标记的指令。最后跳到 continue 的指令来自编译返回表达式时用的 **"return"** 连接。函数 compile_return_statement 与其他代码生成器不同，它直接忽略连接和目标参数，总用 val 目标和 **"return"** 连接编译返回表达式。

```
function compile_return_statement(stmt, target, linkage) {
    return append_instruction_sequences(
            make_instruction_sequence(null, list("continue"),
                list(revert_stack_to_marker(),
                    restore("continue"))),
            compile(return_expression(stmt), "val", "return"));
}
```

5.5.4 指令序列的组合

本节说明指令序列的表示和组合操作的细节。回忆 5.5.1 节，在那里我们说指令序列是一个表，其中包含了所需的寄存器集合和所修改的寄存器集合，以及一串实际指令。我们还把一个标号（字符串）看作指令序列的一种退化情况，它既不需要也不修改任何寄存器。
我们用下面几个选择函数确定指令序列需要哪些寄存器、修改哪些寄存器等。

```
function registers_needed(s) {
    return is_string(s) ? null : head(s);
}
function registers_modified(s) {
    return is_string(s) ? null : head(tail(s));
}
function instructions(s) {
    return is_string(s) ? list(s) : head(tail(tail(s)));
}
```

要确定指令序列是否需要或修改某个具体寄存器，我们使用下面的谓词：

```
function needs_register(seq, reg) {
    return ! is_null(member(reg, registers_needed(seq)));
}
function modifies_register(seq, reg) {
    return ! is_null(member(reg, registers_modified(seq)));
}
```

543

有了这些谓词和选择函数，我们就能实现编译器用于组合指令序列的各种函数了。

基本组合函数是 append_instruction_sequences，它以两个应该顺序执行的指令序
列为实际参数，返回一个指令序列，其中的语句由参数序列里的语句顺序拼接而成。这里麻
烦的问题是确定结果序列需要的和修改的寄存器集合。结果序列修改的寄存器就是被任一实
参指令序列修改的寄存器，而它需要的寄存器就是在第一个序列运行之前必须初始化的那些
寄存器（第一个序列需要的寄存器），再加上第二个序列需要的寄存器中没有被第一个序列
初始化（即修改）的那些寄存器。

函数 append_instruction_sequences 以两个指令序列 seq1 和 seq2 为参数，其返回
的指令序列中的指令是序列 seq1 的指令后跟序列 seq2 的指令，其修改的寄存器包括所有
被 seq1 或 seq2 修改的寄存器，其需要的寄存器首先是 seq1 需要的寄存器，再加上那些
seq2 需要同时又没被 seq1 修改的寄存器（按集合操作的说法，这个新语句序列需要的寄存
器，就是 seq1 需要的寄存器集合，与 seq2 需要的寄存器集合与 seq1 修改的寄存器集的差
集之并集）。这样，append_instruction_sequences 实现如下：

```
function append_instruction_sequences(seq1, seq2) {
    return make_instruction_sequence(
                list_union(registers_needed(seq1),
                        list_difference(registers_needed(seq2),
                                        registers_modified(seq1))),
                list_union(registers_modified(seq1),
                        registers_modified(seq2)),
                append(instructions(seq1), instructions(seq2)));
}
```

这个函数里用到几个简单操作，它们实现对以表形式表示的集合的运算，所用的集合表
示类似 2.3.3 节里描述的（无序）集合：

```
function list_union(s1, s2) {
    return is_null(s1)
            ? s2
            : is_null(member(head(s1), s2))
            ? pair(head(s1), list_union(tail(s1), s2))
```

```
                    : list_union(tail(s1), s2);
}
function list_difference(s1, s2) {
    return is_null(s1)
           ? null
           : is_null(member(head(s1), s2))
           ? pair(head(s1), list_difference(tail(s1), s2))
           : list_difference(tail(s1), s2);
}
```

preserving 是第二个主要的序列组合函数，其参数是一个寄存器表 regs 和两个应该
顺序执行的指令序列 seq1 和 seq2。它返回一个指令序列，其中的指令是 seq1 的指令后
面跟着 seq2 的指令，还要加上围绕着 seq1 的指令前后的所需要的 save 和 restore 指令，
以保护 regs 里的那些被 seq1 修改但 seq2 需要的寄存器。为完成这一工作，preserving
首先创建一个序列，其中包含需要做的所有 save，后面跟着 seq1 里的语句，再后是需要做
的所有 restore。这一序列需要保存和恢复的寄存器，除了 seq1 需要的那些寄存器外，还
有 seq1 修改的所有寄存器，但要除去这里保存和恢复的寄存器。最后，我们按常规方式把
这一扩充的序列与 seq2 拼接。下面函数以递归的方式实现这一策略，它顺序地逐一处理寄
存器表 regs 中需要保护的寄存器：

```
function preserving(regs, seq1, seq2) {
    if (is_null(regs)) {
        return append_instruction_sequences(seq1, seq2);
    } else {
        const first_reg = head(regs);
        return needs_register(seq2, first_reg) &&
               modifies_register(seq1, first_reg)
               ? preserving(tail(regs),
                     make_instruction_sequence(
                         list_union(list(first_reg),
                                    registers_needed(seq1)),
                         list_difference(registers_modified(seq1),
                                         list(first_reg)),
                         append(list(save(first_reg)),
                                append(instructions(seq1),
                                       list(restore(first_reg))))),
                     seq2)
               : preserving(tail(regs), seq1, seq2);
    }
}
```

另一序列组合函数 tack_on_instruction_sequence 只在 compile_lambda_expression
里使用，用于拼接函数体与另一序列。函数体并不作为组合序列的一部分而"内置"执行，
因此它使用哪些寄存器，对它嵌入其中的序列的寄存器使用没有任何影响。因此，在把函数
体纳入其他序列时，我们直接忽略它需要和修改的寄存器集合。

```
function tack_on_instruction_sequence(seq, body_seq) {
    return make_instruction_sequence(
               registers_needed(seq),
               registers_modified(seq),
               append(instructions(seq), instructions(body_seq)));
}
```

函数 compile_conditional 和 compile_function_call 用到一个特殊组合函数，名
字是 parallel_instruction_sequences，用于拼接两个相互替代的分支。这两个分支绝

不会顺序执行，无论检测求值的具体结果怎样，总是有且仅有两个分支之一执行。因为这样，
545 第二个分支需要的寄存器也就是整个组合序列需要的，即使其中有些被第一个分支修改。

```
function parallel_instruction_sequences(seq1, seq2) {
    return make_instruction_sequence(
                list_union(registers_needed(seq1),
                           registers_needed(seq2)),
                list_union(registers_modified(seq1),
                           registers_modified(seq2)),
                append(instructions(seq1), instructions(seq2)));
}
```

5.5.5 编译代码的实例

至此，我们已经看到了这个编译器的所有元素。现在我们想考察一个编译代码实例，
看看各种东西如何相互配合。我们准备编译递归的 factorial 函数声明。为此我们把函数
parse 应用于这个函数声明的字符串表示（这里用了反引号 `…`，其功能相当于单引号或双
引号，但允许字符串的内容跨越多行），得到的结果送给 compile 作为第一个参数：

```
compile(parse(`
function factorial(n) {
    return n === 1
           ? 1
           : factorial(n - 1) * n;
}
            `),
        "val",
        "next");
```

我们要求把声明的值存入寄存器 val。我们不关心编译好这个声明之后，编译好的代码在执
行完这个声明后还做什么，因此我们随意地选择 "next" 作为连接描述符。

函数 compile 确定了送给它的是一个函数声明，就先把它转换为常量声明，然后调用
compile_declaration。它首先编译出计算被赋的值的代码（以 val 为目标），随后安装这
个声明的代码，然后是把该声明的值（就是值 undefined）存入目标寄存器的代码，最后是
连接代码。在编译计算值的部分之前保存 env，因为后面还要用它安装这个声明。由于连接
是 "next"，对这个情况没有连接代码。这样，编译结果代码的框架就是：

```
⟨save env if modified by code to compute value⟩
⟨compilation of declaration value, target val, linkage "next"⟩
⟨restore env if saved above⟩
perform(list(op("assign_symbol_value"),
             constant("factorial"),
             reg("val"),
             reg("env"))),
assign("val", constant(undefined))
```

被编译的是一个 lambda 表达式，它将为名字 factorial 生成值，这个值就是计算阶乘
546 的函数。函数 compile 处理这种情况时调用 compile_lambda_expression，让它编译函数
体，在这里标记一个新入口点并生成放在该入口点的指令，其中包括函数体、运行时的环境
和最后把结果赋给 val 的代码。函数代码插在这里，但整个序列则要跳过这段函数代码。函
数代码本身在开始时扩充函数的声明环境，增加一个把形参 n 约束到函数实参的框架，随后
是实际的函数体。由于求名字的值的代码不修改 env 寄存器，因此这里不会生成前面说的可

选的 save 和 restore 指令（位于 entry1 的函数代码在这一点还没执行，因此它对 env 的使用与此无关）。这样，编译生成的代码框架就变成：

```
    assign("val", list(op("make_compiled_function"),
                       label("entry1"),
                       reg("env"))),
    go_to(label("after_lambda2")),
"entry1",
    assign("env", list(op("compiled_function_env"), reg("fun"))),
    assign("env", list(op("extend_environment"),
                       constant(list("n")),
                       reg("argl"),
                       reg("env"))),
⟨compilation of function body⟩
"after_lambda2",
    perform(list(op("assign_symbol_value"),
                 constant("factorial"),
                 reg("val"),
                 reg("env"))),
    assign("val", constant(undefined))
```

函数体总是（用 compile_lambda_body）编译为一个指令序列，以 val 为目标，连接是 "next"。对目前情况，函数体就是一个返回语句[50]：

```
return n === 1
       ? 1
       : factorial(n - 1) * n;
```

函数 compile_return_statement 生成的代码利用标记恢复栈状态并恢复 continue 寄存器，然后用目标 val 和连接 "return" 编译返回表达式，因为它的值将从函数返回。这里的返回表达式是一个条件表达式，compile_conditional 对它生成的代码首先计算谓词部分（目标是 val），而后检查计算结果，如果谓词为假就跳过真分支。在谓词代码的前后需要保存和恢复 env 和 continue 寄存器，因为条件表达式的其他部分还可能需要它们。条件表达式的真分支和假分支都用目标 val 和连接 "return" 编译。（也就是说，这个条件表达式的值就是从它的某个分支算出的值，也就是整个函数的值。）

547

```
    revert_stack_to_marker(),
    restore("continue"),
    ⟨save continue, env if modified by predicate and needed by branches⟩
    ⟨compilation of predicate, target val, linkage "next"⟩
    ⟨restore continue, env if saved above⟩
    test(list(op("is_falsy"), reg("val"))),
    branch(label("false_branch4")),
"true_branch3",
    ⟨compilation of true branch, target val, linkage "return"⟩
"false_branch4",
    ⟨compilation of false branch, target val, linkage "return"⟩
"after_cond5",
```

谓词 n === 1 是一个函数调用（在运算符组合式被转换后），这里需要查找函数表达式（符号 "==="）的值并把它存入 fun，然后把实参 1 和 n 的值存进 argl 表。下一步检查 fun

---

50　因为 compile_lambda_body 里的 append_return_undefined 操作，这个函数体代码序列实际上包含了两个返回语句。然而，compile_sequence 里的死代码检查在编译了第一个语句之后就会结束，这就使对函数体的编译能有效地让它只包含一个返回语句了。

里是基本函数还是复合函数，并根据情况分派到基本分支或复合分支，这两个分支最后汇合
到 after_call 标号。复合分支必须设置 continue 寄存器跳过基本分支的代码，还要把标
记压入栈，以便与函数编译后的返回语句匹配。有关在求值函数表达式和实参表达式的前后
保存和恢复寄存器的要求，在当前情况中没产生任何寄存器保护动作，因为这里的求值都不
会修改需要考虑的那些寄存器。

```
    assign("fun", list(op("lookup_symbol_value"),
                       constant("==="), reg("env"))),
    assign("val", constant(1)),
    assign("argl", list(op("list"), reg("val"))),
    assign("val", list(op("lookup_symbol_value"),
                       constant("n"), reg("env"))),
    assign("argl", list(op("pair"), reg("val"), reg("argl"))),
    test(list(op("is_primitive_function"), reg("fun"))),
    branch(label("primitive_branch6")),
"compiled_branch7",
    assign("continue", label("after_call8")),
    save("continue"),
    push_marker_to_stack(),
    assign("val", list(op("compiled_function_entry"), reg("fun"))),
    go_to(reg("val")),
"primitive_branch6",
    assign("val", list(op("apply_primitive_function"),
                       reg("fun"),
                       reg("argl"))),
"after_call8",
```

真分支就是常量 1，它被编译为（用目标 val 和连接 "return"）

```
    assign("val", constant(1)),
    go_to(reg("continue")),
```

假分支的代码是另一个函数调用，其中的函数是符号" * "的值，实参是 n 和另一个函数调
用的结果（又是对 factorial 的调用）。每个调用都要设置 fun 和 argl，有自己的基本分
支和复合分支。图 5.17 给出了对 factorial 函数声明的完整编译结果。请注意，围绕着谓
词部分的对 continue 和 env 的 save 和 restore 都实际生成了，因为谓词部分的函数调用
可能修改这些寄存器，而两个分支里的函数调用和 "return" 连接都需要这些寄存器。

```
// construct the function and skip over the code for the function body
    assign("val", list(op("make_compiled_function"),
                       label("entry1"), reg("env"))),
    go_to(label("after_lambda2")),
"entry1",                               // calls to factorial will enter here
    assign("env", list(op("compiled_function_env"), reg("fun"))),
    assign("env", list(op("extend_environment"), constant(list("n")),
                       reg("argl"), reg("env"))),
// begin actual function body
    revert_stack_to_marker(),          // starts with a return statement
    restore("continue"),
    save("continue"),                  // preserve registers across predicate
    save("env"),
// compute n === 1
    assign("fun", list(op("lookup_symbol_value"), constant("==="), reg("env"))),
    assign("val", constant(1)),
    assign("argl", list(op("list"), reg("val"))),
```

图 5.17　函数 factorial 的声明的编译结果

```
    assign("val", list(op("lookup_symbol_value"), constant("n"), reg("env"))),
    assign("argl", list(op("pair"), reg("val"), reg("argl"))),
    test(list(op("is_primitive_function"), reg("fun"))),
    branch(label("primitive_branch6")),
"compiled_branch7",
    assign("continue", label("after_call8")),
    save("continue"),
    push_marker_to_stack(),
    assign("val", list(op("compiled_function_entry"), reg("fun"))),
    go_to(reg("val")),
"primitive_branch6",
    assign("val", list(op("apply_primitive_function"), reg("fun"), reg("argl"))),
"after_call8",                       // val now contains result of n === 1
    restore("env"),
    restore("continue"),
    test(list(op("is_falsy"), reg("val"))),
    branch(label("false_branch4")),
"true_branch3",                      // return 1
    assign("val", constant(1)),
    go_to(reg("continue")),
"false_branch4",
// compute and return factorial(n - 1) * n
    assign("fun", list(op("lookup_symbol_value"), constant("*"), reg("env"))),
    save("continue"),
    save("fun"),                     // save * function
    assign("val", list(op("lookup_symbol_value"), constant("n"), reg("env"))),
    assign("argl", list(op("list"), reg("val"))),
    save("argl"),                    // save partial argument list for *
// compute factorial(n - 1) which is the other argument for *
    assign("fun", list(op("lookup_symbol_value"),
                       constant("factorial"), reg("env"))),
    save("fun"),                     // save factorial function

// compute n - 1 which is the argument for factorial
    assign("fun", list(op("lookup_symbol_value"), constant("-"), reg("env"))),
    assign("val", constant(1)),
    assign("argl", list(op("list"), reg("val"))),
    assign("val", list(op("lookup_symbol_value"), constant("n"), reg("env"))),
    assign("argl", list(op("pair"), reg("val"), reg("argl"))),
    test(list(op("is_primitive_function"), reg("fun"))),
    branch(label("primitive_branch10")),
"compiled_branch11",
    assign("continue", label("after_call12")),
    save("continue"),
    push_marker_to_stack(),
    assign("val", list(op("compiled_function_entry"), reg("fun"))),
    go_to(reg("val")),
"primitive_branch10",
    assign("val", list(op("apply_primitive_function"), reg("fun"), reg("argl"))),
"after_call12",                      // val now contains result of n - 1
    assign("argl", list(op("list"), reg("val"))),
    restore("fun"),                  // restore factorial
// apply factorial
    test(list(op("is_primitive_function"), reg("fun"))),
    branch(label("primitive_branch14")),
"compiled_branch15",
    assign("continue", label("after_call16")),
    save("continue"),               // set up for compiled function -
    push_marker_to_stack(),         //  return in function will restore stack
    assign("val", list(op("compiled_function_entry"), reg("fun"))),
    go_to(reg("val")),
```

图 5.17 （续）

```
"primitive_branch14",
  assign("val", list(op("apply_primitive_function"), reg("fun"), reg("argl"))),
"after_call16",                      // val now contains result of factorial(n - 1)
  restore("argl"),                   // restore partial argument list for *
  assign("argl", list(op("pair"), reg("val"), reg("argl"))),
  restore("fun"),                    // restore *
  restore("continue"),
// apply * and return its value
  test(list(op("is_primitive_function"), reg("fun"))),
  branch(label("primitive_branch18")),
"compiled_branch19", // note that a compound function here is called tail-recursively
  save("continue"),
  push_marker_to_stack(),
  assign("val", list(op("compiled_function_entry"), reg("fun"))),
  go_to(reg("val")),
"primitive_branch18",
  assign("val", list(op("apply_primitive_function"), reg("fun"), reg("argl"))),
  go_to(reg("continue")),
"after_call20",
"after_cond5",
"after_lambda2",
// assign the function to the name factorial
  perform(list(op("assign_symbol_value"),
               constant("factorial"), reg("val"), reg("env"))),
  assign("val", constant(undefined))
```

图 5.17 （续）

练习 5.36 考虑下面这个阶乘函数的声明，它与上面的那个声明略有不同：

```
function factorial_alt(n) {
    return n === 1
           ? 1
           : n * factorial_alt(n - 1);
}
```

请编译这个函数，并比较得到的代码与 `factorial` 的代码。请解释你看到的各处不同。这两个程序中会不会有某一个比另一个更高效？

练习 5.37 请编译下面的迭代型阶乘函数：

```
function factorial(n) {
    function iter(product, counter) {
        return counter > n
               ? product
               : iter(product * counter, counter + 1);
    }
    return iter(1, 1);
}
```

请在结果代码里加标注，说明在 `factorial` 的迭代型和递归型版本的代码之间存在哪些本质差异，使一个函数需要不断消耗栈空间，而另一个可以在常量空间里运行。

练习 5.38 什么表达式的编译能产生图 5.18 所示的代码？

```
  assign("val", list(op("make_compiled_function"),
                     label("entry1"), reg("env"))),
"entry1"
  assign("env", list(op("compiled_function_env"), reg("fun"))),
  assign("env", list(op("extend_environment"),
```

图 5.18 编译器输出的另一个实例。参看练习 5.38

```
                            constant(list("x")), reg("argl"), reg("env"))),
    revert_stack_to_marker(),
    restore("continue"),
    assign("fun", list(op("lookup_symbol_value"), constant("+"), reg("env"))),
    save("continue"),
    save("fun"),
    save("env"),
    assign("fun", list(op("lookup_symbol_value"), constant("g"), reg("env"))),
    save("fun"),
    assign("fun", list(op("lookup_symbol_value"), constant("+"), reg("env"))),
    assign("val", constant(2)),
    assign("argl", list(op("list"), reg("val"))),
    assign("val", list(op("lookup_symbol_value"), constant("x"), reg("env"))),
    assign("argl", list(op("pair"), reg("val"), reg("argl"))),
    test(list(op("is_primitive_function"), reg("fun"))),
    branch(label("primitive_branch3")),
"compiled_branch4"
    assign("continue", label("after_call5")),
    save("continue"),
    push_marker_to_stack(),
    assign("val", list(op("compiled_function_entry"), reg("fun"))),
    go_to(reg("val")),
"primitive_branch3",
    assign("val", list(op("apply_primitive_function"), reg("fun"), reg("argl"))),
"after_call5",
    assign("argl", list(op("list"), reg("val"))),
    restore("fun"),
    test(list(op("is_primitive_function"), reg("fun"))),
    branch(label("primitive_branch7")),
"compiled_branch8",
    assign("continue", label("after_call9")),
    save("continue"),
    push_marker_to_stack(),
    assign("val", list(op("compiled_function_entry"), reg("fun"))),
    go_to(reg("val")),
"primitive_branch7",
    assign("val", list(op("apply_primitive_function"), reg("fun"), reg("argl"))),
"after_call9",
    assign("argl", list(op("list"), reg("val"))),
    restore("env"),
    assign("val", list(op("lookup_symbol_value"), constant("x"), reg("env"))),
    assign("argl", list(op("pair"), reg("val"), reg("argl"))),
    restore("fun"),
    restore("continue"),
    test(list(op("is_primitive_function"), reg("fun"))),
    branch(label("primitive_branch11")),
"compiled_branch12",
    save("continue"),
    push_marker_to_stack(),
    assign("val", list(op("compiled_function_entry"), reg("fun"))),
    go_to(reg("val")),
"primitive_branch11",
    assign("val", list(op("apply_primitive_function"), reg("fun"), reg("argl"))),
    go_to(reg("continue")),
"after_call13",
"after_lambda2",
    perform(list(op("assign_symbol_value"),
                constant("f"), reg("val"), reg("env"))),
    assign("val", constant(undefined))
```

图 5.18　（续）

练习 5.39　在我们编译器产生的代码里，对函数应用里实参表达式的求值顺序是什么？是从左到右（这也是 ECMAScript 规范的强制要求），还是从右到左，还是其他什么求值顺序？这个编译器里的哪部分确定了这一顺序？请修改编译器，使之能产生另一种不同的求值顺序（参看 5.4.1 节里有关显式控制求值器里求值顺序的讨论）。这样修改运算对象的求值顺序，会改变构造参数表的代码的效率吗？

练习 5.40　为了优化栈的使用，我们的编译器定义了函数 preserving。理解这一机制的一种方法是看看如果不用这一技术会生成多少额外操作。请修改 preserving，让它总生成 save 和 restore 操作。请编译一些简单表达式，并在生成的代码里标出非必要的栈操作。比较这样生成的代码与采用原来的 preserving 机制生成的代码。

练习 5.41　我们的编译器在避免不必要的栈操作方面很聪明，但在遇到对语言中基本函数的调用，将其编译为机器提供的基本操作时，它就表现得一点也不聪明了。举个例子，我们考虑编译表达式 a + 1 要产生多少代码：在 arg1 里设置实参表，把基本加法函数（用符号 "+" 在环境中查找而得到）放入 fun，检查这个函数是基本函数还是复合函数。编译器总要生成做这种检查的代码，还要生成构成基本分支和复合分支的代码（其中只有一个会真正执行）。我们还没有说控制器中实现基本操作的部分，但可以假定有关指令用到机器数据通路里的一些基本算术操作。请考虑，如果编译器对能所用的基本操作做开放式编码——也就是说，如果它能生成直接使用基本机器操作的代码——产生的代码会多么少。表达式 a + 1 可能被编译成某种类似下面这样的简单代码段 [51]：

```
assign("val", list(op("lookup_symbol_value"), constant("a"), reg("env"))),
assign("val", list(op("+"), reg("val"), constant(1)))
```

在这个练习里，我们希望扩充自己的编译器，设法支持对选出的一些基本操作的开放式编码。对这些基本函数的调用应该生成专用代码，而不是通用的函数应用代码。为支持这种功能，我们扩充所用的机器，加入两个特殊的实参寄存器 arg1 和 arg2，并让机器的所有基本算术操作都从 arg1 和 arg2 取得其输入，结果可以存入 val、arg1 或者 arg2。

编译器必须能识别源程序里的应采用开放编码的基本操作应用。我们为此扩充函数 compile 里的分派，除了目前已经识别的各种语法形式外，还要求它能识别这些基本操作的名字。我们的编译器对每种语法形式有一个代码生成器。在这个练习里，我们也要为开放编码的基本操作构造一组代码生成器。

    a. 开放编码的基本操作与语法形式不同，它们都需要求值自己的实参表达式。请写一个代码生成器 spread_arguments，使之能用于所有开放编码的代码生成器。spread_arguments 应该以一个实参表达式的表作为参数，以顺序的实参寄存器为目标，编译给定的实参表达式。注意，实参表达式里还可能包含对开放编码的基本操作的调用，因此，在求值实参表达式期间，还必须保护实参寄存器。

    b. 在寄存器机器里，JavaScript 运算符 ===、*、- 和 +（及其他）都用基本函数实现，在全局环境里通过符号 "==="、"*"、"-" 和 "+" 引用。在 JavaScript 里，这些名字不能重新声明，因为它们不符合名字的语法要求。这也意味着对它们采用开放编码是安全的。请为基本函数 ===、*、- 和 + 各写一个代码生成器，这些生成器都有三个参数：以相

51　我们在这里用同一个符号 + 指称在源语言里的函数和对应的机器操作。一般而言，源语言的基本函数和机器的基本操作之间并没有一一对应的关系。

应运算符为函数表达式的应用式，以及一个目标和一个连接描述符。它们生成的代码把实际参数传到相应寄存器，而后针对给定的目标和给定的连接执行相应运算。请让 `compile` 能完成到这些代码生成器的分派。

c. 用 `factorial` 实例试验你的新编译器，比较结果代码与没开放编码时生成的代码。

5.5.6　词法地址

编译器能做的最重要优化之一就是优化名字查找。在我们至今实现的编译器生成的代码里，做这件事时都是调用求值器机器的 `lookup_symbol_value` 操作。在查找一个名字时，该操作需要在运行环境里逐一检查框架，用这个名字与其中的每个约束名比较。如果框架嵌套很深，或者有很多名字，这样查找的代价就非常高。举个例子，对下面表达式返回的那个有五个参数的函数，考虑其应用中求值表达式 x * y * z 时查找 x 的值的情况：

```
((x, y) =>
  (a, b, c, d, e) =>
    ((y, z) => x * y * z)(a * b * x, c + d + x))(3, 4)
```

每次 `lookup_symbol_value` 去查找 x 时，都需要确定符号 "x" 不同于（第一个框架里的）"y" 或者 "z"，也不同于（第二个框架里的）"a"、"b"、"c"、"d" 或者 "e"。注意，由于我们的语言采用词法作用域规则，任何组件的运行时环境所具有的结构，直接对应于该组件出现在其中的那个程序的词法结构。这样，在编译器分析上面的表达式时，完全可以确定，在每次应用上述函数时，表达式 x * y * z 里的变量 x 总应该在当前框架之外的第二个框架里找到，而且总是那个框架里的第一个约束。

我们可以利用这一事实，发明一种新的变量查找操作 `lexical_address_lookup`（即所谓的词法地址查找），它的参数是一个环境和一个词法地址。一个词法地址由两个数组成：一个是框架数，它描述需要向上跳过几个框架；另一个是移位数，它描述了在指定的框架里应该跳过几个约束。函数 `lexical_address_lookup` 能够相对于当前环境，直接找到保存在给定词法地址的（指定名字的）值。如果把 `lexical_address_lookup` 操作加入我们的机器，编译生成的代码里就可以不再使用 `lookup_symbol_value`，而是用这个新操作引用名字了。对应地，在我们的编译代码里，还可以用一个新操作 `lexical_address_assign` 取代 `assign_symbol_value`。有了词法地址，目标代码里就不需要包含对名字的符号引用，运行环境的框架里也不需要包含符号了。

为生成这种代码，编译器在编译引用时必须能确定相应名字的词法地址。一个名字在一个程序里的词法地址由其在代码里的位置决定。举例说，在下面这个程序里，表达式 e_1 里 x 的地址是（2，0）——向回两个框架，而且是该框架里排在最前面的名字。在这一点 y 的地址是（0，0），c 的地址是（1，2）。在表达式 e_2 里 x 的地址是（1，0），y 的地址是（1，1），而 c 的地址是（0，2）。

```
((x, y) =>
  (a, b, c, d, e) =>
    ((y, z) => e₁)(e₂, c + d + x))(3, 4);
```

为了使编译器能生成使用词法地址的代码，一种方法是维持一个称为编译时环境的数据结构，在其中保存执行到特定的名字访问操作时，运行环境里的哪个约束出现在哪个框架里哪个位置的轨迹。编译时环境也是一个框架的表，每个框架是一个符号的表。其中的符号当

554

然没有约束值，因为编译时不计算值（练习 5.47 将改变这种情况，作为对常量处理的优化）。把编译时环境作为 compile 的附加参数，与原有参数一起传给代码生成器。对 compile 的最高层调用使用的编译时环境里只包含基本函数和基本值的名字。在编译 lambda 体时，compile_lambda_body 用一个包含该函数所有参数的框架扩充当时的编译时环境，在扩充的环境里编译这个体。类似地，在编译块结构的体时，compile_block 也用一个框架扩充编译时环境，框架里包含块体里扫描出的局部名。在编译中需要的时候，compile_name 和 compile_assignment_declaration 就利用编译时环境生成正确的词法地址。

练习 5.42～练习 5.45 说明了如何完成词法寻址策略的框架，把词法查找结合到我们的
555 编译器里。练习 5.46 和练习 5.47 描述了编译时环境的一些其他用途。

练习 5.42   请写出函数 lexical_address_lookup 实现上面描述的新查找操作。该函数应该有两个参数，一个词法地址和一个运行时环境，它返回保存在特定词法地址的名字的值。如果变量的值是 *unassigned*，lexical_address_lookup 应该发出一个错误信号。请再写一个函数 lexical_address_assign，它能修改位于特定词法地址的变量的值。

练习 5.43   请修改编译器，维护好如上所述的编译时环境。也就是说，给 compile 和各种代码生成器增加一个编译时环境参数，还要在 compile_lambda_body 和 compile_block 里扩充这个环境。

练习 5.44   请写一个函数 find_symbol，它以一个符号和一个编译时环境为参数，返回该符号相对于该环境的词法地址。举例说，对于上面所示的程序片段，编译表达式 e_1 期间的编译时环境应该是

```
list(list("y", "z"),
     list("a", "b", "c", "d", "e"),
     list("x", "y"))
```

函数 find_symbol 应该生成：

```
find_symbol("c", list(list("y", "z"),
                      list("a", "b", "c", "d", "e"),
                      list("x", "y")));
```

list(1, 2)

```
find_symbol("x", list(list("y", "z"),
                      list("a", "b", "c", "d", "e"),
                      list("x", "y")));
```

list(2, 0)

```
find_symbol("w", list(list("y", "z"),
                      list("a", "b", "c", "d", "e"),
                      list("x", "y")));
```

"not found"

练习 5.45   请利用练习 5.44 的 find_symbol 重写 compile_assignment_declaration 和 compile_name，生成采用词法地址的指令。对于 find_symbol 返回 "not found" 的情况（也就是说，该变量不在编译时环境里），应该报告一个编译时错误。请用几个简单例子
556 测试修改的编译器，例如本节开始时给出的嵌套的 lambda 表达式实例。

练习 5.46   在 JavaScript 里，企图给一个声明为常量的名字赋新值是错误。练习 4.11 说明了如何在运行时检查这种错误。有了本节展示的技术，我们就能在编译时检查给常量赋值的企图了。为此目的，请扩充函数 compile_lambda_body 和 compile_block，让它们在

编译时环境里记录一个名字是声明为变量（它用 **let** 声明，或者是函数的参数），还是声明为常量（使用 **const** 或 **function**）。请修改 compile_assignment，使之在检查到程序里要求给常量赋值时发出适当的错误报告。

练习 5.47　有关编译时常量的认识为优化打开了另一扇门，使我们可能生成出效率更高的代码。除了像练习 5.46 那样扩充编译时环境，标明一个名字被声明为常量外，如果在编译时知道常量的值或其他有用信息，也可以将其保存。这些信息有可能用于优化代码：

a. 形如 **const** *name* = *literal*; 的常量声明，使我们可以在该声明的作用域里把 *name* 的所有出现都用 *literal* 取代，以后就不再需要到运行环境里找这个 *name* 了。这种优化称为常量传播。请扩充编译时环境，存储文字量常量，并修改 compile_name，使之在生成 assign 指令时尽可能使用保存的常量，而不用 lookup_symbol_value 操作。

b. 函数声明是一种派生组件，它被展开为常量声明。我们假设全局环境里的基本函数名也看作常量。如果进一步扩充编译时环境，维护哪些名字引用编译函数，哪些名字引用基本函数的轨迹，我们就有可能在编译时检查一个函数是编译的还是基本的，而不延迟到运行时再做这件事。这种变动将使目标代码更高效，因为它用一个用编译器执行的检查取代了一个每次函数应用时都要做的检查。请利用这种扩充的编译时环境修改函数 compile_function_call，使得如果它能在编译时确定一个函数是编译的或基本的，就相应地只生成 compiled_branch 分支或者 primitive_branch 分支的指令。

c. 用其文字量值取代常量的名字，为另一项优化（部分地）铺平了道路。该优化就是用编译时算出的结果取代基本函数应用，称为常量折叠。例如在编译时做加法，把 40 + 2 替换为 42。请扩充编译器，使之能对数值的算术运算和字符串的拼接做常量折叠。

5.5.7　将编译代码与求值器接口

至今我们还没解释如何把编译得到的代码装入求值器，也没说怎样运行它们。我们假设显式控制求值器已经像 5.4.4 节那样定义好了，并加上本章中脚注 43 描述的那些操作（5.5.2 节）。现在我们要实现一个函数 compile_and_go，它能编译 JavaScript 程序，然后把得到的目标代码装入求值器机器，并让这部机器在求值器的全局环境里运行这段代码，再打印出得到的结果，而后进入求值器驱动程序的下一次循环。我们还要修改这个求值器，使解释性部件除了能调用其他解释性代码外，也能调用编译得到的函数。有了这些之后，我们就可以把编译函数放进机器，然后用求值器去调用它们了：

```
compile_and_go(parse(`
function factorial(n) {
    return n === 1
            ? 1
            : factorial(n - 1) * n;
}
                    `));
EC-evaluate value:
undefined

EC-evaluate input:
factorial(5);

EC-evaluate value:
120
```

为使求值器能处理编译函数（例如，求值上面的对 factorial 的调用），我们需要修改位于 apply_dispatch 的代码（5.4.2 节），使它能识别编译函数（与基本函数和复合函数都

557

不同），并把控制直接转到编译代码的入口点 [52]：

```
"apply_dispatch",
    test(list(op("is_primitive_function"), reg("fun"))),
    branch(label("primitive_apply")),
    test(list(op("is_compound_function"), reg("fun"))),
    branch(label("compound_apply")),
    test(list(op("is_compiled_function"), reg("fun"))),
    branch(label("compiled_apply")),
    go_to(label("unknown_function_type")),

"compiled_apply",
    push_marker_to_stack(),
    assign("val", list(op("compiled_function_entry"), reg("fun")
    go_to(reg("val")),
```

在 compiled_apply 处，就像在 compound_apply 处一样，我们也在栈里放一个标记，以便编译函数里的返回语句能把栈恢复到这个状态。注意，compiled_apply 给栈做标记之前并不保存 continue，因为求值器已经做好了安排，使得到达入口点 apply_dispatch 时相应的继续点会位于栈顶。

558

为了在启动求值器机器时能去运行某些编译代码，我们在求值器机器开始处加一条 branch 指令，如果寄存器 flag 被设置，就会导致机器转到一个新入口点 [53]。

```
    branch(label("external_entry")), // branches if flag is set
"read_evaluate_print_loop",
    perform(list(op("initialize_stack"))),
    ...
```

位于 external_entry 入口的代码假定，在机器启动时 val 里保存着一个指令序列的位置，该指令序列把结果放到 val 并以 go_to(reg("continue")) 结束。从这个入口点启动，执行就会跳到 val 指定的位置。但在此前应该先设置 continue，使执行能转回 print_result，在那里打印 val 里的值，而后再转到求值器的读入－求值－打印循环的开始位置 [54]。

---

52 当然，编译函数和解释性函数一样，都是复合函数（不是基本函数）。为了与显式控制求值器所用的术语保持一致，在这一节里，我们将用"复合函数"专指解释性函数（与编译函数相对应）。

53 现在这个求值器机器一开始就是一条 branch 指令，我们在启动求值器机器前必须初始化 flag 寄存器。要想按常规的读入－求值－打印循环的方式启动这部机器，我们可以用：

```
function start_eceval() {
    set_register_contents(eceval, "flag", false);
    return start(eceval);
}
```

54 因为编译后的函数是一个对象，系统也可能会试着去打印它，因此，我们还要修改系统的打印操作 user_print（参看 4.1.4 节），使它不会企图去打印编译后的函数里的各个成分。

```
function user_print(string, object) {
    function prepare(object) {
        return is_compound_function(object)
               ? "< compound function >"
               : is_primitive_function(object)
               ? "< primitive function >"
               : is_compiled_function(object)
               ? "< compiled function >"
               : is_pair(object)
               ? pair(prepare(head(object)),
                      prepare(tail(object)))
               : object;
    }
    display(string + " " + stringify(prepare(object)));
}
```

```
"external_entry",
  perform(list(op("initialize_stack"))),
  assign("env", list(op("get_current_environment"))),
  assign("continue", label("print_result")),
  go_to(reg("val")),
```

现在我们就可以用下面的函数编译一个函数声明，执行编译后的代码，然后运行读入 – 求值 – 打印循环，使我们能试验这个函数了。在这里，我们希望编译代码能把结果放到 val，然后返回到 continue 里的地址，为此我们用目标 val 和连接 "return" 编译这个程序。为了把编译器生成的目标代码转换为求值器寄存器机器可以执行的指令，我们使用寄存器机器模拟器提供的函数 assemble（5.2.2 节）。为使被解释的程序能引用被编译程序里最高层的名字，我们需要扫描出这些名字，还要扩充全局环境，把这些名字约束于 "*unaasigned*"。现在我们初始化 val 寄存器使之指向指令的表，设置 flag 使求值器能转向入口点 external_entry，然后启动求值器。

559

```
function compile_and_go(program) {
    const instrs = assemble(instructions(compile(program,
                                                  "val", "return")),
                            eceval);
    const toplevel_names = scan_out_declarations(program);
    const unassigneds = list_of_unassigned(toplevel_names);
    set_current_environment(extend_environment(
                                toplevel_names,
                                unassigneds,
                                the_global_environment));
    set_register_contents(eceval, "val", instrs);
    set_register_contents(eceval, "flag", true);
    return start(eceval);
}
```

如果我们已经像 5.4.4 节最后所说的那样设置了栈监视器，我们就可以检查编译代码的栈使用情况了：

```
compile_and_go(parse(`
function factorial(n) {
    return n === 1
           ? 1
           : factorial(n - 1) * n;
}
                      `));
total pushes = 0
maximum depth = 0
EC-evaluate value:
undefined

EC-evaluate input:
factorial(5);

total pushes = 36
maximum depth = 14
EC-evaluate value:
120
```

请比较这个例子与用同一函数的解释版本求值 factorial(5) 的情况（5.4.4 节最后）。解释版本需要 151 次压栈，最大栈深度 28。这一比较也显示了我们的编译策略的优化情况。

560

解释和编译

有了这一节开发的程序，我们现在还可以对解释和编译的不同策略做一些试验[55]。解释器把所用的机器提升到用户程序的层面，而编译器则是把用户程序降低到机器语言的层面。我们可以认为，JavaScript 语言（或任何程序设计语言）是矗立在机器语言之上的一族很有内聚力的抽象。解释器对交互式的程序开发和排错非常友好，因为程序执行的各个步骤都以这些抽象的方式组织起来了，因此程序员更容易理解。编译后的代码执行得更快，因为程序的执行步骤在机器语言层面上，编译器可以自由地去做各种跨越高层抽象的优化[56]。

解释和编译之间具有相互替代的关系，这种情况还使我们在把一种语言移植到新计算机，可能采取许多不同的策略。假设我们希望在一种新机器上实现 JavaScript。第一种策略是从 5.4 节的显式控制求值器出发，把它的指令一条条翻译到新机器。另一种不同的策略是从我们的编译器出发，修改其中的代码生成器，使它们能为新计算机生成代码。采用第二种策略，也使我们可以在这种新机器上运行任何 JavaScript 程序，方法是先用我们原来的能在 JavaScript 系统上运行的编译器去编译它，并把它与运行库的编译后版本连接[57]。事情还可以做得更好，我们可以编译这个编译器本身，并在新机器上运行这一编译结果，去编译其他 JavaScript 程序[58]。或者我们可以去编译 4.1 节里的某个解释器，生成一个可以在这台新机器上运行的解释器。

练习 5.48 通过比较完成同样计算的编译代码所用的栈操作和求值器所用的栈操作，我们可以确定编译器对栈使用的优化程度，包括速度上的（减少了栈操作的总次数）和空间上的（减小了栈的最大深度）。把这样优化后的栈使用情况与某台专用计算机对同样计算的执行情况做些比较，可以为判断编译器的质量提供一些线索。

a. 练习 5.28 要求你去确定用那里给出的阶乘函数计算 $n!$ 时，求值器需要做的压栈次数和最大栈深度（作为 n 的函数）。练习 5.13 要求你对图 5.11 所示的专用阶乘机器完成同样的计量工作。现在请对编译后的 `factorial` 函数做同样分析。

请算出编译得到的函数版本的压栈次数与解释版本的压栈次数之间的比例，对最大栈深度做同样计算。因为计算 $n!$ 的使用栈操作次数和栈深度都是 n 的线性函数，因此，这些比

---

55 我们还可以做得更好些，可以扩充编译器，允许编译代码调用解释性函数。见练习 5.50。

56 如果我们强制要求在用户程序出错时都必须检查并报告，而不允许强行终止系统或产生错误结果，也会带来很大的开销，与实际的执行策略无关。举个例子，数组的越界引用可以通过在执行前检查引用合法性的方式发现。但这一检查的开销可能比数组引用本身的开销高许多倍，因此程序员需要在速度与安全性之间权衡，决定是否做这种检查。一个好的编译器应该可以产生做这种检查的代码，也应该能避免多余的检查，而且应该允许程序员控制编译得到的代码中错误检查的范围和类别。

流行语言（例如 C 和 C++）的编译器通常都不把错误检查代码放入运行代码，使目标程序尽可能高效。作为这样做的后果，实际上就是把明确提供错误检查的问题交给程序员处理。不幸的是，人们常常因为疏忽而没做检查，甚至在某些关键应用中，即使在那里速度原本不是问题。这样的程序在高效的同时也隐藏着很大危险。举个例子，1988 年使 Internet 瘫痪的臭名昭著的"蠕虫"揭示了 UNIX™ 操作系统里的一个错误，因为系统里的探询守护程序没有检查输入缓冲区溢出（见 Spafford 1989）。

57 当然，无论采用编译策略或解释策略，我们都必须为新机器实现存储分配和输入输出，以及前面讨论的求值器和编译器里作为"基本"的那些操作。减少这方面工作量的一种策略是尽可能多地在 JavaScript 里写这些操作，而后针对新机器编译它们。最后，一切都归结到一个很小的内核（例如废料收集和运行实际的基本机器操作的机制）。对于新机器，我们必须手工编写好这些代码。

58 这一策略产生出一种对编译器本身的非常有趣的测试。例如，在这一新机器上，用通过编译产生的编译器去编译一个程序，得到的结果是否与在原来的系统上编译这一程序的结果相同。追踪差异的根源常常非常有趣，但也常令人沮丧，因为得到的结果常常源自一些非常细微的问题。

例在 *n* 变大时应该趋于常量。这些常量各是什么？类似地，请设法确定专用机器里的栈使用情况与解释版本中栈使用情况的比例。

通过比较专用机器与解释性代码的比例和编译与解释代码的比例，你应该能看到，专用机器的工作情况远优于编译代码，因为手工打造的控制器代码应该比我们这个初步的通用编译器生成的代码好很多。

b. 你能对编译器提出一些修改建议，使它生成的代码更接近手工版本的性能吗？

练习 5.49 请像练习 5.48 那样做分析，确定编译下面树形递归的斐波那契函数的效率

```
function fib(n) {
    return n < 2 ? n : fib(n - 1) + fib(n - 2);
}
```

请将其与图 5.12 里的专用斐波那契机器的效率做一个比较（有关解释性代码的性能度量，请参看练习 5.30）。对于斐波那契函数，所用的时间资源不是 *n* 的线性函数，因此栈操作的比例应该不会趋近某个与 *n* 无关的极限值。

练习 5.50 本节说明了如何修改显式控制求值器，使解释性代码能调用编译函数。请说明如何修改编译器，使编译代码不但能调用基本函数和编译函数，还能调用解释性函数。这要求我们修改 compile_function_call，使之能处理（解释的）复合函数。请设法确保能像 compile_fun_appl 里那样处理所有 target 和 linkage 的各种组合情况。求值实际的函数应用时，代码需要跳到求值器的 compound_apply 入口，但在目标代码里不能直接引用该入口（因为汇编器要求它汇编的代码里引用的所有标号都已经定义）。因此，我们需要为求值器机器增加一个寄存器 compapp，用于掌握这个入口，并增加下面的指令对其初始化：

```
    assign("compapp", label("compound_apply")),
    branch(label("external_entry")),        // branches if flag is set
"read_evaluate_print_loop",
    ...
```

为了测试你的程序，开始时请声明一个函数 f，它调用另一函数 g。用 compile_and_go 编译 f 的声明后启动求值器。现在给求值器输入 g 的定义，然后再试试调用 f。

练习 5.51 本节中实现的 compile_and_go 接口还是很麻烦，因为只能调用编译器一次（在求值器机器启动时）。请扩充这个编译器 – 解释器接口，提供一个 compile_and_run 基本函数，使人可以在显式控制求值器里通过如下的方式调用它：

```
EC-evaluate input:
compile_and_run(parse(`
function factorial(n) {
    return n === 1
            ? 1
            : factorial(n - 1) * n;
}
                    `));

EC-evaluate value:
undefined

EC-evaluate input:
factorial(5)
```

562

```
EC-Eval value:
120
```

练习 5.52 作为使用显式控制求值器的读入－求值－打印循环的另一种方法，请设计一部执行读入－编译－求值－打印循环的寄存器机器。也就是说，该机器运行一个循环，在其中读入一个表达式，编译它，装配并执行结果代码，最后打印结果。在我们的模拟环境里很容易运行它，因为可以做好安排，让函数 compile 和 assemble 都作为"寄存器机器的操作"。

练习 5.53 请用编译器编译 4.1 节的元循环求值器，并用寄存器机器模拟器运行得到的程序。由于语法分析器以字符串为输入，你需要把该程序变换为一个字符串。做这件事最简单的方法是使用反引号（`），就像我们在为 compile_and_go 和 compile_and_run 提供输入的例子里的做法。作为编译结果的解释器会运行得非常慢，因为这里要做许多层次的解释，但是使这一套东西都能工作，确实是一个极具教益的练习。

练习 5.54 请在 C（或者你所选定的某个比较低级的语言）里开发一个初步的 JavaScript 实现，采用的方法是把 5.4 节的显式控制求值器翻译到 C 语言。为了运行这一代码，你需要提供适当的存储分配例程和其他运行时支持。

练习 5.55 作为与练习 5.54 对应的工作，请修改前面的编译器，使它能把 JavaScript 程序编译为 C 指令序列。请编译 4.1 节的元循环求值器，生成一个用 C 写的 JavaScript 解释器。

Abelson, Harold, Andrew Berlin, Jacob Katzenelson, William McAllister, Guillermo Rozas, Gerald Jay Sussman, and Jack Wisdom. 1992. The Supercomputer Toolkit: A general framework for special-purpose computing. *International Journal of High-Speed Electronics* 3(3):337–361.

Allen, John. 1978. *Anatomy of Lisp.* New York: McGraw-Hill.

Appel, Andrew W. 1987. Garbage collection can be faster than stack allocation. *Information Processing Letters* 25(4):275–279.

Backus, John. 1978. Can programming be liberated from the von Neumann style? *Communications of the ACM* 21(8):613–641.

Baker, Henry G., Jr. 1978. List processing in real time on a serial computer. *Communications of the ACM* 21(4):280–293.

Batali, John, Neil Mayle, Howard Shrobe, Gerald Jay Sussman, and Daniel Weise. 1982. The Scheme-81 architecture—System and chip. In *Proceedings of the MIT Conference on Advanced Research in VLSI,* edited by Paul Penfield, Jr. Dedham, MA: Artech House.

Borning, Alan. 1977. ThingLab—An object-oriented system for building simulations using constraints. In *Proceedings of the 5th International Joint Conference on Artificial Intelligence.*

Borodin, Alan, and Ian Munro. 1975. *The Computational Complexity of Algebraic and Numeric Problems.* New York: American Elsevier.

Chaitin, Gregory J. 1975. Randomness and mathematical proof. *Scientific American* 232(5): 47–52.

Church, Alonzo. 1941. *The Calculi of Lambda-Conversion.* Princeton, N.J.: Princeton University Press.

Clark, Keith L. 1978. Negation as failure. In *Logic and Data Bases.* New York: Plenum Press, pp. 293–322.

Clinger, William. 1982. Nondeterministic call by need is neither lazy nor by name. In *Proceedings of the ACM Symposium on Lisp and Functional Programming,* pp. 226–234.

Colmerauer A., H. Kanoui, R. Pasero, and P. Roussel. 1973. Un système de communication homme-machine en français. Technical report, Groupe d'Intelligence Artificielle, Université d'Aix-Marseille II, Luminy.

Cormen, Thomas H., Charles E. Leiserson, Ronald L. Rivest, and Clifford Stein. 2022. *Introduction to Algorithms.* 4th edition. Cambridge, MA: MIT Press.

Crockford, Douglas. 2008. *JavaScript: The Good Parts.* Sebastopol, CA: O'Reilly Media.

Darlington, John, Peter Henderson, and David Turner. 1982. *Functional Programming and Its Applications.* New York: Cambridge University Press.

Dijkstra, Edsger W. 1968a. The structure of the "THE" multiprogramming system. *Communications of the ACM* 11(5):341–346.

Dijkstra, Edsger W. 1968b. Cooperating sequential processes. In *Programming Languages*, edited by F. Genuys. New York: Academic Press, pp. 43–112.

Dinesman, Howard P. 1968. *Superior Mathematical Puzzles*. New York: Simon and Schuster.

de Kleer, Johan, Jon Doyle, Guy Steele, and Gerald J. Sussman. 1977. AMORD: Explicit control of reasoning. In *Proceedings of the ACM Symposium on Artificial Intelligence and Programming Languages,* pp. 116–125.

Doyle, Jon. 1979. A truth maintenance system. *Artificial Intelligence* 12:231–272.

ECMA. 1997. ECMAScript: A general purpose, cross-platform programming language. 1st edition, edited by Guy L. Steele Jr. *Ecma International*.

ECMA. 2015. ECMAScript: A general purpose, cross-platform programming language. 6th edition, edited by Allen Wirfs-Brock. *Ecma International*.

ECMA. 2020. ECMAScript: A general purpose, cross-platform programming language. 11th edition, edited by Jordan Harband. *Ecma International*.

Edwards, A. W. F. 2019. *Pascal's Arithmetical Triangle*. Mineola, New York: Dover Publications.

Feeley, Marc. 1986. Deux approches à l'implantation du language Scheme. Masters thesis, Université de Montréal.

Feeley, Marc and Guy Lapalme. 1987. Using closures for code generation. *Journal of Computer Languages* 12(1):47–66.

Feigenbaum, Edward, and Howard Shrobe. 1993. The Japanese National Fifth Generation Project: Introduction, survey, and evaluation. In *Future Generation Computer Systems,* vol. 9, pp. 105–117.

Feller, William. 1957. *An Introduction to Probability Theory and Its Applications,* volume 1. New York: John Wiley & Sons.

Fenichel, R., and J. Yochelson. 1969. A Lisp garbage collector for virtual memory computer systems. *Communications of the ACM* 12(11):611–612.

Floyd, Robert. 1967. Nondeterministic algorithms. *JACM,* 14(4):636–644.

Forbus, Kenneth D., and Johan de Kleer. 1993. *Building Problem Solvers.* Cambridge, MA: MIT Press.

Friedman, Daniel P., and David S. Wise. 1976. CONS should not evaluate its arguments. In *Automata, Languages, and Programming: Third International Colloquium,* edited by S. Michaelson and R. Milner, pp. 257–284.

Friedman, Daniel P., Mitchell Wand, and Christopher T. Haynes. 1992. *Essentials of Programming Languages*. Cambridge, MA: MIT Press/McGraw-Hill.

Gabriel, Richard P. 1988. The Why of *Y. Lisp Pointers* 2(2):15–25.

Goldberg, Adele, and David Robson. 1983. *Smalltalk-80: The Language and Its Implementation*. Reading, MA: Addison-Wesley.

Gordon, Michael, Robin Milner, and Christopher Wadsworth. 1979. *Edinburgh LCF.* Lecture Notes in Computer Science, volume 78. New York: Springer-Verlag.

Gray, Jim, and Andreas Reuter. 1993. *Transaction Processing: Concepts and Models.* San Mateo, CA: Morgan-Kaufman.

Green, Cordell. 1969. Application of theorem proving to problem solving. In *Proceedings of the International Joint Conference on Artificial Intelligence,* pp. 219–240.

Green, Cordell, and Bertram Raphael. 1968. The use of theorem-proving techniques in question-answering systems. In *Proceedings of the ACM National Conference,* pp. 169–181.

Guttag, John V. 1977. Abstract data types and the development of data structures. *Communications of the ACM* 20(6):397–404.

Hamming, Richard W. 1980. *Coding and Information Theory.* Englewood Cliffs, N.J.: Prentice-Hall.

Hanson, Christopher P. 1990. Efficient stack allocation for tail-recursive languages. In *Proceedings of ACM Conference on Lisp and Functional Programming,* pp. 106–118.

Hanson, Christopher P. 1991. A syntactic closures macro facility. *Lisp Pointers,* 4(4):9–16.

Hardy, Godfrey H. 1921. Srinivasa Ramanujan. *Proceedings of the London Mathematical Society* XIX(2).

Hardy, Godfrey H., and E. M. Wright. 1960. *An Introduction to the Theory of Numbers.* 4th edition. New York: Oxford University Press.

Havender, J. 1968. Avoiding deadlocks in multi-tasking systems. *IBM Systems Journal* 7(2):74–84.

Henderson, Peter. 1980. *Functional Programming: Application and Implementation.* Englewood Cliffs, N.J.: Prentice-Hall.

Henderson. Peter. 1982. Functional Geometry. In *Conference Record of the 1982 ACM Symposium on Lisp and Functional Programming,* pp. 179–187.

Hewitt, Carl E. 1969. PLANNER: A language for proving theorems in robots. In *Proceedings of the International Joint Conference on Artificial Intelligence,* pp. 295–301.

Hewitt, Carl E. 1977. Viewing control structures as patterns of passing messages. *Journal of Artificial Intelligence* 8(3):323–364.

Hoare, C. A. R. 1972. Proof of correctness of data representations. *Acta Informatica* 1(1):271–281.

Hodges, Andrew. 1983. *Alan Turing: The Enigma.* New York: Simon and Schuster.

Hofstadter, Douglas R. 1979. *Gödel, Escher, Bach: An Eternal Golden Braid.* New York: Basic Books.

Hughes, R. J. M. 1990. Why functional programming matters. In *Research Topics in Functional Programming,* edited by David Turner. Reading, MA: Addison-Wesley, pp. 17–42.

IEEE Std 1178-1990. 1990. *IEEE Standard for the Scheme Programming Language.*

Ingerman, Peter, Edgar Irons, Kirk Sattley, and Wallace Feurzeig; assisted by M. Lind, Herbert Kanner, and Robert Floyd. 1960. THUNKS: A way of compiling procedure statements, with some comments on procedure declarations. Unpublished manuscript. (Also, private communication from Wallace Feurzeig.)

Jaffar, Joxan, and Peter J. Stuckey. 1986. Semantics of infinite tree logic programming. *Theoretical Computer Science* 46:141–158.

Kaldewaij, Anne. 1990. *Programming: The Derivation of Algorithms.* New York: Prentice-Hall.

Knuth, Donald E. 1997a. *Fundamental Algorithms*. Volume 1 of *The Art of Computer Programming*. 3rd edition. Reading, MA: Addison-Wesley.

Knuth, Donald E. 1997b. *Seminumerical Algorithms*. Volume 2 of *The Art of Computer Programming*. 3rd edition. Reading, MA: Addison-Wesley.

Konopasek, Milos, and Sundaresan Jayaraman. 1984. *The TK!Solver Book: A Guide to Problem-Solving in Science, Engineering, Business, and Education*. Berkeley, CA: Osborne/McGraw-Hill.

Kowalski, Robert. 1973. Predicate logic as a programming language. Technical report 70, Department of Computational Logic, School of Artificial Intelligence, University of Edinburgh.

Kowalski, Robert. 1979. *Logic for Problem Solving*. New York: North-Holland.

Lamport, Leslie. 1978. Time, clocks, and the ordering of events in a distributed system. *Communications of the ACM* 21(7):558–565.

Lampson, Butler, J. J. Horning, R. London, J. G. Mitchell, and G. K. Popek. 1981. Report on the programming language Euclid. Technical report, Computer Systems Research Group, University of Toronto.

Landin, Peter. 1965. A correspondence between Algol 60 and Church's lambda notation: Part I. *Communications of the ACM* 8(2):89–101.

Lieberman, Henry, and Carl E. Hewitt. 1983. A real-time garbage collector based on the lifetimes of objects. *Communications of the ACM* 26(6):419–429.

Liskov, Barbara H., and Stephen N. Zilles. 1975. Specification techniques for data abstractions. *IEEE Transactions on Software Engineering* 1(1):7–19.

McAllester, David Allen. 1978. A three-valued truth-maintenance system. Memo 473, MIT Artificial Intelligence Laboratory.

McAllester, David Allen. 1980. An outlook on truth maintenance. Memo 551, MIT Artificial Intelligence Laboratory.

McCarthy, John. 1967. A basis for a mathematical theory of computation. In *Computer Programing and Formal Systems*, edited by P. Braffort and D. Hirschberg. North-Holland, pp. 33–70.

McDermott, Drew, and Gerald Jay Sussman. 1972. Conniver reference manual. Memo 259, MIT Artificial Intelligence Laboratory.

Miller, Gary L. 1976. Riemann's Hypothesis and tests for primality. *Journal of Computer and System Sciences* 13(3):300–317.

Miller, James S., and Guillermo J. Rozas. 1994. Garbage collection is fast, but a stack is faster. Memo 1462, MIT Artificial Intelligence Laboratory.

Moon, David. 1978. MacLisp reference manual, Version 0. Technical report, MIT Laboratory for Computer Science.

Morris, J. H., Eric Schmidt, and Philip Wadler. 1980. Experience with an applicative string processing language. In *Proceedings of the 7th Annual ACM SIGACT/SIGPLAN Symposium on the Principles of Programming Languages*.

Phillips, Hubert. 1934. *The Sphinx Problem Book*. London: Faber and Faber.

Phillips, Hubert. 1961. *My Best Puzzles in Logic and Reasoning.* New York: Dover Publications.

Rabin, Michael O. 1980. Probabilistic algorithm for testing primality. *Journal of Number Theory* 12:128–138.

Raymond, Eric. 1996. *The New Hacker's Dictionary.* 3rd edition. Cambridge, MA: MIT Press.

Raynal, Michel. 1986. *Algorithms for Mutual Exclusion.* Cambridge, MA: MIT Press.

Rees, Jonathan A., and Norman I. Adams IV. 1982. T: A dialect of Lisp or, lambda: The ultimate software tool. In *Conference Record of the 1982 ACM Symposium on Lisp and Functional Programming,* pp. 114–122.

Rivest, Ronald L., Adi Shamir, and Leonard M. Adleman. 1978. A method for obtaining digital signatures and public-key cryptosystems. *Communications of the ACM,* 21(2):120–126.

Robinson, J. A. 1965. A machine-oriented logic based on the resolution principle. *Journal of the ACM* 12(1):23.

Robinson, J. A. 1983. Logic programming—Past, present, and future. *New Generation Computing* 1:107–124.

Spafford, Eugene H. 1989. The Internet Worm: Crisis and aftermath. *Communications of the ACM* 32(6):678–688.

Steele, Guy Lewis, Jr. 1977. Debunking the "expensive procedure call" myth. In *Proceedings of the National Conference of the ACM,* pp. 153–162.

Steele, Guy Lewis, Jr., and Gerald Jay Sussman. 1975. Scheme: An interpreter for the extended lambda calculus. Memo 349, MIT Artificial Intelligence Laboratory.

Steele, Guy Lewis, Jr., Donald R. Woods, Raphael A. Finkel, Mark R. Crispin, Richard M. Stallman, and Geoffrey S. Goodfellow. 1983. *The Hacker's Dictionary.* New York: Harper & Row.

Stoy, Joseph E. 1977. *Denotational Semantics.* Cambridge, MA: MIT Press.

Sussman, Gerald Jay, and Richard M. Stallman. 1975. Heuristic techniques in computer-aided circuit analysis. *IEEE Transactions on Circuits and Systems* CAS-22(11):857–865.

Sussman, Gerald Jay, and Guy Lewis Steele Jr. 1980. Constraints—A language for expressing almost-hierarchical descriptions. *AI Journal* 14:1–39.

Sussman, Gerald Jay, and Jack Wisdom. 1992. Chaotic evolution of the solar system. *Science* 257:256–262.

Sussman, Gerald Jay, Terry Winograd, and Eugene Charniak. 1971. Microplanner reference manual. Memo 203A, MIT Artificial Intelligence Laboratory.

Sutherland, Ivan E. 1963. SKETCHPAD: A man-machine graphical communication system. Technical report 296, MIT Lincoln Laboratory.

Thatcher, James W., Eric G. Wagner, and Jesse B. Wright. 1978. Data type specification: Parameterization and the power of specification techniques. In *Conference Record of the Tenth Annual ACM Symposium on Theory of Computing,* pp. 119–132.

Turner, David. 1981. The future of applicative languages. In *Proceedings of the 3rd European Conference on Informatics,* Lecture Notes in Computer Science, volume 123. New York: Springer-Verlag, pp. 334–348.

Wand, Mitchell. 1980. Continuation-based program transformation strategies. *Journal of the ACM* 27(1):164–180.

Waters, Richard C. 1979. A method for analyzing loop programs. *IEEE Transactions on Software Engineering* 5(3):237–247.

Winston, Patrick. 1992. *Artificial Intelligence*. 3rd edition. Reading, MA: Addison-Wesley.

Zabih, Ramin, David McAllester, and David Chapman. 1987. Non-deterministic Lisp with dependency-directed backtracking. *AAAI-87*, pp. 59–64.

Zippel, Richard. 1979. Probabilistic algorithms for sparse polynomials. Ph.D. dissertation, Department of Electrical Engineering and Computer Science, MIT.

Zippel, Richard. 1993. *Effective Polynomial Computation*. Boston, MA: Kluwer Academic Publishers.

索引中的页码为英文原书页码，与书中页边标注的页码一致。

数字后加 n 表示术语在脚注中。

C

G

J

Z

推荐阅读

数据结构与算法分析：Java语言描述（原书第3版）

作者：[美] 马克·艾伦·维斯（Mark Allen Weiss） 著 ISBN：978-7-111-52839-5 定价：69.00元

本书是国外数据结构与算法分析方面的经典教材，使用卓越的Java编程语言作为实现工具，讨论数据结构（组织大量数据的方法）和算法分析（对算法运行时间的估计）。

随着计算机速度的不断增加和功能的日益强大，人们对有效编程和算法分析的要求也不断增长。本书将算法分析与最有效率的Java程序的开发有机结合起来，深入分析每种算法，并细致讲解精心构造程序的方法，内容全面，缜密严格。

算法导论（原书第3版）

作者：Thomas H.Cormen 等 ISBN：978-7-111-40701-0 定价：128.00元

"本书是算法领域的一部经典著作，书中系统、全面地介绍了现代算法：从最快算法和数据结构到用于看似难以解决问题的多项式时间算法；从图论中的经典算法到用于字符串匹配、计算几何学和数论的特殊算法。本书第3版尤其增加了两章专门讨论van Emde Boas树（最有用的数据结构之一）和多线程算法（日益重要的一个主题）。"

—— Daniel Spielman，耶鲁大学计算机科学系教授

"作为一个在算法领域有着近30年教育和研究经验的教育者和研究人员，我可以清楚明白地说这本书是我所见到的该领域最好的教材。它对算法给出了清晰透彻、百科全书式的阐述。我们将继续使用这本书的新版作为研究生和本科生的教材及参考书。"

—— Gabriel Robins，弗吉尼亚大学计算机科学系教授

在有关算法的书中，有一些叙述非常严谨，但不够全面；另一些涉及了大量的题材，但又缺乏严谨性。本书将严谨性和全面性融为一体，深入讨论各类算法，并着力使这些算法的设计和分析能为各个层次的读者接受。全书各章自成体系，可以作为独立的学习单元；算法以英语和伪代码的形式描述，具备初步程序设计经验的人就能看懂；说明和解释力求浅显易懂，不失深度和数学严谨性。